中 国 国 家 标 准 汇 编

2007 年修订-12

中国标准出版社　编

中国标准出版社

北　京

图书在版编目（CIP）数据

中国国家标准汇编：2007 年修订．12/中国标准出版社编．—北京：中国标准出版社，2008

ISBN 978-7-5066-4965-0

Ⅰ．中…　Ⅱ．中…　Ⅲ．国家标准-汇编-中国-2007　Ⅳ．T-652.1

中国版本图书馆 CIP 数据核字（2008）第 100965 号

中国标准出版社出版发行
北京复兴门外三里河北街 16 号
邮政编码：100045

网址 www.spc.net.cn
电话：68523946　68517548
中国标准出版社秦皇岛印刷厂印刷
各地新华书店经销

*

开本 880×1230　1/16　印张 40.25　字数 1 193 千字
2008 年 8 月第一版　2008 年 8 月第一次印刷

*

定价 200.00 元

出 版 说 明

1.《中国国家标准汇编》是一部大型综合性国家标准全集，自1983年起，按国家标准顺序号以精装本、平装本两种装帧形式陆续分册汇编出版。《汇编》在一定程度上反映了我国建国以来标准化事业发展的基本情况和主要成就，是各级标准化管理机构，工矿企事业单位，农林牧副渔系统，科研、设计、教学等部门必不可少的工具书。

2. 由于标准的动态性，每年有相当数量的国家标准被修订，这些国家标准的修订信息无法在已出版的《汇编》中得到反映。为此，自1995年起，新增出版在上一年度被修订的国家标准的汇编本。

3. 修订的国家标准汇编本的正书名、版本形式、装帧形式与《中国国家标准汇编》相同，视篇幅分设若干册，但不占总的分册号，仅在封面和书脊上注明“2007年修订-1，-2，-3，……”等字样，作为对《中国国家标准汇编》的补充。读者配套购买则可收齐前一年新制定和修订的全部国家标准。

4. 修订的国家标准汇编本的各分册中的标准，仍按顺序号由小到大排列(不连续)；如有遗漏的，均在当年最后一分册中补齐。

5. 2007年制修订国家标准1 410项，全部收入在《中国国家标准汇编》第352～367分册和2007年修订-1～修订-23分册中。本分册为“2007年修订-12”，收入新制修订的国家标准38项。

中国标准出版社

2008年6月

目　录

ICS 25.180.10
K 60

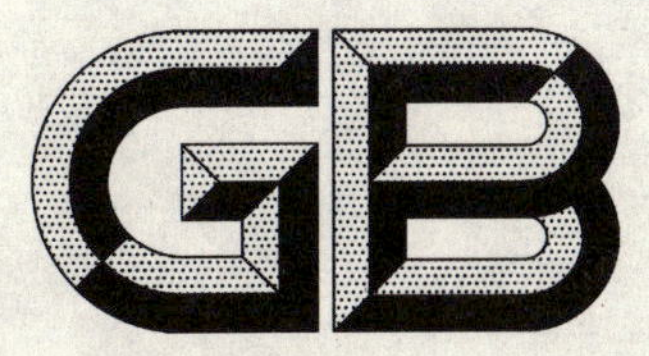

中华人民共和国国家标准

GB/T 10066.31—2007/IEC 61922:2002

电热装置的试验方法 第31部分:高频感应加热装置发生器输出功率的测定

Test methods for electroheat installations—Part 31:High-frequency induction heating installation—Test methods for the determination of power output of the generator

(IEC 61922:2002,IDT)

2007-12-03 发布

2008-05-20 实施

中华人民共和国国家质量监督检验检疫总局
中国国家标准化管理委员会 发布

前　言

GB/T 10066《电热装置的试验方法》现有13个部分：

——第1部分：通用部分；

——第2部分：有心感应炉；

——第3部分：无心感应炉；

——第31部分：高频感应加热装置发生器输出功率的测定；

——第4部分：间接电阻炉；

——第5部分：等离子装置(GB/T 13535—1992《电热用等离子设备试验方法》)；

——第6部分：工业微波加热装置输出功率的测定方法(GB/T 18662—2002《工业微波加热设备输出功率的测定方法》)；

——第7部分：具有电子枪的电热装置；

——第8部分：电渣重熔炉；

——第9部分：高频介质加热装置输出功率的测量方法(GB/T 14809—2000《高频介质加热设备输出功率的测量方法》)；

——第10部分：直接电弧炉；

——第11部分：埋弧炉；

——第12部分：红外加热装置。

注：某些现有电热装置的试验方法未采用分部编号(如括号内所示)，在修订时将改为上述规定的分部编号。

本部分为GB/T 10066的第31部分，应与第1部分配合使用。

本部分等同采用IEC 61922:2002《高频感应加热装置——测定发生器输出功率的试验方法》，为便于使用，对于IEC 61922:2002，本部分还做了下列编辑性修改：

——“本标准”一词改为“本部分”；

——删除国际标准的前言；

——改《高频感应加热装置——测定发生器输出功率的试验方法》为《电热装置的试验方法 第31部分：高频感应加热装置发生器输出功率的测定方法》，英文名称对应修改；

——“本标准的主要目的是为测定工业高频感应加热电源的输出功率提供试验方法。”改为“本部分规定了高频感应加热装置的发生器输出功率的测定方法”；

——“本国际标准适用于加热用(如表面淬火、焊接、钎焊、熔化、锻造、半导体区域精炼等)的工业射频或高频感应加热装置。本标准涉及由高频发生器和感应器以及夹持炉料所必需的机械设备(如淬火机床)组成的，频率高达300 MHz，功率等于和大于500 W的高频感应加热装置。”两段改为：“本部分适用于由高频发生器和感应器以及夹持炉料所必需的机械设备(如淬火机床)组成的，频率范围最高达300 MHz，功率等于和大于500 W加热用(如表面(或局部)淬火和透热、焊接、钎焊、熔化、锻造、半导体区域精炼等)的工业射频或高频感应加热装置。”；

——“2　引用标准”改为“2　规范性引用文件”；

——“下列引用文件对本文件的使用是必不可少的。对注日期的引用文件，仅引用的版本适用。对未注日期的引用文件，引用文件的最新版本(包括所有的修改单)适用。”改为“下列文件中的条款通过本部分的引用而成为本部分的条款。凡是注日期的引用文件，其随后所有的修改单(不包括勘误的内容)或修订版均不适用于本部分，然而，鼓励根据本部分达成协议的各方研究是否可使用这些文件的最新版本。凡是不注日期的引用文件，其最新版本适用于本部分”；

——“3　定义”标题改为“3　术语和定义”。

本部分的附录A为资料性附录。

本部分由中国电器工业协会提出。

本部分由全国工业电热设备标准化技术委员会归口。

本部分起草单位:西安电炉研究所。

本部分主要起草人:刘西萍。

电热装置的试验方法 第31部分:高频感应加热装置发生器 输出功率的测定

1 范围和目的

GB/T 10066 的本部分规定了高频感应加热装置的发生器输出功率的测定方法。

本部分适用于由高频发生器和感应器以及夹持炉料所必需的机械设备(如淬火机床)组成的,频率范围高达 300 MHz,功率等于和大于 500 W 加热用(如表面(或局部)淬火和透热、焊接、钎焊、熔化、锻造、半导体区域精炼等)的工业射频或高频感应加热装置。

本部分所述的负载可用于电磁兼容性是否符合 CISPR11 的评定。

本部分涉及发生器在由制造厂规定的连续运行额定状态下的功率。

有关以短负荷周期脉冲状态运行(例如使用绝热量热计的情况)的发生器输出功率的测定方法正在考虑中。

在使用功率测量的电子系统时,必须十分小心,因为其准确度不能保证,特别在较高频率下。这些仪器在测量输出功率时需要大电流互感器和电压互感器,这些互感器在较高频率时也有误差。这些测量方法需要专门知识才能正确应用,因此在本部分中不作详细叙述。

2 规范性引用文件

下列文件中的条款通过 GB/T 10066 的本部分的引用而成为本部分的条款。凡是注日期的引用文件,其随后所有的修改单(不包括勘误的内容)或修订版均不适用于本部分,然而,鼓励根据本部分达成协议的各方研究是否可使用这些文件的最新版本。凡是不注日期的引用文件,其最新版本适用于本部分。

GB/T 2900 电工术语 工业电热装置(GB/T 2900.23—1995,neq IEC 60050(841):1983)

GB 5959.1—2005 电热装置的安全 第1部分:通用要求(IEC 60519-1:2003,IDT)

GB 5959.3 电热装置的安全 第3部分:对感应和导电加热装置以及感应熔炼装置的特殊要求(GB 5959.3—1988,IEC 60519-3:1998,MOD)

GB/T 14809—2000 高频介质加热设备输出功率的测量方法(eqv IEC 61308:1994)

GB 4824—2004 工业、科学和医疗(ISM)射频设备电磁骚扰特性的测量方法和限值(IEC/CISPR 11:2003,IDT)

3 术语和定义

在 GB/T 2900、GB 5959.1—2005 和 GB 5959.3 确立的以及下列术语和定义适用于本部分。

3.1

高频输出功率 high-frequency output power

在发生器功率输出端测量的,输入本部分规定的试验负载的功率。

注:本定义由图1解释。图的左边为发生器并以其两个输出端子为界。负载与这两输出端子相接。在发生器柜外所显现的所有功率被定义为该发生器的输出功率。它包括在感应器、电源引线和量热计等中消耗的功率。

3.2

量热计 calorimeter

用于测量高频功率的由水冷部件组成的装置,其冷却水的流量受控制,进出水的温差被监测。

注:该水冷部件由钢或其他导电材料制成,高频电流在其内被感生。

3.3

表面功率密度　surface power density

量热计的功率与有效表面积之比。

3.4

环形感应器　loop inductor

紧挨负载环绕，呈开口圆形状的单匝感应器。

3.5

试验负载　test load

由连接导线、感应器和量热计组成的设备。如果无电抗电阻器被用作负载，则要用辅助谐振电路来消除谐波功率。如果该辅助电路不是发生器的一部分，则在该辅助电路中的损耗要和在该试验负载其他部分中的损耗一起测量。

4　试验负载

有三种不同类型的输出功率试验负载用于高频感应加热装置，这里仅概述其主要的。具体的结构应遵循常规的工程技术。

4.1　锥形量热计负载

锥形量热计负载通常作为试验负载的一部分。该量热计能容易地进行负载匹配和感应器的置换而不必拆卸装置的部件(如量热计的水连接)。

4.2　灯负载温度法

灯负载温度法适用的功率约可达 20 kW。负载的匹配可通过选择合适的灯以及可把多个灯进行串并联组合。

4.3　匹配的阻性负载

匹配的阻性负载能用于阻性负载可与高频输出端子相接的场合。

5　试验要求

工作人员所在地的电磁场应符合国家的和(或)国际的安全规则。

高频场不宜影响测量装置，尤其是水银温度计不宜放置在强磁场中。

对所有列出的量热计测量法，应注意要在尽可能接近负载处测量出口温度。

除了列出的量热计法外，也能采用直接电测量法。在这种情况下，电流和电压互感器以及测量仪器自身必须与功率因数、工作频率及其谐波相适应。所有误差之和应不超过 5%。

注：在需要测量从 100 W 到 500 W 功率的特殊情况下，误差可大于 5%。

5.1　锥形量热计负载

典型举例示于图 2。量热计的外壁由碳钢制成。不推荐采用高合金钢，因为该材料的透磁性比实际应用中所用的绝大多数负载的透磁性要低。壁的厚度应能提供足够的机械强度(也包括在过热的情况下)。量热计的内层锥体也可由钢制作。这些部件有水流处的横截面宜尽可能均匀以便提供合适的水流速度进行最佳的热交换。

注 1：为了模拟温度超过居里点的负载，可采用用黄铜或奥氏体不锈钢制作外壁的量热计。

量热计锥体的外部尺寸应这样选择，即使量热计中由感应器所覆盖的部分的表面功率密度不超过 0.5 kW/cm^2。典型的尺寸由图 2 给出。

注 2：较高的表面功率密度会引起量热计壁的过热。结果会产生较高的辐射损失和较大的功率测定误差。较高的表面功率密度或量热计在感应器内放置得不同轴会引起量热计壁的局部过热和穿孔。如果对某些特殊的试验需要较高的表面功率密度，则可使用简单的薄壁圆筒形量热计，但壁厚不可小于 0.6 mm 并且采用强冷却。这种量热计容易损坏，因此其外壳宜是可方便置换的。

量热计应为水冷。建议的水流量约为 1 L/(min·kW)，但不小于 0.5 L/(min·kW)。水流量应是稳定的。

为避免产生蒸汽，宜监测水流量，如采用流量联锁开关。

注 3：量热计壁小面积局部过热到低于 500 ℃温度（极微弱的暗红色）是可接受的并且不显著影响试验结果。

进水温度应不超过 35℃。

出水温度应不超过 60℃。

出水温度与进水温度之差应至少为 10℃，以便获得可接受的准确度。

任何自来水都可使用。

测量应在负载处于热平衡时进行。应使用高准确度的温度计和流量计以确保输出功率测量的准确度在±5%以内。

量热计同轴地放置在试验感应器内，后者与被试验设备的输出端子相接。在感应器内上下移动量热计能调节负载。为此可使用工件夹持机（不作旋转运动）。

试验感应器的电感与实际提供的感应器的电感应为同数量级。试验感应器可为单匝或多匝并宜由铜管制作。

通往试验感应器的高频电流连接导体，特别对单匝感应器，应为扁宽形和尽量短并且并排放置，以尽量减小连接导体的杂散电感。

感应器与量热计的典型间距为 5 mm（见图 2）。对某些应用场合，该间距能减小到 1.5 mm。不建议采用更小的间距，因为这可能产生打火或不均匀加热。

绝大多数试验感应器（很低功率者除外）宜采用水冷。

在绕组上硬钎焊上铜片能减小单匝感应器的电感并能确保量热计的均匀加热，此时铜片应仿效感应器所在处量热计部分的轮廓。

试验感应器举例如图 4 所示，附录 A 为其电感的计算式。

量热计的功率由下式计算：

$$P=\frac{4.186\,8Q\Delta T}{60}\approx 0.07Q\Delta T \qquad \cdots\cdots(1)$$

式中：

P——量热计的功率，单位为千瓦（kW）；

Q——水流速率，单位为升每分钟（L/min）；

ΔT——进出水间的温差，单位为摄氏度（℃）。

注 4：1 cal＝4.186 8 J。

在感应器和在通往发生器输出端的连接导体中的功率损失应用量热方式测量并用与量热计相同的公式计算。这些功率损失应与量热计所消耗的功率相加，以获得发生器的高频输出功率。

输出功率的测量准确度应在±5%以内。

注 5：量热计插入感应器太深会引起试验设备的过载。对电子管型发生器，当按 GB 4824—2004 试验电磁兼容性时，可通过有意产生过载来检查发生器产生寄生振荡的可能性。为保护电子管避免阳极过热，也许有必要降低阳极电压。

注 6：在有色金属炉料（实际使用中有时会遇到这种情况）中获得的高频输出功率值会比在钢制量热计中消耗的功率低得多。

5.2 灯负载温度法

本方法仅可用于在试验负载中不产生谐波功率的那类发生器，否则应采用像附加谐振电路那样的谐波抑制滤波器。此时，应测量在谐振电路中的损失。

典型例子示于图 6。应采用多灯并联的灯负载组作为被试验设备的负载。该灯负载组 h_1 替代感应器与发生器的输出端相接。本方法可用于具有降低设备高频输出电压的高频变压器的场合。这些灯应该用长度相等，尽可能短的低感抗导体连接。灯数取决于被试验设备额定输出功率的大小。这些灯应能消耗该额定输出功率。对不高于 1 MHz 的频率，可使用任何灯，对高于 1 MHz 的频率，建议采用灯丝引线短的灯。

当设备通电时，灯丝的温度应该通过与另一个灯 h_2 比较来测量，灯 h_2 与灯负载组 h_1 的灯为同一类型并通过电压调节装置与工频电源相接。比较用灯 h_2 上的电压设定应使其灯丝温度与 h_1 的相同。测量灯 h_2 的电压和电流，其乘积再乘以 h_1 的灯数 n 即为所消耗的功率，也就是该高频发生器的高频输出功率。

为了更好地比较，灯的最高工作电压宜为其额定电压的 70%。建议采用透明的灯泡。

典型的温度测量装置可包括光电池（见 GB/T 14809—2000 的附录 A）或高温计。

输出功率测量的准确度应在±5%以内。

注：某些感应加热发生器在冷灯丝状态下合闸可能会引起过载。在某些情况下，有必要对灯丝作小功率的预热，然后马上进行全功率合闸。

5.3 匹配的阻性负载

5.3.1 概述

匹配的阻性负载为无电抗分量的、可采用能由自然空气对流、强迫空气或水进行冷却的电阻器，它能替代感应器连接到发生器的低压输出端。必需的电阻值取决于被试验设备的射频输出电压。本方法仅可用于不在试验负载中产生谐波功率的那类发生器，否则应采用如附加谐振电路那样的谐波抑制滤波器。此时，应测量在谐振电路中的损失。

通过测量电阻器的电流或电压而获得功率，测量仪表能直接以 I^2R 或 V^2/R 来指示功率。可从市场上买到匹配的电阻器负载，功率从几十瓦到几百千瓦。

5.3.2 水电阻技术

水电阻的举例示于图 3。

输出功率由直接通过水的电流测量。在由绝缘材料制成的箱内放置两个电极，水通过该箱流动。

避免产生水气泡的最大负荷是 200 W/cm²。两电极间的最小间距为 10 mm。在需要较大负载电阻器的情况下，宜采用较大的间距。负载的匹配可通过改变电极的插入深度来取得。考虑电极能承受的最大额定功率，变化可达到 1∶4。电极可由非磁性材料，如铜或不锈钢制作。水的单位导电率应在 300 μ mho/cm 到 500 μ mho/cm 的范围内。混合室的容积应至少为 $0.1Q\times1$ min，Q 的单位为 L/min（见式(1)）。

附加感抗能模拟该负载的电抗分量。这种感抗的举例示于图 5，它由铜管制作并带有滑动构件以调节感抗大小。

5.3.3 其他的水电阻负载

在 GB/T 14809—2000 中 5.1 所述的水电阻负载能用于负载的阻抗能与发生器的输出阻抗相匹配的情况。

对工作频率高于 1 MHz 并配置高频输出变压器的装置，该负载应连接到输出端子并与空的工作线圈并联。该负载的电阻应至少比工作线圈的电抗大 5 倍。如果不能满足该条件，则在某些情况下可把负载连接到输出端而不接工作线圈，因为断开工作线圈能影响频率，所以应检查这对发生器工作的影响。如果出现谐波，则应采取抑制谐波的措施，如采用附加谐振电路。此时，应测量该谐振电路的损失。

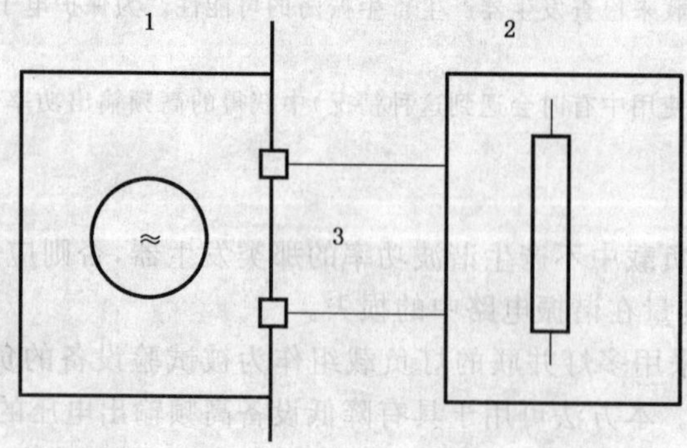

1——发生器；

2——负载；

3——发生器的输出端子。

图 1 输出功率的定义

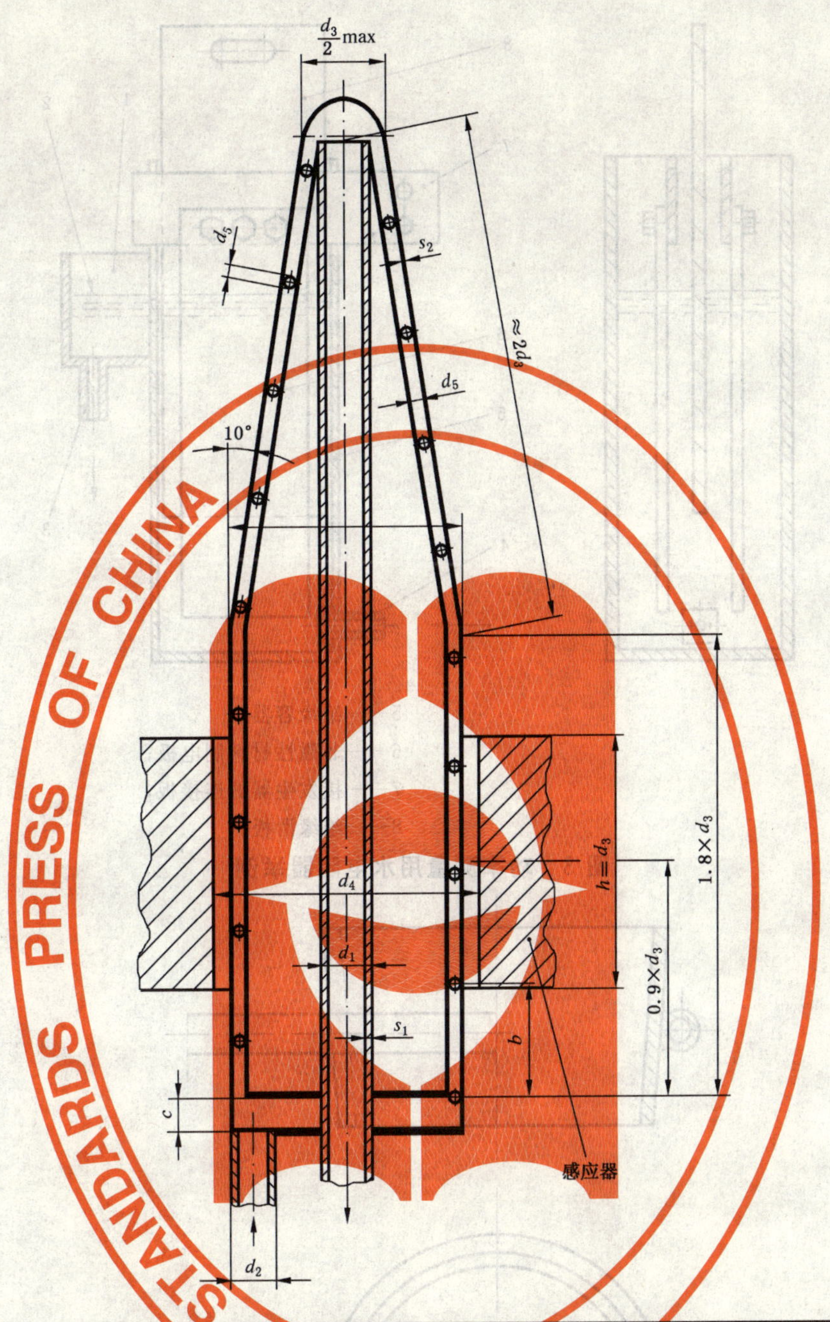

型号	标称输出功率/kW	装置的尺寸/mm								
		b	c	d_1	d_2	d_3	$d_{4\,m}$ max	d_5	s_1	s_2
1	9	16	6	10	17.2	57	67	3	1.5	1.5
2	20	25	10	15	21.3	81	91	4.5	1.5	1.5
3	100	55	20	30	33.7	159	169	10	2.9	1.5
4	350	100	40	48.3	48.3	276	286	20	3.25	1.5

图 2　量热计举例

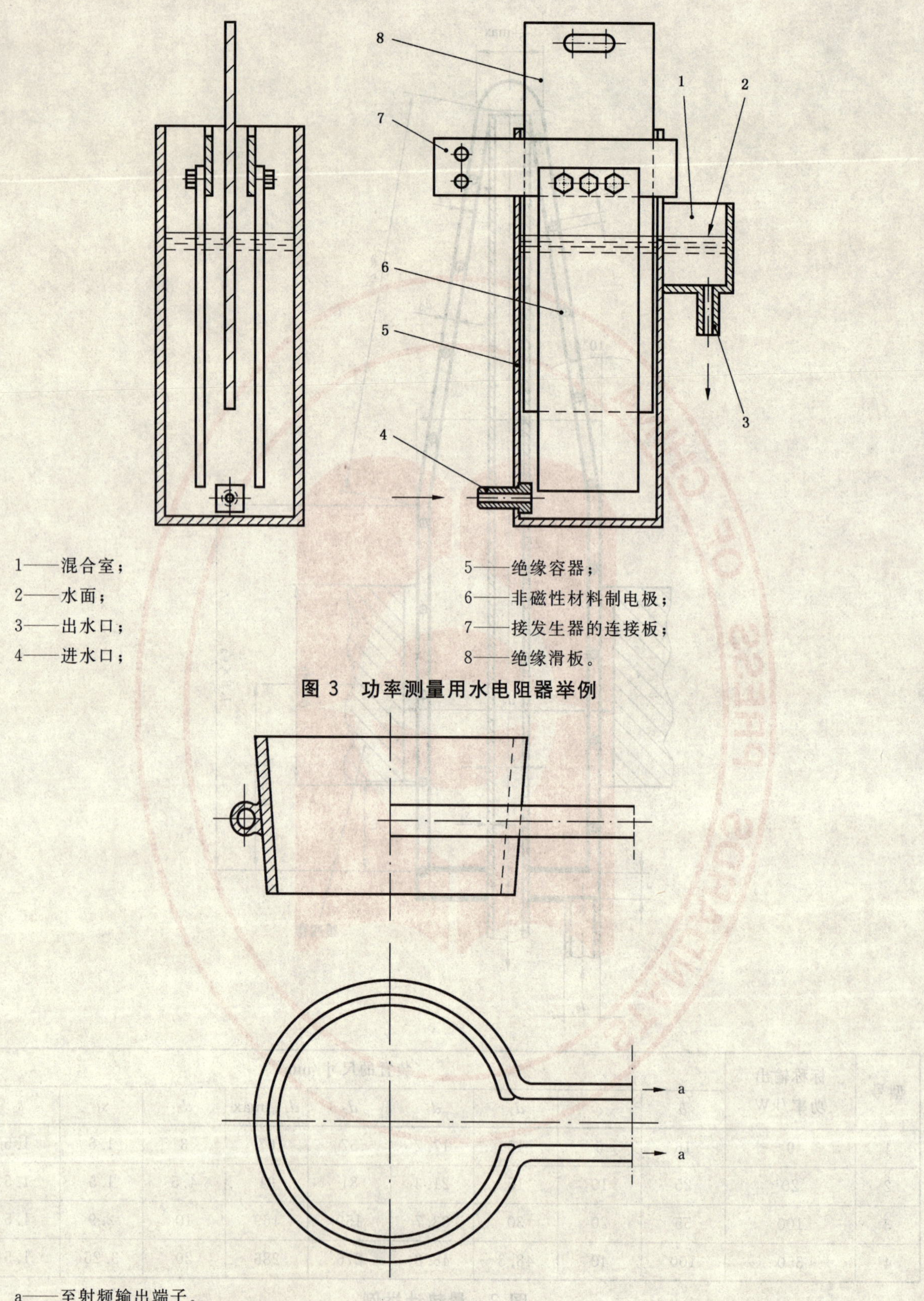

1——混合室；
2——水面；
3——出水口；
4——进水口；
5——绝缘容器；
6——非磁性材料制电极；
7——接发生器的连接板；
8——绝缘滑板。

图 3 功率测量用水电阻器举例

a——至射频输出端子。

锥形的会合角应与量热计外壁的角度相等

图 4 单匝试验感应器举例

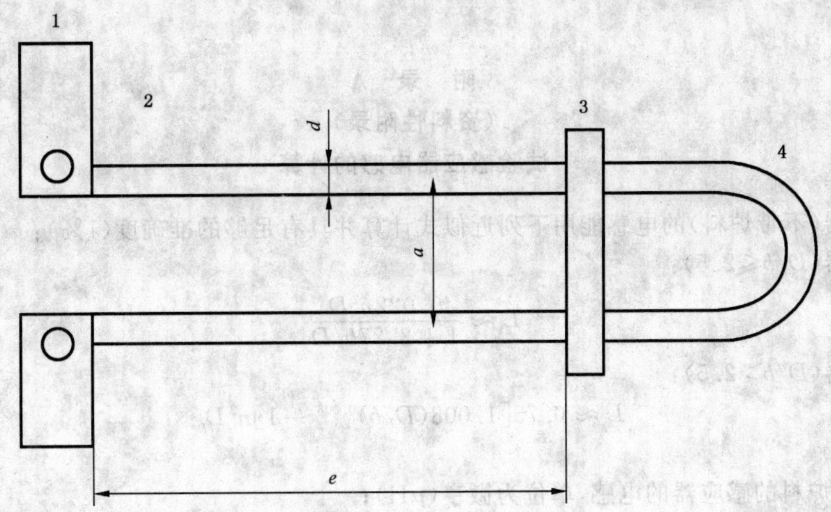

1——接发生器的端子；

2——水接头；

3——铜制滑动件；

4——铜管；

a——电感两部分间的距离；

d——管径；

e——导体的有效长度。

功率/kW	<8	5～60	40～200
d/mm	8	15	24
a/mm	15.2	28.7	90.5
单位电感/(nH/cm)	5	5	8

图5 可调电感的举例

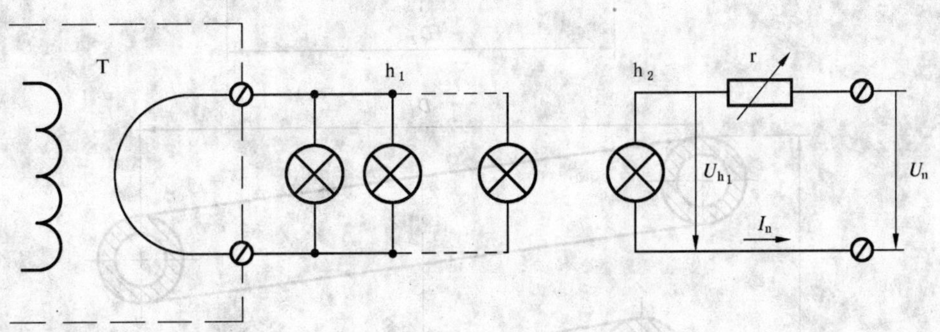

T——输出变压器；

r——调节电阻器；

h_1——灯负载组；

h_2——参照灯；

U_n——工频电压；

U_{h_2}——参照灯电压；

I_n——参照灯电流。

注：必要时，输出端串接或并接上附加电感。

图6 灯负载温度法测量电路举例

附 录 A
（资料性附录）
试验感应器电感的计算

试验感应器（不带炉料）的电感能用下列近似式计算并具有足够的准确度（1%）：

对长感应器（$D/b \leqslant 2.5$）：

$$L \approx \frac{0.022n^2 D}{1 + 2.27b/D}$$

对短感应器（$D/b > 2.5$）：

$$L \approx 0.75[1.008(D/b)^{0.008} - 1]n^2 D$$

式中：

L——不带炉料的感应器的电感，单位为微亨（μH）；

n——感应器的匝数；

D——感应器的内径，单位为厘米（cm）；

b——感应器的长度，单位为厘米（cm）。

对锥形感应器，其内径最大和最小值的算术平均值为 D。

感应器由圆管绕制时（无钎焊铜片），其平均直径为计算值 D（见图 A.1）。

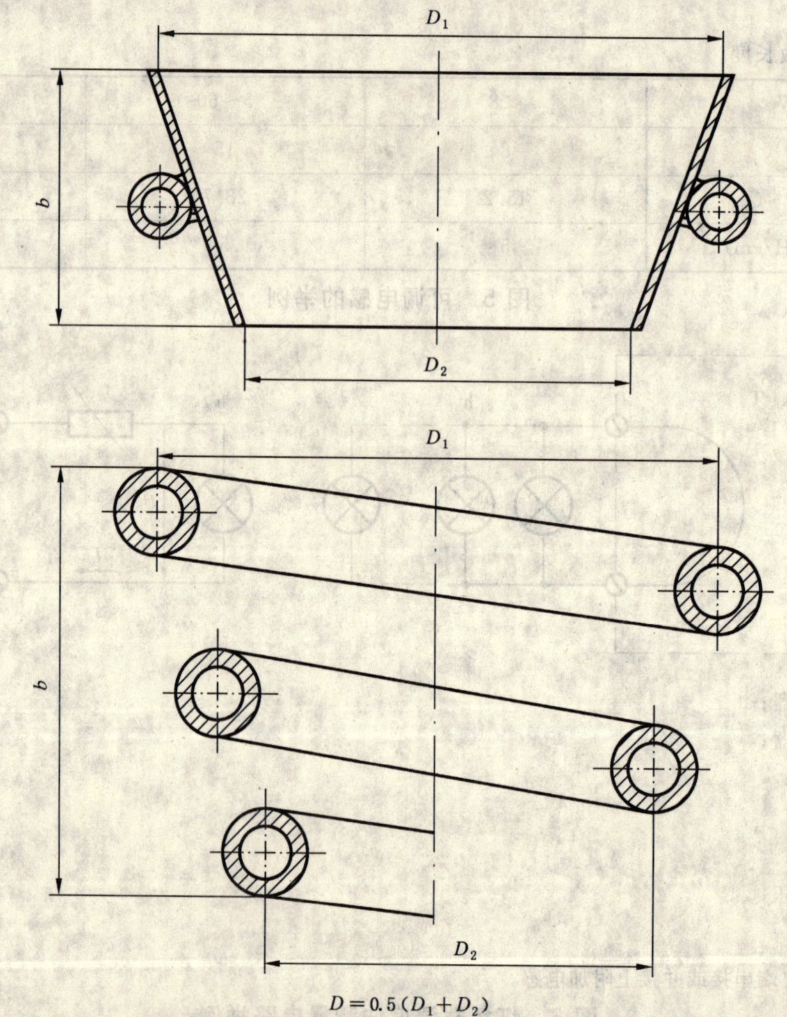

图 A.1 锥形量热计用试验感应器的主要尺寸

单匝感应器由圆管绕制时(无钎焊铜片),其管子横截面的外径为 b。

上述电感的计算仅指感应器而言。对引出连接导体应另作计算并规定容许误差。

注:当感应器在实际使用时带炉料或插入试验量热计时,会使电感变小,这取决于炉料的材质、炉料的温度以及炉料与感应器间的磁耦合程度。感应器有无炉料时的电感差大到百分之几十,但是由于可在感应器内移动锥形量热计来改变感应器与炉料间的磁耦合,这种电感差对按本部分规定测量高频输出功率来说没有实际的意义。

ICS 77.150.99
H 63

中华人民共和国国家标准

GB/T 10116—2007
代替 GB/T 10116—1988

仲钨酸铵

Ammonium paratungstate

2007-11-23 发布　　　　2008-06-01 实施

中华人民共和国国家质量监督检验检疫总局
中国国家标准化管理委员会　发布

前　言

本标准代替 GB/T 10116—1988《仲钨酸铵》。

本标准与 GB/T 10116—1988 相比，主要有如下变动：

——取消了品级较低的 APT-2 牌号；

——增加了物理性能的要求；

——APT-0 牌号增加了有害杂质元素 Cd 的控制要求，调整了 Mg、Mn、Ni、Sb、S、Sn 六项杂质元素指标；

——APT-1 牌号增加了有害杂质元素 Cd 的控制要求，调整了 Mg、Mo、Ni 三项杂质元素指标；

——规定产品应进行过筛，应能全部通过孔径为 250 μm 筛网。

本标准由中国有色金属工业协会提出。

本标准由全国有色金属标准化技术委员会归口。

本标准由自贡硬质合金有限公司负责起草。

本标准主要起草人：代普。

本标准所代替标准的历次版本发布情况为：

——GB/T 10116—1988。

仲　钨　酸　铵

1　范围

本标准规定了仲钨酸铵的要求、试验方法、检验规则、标志、包装、运输、贮存及订货单(或合同)内容。

本标准适用于生产硬质合金和钨制品等粉末冶金产品用的仲钨酸铵。

2　规范性引用文件

下列文件中的条款通过本标准的引用而成为本标准的条款。凡是注日期的引用文件,其随后所有的修改单(不包括勘误的内容)或修订版均不适用于本标准,然而,鼓励根据本标准达成协议的各方研究是否可使用这些文件的最新版本。凡是不注日期的引用文件,其最新版本适用于本标准。

GB/T 1479　金属粉末松装密度的测定　第1部分:漏斗法

GB/T 3249　难熔金属及化合物粉末粒度的测定方法　费氏法

GB/T 4324(所有部分)　钨化学分析方法

GB/T 5060　金属粉末松装密度的测定　第2部分:斯柯特容量计法

GB/T 5314　粉末冶金用粉末的取样方法

3　要求

3.1　产品分类

产品按化学成分中杂质含量要求不同,分为APT-0、APT-1两个牌号。

3.2　化学成分

产品的化学成分应符合表1的规定。

3.3　粒度

产品的费氏平均粒度应符合表2的规定。

3.4　松装密度

产品的松装密度等其他物理性能指标由供需双方协商确定。

3.5　过筛

产品应进行过筛,应能全部通过孔径为250 μm的筛网。

3.6　外观质量

产品应呈白色结晶,颜色应均匀一致。产品应无目视可见的夹杂物和结块。

4　试验方法

4.1　产品的化学成分分析按GB/T 4324的规定进行。

4.2　产品的费氏平均粒度按GB/T 3249的规定进行。

4.3　产品的松装密度测定按GB/T 1479或GB/T 5060的规定进行。

4.4　产品的过筛按供需双方认同的方式进行。

4.5　产品的外观质量用目视检查。

表 1

质量分数/%

牌　　号		APT-0	APT-1
WO_3 含量,不小于		88.5	88.5
杂质含量（以 WO_3 为基准）不大于	Al	0.000 5	0.001 0
	As	0.001 0	0.001 0
	Bi	0.000 1	0.000 1
	Ca	0.001 0	0.001 0
	Cd	0.001 0	0.001 0
	Co	0.001 0	0.001 0
	Cr	0.001 0	0.001 0
	Cu	0.000 3	0.000 5
	Fe	0.001 0	0.001 0
	K	0.001 0	0.001 5
	Mg	0.000 5	0.000 7
	Mn	0.000 5	0.001 0
	Mo	0.002 0	0.003 0
	Na	0.001 0	0.001 5
	Ni	0.000 5	0.000 5
	P	0.000 7	0.001 0
	Pb	0.000 1	0.000 1
	S	0.000 8	0.001 0
	Sb	0.000 5	0.001 0
	Si	0.001 0	0.001 0
	Sn	0.000 2	0.000 3
	Ti	0.001 0	0.001 0
	V	0.001 0	0.001 0

表 2

级别	粗级	中级	细级	超细级
费氏平均粒度/μm	>35	>20～35	10～20	<10

5　检验规则

5.1　检查和验收

5.1.1　产品应由供方质量监督部门进行检验,保证产品质量符合本标准规定,并填写产品质量证明书。

5.1.2　需方可对收到的产品按本标准的规定进行检验,如检验结果与本标准规定不符合时,应在收到产品之日起1个月内向供方提出,由供需双方协商解决。如需仲裁,仲裁取样在需方由供需双方共同进行。

5.2　组批

产品应成批提交验收,每批由同一牌号的混合料组成,每批重量由供需双方协商确定。

5.3　检验项目

产品的检验项目及取样数量见表3。

表 3

检验项目	取样数量	要求的章条号	试验方法的章条号
化学成分	每批按 GB/T 5314 的规定进行	3.2	4.1
粒度、松装密度	每批按 GB/T 5314 的规定进行	3.3、3.4	4.2、4.3
过筛	逐批	3.5	4.4
外观质量	逐批	3.6	4.5

5.4 取样和制样

取样和制样方法按 GB/T 5314 的规定进行。

5.5 检验结果判定

5.5.1 产品的化学成分、粒度、松装密度的检验结果如有一项不合格，应在该批产品中对该不合格项加倍取样进行重复试验，若试验结果仍有一个不合格，则该批产品判为不合格。

5.5.2 产品的过筛和外观质量不合格，判该批产品不合格。

6 标志、包装、运输、贮存

6.1 标志

产品外包装上应注明：供方名称、产品名称和牌号、规格、批号、净重，并附有“防潮”、“向上”等字样或标志。

6.2 包装

产品外包装用塑料编织袋或铁桶，内包装用聚乙烯塑料袋，严密封口。或采用供需双方确定的方法包装。每件重量由供需双方协商确定。

6.3 运输、贮存

产品运输和储存时，应防止潮湿，不得剧烈碰撞。

6.4 质量证明书

每批产品应提供产品质量证明书，其上注明：

a) 供方名称、地址、邮编；

b) 产品名称、牌号和规格；

c) 批号；

d) 净重；

e) 本标准编号；

f) 各项分析检验结果和质量监督部门印记；

g) 检验员号；

h) 检验日期。

7 订货单(或合同)内容

订货单(或合同)应包括下列内容：

a) 产品名称；

b) 产品牌号、规格；

c) 技术要求；

d) 产品净重；

e) 本标准编号；

f) 其他。

ICS 77.040.10
H 22

中华人民共和国国家标准

GB/T 10128—2007
代替 GB/T 10128—1988

金属材料　室温扭转试验方法

Metallic materials—Torsion test at ambient temperature

2007-11-23 发布　　　2008-06-01 实施

中华人民共和国国家质量监督检验检疫总局
中国国家标准化管理委员会　发布

前　言

本标准代替 GB/T 10128—1988《金属室温扭转试验方法》，与其相比变化如下：

——在规范性引用文件中删去了原引用标准 GB 6397《金属拉伸试验试样》，增加了 GB/T 10623《金属材料力学性能试验术语》、JJG 269《扭转试验机》；

——在“术语、符号”一章，将术语按照 GB/T 1.1—2000 重新进行了编写，将“屈服点”改为“屈服强度”、“上屈服点”改为“上屈服强度”、“下屈服点”改为“下屈服强度”；删去了原标准表 1 中的符号“τ_s”；

——在第 5 章中增加了“图 2 管状试样塞头”；

——对扭转计的要求进行了修改；

——修改了扭转速度；

——将屈服点、上屈服点和下屈服点的测定改为“上屈服强度和下屈服强度的测定”，同时删去了 GB/T 10128—1988 中的公式(7)；

——在性能测试中增加了使用自动装置测定的内容；

——对 GB/T 10128—1988 中的公式(11)进行了修改；

——将数值修约改为分段修约；

——对试验报告的内容进行了补充。

本标准的附录 A、附录 B 和附录 C 为资料性附录。

本标准由中国钢铁工业协会提出。

本标准由全国钢标准化技术委员会归口。

本标准起草单位：钢铁研究总院、深圳市新三思材料检测有限公司、冶金工业信息标准研究院、济南时代试金仪器有限公司。

本标准起草人：赵俊平、高怡斐、安建平、董莉、鲁建周。

本标准所代替标准的历次版本发布情况为：

——GB/T 10128—1988。

金属材料　室温扭转试验方法

1　范围

本标准规定了金属材料室温扭转试验方法的术语、符号、原理、试样、试验设备、性能测定、测得性能数值的修约和试验报告。

本标准适用于金属材料的室温下测定其扭转力学性能。

2　规范性引用文件

下列文件中的条款通过本标准的引用而成为本标准的条款。凡是注日期的引用文件，其随后所有的修改单(不包括勘误的内容)或修订版均不适用于本标准，然而，鼓励根据本标准达成协议的各方研究是否可使用这些文件的最新版本。凡是不注日期的引用文件，其最新版本适用于本标准。

GB/T 8170　数值修约规则

GB/T 10623　金属材料力学性能试验术语

JJG 269　扭转试验机

3　原理

对试样施加扭矩，测量扭矩及其相应的扭角，一般扭至断裂，以便测定本标准定义的一项或几项扭转力学性能。

4　术语、定义及符号

4.1　术语及定义

GB/T 10623 中规定的术语以及下列术语及定义适用于本标准。

4.1.1

标距　gauge length

L_0

试样上用以测量扭角的两标记间距离的长度。

4.1.2

扭转计标距　troptometer gauge length

L_e

用扭转计测量试样扭角所使用试样平行部分的长度。

4.1.3

最大扭矩　maximum torque

T_m

试样在屈服阶段之后所能抵抗的最大扭矩。对于无明显屈服的(连续屈服)金属材料，为试验期间的最大扭矩。

4.1.4

剪切模量　shear modulus

G

切应力与切应变成线性比例关系范围内切应力与切应变之比。

4.1.5

规定非比例扭转强度　proof strength, non-proportional torsion

τ_p

扭转试验中，试样标距部分外表面上的非比例切应变达到规定数值时的切应力。

注：表示此应力的符号应附以角注说明，例如 $\tau_{p0.015}$、$\tau_{p0.3}$ 等，分别表示规定的非比例切应变达到 0.015% 和 0.3% 的切应力。

4.1.6

屈服强度　yield strength

当金属材料呈现屈服现象时，在试验期间达到塑性发生而扭矩不增加的应力点，应区分上屈服强度和下屈服强度。

4.1.6.1

上屈服强度　upper yield strength

τ_{eH}

扭转试验中，试样发生屈服而扭矩首次下降前的最高切应力。

4.1.6.2

下屈服强度　lower yield strength

τ_{eL}

扭转试验中，在屈服期间不计初始瞬时效应时的最低切应力。

4.1.7

抗扭强度　torsional strength

τ_m

相应最大扭矩的切应力。

4.1.8

最大非比例切应变　maximum shear strain, non-proportional

γ_{max}

试样扭断时其外表面上的最大非比例切应变。

注：τ_p、τ_{eH}、τ_{eL}、τ_m 使用弹性扭转公式计算，如考虑塑性，后面所使用的计算公式将有所不同。

4.2　符号

符号、名称和单位见表 1。

表 1　符号、名称及单位

符　号	名　称	单　位
a	管形试样平行长度部分的管壁厚度	mm
d	圆柱形试样和管形试样平行长度部分的外直径	mm
L_c	试样平行长度	mm
L_0	试样标距	mm
L_e	扭转计标距	mm
L	试样总长度	mm
R	试样头部过渡半径	mm
T	扭矩	N·mm
T_p	规定非比例扭矩（试验记录或报告中应附以所测应力的角注，例如 $T_{p0.015}$、$T_{p0.3}$ 等）	N·mm

表 1（续）

符　　号	名　　称	单　　位
T_{eH}	上屈服扭矩	N·mm
T_{eL}	下屈服扭矩	N·mm
T_m	最大扭矩	N·mm
ΔT	扭矩增量	N·mm
ϕ	扭角	(°)
ϕ_{max}	最大非比例扭角	(°)
$\Delta\phi$	扭角增量	(°)
I_p	极惯性矩	mm^4
W	截面系数	mm^3
G	剪切模量	MPa
τ_p	规定非比例扭转强度	MPa
τ_{eH}	上屈服强度	MPa
τ_{eL}	下屈服强度	MPa
τ_m	抗扭强度	MPa
γ_p	非比例切应变	%
γ_{max}	最大非比例切应变	%
π	圆周率	

5　试样

5.1　试样形状和尺寸

5.1.1　圆柱形试样

圆柱形试样的形状和尺寸见图 1。试样头部形状和尺寸应适应试验机夹头夹持。推荐采用直径为 10 mm，标距分别为 50 mm 和 100 mm，平行长度分别为 70 mm 和 120 mm 的试样。如采用其他直径的试样，其平行长度应为标距加上两倍直径。

单位为毫米

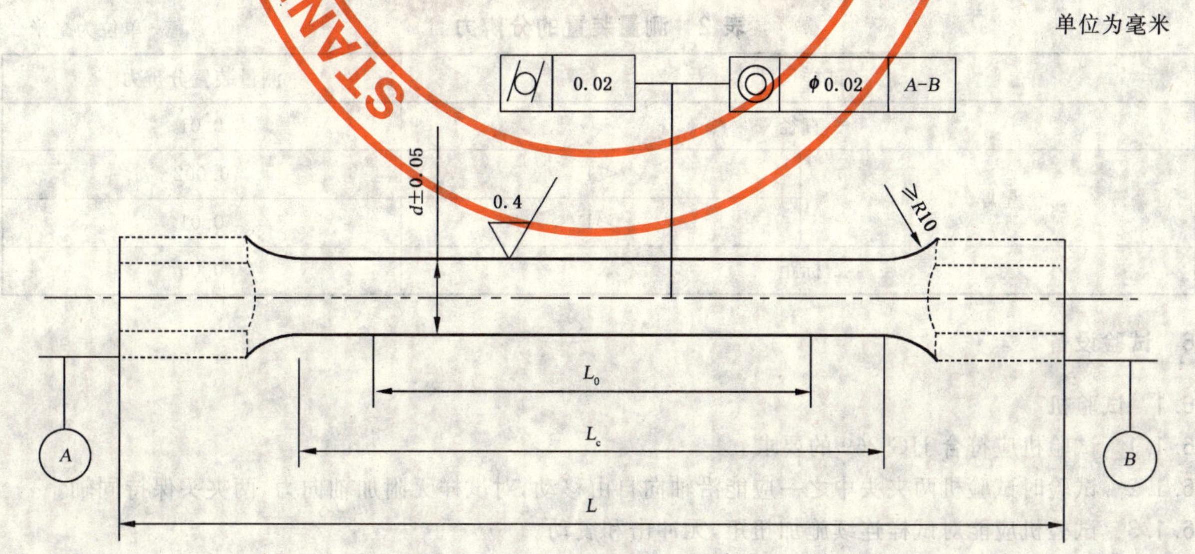

图 1　圆柱形试样

单位为毫米

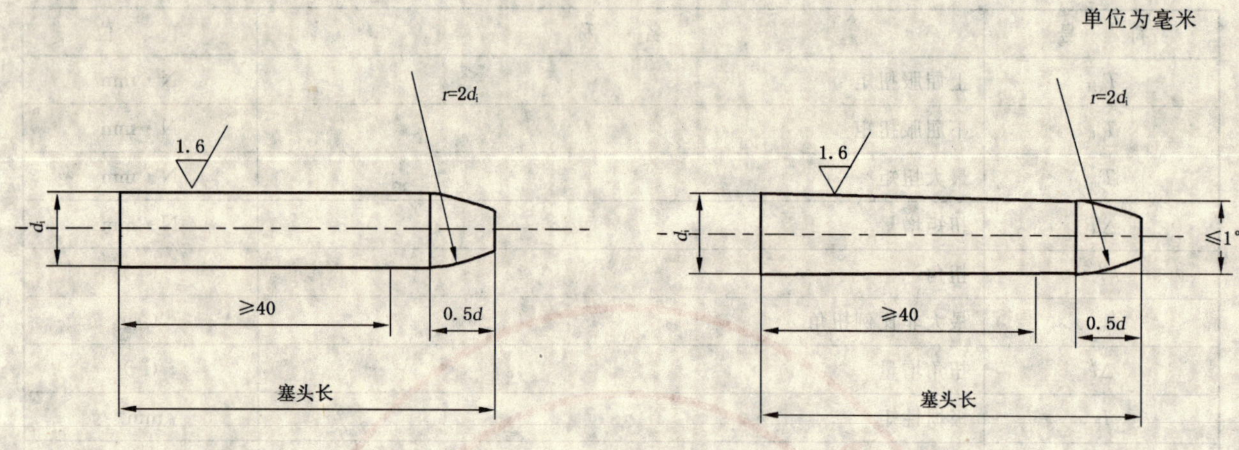

注：d_i 为管形试样内径。

图 2　管形试样塞头

5.1.2　管形试样

管形试样的平行长度应为标距加上两倍外直径。其外直径和管壁厚度的尺寸公差及内外表面粗糙度应符合有关标准和协议要求。试样应平直，试样两端应间隙配合塞头，塞头不应伸进其平行长度内。塞头的形状和尺寸见图 2。

5.2　试样尺寸测量

5.2.1　圆柱形试样

圆柱形试样应在标距两端及中间处两个相互垂直的方向上各测一次直径，并取其算术平均值，取用 3 处测得直径的算术平均值计算试样的极惯性矩；取用 3 处测得直径的算术平均值中的最小值计算试样的截面系数。

5.2.2　管形试样

管形试样应在其一端两个相互垂直的方向上各测一次外径，取其算术平均值。在同一端两个相互垂直的方向上测量四处管壁厚度，取其算术平均值。取用测得的平均外直径和平均管壁厚度计算管形试样的极惯性矩和截面系数。

5.2.3　按表 2 选用测量装置。测量装置应定期进行校准。

表 2　测量装置的分辨力

单位为毫米

试样尺寸		测量装置分辨力
直径		0.01
壁厚	<1	0.002
	≥1	0.01
标距		0.05

6　试验设备

6.1　试验机

6.1.1　试验机应符合 JJG 269 的要求。

6.1.2　试验时试验机两夹头中之一应能沿轴向自由移动，对试样无附加轴向力，两夹头保持同轴。

6.1.3　试验机应能对试样连续施加扭矩，无冲击和震动。

6.1.4　应具有良好的读数稳定性，在 30 s 内保持扭矩恒定。

6.1.5 试验机应定期进行校准。

6.2 扭转计

允许使用不同类型的扭转计测量扭角，但均应满足如下要求：

6.2.1 扭转计标距相对误差应不大于±0.5%，并能牢固地装卡在试样上，试验过程中不发生滑移；

6.2.2 扭角示值分辨力：≤0.001°；

6.2.3 扭角示值相对误差：±1.0%（在≤0.5°范围时，示值误差≤0.005°）；

6.2.4 扭角示值重复性：≤1.0%；

6.2.5 扭转计参照 GB/T 12160 定期进行校准。

7 试验条件

7.1 试验一般在室温 10℃～35℃范围内进行。对温度要求严格的试验，试验温度应为 23℃±5℃。

7.2 扭转速度：屈服前应在 3°/min～30°/min 范围内，屈服后不大于 720°/min。速度的改变应无冲击。

8 性能测定

8.1 剪切模量的测定

8.1.1 图解法：用自动记录方法记录扭矩-扭角曲线。在所记录曲线的弹性直线段上，读取扭矩增量和相应的扭角增量，见图 3。按公式(1)计算剪切模量。

$$G=\frac{\Delta T L_e}{\Delta\phi I_p} \qquad \cdots\cdots(1)$$

式中极惯性矩 I_p 为：

圆柱形试样：

$$I_p=\frac{\pi d^4}{32} \qquad \cdots\cdots(2)$$

管形试样：

$$I_p=\frac{\pi d^3 a}{4}\left[1-\frac{3a}{d}+\frac{4a^2}{d^2}-\frac{2a^3}{d^3}\right] \qquad \cdots\cdots(3)$$

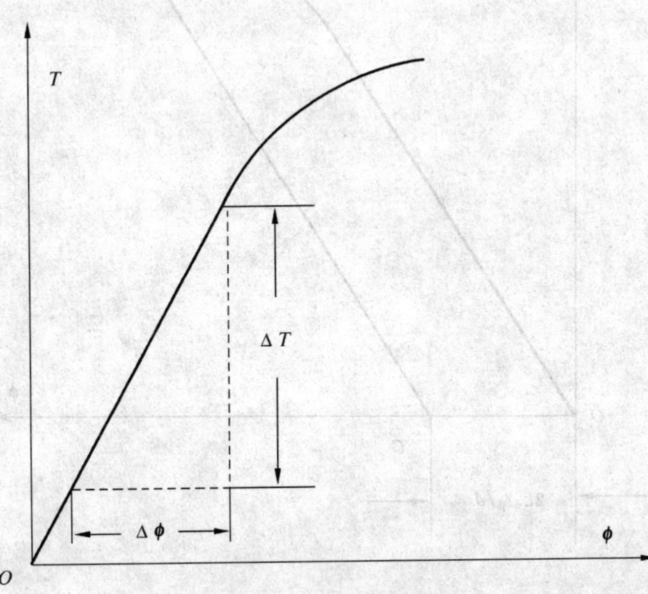

图 3 剪切模量

8.1.2 逐级加载法：对试样施加预扭矩，预扭矩一般不超过相应预期规定非比例扭转强度 $\tau_{p0.015}$ 的 10%。

装上扭转计并调整其零点。在弹性直线段范围内，用不少于 5 级等扭矩对试样加载。记录每级扭矩和相应的扭角，读取每对数据对的时间以不超过 10 s 为宜。计算出平均每级扭角增量。按公式(1)计算剪切模量。测定举例参见附录 A。

注：允许用最小二乘法将数据对拟合直线计算剪切模量。

8.1.3 使用自动测试系统得到这一性能时，可不绘制扭矩-扭角曲线。

8.2 规定非比例扭转强度的测定

8.2.1 图解法：用自动记录方法记录扭矩-扭角曲线，见图 4。在记录的曲线上延长弹性直线段交扭角轴于 O 点，截取 $OC(OC=2L_e\gamma_p/d)$ 段，过 C 点作弹性直线段的平行线 CA 交曲线于 A 点，A 点对应的扭矩为所求扭矩 T_p。按公式(4)计算规定非比例扭转强度。

$$\tau_p = \frac{T_p}{W} \quad \cdots\cdots(4)$$

式中截面系数 W 为：

圆柱形试样：

$$W = \frac{\pi d^3}{16} \quad \cdots\cdots(5)$$

管形试样：

$$W = \frac{\pi d^2 a}{2}\left[1-\frac{3a}{d}+\frac{4a^2}{d^2}-\frac{2a^3}{d^3}\right] \quad \cdots\cdots(6)$$

注：图解法测定真实规定非比例扭转强度参照附录 B 进行。

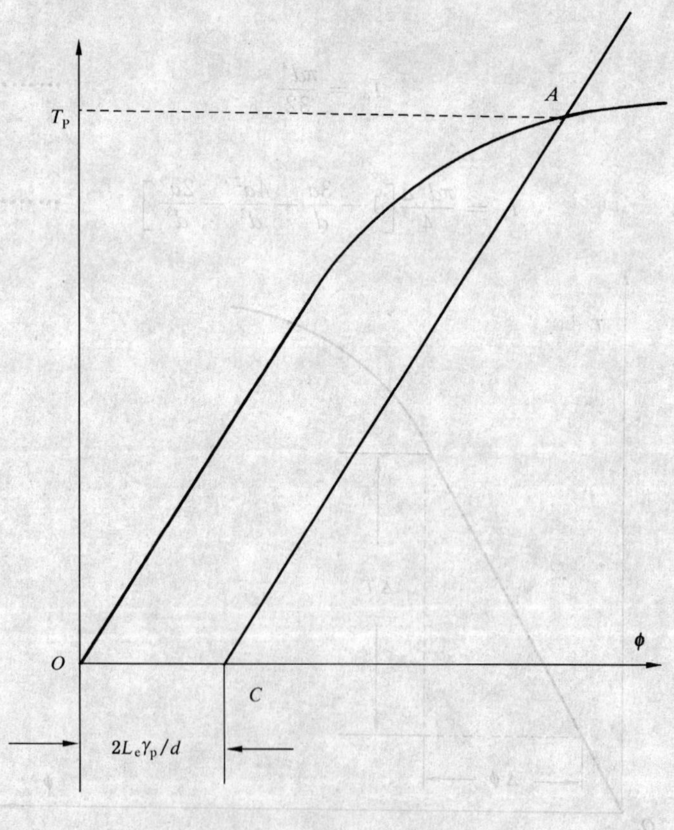

图 4 规定非比例扭转强度

8.2.2 逐级加载法：按 8.1.2 对试样施加预扭矩后，装卡扭转计并调整零点。在相当于规定非比例扭

转强度 $\tau_{p0.015}$ 的 70%～80%以前，施加大等级扭矩，以后施加小等级扭矩，小等级扭矩应相当于不大于 10 MPa 的切应力增量。读取各级扭矩和相应的扭角。读取每对数据对的时间以不超过 10 s 为宜。

从各级扭矩下的扭角读数中减去计算得到的弹性部分扭角，即得非比例部分扭角。施加扭矩直至得到非比例扭角等于或稍大于所规定的数值为止。用内插法求出精确的扭矩，按公式(4)计算规定非比例扭转强度。测定举例参见附录 C。

8.2.3 使用自动测试系统得到这一性能时，可不绘制扭矩-扭角曲线。

8.3 上屈服强度和下屈服强度的测定

采用图解法或指针法进行测定，仲裁试验采用图解法。试验时用自动记录方法记录扭转曲线(扭矩-扭角曲线或扭矩-夹头转角曲线)，或直接观测试验机扭矩度盘指针的指示。

使用自动测试系统得到这一性能时，可不绘制扭矩-扭角曲线。

首次下降前的最大扭矩为上屈服扭矩；屈服阶段中不计初始瞬时效应的最小扭矩为下屈服扭矩；见图 5。分别按公式(7)、公式(8)计算上屈服强度和下屈服强度。

$$\tau_{eH} = \frac{T_{eH}}{W} \quad \cdots\cdots(7)$$

$$\tau_{eL} = \frac{T_{eL}}{W} \quad \cdots\cdots(8)$$

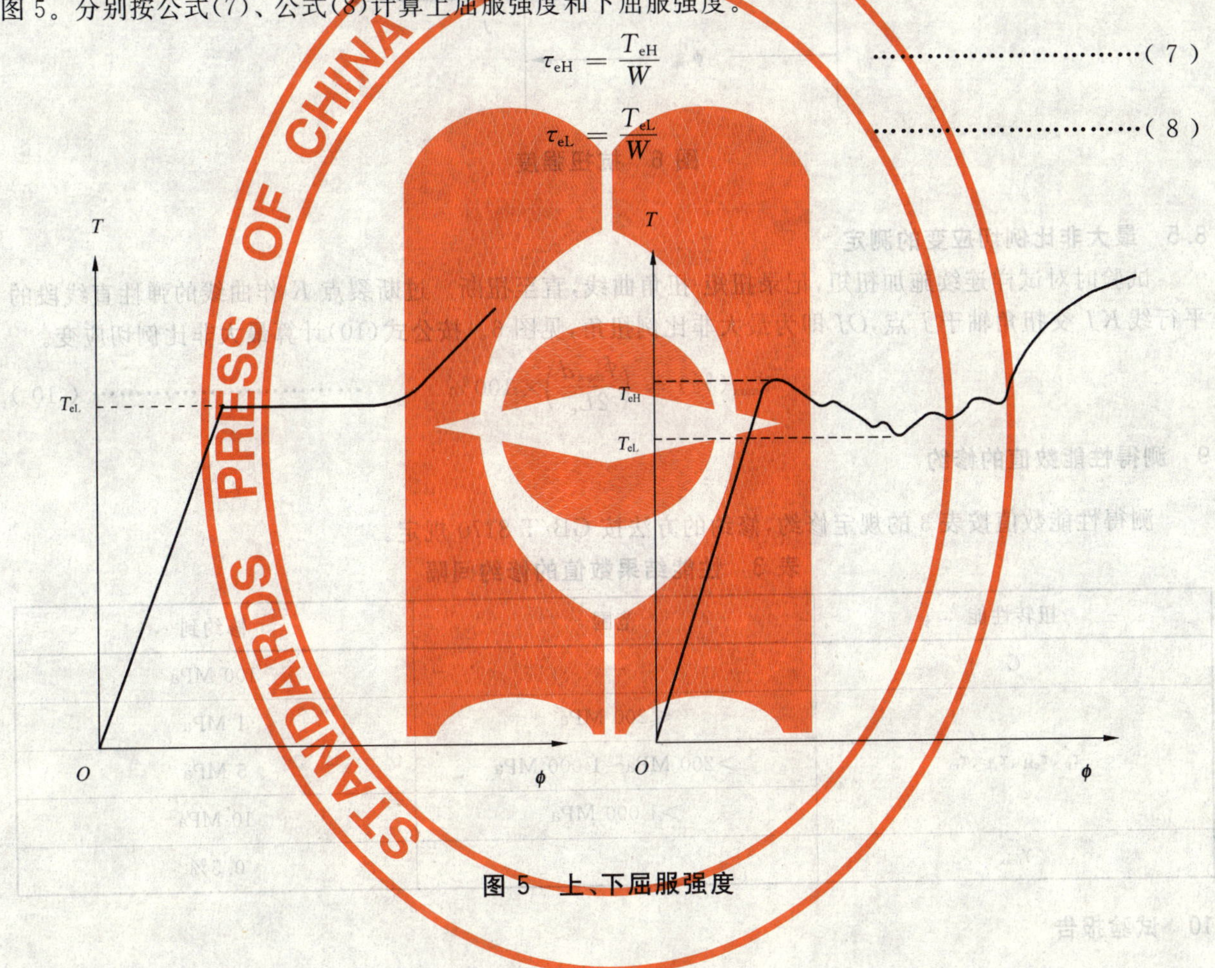

图 5 上、下屈服强度

8.4 抗扭强度的测定

对试样连续施加扭矩，直至扭断。从记录的扭转曲线(扭矩-扭角曲线或扭矩-夹头转角曲线)或试验机扭矩度盘上读出试样扭断前所承受的最大扭矩，见图 6。按公式(9)计算抗扭强度。

使用自动测试系统得到这一性能时，可不绘制扭矩-扭角曲线。

$$\tau_m = \frac{T_m}{W} \quad \cdots\cdots(9)$$

注：图解法测定真实抗扭强度参照附录 B 进行。

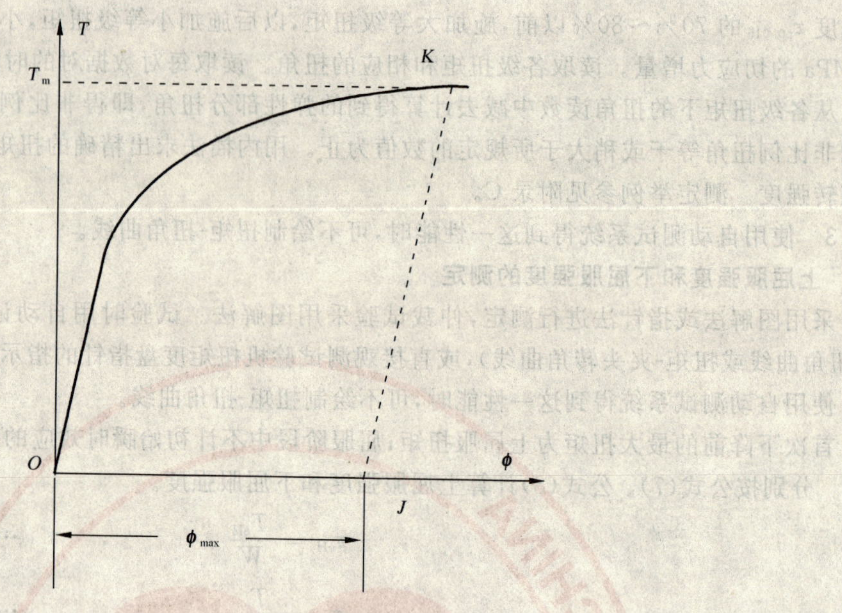

图 6 抗扭强度

8.5 最大非比例切应变的测定

试验时对试样连续施加扭矩，记录扭矩-扭角曲线，直至扭断。过断裂点 K 作曲线的弹性直线段的平行线 KJ 交扭角轴于 J 点，OJ 即为最大非比例扭角，见图 6。按公式(10)计算最大非比例切应变。

$$\gamma_{max}(\%) = \left(\frac{\phi_{max} d}{2L_e}\right) \times 100\% \quad \cdots\cdots (10)$$

9 测得性能数值的修约

测得性能数值按表 3 的规定修约，修约的方法按 GB/T 8170 规定。

表 3 性能结果数值的修约间隔

扭转性能	范围	修约到
G	—	100 MPa
τ_p、τ_{eH}、τ_{eL}、τ_m	≤200 MPa	1 MPa
	>200 MPa～1 000 MPa	5 MPa
	>1 000 MPa	10 MPa
γ_{max}	—	0.5%

10 试验报告

试验报告一般应包括以下内容：

a) 本国家标准编号；

b) 试样特征描述；

c) 试样编号、尺寸；

d) 测定各项性能的结果；

e) 日期。

附 录 A
（资料性附录）
逐级加载法测定剪切模量举例

试验材料：钛合金　　委托单位：

试样尺寸：$d=10.00$ mm　　试样编号：

扭转计标距：$L_e=100.0$ mm　　扭转计类型：镜式仪

镜面至标尺距离：$s=1\ 000$ mm

极惯性矩：$I_p=981.75\ mm^4$

表 A.1

扭矩 T/(N·mm)	扭矩增量 ΔT/(N·mm)	标尺读数/mm		读数增量/mm		读数差/mm	读数差平均值/mm
		$l_{左}$	$l_{右}$	$\Delta l_{左}$	$\Delta l_{右}$	$\Delta l_{左}-\Delta l_{右}$	Δl
10 000	5 000	0	0	—	—	—	—
15 000	5 000	24	5	24	5	19	20.1
20 000	5 000	50	10	26	5	21	
25 000	5 000	74	15	24	5	19	
30 000	5 000	99	20	25	5	20	
35 000	5 000	125	25	26	5	21	
40 000	5 000	151	30	26	5	21	
45 000	5 000	176	35	25	5	20	

$$G=\frac{\Delta T\cdot L_e}{\Delta\phi\cdot I_p}=\frac{\Delta T\cdot L_e}{\frac{1}{2}\left(\frac{\Delta l}{s}\right)\cdot I_p}=\frac{5\ 000\times 100\times 2\ 000}{20.1\times 981.75}=50\ 676.08\ \text{MPa} \quad\cdots\cdots(\text{A.1})$$

修约后为：$G=5.07\times 10^4$ MPa。

附　录　B
（资料性附录）
真实规定非比例扭转强度与真实抗扭强度的测定方法

B.1　范围

本附录适用于金属材料圆柱形试样的真实规定非比例扭转强度和真实抗扭强度的测定。

B.2　术语及定义

B.2.1

真实规定非比例扭转强度　true proof strength, non-proportional torsion

τ_{tp}

扭转试验中，圆柱形试样标距部分外表面上的非比例切应变达到规定数值时，按纳达依公式计算的切应力。

注：表示此应力的符号应附以角注说明，例如 $\tau_{tp0.015}$、$\tau_{tp0.3}$ 分别表示规定非比例切应变达到 0.015% 和 0.3% 时的真实切应力。

B.2.2

真实抗扭强度　true torsional strength

τ_{tm}

扭转试验中，圆柱形试样扭断时，按纳达依公式计算的最大切应力。

B.3　试样、试验设备和试验条件

对试样、试验设备和试验条件的要求，分别与本标准中第5、6、7章的要求相同。

B.4　测定方法

B.4.1　图解法测定真实规定非比例扭转强度

按8.2.1记录扭矩-扭角曲线和作平行线图解确定交点 A 后，以 A 点为切点，过 A 点作曲线的切线 AT_1 交扭矩轴于 T_1，见图B.1。读取 A 点扭矩 T_A 和扭矩 T_1。按公式(B.1)计算真实规定非比例扭转强度。

$$\tau_{tp}=\frac{4}{\pi d^3}\left[3T_A+\theta_A\left(\frac{dT}{d\theta}\right)_A\right]=\frac{4}{\pi d^3}[4T_A-T_1] \quad \cdots\cdots(B.1)$$

注：公式中 θ 为相对扭角，$\theta=\phi/L_e$。

使用自动测试系统得到这一性能时，可不绘制扭矩-扭角曲线。

B.4.2　图解法测定真实抗扭强度

$$\tau_{tm}=\frac{4}{\pi d^3}\left[3T_K+\theta_K\left(\frac{\mathrm{d}T}{\mathrm{d}\theta}\right)_K\right]=\frac{4}{\pi d^3}(4T_K-T_B) \quad \cdots\cdots(B.2)$$

用自动记录方法记录扭矩-扭角曲线，直至试样扭断。以曲线上断裂点 K 为切点，过 K 点作曲线的切线 KT_B 交扭矩轴于 T_B，见图B.2。读取 K 点的扭矩 T_K 和扭矩 T_B。按公式(B.2)计算真实抗扭强度。

使用自动测试系统得到这一性能时，可不绘制扭矩-扭角曲线。

注：公式中 θ 为相对扭角，$\theta=\phi/L_e$。

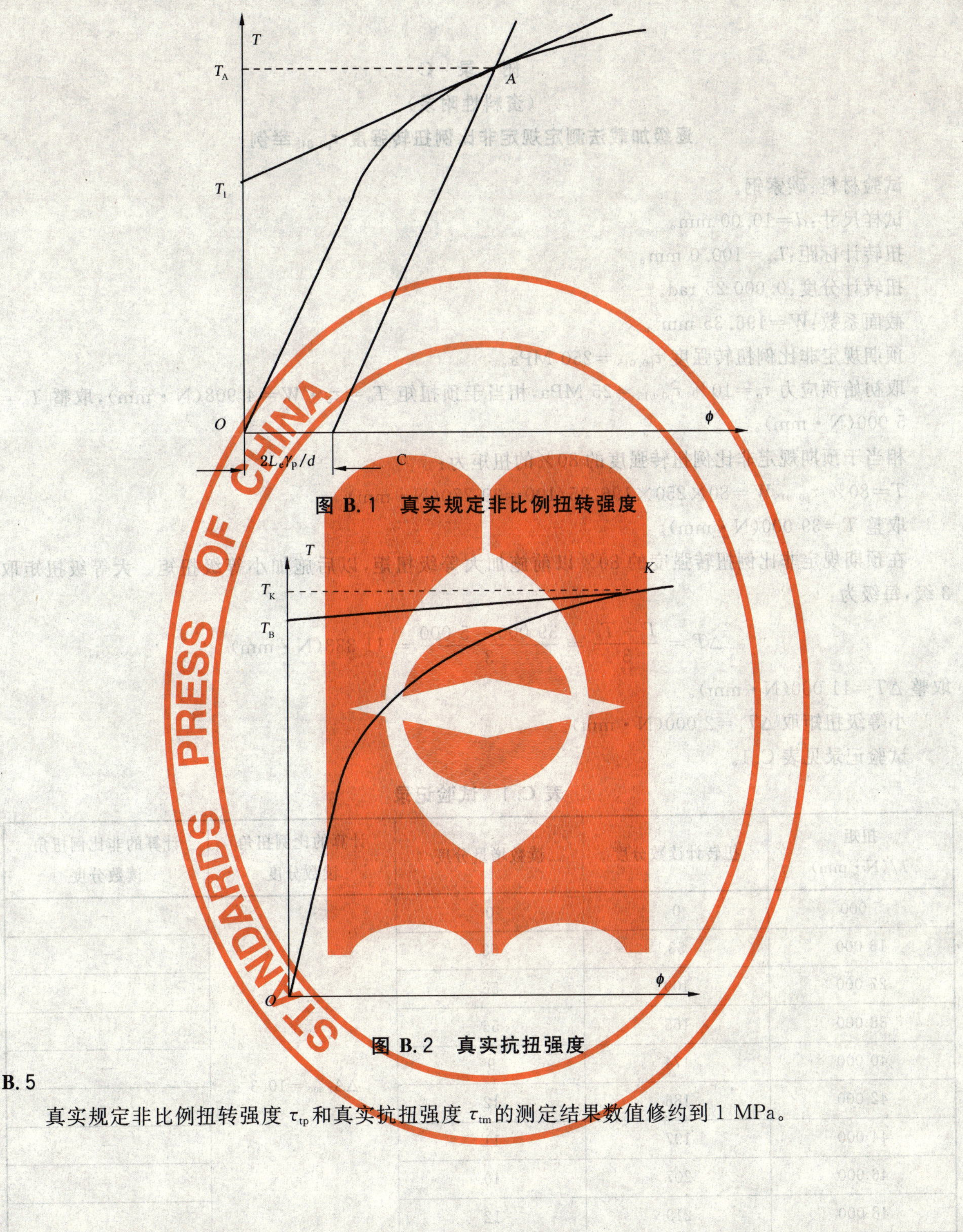

图 B.1 真实规定非比例扭转强度

图 B.2 真实抗扭强度

B.5

真实规定非比例扭转强度 τ_{tp} 和真实抗扭强度 τ_{tm} 的测定结果数值修约到 1 MPa。

附 录 C
(资料性附录)
逐级加载法测定规定非比例扭转强度 $\tau_{p0.015}$ 举例

试验材料：碳素钢。

试样尺寸：$d=10.00$ mm。

扭转计标距：$L_e=100.0$ mm。

扭转计分度：0.000 25 rad。

截面系数：$W=196.35$ mm^3。

预期规定非比例扭转强度 $\tau_{p0.015}=250$ MPa。

取初始预应力 $\tau_o=10\%\ \tau_{p0.015}=25$ MPa，相当于预扭矩 $T_o=\tau_o\cdot W=4\ 908$(N·mm)，取整 $T_o=5\ 000$(N·mm)。

相当于预期规定非比例扭转强度的 80%的扭矩为：

$T=80\%\ \tau_{p0.015}W=80\times250\times196.35/100=39\ 270$(N·mm)

取整 $T=39\ 000$(N·mm)。

在预期规定非比例扭转强度的 80%以前施加大等级扭矩，以后施加小等级扭矩。大等级扭矩取 3 级，每级为：

$$\Delta T=\frac{T-T_0}{3}=\frac{39\ 000-5\ 000}{3}=11\ 333(\text{N}\cdot\text{mm})$$

取整 $\Delta T=11\ 000$(N·mm)。

小等级扭矩取 $\Delta T_1=2\ 000$(N·mm)。

试验记录见表 C.1。

表 C.1 试验记录

扭矩 T/(N·mm)	扭转计读数分度	读数增量分度	计算的比例扭角读数分度	计算的非比例扭角读数分度
5 000	0	0		—
16 000	53	53		—
27 000	109	56		—
38 000	165	56		—
40 000	174	9		—
42 000	186	12	$\Delta A_{2\ 000}=10.3$	—
44 000	197	11		—
46 000	207	10		—
48 000	219	12		—
50 000	232	13		—
52 000	249	17	242.3	6.7
54 000	270	21	252.6	17.4
56 000	296	26	262.9	33.1

在线性比例范围内计算得的小等级扭矩的扭角平均增量为：

$$\Delta A_{2\,000} = \frac{232-0}{50\,000-5\,000}\times 2\,000 = 10.3\ \text{分度}$$

从总角读数中减去按每 2 000 (N·mm)对应的比例扭角为 10.3 分度这样计算的比例扭角部分，即可得非比例扭角部分。

由于要测定的规定非比例扭转强度 $\tau_{p0.015}$，其规定的非比例切应变为 0.015%，所对应的扭转计分度数为：

$$\left(2\times 0.015\%\times\frac{L_e}{d_o}\right)/0.000\,25 = \left(2\times\frac{0.015}{100}\times\frac{100.0}{10.00}\right)/0.000\,25 = 12.0\ \text{分度}$$

从表 C.1 中读出最接近非比例扭角为 12.0 分度时对应的扭矩为 52 000(N·mm)，用内插法求出精确的扭矩值为：

$$T_{p0.015} = \frac{(17.4-12.0)\times 52\,000+(12.0-6.7)\times 54\,000}{(17.4-6.7)} = 52\,990.65\ \text{MPa}$$

则得：

$$\tau_{p0.015} = \frac{T_{p0.015}}{W} = \frac{52\,990.65}{196.35} = 269.879\ \text{MPa}$$

修约后为：

$\tau_{p0.015}$=270 MPa

参 考 文 献

GB/T 12160 单轴试验用引伸计的标定(GB/T 12160—2002,ISO 9513:1999,IDT)

ICS 29.180
K 41

中华人民共和国国家标准

GB 10230.1—2007
代替 GB 10230—1988

分接开关 第1部分:性能要求和试验方法

**Tap-changers—
Part 1:Performance requirements and test methods**

(IEC 60214-1:2003,MOD)

2007-07-02 发布　　　　2008-07-01 实施

中华人民共和国国家质量监督检验检疫总局
中国国家标准化管理委员会　发布

前言

本部分的第1章、第2章、第3章和第11章为推荐性的，其余为强制性的。

GB 10230 在总标题《分接开关》下，目前分为下列两部分：

——第1部分：性能要求和试验方法；

——第2部分：应用导则。

本部分为 GB 10230 的第1部分。本部分的前版标准编号为 GB 10230，对应的 IEC 标准编号为 IEC 60214。由于 IEC 有关分接开关的标准编号现已调整为 IEC 60214 系列，共分为1、2两部分，为了与 IEC 的标准编号相协调且使用方便，本次修订也将标准编号按新的 IEC 标准系列进行了调整。

本部分修改采用 IEC 60214-1:2003(第1版)《分接开关　第1部分：性能要求和试验方法》(英文版)。

本部分根据 IEC 60214-1:2003 按修改采用的原则重新起草。在附录 A 中列出了本部分章条编号与 IEC 60214-1:2003 章条编号的对照一览表。

考虑到我国国情，在采用 IEC 60214-1:2003 时，本部分做了一些修改。有关技术性差异已编入正文中，并在它们所涉及的条款的页边空白处用垂直单线标识。在附录 B 中给出了这些技术性差异及其原因的一览表，以供参考。

为便于使用，本部分对 IEC 60214-1:2003 还做了下列编辑性修改：

——删除 IEC 60214-1:2003 的前言；

——按照 GB/T 1.1—2000 的要求，将 IEC 60214-1:2003 中的附录 C 和附录 D 的顺序进行了调整；

——用小数点“.”代替作为小数点的逗号“,”；

——电源符号按 GB/T 4728.2—1998 进行了调整；

——将 IEC 标准中的表4和表5用本部分的表4来代替，IEC 标准中的表4～表7相应地被调整为本部分的表4～表6。

本部分代替 GB 10230—1988《有载分接开关》。

本部分与 GB 10230—1988 相比主要变化如下：

a) 编写格式按 GB/T 1.1—2000《标准化工作导则　第1部分：标准的结构和编写规则》和 GB/T 20000.2—2001《标准化工作指南　第2部分：采用国际标准的规则》的规定进行了修改；

b) 标准名称由《有载分接开关》改为《分接开关　第1部分：性能要求和试验方法》；

c) 增加了电抗式有载分接开关的内容；

d) 修改了局部放电要求和试验方法及有载分接开关的压力及真空试验；

e) 增加了有载分接开关的密封试验；

f) 将表4的绝缘耐压试验值按 GB 1094.3—2003《电力变压器　第3部分：绝缘水平、绝缘试验和外绝缘空气间隙》和 IEC 60214-1:2003 进行了综合调整；

g) 增加了无励磁分接开关的内容。

本部分的附录 C、附录 D、附录 F 为规范性附录，附录 A、附录 B、附录 E、附录 G、附录 H、附录 I 为资料性附录。

本部分由中国电器工业协会提出。

本部分由全国变压器标准化技术委员会(SAC/TC 44)归口。

本部分起草单位：沈阳变压器研究所、上海华明电力设备制造有限公司、贵州长征电器股份有限公司、浙江省三门腾龙电器有限公司、镇江实达电力科技有限公司、武汉泰普变压器开关有限公司、西安鹏远开关有限公司、丹东金立电力电器有限公司、沈阳明远变压器有限公司。

本部分主要起草人：张德明、孙军、吴选霞、吉锋、葛鹰、刘刚、冀兰平、刘苏林、丛培全、杨海群。

本部分所代替的 GB 10230 于 1988 年首次发布，本次为第一次修订。

分接开关
第1部分:性能要求和试验方法

1 范围

GB 10230 的本部分适用于电阻式和电抗式有载分接开关、无励磁分接开关及它们的电动机构。它主要适用于浸在符合 IEC 60296 的变压器油[1)]中的分接开关。若条件合适,也可以适用于气体绝缘或浸在其他绝缘油中的分接开关。

本部分适用于所有类型的电力变压器和配电变压器及电抗器用分接开关。

本部分不适用牵引变压器和牵引电抗器用分接开关。

注:牵引变压器和牵引电抗器用的分接开关可参照本部分,有关性能指标由制造单位与用户协商。

2 规范性引用文件

下列文件中的条款通过 GB 10230 的本部分的引用而成为本部分的条款。凡是注日期的引用文件,其随后所有的修改单(不包括勘误的内容)或修订版均不适用于本部分,然而,鼓励根据本部分达成协议的各方研究是否可使用这些文件的最新版本。凡是不注日期的引用文件,其最新版本适用于本部分。

GB 1094.1—1996 电力变压器 第1部分:总则(eqv IEC 60076-1:1993)

GB 1094.3—2003 电力变压器 第3部分:绝缘水平、绝缘试验和外绝缘空间间隙(eqv IEC 60076-3:2000)

GB/T 4109 高压套管技术条件(GB/T 4109—1999,eqv IEC 60137:1995)

GB 4208 外壳防护等级(IP代码)(GB 4208—1993,eqv IEC 60529:1989)

GB/T 7354 局部放电测量(GB/T 7354—2003,IEC 60270:2000,IDT)

GB/T 10230.2—2007 分接开关 第2部分:应用导则(IEC 60214-2:2004,MOD)

GB/T 15164 油浸式电力变压器负载导则(GB/T 15164—1994,eqv IEC 60354:1991)

GB/T 16927.1 高电压试验技术 第一部分:一般试验要求(GB/T 16927.1—1997,eqv IEC 60060-1:1989)

GB/T 16927.2 高电压试验技术 第二部分:测量系统(GB/T 16927.2—1997,eqv IEC 60060-2:1994)

IEC 60296:2003 电工流体 变压器和开关用的未使用过的矿物绝缘油

3 术语和定义

下列术语和定义适用于本部分。

3.1

有载分接开关 on-load tap-changer

适合在变压器励磁或负载下进行操作的用来改变绕组分接位置的一种装置。

3.2

分接选择器 tap selector

能承载电流但不能接通或开断电流的一种装置,它与切换开关配合使用,以选择分接连接位置。

1) 本文中所指的油,如未特殊指明,在适用的情况下,也包含其他液体介质。

3.3

切换开关　diverter switch

与分接选择器配合使用，在已选电路中承载、接通和开断电路中电流的一种装置。

注：切换开关有时也称为电弧开关。

3.4

选择开关　selector switch

把分接选择器和切换开关的功能结合在一起，能承载、接通和开断电流的一种开关装置。

注：选择开关有时也称为电弧分接开关。

3.5

无励磁分接开关　off-circuit tap-changer

只能在变压器无励磁下改变绕组分接位置的一种装置。

3.6

转换选择器　change-over selector

与分接选择器或选择开关配合使用、能承载电流但不能接通和开断电流的一种装置。当从一个终端位置转移到另一终端位置时，能使分接选择器或选择开关的触头和接于其上的分接头不止一次地被使用着。

3.7

粗调选择器　coarse change-over selector

把分接绕组接到粗调绕组或接到主绕组或其所属部分绕组上的一种转换选择器。

3.8

极性选择器　reversing change-over selector

把分接绕组的一端或另一端接到主绕组上的一种转换选择器。

3.9

过渡阻抗　transition impedance

由一个或几个元件组成的电阻器或电抗器，用以把使用中的分接头和将要使用的分接头桥接起来，使负载从一个分接转移到另一个分接而不切断负载电流或不使负载电流有明显的变化。同时，也在两个分接头均被使用的期间内限制其上的循环电流。

注：对于电抗式分接开关，过渡阻抗(电抗器)通常称为限流自耦变压器。电抗式分接开关通常将桥接位置作为工作位置(中点或中心抽头的电抗式分接开关)用。因此，电抗器设计为连续工作。

3.10

限流自耦变压器　preventive auto transformer

一种自耦变压器(或中心抽头电抗器)，用于有载分接变换和调压变压器或分级电压调节器。当其工作在两相邻分接被桥接的位置时或相邻位置分接变换期间时，用来限制循环电流。

3.11

补偿绕组　equalizer winding

与电抗式调压变压器的励磁绕组和分接绕组处在同一磁路上的绕组，其匝数约为每一分接段匝数的一半。

3.12

驱动机构　drive mechanism

用于驱动分接开关的一种装置。

注：机构可包括一个独立的能控制操作的储能机构。

3.13

触头组　set of contacts

单个定触头和动触头组成的触头对或几对实际上是同时动作的触头对的组合体。

3.14

切换开关和选择开关主触头(电阻式分接开关)　diverter switch and selector switch main contacts (resistor type tap-changer)

承载通过电流但不通断电流的触头组,它与变压器绕组之间没有过渡阻抗。

3.15

切换开关和选择开关主通断触头(电阻式分接开关)　diverter switch and selector switch main switching contacts (resistor type tap-changer)

接通和开断电流的触头组,它与变压器绕组之间不接入过渡阻抗。

3.16

切换开关和选择开关过渡触头(电阻式分接开关)　diverter switch and selector switch transition contacts (resistor type tap-changer)

与过渡阻抗串联的、能接通和开断电流的触头组。

3.17

调换触头(电抗式分接开关)　transfer contacts (reactor type tap-changer)

能接通和开断电流的触头组。

注:在无旁路触头时,调换触头是连续载流的触头。

3.18

旁路触头(电抗式分接开关)　by-pass contacts (reactor type tap-changer)

将电流转移到调换触头而不产生电弧的载流触头组。

3.19

桥接触头　bridging contacts

在工作位置时,桥接两个固定触头之间的动触头。

3.20

循环电流　circulating current

电阻式分接开关在分接变换中,当相邻两个分接头被暂时桥接时,或当电抗式分接开关在桥接的工作位置时,由分接头之间的电压降产生的并流过过渡阻抗的电流。这个循环电流是由分接间电压差所引起的。

3.21

开断电流　switched current

分接变换时,在切换开关或选择开关每个主通断触头组或过渡触头组(电阻式分接开关)或调换触头(电抗式分接开关)上所预计开断的电流。

3.22

恢复电压　recovery voltage

切换开关或选择开关的每个主通断触头组或过渡触头组(电阻式分接开关)或调换触头(电抗式分接开关),在开断电流被切断之后出现在断口的工频电压。

3.23

分接变换操作　tap-change operation

分接变换从一个工作分接位置转换到相邻一个分接位置的由开始到完成的全部过程。

3.24

操作循环　cycle of operation

分接开关从一个终端位置变换到另一个终端位置,再回到原始位置的动作。

3.25

额定绝缘水平　rated insulation level

对地、相间(如果适用)以及要求绝缘的那些零部件之间的冲击和工频耐受电压值。

3.26

额定通过电流　rated through-current

I_u

经分接开关流到外部电路的电流,此电流在相关的级电压下,能被分接开关从一个分接转移到另一个分接去。在满足本部分要求的情况下,分接开关能连续地承载此电流。

3.27

最大额定通过电流　maximum rated through-current

I_{um}

分接开关设计的最大额定通过电流,它是作为有关试验的基准电流。

3.28

额定级电压　rated step voltage

U_i

对于每个额定通过电流,接到变压器相邻两个分接头上的分接开关两个端子间的最大允许电压。

3.29

相关额定级电压　relevant rated step voltage

与给定的额定通过电流相关的允许最大级电压。

3.30

最大额定级电压　maximum rated step voltage

U_{im}

分接开关设计的额定级电压的最大值。

3.31

额定频率　rated frequency

分接开关设计的交流频率。

3.32

固有分接位置数　number of inherent tap positions

按照设计,一台分接开关在半个操作循环内所能用上的分接位置数的最大值。

注:"分接位置"术语一般以相关数的"±"值表示,例如±11位置,它们原则上也适用于电动机构。当使用术语"分接位置数"是与变压器有关时,总是指变压器的工作分接位置数。

3.33

工作分接位置数　number of service tap position

装在变压器里的一台分接开关在半个操作循环内所使用的分接位置数。

注:"分接位置"术语一般以相关数的"±"值表示,例如±11位置,它们原则上也适用于电动机构。当使用术语"分接位置数"是与变压器有关时,总是指变压器的工作分接位置数。

3.34

型式试验　type test

在一台分接开关上或在一台分接开关的某些组成部分上,或者在一系列全部基于同一设计的分接开关或组成部分上进行的一种试验,以证明其设计是否符合标准。

注:分接开关系列是指基于同一设计的、并且在特性方面(除对地及相间(如果有)绝缘水平、分接位置数及过渡阻抗值外)都相同的一些分接开关。

3.35

例行试验 routine test

凡分接开关的设计通过型式试验验证后，在其每台成品上所进行的试验，以确认其制造有无缺陷。

3.36

电动机构 motor drive mechanism

装有电动机及控制线路的驱动机构。

3.37

电动机构逐级控制 step-by-step control of a motor-drive mechanism

不管控制开关的动作顺序如何，在一个分接变换完成后，能使电动机构停止的装置。

3.38

分接位置指示器 tap position indicator

用以指示分接开关分接位置的装置。

3.39

分接变换指示器 tap-change in progress indicator

用以指示电动机构正在运行的装置。

3.40

限位开关 limit switches

能防止分接开关发生超越任一端位的操作，但允许向相反方向操作的装置。

3.41

机械端位止动装置 mechanical end stop

能防止分接开关超越任一端位的操作、但允许向相反方向操作的机械装置。

3.42

并联控制装置 parallel control devices

一种电气控制装置。在几台带分接的变压器并联运行情况下，用它使所有的分接开关同时调到所需要的分接位置上，以避免各个电动机构操作不一致。

注：对于组成三相组的单相变压器，当每台单相分接开关均有自己的电动机构时，也必须采用这样的控制装置。

3.43

紧急脱扣装置 emergency tripping device

一种能使电动机构在任何时候停止的装置，且当分接开关要开始下一个分接变换操作时，该装置须先完成一个特定的动作。

3.44

过电流闭锁装置 overcurrent blocking device

当通过变压器绕组中的过电流超过整定值时，能防止或中断电动机构操作的一种装置。

注：用弹簧储能系统带动的切换开关，如果弹簧机构已释放动作，即使电动机构操作中断，也不能阻止切换开关操作。

3.45

重启动装置 restarting device

能在电源电压中断后，使电动机构再次启动，从而使原来已经开始了的一个分接变换操作得以完成的一种装置。

3.46

操作计数器 operation counter

一种用来指示分接变换完成次数的装置。

3.47

电动机构的手动操作　manual operation of a motor-drive mechanism

使用一种机械工具，以手动方式进行分接开关的操作，同时，电动机的操作被闭锁。

3.48

电动机构箱　motor-drive cubicle

装有电动机构的箱子。

3.49

防止"越级"的保护装置　protective device against running-through

当逐级控制线路发生故障时，能使电动机构停止的一种装置，以免出现电动机构跨越若干分接位置的情况。

3.50

旗循环[2)]　flag cycle

实现分接变换操作的一种方法。在本方法中，在循环电流出现之前，通过电流已从主通断触头上转移出去了。

注：本循环要求通过电流的连接点位于承受循环电流的过渡阻抗的中间点。

3.51

对称尖旗循环[2)]　symmetrical pennant cycle

实现分接变换操作的一种方法。在本方法中，在通过电流从主通断触头上转移出去之前，循环电流就开始出现了。

注：本循环要求通过电流的连接点位于承受循环电流的过渡阻抗的中间点。

3.52

非对称尖旗循环　asymmetrical pennant cycle

实现分接变换操作的一种方法。在本方法中，分接开关在一个方向切换时，在通过电流从主通断触头上转移出去之前，循环电流就开始出现了。而在另一个方向切换时，在循环电流出现之前，通过电流已从主通断触头上转移出去了。

注1：本循环要求通过电流的连接点位于承受循环电流的过渡阻抗的一端上。

注2：非对称尖旗循环的分接开关，通常只用于一个方向的负载流动情况。

3.53

1类分接开关　class1 tap-changer

仅适用于绕组中性点处的分接开关。

3.54

2类分接开关　class 2 tap-changer

适用于绕组中性点以外的其他位置处的分接开关。

3.55

油环境分接开关　liquid environment tap-changer

分接开关安装在变压器主箱体内，并浸在变压器绝缘油内。

3.56

空气环境分接开关　air environment tap-changer

分接开关安装在变压器主箱体外的一个容器中，并浸在自己的绝缘油内。

---

2)"旗循环"和"尖旗循环"的名称来源于表示变压器从一个分接变换到相邻一个分接时输出电压变化的相量图形状。在旗循环中，电压变化包含四步，而在尖旗循环中电压变化仅包含两步，见附录C.1。

3.57

设备最高电压　highest voltage for equipment

U_m

三相系统最高的相间电压方均根值，分接开关的绝缘是按此设计的。

4　使用条件

4.1　分接开关的环境温度

除用户规定更严酷的环境条件外，分接开关应适于在表1所规定的温度范围内工作。

表1　分接开关的环境温度

分接开关环境	温度	
	最低	最高
空气	−25℃	40℃
油	−25℃	100℃

注1：分接开关环境的定义，见3.55和3.56。

注2：上表所列的100℃值，是按GB 1094.1中最高环境温度40℃和正常额定负载得出的。

4.2　电动机构的环境温度

除用户规定更严酷的环境条件外，电动机构应适于在−25℃～40℃之间的环境温度下运行。

注：分接开关和电动机构更严酷的环境条件，参见GB/T 10230.2。

4.3　超铭牌额定值负载条件

符合本部分并按GB/T 10230.2选用和安装好的分接开关，不应限制按GB/T 15164提供的变压器的急救负载能力，变压器的急救负载有可能导致其顶层油温达到115℃。

5　有载分接开关的技术要求

5.1　一般技术要求

5.1.1　额定值

5.1.1.1　额定特性

有载分接开关的额定特性为：

——额定通过电流；

——最大额定通过电流；

——额定级电压；

——最大额定级电压；

——额定频率；

——额定绝缘水平。

5.1.1.2　额定通过电流与额定级电压间的相互关系

在不超过分接开关的最大额定通过电流下，可以有各种不同的额定通过电流值与相应的额定级电压值的组合。与额定通过电流某一个规定值相对应的某个额定级电压称为“相关额定级电压”。

5.1.2　切换开关和选择开关的油室

切换开关和选择开关的油室必须是密封的。如果合适，油室的压力和真空耐受值应由制造单位给出。

注：如采用油中气体分析法对变压器油进行监视，则切换开关或选择开关的油室应装设一个储油柜，此储油柜不与变压器储油柜连通。

5.1.3 油位计

带有整体膨胀容积储油柜或独立储油柜的切换开关或选择开关油室(如果有),均应装有油位计。

5.1.4 防止压力上升的安全要求

为了尽量减少切换开关或选择开关的油室内部因故障引起燃烧或爆炸的危险,分接开关应装有下列一种或几种保护装置。

注1:空气环境有载分接开关的分接选择器油室通常是与主变压器气体继电器相连通,也应考虑在分接选择器油室与储油柜之间装设一个单独的气体继电器。

注2:对于一些不产生电弧且安装在密封油室内的有载分接开关,可以采用其他型式的保护装置。

5.1.4.1 油流控制继电器

安装在切换开关或选择开关顶部与储油柜之间的连管上的油流控制继电器,在油流动速度达到某一整定值时,它应动作并能使变压器被切除。

5.1.4.2 过压力继电器

当切换开关或选择开关油室中的压力一旦超过某一整定值时,过压力继电器动作并能使变压器被切除。

5.1.4.3 压力释放装置

当油室中的压力超过某一整定值时,压力释放装置打开,从而使切换开关或选择开关的油室得到保护。

当压力释放装置是唯一的保护时,它也应装有触点以使变压器被切除。

注:如果装有压力释放装置,可以采用自密封隔膜式结构。此时应考虑装有压力释放装置的排出口,例如导管或管道,以保护人员免受油流的伤害。采用这种装置应符合制造单位与用户之间的协议。

5.1.5 防护瞬时过电压的限制装置

对于装有限制瞬时过电压保护装置的分接开关,分接开关制造单位应对此过电压保护装置的保护特性以及在变压器试验时可能受到的任何限制均给出详细介绍。

当采用火花间隙时,必须注意在此间隙闪络后,保证放电能自动熄灭。

5.1.6 转换选择器恢复电压

当粗调选择器或极性选择器操作时,分接绕组将瞬间“悬浮”。在触头分离期间,分接绕组与邻近绕组间的耦合电容,可能使转换选择器触头间产生较高的恢复电压。分接开关制造单位应阐明有载分接开关转换选择器的任何极限转换参数。

注:见GB/T 10230.2关于选择、控制线路和装置以及变压器试验的进一步说明。

5.1.7 粗细调转换漏电感

对于电阻式分接开关,当从细调绕组的一端变换到粗调绕组一端时,在两个绕组反向串接下,能产生一个高的漏电感,从而使切换开关或选择开关的开断电流与恢复电压之间有一个相位移,这可能导致开关电弧的延长。

有载分接开关制造单位应将转换选择器的各种转换限制予以阐明。

注:见GB/T 10230.2关于选择和有关漏电感的绕组布置图的进一步说明。

5.2 型式试验

下列型式试验是在相关的有载分接开关的最终研制的样品上或等效的组成部件上进行的。所谓等效的组成部件是指制造单位已表明只用这些组成部件替代完整的有载分接开关后,其试验条件及试验结果不受影响。

——触头温升试验(见5.2.1);

——切换试验(见5.2.2);

——短路电流试验(见5.2.3);

——过渡阻抗试验(见5.2.4);

——机械试验(见5.2.5);

——绝缘试验(见5.2.6)。

5.2.1 触头温升试验

对于在运行中承载连续电流的各种类型触头,应在施加1.2倍最大额定通过电流下进行温升试验,以验证当触头温度达到稳定时,其对周围介质的温升应不超过表2中的规定值。

对于电抗式分接开关,在桥接位置将承受最高温升。桥接位置的电流是由通过电流和循环电流及所通过电流的功率因数确定的。型式试验应在桥接位置下进行,试验电流值是按下述基础计算的:

a) 通过电流等于1.2倍最大额定通过电流;

b) 循环电流等于50%的最大额定通过电流(或另由制造单位规定,并在型式试验报告中予以说明);

c) 功率因数等于0.8。

当符合这些条件时,就可证明它具有如4.3所述的超铭牌额定值负载能力。

表2 触头温升限值

单位为开尔文(K)

触头材料	空气中	油中
裸铜	35	20
表面镀银的铜/合金	65	20
其他材料	按协议	20

注:当触头长期停留在一个位置上,在触头表面可能出现热裂化形成的碳生成物。

当周围介质为油时,本试验应在环境温度下进行。

周围介质的温度应在触头下方且距离不小于25 mm处进行测量。

用热电偶或其他合适的测量方法测量触头温度时,应在触头表面上并尽量靠近实际的接触点处进行测量。

当触头与周围介质的温差变化不大于1 K/h时,则认为触头温度已达到稳定了。

注:应对接入受试有载分接开关或组成部件内的载流导线截面和绝缘状况予以说明。

5.2.2 切换试验

包括工作负载试验和开断容量试验在内的切换试验,应模拟分接开关在额定参数下所依据的最严酷的工作条件。附录C和D分别列出了电阻式和电抗式分接开关的大多数触头布置的最严酷工作条件。

注:当采用电抗器过渡切换时,其最严酷的工作条件应由制造单位与用户协商确定。

关于非对称尖旗循环(见附录表C.1),假定在运行中不出现逆向功率流动。

切换试验可只限于切换开关或选择开关,但应预先证明这样做对触头的操作条件无影响。

如果切换开关或选择开关具有按确定顺序操作的几个触头组,一般不允许将每个触头组与其余触头组分开来单独试验,除非能够证明任一触头组的操作条件不受其余触头组操作的影响。

在采用电阻器作为过渡阻抗的场合,如果由于分接开关结构或试验线路的需要,则电阻器可以放在开关的外边,并且此电阻器热容量可以比实际运行中所用电阻器的热容量大,但另有规定时除外。

应规定过渡阻抗的值及其型式。

试验期间不能更换油浸式分接开关中的触头和油。

对于三相分接开关,通常只试验一个相的触头就足够了。

如果某分接开关有几种额定通过电流和额定级电压的组合,则至少应进行两种开断容量试验:一种是在最大额定通过电流 I_{um} 和它的相关级电压 U_i 下;另一种是在最大额定级电压 U_{im} 和它的相关额定通过电流 I_u 下。

由上述两个试验结果用下式计算出平均电流下的电压值,从而可绘出切换曲线。

$$\frac{(I_{\mathrm{um}}+I_{\mathrm{u}})}{2}(U_{\mathrm{x}})=\sqrt{U_{\mathrm{i}}I_{\mathrm{um}}\times U_{\mathrm{im}}I_{\mathrm{u}}}$$

除另有规定外，试验布置应使开断电流值、恢复电压值或它们的乘积，在任何情况下不应小于与切换循环(见表C.1和表D.1、D.2、D.3及D.4)相适合的计算值的95%。此计算值是按适合的通过电流和相关额定级电压得出的。

5.2.2.1 工作负载试验

本试验应根据5.2.2.1.1～5.2.2.1.3之一，按制造单位规定的适当方法进行。试验完毕，应检查触头磨损情况，检查结果应明确地肯定分接开关是适用于运行的。

注：制造单位可用本试验结果来证明作为接通和开断电流用的触头，在最大额定通过电流和相关级电压下，能达到制造单位所规定的分接变换操作次数而无须中途更换该触头。

5.2.2.1.1 额定级电压下的工作负载试验

切换开关和选择开关触头，在承载电流至少相当于最大额定通过电流和相关额定级电压下应承受相当于正常运行50 000次的分接变换操作次数。

应对试验中定期摄取的示波图进行比较，以表明分接开关特性不会出现危及设备操作的重大变化。试验开始时，应摄取20张示波图，以后每完成12 500次时各摄取20张示波图，总计得到100张示波图。

注：通常将试验开始时和试验结束时所摄取的一组示波图进行比较是足够的。

5.2.2.1.2 降低级电压下的工作负载试验

降低级电压下的工作负载试验，可在下列条件下进行：

a) 浸在干净的变压器油中的新触头，应在最大额定通过电流和相关级电压下进行100次的操作试验，每次操作应做示波记录。

b) 若在项a)所摄取的示波图中，其燃弧时间均没有超过$\frac{1.2}{2f}$(s)(f为额定频率，以Hz表示)时，则按下述项d)进行工作负载试验的操作次数为50 000次。

c) 若在项a)所摄取的示波图中，出现了燃弧时间超过$\frac{1.2}{2f}$(s)时，则按下述项d)进行工作负载试验的操作次数应增加如下的次数：

$$\frac{2S}{100}\times 50\,000$$

式中：S是在上述项a)的100次操作中，出现燃弧时间超过$\frac{1.2}{2f}$(s)的电弧电流的半波总数。

d) 50 000次，加上由项c)得到的应增操作次数(如果适合)的工作负载试验应用不小于最大额定通过电流的电流，在降低级电压下进行。这个降低了的电压应使切换电流不小于在相关额定级电压下操作所出现的电流，而且不出现截流现象。为了得到所规定的试验条件，过渡阻抗应作适当修正。

e) 在不更换触头和油的情况下，应在最大额定通过电流和相关级电压下进行100次操作试验，每次操作都要做示波记录。把这些示波图与在项a)试验中所摄取的一系列示波图进行比较，分接开关特性应不出现危及其操作的变化。

提出上述规定的试验顺序，其目的是要得到试验后的触头烧损情况，实质上与在最大额定通过电流和相关额定级电压下经过50 000次操作所出现的触头烧损是一样的。

5.2.2.1.3 选择开关的工作负载试验

本试验可按5.2.2.1.1和5.2.2.1.2的规定进行。

为了与运行条件相接近，选择开关应在不多于8个分接变换位置(不包括终端位置)上进行试验。如果分接开关设计为带有转换选择器，则这些位置应以转换选择器为中心来布置。

当选择开关按非对称尖旗循环切换设计时，由于负载电流和循环电流以及它们相关的恢复电压是相量相减，主通断触头的最严酷切换任务出现在满载和空载的情况下(见表C.1)。

正常运行中的变压器，通常多数是不在满载下运行，因此，电弧烧蚀总是要轻些。为了与运行条件更接近，试验应分别在满载和空载参数下各进行25 000次操作。

5.2.2.2 开断容量试验

应在两倍最大额定通过电流和相关额定级电压下进行40次操作试验。

为了与运行条件相接近，选择开关应在不多于8个分接变换位置(不包括终端位置)上进行试验。如果分接开关设计为带有转换选择器，则这些位置应以转换选择器为中心来布置。

在每次所摄取的示波图中，所显示的燃弧时间应不会危及设备的操作。

如可能，电阻式分接开关的开断容量试验应尽可能在带有与运行中使用的热容量和欧姆值相同的过渡电阻器的情况下进行。如不可能的话，对运行中所用的过渡电阻器应按5.2.4.1单独进行试验，但用两倍最大额定通过电流进行一次操作试验即可。

5.2.2.3 模拟试验电路

5.2.2.1.1、5.2.2.1.2、5.2.2.1.3和5.2.2.2的试验，可以用模拟试验电路来进行，只要证明其试验条件实质上是等效的。附录E叙述了只供电阻式分接开关用的两种模拟试验电路。

5.2.3 短路电流试验

所有承载连续电流的各种结构触头，都应承受每次持续时间为2 s(±10%)的短路电流试验。对于油浸式有载分接开关，本试验应在变压器油中进行。

对于三相有载分接开关，如无其他规定，只需对其一相的触头进行本试验。

本试验应进行三次，每次的起始峰值电流应为额定短路电流方均根值的2.5(±5%)倍。在各次试验之间，不应将触头移动。

当无波形定点合闸装置，以致三次施加短路电流的起始峰值电流达不到额定短路电流方均根值的2.5倍时，可改用下述试验方法。

可增大短路试验电流方均根值，以使三次试验均能得到规定的峰值电流，并相应地减少试验的持续时间。当采用这个方法时，应使此增大的电流方均根值的平方与缩短的试验持续时间的乘积不小于额定短路电流方均根值的平方与持续时间2 s的乘积。

施加的短路试验电流值应符合图1的规定。

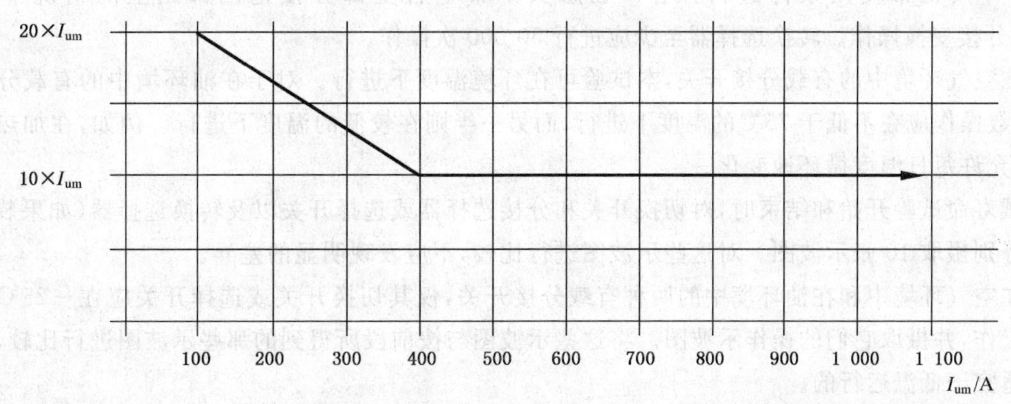

图1 用最大额定通过电流倍数表示的短路试验电流

供试验用的开路电压至少应为50 V。

试验后，触头不应有妨碍其在最大额定通过电流下连续正确操作的损坏，其他承载电流的零部件不应出现永久的机械变形。

对于电抗式分接开关，在分接选择器或选择开关触头和调换或分流触头上，短路电流被分为两个相同的部分。因此，每一个触头承载电流仅是全部试验电流的50%。

5.2.4 过渡阻抗试验

5.2.4.1 过渡电阻器

为满足4.3规定的超铭牌额定值负载要求，应在1.5倍最大额定通过电流和相关额定级电压下进行试验。

电阻器应按使用情况装入分接开关内。

通过分接开关的操作使电阻器带负载，操作的次数应等于半个操作循环，用电动机构在正常速度下进行不间断的操作。

电阻器在操作过程中和终了时的温度应予测定并记录。

1.5倍最大额定通过电流下电阻器对周围介质的温升，对于在空气环境中的有载分接开关，不应超过400 K；对于在油中的有载分接开关，不应超过350 K。

对于气体绝缘的有载分接开关，其允许温升值取决于所使用的气体绝缘的性能和与过渡电阻器相接触的材料或过渡电阻器周围的材料。气体绝缘的有载分接开关如不是封装在密闭的容器内，则不能在危险环境中使用。

然而，电阻器及其相邻的一些零部件的温度应被限制到某一个值，以便不影响整个装置的特性。

如果实际上不可能按上述方法测定电阻器温度时，可使用附录F中所规定的方法。

过渡电阻器也可以用至少等于在开断容量试验(即以两倍最大额定通过电流和相关额定级电压进行试验)时流过该电阻器的最大电流的电流进行试验。本试验可包括在开断容量试验(见5.2.2.2)内进行或单独进行试验。

注：若额定通过电流或相关额定级电压与最大额定通过电流和相关额定级电压不相同，允许用型式试验结果来计算电阻器热额定参数值。

5.2.4.2 过渡电抗器

过渡电抗器的试验通常是按拟用该分接开关的变压器的规范进行。

注：在过渡电抗的设计中，应注意避免切换时的浪涌电流过大。

5.2.5 机械试验

5.2.5.1 机械寿命试验

若有载分接开关是作成油浸式，应将其装配好并注以清洁的变压器油或浸在充有清洁变压器油的试验箱内，并按正常使用条件进行操作。在触头不带电且全部分接范围都用上的情况下进行500 000次分接变换操作。转换选择器至少应进行50 000次操作。

对于在空气环境中的有载分接开关，本试验可在环境温度下进行。对于在油环境中的有载分接开关，其中半数操作应在不低于75℃的温度下进行，而另一半则在较低的温度下进行。例如，在加热和冷却期间内，允许每日温度循环地变化。

在机械寿命试验开始和结束时，对切换开关和分接选择器或选择开关以及转换选择器(如果装有的话)，均应分别摄取10张示波图。对这些示波图进行比较，不应发现明显的差异。

对于在空气环境中和在油环境中的两种有载分接开关，仅其切换开关或选择开关应在－25℃下进行100次操作，并摄取它们的操作示波图。将这些示波图与按前段所得到的那些示波图进行比较，应表明它们是适宜于低温运行的。

在试验期间，触头和机械部件应无故障或无过分的磨损，以免连续操作时引起机械故障。

在试验过程中允许按制造单位手册进行正常的维修。

允许对切换开关、选择开关、分接选择器或分接开关的其他部件分别地进行机械寿命试验，只要每一种情况下的操作与其正常的运行操作完全相同。

5.2.5.2 顺序试验

将有载分接开关按实际使用情况装配好，如果是油浸式的结构，还应置于清洁的变压器油中，对它进行一个操作循环的操作。在触头上施加记录设备规定的记录电压值下，记录分接选择器、转换选择器、切换开关或选择开关动作的准确时间顺序。

5.2.5.3 压力及真空试验

应对有载分接开关的油室和套管进行相应的压力及真空试验，以确认其承受压力和真空的耐受值。制造单位应公布此耐受值。

5.2.5.4 密封试验

应在有载分接开关的油室和套管上进行相应的试验，以确认其密封性。制造单位应公布此耐受值。

5.2.5.4.1 在工作负载试验期间的密封试验

切换开关或选择开关油室的密封性应由本试验来检验。本试验可以与工作负载试验同时进行或按5.2.5.4.2规定进行单独的试验。

油浸式开关室的密封性应采用油中气体分析法来检验。

切换开关或选择开关油室应象置入变压器那样置入一个封闭的容器内，这个容器的体积不超过开关油室容积的10倍。

切换开关或选择开关油室的油压至少比容器内压力大20 kPa。

在试验开始和结束时，分别从容器里抽取油样，油中气体分析结果应表明与有载分接开关操作期间通常所产生的气体含量(即 H_2(氢气)、CH_4(甲烷)、C_2H_4(乙烯)、C_2H_2(乙炔)、C_2H_6(乙烷))相比，其气体增量不大于10 μL/L。

对于用真空开关或用其他不产生电弧的电器作为切换开关或选择开关，若制造单位能声明切换开关或选择开关油室内不会产生电弧时，就不必要进行上述密封试验。

5.2.5.4.2 单独密封试验

可以对切换开关或选择开关油室进行单独密封试验，以作为5.2.5.4.1所述试验的替代方案。

油浸式开关油室的密封性采用油中气体分析法来检验。

切换开关或选择开关油室应象置入变压器那样置入一个封闭的容器内，这个容器的体积不超过开关油室容积的10倍。

切换开关或选择开关油室中的油：

——油压至少比上述容器内的压力大20 kPa；

——注入乙炔量不少于10%。

完全装配好的切换开关或选择开关在触头不带电的情况下进行50 000次操作，试验时间至少2周。

在试验开始和结束时，分别从容器里抽取油样，油中气体分析结果应表明乙炔增量不大于10 μL/L。

对于用真空开关或用其他不产生电弧的电器作为切换开关或选择开关，若制造单位能声明切换开关或选择开关油室内不会产生电弧时，就不必进行上述密封试验。

5.2.6 绝缘试验

5.2.6.1 概述

有载分接开关绝缘要求与其所连接的变压器绕组有关。

变压器制造单位不仅负责选择绝缘水平合适的有载分接开关，而且也应负责选择有载分接开关与变压器绕组间的连接引线的绝缘水平。

油浸式有载分接开关，在进行5.2.6.3中所述的各项试验之前，应在有载分接开关中注入清洁的变压器油或将有载分接开关浸在充有清洁变压器油的试验箱内。

5.2.6.2 分类

为了能选择适当的电压试验，有载分接开关应按表3进行分类。

表 3 有载分接开关的类别

类别	用途
1	用于绕组的中性点
2	用于除绕组中性点外的其他位置

5.2.6.3 试验的性质

有载分接开关的绝缘水平应通过在下述绝缘距离上所进行的绝缘试验来验证：

1) 对地；

2) 相间(如果有)；

3) 分接选择器或选择开关以及转换选择器(如果装有)的首末触头之间；

4) 分接选择器或选择开关的相邻两个触头之间，或者与有载分接开关触头布置有关的任何其他两个触头之间；

5) 切换开关处于最终打开位置时的触头间。

5.2.6.4 试验电压

1类：

对于试验1)，试验电压应符合表4规定的相应值。对于试验2)、3)、4)及5)，有载分接开关制造单位应规定出合适的雷电冲击耐受电压值以及外施耐受电压值(如果合适)。

2类：

对于试验1)和2)，试验电压应符合表4规定的相应值。对于试验3)、4)及5)，有载分接开关制造单位应规定出合适的雷电冲击耐受电压值以及外施耐受电压值(如果合适)。

表 4 额定耐受电压

设备最高电压 U_m/kV(方均根值)	额定外施耐受电压/kV(方均根值)	额定雷电冲击耐受电压/kV(峰值)	额定操作冲击耐受电压/kV(峰值)
12	35	75	—
17.5	45	105	—
24	55	125	—
40.5	95	250	—
72.5	140	325	—
126	230	550	—
252	460	1 050	850
363	510	1 175	950
550	680	1 675	1 300

表4的数值是按GB 1094.3—2003和IEC 60214-1:2003选取的，为每个U_m下的最大试验电压值。本表可供选取5.2.6.6、5.2.6.7、5.2.6.8、7.2.5.5、7.2.5.6和7.2.5.7的试验电压水平用。

5.2.6.5 试验电压的施加

为了进行绝缘试验，有载分接开关组装、布置和干燥处理应与运行时一样，但不必包括有载分接开关与变压器之间的连接引线。可以在单独的组件上分别进行试验，只要能表明其绝缘条件不变。

对于适用于1类和2类有载分接开关的5.2.6.3的试验1)及适用于2类有载分接开关的5.2.6.3的试验2)，每相的带电部分应短接在一起，并视情况，或者接试验电源或者接地。

对于含有对地外绝缘的有载分接开关，应按GB/T 4109中有关试验的说明进行试验，验证此外绝缘是否符合要求。

其试验顺序如下：

a) 操作冲击试验(若要求时)；

b) 雷电冲击试验；

c) 外施耐压试验；

d) 局部放电试验(若要求时)。

5.2.6.6 外施耐压试验

应采用符合 GB/T 16927.1 规定的单相交流电压，在要求的耐受电压值下进行试验，每次试验的持续时间为 60 s。

5.2.6.7 雷电冲击试验

试验电压波形应采用 GB/T 16927.1 规定的 1.2 μs/50 μs 标准冲击波。每项试验应施加规定的电压值，正负极性各冲击三次。

5.2.6.8 操作冲击试验

本试验适用于 U_m 为 252 kV 及以上的 2 类有载分接开关。试验应在有载分接开关带电部分与接地部分之间进行。有载分接开关制造单位应给出其试验接线布置。电压冲击波形按 GB/T 16927.1 规定，为 250 μs/2 500 μs。每项试验应在要求的电压下正负极性各冲击三次。

5.2.6.9 局部放电测量

对于 1 类有载分接开关，不要求进行本试验。

对于 2 类有载分接开关，且设备最高电压 U_m 为 126 kV 及以上时，应在分接开关的带电部分与接地部分之间进行本试验。

有载分接开关制造单位应给出其试验接线图。

应采用符合 GB/T 16927.1 规定的单相交流电压进行试验。

试验电压应为：

——在不大于 $U_2/3$ 的电压下接通电源；

——上升到 $1.1U_m/\sqrt{3}$，保持 5 min；

——上升到 U_2，保持 5 min；

——上升到 U_1，保持 1 min；

——试验后立刻不间断地降低到 U_2，并至少保持 60 min(对于 $U_m \geqslant 300$ kV)或 30 min(对于 $U_m < 300$ kV)，以便测量局部放电；

——降低到 $1.1U_m/\sqrt{3}$，保持 5 min；

——当电压降低到 $U_2/3$ 以下时，方可切断电源。

试验的持续时间应按图 2 所示：

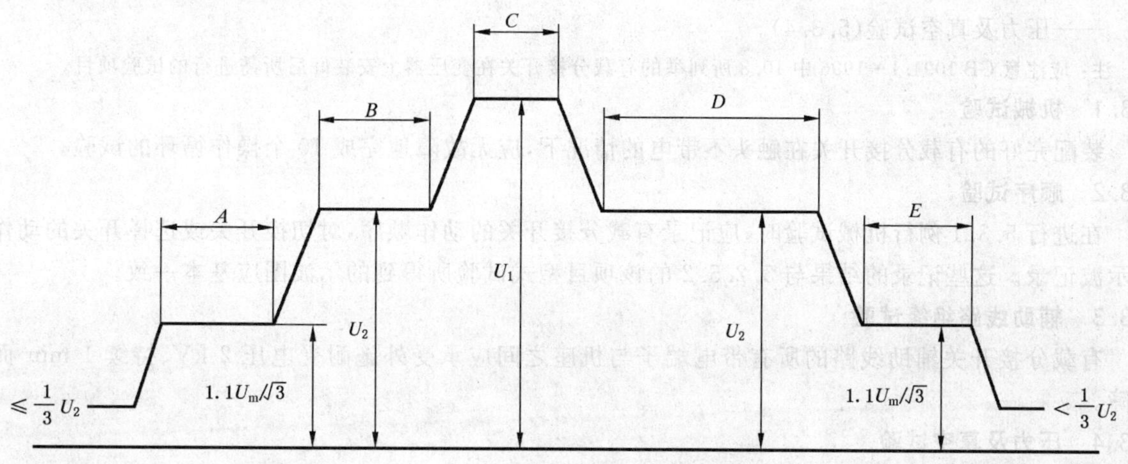

图中：A=5 min；B=5 min；C=1 min；$D \geqslant$ 60 min(对于 $U_m \geqslant 300$ kV)或 30 min(对于 $U_m < 300$ kV)；E=5 min。

图 2 施加试验电压的时间顺序

在施加试验电压的整个期间，应监测局部放电量。

对地电压值应为：

$U_1=U_m$

$U_2=1.5U_m/\sqrt{3}$

背景噪声水平应低于 25 pC。

局部放电的观察和评估应按如下所述(更详细资料见 GB 1094.3—2003 的附录 A 和 GB/T 7354)。

在施加试验电压的前后，应记录所有测量通道上的背景噪声水平。

——在电压上升到 U_2 及再由 U_2 下降的过程中，应记录可能出现的起始电压和熄灭电压。应在 $1.1U_m/\sqrt{3}$下测量视在电荷量；

——在电压 U_2 的第一阶段中应读取并记录一个读数。对该阶段不规定其视在电荷量值；

——在施加 U_1 期间内，应读取并记录一个读数。对该阶段不规定其视在电荷量值；

——在电压 U_2 的第二个阶段的整个期间，应连续地观察局部放电水平，并每隔 5 min 记录一次读数。

如果满足下列要求，则试验合格：

——试验电压不产生突然下降；

——在 U_2 下的长时试验期间内，局部放电量的连续水平不超过 50 pC；

——在 U_2 下，局部放电不呈现持续增加的趋势，偶然出现的非持续性的较高幅值脉冲可不计入；

——在 $1.1U_m/\sqrt{3}$下，局部放电量的连续水平不超过 30 pC。

注 1：上述试验方法是与 GB 1094.3—2003 中 12.4 所规定的局部放电试验相当。

注 2：允许对连接分接引线用的端子进行屏蔽。

5.2.7 型式试验证书

型式试验证书应包括：

a) 有关准备方面(如装配、布置及干燥)的充分详细说明，如有必要，应附说明性的草图；

b) 按 5.2.1～5.2.6 规定所进行的全部试验的充分详细说明；

c) 如果有限制瞬时过电压的保护装置，还应对它作充分详细说明，见 5.1.5。

5.3 例行试验

应在每台装配完好的有载分接开关上进行下述例行试验：

——机械试验(5.3.1)；

——顺序试验(5.3.2)；

——辅助线路绝缘试验(5.3.3)；

——压力及真空试验(5.3.4)。

注：应注意 GB 1094.1—1996 中 10.8 所列举的有载分接开关在变压器上安装好后所需进行的试验项目。

5.3.1 机械试验

装配完好的有载分接开关在触头不带电的情况下，应无故障地完成 10 个操作循环的试验。

5.3.2 顺序试验

在进行 5.3.1 例行机械试验时，应记录有载分接开关的动作顺序，对切换开关或选择开关的动作进行示波记录。这些记录的结果与 5.2.5.2 的该项目型式试验所得到的示波图应基本一致。

5.3.3 辅助线路绝缘试验

有载分接开关辅助线路的所有带电端子与机座之间应承受外施耐受电压 2 kV、持续 1 min 而无故障。

5.3.4 压力及真空试验

所有充有油或气体的油室或气室都应承受住 60 kPa 的压力及真空试验。对于油浸式的油室可用在 60 kPa 的油柱压力下持续 24 h 无渗漏或其他方法进行试验。

5.4 特殊试验

5.4.1 概述

特殊试验应按制造单位与用户间协议进行，见 GB 1094.1—1996 中 3.11.3。

5.4.2 绝缘放电试验

若需要时，对设备最高电压 U_m 为 126 kV 及以上的 2 类有载分接开关，应进行绝缘放电试验，试验应按 5.2.6.9 的规定进行。

6 有载分接开关的电动机构技术要求

6.1 一般技术要求

6.1.1 部件规范化

除另有规定外，电动机构的部件应符合相关标准。

6.1.2 辅助电源的允许变化范围

电动机构中的驱动电动机和电气控制应作成：对于交流电源，能在 85%～110% 的额定电压以及 90%～105% 的额定频率范围内进行安全可靠的操作；对于直流电源，能在 80%～110% 的额定电压范围内进行安全可靠的操作。

6.1.3 逐级控制

逐级控制线路的设计应做到有载分接开关在一个分接变换操作之内，不论指令是不撤消或者是立即重复发出或者同时由别处发出指令，都只能完成一个级电压的变换。在一个指令发出之后，即使传送指令的一根控制线出现接地故障或断线，也要求能完成该级电压的变换。

6.1.4 分接位置指示器

在电动机构中应装设一个位置指示装置，即使在电源出现故障时也能指示有载分接开关位置。当电动机构箱为封闭式结构时，应能通过一个观察窗看到分接的位置。

如果需要，可装设一个远程位置传送器，供远距离指示分接位置用。

6.1.5 分接变换指示

如果需要，可装设一台合适的装置，以远距离指示方式表示电动机构正在进行分接变换操作。

6.1.6 限位装置

整个电动机构应装有电气的和机械的限位装置。电气限位装置的接点应接入控制线路和电动机线路中。

6.1.7 并联控制装置

应按协议供给此必需的装置，用户应负责提出正确的技术条件。

6.1.8 旋转方向的保护

如果需要，经制造单位与用户协商，可以安装一种能防止三相电动机旋转方向错误的保护装置。

6.1.9 过电流闭锁装置

如变压器运行条件有要求，经制造单位与用户协商，可以安装本装置。

6.1.10 重启动装置

如果需要，可以装设本装置，以便在电源电压可能中断后将已经开始了的一个分接变换操作得以完成。

6.1.11 操作计数器

应安装一个不可复位的、具有六位数或更多位数的计数器，且易于阅读。

6.1.12 电动机构的手动操作

应装有可取下的手摇柄或其他类似工具，以进行有载分接开关的手动操作。在手摇柄与手动操作轴开始啮合之前，应将电动机的驱动闭锁。

在手摇柄啮合处附近，应标出旋转方向，并示出完成一个分接变换所需要的手摇柄旋转圈数。

注：在机构设计中，应考虑操作者不需用过大的力就能进行手动操作。

6.1.13 电动机构箱

电动机构箱应符合 GB 4208 规定的 IP44 等级的防护要求，并应有合适的防冷凝措施。

如果需要，经制造单位与用户协商，也可以采用符合 GB 4208 规定的更高的防护等级。

6.1.14 防止“越级”的保护装置

电动机构应装有防止逐级控制线路发生故障时出现“越级”(跑档)操作的装置。

6.1.15 防止接触危险部件的保护

装有门盖的电动机构箱，还应在该门盖打开时能具备至少为 IP1X 等级的保护(按 GB 4208)。

注：采取这种保护，将使手背偶然触碰电动机构的可能性尽量减小。

6.2 型式试验

6.2.1 机械负载试验

电动机构的输出轴负载应是有载分接开关设计的最大转矩或是一个模拟运行条件的等值负载转矩。在此负载下，进行跨越整个分接范围的 500 000 次操作试验。

注：在本试验中，允许对驱动电动机进行附加的冷却。

在本试验中，要在额定频率下进行如下试验项目：

——按 6.1.2 的规定，在最小电压下进行 10 000 次操作；

——按 6.1.2 的规定，在最大电压下进行 10 000 次操作；

——在－25℃温度下进行 100 次操作。

试验过程中，对于 6.1.6、6.1.10、6.1.11、6.1.12 和 6.1.14 所包括的各种装置，应验证其功能正确性。试验期间，机械部件不应出现故障或过分的磨损。

在试验过程中，允许按制造单位手册进行正常的维修。

试验时，电动机构的加热系统应被切除。

6.2.2 超越端位试验

本试验应证明：一旦电气限位开关出现故障，机械端位止动装置应能避免电动分接变换出现超越端位的操作，且电动机构不存在电气的或机械的损坏。

6.2.3 电动机构箱的防护等级

如适用，电动机构箱应按 GB 4208 的规定进行试验。

6.3 例行试验

6.3.1 机械试验

电动机构应在运行条件下或在带上等值的模拟负载下，能无故障地进行 10 个操作循环的电动操作。试验时，应按 6.1.6、6.1.10、6.1.11、6.1.12 和 6.1.14 所规定的有关要求，对其功能正确性进行检查。

上述试验结束后，还应加试两个操作循环，即在辅助电源额定电压的最小值和最大值时各试一个操作循环，此时也不应出现故障。

注：机械试验可在电动机构上单独进行或按 5.3.1 进行。

6.3.2 辅助线路绝缘试验

除了电动机和其他元件按有关的标准用较低试验电压进行试验外，辅助线路的所有带电端子与机座之间应承受外施耐受电压 2 kV(方均根值)、持续 1 min 的耐压试验。

7 无励磁分接开关的技术要求

7.1 一般技术要求

7.1.1 额定特性

——额定通过电流；

——额定级电压；

——额定频率；

——额定绝缘水平。

7.1.2 型式

无励磁分接开关可以由手动或电动机驱动操作的转动型或直线移动型开关组成。

7.1.3 摇柄和驱动

作驱动机构用的摇柄，通常是手轮形或曲柄形。对于装在变压器箱盖上的无励磁分接开关，它直接固定在无励磁分接开关顶盖上，或者固定安装在变压器油箱外边的外界密封箱体上。在后者情况下，它是用驱动轴或软轴与无励磁分接开关连接。

对于手动操作的无励磁分接开关，摇柄是安装在外部的。

当无励磁分接开关完全到位时，应能清晰地显示出其分接位置。

应能清晰地显示出分接位置升降的旋转方向。此外，如果需要，应给出进行一个分接变换操作所需的旋转圈数。

7.1.4 密封件

充气体或充油的变压器或分接开关箱体与外界环境之间的所有密封件应是不渗油或不透气的。

7.1.5 联锁

应提供一个安全装置，以防无意动作或防止未授权人员的操作。该装置可包括在手动机构处的闭锁装置，这需要由操作者慎重地动作以将此闭锁装置解除。

安全装置只在无励磁分接开关完全到位时才能使用。

若用电动机构来操作无励磁分接开关，应优先采用电气联锁电路给出自动闭锁信号。

7.1.6 机械端位止动装置

应当使无励磁分接开关的操作，在其越过一个分接范围的终端达到一个未选定位置时是无法进行的。当选择的位置可以变动时，应在选择器中或在手动机构中配置一个机械端位止动装置或其他合适的机械装置，以防止出现超越首、末端位置的操作。

7.2 型式试验

7.2.1 概述

应进行下述的型式试验：

——触头温升试验(7.2.2)；

——短路电流试验(7.2.3)；

——机械试验(7.2.4)；

——绝缘试验(7.2.5)。

7.2.2 触头温升试验

在运行中连续载流的各类触头，应通以1.2倍最大额定通过电流进行试验，当触头温度达到稳定时，验证其对周围环境介质的温升应不超过表5中的规定值。

如符合这些条件，就证明它们具有如4.3所述的超铭牌额定值负载能力。

表5 触头温升限值

单位为开尔文(K)

触头材料	空气中	油中
裸铜	25	15
表面镀银的铜/合金	40	15
其他材料	按协议	15

注：上述数值低于有载分接开关，其目的是为了防止触头长期保持在一个位置上，因热裂化形成碳生成物。在1.2倍最大额定通过电流的15 K温升值近似于1.0倍最大额定通过电流的11 K温升值。

当周围介质为油时，本试验应在环境温度下进行。

周围介质的温度，应在触头下方且距离不小于 25 mm 处进行测量。

用热电偶或其他合适的测量方法测量触头温度时，应在触头表面上并尽量靠近实际的接触点处进行测量。

当触头与周围介质的温差变化不大于 1 K/h 时，则认为触头温度已达到稳定了。

注：应对接入受试无励磁分接开关或组成部件内的载流导线截面和绝缘状况予以说明。

7.2.3 短路电流试验

所有连续载流的各种类型触头，都应承受每次持续时间为 2 s(±10%) 的短路电流试验。对于油浸式无励磁分接开关，本试验应在变压器油中进行。

对于三相无励磁分接开关，如无其他规定，只需对其一相的触头进行本试验。

本试验应进行三次，每次的起始峰值电流应为额定短路电流方均根值的 2.5(±5%)倍。在各次试验之间，不应将触头移动。

当无波形定点合闸装置，以致三次施加短路电流的起始峰值达不到额定短路电流方均根值的 2.5 倍时，可改用下述试验方法。

可以将短路试验电流方均根值增大，以使三次试验均能得到规定的峰值电流并使试验的持续时间相应地减少。当采用这个方法时，应使此增大的电流方均根值的平方与缩短的试验持续时间的乘积不小于额定短路电流方均根值的平方与持续时间 2 s 的乘积。

施加的短路试验电流值应符合图 3 的规定。

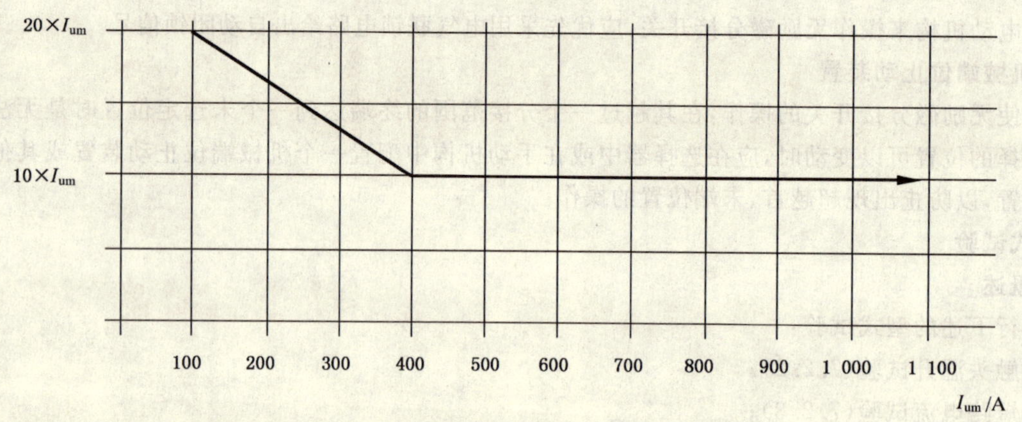

图 3 用最大额定通过电流倍数表示的短路试验电流

供试验用的开路电压至少应为 50 V。

试验后，触头不应有妨碍其在最大额定通过电流下连续正确操作的损坏，其他承载电流的零部件不应出现永久的机械变形痕迹。

7.2.4 机械试验

7.2.4.1 机械寿命试验

应将带有驱动机构的无励磁分接开关装配好，并在适于正常使用条件下使用的每种周围介质中进行本试验。在触头不带电且全部分接范围都用上的情况下进行 2 000 次操作。

对于采用合适的电动机构的无励磁分接开关应进行 20 000 次操作。

对于在空气环境中的无励磁分接开关，本试验可在环境温度下进行。对于在油环境中的无励磁分接开关，其中半数操作应在不低于 75℃ 的温度下进行，而另一半则在较低的温度下进行。例如，在加热和冷却期间内，允许每日温度循环地变化。

对于在空气环境和油环境中的无励磁分接开关，应在－25℃下进行 100 次操作。

在试验期间，触头和机械部件应无故障或无过分磨损，以免连续操作时引起机械故障。

注：对适合操作的周围介质，常用的有变压器油、合成油、空气和其他气体。

7.2.4.2 压力及真空试验

应对所有密封部件和部位进行适当的试验，以确认其承受压力和真空的耐受值。制造单位应公布此耐受值。

7.2.5 绝缘试验

7.2.5.1 概述

无励磁分接开关绝缘要求与其所连接的变压器绕组有关。

变压器制造单位不仅负责选择合适的无励磁分接开关的绝缘水平，而且也应负责选择无励磁分接开关与变压器绕组间的连接引线的绝缘水平。

油浸式无励磁分接开关，在进行 7.2.5.3 所述的各项试验之前，应在无励磁分接开关中注入清洁的绝缘油或将无励磁分接开关浸在充有清洁绝缘油的试验箱内。

7.2.5.2 分类

为了能选择适当的电压试验，无励磁分接开关应按表 6 进行分类。

表 6 无励磁分接开关的类别

类 别	用 途
1	用于绕组的中性点
2	用于除绕组中性点外的其他位置

7.2.5.3 试验的性质

无励磁分接开关的绝缘水平应通过在下述绝缘距离上所进行的绝缘试验来验证：

1) 对地；

2) 相间(如果有)；

3) 无励磁分接开关的首末触头之间；

4) 无励磁分接开关的相邻两个触头之间；

5) 其他绝缘距离，由于触头的布置，在该距离上出现了比上述试验值更高的电压时。

7.2.5.4 试验电压

1 类：

对于试验 1)，试验电压应符合表 4 规定的相应值。对于试验 2)、3)、4)及 5)，无励磁分接开关制造单位应规定合适的雷电冲击耐受电压值以及外施耐受电压值(如果合适)。

2 类：

对于试验 1)和 2)，试验电压应符合表 4 规定的相应值。对于试验 3)、4)及 5)，无励磁分接开关制造单位应规定合适的雷电冲击耐受电压值以及外施耐受电压值(如果合适)。

7.2.5.5 试验电压的施加

为了进行绝缘试验，无励磁分接开关组装、布置和干燥处理应与运行时一样，但不必包括无励磁分接开关与变压器之间的连接引线。可以在单独的组件上进行试验，只要能表明其绝缘条件不变。

对于适用于 1 类和 2 类无励磁分接开关 7.2.5.3 的试验 1)以及适用于 2 类无励磁分接开关 7.2.5.3 的试验 2)，每相的带电部分应短接起来，并视情况，或者接试验电源或者接地。

对于含有对地外绝缘的无励磁分接开关，应按 GB/T 4109 有关试验的说明进行试验，验证此外绝缘是否符合要求。

其试验顺序如下：

a) 操作冲击试验(若要求时)；

b) 雷电冲击试验；

c) 外施耐压试验；

d) 局部放电试验(若要求时)。

7.2.5.6 外施耐压试验

应采用符合 GB/T 16927.1 规定的单相交流电压，在要求的耐受电压值下进行试验，每次试验的持续时间为 60 s。

7.2.5.7 雷电冲击试验

试验电压波形应采用符合 GB/T 16927.1 规定的 1.2 μs/50 μs 标准冲击波。每项试验应施加规定的电压值，正负极性各冲击三次。

7.2.5.8 操作冲击试验

本试验适用于 U_m 为 252 kV 及以上的 2 类无励磁分接开关。试验应在无励磁分接开关带电部分与接地部分之间进行。无励磁分接开关制造单位应给出其试验接线布置。电压冲击波形按 GB/T 16927.1规定，为 250 μs /2 500 μs。每项试验应在要求的电压下正负极性各冲击三次。

7.2.5.9 局部放电测量

只对设备最高电压 U_m 为 126 kV 及以上的 2 类无励磁分接开关进行本试验，本试验应在无励磁分接开关的带电部分与接地部分之间进行。

本试验实施方法与 5.2.6.9 对有载分接开关所规定的方法相同。

注：允许对连接分接引线用的端子进行屏蔽。

7.2.6 型式试验证书

型式试验证书应包括：

a) 有关准备方面(如装配、布置及干燥)的充分详细说明，如有必要，应附说明性的草图；

b) 按 7.2.2～7.2.5 规定所进行的全部试验的充分详细说明。

7.3 例行试验

7.3.1 机械试验

装配完好的无励磁分接开关，在触头不带电的情况下应无故障地完成 2 个操作循环的试验。在本试验中，为了正确操作和调整，应对 7.1.6 所述的任一端位止动装置进行检查。

7.3.2 压力及真空试验

试验是在所有密封部件上进行。无励磁分接开关所有密封部件和部位应能耐受住 60 kPa 的压力及真空试验，持续 24 h 无渗漏。若此值为零时，就表示未进行本试验。

注：对于小型无励磁分接开关，通常不需进行本试验。

8 无励磁分接开关的电动机构技术要求

8.1 一般技术要求

有载分接开关的电动机构也可以适用于无励磁分接开关。对于无励磁分接开关，8.1.1～8.1.8 的技术要求应尽量采用。

若用电动机构操作无励磁分接开关，应优先采用电气联锁电路给出自动闭锁信号。

8.1.1 部件规范化

除非另有规定，电动机构的部件应符合相关标准。

8.1.2 辅助电源的允许变化范围

电动机构中的驱动电动机和电气控制应作成：对于交流电源，能在 85%～110%的额定电压以及 90%～105%的额定频率范围内进行安全可靠的操作；对于直流电源，能在 80%～110%的额定电压范围内进行安全可靠的操作。

8.1.3 分接位置指示器

在电动机构中应装设一个位置指示装置，以便在电源出现故障时也能指示无励磁分接开关位置。当电动机构箱为封闭式结构时，应能通过一个观察窗看到分接的位置。

如果需要，可装设一个远程位置传送器，供远距离指示分接位置用。

8.1.4 限位装置

应在开关或电动机构内装入一个机械限位装置。

8.1.5 操作计数器

应安装一个不可复位的具有五位数或更多位数的计数器，且易于阅读。

8.1.6 电动机构的手动操作

应装有可取下的手摇柄或其他类似工具，以进行无励磁分接开关的手动操作。在手摇柄与手动操作轴开始啮合之前，应将电动机的驱动闭锁。

在手摇柄啮合处附近，应标出旋转方向，并示出完成一个分接变换所需要的手摇柄旋转圈数。

注：在机构设计中，应考虑操作者不需用过大的力就能进行手动操作。

8.1.7 电动机构箱

电动机构箱应符合 GB 4208 规定的 IP44 等级的防护要求，并应有合适的防冷凝措施。

如果需要，经制造单位与用户协商，也可以采用符合 GB 4208 规定的更高的防护等级。

8.1.8 防止接触危险部件的保护

装有门盖的电动机构箱，还应在该门盖打开时能提供至少为 IP1X 的防护等级(按 GB 4208)。

注：采取这种保护，将使手背偶然触碰电动机构的可能性尽量减小。

8.2 型式试验

8.2.1 机械负载试验

电动机构的输出轴负载应是无励磁分接开关设计的最大转矩或是一个摸拟运行条件的等值负载转矩。在此负载下，进行跨越整个分接范围的 20 000 次操作试验。

注：在本试验中，允许对驱动电动机进行附加的冷却。

在本试验中，要在额定频率下进行如下试验项目：

——按 8.1.2 的规定，在最小电压下进行 1 000 次操作；

——按 8.1.2 的规定，在最大电压下进行 1 000 次操作；

——在－25℃温度下进行 50 次操作。

试验过程中，对 8.1.4、8.1.5 和 8.1.6 所包括的各种装置，应验证其功能正确性。在试验期间，机械部件应无故障或无过分的磨损。

在试验过程中，允许按制造单位手册进行正常的维修。

试验时，电动机构的加热系统应被切除。

8.2.2 超越端位试验

本试验应证明：当电气限位开关一旦出故障时，机械端位止动装置能避免电动分接变换进行超越端位的操作，且电动机构不存在电气的或机械的损坏。

8.2.3 电动机构箱的防护等级

如适用，电动机构箱应按 GB 4208 的规定进行试验。

8.3 例行试验

8.3.1 机械试验

电动机构应在运行条件下或在带上等值的模拟负载下，能无故障地进行 2 个操作循环的电动操作。试验时，应按 8.1.4、8.1.5 和 8.1.6 所规定的有关要求，对其功能正确性进行检查。

上述试验结束后，还应加试两个操作循环，即在辅助电源额定电压的最小值和最大值时各试一个操作循环，此时也不应出现故障。

注：机械试验可在电动机构上单独进行或按 7.3.1 进行。

8.3.2 辅助线路绝缘试验

除了电动机和其他元件按有关的标准用较低试验电压进行试验外，辅助线路应承受住在其所有带电端子与机座之间施加交流电压 2 kV(方均根值)、持续 1 min 的耐压试验。

9 铭牌

9.1 分接开关(有载和无励磁)

每台分接开关应有一块用抗大气腐蚀材料制成的铭牌,它应安装在易察看到的位置上,并至少标出下述项目:

a) 标准代号;

b) 制造单位名;

c) 制造单位的出厂序号;

d) 产品型号;

e) 制造年份(日期);

f) 额定通过电流(若适用);

g) 额定级电压(若适用);

h) 过渡电阻值(若适用)。

所有项目应牢固标出,如:用蚀刻、雕刻、打印或用光化学加工方法等。

注:对于小型无励磁分接开关,若因其尺寸太小不能提供标有上述项目的铭牌时,允许提供一个单独的活动标牌或在制造单位说明书上提供这些项目信息。

9.2 电动机构

每台电动机构应供给一块用抗大气腐蚀的材料制成的铭牌,它应安装在易察看到的位置处。铭牌应标出按9.1列出的合适项目。此外,如果适用,铭牌还要示出下列信息:

a) 电动机的额定电压和额定频率;

b) 控制设备的额定电压和额定频率;

注:若为直流电源,应使用“⎓”符号替代额定频率的表示符号。

c) 工作分接位置数。

所有项目应牢固标出,如:用蚀刻、雕刻、打印或用光化学加工方法等。

10 无励磁分接开关警告标志

对于无励磁分接开关,应按图4示出一个清晰可见的警告标记或说明,并贴到分接开关上或提供一个单独警告标记放在操作手摇柄处。

注:对于小型无励磁分接开关,若因其尺寸太小不能提供上述警告标志时,允许提供一个标有“断电操作”的警告标志。

应将一个相似的警告贴到电动机构处。

警 告 当变压器有电时切勿操作

图4 警告标志

11 制造单位编制使用说明书

制造单位应提供包括维修规范在内的手册,以确保分接开关的安全和正确操作。

该手册内容不仅包括安装、操作、维修等规范,还要包括辨认任何常见的危险(如电击、储能装置、在电源中断后机构意外起动等)。

附 录 A
（资料性附录）
本部分章条编号与 IEC 60214-1:2003 章条编号对照

表 A.1 给出了本部分章条编号与 IEC 60214-1:2003 章条编号对照一览表。

表 A.1 本部分章条编号与 IEC 60214-1:2003 章条编号对照

本部分章条编号	对应 IEC 60214-1:2003 章条编号
附录 A	—
附录 B	—
附录 C	附录 A
附录 D	附录 B
附录 E	附录 D
附录 F	附录 C
附录 G	—
附录 H	—
附录 I	—
参考文献	—

表 A.2 给出了本部分图表编号与 IEC 60214-1:2003 图表编号对照一览表。

表 A.2 本部分图表编号与 IEC 60214-1:2003 图表编号对照

本部分图表编号	对应 IEC 60214-1:2003 图表编号
表 4	表 4、表 5
表 5	表 6
表 6	表 7

附 录 B
（资料性附录）
本部分与 IEC 60214-1:2003 的技术性差异及其原因

表 B.1 给出了本部分与 IEC 60214-1:2003 的技术性差异及其原因一览表。

表 B.1 本部分与 IEC 60214-1:2003 的技术性差异及其原因

本部分章条编号	技术性差异	原 因
1	增加“注:牵引变压器和牵引电抗器用的分接开关可参照本部分,有关性能指标由制造单位与用户协商。”	完善标准适用范围。
2	引用了采用国际标准的我国标准,而非全部直接引用国际标准。	以适应我国国情及方便使用。
3.54	删除“注:I 类和 II 类分接开关与 IEC 60076-3 中规定的 I 类和 II 类变压器毫无关系”。	不适合我国国情。
5.2.6.4	表 4 额定耐受电压按 GB 1094.3 和 IEC 60214-1 综合规定,同时将 IEC 60214-1 的规定列入本部分附录 G 中。	因 GB 1094.3 与 IEC 60214-1 的额定耐受电压值有差异,因而综合取舍。
5.2.6.5	按电力变压器的试验顺序调整了有载分接开关的试验顺序。	协调标准间关系。
5.3.4	规定了压力及真空试验的具体试验要求。	便于实际操作。
7.2.5.5	按电力变压器的试验顺序调整了无励磁分接开关的试验顺序。	协调标准间关系。
7.3.2	规定了压力及真空试验的具体试验要求。	便于实际操作。
10	增加“注:对于小型无励磁分接开关,若因其尺寸太小不能提供上述警告标志时,允许提供一个标有“断电操作”的警告标志。”	考虑小型无励磁分接开关的实际情况。
附录 G	将符合 IEC 标准规定的额定耐受电压列出,作为参考性资料。	如果用户另有要求,额定耐受电压也可按 IEC 标准的规定。
附录 H	将电子式控制器和电子式显示器的性能要求和试验方法的补充资料列出,作为参考性资料。	使制造单位选用配套组件时有据可依,确保产品可靠性。
附录 I	将在线净油装置的性能要求和试验方法的补充资料列出,作为参考性资料。	使制造单位选用配套组件时有据可依,确保产品可靠性。

附 录 C
（规范性附录）
关于电阻式分接开关切换任务的补充资料

C.1 主(通断)触头和过渡触头的任务

C.1.1 表 C.1 所示为旗循环和尖旗循环的切换开关和选择开关的典型触头电路布置。每一个功能只用一对触头表示，而实际上这可能代表一组触头。

C.1.2 表 C.1 也列出了在相当于 N 次分接变换操作的若干次操作循环中，每对触头在每个开断电流和恢复电压组合下所完成的线路转换操作次数。

C.1.3 在表 C.1 中的电流和电压表达式中，“+”和“−”符号是指相量的加和减，而不是代数的加和减。变压器的负载功率因数影响着触头的任务，也决定了通过电流 I 与级电压 E 之间相位角。表 C.2 示出负载功率因数对各种触头任务变化的影响。

C.1.4 如果过渡阻抗分成两个单元，则假定它们数值相等，每组等于 R。

C.1.5 除图 C.1 所示的触头电路布置外，还可能有其他的触头电路布置并且也在用，例如多电阻循环，它可以是旗循环或尖旗循环原理的一个延伸。

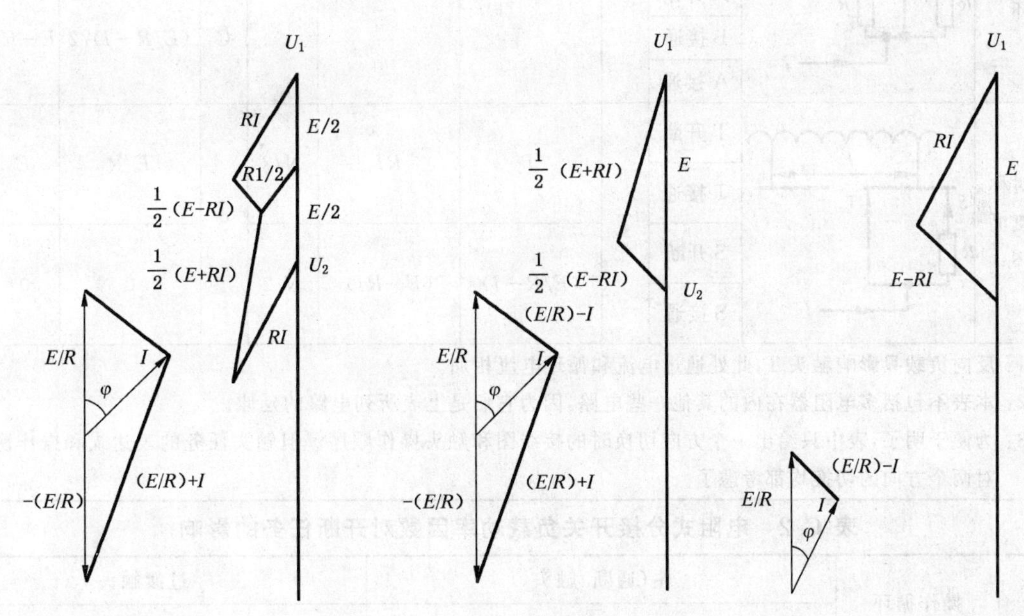

图 C.1 电阻式分接开关的电流和电压相量图

表 C.1 电阻式分接开关主(通断)触头和过渡触头任务

开关型式	变换操作循环	电路图	触头操作顺序	主(通断)触头任务				过渡触头任务			
				触头	开断电流	恢复电压	操作次数	触头	开断电流	恢复电压	操作次数
切换开关	旗循环		W 开断	W	I	RI	$N/2$	X	$(E/R+I)/2$	$E+RI$	$N/4$
			Y 接通						$(E/R-I)/2$	$E-RI$	$N/4$
			X 开断	Z	I	RI	$N/2$	Y	$(E/R+I)/2$	$E+RI$	$N/4$
			Z 接通						$(E/R-I)/2$	$E-RI$	$N/4$
	对称尖旗循环		L 接通	J	$E/R+I$	$(E+RI)/2$	$N/4$	K	E/R	E	$N/2$
			J 开断		$E/R-I$	$(E-RI)/2$	$N/4$				
			M 接通	M	$E/R+I$	$(E+RI)/2$	$N/4$	L	E/R	E	$N/2$
			K 开断		$E/R-I$	$(E-RI)/2$	$N/4$				
选择开关	旗循环		C 开断	B	I	RI	N	A	$(E/R+I)/2$	$E+RI$	$N/2$
			B 开断								
			C 接通								
			A 开断					C	$(E/R-I)/2$	$E-RI$	$N/2$
			B 接通								
			A 接通								
	非对称尖旗循环		T 开断	T	I	RI	$N/2$	S	E/R	E	$N/2$
			T 接通								
			S 开断		$(E/R-I)$	$(E-RI)$	$N/2$		0	0	$N/2$
			S 接通								

注 1:反向负载只影响触头 T,此处通过电流和循环电流相加。

注 2:本表不包括多电阻器在内的其他一些电路,因为它们是上表所列电路的延伸。

注 3:为便于明了,表中只给出一个方向切换时的接线图和触头操作顺序。但触头任务的表达式和操作次数,则对两个方向的切换均都考虑了。

表 C.2 电阻式分接开关负载功率因数对开断任务的影响

开关型式	操作循环	主(通断)触头		过渡触头	
		触头	负载功率因数的影响	触头	负载功率因数的影响
切换开关	旗循环	W 和 Z	无	X 和 Y	在功率因数为 1.0 时,任务最重
	对称尖旗循环	J 和 M	在功率因数为 1.0 时,任务最重	K 和 L	无
选择开关	旗循环	B	无	A 和 C	在功率因数为 1.0 时,任务最重
	对称尖旗循环	T	有 $N/2$ 次操作无影响	S	无
			有 $N/2$ 次操作在功率因数为 1.0 时,任务最重		

注:采用非对称尖旗循环的分接开关,通常只用于一个方向流动的负载电流的情况。

附 录 D
（规范性附录）
关于电抗式分接开关切换任务的补充资料

D.1 补充的试验参数

D.1.1 工作负载试验

本部分 5.2.2.1 的技术要求要与下述的规定结合：

a) 限流自耦变压器：在桥接位置中的循环电流等于 50% 的额定通过电流或者由制造单位另外规定，且在型式试验报告中阐明；

b) 功率因数：0.8。

D.1.2 开断容量试验

本部分 5.2.2.2 的技术要求要与下述的规定结合：

a) 限流自耦变压器：在桥接位置中的循环电流等于 50% 的额定通过电流或者由制造单位另外规定，且在型式试验报告中阐明；

b) 功率因数：0；

c) 操作次数：40。

D.2 调换触头任务

表 D.1～表 D.4 分别表示带有下述开断用器件类型的电抗式分接开关的调换触头任务：

——选择开关；

——选择开关和平衡绕组；

——切换开关和分接选择器；

——真空断流器和分接选择器。

同样地，图 D.1～图 D.8 表示具有上述四种开断用器件类型的电抗式分接开关的操作顺序和相量图。

表 D.1 带选择开关的电抗式分接开关的调换触头任务——切换方向由 P1 到 P5

操作顺序(注 1)	触头操作	触　头	开断电流	恢复电压
P1 在分接 1 上	不适用	G	—	—
		H	—	—
P2 转换到桥接（选择开关打开）	H 开断	G	—	—
		H	$I/2$(注 2)	$IZ/2$
P3 分接 1 和 2 桥接	H 接通	G	—	—
		H	—	—
P4 转换到分接 2 上	G 开断	G	$I/2+E_T/Z$(注 3)	$E_T+IZ/2$
		H	—	—
P5 在分接 2 上	G 接通	G	—	—
		H	—	—

注 1：P1、P3 和 P5 是工作分接位置。

注 2：I 是负载电流。

注 3：E_T/Z 等于循环电流 I_c，Z 是限流自耦变压器阻抗，E_T 为一个分接间电压。

注 4：在反向变换分接位置下，即由 P5 到 P1 时，在触头 G 上的开断电流是 $I/2$，相应的恢复电压 $IZ/2$(P4)；在触头 H 上的开断电流是 $E_T/Z-I/2$，相应的恢复电压是 $E_T-IZ/2$(P2)。

注 5：见图 D.1 的操作顺序和图 D.2 的相量图。

注 6：表里所示加法是相量相加。

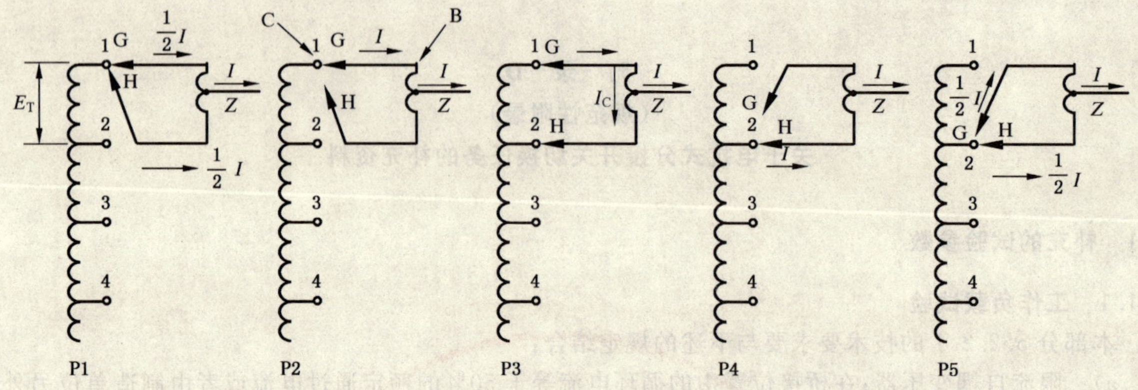

图中：

B——电抗器；

C——选择开关(总计 2 个)。

图 D.1　带选择开关的电抗式分接开关的操作顺序

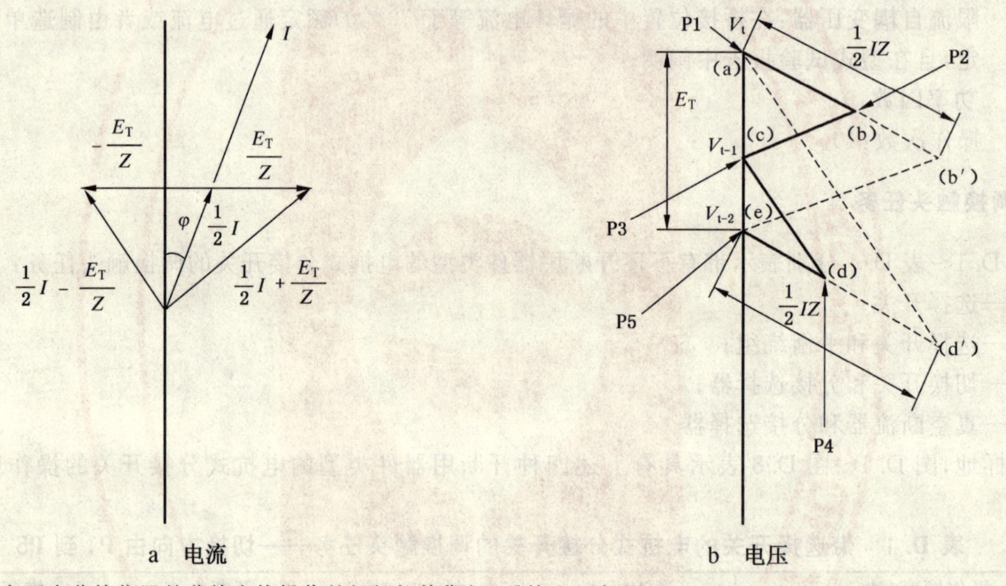

注 1：在两个分接位置的分接变换操作的级间切换期间，系统电压如图 D.2b 所示，由点(a)变到点(e)。点(a)、(c)和(e)表示静止操作，点(b)和(d)表示因电抗电压降的瞬间操作。

注 2：相量(a−b′)和(e−d′)表示因变压器工作而产生的电抗电压。

注 3：$|E_T/Z| \leqq 0.5 |I|$。

图 D.2　带选择开关的电抗式分接开关的电流与电压相量图

表 D.2　带选择开关和平衡绕组的电抗式分接开关的调换触头任务——切换方向由 P1 到 P5

操作顺序(注 1)	触头操作	触　头	开断电流	恢复电压
P1 在分接 1 上	不适用	G	—	—
		H	—	—
P2 转换到桥接 (选择开关打开)	H 开断	G		
		H	$I/2+E_T/2Z$ (注 2)	$IZ/2+E_T/2$
P3 分接 1 和 2 桥接	H 接通	G	—	—
		H	—	—

表 D.2(续)

<table>
<tr><th>操作顺序(注 1)</th><th>触头操作</th><th>触　　头</th><th>开断电流</th><th>恢复电压</th></tr>
<tr><td rowspan="2">P4
转换到分接 2 上</td><td rowspan="2">G 开断</td><td>G</td><td>$I/2+E_T/2Z$
(注 3)</td><td>$E_T/2+IZ/2$</td></tr>
<tr><td>H</td><td>—</td><td>—</td></tr>
<tr><td rowspan="2">P5
在分接 2 上</td><td rowspan="2">G 接通</td><td>G</td><td>—</td><td>—</td></tr>
<tr><td>H</td><td>—</td><td>—</td></tr>
<tr><td colspan="5">注 1：P1、P3 和 P5 是工作分接位置。
注 2：I 是负载电流。
注 3：$E_T/2Z$ 等于循环电流 I_c，Z 是限流自耦变压器阻抗，E_T 为一个分接间电压。$E_T/2$ 是平衡绕组电压。
注 4：在反向变换分接位置下，即由 P5 到 P1，在 G 触头上的开断电流是 $E_T/2Z-I/2$，相应的恢复电压是 $E_T/2-IZ/2$(P4)；在 H 触头上的开断电流是 $E_T/2Z-I/2$，相应的恢复电压是 $E_T/2-IZ/2$(P2)。
注 5：见图 D.3 的操作顺序和图 D.4 的相量图。
注 6：表里所示加法是相量相加。</td></tr>
</table>

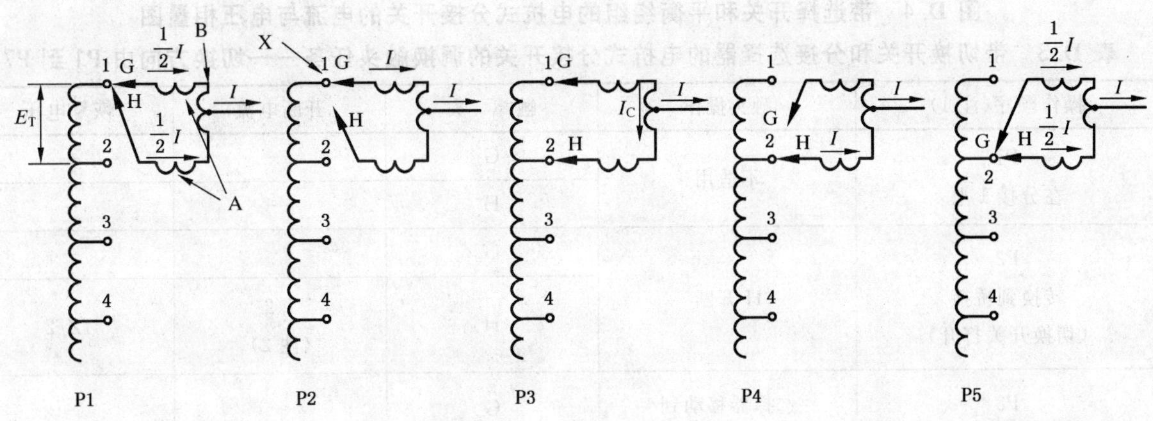

图中：

B——电抗器(总计 2 个)；

A——平衡绕组；

X——选择开关(总计 2 个)。

图 D.3　带选择开关和平衡绕组的电抗式分接开关的操作顺序

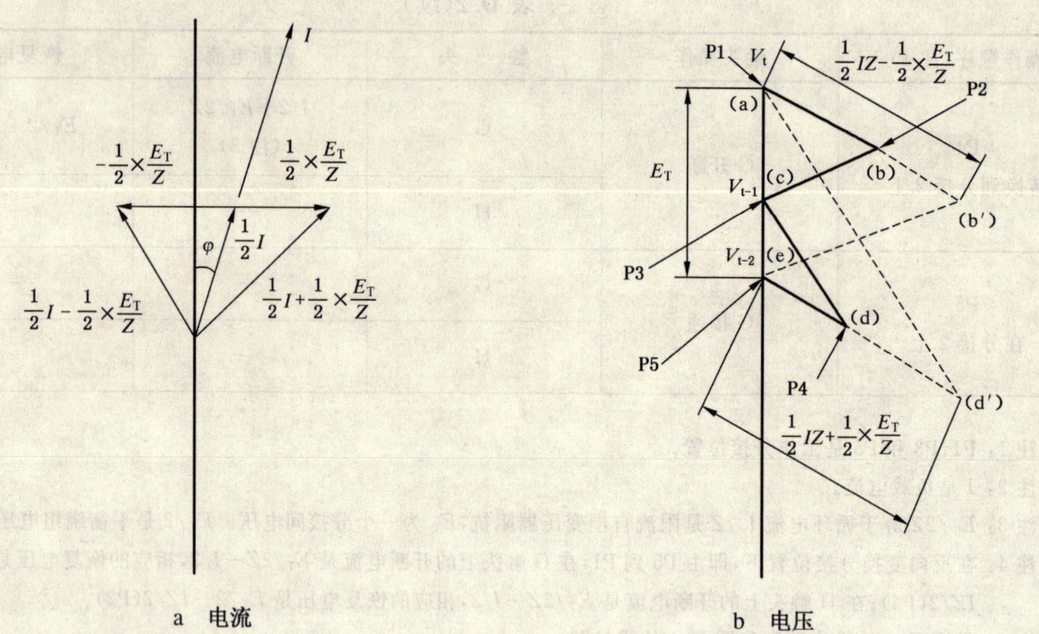

注 1：在两个分接位置的分接变换操作的级间切换期间，系统电压如图 D.4b 所示，由点(a)变到点(e)。点(a)、(c)和(e)表示静止操作，点(b)和(d)表示因电抗电压降的瞬间操作。

注 2：相量(a—b′)和(e—d′)表示因变压器工作而产生的电抗电压。

注 3：$|E_T/2Z| \leqq 0.5|I|$。

图 D.4 带选择开关和平衡绕组的电抗式分接开关的电流与电压相量图

表 D.3 带切换开关和分接选择器的电抗式分接开关的调换触头任务——切换方向由 P1 到 P7

操作顺序(注 1)	触头操作	触头	开断电流	恢复电压
P1 在分接 1 上	不适用	G	—	—
		H	—	—
P2 转换到桥接 (切换开关打开)	H 开断	G	—	—
		H	$I/2$ (注 2)	$IZ/2$
P3 转换到桥接 (选择器移动到桥接)	选择器移动到 桥接分接 1 和分接 2 (完成桥接)	G	—	—
		H	—	—
P4 分接 1 和分接 2 桥接	H 接通	G	—	—
		H	—	—
P5 转换到分接 2 上 (切换开关打开)	G 开断	G	$I/2+E_T/Z$ (注 3)	$E_T+IZ/2$
		H	—	—
P6 转换到分接 2 上	选择器移至 分接 2 上	G	—	—
		H	—	—
P7 在分接 2 上	G 接通	G	—	—
		H	—	—

表 D.3(续)

操作顺序(注 1)	触头操作	触　头	开断电流	恢复电压
注 1：P1、P4 和 P7 是工作分接位置。 注 2：I 是负载电流。 注 3：E_T/Z 等于循环电流 I_c，Z 是限流自耦变压器阻抗，E_T 为一个分接间电压。 注 4：在反向变换分接位置下，即由 P7 到 P1 时，在触头 G 上的开断电流是 $I/2$，相应的恢复电压是 $IZ/2$(P6)；在触头 H 上的开断电流是 $I/2-E_T/Z$，相应的恢复电压是 $E_T-IZ/2$(P3)。 注 5：见图 D.5 的操作顺序和图 D.6 的相量图。 注 6：表中所示加法是相量相加。				

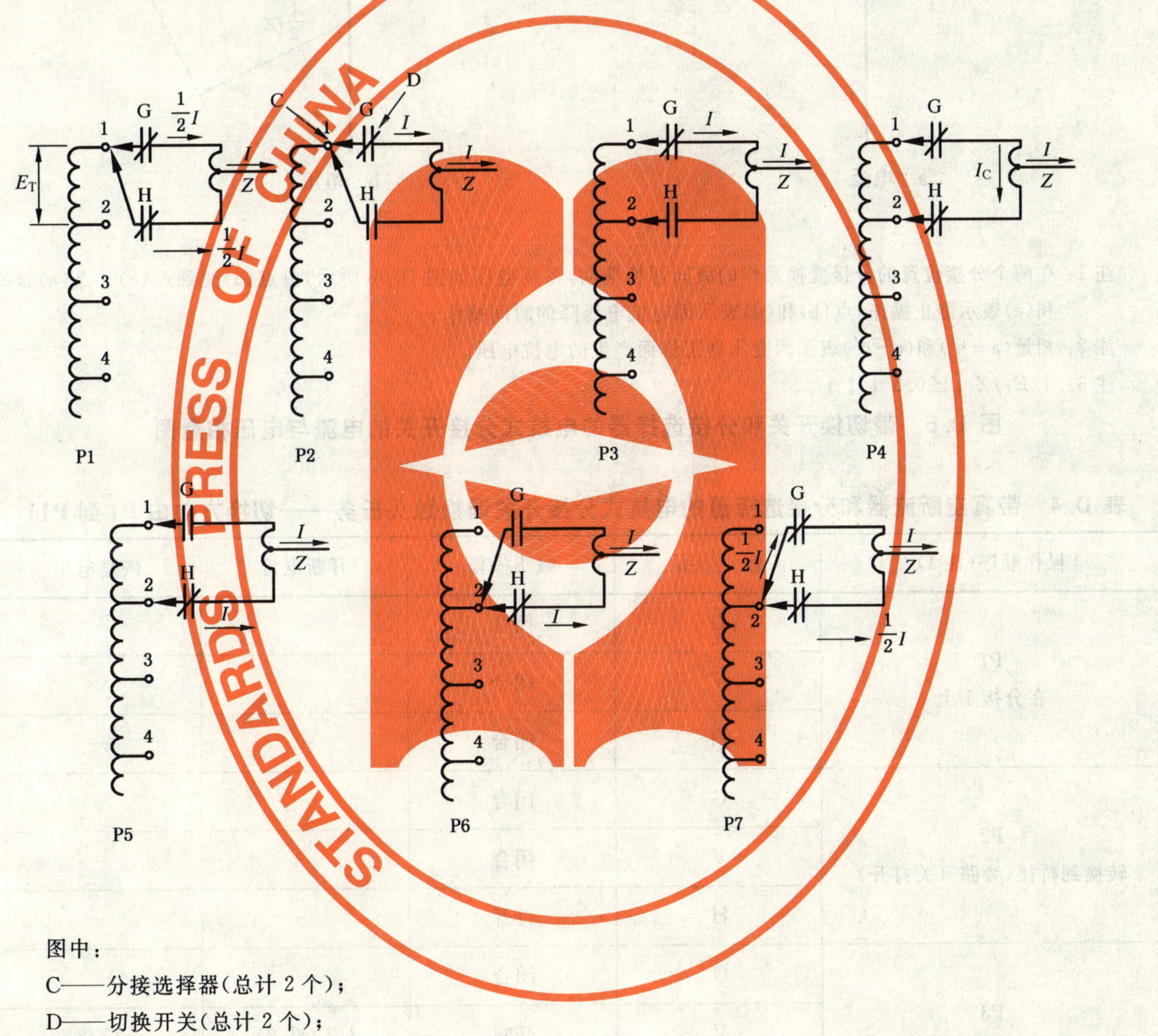

图中：

C——分接选择器(总计 2 个)；

D——切换开关(总计 2 个)；

G 和 H——切换开关；

P1 位置表示在分接 1 上工作；

P4 位置表示分接 1 和 2 桥接；

P7 位置表示在分接 2 上工作。

图 D.5　带切换开关和分接选择器的电抗式分接开关的操作顺序

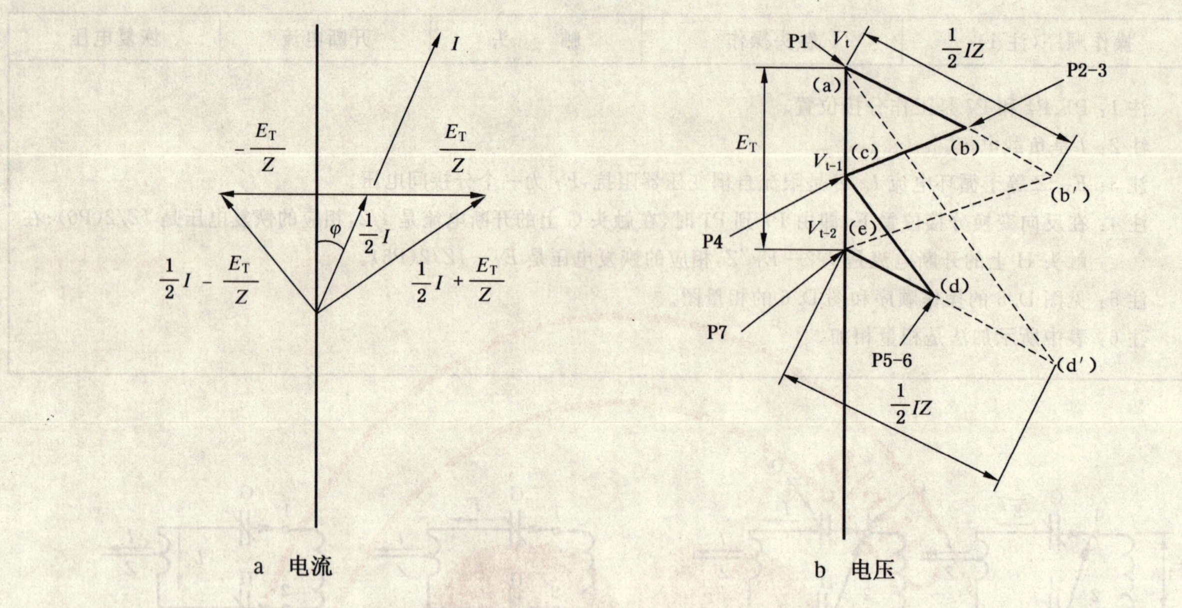

注 1：在两个分接位置的分接变换操作的级间切换期间，系统电压如图 D.6b 所示，由点(a)变到点(e)。点(a)、(c)和(e)表示静止操作，点(b)和(d)表示因电抗电压降的瞬间操作。

注 2：相量(a—b′)和(e—d′)表示因变压器工作而产生的电抗电压。

注 3：$|E_T/Z| \leqq 0.5 |I|$。

图 D.6　带切换开关和分接选择器的电抗式分接开关的电流与电压相量图

表 D.4　带真空断流器和分接选择器的电抗式分接开关调换触头任务——切换方向由 P1 到 P11

操作顺序(注 1)	触　头	触头操作	开断电流	恢复电压
P1 在分接 1 上	G	闭合	—	—
	V	闭合	—	—
	H	闭合	—	—
P2 转换到桥接(旁路开关打开)	G	闭合	—	—
	V	闭合	—	—
	H	打开	—	—
P3 转换到桥接(真空开关打开)	G	闭合	—	—
	V	开断	$I/2$ (注 2)	$IZ/2$
	H	打开	—	—
P4 转换到桥接 (选择器移动到分接 2)	G	闭合	—	—
	V	打开	—	—
	H	打开	—	—

表 D.4(续)

操作顺序(注 1)	触　　头	触头操作	开断电流	恢复电压
P5 转换到桥接 (真空开关闭合)	G	闭合	—	—
	V	接通	—	—
	H	打开	—	—
P6 分接 1 和 2 桥接 (旁路开关闭合)	G	闭合	—	—
	V	闭合	—	—
	H	闭合	—	—
P7 转换到分接 2 上 (旁路开关打开)	G	打开	—	—
	V	闭合	—	—
	H	闭合	—	—
P8 转换到分接 2 上 (真空开关打开)	G	打开	—	—
	V	开断	$I/2+E_T/Z$(注 3)	$E_T+IZ/2$
	H	闭合	—	—
P9 转换到分接 2 上 (选择器移动到分接 2)	G	打开	—	—
	V	打开	—	—
	H	闭合	—	—
P10 转换到分接 2 上 (真空开关闭合)	G	打开	—	—
	V	接通	—	—
	H	闭合	—	—
P11 在分接 2 上	G	闭合	—	—
	V	闭合	—	—
	H	闭合	—	—

注 1：P1、P6 和 P11 是工作分接位置。

注 2：I 是负载电流。

注 3：E_T/Z 等于循环电流 I_c，Z 是限流自耦变压器阻抗，E_T 为一个分接间电压。

注 4：在反向变换分接位置下，即由 P11 到 P1 时，在触头 V 上的开断电流是 $I/2$，相应的恢复电压是 $IZ/2$(P9)；在触头 V 上的开断电流是 $E_T/Z-I/2$，相应的恢复电压是 $E_T-IZ/2$(P4)。

注 5：见图 D.7 的操作顺序和图 D.8 的相量图。

注 6：表中所示加法是相量相加。

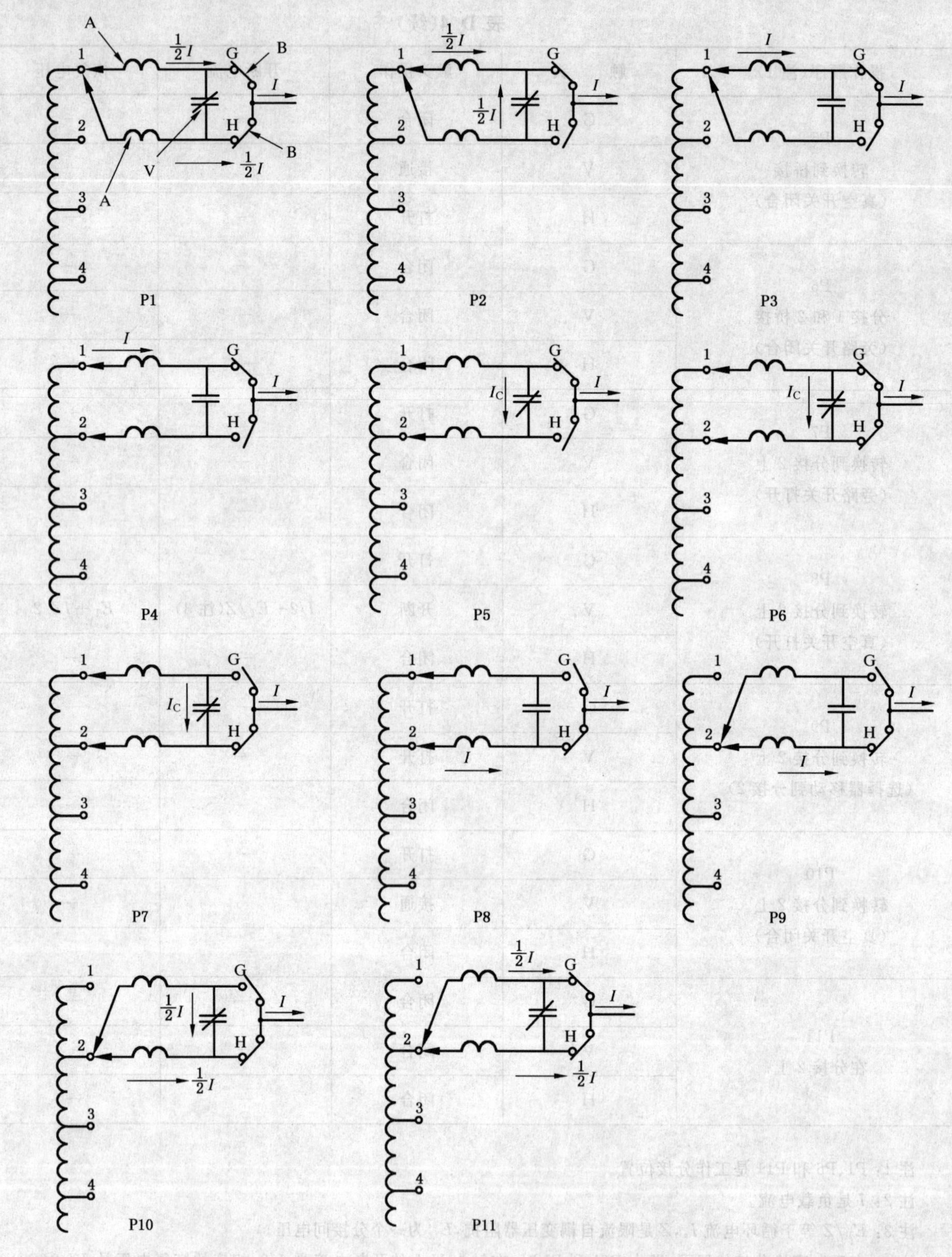

图中：

A——电抗器(总计 2 个)；

B——旁路开关(总计 2 个)；

V——真空断流器。

图 D.7 带真空断流器和分接选择器的电抗式分接开关的操作顺序

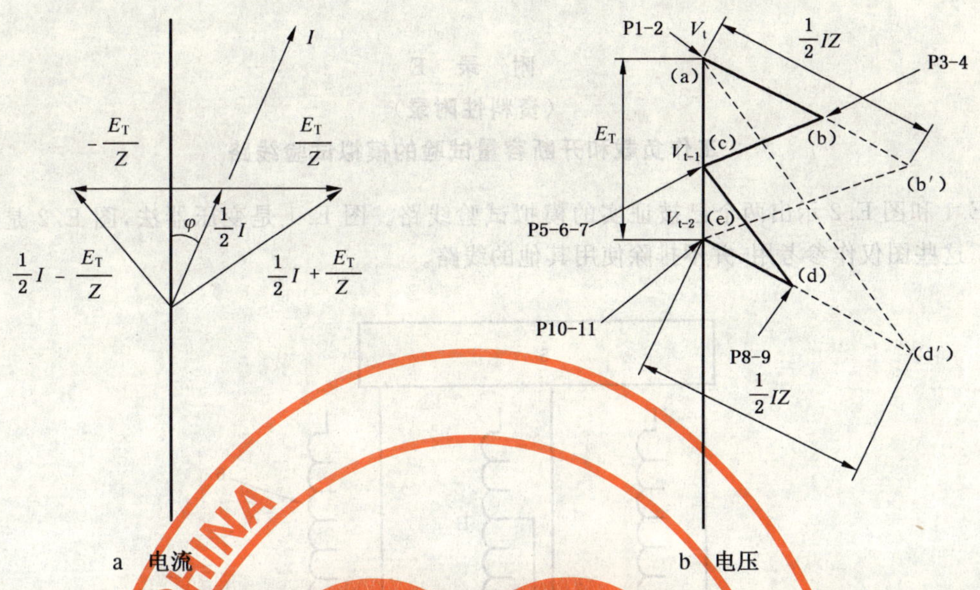

注 1：在两个分接位置的分接变换操作的级间转换期间，系统电压如图 D.8b 所示，由点(a)变到点(e)。点(a)、(c)和(e)表示静止操作，点(b)和(d)表示因电抗电压降的瞬间操作。

注 2：相量(a−b′)和(e−d′)表示因变压器工作而产生的电抗电压。

注 3：$|E_T/Z| \leqq 0.5|I|$。

图 D.8 带真空断流器和分接选择器的电抗式分接开关的电流与电压相量图

附　录　E
（资料性附录）
工作负载和开断容量试验的模拟试验线路

图 E.1 和图 E.2 示出两个已被证实的模拟试验线路。图 E.1 是变压器法，图 E.2 是电阻法，见 5.2.2.3。这些图仅作参考用，并不排除使用其他的线路。

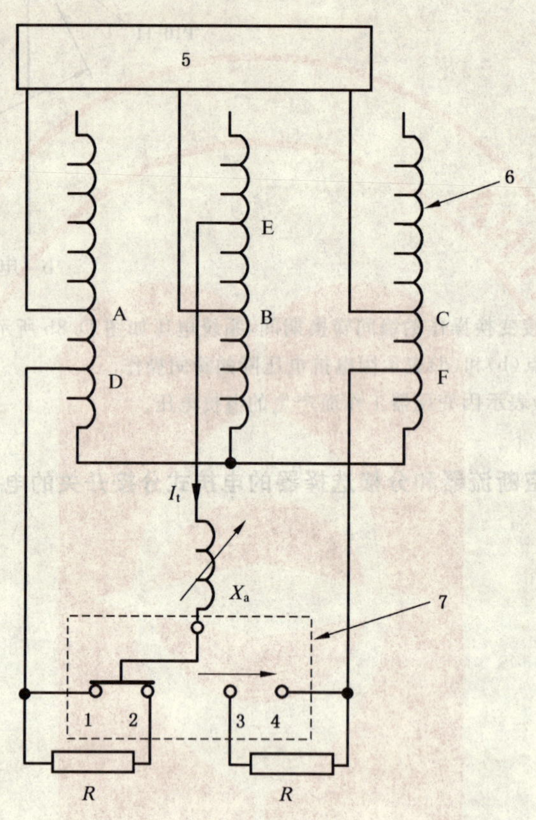

图中：

1 和 4——主（通断）触头；

2 和 3——过渡触头；

5——由发电机或电网供电的电源；

6——自耦变压器或逐级调压变压器；

7——切换开关；

R——过渡电阻器；

X_a——可调电抗器；

$U_{AB}=U_{BC}=U_{CA}$——三相电源电压；

U_{DF}——与电流 I_t 相关的级电压；

I_t——用 U_{ED} 和 X_a 调节的试验电流。

注：为满足 5.2.2.1 和 5.2.2.2 的技术要求，并考虑到线路和电源电抗的影响，应对四个触头出现的电流和电压予以控制，必要时进行适当的调节，例如改变 U_{ED}、X_a 及 R 的值和（或）各电压的相位角。

图 E.1　模拟试验线路——变压器法

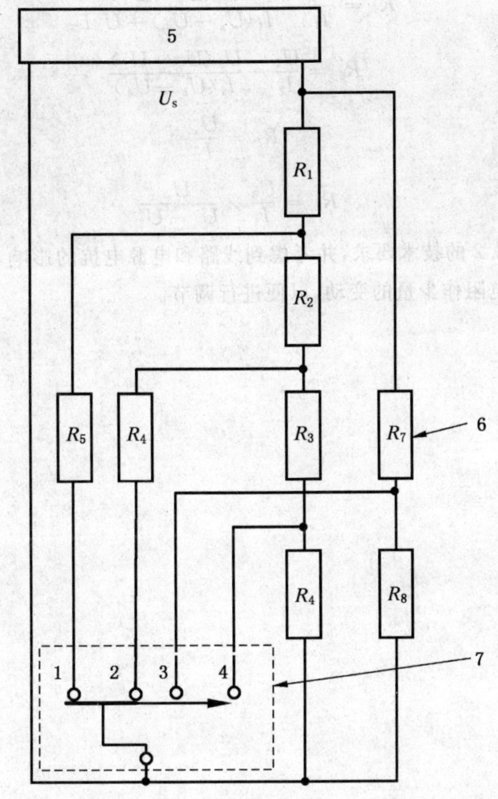

图中：

1 和 4——主(通断)触头；

2 和 3——过渡触头；

5——由发电机或电网供电的电源；

6——功率分配器；

7——切换开关；

U_s——单相电源电压；

R_1～R_8——构成功率分配器的电阻器。

注 1:用在整个分接变换操作中出现在四个触头上的计算电流和电压来计算功率分配器。

注 2:对于旗循环的四个触头切换开关，其最严重情况下的计算公式见式 E.1～E.8。

式中：

I_1 和 I_2——触头 1 和 2 的开断电流方均根值；

U_1 和 U_2——触头 1 和 2 的断口恢复电压方均根值；

U_3 和 U_4——触头 3 和 4 上的施加电压方均根值；

I_3 和 I_4——触头 3 和 4 的接通电流方均根值。

图 E.2 模拟试验线路——电阻法

$$R_1=\frac{U_s(U_s-U_1)}{I_4(U_s-U_4)+U_2I_2} \qquad \text{(E.1)}$$

$$R_2=\frac{U_s(U_1-U_2)}{I_4(U_s-U_4)+U_2I_2}+\frac{U_s}{I_4(U_s-U_4)}\times\frac{U_2I_2(U_s-U_2)}{I_4(U_s-U_4)+U_2I_2} \qquad \text{(E.2)}$$

$$R_3=\frac{U_s}{I_4}\times\frac{U_2-U_4}{U_s-U_4} \qquad \text{(E.3)}$$

$$R_4=\frac{U_s}{I_4}\times\frac{U_4}{U_s-U_4} \qquad \text{(E.4)}$$

$$R_5 = \frac{U_1}{I_1} - \frac{U_1(U_s - U_1)}{I_4(U_s - U_4) + U_2 I_2} \quad \cdots\cdots(E.5)$$

$$R_6 = \frac{U_2}{I_2} - \frac{U_2(U_s - U_2)}{I_4(U_s - U_4)} \quad \cdots\cdots(E.6)$$

$$R_7 = \frac{U_s}{I_3} \quad \cdots\cdots(E.7)$$

$$R_8 = \frac{U_3}{I_3} \times \frac{U_s}{U_s - U_3} \quad \cdots\cdots(E.8)$$

注：为满足 5.2.2.1 和 5.2.2.2 的技术要求，并考虑到线路和电源电抗的影响，应对四个触头出现的电流和电压予以控制，且必要时将 R_1 电阻作少量的变动，以便进行调节。

附 录 F
（规范性附录）
用脉冲电流确定过渡电阻器等值温度的方法

把电阻器放置在分接开关中，或安置在一个便于安排对电阻材料温度进行测量的热等效的场所中，测量冷介质温度的热电偶或温度计位于电阻材料的最低位置点以下至少 25 mm 地方。

在试验开始时，测量并记录电阻材料和冷介质的温度。

用电流 I_p 进行试验，I_p 的方均根值按下式求得：

$$I_p = \frac{1}{\sqrt{k}} \times \sqrt{\frac{\sum_{i=1}^{n}(I_i^2 t_i)}{\sum_{i=1}^{n} t_i}}$$

式中：

I_i——电流值；

t_i——电流 I_i 的通流时间。I_i 和 t_i 均为按 5.2.2.1.1 或 5.2.2.1.2 项 b)（若相关）进行工作负载切换试验中由所记录的 100 张示波图得出的平均值；

k——与电阻器试验要求相适应的选择系数，它的值小于 5。若发热现象保持绝热时，则它在 5～10 之间。

电阻器应承受上述电流，其次数应相当于半个操作循环。电流施加的时间按下式决定：

$$t_p = k\sum_{i=1}^{n} t_i$$

电阻器无电流通过的时间应等于分接开关在两次连续操作之间可能出现的最小间隔时间。

为了确定峰值温度，可用记录值进行外推而求出。

附 录 G
（资料性附录）
IEC 60214-1:2003 标准的额定耐受电压

表 G.1 额定耐受电压——组Ⅰ(欧洲通用)

设备最高电压 U_m/kV(方均根值)	额定外施耐受电压/kV(方均根值)	额定雷电冲击耐受电压/kV(峰值)	额定操作冲击耐受电压/kV(峰值)
3.6	10	40	—
7.2	20	60	—
12	28	75	—
17.5	38	95	—
24	50	125	—
36	70	170	—
52	95	250	—
60	115	280	—
72.5	140	325	—
100	185	450	—
123	230	550	—
145	275	650	—
170	325	750	—
245	460	1 050	850
300	460	1 050	850
362	510	1 175	950
420	630	1 550	1 175
550	680	1 675	1 300

表 G.2 额定耐受电压——组Ⅱ(北美地区通用)

设备最高电压 U_m/kV(方均根值)	额定外施耐受电压/kV(方均根值)	额定雷电冲击耐受电压/kV(峰值)	额定操作冲击耐受电压/kV(峰值)
15	40	125	—
26.4	50	150	—
36.5	70	200	—
48.3	95	250	—
72.5	140	350	—
121	230	550	—
145	275	650	—
169	325	750	—
245	460	1 050	850
300	460	1 050	850
362	510	1 175	950
420	630	1 550	1 175
550	680	1 675	1 300

附 录 H
（资料性附录）
电子式控制器和电子式显示器的性能要求和试验方法

H.1 范围

本附录仅适用于分接开关或电动机构所配置的电子式控制器和电子式显示器。

电子式控制器和电子式显示器主要包括下述装置：

a) 自动电压调整器：与分接开关的电动机构配合使用，组成自动调压系统。经取样、检测、比较、延时后，指令分接开关调压操作。

b) 并联运行控制器：它能使两台或更多台、具有相同或不同特性参数、同地或不同地的有载调压变压器处于并联运行的控制。其控制有同步联锁法、最小环流法和逆电抗法三种方式。

c) 智能电动控制器：它与有触点电动控制器有着本质上区别。其核心是采用电子式无触点控制[电子式开关（晶闸管）与微处理器（芯片）触发]的原理，通过电动机构来控制分接开关的变换操作，实现变压器调压的电动操作。

d) 分接位置显示器：采用二极管矩阵编码和集成电路编码的控制原理，通过显示器显示分接位置数。

H.2 使用条件

H.2.1 基准条件

基准条件所规定的值作为确定产品的基本性能及准确度的条件或仲裁条件。

H.2.1.1 环境的基准条件

——环境温度：20℃±2℃；

——相对湿度：45%～75%；

——大气压力：86 kPa ～106 kPa；

——外磁场感应强度不超过 0.5 mT。

H.2.1.2 电源基准条件

——频率：50 Hz±0.5%；

——交流电源波形为正弦波，畸变系数不大于 2%；

——交流中直流分量不大于交流分量峰值的 3%。

H.2.2 正常工作条件

H.2.2.1 最高温度 40℃，最低温度－10℃。

H.2.2.2 周围空气的相对湿度不大于 85%。

H.2.2.3 海拔不超过 2 000 m。

H.2.2.4 不允许有过剧烈的振动与冲击。

H.2.2.5 安装位置对于任一方向允许偏差为±2°。

H.2.2.6 无爆炸、不含腐蚀金属和破坏绝缘的气体及导电介质、不允许充满水蒸气及严重霉菌存在。

H.3 结构要求

H.3.1 控制器和显示器为面板式嵌入安装结构。采用标准通用机箱作为外壳，直接插入控制屏开孔内，并用螺钉从屏内紧固。

H.3.2 控制器和显示器应有整体美观大方、绝缘性能良好的薄膜面板，面板上设置轻触按键或按键开关，用户可在面板上通过按键进行参数设置、指令选择和功能操作；若需要时，面板上还应能显示分接位置、操作次数(若要求时)等参数。

H.3.3 控制器和显示器背部应设置信号的输入或输出的接线端子、或多芯电缆的航空插座或插拔式的接插件。若需要时，可设置 BCD 码输出接口，实现远端监控；也可设置 RS485 通讯接口与上位机通讯，进行遥控、遥信、遥测和遥调。

H.3.4 通信规约：采用 IEC 60870-5-101 或 IEC 60870-5-103 标准规约，以便于进行扩展和数据共享。

H.3.5 控制器和显示器安装与外形尺寸详见各自使用说明书规定。

H.4 性能要求

H.4.1 额定值

H.4.1.1 额定参数

——电源电压：AC 220 V；

——额定频率：50 Hz；

——额定功耗：≤10 VA(无电机驱动信号时)；

——取样电压：AC 100 V 或 400 V (自动电压调整器)。

H.4.1.2 整定参数

——整定电压：上限设定 100%～110%；
下限设定 90%～100%；
欠电压闭锁设定 70%～95%；
过电压闭锁设定 105%～130%。

——调压精度：0.5%～9%内设定；

——延时时间：5 s～180 s 内设定(定时限)；

——过电流闭锁：100%～200%内设定；

——线路压降补偿：U_R AC±25 V 内设定；
U_X AC±25 V 内设定；

或者 Z 补偿： $V_{升}$ 0～15%内设定；
$V_{极限}$ 0～15%内设定。

H.4.1.3 显示参数

——分接位置：最大 35(更多位置由用户与制造单位协商)；

——电压：取样电压、电压设定上限与下限值(自动电压调整器)；

——负载率 K：0～200%(若要求时)；

——功率因数：0～1.0(若要求时)；

——操作次数：(在简易型分接开关中要求控制器设置操作计数器时)。

注：上述额定值的设定仅是推荐值，其他设定值由用户与制造单位协商。

H.4.2 型式试验

对于控制器和显示器，在按其最终研制的完整样品上应进行下述型式试验：

——功耗测试(H.4.2.1)；

——28 昼夜可靠性试验(H.4.2.2)；

——绝缘试验(H.4.2.3)；

——高低温试验 (H.4.2.4)；

——交变湿热试验(H.4.2.5)；

——温度贮存试验(H.4.2.6)；

——电磁兼容试验(H.4.2.7)；

——振动试验(H.4.2.8);

——冲击与碰撞试验(H.4.2.9)。

H.4.2.1　功耗测试

按 GB/T 7261 进行功耗测试,即用伏—安法测试。试验环境温度为 20℃±2℃,试验前将控制器或显示器放置在测试环境中的持续时间不小于 2 h,将规定的额定参数值施加于产品的输入端子,测试产品的功率消耗。

H.4.2.2　28 昼夜可靠性试验

28 昼夜可靠性试验的目的是验证控制器或显示器功能的正确性。其试验项目如下:

a)　验证控制器或显示器动作程序的正确性,试验方法按本附录 H.4.3.1.1 规定进行;

b)　验证控制器在整定参数下自动调压功能和安全保护功能的正确性;

c)　验证控制器或显示器显示清晰性、准确性和可靠性。

H.4.2.3　绝缘试验

绝缘试验按 GB/T 7261 进行。

H.4.2.3.1　正常试验大气条件

——环境温度:15℃~35℃;

——相对湿度:45%~70%;

——大气压力:86 kPa~106 kPa。

H.4.2.3.2　最小电气绝缘间隙和最小爬电距离应符合表 H.1 的要求。

表 H.1　控制器和显示器的电气绝缘

序号	项　　目	最小电气绝缘间隙/mm	最小爬电距离/mm
1	内部电气绝缘	3.0	3.5
2	外部电气绝缘	4.0	6.0

H.4.2.3.3　绝缘电阻

在正常试验大气条件下,控制器和显示器的绝缘电阻不小于 20 MΩ。

H.4.2.3.4　绝缘介质强度

a)　工频耐压试验:应能承受交流 50 Hz、1 500 V 电压(方均根值)、持续 1 min 的试验;

b)　冲击电压试验:若要求时,进行 1.2 μs /50 μs、5 kV 的电压试验,施加正负极性冲击波各三次。

H.4.2.4　高低温试验

根据本附录 H.2.2 规定的使用地点、周围环境、最低和最高温度,按 GB/T 7261 和 GB/T 2423.1 进行高低温试验,验证其动作特性和功能的正确性。

H.4.2.5　交变湿热试验

按 GB/T 7261 进行交变湿热试验。

a)　在符合 GB/T 2423.4 规定的最高温度为 40℃、两周期(每周期 24 h)的交变湿热条件下,控制器(显示器)的绝缘电阻不小于 1.5 MΩ;

b)　在项 a)的绝缘电阻测量后,复试绝缘介质强度试验,试验电压为规定值的 75%;

c)　上述试验后,控制器和显示器在正常大气条件下,恢复 2 h 后,再进行外观和其他有关电气性能的测试。

H.4.2.6　温度贮存试验

按 GB/T 7261 进行温度贮存试验。

试前及试后验证控制器和显示器的动作程序及有关的电气性能应符合本附录要求。

H.4.2.7　电磁兼容试验

电磁兼容试验包括下述的试验项目。

H.4.2.7.1　静电放电抗扰度试验

按 GB/T 17626.2 考核控制器或显示器静电放电抗扰度。

H.4.2.7.2　射频电磁场辐射抗扰度试验

按 GB/T 17626.3 考核控制器或显示器射频电磁场辐射抗扰度。

H.4.2.7.3　电快速瞬变脉冲群抗扰度试验

按 GB/T 17626.4 考核控制器或显示器电快速瞬变脉冲群抗扰度。

H.4.2.7.4　浪涌(冲击)抗扰度试验

按 GB/T 17626.5 考核控制器或显示器浪涌(冲击)抗扰度。

H.4.2.7.5　电压暂降、短时中断和电压变化抗扰度试验

按 GB/T 17626.11 考核控制器或显示器电压暂降、短时中断和电压变化抗扰度。

H.4.2.8　振动试验

振动试验按 GB/T 7261 振动响应试验和振动耐久试验进行。

H.4.2.8.1　振动响应试验

试验频率范围为 10 Hz～150 Hz,交越频率约为 60 Hz。

允许偏差:在 50 Hz 以下时为 ±1 Hz;

在 50 Hz～150 Hz 为 ±2%。

扫描应连续且频率随时间作指数衰减,扫描率应为 1×(1±10%)倍频/min。

试验的严酷等级按表 H.2 规定执行。

表 H.2　严酷等级

等级	交越频率以下的 位移振幅/mm	交越频率以上的 加速度幅度/(m/s)	每个轴方向的 扫描循环次数/次
1	0.035	5.00	1

试验持续时间,每一次扫描循环的时间为 8 min。

试验后,控制器或显示器应无紧固零件松动,无机械损坏等现象,并能正常工作。

H.4.2.8.2　振动耐久试验

试验频率范围为 10 Hz～150 Hz。

允许偏差:在 50 Hz 以下时为 ±1 Hz;

在 50 Hz～150 Hz 为 ±2%。

试验的严酷等级按表 H.3 规定执行。

表 H.3　严酷等级

等级	位移振幅/mm	加速度幅度/(m/s^2)	每个轴方向的 扫描循环次数/次
1	0.075	10.0	20

试验持续时间,每一次扫描循环的时间为 8 min。20 次扫描循环的时间为 150 min。

试验后,控制器或显示器应不发生紧固零件松动、机械损坏等现象,复查有关性能应满足产品标准的要求。

H.4.2.9　冲击与碰撞试验

H.4.2.9.1　冲击试验

冲击试验按 GB/T 7261 冲击响应试验和冲击耐久试验进行。

H.4.2.9.1.1　冲击响应试验

试验的严酷等级按表 H.4 规定执行。

表 H.4 严酷等级

等级	加速度峰值/(m/s^2)	脉冲持续时间/ms	每一方向的脉冲次数/次
1	50	11	3

产品应分别在三个相互垂直轴的每个轴的两个方向(即上、下、前、后、左、右)各冲击三次,共18次。试验后,控制器或显示器应无紧固零件松动,无机械损坏等现象,并能满足相应的性能要求。

H.4.2.9.1.2 冲击耐久试验

试验的严酷等级按表H.5规定执行。

表 H.5 严酷等级

等级	加速度峰值/(m/s^2)	脉冲持续时间/ms	每一方向的脉冲次数/次
1	150	11	3

产品应分别在三个相互垂直轴的每个轴的两个方向(即上、下、前、后、左、右)各冲击三次,共18次。

试验后,控制器或显示器应不发生紧固零件松动、机械损坏等现象,复查有关性能应满足相关要求。

H.4.2.9.2 碰撞试验

碰撞试验按GB/T 7261进行。

试验的严酷等级按表H.6规定执行。

表 H.6 严酷等级

等级	加速度峰值/(m/s^2)	脉冲持续时间/ms	每一方向的脉冲次数/次
1	100	16	1 000

产品应分别在三个相互垂直轴的每个轴的两个方向(即上、下、前、后、左、右)各冲击1 000次,共6 000次。

试验后,控制器或显示器应不发生紧固零件松动、机械损坏等现象,复查有关性能应满足相关要求。

H.4.3 例行试验

例行试验包括下述项目:

——动作功能试验(H.4.3.1);

——绝缘试验(H.4.3.2)。

H.4.3.1 动作功能试验

控制器或显示器与分接开关、电动机构进行正确连接后,应进行下述试验项目:

H.4.3.1.1 动作程序正确性检验

——当指令依次选择“本地”、“远控”及“电操”时,控制器(或显示器)应能响应相应的指令输入。

——当输入指令为“1→*N*”或“*N*→1”时,控制器(或显示器)应能驱动电动机构从“1”或“*N*”分接位置方向朝“*N*”或“1”分接位置方向启动,且不受外界任何干扰进行一级变换操作。即使在变换操作过程中断电,在电源恢复后仍能继续完成该级变换操作。

——当输入指令为“停止”时,控制器(或显示器)应能立即停止正在进行的分接变换操作。

对于带有3个中间位置时,控制器应能驱动电动机构超越中间位置。

H.4.3.1.2 自动调压功能和安全保护功能正确性检验

a) 检验控制器在整定参数下自动调压功能(调压精度、延时时间)的正确性;

b) 检验控制器安全保护(欠压、过压和过电流闭锁、终端位置限位等)功能的正确性;

c) 检验控制器或显示器能否与上位机进行RS485(若设置时)通讯,响应上位机指令并能上传分接位置等信息。

H.4.3.1.3 控制器或显示器显示的准确性检验

a) 检验分接位置显示和相应BCD码输出的准确性(若要求时);

b) 检验分接变换操作次数的正确性(若要求时);

c) 校验显示电压(取样电压、设定电压限值)的准确性。

H.4.3.2 绝缘试验

a) 在正常试验大气条件下,控制器(显示器)的绝缘电阻不小于 20 MΩ;

b) 工频耐压试验:应能承受交流 50 Hz、1 500 V 电压(方均根值)、持续 1 min 的试验,或用 110% 规定试验电压值进行试验,持续时间 1 s。

附 录 I
（资料性附录）
在线净油装置的性能要求和试验方法

I.1 范围

本附录适用于有载分接开关配置的在线净油装置。

I.2 使用条件

——环境温度：最高温度40℃，最低温度－25℃；
——油介质温度：最高温度100℃，最低温度－20℃；
——相对湿度不大于85%；
——海拔不超过2 000 m；
——无爆炸、不含腐蚀金属和破坏绝缘的气体及导电介质、不允许充满水蒸气及严重霉菌存在的场合。

I.3 技术要求

I.3.1 一般技术要求

I.3.1.1 额定参数

额定参数包括：额定压力、额定流量、滤芯精度和滤油效果（油的清洁度、绝缘强度和含水量）。

I.3.1.2 净油装置本体

由电动机、齿轮泵、油道管路、滤芯和阀门等组成。净油装置本体应符合户外设计的要求，可采用箱式结构或园筒式结构；进出油口为法兰连接，尺寸由制造单位规定。

I.3.1.3 电气控制箱

电气控制箱内应安装符合相关标准规定的电气元件，用于控制净油装置的运行和安全保护。电气控制箱可与净油装置本体组合一体，符合户外设计的要求；也可与净油装置本体分开设置，单独就地安装或安装在远方的控制室内。此外，电气控制箱还应具备下述功能：

——具有手动、自动、定时启动的功能；
——具有温度和湿度控制功能；
——具有工作时间设定功能；
——具有动作次数记录功能；
——具有滤芯维护报警功能。

I.3.2 型式试验

型式试验包括下述项目：

——泵的特性试验（I.3.2.1）；
——滤油效果试验（I.3.2.2）；
——密封试验（I.3.2.3）；
——绝缘试验（I.3.2.4）；
——箱体保护等级试验（I.3.2.5）；
——电磁兼容试验（若适用时）（I.3.2.6）。

I.3.2.1 泵的特性试验

在线净油装置在额定压力下，按设定的工作时间（2 h～3 h）连续运转，测量泵的流量应符合额定流量值(L/min)。

I.3.2.2 滤油效果试验

滤油前油中颗粒度为 NAS1638≥12 级标准，滤油后油中颗粒度应达到 NAS1638≤6 级标准，油的绝缘强度≥45 kV，油中含水量≤25 μL/L，对比结果能证实达到滤油效果。

I.3.2.3 密封试验

在线净油装置在不低于 0.7 MPa 压力的热油(70℃±10℃)条件下，试验 3 h 应无渗漏。

I.3.2.4 绝缘试验

电气控制部分应能承受交流 50 Hz、2 kV、持续时间 1 min 的耐压试验。

I.3.2.5 箱体保护等级试验

如适用，箱体应按 GB 4208 规定的 IP44 要求进行试验，并应有合适的防冷凝措施。

I.3.2.6 电磁兼容试验

对于自制电子式控制器，按本部分附录 H 中的 H.4.2.7 进行。对于外购的电子式控制器，若已进行了电磁兼容型式试验且试验合格，则可免试本试验项目。

I.3.3 例行试验

例行试验包括下述项目：

——运转及功能试验(I.3.3.1)；

——密封试验(I.3.3.2)；

——绝缘试验(I.3.3.3)。

I.3.3.1 运转及功能试验

净油装置应连续运转 2 h～3 h 无异常故障，试验期间检验下述功能是否正确：

——额定压力试验，检测额定流量；

——控制器的手动、自动、定时启动的功能试验；

——温湿度继电器的温度和湿度控制功能试验；

——控制器的工作时间设定功能试验；

——控制器的动作次数记录功能试验；

——滤芯维护(设定压力差)报警功能试验。

I.3.3.2 密封试验

净油装置在不低于 0.7 MPa 压力的室温油条件下试验 3 h，应无渗漏。

I.3.3.3 绝缘试验

电气控制部分应能承受交流 50 Hz、2 kV、持续时间 1 min 的耐压试验。

参 考 文 献

GB/T 2423.1—2001 电工电子产品环境试验 第2部分:试验方法 试验A:低温

GB/T 2423.4—1993 电工电子产品基本环境试验规程 试验Db:交变湿热试验方法

GB/T 7261—2000 继电器及装置基本试验方法

GB/T 17626.2—1998 电磁兼容 试验和测量技术 静电放电抗扰度试验

GB/T 17626.3—1998 电磁兼容 试验和测量技术 射频电磁场辐射抗扰度试验

GB/T 17626.4—1998 电磁兼容 试验和测量技术 电快速瞬变脉冲群抗扰度试验

GB/T 17626.5—1999 电磁兼容 试验和测量技术 浪涌(冲击)抗扰度试验

GB/T 17626.11—1999 电磁兼容 试验和测量技术 电压暂降、短时中断和电压变化的抗扰度试验

IEC 60076-3:2000 电力变压器 第3部分:绝缘水平、绝缘试验和外绝缘空气间隙

IEC 60870-5-101 远动设备和系统 第5部分:传输规约 第101节 基本远动任务配套标准

IEC 60870-5-103 远动设备和系统 第5部分:传输规约 第103节 保护设备信息接口配套标准

ICS 29.180
K 41

中华人民共和国国家标准

GB/T 10230.2—2007
代替 GB/T 10584—1989

分接开关 第2部分:应用导则

Tap-changers—Part 2: Application guide

(IEC 60214-2:2004,MOD)

2007-07-02 发布 2008-07-01 实施

中华人民共和国国家质量监督检验检疫总局
中国国家标准化管理委员会 发布

前言

GB(/T) 10230 在总标题《分接开关》下,目前包括下列两部分:

——第1部分:性能要求和试验方法;

——第2部分:应用导则。

本部分为第2部分。本部分的前版标准编号为 GB/T 10584,对应的 IEC 标准编号为 IEC 60542。由于 IEC 有关分接开关的标准编号现已调整为 IEC 60214 系列,共分为1、2两部分,为了与 IEC 的标准编号相协调且使用方便,本次修订也将标准编号按新的 IEC 标准系列进行了调整。

本部分修改采用 IEC 60214-2:2004(第1版)《分接开关　第2部分:应用导则》(英文版)。

本部分根据 IEC 60214-2:2004 按修改采用的原则重新起草。

考虑到我国国情,在采用 IEC 60214-2:2004 时,本部分做了一些修改。有关技术性差异已编入正文中,并在它们所涉及的条款的页边空白处用垂直单线标识。本标准与 IEC 60214-2:2004 的主要技术性差异如下:

a) 引用了采用国际标准的我国标准,而非全部直接引用国际标准;

b) 考虑到实际运行情况,6.2.1 中增加了"注3:调压范围增加,分接间也会引起较高过电压。";

c) 考虑到实际运行情况,6.3.1 中增加了"注2:调压范围增加,分接间也会引起较高过电压。";

d) 考虑到我国国情,6.2.8 中增加了"分接开关并联运行的控制有同步操作失步监视法、最小环流法和逆电抗法三种。注意这三种应用场合的共性和特殊性";

e) 为完善标准,增加了"9.2.3 关于触头动作程序测量"的内容;

f) 考虑到我国国情,10.2.1g)中增加了"正反调"的分接连接方式。

为便于使用,本部分对 IEC 60214-2:2004 还做了下列编辑性修改:

——删除 IEC 60214-2:2004 的前言;

——用小数点"."代替作为小数点的逗号","。

本部分代替 GB/T 10584—1989《有载分接开关应用导则》。

本部分与 GB/T 10584—1989 相比主要变化如下:

a) 编写格式按 GB/T 1.1—2000《标准化工作导则　第1部分:标准的结构和编写规则》和 GB/T 20000.2—2001《标准化工作指南　第2部分:采用国际标准的规则》的规定进行了修改;

b) 标准名称由《有载分接开关应用导则》改为《分接开关　第2部分:应用导则》;

c) 增加了无励磁分接开关的内容;

d) 增加了分接开关并联运行控制方法的内容;

e) 增加了关于触头动作程序测量的内容。

本部分由中国电器工业协会提出。

本部分由全国变压器标准化技术委员会(SAC/TC 44)归口。

本部分起草单位:沈阳变压器研究所、上海华明电力设备制造有限公司、西安鹏远开关有限公司、武汉泰普变压器开关有限公司、贵州长征电器股份有限公司、镇江实达电力科技有限公司。

本部分主要起草人:张德明、孙军、李献伟、冀兰平、刘苏林、刘刚、吴选霞、葛鹰、赵育文。

本部分所代替的 GB/T 10584 于1989年首次发布,本次为第一次修订。

分接开关　第2部分:应用导则

1　范围

本部分的目的是帮助选择按GB 10230.1设计的分接开关,以便与变压器或电抗器的分接绕组装在一起,它也有助于了解各种型式分接开关及其附属装置。本应用导则包括有载分接开关(电阻式和电抗式)及无励磁分接开关。

2　规范性引用文件

下列文件中的条款通过本部分的引用而成为本部分的条款。凡是注日期的引用文件,其随后所有的修改单(不包括勘误的内容)或修订版均不适用于本部分,然而,鼓励根据本部分达成协议的各方研究是否可使用这些文件的最新版本。凡是不注日期的引用文件,其最新版本适用于本部分。

GB 1094.1—1996　电力变压器　第1部分:总则(eqv IEC 60076-1:1993)

GB 1094.3—2003　电力变压器　第3部分:绝缘水平、绝缘试验和外绝缘空间间隙(eqv IEC 60076-3:2000)

GB 1094.5—2003　电力变压器　第5部分:承受短路的能力(eqv IEC 60076-5:2000)

GB 1094.11—2007　电力变压器　第11部分:干式变压器(IEC 60076-11:2004,MOD)

GB/T 7252　变压器油中溶解气体分析和判断导则(GB/T 7252—2001,neq IEC 60599:1999)

GB 10230.1—2007　分接开关　第1部分:性能要求和试验方法(IEC 60214-1:2003,MOD)

GB/T 15164　油浸式电力变压器负载导则(GB/T 15164—1994,eqv IEC 60354:1991)

IEC 60296:2003　电工流体　变压器和开关用的未使用过的矿物绝缘油

3　术语与定义

GB 10230.1—2007中的术语与定义适用于本部分。

4　符号与缩写

DGA　溶解气体分析

HVDC　高压直流

PST　移相变压器

5　分接开关的型式

5.1　概述

分接开关是用来改变变压器的匝数比从而调节变压器电压的一种装置。能够完成这种操作的分接开关,一般可分为两种基本类型:

——有载分接开关;

——无励磁分接开关。

5.2　有载分接开关

5.2.1　概述

有载分接开关是设计成在变压器励磁和带负载的情况下能够改变变压器的分接位置,从而改变其匝数比。在完成这种变换中不需要中断电源,它是利用机械操作装置来选择各个分接位置和切换负载电流及级电压的。

有载分接开关可以采用多种不同的切换原理。

其中最常用的切换原理是：

——快速过渡电阻式切换；

——过渡电抗(限流自耦变压器)式切换。

5.2.2 电阻式有载分接开关

5.2.2.1 概述

电阻式有载分接开关可分为两种不同的类型：

——外置型分接开关(空气环境)，见 5.2.2.2；

——埋入型分接开关(油[1]环境)，见 5.2.2.3。

各种类型的电阻式分接开关的操作顺序见 GB 10230.1—2007 表 C.1。

5.2.2.2 外置型电阻式有载分接开关

5.2.2.2.1 概述

这种分接开关置于独立的箱体中(干式分接开关除外)，安装在变压器一侧或一端。现列举四种方式，它们均采用快速过渡电阻式切换原理。

5.2.2.2.2 外置型有独立分接选择器油室和切换开关油室的分接开关

这类分接开关有两个独立的油室：一个用于变压器分接头的预选，称为分接选择器油室，另一个用于有载切换，称为切换开关油室。分接选择器油室和切换开关油室是独立的，它们都与变压器主油箱的油隔离。变压器的分接头通过一个不漏油的隔板与分接选择器触头相连。分接选择器油室与变压器主油箱可以共用一个储油柜，分接选择器油室中的油是干净的，应能承受触头间所要求的较高电压，而切换开关油室则能将碳化的油和气体隔离。从图 1 可见，分接开关是用螺栓固定在变压器的一侧或一端，这种布置方式一般适用于容量较大的变压器。

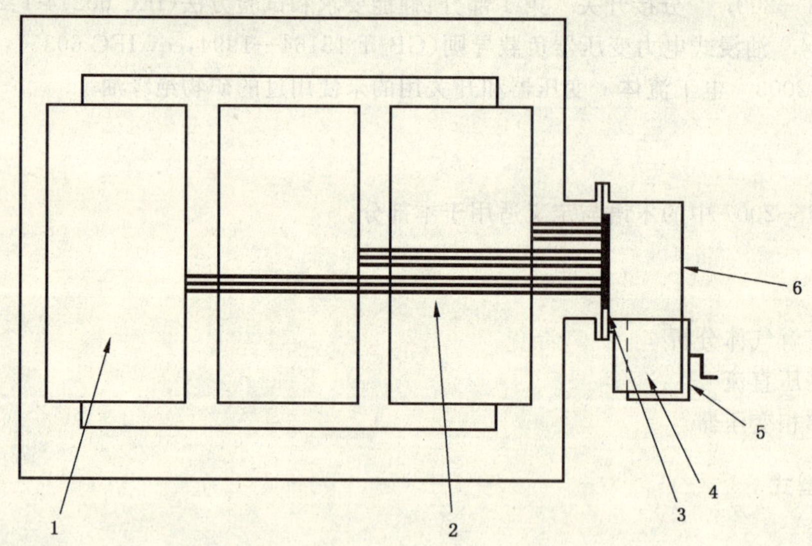

1——变压器绕组；

2——分接引线；

3——不漏油、不漏气隔板；

4——切换开关油室；

5——驱动机构；

6——分接选择器油室。

图 1 外置型有独立分接选择器油室和切换开关油室的分接开关

(安装在变压器一端或一侧箱壁上)

---

1) 本文中所指的油，如未特殊指明，在适用的情况下，也包含其他液体介质。

这种布置的切换可在油中熄弧，也可在真空断流器或电力电子开关内进行。

5.2.2.2.3 外置型装在同一油室中的独立分接选择器和切换开关

这类分接开关采用独立的分接选择器和切换开关触头系统，且其布置与5.2.2.2.2中的双油室布置相似，只不过它们都装在一个油室里。

这种布置的切换可在油中熄弧，也可在真空断流器或电力电子开关内进行。

5.2.2.2.4 外置型选择开关

选择开关装在一个独立的油室内，通常用螺栓固定在变压器的一端或一侧箱壁上，见图2。此外，变压器的分接头是通过一个不漏油的隔板与分接开关的触头连接。选择和切换共用一组触头，在相同的油和油室内进行。这种分接开关仅适用于容量较小、电压等级较低的变压器。

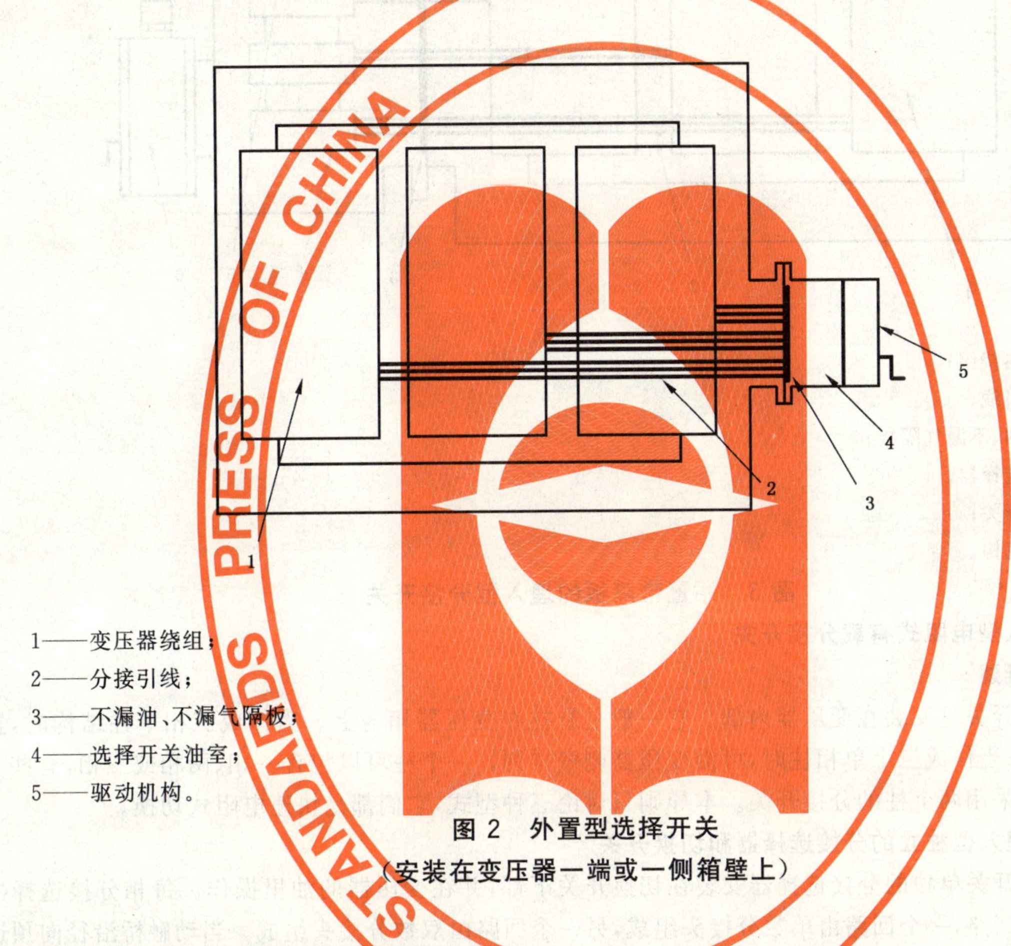

1——变压器绕组；

2——分接引线；

3——不漏油、不漏气隔板；

4——选择开关油室；

5——驱动机构。

图2 外置型选择开关

(安装在变压器一端或一侧箱壁上)

5.2.2.2.5 外置带隔板的埋入型分接开关

由于在埋入型分接开关独立的油箱与变压器油箱之间装有不漏油的隔板，它实际上成为一个独立的用螺栓固定的分接开关。虽然分接选择器油室和主油箱可以共用一个储油柜，但是分接选择器中的油与变压器中的油是完全隔开的。

图3是这种布置的示意图，它表明了用于较高电压等级的独立的分接开关油箱的各种优点。

5.2.2.2.6 外置型有载分接开关的优缺点

一般地说，外置型有载分接开关具有易检修的优点。拆去检查盖板，就能接触整个分接开关及其触头。由于分接选择器始终处于一个分隔的油箱里，所以分接选择器及分接选择器触头转换的容性放电不影响变压器的溶解气体分析(DGA)。由于可单独地对独立的分接选择器油室进行监测，便于分接选择器故障的早期诊断，并能鉴别故障在于分接选择器还是变压器。但是从电压间隙上考虑，在145 kV以上线端调压的分接开关不适合采用外置型，这是它的缺点。

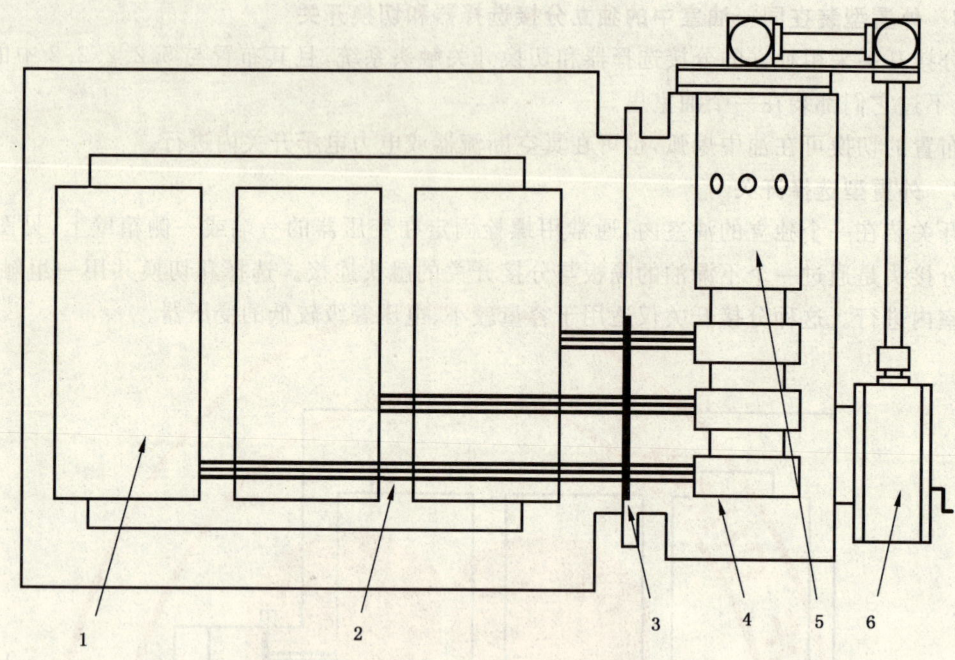

1——变压器绕组；

2——分接引线；

3——不漏油、不漏气隔板；

4——分接选择器；

5——切换开关；

6——驱动机构。

图 3 外置带隔板的埋入型分接开关

5.2.2.3 埋入型电阻式有载分接开关

5.2.2.3.1 概述

这类分接开关是安装在变压器内部。它一般是悬挂在变压器箱盖上。当作成三相单柱结构时，置于变压器一端；当作成三个单相柱时，可沿变压器侧壁排列。一个柱可以包含一相、两相或三相，有些 D 接调压也可以采用两个柱的分接开关。本导则只讨论三种型式，它们都是快速电阻式切换。

5.2.2.3.2 埋入型独立的分接选择器和切换开关

这类分接开关单独的分接选择器安装在切换开关下部，并在变压器的油里操作。每相分接选择器环路包含两个回路，一个回路由单数分接头组成，另一个回路由双数分接头组成。当动触桥沿径向预选一个分接位置时，在切换开关未切换到该分接位置前没有电流流过。

切换开关装在一个不漏油和不漏气的绝缘油室里，该油室将电弧产生的气体和碳化的油与变压器的油隔开。切换开关油室通常都装有与大气相通的储油柜。

这类分接开关适用于较大的容量和较高的电压等级的变压器。图 4 示出了这种布置。

这种布置的切换可在油中熄弧，也可在真空断流器或电力电子开关内进行。

5.2.2.3.3 埋入型选择开关

埋入型选择开关的分接选择和切换是使用同一组触头在同一油室中进行。定触头沿油室圆周径向分布，三相的定触头则沿油室垂直方向一相摞一相的分布。由于油室是密封的，故碳化的油和气体与变压器主油箱中油被隔开。动触头则固定在中心的绝缘转动轴上。

这类分接开关倾向用于容量较小、电压等级较低的变压器（见图 5）。

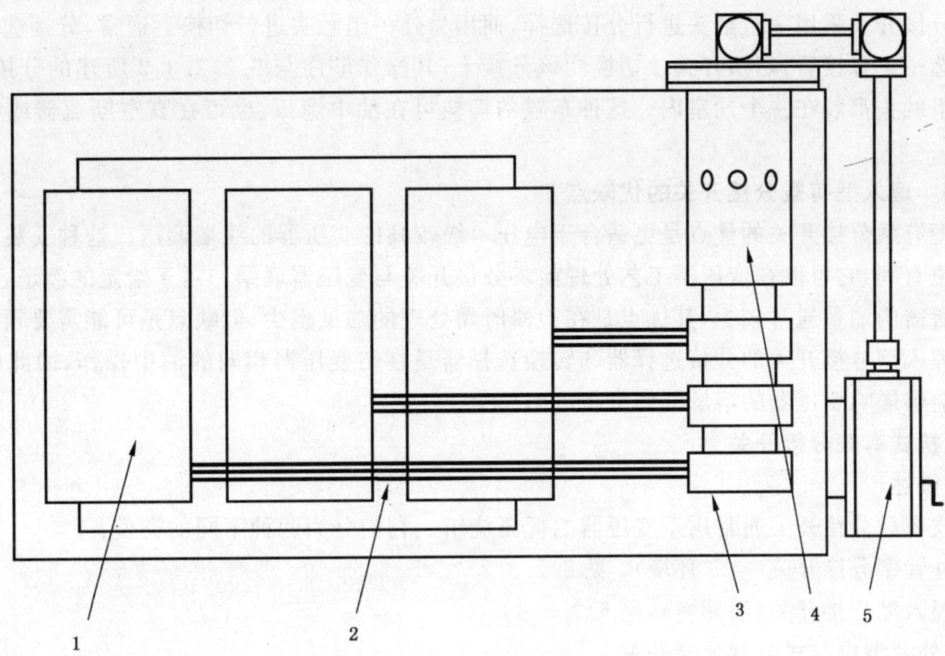

1——变压器绕组；

2——分接引线；

3——分接选择器；

4——切换开关；

5——驱动机构。

图 4 埋入型独立的分接选择器和切换开关

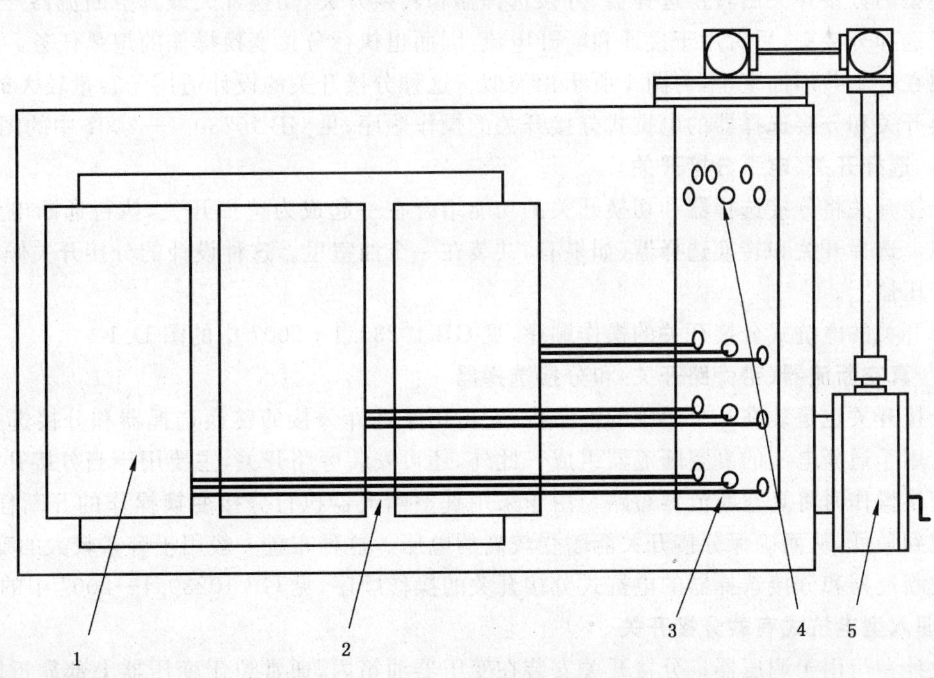

1——变压器绕组；

2——分接引线；

3——选择开关端子；

4——转换选择器端子；

5——驱动机构。

图 5 埋入型选择开关

5.2.2.3.4 **埋入型安装在同一油室中的独立的分接选择器和切换开关**

这类分接开关采用一组触头进行分接选择，而用另外一组触头进行切换。通常，分接选择器所有动触头在预选一个分接后，切换开关才切换到该分接上，其操作顺序与5.2.2.3.2所述的分接开关相似，只是这两组触头都装在一个油室内。这种布置的切换可在油中熄弧，也可在真空断流器或电力电子开关内进行。

5.2.2.3.5 **埋入型有载分接开关的优缺点**

埋入型有载分接开关的优点是更适合于电压等级较高的变压器的线端调压。这种安装方式对变压器制造单位有利，它可以在变压器工艺处理前将分接开关与变压器联结。对于给定的额定容量，埋入型分接开关所需的油量通常较少，其优点是在检修时需处理的油量也少，但缺点是可能需要频繁检修。特别是由于埋入型分接开关的分接选择器和转换选择器是在与变压器相同的油中操作，因此触头产生的容性放电能够影响变压器的溶解气体分析(DGA)。

5.2.3 **电抗式有载分接开关**

5.2.3.1 **概述**

电抗式有载分接开关通常用于变压器的低压绕组。它们分为两种不同的类型：

——外置型分接开关(空气环境)，见5.2.3.2；

——埋入型分接开关(油环境)，见5.2.3.3。

5.2.3.2 **外置型电抗式有载分接开关**

5.2.3.2.1 **概述**

这类分接开关有自己的油箱，安装在变压器的一侧或一端。变压器调压绕组的分接头通过一个不漏油的隔板与分接选择器触头连接。分接开关中的油与变压器主油箱的油完全隔离，所以能单独取油样进行检验。本导则只考虑三种型式的分接开关。

5.2.3.2.2 **切换开关和分接选择器**

这种类型的分接开关由转换选择器、分接选择器和转换开关(切换开关或真空断流器)三部分组成，前两者用于选择分接头，后者用于接通和断开电流，因而也执行分接变换操作的熄弧任务。这些单独的装置通常放在一个共用油室里，与图1所示相类似。这种分接开关的设计适用于容量较大的变压器。

带切换开关和分接选择器的电抗式分接开关的操作顺序，见GB 10230.1—2007中的图D.5。

5.2.3.2.3 **选择开关(电弧分接开关)**

这类分接开关将分接选择器和切换开关的功能结合在一起成为选择开关，执行通断电流和选择分接头的功能。选择开关和转换选择器(如果有)共装在一个油室里。这种设计的分接开关倾向于用在容量较小的变压器上。

带选择开关的电抗式分接开关的操作顺序，见GB 10230.1—2007中的图D.1。

5.2.3.2.4 **真空断流器(带旁路开关)和分接选择器**

这类分接开关也是装在一个单独的油室内，它由用于选择分接的转换选择器和分接选择器以及每相装设一个用于通断电流的真空断流器组成。此外，还可安装旁路开关，主要用于当分接开关即将完成一次分接变换操作时将真空断流器短路。由于采用真空断流器执行分接变换操作的开断任务，故绝缘油的碳化减到最低，从而确保分接开关能耐受较高的电压。这种布置一般用于容量较大的变压器。

带真空断流器和分接选择器的电抗式分接开关的操作顺序，见GB 10230.1—2007中的图D.7。

5.2.3.3 **埋入型电抗式有载分接开关**

这种设计专门用于调压器。分接开关安装在变压器油箱内，通常位于变压器上部靠近限流自耦变压器(电抗器)处。

这类分接开关装有转移负载的选择开关(电弧分接开关)，选择开关执行通断电流和分接选择的功能。由于分接变换是在与主变压器绕组相同的油箱内进行，为了确保变压器绝缘的可靠性，必须经常对绝缘油进行检验。变压器的分接头接到位于绝缘隔板上的分接开关触头上。选择和切换采用同一组触头进行。

变压器制造单位需要对变压器主油箱中的油可能大量碳化的现象予以重视。

5.3 无励磁分接开关

无励磁分接开关用于在变压器无励磁的状态下来变换分接位置，从而改变变压器的匝数比。

这种变换是利用机械操作装置来选择不同分接头。定触头可以是圆周布置(旋转式)或直线布置(导轨型和滑动型)，驱动机构多数是手动操作，但是也可采用电动机构。

这类分接开关通常安装在变压器油箱内，但其驱动机构安装在变压器顶盖上或变压器箱壁上。

5.4 油浸式分接开关

5.4.1 概述

油浸式分接开关包括5.2和5.3所述的各种类型的分接开关。这些类型的分接开关在变换操作期间需要用一种油作为绝缘和熄灭电弧。一种典型又广泛应用的油是符合IEC 60296的矿物油(变压器油)。从绝缘和切换效果考虑也可以采用其他种类的油，但必须确保它与所考虑的分接开关的兼容性。

5.4.2 油浸式有载分接开关

用于有载分接开关的油不仅要具有电气绝缘和熄弧功能，还要起润滑剂和冷却剂的作用。分接开关使用最广泛的油是符合IEC 60296的矿物油。虽然这种油的润滑性能相对较差，但对分接开关的机械操作还是足够的。因此，在未浸油(不充油)条件下进行无励磁的机械操作之前，应向分接开关制造单位进行咨询。

为了阻燃和环保的目的，有时候变压器也可以使用其他油，但可能不适用于有载分接开关。硅油的润滑性能很差且无熄弧的能力，因而不能用于有载分接开关。合成酯类和高分子量(HMW)的石蜡基油有良好的润滑和熄弧性能，可以用于某些有载分接开关。但由于这些油在低温时的粘度比变压器油要高，因此应限定其使用的温度范围。

除IEC 60296规定的矿物油以外，在考虑使用其他油时，应向分接开关制造单位咨询，以确定它的适应性。

按GB 10230.1—2007试验的油浸式有载分接开关，只有在符合IEC 60296的变压器油中才能在−25℃温度下操作。当温度低于−25℃时，分接开关制造单位可以推荐用一种低粘度的油，或者在切换油室和机构油室内安装加热器，或者采取禁止在低于这一温度限值时进行分接变换的其他防范措施。

如果预计温度将低于−25℃时，应向分接开关制造单位咨询。

5.4.3 油浸式无励磁分接开关

油浸式无励磁分接开关是在符合IEC 60296的矿物油里进行操作试验的。然而在运行中，它们可能需在一个位置上长时间运行，如果运行的油温度较高，可能会在触头上形成热解碳。基于这个原因，在GB 10230.1—2007的7.2.2中规定的温升值较低。这种触头所用材料种类应该适合预期的用途。在一个位置上长时间运行可能促进热解碳的形成。因此，应优先采用镀银/镀银、镀银/铜、铜/铜、铜/黄铜等作触头材料。

在变压器检修期间，建议对无励磁分接开关进行操作以使触头清洁(见9.1.3)。

与油浸式有载分接开关不同，无励磁分接开关的油不要求有熄弧和良好的润滑特性，同样，低温时的粘度对其操作也不那样重要。因此，许多类型的阻燃油都可以使用。

除IEC 60296规定的矿物油外，在考虑使用其他油时，应向分接开关制造单位咨询以确定其适用性。

5.5 干式分接开关

干式分接开关通常与干式变压器一起使用。这类分接开关与常规的油浸式分接开关相比有一些优点，例如减少火灾危险和防止水污染。

一般的分接开关都是置于充有绝缘油的单独箱体或变压器主油箱内，而干式分接开关可以承受由环境影响引起的运行条件的变化。它们可作成带外壳或不带外壳的形式，用于户内或户外。

在油浸式有载分接开关中，绝缘油是用作绝缘、切换和冷却介质，也用作润滑介质，而干式分接开关通常采用真空断流器作为切换元件，而气体（SF_6 或空气）是作为绝缘及冷却介质。在运动机械部件上使用润滑脂来实现润滑。通常，在检修工作中，必须反复进行润滑，为了减少必需的频繁润滑次数，特别是对 SF_6 气体环境中的干式分接开关，触头、轴承和齿轮机构都是经过专门设计，以便能充分降低机械疲劳和必需的机械转矩。

干式分接开关可以按干式变压器的不同类型作如下分类：

a） 充气干式变压器用的干式分接开关

分接开关和变压器共同装在一个加压和充气（主要是 SF_6）的外壳里；

b） 全封闭干式变压器用的干式分接开关

分接开关和变压器共同装在一个无压力的外壳里，靠内部空气循环冷却；

c） 封闭干式变压器用的干式分接开关

分接开关和变压器共同装在一个通风外壳里，靠外部空气循环冷却；

d） 非封闭干式变压器用的干式分接开关

分接开关与不带保护外壳的变压器一起使用（主要用于户内），而干式分接开关可以带有自己的外壳（一般是通风外壳）。

干式分接开关的正常使用条件，如海拔、冷却空气的温度和湿度等应符合 GB 1094.11 的规定（如果适用）。

此外，当为某一用途选择一台合适的干式分接开关时，用户应检查所选用的分接开关和干式变压器组合之后，该变压器是否仍能满足 GB 1094.11 所规定的气候、环境及燃烧性能等级的要求。对于干式有载分接开关，尽管通用设计中采用真空断流器作为切换元件，但也必须考虑在下述部位可能出现电弧和过热点，例如：

——转换选择器（如果有）；

——在无外壳的机械切换元件（如果有）上出现换向火花放电；

——过渡电阻器温升。

非全封闭的干式有载分接开关不适用于有爆炸危险的场所。

如果干式有载分接开关应用于 SF_6 的气体环境中，因为 SF_6 气体可能分解，因此必须考虑上述火花或热点的影响。

可以假定 SF_6 气体在 150℃以下时不发生分解，在温度高于 200℃时，某些金属可能对 SF_6 气体分解有影响，而在温度高达 500℃及以上时，SF_6 气体开始分解为它的各种组成元素，其分解状况与转换能量成正比。

SF_6 气体分解成气态和固态的生成物，其中有些生成物可能是有毒的，因此使用 SF_6 气体，例如在检修时，须仔细处理，应采取适当的预防措施以确保人身安全。

5.6 其他类型的分接开关

5.6.1 概述

还有少数不常用的其他型式分接开关未完全包括在上述的型式中，其所采用的标准、型式试验和例行试验与设计结构有关，也可在分接开关上进行某些其他的试验，以满足标准的要求和为分接开关制造单位的产品技术数据提供依据。

以下将对一些其他型式的分接开关予以叙述。

5.6.2 电子式分接开关

在电子式有载分接开关里，负载从一个分接转换到另一分接时是用电力电子器件（例如：晶闸管）来完成的，因而无电弧产生。电子式分接开关通常只是替代切换开关的功能，但也能承担分接选择器的功能。电子式分接开关可以是完全干式或者采用充油的电子器件，它也可以是干式而用别的介质进行冷却。

5.7 保护装置

5.7.1 概述

按 GB 10230.1—2007 中 5.1.4 的规定，有载分接开关应采用保护装置，以便将切换开关和选择开关油室内部故障引起的火灾和爆炸的风险降到最小。

切换开关和选择开关的保护装置设计成在下述紧急状态下动作：

——在切换开关和选择开关的油室内出现了不容许的压力增大；

——在变压器极度过载下进行有载分接开关操作；

——有载分接开关在油温度低于 GB 10230.1 规定的 −25℃ 限值下操作，或有时候在协议的最高限值以上操作。

如果分接选择器装在它自己独立的油室内，则可以采用保护装置以防止分接选择器油室内压力上升到不容许程度。

在某些应用中，为了避免有载分接开关可能发生的因位置不同步而产生过大的环流，可能需要对有载分接开关不同柱或不同相的同步操作进行监视。

5.7.2 切换开关或选择开关油室压力增大的保护

5.7.2.1 概述

有载分接开关内发生的故障常常有因电弧引发的电能转换为热能的效应。热能使绝缘油蒸发，导致油室压力增大。故障中释放能量的大小决定于多种因素，如变压器额定容量、工作电压、有载分接开关通过电流、电网的短路容量、星形中性点的连接方式和故障电弧的持续时间等。

监视切换开关和选择开关油室内压力上升的保护装置，对每种故障形式，从长时间的低能量事件到爆炸性的能量释放，必须都能响应。但是，对正常操作期间的能量释放，保护装置则不应动作。这种监控可通过直接的压力传感或通过压力增大而冲击独立储油柜所产生的油涌流速度来实现。每台有载分接开关都应安装这种保护装置。如果一台有载分接开关由多柱组成，则每柱都应安装这种保护装置。

5.7.2.2 油流控制继电器

油流控制继电器最常用的方法是安装在有载分接开关切换油室与储油柜之间的管路中。这种继电器是靠从切换开关和选择开关油室流向储油柜的油流增加而动作的。这种继电器对切换开关油室内短时间的从能量较低到能量较高的故障作出响应，使变压器断路器跳闸，从而避免或者限制了有载分接开关和变压器的损坏。

油流控制继电器在变压器工程上应用多年，已经证明它工作可靠、很少或没有误动作，缺点是这种继电器实质上是一种油压传动装置，它的响应时间比其他型式继电器的响应时间长。至于双浮子继电器，它里面增加了靠气体积聚而动作的接点，并不适用于切换开关和选择开关，因为切换开关和选择开关在正常操作中本来就会产生气体。

油流控制继电器应安装在从有载分接开关切换油室通向储油柜的管路上，并尽可能靠近有载分接开关的切换油室。连结储油柜的管路安装时应向上倾斜，以确保切换气体逸出自由，更详细的说明见制造单位的安装说明书。

油流控制继电器通常是按使变压器跳闸而设定的，以降低人身危险和限制损坏范围。只具有报警系统的油流控制继电器不推荐使用。

5.7.2.3 过压力继电器

压力传感装置常常单独使用，或者与油流控制继电器一起使用。它通常装在有载分接开关切换油室的外部，对油室内的静态和动态压力作出响应。然而，这种过压力继电器对弱故障不作响应，因为弱故障达不到需要的动作压力。

过压力继电器的优点是，对急剧压力波的响应时间比相应的油流控制继电器响应时间短得多。虽然这类继电器已经过技术验证，但是在变压器上应用还不普遍。所以，证明它可靠性的证据和不会误动作的证据都不象油流控制继电器那样全面。

若过压力继电器作为单一的保护装置时，通常是按使变压器跳闸而设定的，以降低人身危险和限制后续发生的损坏。

5.7.2.4　**压力释放装置**

压力释放装置常常单独使用，或者与油流控制继电器并列使用。它可以安装在切换开关和选择开关的油室上，当压力超过预定压力时即被打开。切换开关油室中释放高能量的故障可能产生强压力波，压力峰值异常高，从而使切换开关或选择开关油室受损。为了防止这种损坏，通常将压力释放装置安装在有载分接开关的切换油室上。如果压力释放装置作为单一保护，它通常配有接点以便能使变压器的断路器跳闸，更可取的是不用拆去防护导管便可进行电气接点的试验和复位。

为达到这一目的，经常采用压力释放膜(爆破盖)。当有响应时，该压力释放膜即破碎，并在切换油室盖上留下足够大的孔，从而使压力迅速下降。

另一种压力释放装置是压力释放阀，它是一种自密封的释放阀。当动作时，弹簧压力顶住的阀盖将被打开，快速升高的压力立即被释放掉。压力释放后，压力释放阀将被闭合，从而尽量减少在释放过程中的油流失。

这两种压力释放装置都能确保切换开关油室的压力迅速下降，避免发生进一步的损坏。不论用哪一种，在确定释放装置的动作设定值时，必须充分估计正常运行时释放阀上油的静压值。

分接开关切换油室的故障将引起油外溢或流到变压器油箱里。前者将引起火灾的危险和/或对环境造成污染，而后者将造成变压器中油的严重污染和/或使变压器出现重大事故。

有载分接开关要防止所有可能出现的故障是不现实的，特别是预防最严峻的高能故障，例如有载分接开关线端对地的故障。对于这种情况，常用的消防系统不可能控制由此产生的火灾。因此，监测压力上升的保护装置只能尽量减少油外溢和减少火灾的危险。

5.7.3　**在严重过载或短路情况下的切换**

为了尽量减少在严重过载或短路情况下进行切换，建议在电动控制上加装一个保护装置，使变压器在负载超过协议规定值时，电动机构不启动，或者在电动机构已启动后能中断其操作。必须注意，如果是快速机构(弹簧储能机构)，一旦启动了，储能器的释放运动便不可能停止。

许多供电部门习惯采用一种过流闭锁装置，当变压器负载电流超过过载预设限值时，便停止有载分接开关电动机构的操作。

当采用手动控制时，可以认为不需要保护装置，因为在严重过载期间通常不会进行手动操作。

有载分接开关在短路条件下操作的可能性可以不考虑。

5.7.4　**油的极端温度**

当环境温度特别低以及油温度相当低(对于符合 IEC 60296 的矿物油，为低于-25℃)时，可能需要配备专用装置以获得可靠的运行性能，其他油(见 5.4.2)可能有不同的温度限制。这种装置采用热传感器测量有载分接开关油的温度，再由安装在电动机构内的中继放大器来闭锁电气操作。

在某些情况下，空气环境的有载分接开关可能需要加装能探测油过高温度(或许会超过 90℃)的装置。这种装置通常用来发出报警信号或使变压器跳闸。

5.7.5　**独立分接选择器油室压力增大的保护**

5.7.5.1　**概述**

在分接选择器装在独立油室的分接开关设计中，可以使用类似于 5.7.2 所述的保护装置。

5.7.5.2　**双浮子气体和油动作继电器(气体继电器)**

独立的分接选择器油室通常是用连接管经过主变压器的气体和油动作继电器(气体继电器)与主变压器储油柜相连通。这种继电器是一个双浮子的继电器，它通常对气体积聚提供报警和对油的涌流提供变压器跳闸的保护，也有的继电器是对气体积聚提供报警信号和对气体的进一步积聚和油的涌流提供变压器跳闸的保护。变压器制造单位通常会提供这种继电器。

也可以考虑配置附加的气体和油动作继电器(气体继电器)，该继电器应靠近各个分接选择器油室，安装在分接选择器通向变压器主储油柜的管路中。这种作法的优点是改进了故障诊断，能更好地分辨故障源是在分接选择器还是在变压器主油箱。这种继电器也是双浮子型式的。

它们都是通过分辨故障起因是气体的积聚还是油的涌流来帮助故障诊断。在配置时，应考虑采用气体积聚浮子和油的涌流挡板两者都可以令变压器跳闸。这种作法的理由是分接选择器中的任何自由气体都是缺陷或故障条件的征兆，应该在故障引起内部闪络前，先使变压器跳闸。重要的是应确保在油室注油时必须排除分接选择器的所有残留的空气，否则这些空气会引起误跳闸。转换选择器动作产生的气体对这种应用不会引起任何问题。变压器制造单位通常会提供这种类型的继电器。

5.7.5.3 过压力继电器

过压力继电器可以装在分接选择器油室的外边，它在分接选择器油室内部的静态和动态压力升高时动作。然而，这种继电器对于弱的压力扰动不会动作，原因是它们仍未达到所需的响应压力。如果采用这种装置，应确保断路器能使变压器跳闸。

5.7.2.3 中所述的有关动作速度、可靠性和误动作方面的内容也适用。

5.7.5.4 压力释放装置

安装在分接选择器油室上的压力释放装置设计成当压力超过预定压力时能被打开，从而避免分接选择器油室因内部故障引起过压力的损坏或向油室注油时某种偶然的超压所引起的损坏。

5.7.2.4 中所述的有关自密封、导管结构、报警和跳闸要求方面的内容也适用。

5.7.6 分接变换监视线路和相位不平衡保护

如果有载分接开关不同柱之间在同步操作上出现故障(例如传动轴断裂)时，不同相相互独立的有载分接开关便到达不同的分接位置。任何进一步操作都会引起相间电压差的增大，可能在变压器乃至有载分接开关上产生极大的循环电流。在这种情况下，监控线路(如果有)可能响应，以确保阻止电动机构进一步电气操作。只要变压器已经励磁，就不应进行进一步的手动或电动分接变换操作。

不同相的分接位置差异会引起电压的不平衡，所以也可以由相电压不平衡保护来检测，相电压不平衡保护通常可以令变压器跳闸。在某些应用上，失步状态经常发生(见 6.2.8)。

6 分接开关的选用

6.1 概述

由于分接开关在安装它的设备总价中只占一小部分，因此可自由选择以便适合设备的需要。但是，也要考虑使用现有的标准型的分接开关。

对于一台给定的变压器，正确地选择和使用一台装配完好的分接开关是变压器制造单位的责任。

6.2 有载分接开关

6.2.1 绝缘水平

在变压器所有分接位置上出现的如下电压，要按 GB 10230.1—2007 的 5.2.6.4 对分接开关制造单位的标称值进行检查：

a) 分接开关在使用中出现的正常工频运行电压；

b) 变压器试验中出现在分接开关上的外施交流电压；

c) 变压器试验中出现在分接开关上的冲击电压。

注 1：在有些绕组布置中，在变压器上出现的电压可能异常地高，例如：

——自耦变压器的中性点分接头；

——线端的分接头，以及

——增压变压器的布置。

选用线性、粗/细调或正反调分接等布置方式会对上述这些电压值有明显的影响，一些改变电压的方法(包括改变变压器铁心磁通)也会对分接开关各部位处出现的电压值有影响(见 GB 1094.3)。

注 2：电网中的开关操作可能会产生瞬变过电压，从而使分接开关出现非常快速的振荡过电压。选择分接开关的雷电冲击水平时，必须考虑此过电压应力。按 GB 1094.3—2003 第 15 章进行的变压器操作冲击试验并未考虑此点。

注3:调压范围增加,分接间也会引起较高过电压。

6.2.2 电流和级电压

6.2.2.1 概述

分接开关应满足6.2.2.2~6.2.2.5所述的条件。

6.2.2.2 额定通过电流

分接开关额定通过电流(按GB 10230.1—2007中3.26的定义)应不小于变压器额定容量(按GB 1094.1中4.1规定)下分接绕组中的分接电流最大值,此额定电流是指连续负载下的。若变压器在不同工作条件(例如不同冷却方式)下的标称容量值不同时,则应取其最大值作为额定容量,因此,分接开关的额定通过电流也是以此为基准的。

6.2.2.3 过载电流

符合GB 10230.1—2007中5.2.1规定的分接开关满足GB/T 15164的过载要求。

分接开关在一次过载中的操作次数不得超过从分接范围的一个终端到另一个终端所需要的操作次数。

如果在某种应用上变压器承受的负载条件超过了GB/T 15164所规定的限值,则应要求分接开关制造单位推荐一个额定值合适的分接开关。

6.2.2.4 额定级电压

分接开关的额定级电压(见GB 10230.1—2007中3.28)应不低于分接绕组的最高级电压。只要施加在变压器上的电压不超过GB 1094.1—1996中4.4规定的限值,分接开关就应能进行变换操作。

若在变压器施加更高的电压下要求频繁地操作分接开关,则应相应地提高分接开关的额定级电压。

6.2.3 开断容量

若变压器的最大分接电流和每级的电压在分接开关标称的额定通过电流和相应的额定级电压值之内,则该分接开关的开断容量即满足要求。

对于标称值以外的数值,应向分接开关制造单位进行咨询。

当分接开关用于有几种不同的电流和级电压的变压器时,过渡阻抗的设计应使分接开关的切换电流和恢复电压不超过型式试验中的那些数值。

注:在某些应用上,如用在电炉变压器和整流变压器上,可能要求分接开关在两倍到三倍的变压器连续最大额定通过电流的短时过电流下,或在畸变的级电压或电流下进行操作。这就要求有一个比额定值高的开断容量。

如果发生电流和电压畸变,制造单位应按用户要求说明它们对开断容量的影响。

6.2.4 短路电流

分接开关的短路电流(按GB 10230.1—2007中5.2.3规定)应不小于所配套变压器的过电流限值(按GB 1094.5—2003中3.2规定)。

注:对于低阻抗变压器、增压变压器和移相变压器,应特别注意检查此电流。在某些实例中,故障电流值对分接开关的选用起决定作用。

6.2.5 分接位置数

分接开关的固有分接位置数目,各个制造单位的产品通常都已经标准化了。工作分接位置数应优先在标准化系列之内选择。

因为分接范围增加,与之对应的电压也增加了,因此要采取措施,使在绕组匝数最少的位置上进行操作或试验时,避免在分接范围内产生过高的电压。在电炉变压器和向电解厂供电的整流变压器中,这种现象会非常明显,因为这些变压器常需要很宽的分接范围,并且分接开关是处于恒压绕组内,因而变压器铁心中磁通的变化范围很大。

6.2.6 转换选择器的恢复电压

当粗细调或正反调的转换选择器操作时,它们会瞬间地与分接绕组断开。由于分接绕组与邻近绕组间存在耦合电容,在转换选择器触头分离时,跨越触头间能产生高的恢复电压。在这种情况下,当转换选择器操作时,会在打开触头和闭合触头之间产生火花放电。为了避免介质电气强度和气体形成等难题,可能需要采取特别的预防措施。

克服这个问题的方法很多,例如采用电位电阻,或在分接绕组上配置电容控制,或采用双路转换选择器等。

不论配置限制装置(如电位电阻)与否,变压器制造单位都应确保绕组设计时不超过分接开关制造单位标称的切换参数。

在变压器试验期间,分接开关转换选择器也应按 GB 1094.1—1996 中 10.8 进行试验,以验证切换是否符合要求。

注:在上述操作中要特别注意试验电压的频率,当它比额定频率高时,将会切换较高的容性电流,这就可能超过转换选择器的开断容量,也可能产生更多的气体。

6.2.7 粗细调漏电感切换(仅指电阻式分接开关)

电阻式分接开关当从细调分接绕组的末端变换到粗调绕组的末端时,在两个绕组反向串接时会出现一个高的漏电感,使切换开关或选择开关的切换电流与恢复电压之间产生相位移,延长切换电弧的燃弧时间。

变压器制造单位应确保绕组设计时不超过分接开关制造单位标称的最大漏电感值或切换参数。

应注意,与分接绕组径向布置的设计相比,轴向布置的设计可能有更高的漏电感值。

6.2.8 变压器和相间失步状态

当两台(或多台)调压变压器并联时,可能由于不同分接开关的动作不同步而发生持续时间暂短的失步状态。它将导致变压器和有载分接开关的负载不相等。除阻抗电压不同将引起负载不相等的影响外,电压的不同将在变压器之间产生环流,该环流被线路内的阻抗所限制。这些环流叠加在变压器负载电流上,影响最后操作的有载分接开关的开断强度。当评估开断条件时,不仅要考虑切换电流的绝对值,也要考虑产生在切换开关触头断口上的相位移。

如果在 D 接或 Y 接的接线中采用单个的单柱有载分接开关,即可能发生失步情况。不论有载分接开关的各个单柱是采用一台电动机构操动,还是由一个控制信号操动三台电动机构,都不可能保证切换开关或选择开关同步动作。如果分接绕组是 D 接,不平衡电压即产生一个环流。在变压器绕组设计和采用合适的分接开关电流额定值时,应考虑此附加电流。

分接开关并联运行的控制有同步操作失步监视法、最小环流法和逆电抗法三种。注意这三种应用场合的共性和特殊性。

6.2.9 强迫分流(同相并联分接选择器/切换开关)

假如有载分接开关特殊型式或特殊应用上需要强制分流,则变压器设计必须充分考虑两路或多路并联的绕组支路。并联绕组间的阻抗必须比切换开关的实际过渡电阻器至少高 2~3 倍,以确保即便是在切换开关操作中也能保证强制分流,限制循环电流。在并联绕组支路之间的任何附加循环电流都不应使最后操作的切换开关在标称的切换参数之外进行切换。

当出现这种情况时,应向分接开关制造单位咨询。

6.2.10 用于具有非正弦电流的特种变压器(例如 HVDC 换流变压器)的有载分接开关

当有载分接开关用于通过电流中含有高次谐波的特种变压器时,变压器制造单位应规定出此通过电流的非正弦波波形。此非正弦通过电流对开断强度有很大的影响,必须通过切换开关进行控制。按旗循环或多电阻循环法工作的电阻式分接开关,主通断触头上的恢复电压升高等于通过电流在过渡电阻器两端上产生的电压降。因此,恢复电压也是一个非正弦的波形。

变压器制造单位应向分接开关制造单位提供波形和过载状况的详细说明。同样,分接开关制造单位应检查有载分接开关在此通过电流下的通断能力,因为,除恢复电压振幅之外,恢复电压的波形对通断能力也有决定性的影响。

6.2.11 **用于移相变压器(PST)的有载分接开关**

与标准变压器不同,移相变压器的过载影响变压器的额定值。

移相变压器的额定相位移是按空载条件定义的。然而,由于内部阻抗引起的内部电压降的影响,移相变压器不可能在超前的相角下运行。此内部电压降与负载电流(通过容量)有关,并且可能影响有载分接开关的级电压。因此,应考虑过载条件的标准要求。

有载分接开关开断容量应按 GB 10230.1—2007 中 5.2.2.2 的规定,在电流等于两倍最大额定通过电流和相关额定级电压下进行验证。此要求是在假定额定级电压不随通过电流变化的基础上提出的,但是,这个假定在移相变压器的所有应用情况下都不能成立。因此,分接开关制造单位应该对移相变压器情况下的开断容量进行单独地研究。对于此计算,变压器制造单位必须提供在任一位置出现的最大级电压和最大通过电流。

注:此计算所需要的数值(最大级电压、最大通过电流)不会在同一分接位置上同时出现。

在运行意义上,移相变压器的过负载是随着电流超过铭牌额定值的增大而增大了内部相位角,从而增大了滞后位置上的负载相位移角度。它可能导致负载相角超过额定空载的最大相角。调压绕组两端电压,也就是单心结构移相变压器的级电压和双心结构串联绕组两端的电压,都将超过额定电压。电压额定值是在空载下按匝数比确定的。

其次,在双心结构中,主变压器也将经受一定程度的过励磁,其结果和调压绕组相同。过励磁程度取决于串联变压器绕组与主变压器绕组的阻抗比。

上述条件下的电压值、电流值和开断容量应在有载分接开关所标称的参数之内。

应注意在某些运行位置,负载电流不会流过调压绕组。在这些位置时,移相变压器的负载与电源侧之间没有短路阻抗(单心结构)或只有一个较小的短路阻抗(双心结构)。

6.2.12 **触头寿命**

GB 10230.1—2007 中 5.2.5.1 的试验规定,分接开关必须进行不低于 500 000 次的机械操作。但是,这并不意味着这是分接开关在最大额定通过电流下未经检修和更换触头时的操作次数。

GB 10230.1 的有载分接开关工作负载试验,为制造单位保证的最大额定通过电流和相关级电压下的基本操作次数确立了一个底线。由制造单位提供的触头寿命数据是在相同的基础上确定的,例如电流水平、电压水平、功率因数和分接变换范围等。在确定触头寿命时,也应考虑过载条件或其持续时间(如果已知),因为它们能减少触头的预期寿命。

制造单位的触头寿命图表给出了在不同负载电流下的触头寿命。然而,当要求某台分接开关每年进行分接变换的操作次数异常高时,例如在轧钢厂、电解厂和电炉变压器上,如果不更换触头,这些数值就应慎重对待了。如果为了达到所要求的触头寿命而选用额定值较高的分接开关,应注意由于环流的存在,分接开关过渡触头的烧损可能不均衡。

6.2.13 **分接开关机械寿命**

当选用异常运行操作次数的分接开关时,应向分接开关制造单位咨询。对这种要求下如何减少运行维护应予充分考虑。

6.2.14 **电动机构**

如果电动机构不是向分接开关制造单位而是向另一个制造单位购买的,则由购买者负责确保该电动机构适于所有必要的工作任务。

6.2.15 **压力与真空试验**

如适用,装配完整的分接开关必须承受它所配套的变压器的所有压力及真空试验。在这种情况下,应在向分接开关制造单位订货时提出所有相关的信息。

6.2.16 **低温条件**

如果分接选择器、切换开关或选择开关安装在变压器油箱外的空气中的单独容器里,且环境温度可能低于−25℃,则应规定绝缘油和/或润滑油的品种。

如果分接选择器、切换开关或选择开关安装在变压器油箱内，而在运行时油的温度可能低于－25℃，则应就变压器油的品种向分接开关制造单位咨询。

注：－25℃的下限值适用于符合 IEC 60296 要求的矿物油。当采用其他油时，下限值也不同，应向分接开关制造单位咨询。

如有必要，应配置自动控制的加热装置，或者，可另行考虑在异常低温下能避免分接开关操作的措施。

6.2.17　连续操作

如果要求分接开关连续操作，则需要对温度情况进行检查并向分接开关制造单位咨询。

6.2.18　限流自耦变压器电路（仅指电抗式分接开关）

与电抗式分接开关一起使用的限流自耦变压器是作为过渡阻抗，用于在桥接位置（两相邻分接被桥接的工作位置）或相邻位置间变换分接头时限制循环电流。限流自耦变压器也可以在非桥接位置（两个动触头均在相同定触头上的工作位置）上励磁，如果在调压器设计中接入了补偿绕组，则将产生一个循环电流。限流自耦变压器不是有载分接开关的组件，它必须由变压器制造单位设计和提供，并且安装在变压器油箱里。

在设计调节环流大小用的电抗器时，必须注意两个相互对立的要求。首先，限流自耦变压器的电抗必须取得高一些，以减少环流（避免分接段过载并尽量减少从线路中汲取的无功功率）；其次，电抗必须取得低一些，以尽量减少电抗压降（消除分接变换操作的脉动）。此外，循环电流也影响分接开关的切换任务。

调压器有时也配置补偿绕组。不加补偿绕组时，最高温升将出现在桥接位置。如果有补偿绕组，最高温升可能出现在桥接位置也可能出现在非桥接位置，决定于施加在电抗器上的网侧分接电压是在哪个分接位置上。在这些位置上，电流由通过电流、循环电流和通过电流的功率因数来确定。

有时候在降压回路中也采用补偿绕组，该回路必须将电压降到较低水平以便可以在该回路里能使用电压较低的分接开关。在电抗器回路里采用了补偿绕组，在桥接位置上转换时可以降低恢复电压，在非桥接位置上转换时可以提高恢复电压。桥接位置和非桥接位置上的网侧循环电流方向相反，所以动触头的任务均等。

6.3　无励磁分接开关

6.3.1　绝缘水平

在变压器所有分接位置上出现的如下数值，要按 GB 10230.1—2007 的 7.2.5.3 对分接开关制造单位的标称值进行检查：

a)　运行时出现在分接开关上的正常工频工作电压；

b)　变压器试验中出现在分接开关上的外施交流电压；

c)　变压器试验中出现在分接开关上的冲击电压。

注 1：在某些绕组布置中，变压器上出现的电压可能异常地高，例如：

——自耦变压器的中性点分接头；

——线端的分接头，以及

——增压变压器的布置。

一些改变电压的方法（包括改变变压器铁心磁通）也会对分接开关各部位处出现的电压值有影响（见 GB 1094.3）。

注 2：调压范围增加，分接间也会引起较高过电压。

6.3.2　额定通过电流

分接开关额定通过电流（按 GB 10230.1—2007 中 3.26 的定义）应不小于变压器额定容量（按 GB 1094.1—1996中 4.1 规定）下分接绕组中的最大分接电流值，此额定电流是指连续负载下的。若变压器在不同工作条件（例如不同冷却方式）下的标称容量值不同时，则应取其最大值作为额定容量，因此，分接开关的额定通过电流也是以此为基准的。

6.3.3 过载电流

符合 GB 10230.1—2007 中 7.2.2 规定的分接开关即满足 GB/T 15164 的过载要求。

当某一特殊用途的变压器承受的负载条件超过了 GB/T 15164 所规定的限值时，则应要求分接开关制造单位推荐一个额定值合适的分接开关。

6.3.4 额定级电压

分接开关的额定级电压(见 GB 10230.1—2007 中 3.28)应不小于分接绕组的最高级电压。

6.3.5 短路电流

分接开关的短路电流(按 GB 10230.1—2007 中 7.2.3 规定)应不小于所配套变压器的过电流限值(按 GB 1094.5—2003 中 3.2 规定)。

注：对于低阻抗变压器、增压变压器和移相变压器，应特别注意检查此电流。在某些实例中，故障电流值对分接开关的选用起决定作用。

6.3.6 并联的无励磁分接开关

最好采用并联绕组支路来使电流均匀分配，不需要像有载分接开关那样要求绕组之间有高阻抗，因为不需要在负载下切断循环电流。

如果无励磁分接开关并联在一个公共的导体上，则必须了解由于接触电阻的变化，在两支路间电流不可能均匀分配。因此，假定电流分配比率大约是 60/40，那么就必需考虑采用较高电流额定值的无励磁分接开关。

6.3.7 分接位置数

分接开关的分接位置数在各个制造单位通常都已标准化了。分接位置数应优先在标准化系列范围内进行选择。

6.3.8 机械寿命

若采用电动机构操动，建议在操作 10 000 次后应对其机械部件进行检查，特别是电气触头。

6.3.9 电动机构

如果电动机构不是向分接开关制造单位而是向另一个制造单位购买的，则由购买者负责确保该电动机构适于所有必要的工作任务。

7 油浸式分接开关的安装位置

7.1 分接选择器

除非变压器制造单位与用户另有协议，分接选择器可以装在主变压器的油里。

注：若转换选择器与分接选择器设计为一体时，转换选择器的触头出现的气体(见 6.2.6)，可能影响变压器油中的溶解气体分析。

7.2 切换开关与选择开关

为了避免污染变压器主油箱的油，切换开关和选择开关，不论是置于变压器内部还是外部，均安装在一个独立的、防渗漏的油室内。

8 附件

8.1 阀门、放气活门和取油样装置

所有的阀门都应能承受分接开关及安装该分接开关的变压器上的压力和真空要求。

切换开关油室应装有放油阀、滤油阀和放气活门。对于某些分接开关，每个油室都要有隔离阀，安装在切换油室与储油柜之间，它是由变压器制造单位提供的。

空气环境的分接选择器油室应装有放油阀、顶部滤油阀、底部滤油阀、从地面能够操作的取油样装置和放气活门。底部滤油阀可以和放油阀合并在一起。每个分接选择器油室都要有一个隔离阀，安装在分接选择器油室与储油柜之间，它是由变压器制造单位提供的。如果需要，变压器制造单位应提供一

个补偿阀，安装在分接选择器油室与变压器主油箱之间。

建议每台分接开关都安装一个表示所有阀门、放气活门和取油样装置功能的标牌，该标牌通常由变压器制造单位提供。

8.2 油位计

按 GB 10230.1—2007 中 5.1.3 的要求，带有整体膨胀容积储油柜或独立储油柜的切换开关或选择开关的油室，均应装有油位计。油位计在变压器运行时应明显可见。在某些情况下，此油位计是由变压器制造单位而不是由分接开关制造单位提供的。

在大多数情况下，分接选择器与主油箱的储油柜相联通，主储油柜上的油位计能指示分接选择器油系统的油位。当分接选择器与整体膨胀容积储油柜或独立储油柜相联通时，应装有独立的油位计。这些油位计通常是由变压器制造单位而不是由分接开关制造单位提供的。

8.3 低油位报警

对于带有整体膨胀容积储油柜或独立储油柜的切换开关或选择开关的油室，应考虑提供一种监测油室中低油位的装置。它是用作早期报警，以避免因低油位可能引起的灾难性事故，此装置可与油流控制继电器分开也可组成一体。在某些情况下，此装置可由变压器制造单位提供，而不是由分接开关制造单位提供。

同样地，对于带有独立储油柜或与主油箱储油柜相联通的分接选择器，应安装一种监测油室中低油位的装置。通常，此装置可由变压器制造单位提供，而不是由分接开关制造单位提供。

8.4 铭牌和其他的标牌

除了 GB 10230.1—2007 第 9 章所要求的分接开关和电动机构的铭牌外，如合适，还应加装标出分接开关各油室真空能力的标牌。

8.5 辅助检修的装置

分接开关和变压器的设计应同时考虑到安全检修的要求。需要定期检修的元件应易于拆卸。应准备能够起吊诸如切换开关或分接选择器油室盖板等较重零件的起吊设备。

8.6 吸湿器

如果分接开关与大气相通，则应在带有整体膨胀容积储油柜或独立储油柜的切换开关或选择开关油室安装吸湿器或其他合适的装置。在某些情况下，吸湿器由变压器制造单位提供，而不是由分接开关制造单位提供。

同样，分接选择器油室应安装吸湿器，不管它是有独立的储油柜还是与主油箱的储油柜相联通。通常，吸湿器可由变压器制造单位提供，而不是由分接开关制造单位提供。

当确定吸湿器的容积时，必须考虑到分接开关油室的油容积比变压器的小，尽管其呼吸较为频繁。

9 现场服务(运行、检修和监视)

9.1 运行

9.1.1 并联运行

当带分接绕组的变压器并联运行时，变压器制造单位及用户要注意，一定要将变压器之间的环流限制到可接受的数值。

注：见 6.2.8。

9.1.2 触头烧损及油的污染

因为分接开关的结构中有消耗性零件，因此制造单位应提供按时间计算或按操作次数计算的检修周期数据。一台有载分接开关的切换开关或选择开关的触头预期寿命，通常是按最大额定通过电流规定的。如果变压器的负载电流小于最大额定通过电流，触头的寿命即可延长。对于电抗式分接开关，恢复电压可能影响到触头寿命，因为电弧不一定能在电流第一次过零时熄灭。

切换开关或选择开关必须换油前的操作次数，与油原来状态是否良好和是否一直保持干燥状态有关。

可以考虑给切换开关和选择开关安装一个固定的油过滤器(或油过滤器和干燥器的组合),以便在运行中对其中的油进行过滤(或过滤加干燥),从而延长必须换油前的工作期限,也可以及时去除颗粒,减少机械磨损。对于操作次数很高的分接开关,通常只需考虑油过滤器,而对在高电压或在极端的温度和/或湿度下运行的分接开关,则有必要考虑使用组合式的油过滤器和干燥器。

9.1.3 当分接选择器在固定分接位置上运行时的触头过热

分接选择器发生触头过热的原因有:

——分接选择器触头弹簧压力小;

——长时间(数月)在一个位置上运行;

——周围油的温度高。

如果触头弹簧压力变小,使触头接触电阻高于正常值,则有可能使触头表面过热,碳生成物增加,从而使运行现状进一步恶化,最终可能导致自由气体的产生和诱发闪络,使变压器发生灾难性故障。在极端情况下,触头之间和触头周围的碳生成物(有时也称为高温分解的碳生成物)可能将触头粘住,阻碍其活动,如果试图接着操作分接开关,还可能引起机械损坏。

当分接开关长时间(数月)停留在某个分接位置时,分接选择器触头操作过程中正常的擦抹动作没有了,触头表面得不到清洗,这可能是无励磁分接开关和有载分接开关转换选择器的潜在性问题,与设计有关。应注意,即使有载分接开关操作频繁,转换选择器也可能会长时间停留在同一个位置上,故转换触头也可能产生类似的问题。

在极端情况下,周围油温高再加上正常的触头温升,有可能导致热解碳的生成。

定期的油中溶解气体分析(DGA)可以较早地检测出上述问题。氢可能是早期的指证,尽管在这个阶段很难作出确切的判断,但随着过热形势的恶化,则有甲烷、乙烷和乙烯产生。如果 DGA 结果表明有过热现象,则可假定认为热解碳和触头包粘已经出现。这种情况下产生的甲烷,特别是乙烯含量较高(百万分之几十或几百),达到了 GB/T 7252 规定的 T3 特征级。如果证据显示热解碳和触头包粘已经发生,则建议在操作前,先打开分接选择器进行检查,否则可能引起机械损坏。

如果已知分接选择器(主要是转换选择器和无励磁分接选择器)长时间停留在一个位置上,则建议在定期检修时进行分接选择器整个分接范围的操作,以清洁触头表面。

9.1.4 在转换选择器操作期间的放电

转换选择器断开触头和闭合触头之间放电所产生的气体,特别是乙炔和氢,尽管它们本身不特别重要,但在用溶解气体分析(DGA)监测分接开关上述问题时,它们可能掩盖其他缺陷。严重时,这些气体可能会引起绝缘击穿,但是这种情况很少见。通过转换位置频繁操作的分接开关可能在油中产生大量乙炔和氢气,采取某些控制措施,例如接入电阻器能减少气体的产生,但不能全部消除。

9.2 检修

9.2.1 油更换

未向分接开关制造单位咨询,矿物油不得用不同等级的油或不同的液体替代,这是因为不同的油或液体,其粘度或介电特性可能不同,它们可能会影响分接开关的操作速度和绝缘可靠性。

9.2.2 接触电阻测量

接触电阻测量可作为诊断性检查或作为检修制度的一部分,以识别或防止因触头弹簧老化和触头过热引起的问题。

接触电阻的允许值取决于分接开关的设计和电流额定值。若接触电阻明显增加,就可能引起过热。只作为指导性判断,如果接触损耗(接触电阻与电流平方的乘积)大于 100 W(或当电流额定值很高时,此值可能小些),则可能出现过热。当有疑问时,可将此电阻值与新触头的测量值进行比较(如果可能的话),也可以与制造单位的推荐值或类似触头的测量值进行比较。

9.2.3 触头动作程序测量(电阻式有载分接开关)

电阻式有载分接开关的切换机构通常动作速度较快,只能采用示波图法测量其动作程序。

测量仪器通常采用光线示波器或数字记录仪。推荐采用具有波形放大与存储功能的数字记录仪,其采样频率不低于5 000 Hz,分辨率不低于10位。

示波图法按其在触头上施加的电压又分为直流和交流两种。

采用直流法时通常在触头上施加12 V或24 V的信号电压,采用交流法时所加信号电压通常为220 V。

对于切换开关(包括选择开关)触头闭合不同步时间和触头闭合振动时间应符合有关标准的要求,且不影响动作程序。

触头动作程序检示的时程与介质、介质环境温度有关。特别注意低温油中石腊结晶对检示时程变长的重要影响。

对于组合式有载分接开关,切换开关本体检修后可直接进行触头动作程序的检示,但某些复合式选择开关本体检修后不能单独进行触头动作程序的检示,只有选择开关本体复装在油室后,与变压器绕组连接在一起方可进行触头动作程序的检示。在检示中,应注意绕组电抗对检示结果的影响。

注:油浸式切换开关本体若在空气介质中进行示波检示时,需注意不同介质阻尼与缓冲对检示时间与波形的影响。

9.3 运行监视

9.3.1 矿物油的溶解气体分析(DGA)

对分接选择器油室中的油或安装无励磁分接开关的油箱中的油进行常规的溶解气体分析(DGA),对识别进行性或发展缓慢的缺陷是强有力的监测方法。经验表明,在故障发生前查出缓慢发展的缺陷的能力与成本之间确定年检次数是一种合理的解决办法。

常规的溶解气体分析(DGA)是下述情况的辅助手段:

——触头或连接处过热,包括碳的增长状态,可用增长水平,特别是甲烷和乙烯气体的增长水平来表征;

——电容性放电,例如:屏蔽层松动、各零件具有不同的电位或电位悬浮,或转换选择器的操作,这可用乙炔和氢气的增长水平来表征,但是因过热产生的气体很少或不产生气体;

——由线路断开或由分接选择器切断电流产生的强电弧,但在其他诊断性气体中,增加最明显的是乙炔和乙烯。

也可以采用连续的溶解气体分析(DGA)进行监测,通常用于监测已知缺陷的分接开关的连续运行状况,直到该缺陷消除为止。

有关溶解气体分析(DGA)结果的判断见GB/T 7252。

对切换开关或选择开关油的溶解气体分析(DGA),有助于确定触头是否过热。

如果使用了真空断流器,则在切换操作时没有电弧气体产生。

注:溶解气体分析(DGA)也可以用于重大故障的诊断。

9.3.2 油的其他试验

对切换开关、选择开关和分接选择器油室中的油应进行定期(至少每年一次)试验,以确保油中含水量和击穿电压在推荐标准值之内。

9.3.3 非侵犯性监视技术

这种监视可以是连续性的,或者是针对某个可疑的缺陷状态作出反应来安装,它可包括:

——监视电动机电流或传动轴扭矩,以检查在分接开关操作中无刚度降低的现象;

——监视分接开关周围的放电水平,通常对溶解气体分析(DGA)结果异常或其他故障指示器有反应;

——监视分接开关周围的噪声水平,通常对噪声特性异常的报告、溶解气体分析(DGA)结果异常或其他故障指示器有反应;

——油室中触头温度计或红外线监视，以确认无任何温度异常状况；

——监视分接开关和变压器油箱的温度，检查温度发展趋势和温差，以确定分接开关是否有温度升高的趋势；

——监视触头的磨损。

9.3.4 侵犯性监视技术

这种监视可以是连续性的，或者是针对某个可疑的缺陷状态作出反应来安装，它可包括：

——监视切换开关的操作。可在切换开关接线中装入电流互感器，此电流互感器布置成能监视切换开关的变换程序，并检查过渡电阻器接入线路时间是否过长，也可以用作监视或作为保护系统；

——监视分接选择器的角度位置，以保证分接选择器传动轴位于正确位置，从而保证触头接触充分。

注：这类监视装置仅在向分接开关制造单位和变压器制造单位咨询后才能配置。

9.3.5 工业用的监视系统

分接开关可能存在各种各样的缺陷，发生各种形式的故障，不是一种监视技术所能控制的。使用工业监视系统可能是合适的，因为它将多种现有的监视技术结合在一起，但使用者需要对该系统的成本和效益进行对比。

10 变压器制造单位应提供的信息

10.1 有载分接开关询价或订货阶段所需的信息

a) 相关的技术规范(GB 10230.1)。

b) 需要的分接开关台数。

c) 单相或多相。

d) 系统的相数。

e) 频率。

f) 分接开关所接设备的额定容量。

g) 分接开关所连接绕组的额定电压。

h) 绕组联结组。

i) 需要的分接范围，按高于或低于绕组额定电压的百分数给出。

j) 需要使用的分接位置数，根据变压器各分接头列出这些位置的编号和标志。

k) 分接布置(例如：线性调、正反调或粗/细调)。

l) 分接头在绕组中的位置(例如：线端、中部、中性点)。

m) 分接开关所接绕组的最大分接电流(见 GB 1094.1—1996 中 3.5.10)。

n) 通过分接开关的短路电流最大值及其持续时间。

o) 每级相电压(如级电压在分接范围内是变化的，则要详尽列出各级电压及其相关的电流)。

p) 在中性点处的分接开关，需指明是要一个中性点端子还是要三个单独的中性点端子(在所有分接开关设计上是不适用的)。

q) 在转换选择器断开触头与闭合触头之间出现的工频电压(见 6.2.6)。

r) 按 6.2.1 要求的绝缘水平：

1) 首末端分接头间的最高电压和粗调分接绕组段与细调分接段两端之间的最高电压(如果合适)；

2) 作用电压最严重的分接与地之间的最高电压；

3) 邻相分接头间的最高电压；

4) 切换开关与地之间的最高电压；

5) 切换开关相间的最高电压；

6) 切换开关断开触头间的最高电压。

s) 特殊设计选项(例如:叉形支架、热带环境)。

t) 喷漆的技术要求。

u) 传动部件装配的技术规范,包括中间轴承和防护板的信息。

v) 压力、真空和温度要求:

1) 充油时最大工作压力;

2) 变压器油压试验时的最大压力;

3) 施加的最大真空度;

4) 假设分接开关是在此处理前安装的,要说明工艺过程的类型、最高温度、真空度和持续时间;

5) 特殊环境下(例如:噪声隔离室等)的温度;

6) 如果低于-25℃,最低操作温度以及特殊低温下的详细要求。

w) 特殊要求:

1) 非正常过负载的周期、数值及持续时间(超过 GB/T 15164)的细节;

2) 额外的操作次数;

3) 繁重任务使用详情。例如用于电弧炉、轧钢厂、HVDC(见 6.2.10)、发电机变压器、移相变压器(见 6.2.2.4)和相位正交增压变压器;

4) 变压器运输布置的细节;

5) 其他特殊要求。

x) 配件的数量、类型和位置。

y) 限压元件(例如:火花保护间隙,ZnO 避雷器)的位置和技术要求。

z) 粗调绕组和细调分接绕组间的漏电感(仅指粗/细调绕组的接法)(见 6.2.7)。

aa) 保护装置的数量、类型和位置,包括就地和远方指示的数量、类型和位置。

bb) 驱动机构。

cc) 为了使正确的控制装置都包括在传动机构内,用户必须将控制方案尽可能详细地提出来,其中包括(如果有)下列基本控制功能及连同这个功能所必须的装置类型:

1) 就地电气控制及指示;

2) 远方电气控制及指示;

3) 就地电气控制及指示,带或不带线路压降补偿装置;

4) 远方电气控制及指示,带或不带线路压降补偿装置;

5) 两台或多台变压器的并联控制;

6) 监视控制及指示;

7) 如果是远方和监视控制及指示,应说明负载和分接开关与控制点之间的大约距离;

8) 电动机和控制装置用辅助电源的说明,即标称电压、最高电压和最低电压限值(如果其限值不在 GB 10230.1—2007 中 11.2 规定的标准限值内时)、交流或直流。如果是交流,要指出其频率、相数和中性点的配置情况。

dd) 包括的特殊要求(例如挂锁条件、铰链位置)在内的驱动机构外壳的安装规范。

ee) 文件和标牌的种类和数量。

ff) 附件的规范(例如:起吊装置、油过滤装置、备件)。

10.2 无励磁分接开关询价或订货阶段所需资料

10.2.1 总则

a) 需要的分接开关台数。

b) 分接开关所连接绕组的额定电压。

c) 分接开关所连接绕组的联结组和连接点的电位。

d) 分接开关所连接绕组的额定电流。

e) 位置(分接头)数目。

f) 调压范围:即要求的分接范围,按高于或低于绕组额定电压的百分数给出,如无规定时,则以2.5%作为标准值。

g) 分接连接方式:单桥接或双桥接(棘爪调节)、单线性或双线性(固定点)、Y—D、串－并联、正反调或它们的组合。

h) 对于固定点分接开关,需说明是要一个中性点端子还是要三个独立的中性点端子。

i) 结构:单相或三相。

j) 若传动机构不是直接安装在变压器油箱的顶部时,则

1) 水平轴的长度;

2) 垂直轴的长度。

k) 驱动机构类型:手动操作(手柄或手轮)或电动操作。

l) 电动机和控制装置用辅助电源的说明,即标称电压、最高电压和最低电压限值(如果其限值不在GB 10230.1—2007中11.2规定的标准限值内时)、交流或直流。如果是交流,要指出其频率、相数和中性点的配置情况。

10.2.2 仅指导轨式或滑动式设计的无励磁分接开关

a) 位置:水平或垂直;

b) 控制轴出口:在箱盖上、油箱壁上部或油箱壁下部。

10.2.3 小型无励磁分接开关

用于低压配电和类似系统中的小型无励磁分接开关,仅需提供10.2.1中a)到i)项的资料。

10.3 文件

订货前,应从分接开关制造单位得到有关分接开关的技术和尺寸方面的资料。

分接开关制造单位应在交货前向用户提供有关安装要求、运输、起吊、检修和使用的说明书,以便用户能够检查在安装上和运输与贮存中所采取的措施是否正确。

变压器设计人员在进行相关的机械或电气设计之前,应仔细阅读分接开关的有关资料。

分接开关使用人员应熟悉有关规程,以便胜任其工作。

11 保护和安全

11.1 保护

有载分接开关至少应配置GB 10230.1—2007中5.1.4所述的一种过压保护装置。除非制造单位另有建议,这种保护装置将接到会产电弧的油室。有载分接开关制造单位应提供保护装置设定值的建议,保护装置应有一个适于接通变压器跳闸系统的输出。

11.2 安全方面

11.2.1 气体

有载分接开关内由电弧产生的气体,无论从着火或健康方面来看,都可能会引起危险。在户外安装时,气体扩散不成问题,然而在户内安装时,则应具备足够的通风能力。

11.2.2 有载分接开关的操作

如果怀疑分接开关有问题,当变压器励磁时就不应进行操作,但是,如果操作不可避免,则应:

——避免手动进行分接变换,或者

——如果近旁有人,则应避免电动操作。

注意:如果电动操作时转动凝滞或者手动操作时转矩过大,都表示有问题存在。

11.2.3 无励磁分接开关的人工操作

应特别指出,无励磁分接开关绝对不准在变压器励磁下操作。无励磁分接开关在无载下操作是不确切的表述,因为,在这种条件下,无励磁分接开关在大多数情况下都要试图切断变压器的相电压,后果可能是灾难性的。无励磁分接开关的触头设计不是用来开断电流或电压的,正是由于这个原因,在本导则和 GB 10230.1—2007 都使用"无励磁分接开关"术语,而不使用"无载分接开关"一词。

要注意 GB 10230.1—2007 中图 4 的警告标志,并注意是要求制造单位供应还是要求制造单位安装。如果是供应时,由用户负责安装此标志,此标志应安装于操作手柄旁。还要注意 GB 10230.1—2007 中 7.1.5所述的安全联锁装置的使用。

11.2.4 压力释放装置

对于压力释放装置,应考虑安装一个泄油出口,例如从压力释放装置出来的导管或通路,以保护油排出时的人员安全。

11.3 浸渍介质

分接开关制造单位应对适合分接开关使用的浸渍介质提出建议。如果用户所用介质不是所推荐的油,则有风险,这是因为介质性能不同可能影响有载分接开关的功能。使用分接开关制造单位建议以外的浸渍介质,可能会使分接开关发生故障。

ICS 29.160.30
K 24

中华人民共和国国家标准

GB/T 10241—2007
代替 GB/T 10241—1988

旋转变压器通用技术条件

General specification for electrical resolver

2007-12-03 发布　　2008-05-01 实施

中华人民共和国国家质量监督检验检疫总局
中国国家标准化管理委员会　发布

前　言

本标准是对 GB/T 10241—1988《旋转变压器通用技术条件》的修订。

本标准与 GB/T 10241—1988 相比主要变化如下：

——增加了“术语和定义”一章，除引用 GB/T 2900.26《电工术语　控制电机》外，还增加了一些定义。

——增加了安全方面的内容，并引用了 GB 18211—2000《微电机安全通用要求》。

——按照 GB/T 7345—1994《控制微电机基本技术要求》取消了“强冲击”、“防爆炸”技术要求和检验项目。

——按照 GB/T 7345—1994《控制微电机基本技术要求》将“摩擦转矩”修订为“静摩擦力矩”、“鉴定试验”和“周期试验”修订为“型式检验”。

——对“检验规则”进行了细化和具体描述。

——为了试验的方便，对一些技术要求和检验方法的次序进行了调整。

——按照 GB/T 1.1—2000《标准化工作导则　第 1 部分：标准的结构和编写规则》的规定，对标准的编排格式进行了修改。

本标准由中国电器工业协会提出。

本标准由全国微电机标准化技术委员会(SAC/TC 2)归口。

本标准起草单位：西安微电机研究所。

本标准主要起草人：赵东虹、王艳萍、樊君莉。

本标准替代历次标准发布情况为：

——GB/T 10241—1988。

旋转变压器通用技术条件

1 范围

本标准规定了旋转变压器的术语和定义、产品分类、技术要求、试验方法、检验规则、质量保证期以及标志、包装、运输与储存等。

本标准适用于自动控制系统中作为解算元件和角度传输元件的旋转变压器。

2 规范性引用文件

下列文件中的条款通过本标准的引用而成为本标准的条款。凡是注日期的引用文件，其随后所有的修改单(不包括勘误的内容)或修订版均不适用于本标准，然而，鼓励根据本标准达成协议的各方研究是否可使用这些文件的最新版本。凡是不注日期的引用文件，其最新版本适用于本标准。

GB/T 2828.1—2003 计数抽样检验程序 第1部分：按接收质量限(AQL)检索的逐批检验抽样计划(ISO 2859-1:1999,IDT)

GB/T 2900.26 电工术语 控制电机

GB/T 7345—1994 控制微电机基本技术要求(neq ГОСТ 16264-10:1985)

GB/T 7346—1998 控制微电机基本外形结构型式

GB/T 10405—2001 控制电机型号命名方法

GB 18211—2000 微电机安全通用要求

JB/T 8162—1999 控制微电机包装技术条件

3 术语和定义

GB/T 2900.26 确立的以及下列术语和定义适用于本标准。

3.1

基准电气零位 reference electrical zero position

作为基准的电气零位。旋转变压器定子和转子的相对位置满足相应的向量关系和电压方程式，且相应的输出绕组中感应电压最小(即电气角度为零)时，这样的转子位置即为基准电气零位。感应电压最小是指输出电压的基波分量为零。

3.2

相位移 phase shift

旋转变压器的相位移是励磁方电压基波分量的时间相位与从基准电气零位正方向转到第一最大耦合位置时输出方电压基波分量的时间相位之差，用电气角度表示。

3.3

变压比 transformation ratio

旋转变压器的变压比是在规定励磁条件下，最大空载输出电压的基波分量与励磁电压的基波分量之比。

3.4

谐波失真 harmonic distortion

输入正弦信号时，输出信号中的谐波与总输出信号之比。

4 产品分类

4.1 型号

根据 GB/T 10405—2001 的规定，旋转变压器的型号由机座号、产品名称代号、参数代号和派生代号4部分组成。型号组成如下：

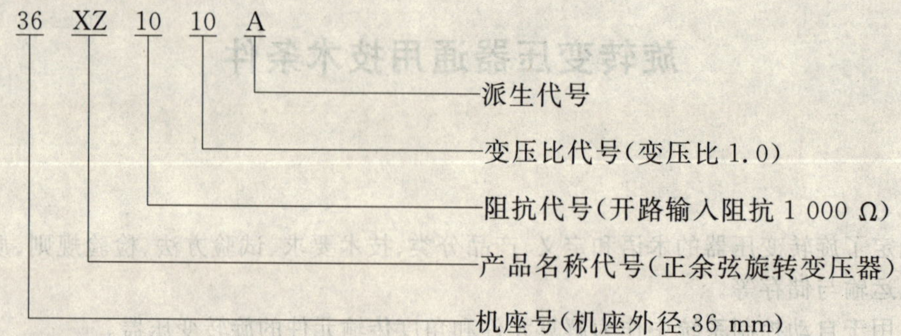

4.2 产品名称代号

a) 正余弦旋转变压器 XZ;

b) 线性旋转变压器 XX;

c) 比例式旋转变压器 XL;

d) 带补偿绕组的正余弦旋转变压器 XZB;

e) 旋变发送机 XF;

f) 旋变变压器 XB;

g) 旋变差动发送机 XC;

h) 传输解算器 XS。

4.3 性能参数代号

旋转变压器的性能参数代号由开路输入阻抗和变压比两部分组成，开路输入阻抗(标称值)，用欧姆数的百分之一表示；若欧姆数的百分之一不为整数，则取近似的整数，值小于10时，前面冠以零；变压比，其值代号见表1。

表1

代号	1	4	5	6	7	10	20
变压比	0.15	0.45	0.56	0.65	0.78	1	2

4.4 基本外型结构形式

旋转变压器基本外型结构型式应符合GB/T 7346—1998或产品专用技术条件的规定。

12及20号机座采用K1型；28、36和45号机座采用K3型；55及70号机座采用K4型。55及以下机座号轴伸采用光轴伸基本型式；70机座号采用直径8 mm的半圆键键槽轴伸为基本型式。

5 技术要求

5.1 环境条件

旋转变压器的使用环境条件应符合GB/T 7345—1994中4.1的规定。

5.2 主要技术数据

旋转变压器的产品专用技术条件中的各项技术数据应从下列范围中选取。如有其他特殊要求应在产品专用技术条件中规定。

a) 机座号：12、20、28、36、45、55、70；

b) 额定频率：50 Hz、400 Hz、1 000 Hz；

c) 额定电压：50 Hz：36 V、110 V、220 V；

400 Hz：12 V、20 V、26 V、36 V、60 V、90 V、115 V；

1 000 Hz：12 V、20 V、26 V；

d) 变压比：0.15、0.45、0.56、0.65、0.78、1.0、2.0；

e) 开路输入阻抗(标称值):200 Ω、400 Ω、600 Ω、1 000 Ω、2000 Ω、3 000 Ω、4 000Ω、6 000 Ω、10 000 Ω。

5.3 旋转方向

从非出线端视之,转轴逆时针方向旋转为旋转正方向。电气角的正方向应与旋转正方向一致。

5.4 电气原理图

各类旋转变压器的原理图如图 1~图 4 所示。

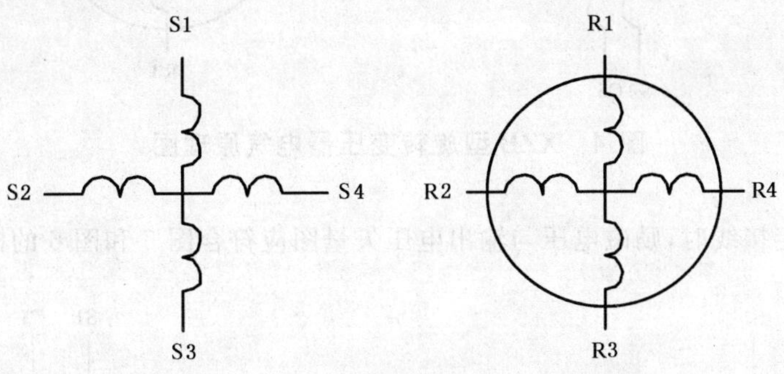

图 1 XZ、XL、XB 型旋转变压器电气原理图

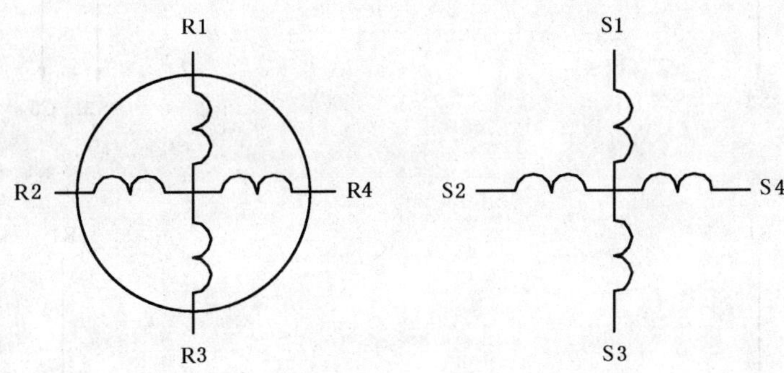

图 2 XF 型旋转变压器电气原理图

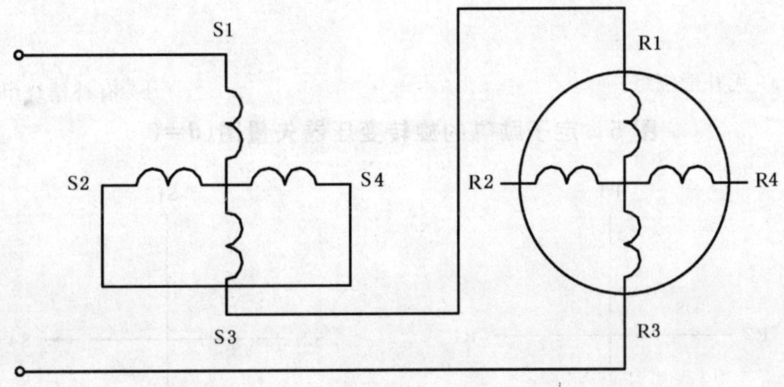

图 3 XX 型旋转变压器电气原理图

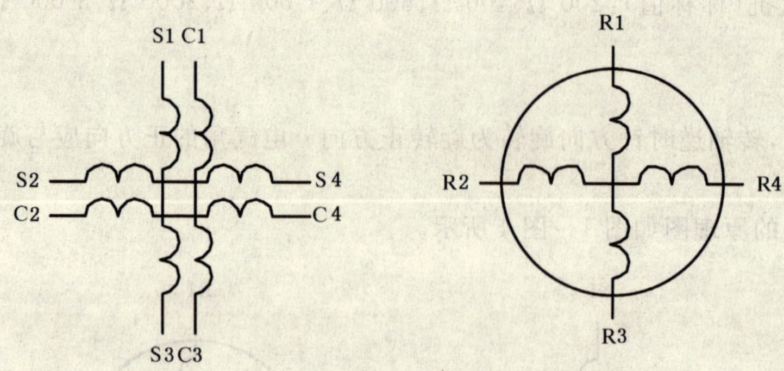

图 4　XZB 型旋转变压器电气原理图

5.5　电压矢量图

旋转变压器按规定接线时，励磁电压与输出电压矢量图应符合图 5 和图 6 的向量关系。

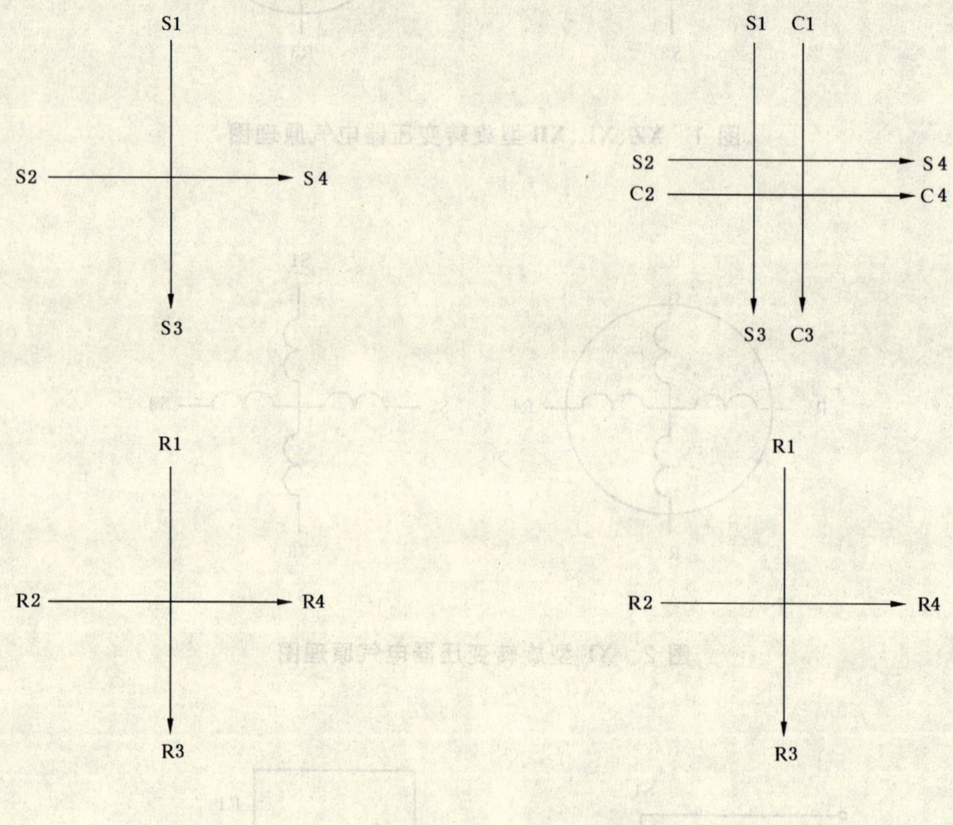

图 5　定子励磁的旋转变压器矢量图（$\theta=0°$）

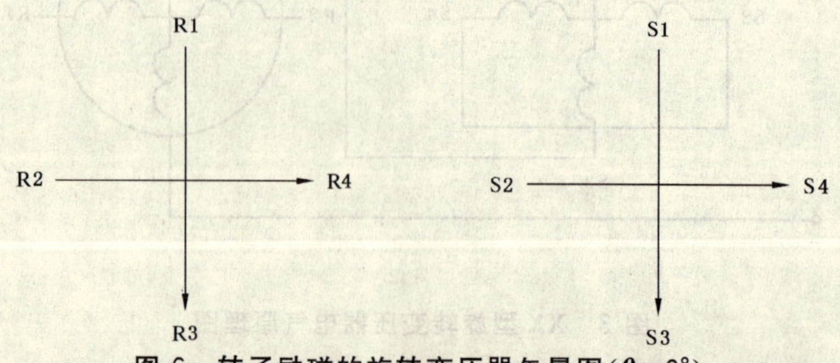

图 6　转子励磁的旋转变压器矢量图（$\theta=0°$）

5.6 电压方程式

旋转变压器任意转子角度的输出电压应符合相应的电压方程式。

a) 定子励磁输出绕组电压方程式：

$$U_{R1R3} = KU_{S1S3}\cos\theta + KU_{S2S4}\sin\theta \tag{1}$$

$$U_{R2R4} = KU_{S2S4}\cos\theta - KU_{S1S3}\sin\theta \tag{2}$$

b) 补偿绕组电压方程式：

$$U_{C1C3} = K_C U_{S1S3} \tag{3}$$

$$U_{C2C4} = K_C U_{S2S4} \tag{4}$$

c) 转子励磁输出绕组电压方程式：

$$U_{S1S3} = KU_{R1R3}\cos\theta - KU_{R2R4}\sin\theta \tag{5}$$

$$U_{S2S4} = KU_{R2R4}\cos\theta + KU_{R1R3}\sin\theta \tag{6}$$

d) 线性旋转变压器输出绕组方程式：

$$U_{R2R4} = \frac{KU_{S1R3}\sin\theta}{1 + K\cos\theta} \tag{7}$$

以上各式中：

K——变压比；

K_C——补偿绕组变压比；

θ——电气角；

U_{S1S3}——为定子绕组 S1S3 间的电压；

U_{S2S4}——为定子绕组 S2S4 间的电压；

U_{R1R3}——为转子绕组 R1R3 间的电压；

U_{R2R4}——为转子绕组 R2R4 间的电压；

U_{C1C3}——为补偿绕组 C1C3 间的电压；

U_{C2C4}——为补偿绕组 C2C4 间的电压。

5.7 基准电气零位

5.7.1 定子励磁基准电气零位

按图 7 试验，绕组 S1S3 和 R2R4 处于最小耦合时，即为旋转变压器的基准电气零位。

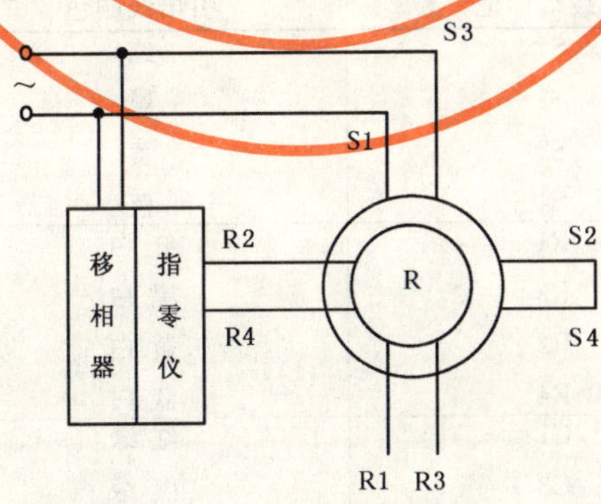

图 7 定子励磁旋转变压器的基准电气零位试验路线

5.7.2 转子励磁基准电气零位

按图8试验,绕组R1、R3和S2、S4处于最小耦合时,即为旋转变压器基准电气零位。

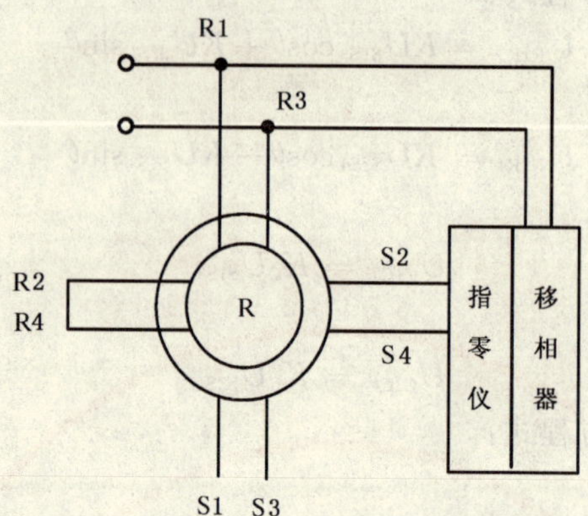

图8 转子励磁旋转变压器的基准电气零位试验路线

5.8 外形及安装尺寸

旋转变压器的外形及安装尺寸应符合产品专用技术条件的规定。

5.9 外观和装配质量

5.9.1 外观

旋转变压器的表面不应有锈蚀、碰伤、划痕、涂覆层剥落,紧固件连接应牢固,接线板及铭牌的字迹和内容应清楚无误,且不得脱落,引出线应完整无损,颜色和标志应正确。

5.9.2 径向间隙

旋转变压器的径向间隙应符合产品专用技术条件的规定。型式检验后最大允许值为规定值的1.5倍。

5.9.3 轴向间隙

旋转变压器的轴向间隙应符合产品专用技术条件的规定。型式检验后最大允许值为规定值的1.66倍。

5.9.4 轴伸径向圆跳动

旋转变压器的轴伸外圆表面的径向圆跳动应符合产品专用技术条件的规定。

5.10 引出线和接线端

5.10.1 引出线颜色或接线端的标记

旋转变压器可用引出线或接线端等方式出线。接线端标记及引出线颜色应符合表2的规定。

表2

绕组名称	接线端标记	引出线颜色	备注
定子绕组	S1	红	始端
	S3	黑	末端
	S2	黄	始端
	S4	蓝	末端
转子绕组	R1	红白	始端
	R3	黑白	末端
	R2	黄白	始端
	R4	蓝白	末端
补偿绕组	C1	红绿	始端
	C3	黑绿	末端
	C2	黄绿	始端
	C4	蓝绿	末端

5.10.2 引出线和接线端强度

旋转变压器引出线和接线端强度应符合 GB/T 7345—1994 中 4.11 的规定。

5.11 电刷接触电阻变化

旋转变压器的绕组接线端 R1 与 R3、R2 与 R4 之间电刷接触电阻变化应符合 GB/T 7345—1994 中 4.17 的规定。型式检验后，其最大变化值应符合表 3 的规定。

表 3

试验名称	电刷接触电阻变化	
	转子电阻≤200 Ω(20℃)	转子电阻＞200 Ω(20℃)
型式检验后	1.50 Ω	转子直流电阻的 0.75%

5.12 静摩擦力矩

旋转变压器的静摩擦力矩应符合产品专用技术条件的规定。型式检验后允许增加到规定值的 2 倍。

5.13 绝缘介电强度

旋转变压器应能承受 GB 18211—2000 中表 1 规定的试验电压，应无绝缘击穿或飞弧。绕组的峰值漏电流应不大于 1 mA。漏电流不包括设备电容电流。

其他要求应符合 GB 18211—2000 中第 6 章的规定。

5.14 绝缘电阻

旋转变压器的导电部分对机壳以及各绕组之间的绝缘电阻应符合下列要求：

a) 在正常大气条件下，绝缘电阻应不低于 100 MΩ；

b) 在产品专用技术条件规定的极限低温条件下，绝缘电阻应不低于 50 MΩ；

c) 在产品专用技术条件规定的高温条件下，绝缘电阻应不低于 10 MΩ；

d) 恒定湿热试验后，绝缘电阻应不低于 2 MΩ。

5.15 空载电流

旋转变压器励磁绕组的空载电流应符合产品专用技术条件的规定。

5.16 消耗功率

旋转变压器励磁绕组的消耗功率应符合产品专用技术条件的规定。

5.17 阻抗

旋转变压器定子、转子和补偿绕组的阻抗应符合产品专用技术条件的规定。

5.18 接线正确性与基准电气零位标记

旋转变压器接线应正确，即应符合图 5、图 6 的矢量关系。在其机壳和轴伸上应有明显的永久性的基准电气零位标记。基准电气零位标记的偏差应在准确零位的 10°范围内。

5.19 变压比

5.19.1 数值

每一转子绕组对定子绕组，定子绕组对转子绕组或转子绕组对补偿绕组的变压比应符合产品专用技术条件的规定。

5.19.2 随励磁电压的变化

当有要求时，在最大电压和最小电压下各绕组的变压比，与在额定电压下所测得的变压比之差和额定电压下所测得的变压比之比的百分数应符合产品专用技术条件的规定。

5.19.3 均衡性

按 5.19.1 或 5.19.2 所测得的变压比之间的差值，应符合产品专用技术条件的规定。

5.20 相位移

5.20.1 相位移的数值

每一转子绕组对定子绕组，定子绕组对转子绕组或转子绕组对补偿绕组的相位移应符合产品专用技术条件的规定。

注：XX 型旋转变压器只测量最大输出电压对励磁电压的相位移。

5.20.2 相位移随励磁电压变化

当有要求时，在最大电压和最小电压下各绕组组合的相位移变化应符合产品专用技术条件的规定。

5.21 函数误差

正余弦旋转变压器在任一转子位置时函数误差的表达式为：

$$\delta_s = \left(\frac{U_\theta}{U} - \sin\theta\right) \times 100\% \quad \cdots\cdots(8)$$

式中：

δ_s——正余弦旋转变压器的函数误差；

U_θ——在转子角度为θ时所测得的输出方电压基波同相（与最大输出电压同相）分量；

U——当U=90°时所测得的输出方电压基波分量。

XZ、XZB型旋转变压器函数误差分级，其值不大于表4及产品专用技术条件的规定。型式检验后允许比规定值增加0.01%。

表 4

精度等级	0	Ⅰ	Ⅱ
函数误差/%	±0.05	±0.1	±0.2

5.22 线性误差

线性旋转变压器在线性工作范围内任一转子位置的线性误差的表达式为：

$$\delta_1 = \frac{U'_\theta - U_\theta}{U_{60}} \times 100\% \quad \cdots\cdots(9)$$

其中：

δ_1——线性旋转变压器的线性误差；

U'_θ——在转子角度为θ时所测得的输出方电压基波同相（与最大输出电压同相）分量；

U_θ——当转子角为θ时的理论值；

U_{60}——当θ为60°时的理论输出电压。

XX型旋转变压器线性误差分级，其值不大于表5及产品专用技术条件的规定。型式检验后允许增加到规定值的1.25倍。

表 5

精度等级	0	Ⅰ	Ⅱ
线性误差/%	±0.06	±0.11	±0.22

5.23 电气误差

旋转变压器电气误差分级如表6。电气误差应符合产品专用技术条件的规定。型式检验后允许比规定值增加1′。

表 6

精度等级	0	Ⅰ	Ⅱ
电气误差/(′)	±3	±8	±12

5.24 零位电压

旋转变压器零位电压的基波和总值应符合产品专用技术条件的规定。

5.25 交轴误差

旋转变压器的交轴误差分级如表7。交轴误差应符合产品专用技术条件的规定。

表 7

精度等级	0	Ⅰ	Ⅱ
交轴误差/(′)	±3	±8	±16
注：同时考核函数误差和交轴误差的旋转变压器，两者中较低的等级为旋转变压器精度等级。			

5.26 补偿绕组

5.26.1 交轴电压

XZB 型旋转变压器补偿绕组的交轴电压应符合产品专用技术条件的规定。

5.26.2 极性

当旋转变压器施加额定励磁电压时，定子绕组和补偿绕组相同编号接线端的电压相位应相同。

5.26.3 均衡性

XZB 型旋转变压器补偿绕组的交轴电压基波分量之间的最大差值应符合产品专用技术条件的规定。

5.27 谐波失真

当有要求时，旋转变压器的谐波失真应符合产品专用技术条件的规定。

5.28 基准电气零位漂移

5.28.1 随电压变化的漂移

当有要求时，旋转变压器基准电气零位位置随电压变化的漂移应符合产品专用技术条件的规定。

5.28.2 随频率变化的漂移

当有要求时，旋转变压器基准电气零位位置随频率变化的漂移应符合产品专用技术条件的规定。

5.29 频率响应

当有要求时，旋转变压器的频率响应应符合产品专用技术条件的规定。

5.30 温升

当有要求时，旋转变压器在额定励磁条件下，每个绕组的温升应符合产品专用技术条件的规定。

5.31 电磁干扰

当有要求时，旋转变压器的电磁干扰应符合 GB/T 7345—1994 中 4.31 的规定。

5.32 振动

旋转变压器应按 GB/T 7345—1994 中 4.25 和产品专用技术条件的规定进行振动试验，试验中不得出现机械损伤、紧固件松动和接触不良等现象，试验后应进行表 17 规定的试验。

对 XL 型旋转变压器试验后输出电压的变化应不大于试验前电压值的 5%。

5.33 冲击

旋转变压器应按 GB/T 7345—1994 中 4.26 和产品专用技术条件的规定进行冲击试验，试验中不得出现机械损伤、紧固件松动和接触不良等现象，试验后应进行表 17 规定的试验。

对 XL 型旋转变压器试验后输出电压的变化应不大于试验前电压值的 5%。

5.34 寿命

旋转变压器的寿命应不小于 1 000 h 或 2 000 h。试验后应符合表 17 的规定。

5.35 低气压

5.35.1 低温低气压

旋转变压器应能承受产品专用技术条件规定的低温低气压试验。试验后应进行表 17 规定的试验。

5.35.2 高温低气压

旋转变压器应能承受产品专用技术条件规定的高温低气压试验。试验后应进行表 17 规定的试验。

5.36 低温

旋转变压器应能承受产品专用技术条件规定的低温试验。试验后应进行表 17 规定的试验。

5.37 高温

旋转变压器应能承受产品专用技术条件规定的高温试验。试验后应进行表 17 规定的试验。

5.38 恒定湿热

旋转变压器应按 GB/T 7345—1994 中 4.28.1 规定进行恒定湿热试验，试验后应进行表 17 规定的试验。

5.39 非正常工作

旋转变压器应尽量避免发生由于不正常或误操作而破坏或消弱其安全性能，从而引起火灾、触电等事故。

5.40 盐雾

当有要求时，旋转变压器应能承受 GB/T 7345—1994 中 4.32 规定的盐雾试验。

5.41 质量

旋转变压器的质量应符合产品专用技术条件的规定。

6 试验方法

6.1 大气条件

试验时的气候条件按 GB/T 7345—1994 中 5.1.1、5.1.2、5.1.3 的规定。

6.2 试验电源

旋转变压器的试验电压幅值和频率应符合产品专用技术条件的规定。除另有规定外，试验电压幅值和频率的偏差为±1%，谐波分量为 1%。试验电压的波形相对于同样有效的标准正弦波的波形失真，在所有对应坐标都不超过正弦波瞬时值的 1%。

6.3 试验说明

a) 精度试验时，被试旋转变压器及补偿用旋转变压器的机壳均接地。

b) 相敏指零仪的基准相位是指旋转变压器的转子从“基准电气零位”开始，正向转动所出现的第一个最大输出电压之相位。

c) 型式检验后部分性能允许放宽，但放宽的数值不能累加计算。

d) 试验中转子重返零位及补偿点时，偏差应不大于 30″。

e) 允许采用其他能保证试验精度的方法进行试验。

6.4 试验装置及仪器

6.4.1 角分度装置

角分度装置的误差应不大于 15″，旋转变压器与角分度装置联结时，安装不同心所引起的综合误差应不大于 30″。

6.4.2 相敏指零仪

相敏指零仪的输入阻抗应不小于 500 kΩ 和 30 pF 并联的阻抗，其最小指示应能分辨出旋转变压器从零位偏离 0.2′时的输出电压，并具有抑制谐波电压和正交电压的能力，当谐波电压和正交电压分别达到旋转变压器最大输出电压的 1% 和 2% 时，两者所产生的仪表指示应不大于被试旋转变压器的转子从零位偏离 0.2′时所产生的仪表指示。

6.4.3 选频电压表

选频电压表应带有滤波器，其滤波器性能为：当频率从滤波器的中心频率变化 1% 时，滤波器输出变化为±0.5%；频率从滤波器的中心频率变化一个倍频程，滤波器输出的变化为－97%(－30dB)，滤波器在中心频率的插入损耗应予修正。

6.5 外形及安装尺寸

用能保证尺寸精度要求的量具检查旋转变压器外形尺寸和安装尺寸，应符合 5.8 的要求。

6.6 外观和装配质量

6.6.1 外观

目检旋转变压器的外观质量应符合 5.9.1 的要求。

6.6.2 径向间隙

按 GB/T 7345—1994 中 5.4 规定的方法进行检查，施加力为 3 N，并应符合 5.9.2 的要求。

6.6.3 轴向间隙

按 GB/T 7345—1994 中 5.5 规定的方法进行检查，施加力的为 28 及以下机座号为 5 N；36 及以上机座号为 10 N，并应符合 5.9.3 的要求。

6.6.4 轴伸径向圆跳动

按 GB/T 7345—1994 中 5.6 规定的方法进行检查，应符合 5.9.4 的要求。

6.7 引出线和接线端

6.7.1 引出线颜色或接线端的标记

目检引出线或接线端出线方式，标记代号及颜色应符合 5.10.1 的要求。

6.7.2 引出线和接线端强度

按 GB/T 7345—1994 中 5.10 规定的方法进行，应符合 5.10.2 的要求。

6.8 电刷接触电阻变化

按 GB/T 7345—1994 中 5.16 规定的方法进行。应符合 5.11 的要求。

6.9 静摩擦力矩

按 GB/T 7345—1994 中 5.9.1 规定的方法检查，应符合 5.12 的要求。

6.10 绝缘介电强度

按 GB 18211—2000 中 6.3 规定的方法进行试验，应符合 5.13 的要求。

6.11 绝缘电阻

按 GB 18211—2000 中表 2 的规定选用兆欧表，测量旋转变压器导电部分对机壳以及各绕组之间的绝缘电阻，应符合 5.14 的要求。

6.12 空载电流

旋转变压器额定励磁，测量每一励磁绕组的空载电流，应符合 5.15 的要求。

6.13 消耗功率

旋转变压器额定励磁，测量每一励磁绕组消耗的功率，应符合 5.16 的要求。

6.14 阻抗

按 GB/T 7345—1994 中 5.15 和表 8 的规定测量。旋转变压器额定励磁，在基准电气零位测量阻抗，应符合 5.17 的要求。

注：XX 型线性旋转变压器在正余弦状态下测量阻抗。

表 8

阻　　抗	测量阻抗的接线端 （每个绕组单独试验）	加于旋转变压器 接线端的电压	辅助连接
Z_{SO}	S1S3，S2S4	见 5.2	a
Z_{RO}	R1R3，R2R4	见 5.2	a
Z_{SS}	S2S4，S1S3	d	c
Z_{RS}	R1R3，R2R4	b	c
Z_{CO}	C2C4，C1C3	见 5.2	e

[a] 另一励磁绕组短路，所有其他的绕组开路。

[b] 所需电压为能产生与测量 Z_{RO} 时电流相差±3%的电流的电压。

[c] 除补偿绕组外，所有其他的绕组均短路。

[d] 所需电压为能产生与测量 Z_{SO} 时电流相差±3%的电流的电压。

[e] 另一补偿绕组短路，所有其他的绕组开路。

6.15 接线正确性与基准电气零位标记

按图 9 接线，首先确定相敏电压表的正反方向。将励磁电压加到相敏电压表的参考输入端和信号输入端，调节电压表移相电位器使相敏电压表正偏最大，再按图 10 接线，开关 K1 和 K2 均位于 1-3 侧，转动转子至正偏最大，微调相敏电压表移相电位器，使相敏电压表偏转最大(不改变其原来的方向)。然后再使 K2 位于 2-4 侧，微调转子至指示最小。在此位置反转(转子励磁则正转)转子(<90°)时，相敏电压表应正向增加，则刚才表之最小位置即基准电气零位，如反向增加，则 R2R4(转子励磁则 S2S4)接反，在此基准电气零位上不动转子，将 K1 打向 2-4 侧，相敏电压表应正偏最大，如反偏最大则 S2S4(转子励磁为 R2R4)接反。检查后应按 5.18 的要求作出基准电气零位标记。

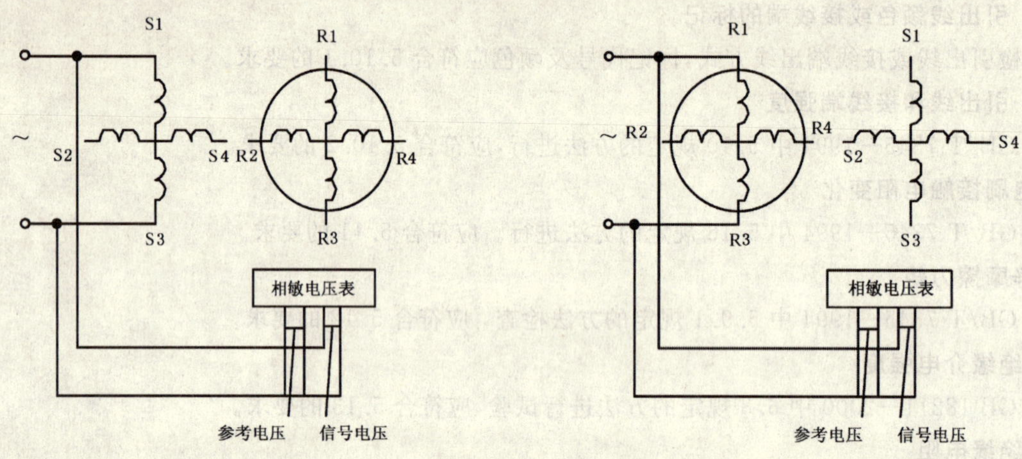

a) 定子励磁　　　　b) 转子励磁

图 9 相敏电压表方向校正线路图

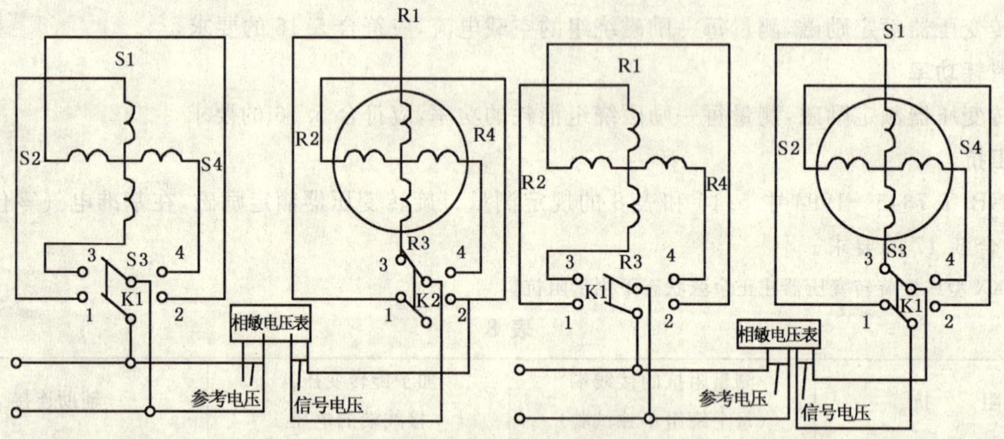

图 10 接线正确性检查线路

6.16 变压比

6.16.1 数值

旋转变压器按 6.4.1 的规定安装，额定励磁，且按 5.7 的规定调节到基准电气零位，然后按表 9 连接和放置转子，使用基波有效值电压表来测量最大耦合位置时的输出绕组电压，测量仪器不能对输出绕组开路电压产生大于 0.05%的变化。此输出绕组电压对励磁绕组的励磁电压之比即为变压比。此值应符合 5.19.1 的要求。

转子绕组对补偿绕组变压比值的计算按表 10。

6.16.2 随励磁电压变化

在 6.16.1 的规定的试验条件下，施加产品专用技术条件规定的最大和最小工作电压，测量变压比，应符合 5.19.2 的要求。

6.16.3 均衡性

按 6.16.1 所测得的各变压比之间的差值应符合 5.19.3 的要求。

表 9

励磁绕组	短路绕组		输出绕组	转子角度
S1S3	S2S4	C2C4	R1R3	0°
S1S3	S2S4	C2C4	R2R4	270°
S2S4	S1S3	C1C3	R2R4	0°
S2S4	S1S3	C1C3	R1R3	90°
R1R3	R2R4		S1S3	0°
R1R3	R2R4		S2S4	90°
R2R4	R1R3		S2S4	0°
R2R4	R1R3		S1S3	270°
S1S3	S2S4		C1C3	0°
S2S4	S1S3		C2C4	0°

表 10

根据转子绕组对定子绕组和补偿绕组对定子绕组变压比测量值计算转子绕组对补偿绕组的变压比	转子角度
$\frac{U_{R1R3}}{U_{S1S3}} \Big/ \frac{U_{C1C3}}{U_{S1S3}} = \frac{U_{R1R3}}{U_{C1C3}}$	0°
$\frac{U_{R2R4}}{U_{S2S4}} \Big/ \frac{U_{C2C4}}{U_{S2S4}} = \frac{U_{R2R4}}{U_{C2C4}}$	0°
$\frac{U_{R1R3}}{U_{S2S4}} \Big/ \frac{U_{C2C4}}{U_{S2S4}} = \frac{U_{R1R3}}{U_{C2C4}}$	90°
$\frac{U_{R4R2}}{U_{S1S3}} \Big/ \frac{U_{C1C3}}{U_{S1S3}} = \frac{U_{R4R2}}{U_{C1C3}}$	90°

6.17 相位移

6.17.1 相位移的数值

旋转变压器应按 5.7.1 规定安装，额定励磁，且按 5.7 中适用的电路调节到旋转变压器的基准电气零位。然后，旋转变压器根据适应情况按表 9 规定接线，而且转子放在表 9 规定的位置。相位移应在最大耦合位置进行测量，测量精度达到±0.10°，测试所用仪器应具有不小于 500 kΩ 电阻和 30 pF 电容并联值的输入阻抗。相位移应符合 5.20.1 的要求。其中：转子绕组对补偿绕组的相位移等于转子绕组对定子绕组相位移与补偿绕组对定子绕组相位移之差。

6.17.2 随励磁电压的变化

将产品专用技术条件规定的最小和最大电压重复施加，进行 6.17.1 规定的试验，随着励磁电压的变化，其相位移的变化应符合 5.20.2 的要求。

6.18 函数误差

a) 旋转变压器按 6.4.1 的规定安装，额定励磁，且按 5.7 的电路调节到旋转变压器的基准电气零位。

b) 按图 11 接线，将被试旋转变压器的转子角度置于 90°，即感应分压器定在 1.000 00 处，调节补偿用旋转变压器及移相器的转子位置，使指零仪所指示的与输出方最大耦合电压同相的基波分量为零。将补偿用旋转变压器及移相器的转子固定，在以后的试验中不再重调。

c) 依次转动转子角度，在 0°～180°范围内每隔 5°测量一次。调节分压器的旋钮使指零仪所指的基波同相分量为零，将感应分压器的读数除以分压器的最大值即为该角度的测量值。计算各点的测量值，测量值减去理论值(见表 11)再乘以 100，取绝对值最大的为函数误差。

d) 将图 11 中 S1S3 换为 S2S4、R2R4 换为 R1R3，在 180°位置重新确定零位，并重复 b)、c)步骤，测试 180°～360°范围内的函数误差。

函数误差应符合 5.21 的要求。

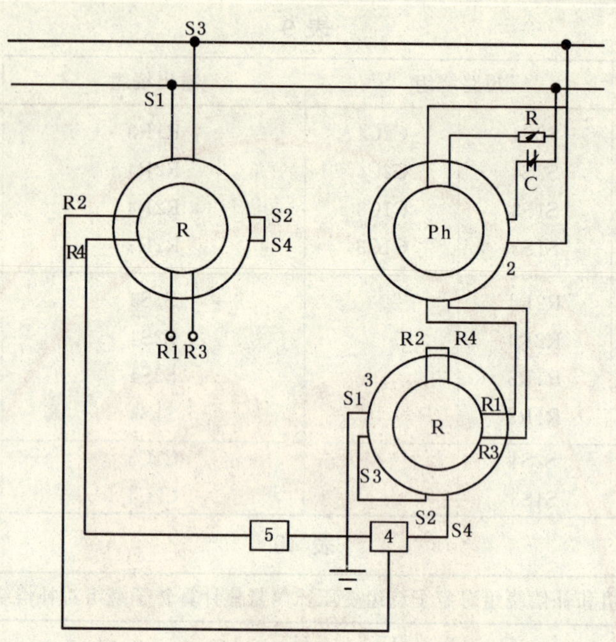

1——被试旋转变压器；

2——移相器；

3——补偿用旋转变压器；

4——感应分压器；

5——相敏指零仪；

C——可变电容；

R——可变电阻。

图 11 函数误差试验线路

表 11

序 号	转子角度 θ	理论读数($\sin\theta$)	序号	转子角度 θ	理论读数($\sin\theta$)
1(37)	0°(180°)	0.000 00	11(27)	50°(130°)	0.766 04
2(36)	5°(175°)	0.087 16	12(26)	55°(125°)	0.819 15
3(35)	10°(170°)	0.173 65	13(25)	60°(120°)	0.866 03
4(34)	15°(165°)	0.258 82	14(24)	65°(115°)	0.906 31
5(33)	20°(160°)	0.342 02	15(23)	70°(110°)	0.939 69
6(32)	25°(155°)	0.422 62	16(22)	75°(105°)	0.965 93
7(31)	30°(150°)	0.500 0	17(21)	80°(100°)	0.984 81
8(30)	35°(145°)	0.573 53	18(20)	85°(95°)	0.996 19
9(29)	40°(140°)	0.643 79	19 ↑	90° ↑	1.000 00
10(28)	45°(135°)	0.707 11			

6.19 线性误差

a) 旋转变压器按 6.4.1 的规定安装，按图 12 接线，额定励磁，然后将感应分压器旋钮放在“0”位置，转轴和机壳上的零位标记对准，使转子处于近似零位位置，再微调转子，使指零仪的基波同相分量指示为零,此时角分度装置上的读数为"基准电气零位"。

b) 将感应分压器的旋钮在 0.900 00 的位置上,再将转子转至 54°位置上,调节补偿用旋转变压器和移相器的转子位置,使指零仪的基波同相分量为零且总值最小,然后将补偿用旋转变压器及移相器的转子固定不动,在以后的试验中不再重调。

c) 按表 12 规定的角度,测量正的最大转角至负的最大转角范围内的线性精度,对于每一给定的角度,转动感应分压器的旋钮,使指零仪所指示的基波同相分量为零。计算实测值与表 12 规定的理论值之差乘以 100,取绝对值最大的为线性误差。应符合 5.22 的要求。

表 12

序号	转子角度	感应分压器的理论值
0	0°	0.000 00
1	±6°	0.100 00
2	±12°	0.200 00
3	±18°	0.300 00
4	±24°	0.400 00
5	±30°	0.500 00
6	±36°	0.600 00
7	±42°	0.700 00
8	±48°	0.800 00
9	±54°	0.900 00
10	±60°	1.000 00

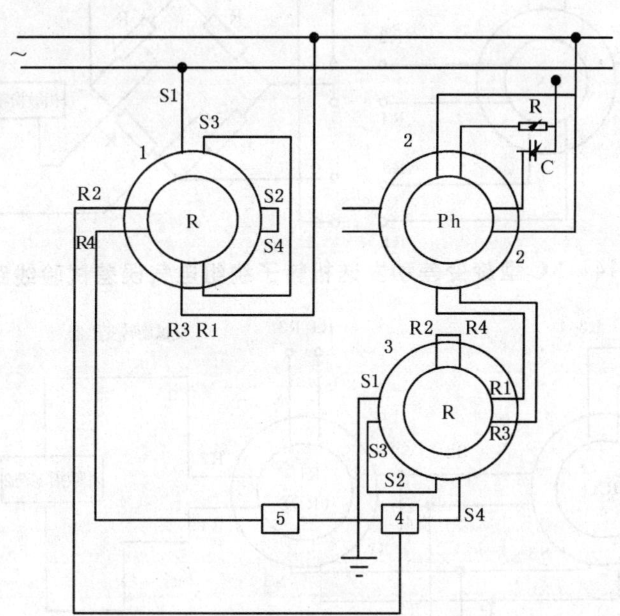

1——被试旋转变压器;

2——移相器;

3——补偿用旋转变压器;

4——感应分压器;

5——相敏指零仪;

C——可变电容;

R——可变电阻。

图 12 线性误差试验线路

6.20 电气误差

6.20.1 总则

旋转变压器应按比例电压指零法或比例电压梯度法测量电气误差。电气误差应从"基准电气零位"开始，在0°～360°范围内每隔5°测量一次。计算转子实际电气位置与对应的理论电气角度的机械角度的偏差，超前为正偏差，滞后为负偏差，取绝对值最大的偏差为电气误差。

6.20.2 比例电压指零法

将旋转变压器按6.4.1规定安装，额定励磁。首先将轴上和机壳上的零位标志对准，而使转子处于接近零位的位置，然后采用5.7中图7(或图8)的线路达到正确的零位。旋转变压器按图13、图14、图15对应试验线路接线，并测量误差。

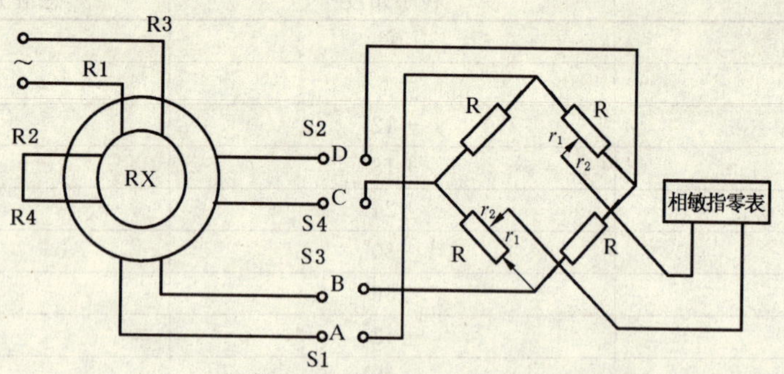

图13 XF型旋变发送机电气误差试验线路

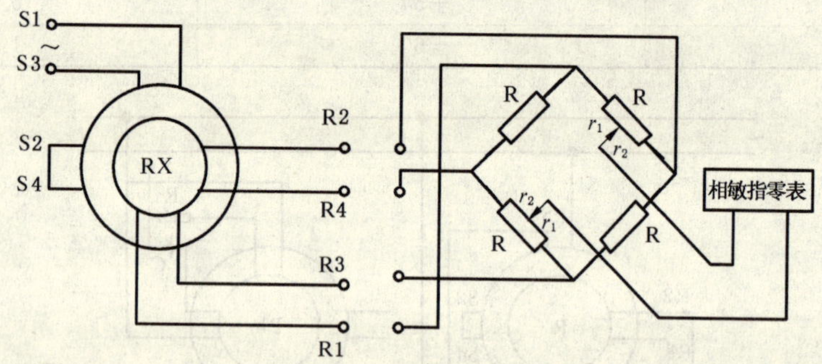

图14 XC型旋变差动发送机转子绕组电气误差试验线路

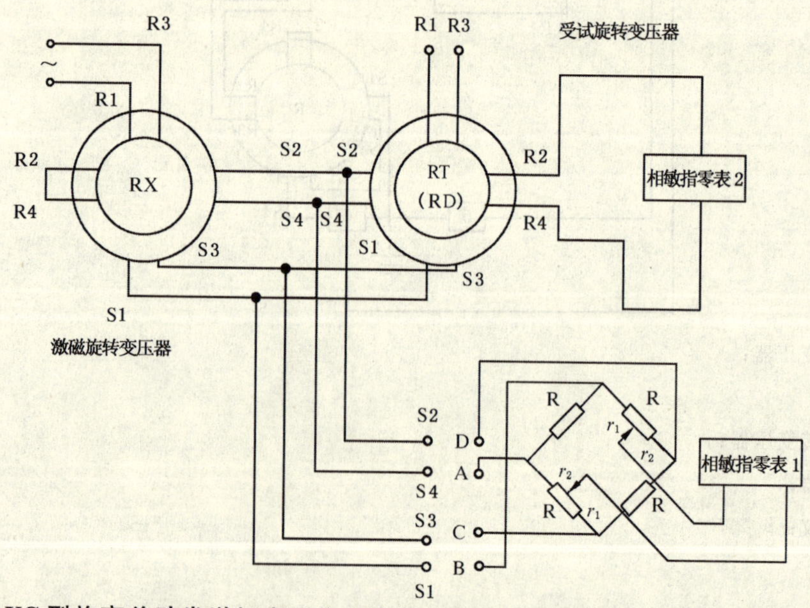

图15 XC型旋变差动发送机定子绕组电气误差和XB型旋变变压器电气误差试验线路

图中四臂函数电桥电阻臂 AC、BD 和分压臂 AD、BC 应为 10 kΩ 的无感电阻器，其误差应小于 1Ω，分压器的角度抽头 r_1/r_2 同理论规定值相比，其偏差应小于 0.005%。

旋转变压器的电气角 $\alpha=\phi+n\times45°$，式中 n=0、1、2、3、4、5、6、7。

分压器的分压比 $K_1=\frac{r_1}{r_2}=\text{tg}\phi$ 具体数据见表 13。

表 13

角　度	$K_1=r_1/r_2$	角度	$K_1=r_1/r_2$
0°	0.000 000	25°	0.466 308
5°	0.374 89	30°	0.577 350
10°	0.176 327	35°	0.700 208
15°	0.267 949	40°	0.839 100
20°	0.363 970	45°	1.000 000

转子每转动 45°时，四臂函数电桥端钮 A、B、C、D 与旋转变压器绕组端钮换接一次，换接顺序与分压比值的变化方向见表 14。

表 14

理论电气角度范围	K_1 值的变化方向	电桥端钮	与电桥端钮对接的旋转变压器端钮	
			定　子	转　子
0°～45° (180°～225°)	0→1	A	S2	R4
		B	S4	R2
		C	S1	R1
		D	S3	R3
45°～90° (225°～270°)	1→0	A	S1	R1
		B	S3	R3
		C	S2	R4
		D	S4	R2
90°～135° (270°～315°)	0→1	A	S3	R3
		B	S1	R1
		C	S2	R4
		D	S4	R2
135°～180° (315°～360°)	1→0	A	S2	R4
		B	S4	R2
		C	S3	R3
		D	S1	R1

a) XF 型和 XC 型转子绕组按图 13、图 14 的线路测量。在四臂函数电桥每一给定的角度下依次转动转子，使指零仪所指示的基波同相分量为零，分别记录转子每点的实际电气角度。

b) XC 型定子绕组和 XB 型按图 15 的线路测量。在四臂函数电桥每一给定的角度下依次转动转子，使指零仪所指示的基波同相分量为零，依次转动励磁发送机的转子至相敏指零仪“1”所示的基波同相分量为零，再转动旋变差动发送机的转子，使相敏指零仪“2”所示的基波同相分量为零，分别记录转子每点的实际电气角度。

6.20.3 比例电压梯度法

比例电压梯度法测量电气误差试验的基本线路如图 16、图 17、图 18 所示。其线路和操作均类似于用比例电压指零法测电气误差。但是相敏指零仪应采用已校准的带有补偿网络的相敏放大器、指示器和记录器来代替。电桥在每个给定位置具有恒定的电压梯度(定义为每单位转子偏移的电压输出),指示器和记录器的分辨率为在不用内插法情况下,可以测出 30″的电气误差。测试中电桥的分压器均调到与转子角度对应的比例值。则该位置的电气误差应为指示器或记录器读数除以电压梯度。

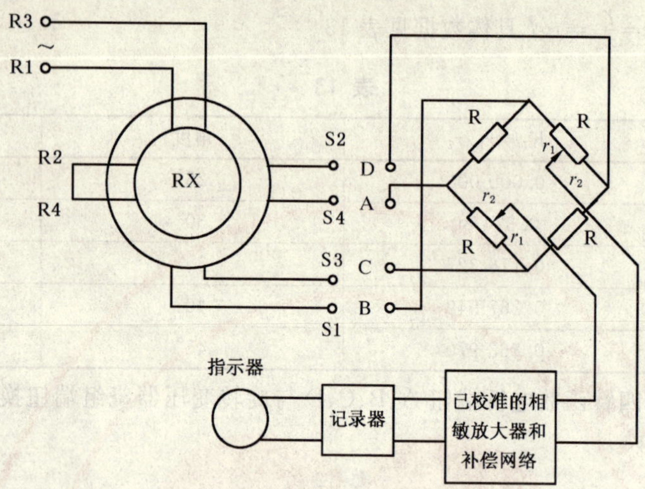

图 16 XF 型旋变发送机用比例电压梯度法测量电气误差的基本线路

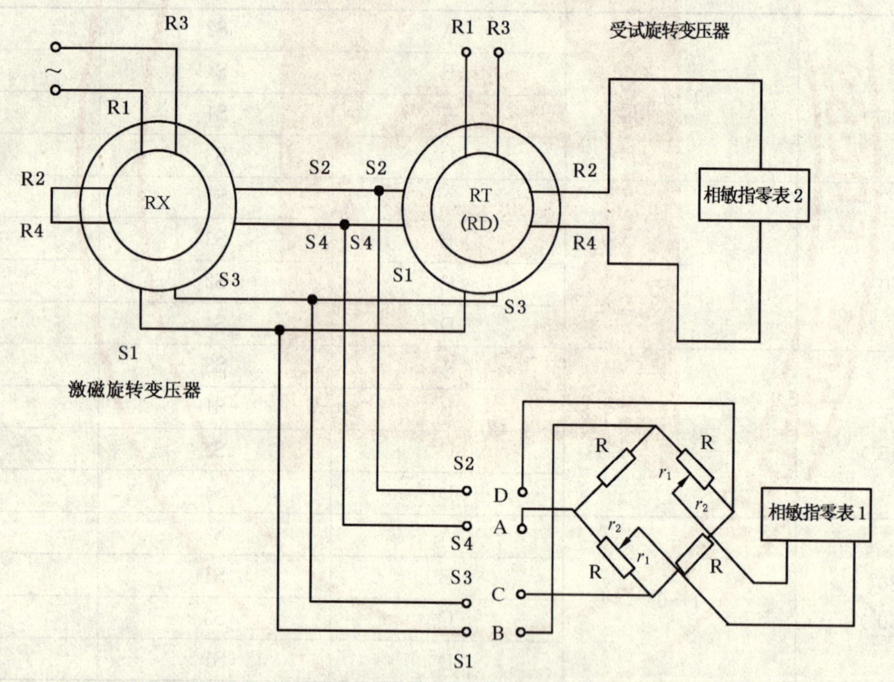

图 17 XC 型旋变差动发送机用比例电压梯度法测量转子绕组电气误差的基本线路

a) XF 型和 XC 型转子绕组按图 16、图 17 的线路测量。

b) XC 型定子绕组和 XB 型按图 18 的线路测量,操作类似于 6.20.2 b)。但相敏指零仪“2”应采用已校准的带有补偿网络的相敏放大器、指示器和记录仪来代替。

6.21 零位电压

按表 14 规定的接线端和角度测量零位电压基波和总值。旋转变压器按 6.4.1 的规定安装,额定励磁,零位电压用选频电压表法或相敏电压表法的规定进行测量。测量仪器应具有不小于 500 kΩ 电阻和 30 pF 电容并联值的输入阻抗。零位电压的基波和总值应符合 5.24 要求。

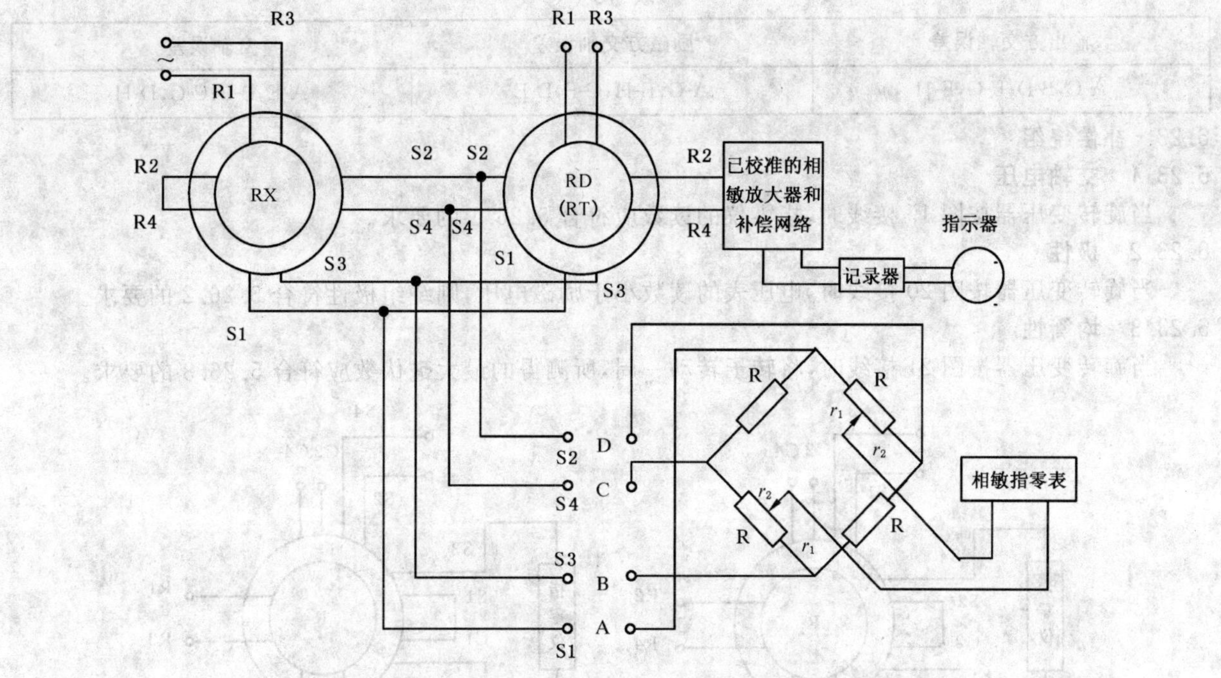

图 18 用比例电压梯度法测量旋变差动发送机定子绕组电气误差和旋变变压器电气误差的基本线路

6.22 交轴误差

旋转变压器按 6.4.1 的规定安装，励磁绕组按规定轮流励磁。输出方绕组接相敏指零仪，转动转子使输出电压的基波同相分量为零，分别记下转子零位角度与表 15 规定的理论电气角度的偏差值(交轴偏差 A 到 H)，计算表 16 所列各位置之角度偏差间的代数差，取绝对值最大的为交轴误差，应符合 5.25的要求。

表 15

励磁方	励磁绕组	输出绕组	理论电气零位角度	交轴误差代号
定子	S1S3 (S2S4 短路)	R2R4	0°	A
		R2R4	180°	B
		R1R3	90°	C
		R1R3	270°	D
	S2S4 (S1S3 短路)	R1R3	0°	E
		R1R3	180°	F
		R2R4	90°	G
		R2R4	270°	H
转子	R2R4 (R1R3 短路)	S2S4	0°	A
		S2S4	180°	B
		S1S3	90°	C
		S1S3	270°	D
	R1R3 (R2R4 短路)	S1S3	0°	E
		S1S3	180°	F
		S2S4	90°	G
		S2S4	270°	H

表 16

输出方交轴误差	励磁方交轴误差	交轴误差
A-C,B-D;E-G,F-H	A-G,B-H;C-F,D-E	A-E,B-F;C-G,D-H

6.23 补偿绕组

6.23.1 交轴电压

当旋转变压器按图 19 接线时,指零仪的读数应符合 5.26.1 的要求。

6.23.2 极性

当旋转变压器按图 20 接线时,电压表的读数小于励磁电压,则绕组极性符合 5.26.2 的要求。

6.23.3 均衡性

当旋转变压器按图 21 接线时,将转子转动一周,所测得的最大毫伏数应符合 5.26.3 的要求。

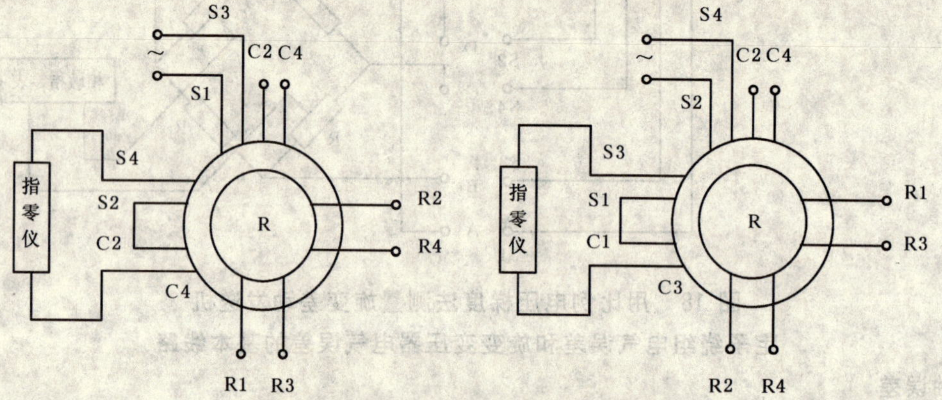

图 19 补偿绕组交轴电压试验路线

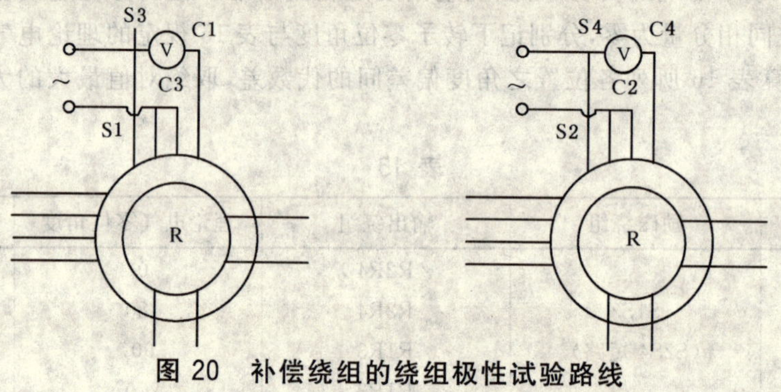

图 20 补偿绕组的绕组极性试验路线

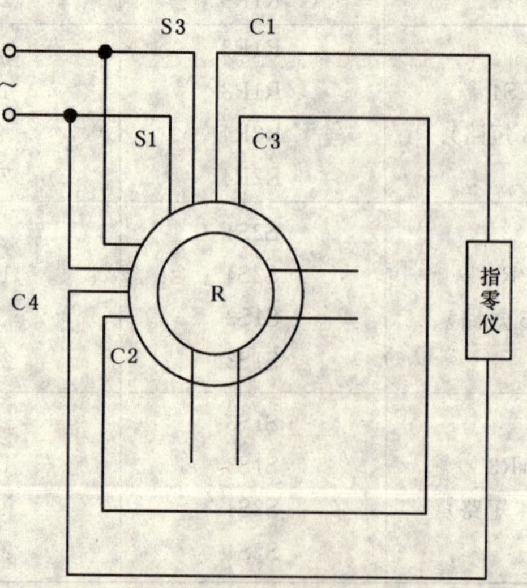

图 21 补偿绕组均衡性试验路线

6.24 谐波失真

6.24.1 定子励磁旋转变压器

旋转变压器按5.7.1的规定安装，额定励磁，调节到5.7规定的基准电气零位，然后按图22接线，并按产品专用技术条件规定的最大工作电压励磁，总的谐波失真是指励磁电源电压和R1R3输出波形中9次及9次以下谐波幅值有效值之差，表示为励磁电压的百分数。其值应符合5.27的要求。

6.24.2 转子励磁旋转变压器

转子励磁旋转变压器的谐波失真亦按6.24.1的规定进行，但应作如下接线端的替换：R1R3、R2R4代替S1S3、S2S4；S1S3、S2S4代替R1R3、R2R4。

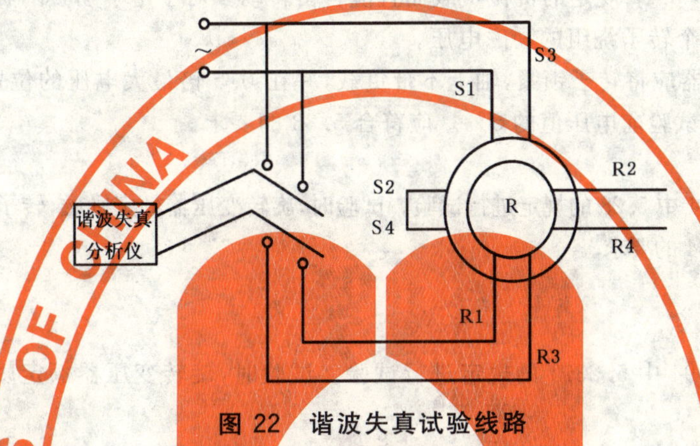

图22 谐波失真试验线路

6.25 基准电气零位漂移

6.25.1 随电压变化的漂移

旋转变压器按6.4.1的规定安装，额定励磁，且调节到5.7规定的基准电气零位，然后用最大和最小励磁电压励磁，在每一状态下将旋转变压器调节到准确零位。旋转变压器的零位漂移应符合5.28.1的要求。

6.25.2 随频率变化的漂移

保持额定励磁电压不变，旋转变压器置于零位，当励磁频率首先减少10%，然后再增加10%时，重复进行6.25.1规定的试验。旋转变压器的零位漂移应符合5.28.2的要求。

6.26 频率响应

旋转变压器按6.4.1的规定安装，给一个励磁绕组额定励磁，转子应置于与基准电气零位最靠近的最大耦合位置

a) 保持额定电压不变，增大励磁电源的频率，使输出绕组出现最大电压，该点频率即为谐振频率（此时的相位移为$-90°$）。其他励磁绕组分别励磁并重复上述的试验。

b) 保持额定电压不变，减小励磁电源的频率，测取输出绕组电压下降3 dB时的截止频率（此时相位移为45°）。其他励磁绕组分别励磁并重复上述的试验。

谐振频率和截至频率应符合5.29的要求。

6.27 温升

旋转变压器应按GB/T 7345—1994中5.19的规定试验，旋转变压器在不通电时，测量一个输出绕组的直流电阻。然后给两个励磁绕组额定励磁，输出绕组空载，当旋转变压器达到稳定工作温度时，再次测量原来测过电阻的输出绕组的直流电阻，计算得到的温升应符合5.30的要求。

6.28 电磁干扰

旋转变压器按GB/T 7345—1994中5.30的规定进行试验，给两个励磁绕组额定励磁，转子转速为(600±50)r/min，以四倍于输出绕组开路阻抗的负载跨接在两输出绕组上，补偿绕组空载。电磁传导和辐射干扰应符合5.31的要求。

6.29 振动

按 GB/T 7345—1994 中 5.24 的规定进行振动试验。试验期间两个转子绕组应按规定励磁。转轴带有 GB/T 7345—1994 中 5.24 规定的机械负载而且能自由转动。对于定子励磁的旋转变压器应根据其变压比来相应地确定两个转子绕组的励磁电压。

对 XL 型旋转变压器应将转子锁紧,轴上不带负载,并在 0.5 倍最大输出电压的位置进行试验,试验后的电压的变化应不大于试验前电压值的 5%。应符合 5.32 的要求。

6.30 冲击

按 GB/T 7345—1994 中 5.25 的规定进行冲击试验。试验期间两个转子绕组额定励磁。转子轴带有 GB/T 7345—1994 中 5.25 规定的机械负载而且能自由转动。对于定子励磁的旋转变压器应根据其变压比来相应地确定两个转子绕组的励磁电压。

对 XL 型旋转变压器应将转子锁紧,轴上不带负载,并在 0.5 倍最大电压的位置进行试验,试验后的电压的变化应不大于试验前电压值的 5%。应符合 5.33 的要求。

6.31 寿命

按 GB/T 7345—1994 中 5.28 的规定进行试验。试验时,旋转变压器额定励磁,转子以(1 150±50)r/min 的转速旋转。应符合 5.34 的要求。

6.32 低气压

6.32.1 低温低气压

按 GB/T 7345—1994 中 5.23.1 的规定进行试验。试验时,旋转变压器额定励磁,应符合 5.35.1 的要求。

6.32.2 高温低气压

按 GB/T 7345—1994 中 5.23.2 的规定进行试验。试验时,旋转变压器额定励磁,应符合 5.35.2 的要求。

6.33 低温

按 GB/T 7345—1994 中 5.20 的规定进行试验。试验时,旋转变压器额定励磁,应符合 5.36 的要求。

6.34 高温

按 GB/T 7345—1994 中 5.21 的规定进行试验。试验时,旋转变压器额定励磁,应符合 5.37 的要求。

6.35 恒定湿热

按 GB/T 7345—1994 中 5.27.1 的规定进行试验。应符合 5.38 的要求。

6.36 非正常工作

非正常工作按 GB 18211—2000 中 17.2 规定的方法试验,应符合 5.39 的要求。

6.37 盐雾

按 GB/T 7345—1994 中 5.31 的规定进行试验,应符合 5.40 的要求。

6.38 质量

用感量不低于 1% 的衡器称取旋转变压器的质量,应符合 5.41 的要求。

7 检验规则

7.1 检验分类

旋转变压器的检验分出厂检验和型式检验。

7.2 出厂检验项目及规则

7.2.1 出厂检验项目

旋转变压器应进行出厂检验,可以逐台或抽样进行,检验项目及基本顺序按表 17 进行。

7.2.2 出厂检验抽样

出厂检验抽样按 GB/T 2828.1—2003 中的一次抽样方案进行，检验水平Ⅱ，接收质量限(AQL)由使用方和制造方协商选定。

7.2.3 合格判定

出厂检验中，旋转变压器若有一项或一项以上不合格，则该旋转变压器为不合格品。

若批出厂检验合格，则除抽样检验中不合格品外，使用方应整批接收；若批出厂检验不合格，则整批拒收，由制造厂消除缺陷并剔除不合格品后，再次提交验收。

7.3 型式检验规则及检验项目

7.3.1 型式检验规则

有下列情况之一时，一般应进行型式检验：

a) 新产品或老产品转厂生产的试制定型鉴定；
b) 定型产品，其电磁设计、机械结构或在制造过程中工艺和所用材料的变更足以引起性能和参数变化时，允许根据上述变更可能产生的影响进行有关项目试验；
c) 产品长期停产后恢复生产时；
d) 产品正常生产时，每两年进行一次型式检验，此时盐雾和寿命试验等项目可不进行。当批量小时，允许制造单位与使用方另行协商。

7.3.2 样机数量

从能代表相应生产阶段的产品中抽取 6 台，其中 4 台作为试验样机，2 台作为存放对比用。

7.3.3 型式检验结果的评定

7.3.3.1 不合格

只要有一台旋转变压器的任何一项检验不符合要求，并且不属于 7.3.3.2 和 7.3.3.4 的情况，则型式检验不合格。

7.3.3.2 偶然失效

当鉴定部门确定某一项不合格项目属于孤立性质时，允许有新的同等数量的旋转变压器代替，并补作已经作过的项目。然后继续试验，若再有一台旋转变压器的任何一个项目不合格，则型式检验不合格。

7.3.3.3 性能降低

旋转变压器经环境试验后，允许性能发生不影响使用的降低，具体性能降低的程度及合格判据由产品专用技术条件规定。

7.3.3.4 性能严重降低

旋转变压器在环境试验时或环境试验后，发生影响使用的性能严重降低时，鉴定部门可以采取两种方式：

a) 判定型式检验不合格；
b) 当一台旋转变压器出现失效时，允许用新的两台旋转变压器代替，并补作已经作过的试验，然后补足 4 台继续下面的试验，若再有一台旋转变压器的任何一个项目不合格，则判定型式检验不合格。

7.3.4 同类型产品的定型鉴定

当某一类同机座号的两个及两个以上型号的旋转变压器同时提交检验时，每种型号均应抽取 4 台样机，所有样机通过出厂检验后，再从中选取 4 台有代表性的不同型号的样机进行其余项目的试验，合格判据按 7.3.3 规定。任一台样机的任一项目不合格，则其所代表的该型号的旋转变压器型式检验不合格。本检验不允许样机替换。

若型式检验合格，则认为同时提交的所有型号的旋转变压器均合格。

7.3.5 型式检验项目及顺序

旋转变压器的型式检验项目、基本顺序及样机编号应符合表 17 的规定。

表 17

序号	项目	要求章条号	试验方法章条号	型式检验样机编号	出厂检验	型号					
						XZ	XZB	XF	XC XB	XX	XL
1	外形及安装尺寸	5.8	6.5	1、2、3、4	√	√	√	√	√	√	√
2	外观	5.9.1	6.6.1	1、2、3、4	√	√	√	√	√	√	√
3	径向间隙	5.9.2	6.6.2	1、2、3、4	√	√	√	√	√	√	√
4	轴向间隙	5.9.3	6.6.3	1、2、3、4	√	√	√	√	√	√	√
5	轴伸径向圆跳动	5.9.4	6.6.4	1、2、3、4	√	√	√	√	√	√	√
6	引出线颜色或接线端的标记	5.10.1	6.7.1	—	√	√	√	√	√	√	√
7	引出线和接线端强度	5.10.2	6.7.2	1、2、3、4	—	√	√	√	√	√	√
8	电刷接触电阻变化	5.11	6.8	1、2、3、4	√	√	√	√	√	√	√
9	静摩擦力矩	5.12	6.9	1、2、3、4	√	√	√	√	√	√	√
10	绝缘介电强度	5.13	6.10	1、2、3、4	√	√	√	√	√	√	√
11	绝缘电阻	5.14	6.11	1、2、3、4	√	√	√	√	√	√	√
12	空载电流[a]	5.15	6.12	1、2、3、4	√	√	√	√	√	√	√
13	消耗功率[a]	5.16	6.13	1、2、3、4	√	√	√	√	√	√	√
14	阻抗[a]	5.17	6.14	1、2、3、4	√	√	√	√	√	√	√
15	接线正确性与基准电气零位标记	5.18	6.15	1、2、3、4	√	√	√	√	√	√	√
16	变压比[a]	5.19	6.16	1、2、3、4	√	√	√	√	√	—	—
17	相位移[a]	5.20	6.17	1、2、3、4	√	√	√	√	√	√	√
18	函数误差[a]	5.21	6.18	1、2、3、4	√	√	√	—	—	—	—
19	线性误差[a]	5.22	6.19	1、2、3、4	√	—	—	—	—	√	—
20	电气误差[a]	5.23	6.20	1、2、3、4	√	—	—	√	√	—	—
21	零位电压[a]	5.24	6.21	1、2、3、4	√	√	√	√	√	—	—
22	交轴误差[a]	5.25	6.22	1、2、3、4	√	√	√	—	—	—	—
23	补偿绕组	4.26	6.23	1、2	√	—	√	—	—	—	—
24	谐波失真[a,b]	4.27	6.24	1、2、3、4	—	√	√	√	√	—	√
25	基准电气零位漂移[a,b]	4.28	6.25	1、2、3、4	—	√	√	√	√	—	—
26	频率响应[a,b]	5.29	6.26	1、2、3、4	—	√	√	√	√	—	—
27	温升[b]	5.30	6.27	1、2、3、4	—	√	√	√	√	√	√
28	电磁干扰[b]	5.31	6.28	1、2、3、4	—	√	√	√	√	√	—
29	振动，随后进行序号 15、17、18、19、20、8、3、4、9 和 10 的试验。XL 型试验后进行序号 9 和 10 的试验	5.32	6.29	1、2、3、4	—	√	√	√	√	√	√
30	冲击，随后进行序号 7、17、18、19、20、8、3、4、9 和 10 的试验 XL 型试验后进行序号 9 和 10 的试验	5.33	6.30	1、2 3、4	—	√	√	√	√	√	√

表 17（续）

序号	项目	要求章条号	试验方法章条号	型式检验样机编号	出厂检验	型号					
						XZ	XZB	XF	XC XB	XX	XL
31	寿命，随后进行序号 7、3、4、9、10、17、18、19、20 和 8 的试验	5.34	6.31	1、2	—	√	√	√		√	—
32	低温低气压，随后进行序号 7、10 的试验	5.35.1	6.32.1	1、2	—	√	√	√		√	—
33	高温低气压，随后进行序号 7、10、26 的试验	5.35.2	6.32.2	1、2	—	√	√	√	√	√	—
34	低温，随后进行序号 7、9、10、17、18、19、20 和 8 的试验	5.36	6.33	3、4	—	√	√	√	√	√	—
35	高温，随后进行序号 7、17、18、19、20、91 和 10 的试验	5.37	6.34	3、4	—	√	√	√	√	√	—
36	恒定湿热，随后进行序号 7、8、17、18、19、20、8、4 和 3 的试验	5.38	6.35	3、4	—	√	√	√	√	√	√
37	非正常工作	5.39	6.36	1、2	—	√	√	√	√	√	√
38	盐雾[b]	5.40	6.37	1、2	—	√	√	√	√	√	√
39	质量	5.41	6.38	1、2	—	√	√	√	√	√	√

注：“√”表示进行该项目检验，“—”表示不进行该项目检试验。

[a] 表示型式检验时应使旋转变压器达到稳定工作温度后，再进行检验。

[b] 表示该检验项目仅在产品专用技术条件有要求时进行。

8 质量保证期

质量保证期为产品出厂之日算起的存放期（包括运输期）与保用期之和，或由使用方和制造方协商。

存放期分为一年、三年和五年三种，由制造厂规定。

保用期从旋转变压器包装启封开始计算，保用期为两年半。

在正确存放和使用旋转变压器的情况下，制造厂应保证旋转变压器在保用期内（不超过使用寿命时间）正常工作。如在保用期内旋转变压器因制造质量不良而发生损坏或不能正常工作时，则制造厂应负责。

9 标志、包装、运输与储存

9.1 标志

旋转变压器应有铭牌标志，铭牌上的字迹、图形应清楚无误，并保证在整个使用期内不脱落，内容仍清晰可见。铭牌内容至少应包括：

a） 旋转变压器型号和名称；

b） 制造厂名或商标；

c） 制造编号或生产日期；

d） 频率和电压。

9.2 包装及运输

旋转变压器的包装及运输按 JB/T 8162—1999 的规定。

9.3 储存

旋转变压器应存放在环境温度为－10℃～35℃，相对湿度不大于85%，清洁、通风良好的库房内，空气中不应含有腐蚀性气体。

ICS 47.020.70
U 60

中华人民共和国国家标准

GB/T 10250—2007/IEC 60533:1999
代替 GB/T 10250—1988

船舶电气与电子设备的电磁兼容性

Electrical and electronic installations in ships—Electromagnetic compatibility

(IEC 60533:1999,IDT)

2007-08-06 发布　　2008-03-01 实施

中华人民共和国国家质量监督检验检疫总局
中国国家标准化管理委员会　发布

前　言

本标准等同采用 IEC 60533:1999《船舶电气与电子设备的电磁兼容性》(英文版)。

为了便于使用,本标准做了下列编辑性修改:

a) “本国际标准”一词改为“本标准”;

b) 删除了国际标准的前言、引言、参考文件和参考书目;

c) 用小数点符号“.”代替小数点符号“,”;

d) 增设了“参考文献”项,将资料性附录中引用的标准及等效采用的标准移入该项中。

本标准代替 GB/T 10250—1988《船舶电气与电子设备的电磁兼容》。

本标准与 GB/T 10250—1988 相比主要有下列技术差异:

a) 删除了第 7 章“测量方法”;

b) 删除了附录 A;

c) 增加了资料性附录 A“IMO 决议 A.813(19):1995”;

d) 增加了资料性附录 B“通用 EMC 计划程序”;

e) 增加了资料性附录 C“实现 EMC 的措施”;

f) 更新了附录 C 中 A 组～E 组内容,新增了“非电气零件和设备”和“综合系统”;

g) 删除了“重要干扰抑制元件”内容。

本标准的附录 A、附录 B、附录 C 为资料性附录。

本标准由中国船舶工业集团公司提出。

本标准由全国海洋船标准化技术委员会船舶电气设备分技术委员会归口。

本标准负责起草单位:中国船舶工业集团公司第七〇八研究所。

本标准主要起草人:王立新、冯德胜、曹永恒、廉悦。

本标准所代替标准的历次版本发布情况为:

——GB/T 10250—1988。

船舶电气与电子设备的电磁兼容性

1 范围

本标准规定了船舶电气与电子设备的发射、抗扰度和性能准则的电磁兼容性(EMC)的最低要求，有助于满足国际海事组织(以下简称 IMO)A.813 决议的要求(参见附录 A)。

依据本标准进行试验和安装的设备满足相关的 IMO 要求。

注 1：本标准的规范性内容已作为 EMC 系列标准中的一个标准。

注 2：本标准未涉及对人员的影响。

本标准针对测量方法给出了进一步的指南和建议，来实现下列各组设备中的电气与电子装置的电磁兼容性。

A 组：无线电通信和导航设备

B 组：发电和变电设备

C 组：以脉动能量工作的设备

D 组：开关设备和控制系统

E 组：内部通信和信号处理设备

F 组：非电气零件和设备

G 组：综合系统

IEC 60945 是 A 组和 C 组的基础 EMC 标准。

注：本标准没有具体说明诸如对电击和设备介电(强度)试验时保护的非安全操作和基本安全要求。

2 规范性引用文件

下列文件中的条款通过本标准的引用而成为本标准的条款。凡是注日期的引用文件，其随后所有的修改单(不包括勘误的内容)或修订版均不适用于本标准，然而，鼓励根据本标准达成协议的各方研究是否可使用这些文件的最新版本。凡是不注日期的引用文件，其最新版本适用于本标准。

GB/T 4365 电工术语 电磁兼容(GB/T 4365—2003,IEC 60050(161):1990,IDT)

GB/T 6113.1 无线电骚扰和抗扰度测量设备规范(GB/T 6113.1—1995,eqv CISPR 16-1:1993)

GB/T 6113.2 无线电骚扰和抗扰度测量方法(GB/T 6113.2—1998,eqv CISPR 16-2:1996)

GB/T 17624.1 电磁兼容 综述 电磁兼容基本术语和定义的应用与解释(GB/T 17624.1—1998,idt IEC 61000-1-1:1992)

GB/T 17626.1 电磁兼容 试验和测量技术 抗扰度试验总论(GB/T 17626.1—2006,IEC 61000-4-1:2000,IDT)

GB/T 17626.2 电磁兼容 试验和测量技术 静电放电抗扰度试验(GB/T 17626.2—2006,IEC 61000-4-2:2001,IDT)

GB/T 17626.3 电磁兼容 试验和测量技术 射频电磁场辐射抗扰度试验(GB/T 17626.3—2006,IEC 61000-4-3:2002,IDT)

GB/T 17626.4 电磁兼容 试验和测量技术 电快速瞬变脉冲群抗扰度试验(GB/T 17626.4—1998,idt IEC 61000-4-4:1995)

GB/T 17626.5 电磁兼容 试验和测量技术 浪涌(冲击)抗扰度试验(GB/T 17626.5—1999,idt IEC 61000-4-5:1995)

GB/T 17626.6 电磁兼容 试验和测量技术 射频场感应的传导骚扰抗扰度(GB/T 17626.6—

1998,idt IEC 61000-4-6:1996)

GB/T 17626.11　电磁兼容　试验和测量技术　电压暂降、短时中断和电压变化的抗扰度试验(GB/T 17626.11—1999,idt IEC 61000-4-11:1994)

GB/T 17626.16　电磁兼容　试验和测量技术　0 Hz～150 kHz 共模传导骚扰抗扰度试验(GB/T 17626.16—2007,IEC 61000-4-16:2002,IDT)

IEC 60945　船用导航和无线电通信设备和系统　一般要求　试验方法和要求的试验结果

IEC Guide 107　电磁兼容性　电磁兼容性出版物编写指南

IMO A.813(19)决议　所有船舶电气与电子设备电磁兼容性的一般要求(国际海事组织,1995)

SOLAS　国际海上人命安全公约(国际海事组织,1974 及其修订本)

3　术语和定义

GB/T 4365 和 GB/T 17624.1 确立的以及下列术语和定义适用于本标准。

GB/T 4365 中未包括但各种测试中仍需用到的术语在基本 EMC 出版物中给出了补充定义。

3.1

电磁兼容性　electromagnetic compatibility,EMC

设备或系统在其电磁环境中能正常工作,且不产生对该环境中其他设备构成不能承受的电磁干扰的能力。

3.2

电磁影响　electromagnetic influence

电磁量对电气与电子电路、设备、系统或人员产生的影响。

3.3

电磁干扰　electromagnetic interference,EMI

电磁骚扰引起的设备、传输通道或系统性能的下降。

注 1:干扰(interference)和骚扰(disturbance)在英文中经常不加区别地使用。

注 2:法语中,词组“perturbation électromagnétique”也被用作“brouillage électromagnétique”。[IEV 161-01-06]

3.3.1

(性能)降低　degradation (of performance)

装置、设备或系统的工作性能与正常性能的非期望偏离。

注:单词“dagradation”用于暂时或永久的故障。

3.3.2

失效　loss of function

装置的功能损失超出许可且只有通过技术手段才能恢复的情况。破坏是失效的典型情况。

注:失效可能是永久性的或暂时性的:

——纠正永久性失效的技术手段是使用工具或备件;

——纠正临时性失效的技术手段是简单的操作,如重新设置计算机或者重新启动。

3.4

电磁骚扰　electromagnetic disturbance

任何可能引起装置、设备或系统性能降低或对有生命或无生命物质产生损害作用的电磁现象。

注:电磁骚扰可以是电磁噪声以及传播媒介自身不需要的信号或变化。[IEV 161-01-05]

3.5

(电磁骚扰)源　emitter (of electromagnetic disturbance)

导致电压、电流或电磁场产生电磁骚扰的装置、设备或系统。

3.6

敏感装置　susceptible device

因电磁骚扰而引起性能降低的装置、设备或系统。[IEV 161-01-24]

3.7

(电磁)发射　(electromagnetic) emission

电磁能量从源发射的现象。[IEV 161-01-08]

3.8

(对骚扰的)抗扰度　immunity (to a disturbance)

装置、设备或系统遭受电磁骚扰而不降低运行性能的能力。

3.9

耦合　coupling

传递能量的电路间的相互作用。

3.10

插入损耗　insertion loss

负载直接由电源馈电时的功率与在负载与电源间插入四极装置(如滤波器)的功率的对数比值。

3.11

回波损耗　return loss

反射因子 r 的倒数的对数比值：$a=20\ \lg(1/r)$，r 是返回波与前向波的比值。

注：如果保护电路的阻抗与连接电缆的波阻抗相匹配，则 $r=0$，$a=\infty$。

3.12

电磁兼容性分析　EMC analysis

确定电气装置受影响程度的 EMC 数据的汇编和说明。

3.13

电磁干扰矩阵　electromagnetic interference matrix

EMI 矩阵

以骚扰源与相应的被骚扰的敏感设备设置的矩阵，在行和列的交点处记录电磁干扰的程度。

3.14

受试设备　equipment under test;EUT

承受 EMC(发射和抗扰度)适应性试验的设备(各种装置、器具和系统)。

3.15

设备或分系统　equipment or subsystem

预定执行某一给定功能，由多个子单元组合而成的电气和机械技术装置。

3.16

综合系统　intergrated system

预定执行某一给定功能，由各独立的设备单元相互连接而成的组合体。

示例：由不同区域的传感器和设备构成的综合货物监视系统。

3.17

系统　system

依据某一设计具有相互作用的成套装置和(或)部件。某一系统的某一装置和(或)部件可以是另一系统(称为分系统)。这样的装置和(或)部件(分系统)可以是：

——硬件；

• 控制系统

· 受控系统

——软件；

——人机接口。

注:整艘船连同它的设备可以看成是一个系统。

3.18

地　ground

接地　earth

船舶金属结构和所有其他相互导电连接的金属部件。

注1:保护地(保护接地)见3.19。

注2:出于电磁兼容目的,金属部件间的互连均衡了不同的电位,并在所考虑的频率范围内需要一个低阻抗。考虑的频率范围包括工作和干扰频率。电气设备的频率范围和物理尺寸决定了等电位的实现和接地的有效性。这种接地并不满足在所有情况下保护接地的人身安全需要。

注3:对非金属结构的船舶来说,所有导电连接的金属部件(包括接地板,若有)形成了一个公共地(接地)。

3.19

保护地　protective ground

保护接地　protective earth

导体作为人员免遭电流危害的必要的保护措施,将设备外壳的导电部件与下列中的一个或多个进行电气上的连接:

——外部导体部分;

——主地(接地)端;

——配电系统的接地点(若有);

——其他设备的金属外壳。

3.20

参考地　reference ground

其电位是其他导体电位的参考点的导体。

3.21

型式试验　type test

对设备样品进行EMC试验,以确定其设计满足本标准的要求。

3.22

端口　port

具有外部电磁环境的设备的特定接口,通过它设备可以感受或发出骚扰(见图1)。

注:导电接口也可以包括电缆、接地焊接或机械接口,如管子和安装件。

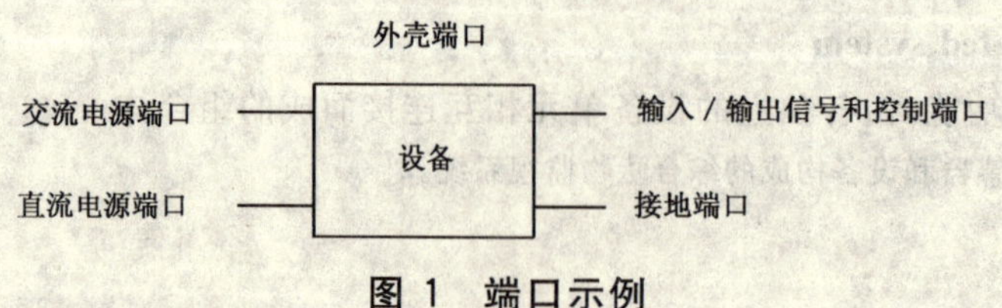

图1　端口示例

3.23

区域　zones

由内部的敏感设备和(或)干扰设备确定其特性的地区(见图2)。

——甲板和桥楼区域:接近收/发天线、驾驶室及控制室的区域,该区域以内部通信设备、信号处理设备、无线电通信和导航设备、辅助设备和金属结构中的大开口为特征；

——一般配电区域：一般用电设备为特征的区域；

——专用配电区域：推进系统、艏侧推器等产生的发射超过表3中给定的限值为特征的区域；

——居住区域：由乘客、船员和其他人员携带并在其内进行操作的设备为特征的区域。

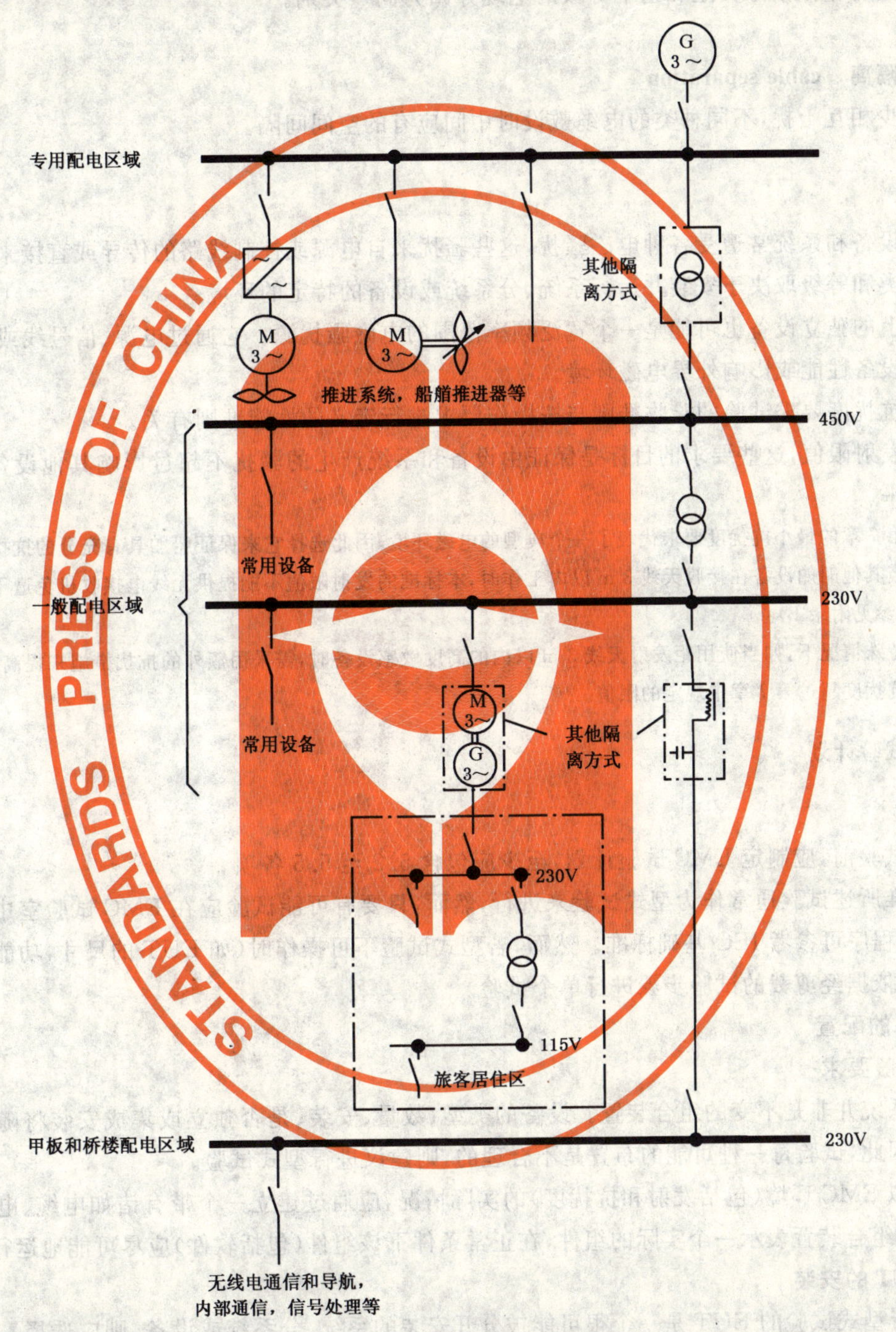

图2 区域原理示意图

3.24

常用设备 normal consumers

用于船舶操作的设备，诸如机械装置、控制设备和小型静态转换器等。

3.25

电缆选择 cable selection

选择具有相似信号类型和电平等级的电缆并归为同一类别。

3.26

电缆隔离 cable separation

为减少相互干扰，不同种类的电缆敷设时中间应有的空间间隔。

4 通则

船舶设备和系统常遭受各种电磁骚扰，这些骚扰来自电源或控制线路的传导或直接来自辐射环境。骚扰的种类和等级取决于安装并运行系统、分系统或设备的特定的环境。

船舶上的独立设备也可能是一个宽泛频率范围的电磁骚扰源。它通过电源、信号线或直接辐射，影响着其他设备性能或影响外界电磁环境。

设备抗扰度要求试验的验收准则与按操作要求进行定义的性能准则有关。

对于发射限值，这些要求的目标是保证由设备和系统产生的骚扰不超过影响其他设备或系统运行的某一电平。

注1：第7章的最小抗扰度要求代表了一个典型的电磁环境，因此选择它来保证船舶具有充分的抗扰度。

注2：当其他船舶设备在接收天线3 m以内工作时，本标准的发射限值不能提供无线电接收机免遭干扰的充分保护（参见附录B）。

注3：特殊情况下，如当使用距发射天线3 m以内的高度敏感设备时，需采用额外的抗扰措施来提高电磁抗扰度，使抗扰度超过第7章中规定的限值。

5 EMC试验计划

5.1 目的

进行试验前，应制定EMC试验计划，至少应包含5.2至5.5各项。

本标准所述试验通常作为型式试验来进行，然而，只要有可能试验应在EMC试验室中进行。对于EMC试验程序可参考IEC基础标准。然而，若型式试验不可操作时（如EUT的尺寸，功能控制等），若有必要，可依据经剪裁的试验步骤进行单个试验。

5.2 EUT的配置

5.2.1 一般要求

船舶系统并非是不变的组合装置。设备的类型、数量、安装、是否独立或集成安装将随着系统变化而变化。因此，试验每一种可能的布置是不合理的，则建议进行型式试验。

为模拟EMC环境（包括发射和抗扰度）的实际情况，应通过建立一个带有诸如电缆、电源等辅助设备的EUT组合装置表示一个实际的组件，在正常条件下该组件（包括软件）应尽可能地运行。

5.2.2 EUT的安装

若进行型式试验的EUT是一个很可能被分开安装的系统、分系统或设备，则应选择一个或多个带有所有EUT部件的典型配置以重现实际安装。在EMC试验计划中应对所选配置提供合理的说明。

注：试验后发布的型式试验合格证仅对EMC试验计划中所列的EUT部件有效。

5.2.3 EUT互连电缆

应选取足够的互连电缆。至少每种类型的互连电缆有一个被使用在典型配置的试验中。

互连电缆应为标准类型(参见表 C.1),需要特殊电缆的地方,EUT 制造商应提供电缆规格。

5.2.4 辅助设备

应提供所有辅助设备的清单。列举出的辅助设备应充分模拟所有真实的操作条件,并保证能执行所有可行的操作类型。

5.2.5 布线与接地

依据制造商的说明书和安装要求,EUT 应连接所有必要的电缆并接地。应无多余的接地连接。

5.3 试验预处理

5.3.1 操作条件

试验前,应由制造商定义 EUT 的典型操作模式。考虑到仅对设备的最典型功能进行试验,如模拟信号在 0%、50%、100%幅值或带有典型脉冲串的数字信号。对重要模式的选择要加以特别关注。

5.3.2 环境条件

EMC 试验应在正常的环境条件下进行。正常的环境条件包括:温度范围+15℃~+45℃,相对湿度范围 20%~75%。

当不能在上述定义的环境条件下进行试验时,应在试验报告中附加试验期间实际环境条件影响的说明。

5.3.3 试验软件

应能识别用于不同操作模式的试验软件。

5.4 验收准则

应详细说明每个端口和试验的合格/不合格准则,若有可能该验收准则应量化。

用于评估的性能准则如下:

性能判据 A

试验中和试验后,EUT 按预期要求连续运行。不允许有制造商出版的相关设备标准和技术说明书中所定义的性能降低和功能失效。

性能判据 B

试验后,EUT 按预期要求连续运行。不允许有制造商出版的相关设备标准和技术说明书中所定义的性能降低和功能失效。试验中,允许自我恢复降级或失效的功能或性能,但不允许改变实际的运行状态或储存的数据。

性能判据 C

试验中和试验后,只要能自我恢复或通过控制器的操作恢复制造商出版的相关设备标准和技术说明书中所定义的功能,允许有暂时的性能降低和功能失效。

5.5 EMC 试验的范围

应根据设备试验矩阵表(见表 1),详细说明 EMC 试验计划中每一个应用到的试验,参考 6.2 和 7.2 的基础标准,给出了试验描述、试验方法、试验特性和试验的步骤。此外,本标准还给出了试验实际进行时所需的信息。在某些情况下,EMC 试验计划应规定应用细节。

表 1 中给出了单个的性能试验准则。

注:通常,不需要进行本标准未提及的附加 EMC 试验。

表 1 设备试验矩阵

<table>
<tr><th rowspan="2">组</th><th rowspan="2">设备和装置组</th><th rowspan="2" colspan="2">应用装置示例</th><th>GB/T 6113.2</th><th>GB/T 6113.2</th><th>GB/T 17626.16</th><th>GB/T 17626.11</th><th>GB/T 17626.11</th><th>GB/T 17626.4</th><th>GB/T 17626.5</th><th>GB/T 17626.6</th><th>GB/T 17626.2</th><th>GB/T 17626.3</th></tr>
<tr><th>传导发射</th><th>辐射发射</th><th>低频传导干扰</th><th>电源波动</th><th>电源失效</th><th>电气快速瞬变</th><th>电涌电压</th><th>射频传导干扰</th><th>静电放电(ESD)</th><th>电磁场</th></tr>
<tr><td>A</td><td>无线电通信和无线电导航设备</td><td>船用无线电通信和导航设备及系统</td><td>船用无线电通信和导航设备的收发信机</td><td>×</td><td>×</td><td>×</td><td>×</td><td>×</td><td>×</td><td>×</td><td>×</td><td>×</td><td>×</td></tr>
<tr><td rowspan="12">B</td><td rowspan="12">发电和变电设备</td><td rowspan="5">电机</td><td>感应电动机/发电机</td><td>—</td><td>—</td><td>—</td><td>—</td><td>—</td><td>—</td><td>—</td><td>—</td><td>—</td><td>—</td></tr>
<tr><td>同步机</td><td>×</td><td>×</td><td>—</td><td>—</td><td>—</td><td>—</td><td>—</td><td>—</td><td>—</td><td>—</td></tr>
<tr><td>直流电机</td><td>×</td><td>×</td><td>—</td><td>—</td><td>—</td><td>—</td><td>—</td><td>—</td><td>—</td><td>—</td></tr>
<tr><td>电子设备控制的电机</td><td>×</td><td>×</td><td>×</td><td>×</td><td>×</td><td>×</td><td>×</td><td>×</td><td>×</td><td>×</td></tr>
<tr><td>专用电机</td><td>×</td><td>×</td><td>×</td><td>×</td><td>×</td><td>×</td><td>×</td><td>×</td><td>×</td><td>×</td></tr>
<tr><td rowspan="2">电子励磁装置</td><td>自动电压调整器(AVR)</td><td>×</td><td>×</td><td>×</td><td>×</td><td>×</td><td>×</td><td>×</td><td>×</td><td>×</td><td>×</td></tr>
<tr><td>AVR 的附加设备</td><td>×</td><td>×</td><td>×</td><td>×</td><td>×</td><td>×</td><td>×</td><td>×</td><td>×</td><td>×</td></tr>
<tr><td rowspan="4">变流器</td><td>周波变流器</td><td>×</td><td>×</td><td>×</td><td>×</td><td>×</td><td>×</td><td>×</td><td>×</td><td>×</td><td>×</td></tr>
<tr><td>同步变流器(直流连接)</td><td>×</td><td>×</td><td>×</td><td>×</td><td>×</td><td>×</td><td>×</td><td>×</td><td>×</td><td>×</td></tr>
<tr><td>脉宽变流器</td><td>×</td><td>×</td><td>×</td><td>×</td><td>×</td><td>×</td><td>×</td><td>×</td><td>×</td><td>×</td></tr>
<tr><td>直流变流器</td><td>×</td><td>×</td><td>×</td><td>×</td><td>×</td><td>×</td><td>×</td><td>×</td><td>×</td><td>×</td></tr>
<tr><td colspan="2">变压器</td><td>—</td><td>—</td><td>—</td><td>—</td><td>—</td><td>—</td><td>—</td><td>—</td><td>—</td><td>—</td></tr>
<tr><td>C</td><td>以脉动能量工作的设备</td><td>船用导航设备</td><td>雷达和声呐系统，回声测深仪</td><td>×</td><td>×</td><td>×</td><td>×</td><td>×</td><td>×</td><td>×</td><td>×</td><td>×</td><td>×</td></tr>
</table>

表 1(续)

组	设备和装置组	应用装置示例		GB/T 6113.2 传导发射	GB/T 6113.2 辐射发射	GB/T 17626.16 低频传导干扰	GB/T 17626.11 电源波动	GB/T 17626.11 电源失效	GB/T 17626.4 电气快速瞬变	GB/T 17626.5 电涌电压	GB/T 17626.6 射频传导干扰	GB/T 17626.2 静电放电(ESD)	GB/T 17626.3 电磁场
D	开关设备和控制系统	断路器/接触器	无电子器件	—	—	×	—	—	—	—	—	—	—
		电子控制装置		×	×	×	×	×	×	×	×	×	×
		继电器操作控制装置		—	—	—	—	×	—	×	—	—	—
E	内部通信和信号处理设备	电子警报监控器		×	×	×	×	×	×	×	×	×	×
		电子控制系统		×	×	×	×	×	×	×	×	×	×
		自动化系统		×	×	×	×	×	×	×	×	×	×
		计算机,传感器		×	×	×	×	×	×	×	×	×	×
F	非电气零件和设备	索具	产生寄生宽带干扰	不适用									
G	综合系统	传感器和设备在不同区域的货物监测系统	独立设备或系统测试	×	×	×	×	×	×	×	×	×	×
		综合导航系统(INS)	独立设备或系统测试	×	×	×	×	×	×	×	×	×	×
		综合桥楼系统(IBS)	独立设备或系统测试	×	×	×	×	×	×	×	×	×	×

注:×——需要测试;— ——不需要测试。

6 发射要求

6.1 发射试验条件

对EUT的测量,应在所规定的频带内产生最高发射值的操作条件下进行(见第5章)。

注1:此处的传导发射限值基于端口对端口的基本情形。

注2:在接收频率范围内的辐射发射要求是假定在桥楼和甲板区域发射和接收天线之间的最小距离为3 m。距离更小时,需要补充兼容性分析。

对每一种发射类型的测量,应在严格定义和可重复的条件下进行。

试验描述、试验方法和试验步骤在基础标准中给出,如表2和表3中所述。应用准峰值示波器进行测量。

按照GB/T 6113.1,测量带宽在频率范围10 kHz～150 kHz为200 Hz,在频率范围150 kHz～30 MHz为9 kHz,在频率范围30 MHz～2 000 MHz为120 kHz。按照IEC 60945,测量带宽在频率范围156 MHz～165 MHz为9 kHz。

6.2 发射限值

注1:预计在客舱区操作但非永久安装的设备无需满足任何发射限值。

注2:应采取预防措施,以使客舱区与其他所有区域充分去耦。

6.2.1 安装在桥楼和甲板区域的设备的发射限值

已安装在桥楼和甲板区域的设备的发射限值见表2。

表2 发射限值

端口	频率范围	限值	基础标准
外壳 (辐射发射)	150 kHz～300 kHz 300 kHz～30 MHz 30 MHz～2 GHz 另外: 156 MHz～165 MHz	80 dBμV/m～52 dBμV/m 52 dBμV/m～34 dBμV/m 54 dBμV/m 24 dBμV/m	GB/T 6113.1—1995[a] GB/T 6113.2—1998[a]
电源,I/O 信号和控制 (传导发射)	10 kHz～150 kHz 150 kHz～350 kHz 350 kHz～30 MHz	96 dBμV～50 dBμV 60 dBμV～50 dBμV 50 dBμV	GB/T 6113.1—1995 GB/T 6113.2—1998
[a] 测量距离3 m。			

6.2.2 安装在一般配电区域设备的发射限值

已安装在一般配电区域的设备的发射限值见表3。

表3 发射限值

端口	频率范围	限制	基本标准
外壳 (辐射)	150 kHz～30 MHz 30 MHz～100 MHz 100 MHz～2 000 MHz 另外: 156 MHz～165 MHz	80 dBμV/m～50 dBμV/m 60 dBμV/m～54 dBμV/m 54 dBμV/m 24 dBμV/m	GB/T 6113.1—1995[a] GB/T 6113.2—1998[a]

表 3(续)

端口	频率范围	限制	基本标准
电源,I/O 信号和控制 (传导发射)	10 kHz～150 kHz 150 kHz～500 kHz 500 kHz～30 MHz	120 dBμV ～69 dBμV 79 dBμV 73 dBμV	GB/T 6113.1—1995* GB/T 6113.2—1998*

* 测量距离 3 m。

注 1：在桥楼和甲板区域和一般配电区域之间,应在供电电路中安装一个射频干扰(RFI)滤波器,在频率范围 10 kHz～30 MHz得到约 30 dB 的去耦(见图 2)。

注 2：在一般配电区域和专用配电区域,应在供电电路中安装去耦装置(见图 2),能够实现一般配电区域的限值与安装在专用配电区域的设备的现有发射值之差相等效的一种去耦。

6.2.3 安装在专用配电区域设备的发射限值

对于采用半导体连接并占系统相当部分的专用配电区域,抑制低频及高频中的谐波似乎是不可行的,应采取适当措施消除对配电系统的影响以保证安全操作。应谨慎选择由具有比规定的谐波成分高的电源供电系统的用电设备。

注：设备制造商和用户之间需达成协议。

对于安装在该区域的设备,没有规定更高的要求。

7 抗扰度要求

7.1 抗扰度试验条件

测量应在 EUT 运行状态下进行,以便对性能准则要求的试验产生的任何反应得到确认(见第 5 章)。

试验报告应精确标注抗扰度试验中的配置和操作方式。

应按表 4 对相关端口进行试验。

应按基础标准进行试验。

7.2 最小抗扰度要求

最小抗扰度要求和试验在表 4 中给出。

表 4 船舶设备的最小抗扰度要求

端口	现象	基础标准	性能准则	试验值
交流电源	低频传导干扰	GB/T 17626.16	A	10%的交流电压,50 Hz～900 Hz; 10%～1%的交流电压,900 Hz～6 000 Hz; 1%的交流电压,6 kHz～10 kHz
	电源波动	GB/T 17626.11	A	电压:±20%,1.5 s 频率:±10%,5 s
	电源失效		C	中断 60 s
	电气快速瞬变(突发)	GB/T 17626.4	B	2 kV[3]
	浪涌电压	GB/T 17626.5	B	0.5 kV[1] /1 kV[2]
	射频传导干扰	GB/T 17626.6	A	3 Vrms[3] (10 kHz)[6] 150 kHz～80 MHz 扫描速率≤1.5×10^{-3}十倍程/秒[7] 调制 80%调幅(1 kHz)

表 4(续)

端口	现象	基础标准	性能准则	试验值
直流电源	低频传导干扰	GB/T 17626.16	A	10%直流供电电压 50 Hz～10 kHz
	电源波动	GB/T 17626.11	A	电压+20%/−25%,不接电池的设备
	电源失效		C	中断 60 s
	电气快速瞬变(突发)	GB/T 17626.4	B	2 kV[3)]
	浪涌电压	GB/T 17626.5	B	0.5 kV[1)]/1 kV[2)]
	射频传导干扰	GB/T 17626.6	A	3 Vrms[3)] (10 kHz)[6)] 150 kHz～80 MHz 扫描速率≤1.5×10^{-3}十倍程/秒[7)] 调制 80%调幅(1 kHz)
I/O 端口,信号/控制	电气快速瞬变(突发)	GB/T 17626.4	B	1 kV[4)]
	射频传导干扰	GB/T 17626.6	A	3 Vrms[3)] (10 kHz)[6)] 150 kHz～80 MHz 扫描速率≤1.5×10^{-3}十倍程/秒[7)] 调制 80%调幅(1 kHz)
机壳	静电放电(ESD)	GB/T 17626.2	B	6 kV 接触/8 kV 空气
	电磁场	GB/T 17626.3	A	10 V/m[5)] 80 MHz～2 GHz 扫描速率≤1.5×10^{-3}十倍程/秒 调制 80%调幅(1 kHz)

注 1:预计在客舱区操作的非永久安装的设备不需要抗扰度要求;

注 2:应采取预防措施使客舱区与其他所有区域充分去耦。

1)线对线;

2)线对地;

3)电容耦合;

4)耦合夹;

5)待分析的特殊情况;

6)试验报告中描述的试验程序;

7)安装在桥楼和甲板区的设备,依据 IEC 60945,在 2/3/4/6.2/8.2/12.6/16.5/18.8/22/25 MHz 频率点的试验等级应增加到 10 V r.m.s.。对于屏蔽电缆,应使用专门的试验装置以耦合到电缆屏蔽层。

7.3 系统方面

如果在专用系统方面需要较高等级或其他现象的试验(如设备非常靠近发射天线),应提高抗扰度或在安装中采取削减措施。

8 试验结果和试验报告

试验结果应记录在综合试验报告中。试验报告要正确、清晰、明白和客观地表达目的、结果及所有与试验相关的信息。试验报告要清晰地定义 EUT,包括电缆敷设、电缆类型和使用的辅助设备。与 EMC 试验计划的任何偏离都要提及。

附 录 A
（资料性附录）
IMO 决议 A.813(19):1995

国际海事组织

A19/RES. 813
1995.12.18
原版:英语

大会
第 19 次会议
第 10 次议程

A.813(19) 决议
1995.11.23 生效
所有船用电气电子设备电磁兼容性(EMC)通用要求

大会

提交《国际海事组织公约》有关大会在海事安全规则和指南方面的职责的第 15(j)条。

还提及第 A.694(17)号决议要求,采取一切合理和可行步骤确保有关设备与按照《1974 年国际海上人命安全公约》(SOLAS)第Ⅳ章和第Ⅴ章有关要求在船上携带的其他无线电通信和导航设备间的电磁兼容性*。

注意到受到电磁干扰的设备所遇到的问题不断增多,从而导致危险情况的发生。还注意到已经制定了有关电磁兼容性的若干标准。

认识到需要制定所有船舶电气电子设备的电磁兼容性标准,以确保此类设备的操作可靠性和适用性。

审议了海事安全委员会在其第 65 次会议上提出的建议。

要求各国政府保证所有的船舶电气电子设备按相关电磁兼容性标准进行试验。

* IEC 出版物 533 和 945。

附 录 B
(资料性附录)
通用 EMC 计划程序

B.1 引言

本附录包含船舶及其设备实现 EMC 的导则。并描述了获得 EMC 的通用程序。

通过使用本标准,即能在计划、建造和运行的各阶段获得对 EMC 问题的充分考虑。同时在项目实施过程中,进行必要的沟通协调,允许 EMC 措施用及时的方式得以实现。

重要的是在船舶寿命期内 EMC 不因维修程序而受到损害,而且对于修改、扩展和维修可应用最低要求来实现。

B.2 通用程序

本附录目的在于帮助制造商在实现系统 EMC 过程中对船舶的整个性能负责。因为 EMC 与质量特性有关,有必要按照通用质量保证相同的办法来对待。

根据系统的复杂性,为达到 EMC,EMC 管理需要对下述工作进行控制和监测:

——EMC 分析;

——设计和执行 EMC 措施;

——检查设备的 EMC 措施;

——检查系统中 EMC 措施的执行和效果;

——保证系统寿命期内 EMC 措施的有效性。

B.3 EMC 管理

B.3.1 一般要求

就大多数商船而言,EMC 管理是一项普通的管理工作,通常指定一个有责任心的人担任,这可从船厂电气电子部门找到合适的技术人员。

对于更复杂的船舶需要更多的技能和知识。这种情况下,应建立一个 EMC 咨询组帮助管理,以在 EMC 问题上作出恰当的决定。

B.3.2 EMC 咨询组

在系统的设计阶段应建立 EMC 咨询组,该咨询组由 EMC 问题的负责人主持工作。

在咨询组中,来自不同学科的专家集中在一起工作,确定系统的 EMC 要求,通过潜在的 EMC 问题的发生,充分而经济地证明解决技术方案和 EMC 措施的评估是正当的。

EMC 咨询组成员应包括:

——承包商代表;

——用户代表;

——EMC 相关设备供应商代表;

——船级社代表;

——独立的 EMC 专家。

咨询组中的成员不必是永久成员,承包商有权依据所要处理的主题邀请临时人员。

B.3.3 EMC 管理工作

实现 EMC 管理工作的基本次序如下:

——进行初步的 EMC 分析;

——确定设备的 EMC 要求；

——明确所需的操作条件；

——明确安装建议；

——明确质量保证措施；

——讨论上述措施所取得的成果；

——执行其他的 EMC 措施。

B.3.4 初步分析

EMC 状况的初步分析应回答下列问题：

a) 哪个设备可能受到发射天线影响

主要的影响方式是辐射，因而所有甲板上的设备均有可能受到影响。甲板下的设备得益于船体金属壳体的屏蔽特性。然而，应考虑安装在甲板和桥楼区域的电子设备。

b) 哪个设备可能干扰接收天线

影响仍然来自辐射。仅考虑甲板和桥楼区域的强辐射设备。

c) 哪个电子设备可能受辐射电源线路和电力设备的骚扰

来自电源线路和电力设备的辐射通常随距离衰减。因此，只需考虑与辐射电源线路和电力设备相临近的设备。

d) 哪个电子设备可能遭受来自不适当的电源网络质量的干扰

IEC 60092-101 中定义了船舶电网质量标准。当敏感的电子设备和发射能量的电子设备连接到同一个汇流排上就可能会产生骚扰。

B.3.5 设备的 EMC 要求

设备上船安装之前，首先应符合可适用的 EMC 标准，制造商的技术规格书中应保证该要求。每一个不符合要求的项目将导致额外的分析工作，在大多数情况下，需要设计的限制或附加的 EMC 措施。

在设备的安装环境中，实际要求设备能可靠和免干扰地工作。因此，需要将环境的 EMC 特性告知设备供应商。

B.3.6 EMC 接口协议

当设备组合同时工作易受到相互 EMI 的危险时，承包商应要求设备供应商达成一项关于无干扰操作的必要措施的协议。该协议应描述措施、职责和质量保证程序。

B.3.7 安装建议

在本标准附录 C 中包含了关于 EMC 的专门考虑的安装建议。

专门的安装要求结果来自于初步分析，如设备之间的间隔是强制性的。

B.3.8 与 EMC 规则一致性评估

依照 EMC 规则进行评估是总体质量保证的一个子任务。可在下列等级之一中采取适当措施：

——设备级；

——产品监督级；

——系统级。

与总体质量保证相似，EMC 保证应按照在合适的团体[1)]与制造商的质量保证小组间达成的合作来执行。

B.3.8.1 设备级的 EMC 规则一致性

为了设备的一致性，应提交符合要求的证书。如果不能提交个别系统的证书，就应在同合适的团体的合作下进行已达协议的试验。

B.3.8.2 EMC 的产品监督

在船舶建造期间，应遵守附录 C 的可适用的措施。特别应注意“去耦设计”的实施，即：在辐射和敏

---

1) 政府管理机构、被通知团体、各船级社等。

感设备之间的隔离不能减少时，应避免通过相同的汇流排与敏感设备的无意识的骚扰连接等。

B.3.8.3 系统级的 EMC 规则一致性

检验系统 EMC 的标准程序是“接通/断开试验”。在试验中，操作并观察电气和电子设备的组合，检测可能由电磁干扰引起的影响。如果产生影响，应通过顺序接通或断开那些可能产生干扰的设备判定干扰源。

除非另有说明，电磁干扰影响评估应遵照本标准定义的性能准则。

B.3.9 附加措施

如果由于船舶的复杂性，有关机构要求开展除 B.3.3 阐述的基本任务外的附加措施，应执行 B.4 中描述的分析。

如果这些分析表明需要附加的 EMC 措施，就应执行 B.5 中描述的设计和认识。

可通过 B.6 中描述的试验和检查来检验上述 EMC 措施的有效性。

B.4 EMC 全面分析

B.4.1 一般要求

EMC 分析可用来详细说明系统内设备和单元的限值，图 B.1 给出了设备分析流程图。类似的程序适用于分系统。

对于复杂系统，通常需要进行 EMC 全面分析。在某些情况下，仅做部分分析就足够了。如：制定频率、测量电平或确定兼容电平。

B.4.2 电磁干扰矩阵(EMI 矩阵)

在 EMC 全面分析中，需绘制 EMI 矩阵。在 EMI 表格上收集和记录关于船舶设备的 EMI 相关数据。这些设备、潜在发射设备及骚扰的敏感设备列入矩阵中。在每个交叉点，进行分析并确认设备之间是否存在相互干扰。分析的结果在交叉处以某种符号的形式记录下来，这样就分析了整个矩阵。从设备的 EMI 程度分析中可以得出结论并对系统采取 EMC 措施。

图 B.2 举了一个电磁干扰矩阵(EMI 矩阵)的例子。干扰发射源记录在列中，被干扰的敏感设备记录在行中。设备通常都会出现在列和行中，设备的每一段都赋予一个矩阵号。另外，来自电磁环境的数据也被记录在矩阵中。

B.4.3 数据收集

进行 EMC 分析，需要获得各种数据。包括：

——发射和抗扰度电平；

——设备的尺寸；

——设施间的距离；

——关于电缆的数据，包括电力和信号电缆；

——设备的电气和电子数据，诸如：

· 电源；

· 频率/频率范围；

· 接收机的灵敏度电平；

· 发射机的发射功率。

同样，下列也是必要的：

——安装的详细数据；

——电磁环境电平。

最好使用试验报告中的数据。如果得不到，就应根据设备的运行估计电平。在取得更精确的数值之前使用这些电平。

需要知道设备的安装和电缆的连接方式。并应用到设备的配置、电缆的敷设及其间距。需要知道系统已经采取的 EMC 措施。

调查表有助于从设备供应商处获得数据。

B.4.4 数据处理

B.4.4.1 EMI 表

每个设备的数据被收集到数据表或单独的“EMI 表”。该资料将被给定一个号码，并被记录在 EMI 矩阵中，以便快速检索数据。如果资料中的数据发生改变，该表应被取代。

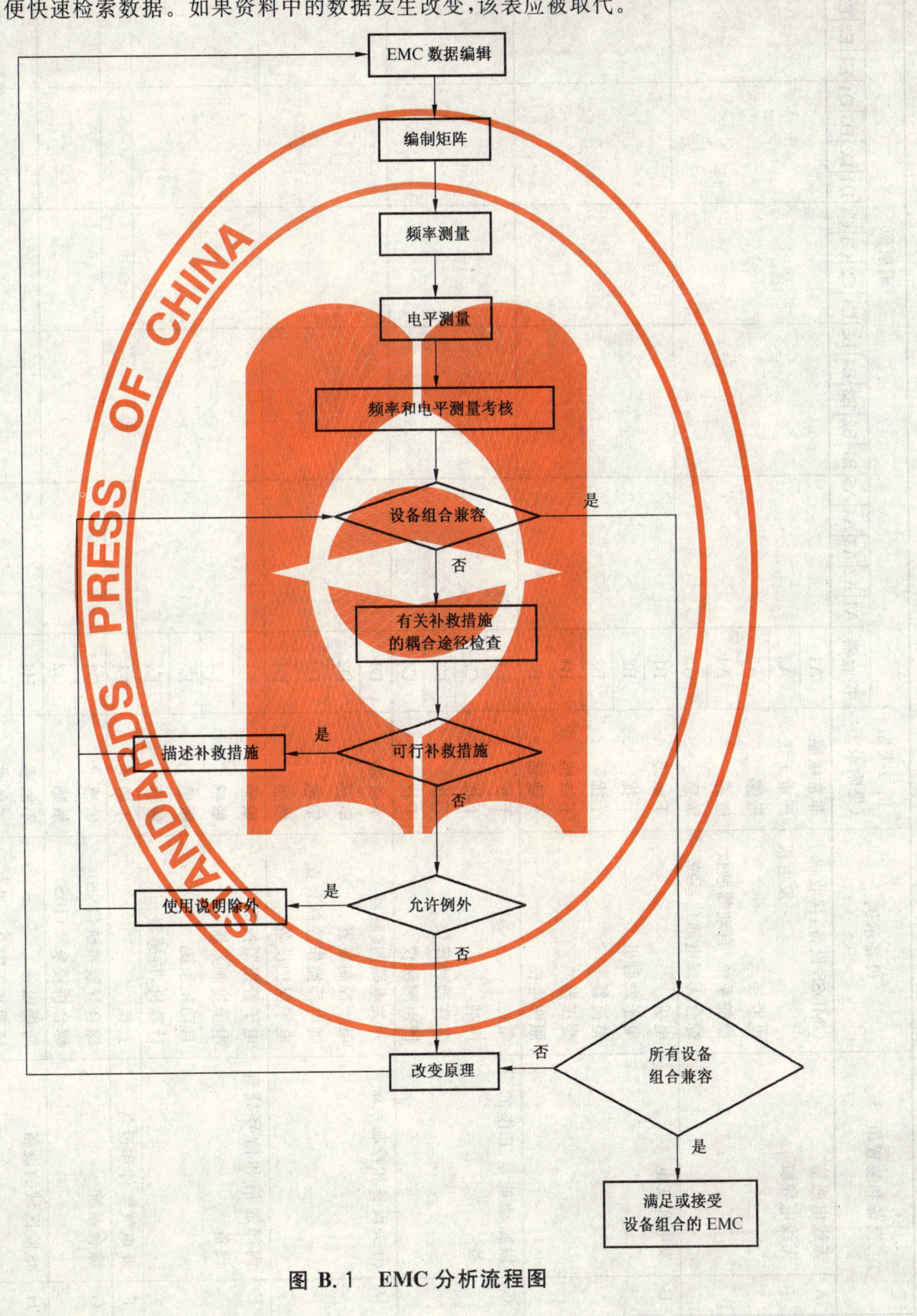

图 B.1 EMC 分析流程图

设备和装置组		设备示例	信号类型（见附录 B）	辐射源																											
				接收器	A1	A2	A3	A4	A5	B1	B2	B3	B4	B5	C1	C2	C3	C4	D1	D2	D3	D4	E1	E2	E3	E4	F1	G1	G2	H1	H2
A	无线电通信 无线电导航	GMDSS 设备：接收机	非常敏感	A1																											
		发射机	严重干扰	A2																											
		电罗经	敏感	A3																											
		操舵系统/自动驾驶仪	敏感	A4																											
		综合无线电通信系统	敏感	A5																											
B	发电和变电	电机	不敏感	B1																											
		电子发射机	干扰	B2																											
		整流器	干扰	B3																											
		变压器	不敏感	B4																											
		照明电枢	不敏感	B5																											
C	以脉动能量工作的设备	雷达	干扰	C1																											
		声呐	干扰	C2																											
		多普勒计程仪	干扰	C3																											
		回声测深仪	干扰	C4																											
D	开关设备和控制系统	开关电路/接触器	不敏感	D1																											
		电子控制装置	敏感	D2																											
		继电器操作控制装置	敏感	D3																											
		电子保护设备	敏感	D4																											
E	内部通信和信号处理设备	电子警报监控器	敏感	E1																											
		电子控制系统	敏感	E2																											
		自动化系统	敏感	E3																											
		计算机，传感器	敏感	E4																											
F	非电气零件和设备	索具	不敏感	F1																											
G	综合系统	综合导航系统（INS）	敏感	G1																											
		综合桥楼系统（IBS）	敏感	G2																											
H	危险区域的设备	防爆设备	不敏感	H1																											
		证明真正安全的设备	不敏感	H2																											

图 B.2 EMC 分析 EMI 矩阵

B.4.4.2 频率测量

基于收集的数据，对工作频率及其谐波分量进行频率测量。尤其适用于在发射限值以上至抗扰度限值以下的所有现有设备的频率范围。示例见图B.3。

实际上可以进行两种形式的测量，一种用于传导干扰，另一种用于辐射干扰。

当系统的设备有几个发射和接收部件时这种测量尤为重要。频率测量可用来查明发射和接收设备是否在同一频段内工作。

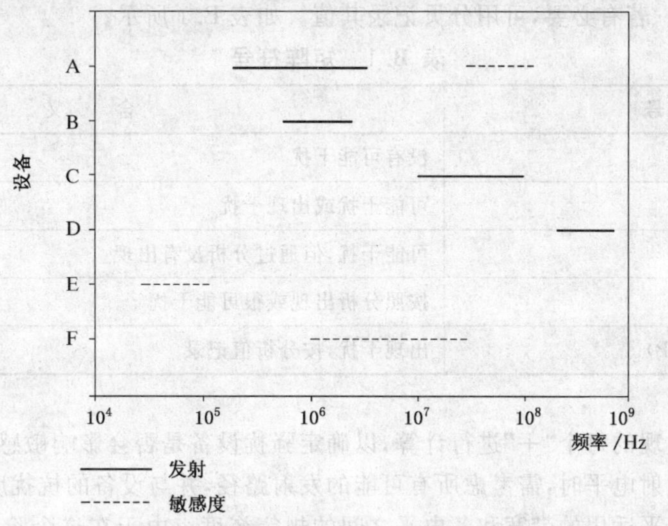

图B.3 EMC分析，频率测量

B.4.4.3 电平测量

电平测量指示出在频率范围内的发射和抗扰度电平，图B.4给出了示例。通常，测量只记录偏离标准限值的电平。如：发射机的发射电平或接收机的抗扰度电平。通过在相应的EMC规范内限值，可得出高于发射限值或低于抗扰度限值的差值。

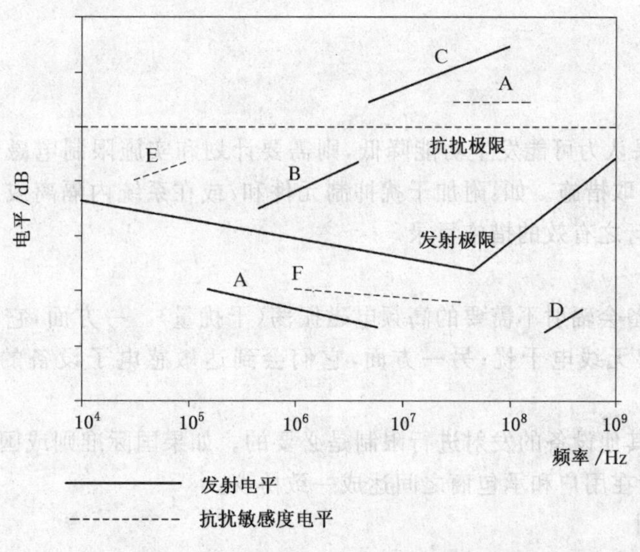

图B.4 EMC分析，电平测量

对于传导干扰，电平测量可显示设备的各部件间是否相互干扰。在传导干扰情况下，通常在电线或电缆中不会发生太大的衰减。

对于串扰引起的干扰，应知道耦合阻抗，并在进行计算后才能得出结论。

干扰电平测量也有类似的情况。在得出任何结论之前,骚扰敏感设备位置的电平计算需要考虑到距离和屏蔽物(如其他设备,金属构件等)的影响。

B.4.5 填充矩阵

对发射机和对敏感设备之间的可能出现的干扰进行初步估算。

在可能没有干扰的地方,在矩阵交叉点中标记符号"—",在可能干扰的地方标记符号"+"。对这些情况进行计算(见下条),如果分析显示没有干扰发生,则在矩阵中用符号"⊕"表示,如果显示有干扰发生,则用符号"♯"表示。若有必要,可用分贝记录其值。如表 B.1 所示。

表 B.1 矩阵符号

符 号	含 义
—	没有可能干扰
+	可能干扰或出现干扰
⊕	可能干扰,但通过分析没有出现
♯	按照分析出现或很可能干扰
♯a(dB)	出现干扰,按分析值记录

B.4.6 计算

应对矩阵交叉点出现的每个"+"进行计算,以确定骚扰设备是否会影响敏感设备。因此,在计算受干扰的敏感设备处的发射电平时,需考虑所有可能的发射路径,并与设备的抗扰度电平相比较。

计算时必须考虑电平适用的带宽和各电平之间的规定裕度。由于在这个阶段很多数据是估计的,计算结果不是非常精确,通常精度小于选择的裕度就足够。事实上,甚至这样也不总是能实现的,特别是在辐射干扰情况下。

B.4.7 由矩阵得出结论

一旦 EMI 矩阵完成后,即可显示何种设备可能引起干扰。在此基础上确定措施,包括改进设备或在系统中引入 EMC 措施。

B.5 附加的 EMC 措施

B.5.1 一般要求

如果 EMC 分析结果认为可能发生功能降低,则需要计划和实施限制电磁发射或增加抗扰度的措施。原则上,应对设备采取措施。如:附加干扰抑制元件和/或在系统内隔离或屏蔽电缆。附录 C 包含有证明在所有情况下是行之有效的措施目录。

B.5.2 电磁发射限制

大多数电气电子设备会辐射不需要的高频电磁振荡(干扰量)。一方面,它们会进入无线电接收设备的天线输入端,并引起无线电干扰;另一方面,它们会到达敏感电子设备的信号输入端,引起性能降低。

为了保证 EMC,对其他设备的发射进行限制是必要的。如果国际准则或国家法律对无线电通信和导航设备没有约束,则应在用户和承包商之间达成一致协议。

B.5.3 电磁干扰的限制

在船上,应考虑电子设备的干扰,这些干扰现象由电气系统本身及发射分系统的场强引起。典型例子是:

——电动机启动时的电压下降;

——接通其他电气负载时的电压下降,如控制设备,加热和照明装置;断开电气负载时的电压上升;

——由安装设备的干扰发射引起的低频和高频交流分量;

——由于开关动作易产生谐振的船载电气系统的高频震荡;

——由电力电子设备产生的脉冲式干扰电压；

——由值班操作人员通过接触船壳和(或)金属部件(包括设备外壳)而产生的静电放电；

——由无线电发射设备和船上其他设备引起的辐射干扰。

这些干扰现象的类型和电平在船上可通过测量技术来确定。在设计阶段,这些数据可被已知的设备发射和抗扰度电平以及先期的实例研究中获得的数据代替。

B.6 EMC 试验

B.6.1 设备试验

所有采用附加的 EMC 措施进行调整以满足 EMC 要求的设备,按本标准规定集成前需要在模拟操作条件下进行测量。

B.6.2 系统试验

B.6.2.1 外观检查

船舶建造阶段 EMC 措施的实现应通过下列程序进行控制:

——检查分类电缆敷设;

——检查电缆屏蔽接地连接,应符合搭接片的最大允许长度;

——检查 EMC 接地连接,以达到要求的较小电感值;

——按照制造商提交的与工程有关的文件,对设备和 EMC 规范安装细则的实施进行检查;

——检查 EMC 接地连接的锈蚀防护。

B.6.2.2 系统验收试验

EMC 工程师制定检查 EMC 措施实施的程序,并在开始检查前,建议和设置 EMC 改进措施。

按程序工作时,需要考虑制造商描述的 EMC 的具体安装特性和 EMC 参数。在临界操作条件下进行检查,检查敏感设备和装置可能受到的影响。宜借助 EMI 矩阵进行检查(见 B.4)。

B.6.2.3 寿命期内的定期试验

为避免电磁兼容性下降,文件和安装说明书应包含设备维护及电缆在修理、维护和定期检查时应考虑的细节。在文件中宜规定采取这些维修措施的时间间隔,并与船级社提供的检查时间段吻合。

应鼓励工作人员记录在使用中观察到的任何干扰。然后在维修期间进行调查和改正,并将问题反馈给船舶设计师,供以后参考。

附 录 C
（资料性附录）
实现 EMC 的措施

C.1 适用性

本附录包含为实现船舶及其设备电磁兼容性(EMC)采取组织措施和技术措施的指南和建议。这些预防性措施涉及电气电子设备，在特殊情况下，还与非电气设备有关。

实践证明这些指南和建议是成功的。然而，在一定环境下，为实现所期望的 EMC 等级，有必要采取附加措施。

这些指南和建议将有助于保证在装置中保持已实现的设备各项 EMC 性能。

C.2 一般技术措施

应采取不使船舶及船员的安全和电气设备的可靠操作遭受任何损害的方式实现 EMC 的有效措施。

应遵守 IEC 60092-101 和 IEC 60092-201。

EMC 措施应同样地扩展到：

——去除干扰源和受影响设备/系统间的耦合干扰途径；

——降低干扰源的发射电平；

——提高受影响的设备/系统对骚扰的抗扰度。

下列措施可单独或联合使用：

——屏蔽；

——接地；

——合适的电缆敷设、电缆分类和电缆选择；

——选择合适的设备安装位置；

——滤波；

——使用专用器件(如过压保护器)；

——使用专用装置(如隔离不同电位)；

——组织措施(如设备的交替工作)。

具体细节可见 C.2.2、C.2.3、C.2.4 和 C.2.5。与设备和装置相关的其他措施细节见 C.3，对组织措施的描述见 C.4。关于设备、项目或独立装置的建议或说明见 C.2.1 的 A～F 组详细描述。

为完成预定功能将所有设备、项目和装置互连起来的组合称为“综合系统”。如果综合过程需要采取一定技术措施或在实际应用中证明这些措施是值得推荐的，或者超过了 C.2.1 的 A～F 组中的详述，则在 G 组中列出这些措施。

C.2.1 设备和装置组

A 组：无线电通信和导航设备

典型特性：以辐射信号工作

例如：用于海上无线电通信和导航业务和船载通信系统的发射机和接收机。

B 组：发电和变电设备

典型特性：宽带干扰

例如：整流器、逆变器、变换器(电力电子设备)、旋转变换器、发电机、甲板机械、家用设备、荧光灯、放电管。

C 组：以脉动能量工作的设备

典型特性:周期性瞬态高能量干扰

例如:雷达和声呐系统、回声测深仪

D组:开关和控制系统

典型特性:瞬态干扰

例如:配电板、继电器操作的控制设备、电动机起动器、电加热系统

E组:内部通信和信号处理设备

典型特性:以模拟和数字信号工作

例如:自动化系统、计算机、传感器、公共广播、信号和报警系统。

F组:非电气零件和设备

典型特性:产生寄生宽带干扰

例如:索具

G组:综合系统

典型特性:A组至F组设备和装置同时工作产生的干扰

例如:在上甲板区域和龙骨区域有传感器的导航设备、综合推进系统、在不同区域有传感器和设备的货物监测系统。

C.2.2 屏蔽

设备和装置需要有效的屏蔽,即:

——安装在金属壳体中;

——使用屏蔽电缆,包括合适的电缆填料函,特别在电缆进入金属壳体的位置;

——利用金属舱壁和甲板进行屏蔽,尽可能地在电缆穿过点对屏蔽层进行接地。

C.2.3 接地

所有金属壳体和金属设备零件需要有效接地,并应遵守设备制造商的要求。

接地程序的目的是将分散的设备各项参考电位统一。

原则上,有两种方法可使不同参考导体的任何电位差减到最小。

——参考导体以星型接地;

——参考导体在接地平面上接地。

星型接地中,所有参考导体连到一个点上,也就是接地点。仅这个接地点与船体结构相连。

接地平面型接地,所有参考导体以可能的最近点和可行的多点与船体相连,结果是接地基准面有最小的接地回路和最小的电感。

使用以下准则选择合适的接地方法:

——星型,用作直流和10 kHz以下的交流;

——接地平面型,用作频率在100 kHz以上的交流;

——频率范围在10 kHz和100 kHz之间可采用任一接地方法,优先选用接地平面型。

所有接地连接应有以下特性:

——低高频阻抗;

——最小可能长度(小电感);

——连接器和导体防震;

——防腐蚀;

——便于常规检查。

所有接触面的金属应清洁,没有油漆、氧化物或别的绝缘层,建议在最终装配前每个接触点使用防腐蚀喷雾或涂胶。用最小长度的实芯金属条代替软编织带,使接地回路保持最短。

为避免由不确定搭接引起的干扰,在露天甲板所有尺寸超过1 m的非电气金属零件(如索具)应与船体良好电气连接。在例外情况下,物体应电气上绝缘。

如果可能,电气设备的金属外壳与船体应直接用螺栓连接或焊接。

在金属螺栓连接不能有效接地的情况下，应使用单独的接地导体。

接地导体与设备或船体之间的连接应采用螺栓连接或焊接。

在开敞甲板上连接金属零件与船体的接地导体应使用不锈钢(实芯或软的)，船内接地连接通常使用铜。

金属门、防护盖等应采用短的、独立的、尽量软的导体连接到各自的壳体上。

电缆托架、电缆防护管之间应保持电气连接，并与船体之间应有尽可能多的电气连接。

电缆铠装和电缆屏蔽层通常应与设备金属外壳或船体尽可能多点接地，至少在电缆的两端接地(例外见 C.3.5.3)。

对于非金属结构船舶，所有相互连接的导电金属部件(包括接地板，若有的话)将形成人工地。

C.2.4 电缆敷设

应遵循设备制造商的安装要求，包括电缆选择和电缆敷设。按照不同信号种类进行电缆分类(见表 C.1)，电缆安装间距可作为主要预防措施。

基本上所有暴露在船体结构外的电缆应有金属铠装、金属编织套或其他充分的屏蔽。

1 类到 4 类(包括 4 类)的电缆，当独立于它们所属的系统敷设时，要按类别分别捆扎在一起。

不同种类的单根电缆或成束电缆，当平行敷设长度大于 1 m 时，电缆之间的最小安装距离为 10 cm。

对传输不同信号电平的同类电缆应遵守相同的要求。

属于 1、4 和 5 类的电缆应固定于金属表面(甲板、舱壁或电缆槽)。金属电缆槽不应与舱壁绝缘。

在 3 和 4 类电缆之间可能需要采取专门的措施(如防护电缆管)。这些措施也同样适用于不能实现最小电缆间距的场所。

表 C.1 信号种类和电缆类型

电缆用途	电平	发射/抗扰度等级	电缆分类	电缆类型[4]	应用标准
无线电接收机信号[2] 电视接收机信号 视频信号	0.1 mV～ 500 mV	非常敏感	3	同轴	IEC 60096-1
模拟和数字信号 电话信号 扩音机信号 控制信号 报警信号	0.1 V～ 115 V	敏感	2	双绞 单屏蔽 屏蔽双绞线	IEC 60092-374 IEC 60092-375 IEC 60092-376
供电 照明[1]	10 V～ 1 000V	潜在干扰	1	甲板下：非屏蔽 甲板上：双绞屏蔽	IEC 60092-350 IEC 60092-353
大功率发射信号 脉冲大功率信号[3] 大功率半导体整流器	10 V～ 1 000V	严重干扰	4	同轴； 屏蔽电源	专用电缆
				双绞，屏蔽	IEC 60092-350 IEC 60092-353
特殊应用		专用	5		
光学纤维			—		

1) 用于无线电通信和无线电导航的设备及辅助设备应配备有屏蔽的电源电缆。

2) 接收天线电缆应采用双屏蔽电缆或同轴电缆，并在防护管内安装。

3) 雷达、声呐设备和回声测深仪电缆应是双屏蔽电缆或同轴电缆，并在防护管内安装。

4) 依照 IEC，应遵守电缆屏蔽的“填充系数”，依照 IEC 60096-1 要求 10 MHz 时确定的传输阻抗不应超过 30 mΩ/m。

电缆屏蔽层应在接线盒或电缆引入盒内连接。除了同轴电缆的外导体外，电缆屏蔽层不能用作工作电路的回线。

当电缆间距不能满足要求时，应使用高屏蔽效能的电缆，或把电缆成束敷设在金属管或电缆管内。金属管或电缆管若无特殊说明，应有最小1 mm的厚度。如果电缆通过金属管或电缆管，则与其他种类电缆不需要进一步的隔离。

建议安装电缆时贴近金属船体或金属电缆支架。

建议在电缆贯穿干舷甲板和船体内部之间的边界处，电缆屏蔽层应沿电缆外径周边接地。这些接地区域必须防腐。

C.2.5 滤波和过压保护

应用滤波器，过压保护组件或两者相结合能够使制造商减少传导干扰的耦合，同时所需的信号和电源不会失真。应用范围包括从电源和控制电缆到模拟和数字信号电缆及天线(发射机和接收机的选择增强)。

C.2.5.1 滤波

滤波器可用于干扰发射源及任何敏感装置。特别是当只有一个发射源或发射电平明显比其他发射源高时，该发射源应使用滤波器。当某敏感设备的敏感度比其他敏感设备更敏感或需要滤波的敏感设备数少于需要滤波的发射源数时，敏感设备应优先使用滤波器。决定使用滤波器必须基于对效能和设备购置费间的权衡。

如果在设计阶段，滤波器体积大和昂贵，例如由于要求高插入损耗或大电流，应通过调查研究，决定是否有更好的较低成本的EMC措施，如对电缆或设备进行屏蔽以减少传导干扰的影响和滤波器的费用。

C.2.5.1.1 电源滤波器

电源滤波器属于低通滤波器类型。其一端连接到设备的阻抗，另一端连接到供电系统的阻抗。因为这些阻抗通常不等于50 Ω或是未知数，另一方面插入损耗又取决于负载，插入损耗应考虑一定的余量。

选择原则：

——插入损耗；

——衰减频带；

——需滤波的通道数；

——阻抗；

——电流，电压，允许的功率因数；

——共模/差模特性；

——泄漏电流；

——耐压。

为在各种工作条件下保持滤波器特性，在设计阶段应考虑下列要求。

C.2.5.1.1.1 耐压

除电源电压外，为了防止元件的损坏，需要考虑尖峰电压和试验电压。耐压的等级应遵照IEC 60092-101。

C.2.5.1.1.2 载流量/热电阻

由于铁心磁饱和，电源电流尤其是尖峰电流可能会引起线圈电感的减少。此外，允许电流取决于环境温度：温度越高允许电流越低(如数据表格中规定的)。

C.2.5.1.1.3 工作频率

应考虑在数据表格中规定的工作频率(DC，AC 50/60/400 Hz)。

C.2.5.1.1.4 环境条件

所选部件应符合预定安装处的环境要求。

C.2.5.1.2 信号滤波器

定义接口和信号传输特性时，应考虑 EMC 咨询组规定的系统环境。

尤其在有长电缆的系统里，由于有感应干扰的危险，有时需加滤波器。插入式滤波器不能以不允许的方式干扰所需要的信号。滤波器适合的标准接口如 RS232 或 20 mA。

选择准则：

——插入损耗；

——需保护的信号类型(模拟，数字)；

——与信号源或信号接收机的电缆特性阻抗相匹配；

——多通道滤波器的串扰；

——允许容量；

——在通带内的允许波动；

——耐压，脉冲强度；

——允许的互调失真；

——环境兼容性。

C.2.5.2 过压保护

应使用具有压敏型电阻的元件限制过压，如电涌放电器、变阻器、击穿二极管。元件应符合 IEC 60099-1或 60099-4。

注 1：应注意在有锯齿形脉冲的过压情况下也有保护。

注 2：应注意限制在电涌放电器响应后的电流。

C.2.5.2.1 抑制二极管、单极和双极

抑制二极管属于非线性元件，如电涌放电器和变阻器。选择时应从两方面考虑：

——必要的过压抑制；

——有用信号的不失真传输。

有用信号与指定二极管的击穿电压应有充分的隔离。

选择准则：

——对有用信号应有最小的插入损耗(通常小于 1 dB)；

——最大反向损耗(估计值：$a \geqslant 20$ dB)；

——足够的峰值功率消耗；

——互调的最小损耗(对于高频范围内的某些应用)。

C.3 设备 A 组～G 组的专用措施

安装在船上的设备及系统被分成 A 组～G 组，有关各个设备项或装置的专门建议或注释汇编在 A 组～F 组，综合系统编在 G 组。

C.3.1 A 组措施

该组包括所有用于无线电通信、无线电导航的设备，包括用于全球海上遇险和安全系统(GMDSS)的设备、装置及辅助设备。

辅助设备包括：

辅助操作员面板，附加的通信站，传输线(2 线、4 线)，标绘仪，打印机等，以及天线和天线辅助设备，电源等。

从主配电板或应急配电板引出至无线电通信和导航设备的电源电缆应尽可能地分开敷设。

C.3.1.1 设备选择和布置

优先选用具有低阻抗天线接口的无线电发射机和接收机。

具有高阻抗天线接口的无线电发射机和接收机布置在舱室内的天线馈线长度应最短。

当设备安装在甲板上控制台时，应保持与周围各部件的充分去耦。应使用原有的设备外壳或采用同等的屏蔽措施。

使用带有内部屏蔽绕组的隔离变压器，屏蔽绕组应接地。

应采用所有合理的或实用的措施，保证只有满足相关 EMC 标准的设备才能上船安装。任何预计与 EMC 相关的问题应得到解决，例如对所涉及到的设备采取合适的隔离，或进行屏蔽。

如果无线电设备集成在导航桥楼上，则设备外壳的结构应保证充分的屏蔽。

C.3.1.2 电缆敷设

应使用屏蔽的信号电缆和控制电缆。

电缆进入设备和连接器时，应最好使电缆屏蔽层和设备的壳体间保持四周的连续接触。

特殊情况下，电缆屏蔽层在甲板贯穿处应接地，特别是靠近发射机或接收机天线的地方。

C.3.1.3 地、接地

与地连接应尽可能的短和具有大的接地面积。（对发射机和接收机）最好使用独立的接地连接器。如果使用可拆卸与地连接（螺钉连接），则应在将来的维护中容易接近。

C.3.1.4 天线

天线布置应与船舶上层建筑相适去耦。

应确保接收天线和发射天线之间相适去耦。

与发射天线靠得很近的接收天线电缆，应敷设在具有连续的接地保护电缆管内或天线电缆采用双层屏蔽且外屏蔽层在贯穿点接地。

高阻抗天线接口应遵照低电容安装方式。

露天甲板上在天线周围起防护作用的结构部件应采用非金属材料。

雷达波导管见 C.3.3。

桁端、支索、顶桅在天线辐射区内应接地。

C.3.2 B 组措施

该组包括发电、变电、定时开关和控制电能的所有设备和装置。

由于供电网络的电抗特性，设备在有电压谐波的交流电源上将引起非线性负载。电源电压和电源电流的谐波分量将影响连接到同一电源的其他用电设备，特别是：

——电感性或电容性用电设备，由于附加功耗而引起热效应（由谐波引起铁芯损耗、电介质损耗）；

——电子设备，由于信号处理的干扰。

对于 B 组中既包含干扰发射部件又有干扰敏感部件的设备，应遵循对 E 组设备的建议。

供电网络应设计成大短路容量。反之，要求发电机具有最小可能的次瞬态电抗。

与常规设计比较，这些要求可能导致功率容量的增加（发电机，开关设备，电缆）。

电源网络应与船体绝缘（IT 网络遵照 IEC 60364-3）。

为调谐成 5 次和/或 7 次谐波，电路滤波器可与变换器并联安装。需要注意的是，与相当的岸基电源相比，船用发电机具有比较大的静态和动态频差。这使得电路滤波器的布置变得困难。在循环换流器系统情况下，由于谐波具有可变边带，很难滤除干扰。而且，要避免网络共振应进行仔细的规划和设计。

仔细的电源设计能保证非线性负载（例如变换器）仅是整个网络负载的一部分。或者电源也可被设计成具有与船上主电源网络相适去耦的专用变换器网络。

在初级绕组和次级绕组之间带有金属屏蔽的隔离变压器可以用来隔离来自所连接的电子设备的干扰。

为避免在带有高次谐波的电源下工作时过载，用于荧光照明器材的补偿电容器必须配备电感扼流圈。如果荧光照明器材工作时没有电子启动器，它们应该接成双灯结构，或为每组灯配置带有电感扼流圈的中央补偿,或无补偿。

采用电力电子电路可使电力变换器对电源造成的干扰降到较低值。

C.3.3 C组措施

雷达和声呐设备以脉冲电能工作。在发射状态产生的脉冲能量,可对其他设备产生干扰。在接收状态时,雷达和声呐设备可敏感地受到来自其他设备的干扰。

载有大脉冲电流的声呐设备,应采用双层屏蔽电缆或将电缆安放在连续接地的保护电缆管内。

该电缆也用来传输接收信号(具有微伏级的非常低的信号电平)。因此,这些电缆不应安装在高干扰电平的电缆附近(例如消磁系统的脉冲直流或用可控硅控制的设备的电力电缆)。

雷达收发机的大功率信号电缆应尽量短,该电缆不应安装在无线电天线电缆附近,否则这些电缆应安装在防护电缆管内。(波导管除外:习惯上使用波导管或带有波纹金属管的专用电缆)。

C.3.4 D组措施

该组包括由于电流开关产生临时发射干扰的设备或装置,特别是:

——感应用电设备,如继电器、接触器、电磁阀、电磁线圈等;

——电机驱动用电设备,如电气驱动器、位置控制电动机等;

——产生振荡或谐振的电感和电容器的组合装置。

这些用电设备的通断引起宽带干扰。D组设备应作为干扰源来考虑。

电涌电压限制器应紧靠相应的电感附件安装,且高频吸收部件应靠近开关式接触器安装。直流和交流用电设备应遵守本准则。

推荐使用下列脉冲限制元件:

直流:

——抑制二极管;

——可变电阻;

——电阻电容组合;

——单向二极管。

交流:

——可变电阻;

——带压敏电阻的放电电路;

——电容器;

——电阻电容组合(在电阻电容组合与电感电路的连接中应避免发生谐振)。

C.3.5 E组措施

该组包括内部通信和信号处理设备,以及在传感器、显示器、操作员控制板和计算机之间的数字和模拟传输系统。

该组设备往往配有开关电源。这些电源与位置控制电动机、继电器、电子继电器等连接,会产生很大的干扰电平。因此也应考虑采取对B组和D组的措施。

该组的设备通常是发射源和敏感设备,因此应同时考虑抗扰度和干扰。

C.3.5.1 设计考虑

通过长电缆传输数据应考虑最大允许信号电平,若有必要,应在传感器处使用前置放大器。为了安全运行起见,通过长电缆传输低信号电平数据时,要求采用错误修正或传输信号协议。

系统应有尽可能低的阻抗,特别是系统输入,以减少电容干扰耦合(如由于不适宜的电缆敷设)至一个可接受的程度。

船舶经常出现从1 V至2 V的不对称或共模干扰电平,并叠加到几百伏的尖峰电压上。

仪器放大器,特别是用于低电平信号的精密放大器应有足够阻抗或防止这类干扰的能力。

对称的信号传输具有抵抗不对称引起的低频干扰,应尽可能使用。

A/D变换器应是积分型的。

系统内部的0V基准汇流排应单点接地。仅该中心接地连接应便于检查并允许对不希望的短路接地进行试验。

当用于基准电位的单点接地不能实施时,可采用光耦合器或变压器实现系统元件的电流隔离。

计算机系统能发射强烈的高频干扰,而它们本身又对来自其他设备的高频干扰敏感,如无线电发射机。因此,在干扰可能阻止计算机运行的情况下,应提供足够的屏蔽。

C.3.5.2 仪表放大器

船舶仪器放大器的输入线路易遭受磁和电的干扰,频率范围从电源频率到高频,并导致共模干扰。

对于理想的对称放大器输入,这样的共模噪声不会导致输入差别,因此没有任何影响。然而,实际上系统不可能在一个较宽的频率范围内完全对称。因此,在放大器的输入端除了正常的信号外,还会出现一个不需要的对称噪声。应采取合适的措施,如滤波,将这种影响降到最小。

C.3.5.3 电缆敷设

如果系统选择或系统设计不能有效地减少对干扰的敏感性,那么除了电缆隔离外(见C.2.4),电缆敷设和电缆选择就要特别注意。

若可能,应尽量遵照以下规则:

频率范围在100 kHz以下且为低电平信号时,电线应在整个长度上紧密地扭绞和屏蔽。屏蔽应连续,与C.2.3相反,仅在一端接地连接。如果传感器接地,则在传感器端接地。否则在放大器/计算机端接地。为避免电耦合干扰,屏蔽层在整个长度上应保持与船体的隔离。

C.3.6 F组措施

如果非电气设备零件和装置由金属/导电材料组成,并且接触点流过涡流,就会引起干扰。

在露天甲板,杂散电流可由电磁场引起,如发射天线,通常在船体各部分和上层建筑上产生这种干扰电流。

这种干扰强度与船舶振动传递给各个部件的强度成正比,并随着连接点传导率的变化而增加,如由腐蚀引起的电导率变化。

露天甲板的关键点,如:

——索具上的未紧固花篮螺丝;

——栏杆支柱上未紧固的钢丝绳索;

——集装箱不适当的绑索;

——未紧固的吊杆或其他大的部件。

这些点被称为干扰的寄生源,并能对无线电接收造成宽带干扰。

船舱内引起涡流的原因是通过抑制电容器的放电、接地网络的瞬态影响和使用船舶结构作为不同电路的公共回路导体等。

这种干扰的可能来源,如:

——管子连接时没有进行接地连接;

——金属壁板未作紧固;

——电缆托架或其他设备部件的松动,或绝缘。

这些点引起的宽带干扰以参考电位的方式叠加在低电平模拟信号上。

C.3.6.1 设计考虑和安装

船舶设备选型,特别是敏感的接收机、敏感的(模拟)仪器放大器系统和控制系统,将决定是否并一定要采取何种措施来保证EMC可接受的等级。

C.3.6.2 接地

下列措施在实际应用中已被证实,但并不期望完全遵照。需要研究各种情况下这些措施用在哪里和用到什么程度。

安装在露天甲板靠近发射天线的(见 C.3.1.2)所有金属设备和某个尺寸超过 1 m 的非电气金属舾装部件,与船体结构必须有一个小电阻或低阻抗的连接(天线索具见 C.3.1)。

索具应与船舶结构(地)电气连接或与周围上层建筑完全绝缘。

焊接连接不需要附加的接地措施。

露天甲板上可转动的舾装部件应使用短而软的导体用铰链进行跨接,并采用低阻抗的接地连接。

花篮螺丝、钩环和其他可拆卸的连接应采用良好导体进行跨接。

C.3.7 G 组措施

综合系统的特点是各个设备的分布性,并常常来自不同的制造商,通过外部电缆网络连接并在船上一起工作。

各设备项的安装位置普遍受制于不同的周围环境及电磁环境(如在不同区域装有传感器和设备的综合货物监测系统)。

干扰的危险随着可能的设备组合数目增加而增加。

在船舶电磁环境下,单个设备的 EMC 试验的成功,并不保证设备集成到整个系统后不受限制。

对于大的综合系统有特殊的问题,由于尺寸太大,在船上安装之前不能在实验室里进行 EMC 试验。单个设备部件可以并通常是采用接口模拟试验的方法进行 EMC 试验。

C.3.7.1 集成前的考虑

为了模拟接口条件,建议关键系统的设备安装在 EMC 实验室。

该模拟应能仿真信号接口的功能特性(信号类型、信号电平)和在船上安装时的期望干扰参数。值得注意的是各设备项在不同区域的安装会导致不同种类和不同强度的干扰,并同时对接口产生影响。

仿真干扰应表征传导和辐射干扰两种情况。在关键情况下一定要研究是否应使用电缆和金属壳体中产生的干扰参数替代辐射干扰。

在系统性能由于干扰而下降的情况下,应采取专门措施,如滤波、屏蔽或电缆敷设和可能的修改直到排除系统性能降低。

这种模拟干扰状况和所确定的有效措施应有证明文件。

这些措施应在以后设备上船的集成中采用。

C.3.7.2 交付使用时的考虑

尽管有仔细的计划和先前的设备试验,系统集成还会导致对各设备项有明显的干扰。在这种情况下,应检查是否由船上安装位置的特殊性和/或在船上环境中的工作所产生了干扰。为此,与综合系统有关的所有单独设备应逐个接通并验证功能的正确性(顺序接通试验)。

如果顺序接通试验不能确定设备干扰与船上工作环境的相互关系,就应检查作用在所讨论设备每一个接口上的电磁干扰参数,比较规定的与测得的干扰参数,或找出可能产生干扰的原因,基于这些结果,可采取必要的补救措施。

C.4 组织措施

C.4.1 船上操作

EMC 分析或船上的工作环境可能产生不能用通常的技术措施解决的电磁不兼容性。在这种情况下,有必要采取合理措施,协调船上的系统/设备的工作。如:

——在多个设备同时操作期间,规定操作限制或功能限制,以减少相互干扰(如发射和接收天线);

——呈交操作程序和/或操作限制的文件,若不遵守可能导致危险情况的发生(如船舶安全和人员安全);

——在船上设置警告牌,限制人员进入强电磁场区(根据有关的规定/法则中,辐射对人员的危害)。

C.4.2 维护和维修

在船舶寿命期内,由于外部的、船舶特殊影响和其他的长期作用,可能会降低实现 EMC 的技术措施。如：

——震动和冲击；

——气候影响；

——老化；

——腐蚀；

——过压；

——杂散电流。

操作手册应包含实现和保持所需要的 EMC 等级的必要措施的信息。即使在设计时已广泛应用并认真实施了这些措施。应定期检查 EMC 措施，即：

——EMC 技术措施的直观检查，检查完整性和真实情形，如良好的电气接地连接；

——重复性能试验，如测量电源线的干扰参数并与验收的试验结果比较，若有必要，可恢复到最初的 EMC 参数。

在维护和维修期间，改变或增加船舶设备装置或改变工作环境，尽管遵守了 EMC 规则，也会导致 EMC 环境降低。若有必要，在进行上述改变前应分析可能引起的 EMC 降低，并采取组织措施。

完成维护和维修工作后，应进行试验，以检查规定的 EMC 环境，若有必要，恢复到原始状况。

参 考 文 献

IEC 60068(所有部分) 环境试验

IEC 60092-101 船舶电气设备 101部分:定义和一般规定

IEC 60092-201 船舶电气设备 201部分:系统设计 总则

IEC 60092-202:1994 船舶电气设备 202部分:系统设计 保护

IEC 60092-203:1985 船舶电气设备 203部分:系统设计 声光信号

IEC 60092-204:1987 船舶电气设备 204部分:系统设计 电动和电动液压操舵装置

IEC 60092-350:1988 船舶电气设备 350部分:低压船用电力电缆 一般的结构和试验要求
修正案1(1994)

IEC 60092-351:1983 船舶电气设备 351部分:船用电力电缆用绝缘材料
修正案2(1997)

IEC 60092-353:1995 船舶电气设备 353部分:单芯或多芯非辐射场挤压固体绝缘额定电压从1 kV到3 kV的电力电缆

IEC 60092-373:1977 船舶电气设备 373部分:船用通信电缆和射频电缆 船用同轴软电缆

IEC 60092-374:1977 船舶电气设备 374部分:船用通信电缆和射频电缆 非重要通信用电话电缆

IEC 60092-375:1977 船舶电气设备 375部分:船用通信电缆和射频电缆 通用仪表、控制和通信电缆

IEC 60092-376:1983 船舶电气设备 376部分:控制电路用船用多芯电缆

IEC 60092-401:1980 船舶电气设备 401部分:安装和完工试验
修正案2(1997)

IEC 60092-501:1984 船舶电气设备 501部分:专辑 电力推进装置

IEC 60092-502:1994 船舶电气设备 502部分:专辑 油轮

IEC 60092-504:1994 船舶电气设备 504部分:专辑 控制和测量仪表

IEC 60096-0-1:1990 射频电缆 0部分:详细说明设计手册 1节 同轴电缆

IEC 60096-1:1986 射频电缆 1部分:一般要求和测量方法
修正案2(1993)

IEC 60099-1:1991 电涌放电器 1部分:交流系统用非线性电阻器型间隙放电器

IEC 60099-4:1991 电涌放电器 4部分:交流系统用无间隙金属氧化物电涌放电器

IEC 60364-3:1993 建筑电气装置 3部分:一般特性评估

IEC 60384(所有部分) 用于电子设备中的固定式电容器

IEC 60721(所有部分) 环境条件分类

IEC 60938(所有部分) 抑制无线电干扰的固定电感器

IEC 60939(所有部分) 抑制无线电干扰的全滤波装置

CISPR17:1981 无源无线电干扰滤波器和抑制元件的抑制特性的测量方法

ICS 85-10
Y 30

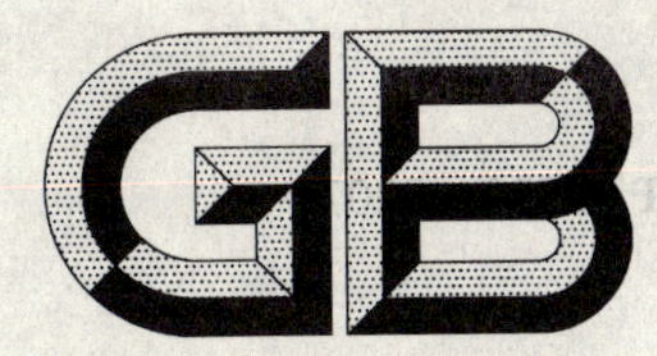

中华人民共和国国家标准

GB/T 10339—2007
代替 GB/T 10339—1989

纸、纸板和纸浆的光散射和光吸收系数的测定

Testing method of light scattering and absorption coefficient for paper, board and pulps

[ISO 9416:1998, Paper—Determination of light scattering and absorption cofficients(using Kubelka-Munk theory), MOD]

2007-12-05 发布　　2008-09-01 实施

中华人民共和国国家质量监督检验检疫总局
中国国家标准化管理委员会　发布

前言

本标准修改采用国际标准 ISO 9416:1998《纸张　光散射和光吸收系数的测定(Kubelka-Munk)》。

本标准与该国际标准的主要差异如下：

——根据标准的实际使用目的，修改了适用范围；

——将引用文件修改转化为我国标准，形成规范性引用文件；

——修改了术语和定义；

——删除了注 2，因其在本标准中没有实际意义；

——原理中所涉及的测试方法转化为我国标准；

——将仪器中所采用的反射光度计修改为采用 GB/T 7973 的规定；

——增加了试验大气条件，以及纸浆试样的制备；

——对试验步骤进行了编辑性整理和修改；

——根据我国仪器的实际情况，删除了附录 A 和附录 B。

本标准与该国际标准的结构对比在附录 A 中列出。

本标准与该国际标准的技术性差异在附录 B 中列出。

本标准代替 GB/T 10339—1989《纸和纸浆的光散射和光吸收系数的测定法》。

本标准与 GB/T 10339—1989 相比主要变化如下：

——增加了前言；

——修改了范围(本版第 1 章)；

——增加了规范性引用文件(本版第 2 章)；

——增加了术语和定义的内容(本版第 3 章)；

——增加了术语中的注(本版第 3 章注 1)；

——增加了原理(本版第 4 章)；

——增加了仪器的内容(本版第 5 章)；

——增加了仪器中的注(本版第 5 章注 2)；

——增加了试样采取(本版第 6 章)；

——修改了试样制备并增加了注(本版第 7 章 7.2 条款中的注 4)；

——修改了试验步骤(本版第 8 章)；

——修改了结果的计算(本版第 9 章)；

——删除了测定程序中的注；

——删除了结果计算中的注；

——增加了附录 A(资料性附录)本标准与 ISO 9416:1998 章条编号对照；

——增加了附录 B(资料性附录)本标准与 ISO 9416:1998 的技术性差异及其原因。

本标准的附录 A 和附录 B 均为资料性附录。

本标准由中国轻工业联合会提出。

本标准由全国造纸工业标准化技术委员会归口。

本标准由河南省轻工业科学研究所负责起草。

本标准主要起草人：李红。

本标准所代替标准的历次版本发布情况为：

——GB/T 10339—1989。

本标准委托全国造纸工业标准化技术委员会负责解释。

纸、纸板和纸浆的光散射和光吸收系数的测定

1 范围

本标准规定了基于 Kubelka-Munk 理论的纸、纸板和纸浆的光散射和光吸收的测定方法。

本标准适用于白色和近白色的纸浆及不含荧光物质的未涂布纸和纸板，其不透明度应小于 95%。

2 规范性引用文件

下列文件中的条款通过本标准的引用而成为本标准的条款。凡是注日期的引用文件，其随后所有的修改单(不包括勘误的内容)或修订版均不适用于本标准，然而，鼓励根据本标准达成协议的各方研究是否可使用这些文件的最新版本。凡是不注日期的引用文件，其最新版本适用于本标准。

GB/T 450 纸和纸板试样的采取(GB/T 450—2002,eqv ISO 186:1994)

GB/T 451.2 纸和纸板定量的测定(GB/T 451.2—2002,eqv ISO 536:1995)

GB/T 740 纸浆 试样的采取(GB/T 740—2003,ISO 7213:1991,IDT)

GB/T 1543 纸和纸板 不透明度(纸背衬)的测定(漫反射法)(GB/T 1543—2005,ISO 2471:1998,MOD)

GB/T 7973 纸、纸板和纸浆漫反射因数的测定(漫射/垂直法)(GB/T 7973—2003,ISO 2469:1994,NEQ)

GB/T 8940.2 纸浆亮度(白度)试样的制备(GB/T 8940.2—2002,eqv ISO 3688:1999)

GB/T 10739 纸、纸板和纸浆试样处理和试验的标准大气条件(GB/T 10739—2002,ISO 187:1990,EQV)

QB/T 3703 纸浆实验室纸页的制备 常规纸页成型器法(QB/T 3703—1999,ISO 5269-1:1979,MOD)

3 术语和定义

下列术语和定义适用于本标准。

3.1

反射因数 R reflectance factor

由一物体反射的辐通量与相同条件下完全反射漫射体所反射的辐通量之比，以百分数表示。

3.2

单层反射因数 R_0 single-sheet luminous reflectance factor

单层纸样背衬黑筒的光反射因数。

3.3

内反射因数 R_∞ intrinsic luminous reflectance factor

试样层数达到不透光，即测定结果不再随试样层数加倍而发生变化时的光反射因数。

3.4

不透明度 OP opacity

同一试样的单层反射因数 R_0 与其内反射因数 R_∞ 之比值，以百分数表示。

3.5

光反射系数 R_y　luminous reflectance factor

采用符合 GB/T 7973 规定的反射光度计，在 CIE 1964 补充标准色度系统的光谱特性条件下测定的反射因数。

3.6

光散射因数 *S*　light scattering coefficient

光通过材料的无限薄层时被反射的漫射光通量部分，应用 Kubelka-Munk 理论这部分光通量与有限厚度材料层的反射光相关，并考虑到材料的定量关系，单位为 m^2/kg。

3.7

光吸收系数 *K*　light absorption coefficient

光通过材料的无限薄层时被吸收的漫射光通量部分，应用 Kubelka-Munk 理论这部分光通量与有限厚度材料层的吸收光相关，并考虑到材料的定量关系，单位为 m^2/kg。

注 1：术语 3.6、3.7 严格地应用于单色光，但对本标准它们用于宽谱带的辐射。在研究工作中，*S* 和 *K* 应该而且能够在研究所涉及的相关波长下测定。作为给定纸、纸板和纸浆的一般描述，此定义为相对于 C 光源照明体和 $\bar{Y}(\lambda)$ 的函数。

4　原理

按 GB/T 1543 测定纸、纸板和纸浆的背衬标准黑筒的单层反射因数和内反射因数，按 GB/T 451.2 测定纸、纸板和纸浆的定量，应用 Kubelka-Munk 理论由这些测定的数据来计算光散射系数和光吸收系数。

5　仪器

5.1　反射光度计

仪器的几何特性、光学特性及光谱特性应符合 GB/T 7973 的规定，同时该仪器用于测定光反射因数及校准的装置也应符合 GB/T 7973 的规定。

5.2　工作标准

陶瓷或乳白玻璃工作标准板，按 GB/T 7973 进行清洗和校准。

5.3　参比标准

由授权实验室提供，应符合 GB/T 7973 中有关仪器和工作标准的校准规定。

5.4　标准黑筒

在所有的波长范围内，其反射因数与名义值的差值应不大于 0.2%。为防尘，标准黑筒应口朝下放置，或配一防尘盖。标准黑筒的反射因数应由仪器厂校验。

注 2：黑筒的状况应参照仪器制造商的要求进行检查。

6　试样采取

试样应按照 GB/T 10739 的规定进行温湿处理，并在此大气条件下进行试验。

如果评价一批样品，纸、纸板的试样采取应按 GB/T 450 进行，纸浆的试样采取应按 GB/T 740 进行。如果评价不同类型的样品，应保证所取样品具有代表性。

7　试样制备

7.1　纸浆

7.1.1　按 GB/T 8940.2 制备试样。实验室打浆的纸浆应按有关标准方法进行处理。在生产流程中取的液状纸浆不必做任何预先处理。

注 3：如棉浆等长纤维纸浆应在打浆机内适当切短后才能抄造纸页，凡此种情况应在试验报告中说明。

7.1.2 按 QB/T 3703 的规定制备纸浆实验室纸页，纸页定量为(60±3.0)g/m²。对于机械木浆，如果定量 60 g/m² 的纸页其不透明度超过 95%，应把该纸页的定量降到(50±2.5)g/m²，但应在试验报告中注明。另外，制备纸页的水质应洁净。

7.2 纸和纸板

从抽取的样品中，避开水印、尘埃及明显缺陷，切取约 100 mm×100 mm 的正方形试样。将不少于10 张试样叠在一起，形成试样叠，且正面朝上。试样叠的层数应能保证当试样数量加倍后，反射因数不会因试样层数的增加而改变。然后在试样叠的上下两面各衬一张试样，以防止试样被污染，或受到不必要的光照及热辐射。

在最上面试样的一角上作出记号，以区分试样及其正面。

注 4：如果能够区分试样的正面和反面，应将试样的正面朝上；如果不能区分，如夹网纸机生产的纸张，则应保证试样的同一面朝上。

8 步骤

8.1 取下试样叠的保护层，不应用手触摸试样的测试区。按照仪器的操作方法和工作标准操作仪器，测定试样叠的最上层试样的内反射因数 R_∞，读取并记录测定值，应准确至 0.1%。

8.2 将最上层试样从试样叠上取下，并在被测试样的下面衬上黑筒。然后在相同测试区内，测定试样叠最上层试样的反射因数 R_0，读取并记录测定值，应准确至 0.1%。

8.3 将已测定的试样放在试样叠的下面。重复测定试样的 R_0 和 R_∞，并将测试完的试样放在试样叠的下面，直至分别测定 5 个测定结果。

8.4 翻过试样叠，重复 8.1～8.3 的操作，测定试样的另一面。

8.5 对已测定反射因数的试样，按照 GB/T 451.2 的规定测定试样的定量。

9 结果表述

9.1 分别计算试样正面、反面 R_0 和 R_∞ 的平均值，再用这些数字按式(1)和式(2)计算 Kubelka-Munk 系数。

9.2 将百分数转换成十进制小数，用式(1)和式(2)分别计算光散射系数 S 和光吸收系数 K。

$$S=\frac{1\,000}{W}\times\frac{R_\infty}{1-R_\infty{}^2}\times\ln\frac{R_\infty(1-R_0R_\infty)}{R_\infty-R_0} \qquad \cdots\cdots(1)$$

$$K=\frac{S(1-R_\infty)^2}{2R_\infty} \qquad \cdots\cdots(2)$$

式中：

W——定量，单位为克每平方米(g/m²)；

S——光散射系数，单位为平方米每千克(m²/kg)；

K——光吸收系数，单位为平方米每千克(m²/kg)；

R_0——单层反射因数；

R_∞——内反射因数。

如果试样两面光散射系数之差小于 1.0 m²/kg，则报告试样正反面的平均值，反之则报告每一面的光散射系数平均值，报告结果修约至整数。光吸收系数修约至 0.1 m²/kg。

10 精确度

10.1 同一实验室内测定结果的重复性：光散射系数约为 0.7 m²/kg，光吸收系数约为 0.05 m²/kg。

10.2 不同实验室之间的再现性：光散射系数约为 2.0 m²/kg，光吸收系数约为 0.2 m²/kg。

11 试验报告

试验报告应包括以下项目：

a） 本标准编号；

b） 试样的标志和说明；

c） 试验大气条件；

d） 光散射系数和光吸收系数；

e） 偏离本标准的任何测定条件。

附 录 A
(资料性附录)
本标准与 ISO 9416:1989 章条编号对照

表 A.1 给出了本标准与 ISO 9416:1989 章条编号对照一览表。

表 A.1 本标准与 ISO 9416:1989 章条编号对照

本标准章条编号	对应的国际标准章条编号
1	1
2	2
3	3
3.1	3.1
3.2	3.3
3.3	3.4
3.4	3.5
3.5	3.2
3.6	3.6
3.7	3.7
4	4
5	5
5.1	5.1
5.2	5.2
5.3	5.4
5.4	5.5
6	6
7	7
7.1	7
7.2	7
8	8
8.1	8.1
8.2	8.2
8.3	8.3
8.4	8.4
8.5	8.5
9	9
10	10
11	11

附 录 B
（资料性附录）
本标准与 ISO 9416:1998 的技术性差异及其原因

表 B.1 给出了本标准与 ISO 9416:1998 的技术性差异及其原因一览表。

表 B.1 本标准与 ISO 9416:1998 的技术性差异及其原因

本标准的章条编号	技 术 性 差 异	原 因
2	引用了采用国际标准的我国标准，而非国际标准	以适合我国国情
3	规范了术语和定义 删除了注 2	标准的一致性
4	将原理中采用的国际标准修改为我国标准	提高标准的可操作性
5	测量中反射光度计采用 GB/T 7973 规定	以适合我国国情
6	增加了试样采取和试验条件	使试验结果更具有可比性
7	增加了纸浆试样的制备	以适合我国国情

ICS 67.160.10
X 61

中华人民共和国国家标准

GB/T 10345—2007
代替 GB/T 10345.1～10345.8—1989

白酒分析方法

Method of analysis for Chinese spirits

2007-01-02 发布　　　　2007-10-01 实施

中华人民共和国国家质量监督检验检疫总局
中国国家标准化管理委员会　发布

前言

本标准是对GB/T 10345.1—1989《白酒试验方法总则》、GB/T 10345.2—1989《白酒感官评定方法》、GB/T 10345.3—1989《白酒中酒精度的试验方法》、GB/T 10345.4—1989《白酒中总酸的试验方法》、GB/T 10345.5—1989《白酒中总酯的试验方法》、GB/T 10345.6—1989《白酒中固形物的试验方法》、GB/T 10345.7—1989《白酒中乙酸乙酯的试验方法　气相色谱法》、GB/T 10345.8—1989《白酒中己酸乙酯的试验方法》的修订。

本标准代替GB/T 10345.1～10345.8—1989。

本标准与GB/T 10345.1～10345.8—1989相比主要变化如下：

——将GB/T 10345.1～10345.8—1989八项标准整合为一项标准；

——增加了乳酸乙酯、丁酸乙酯、丙酸乙酯、正丙醇、β-苯乙醇、3-甲硫基丙醇、二元酸(庚二酸、辛二酸、壬二酸)二乙酯七个分析方法；

——酒精度的测定增加了对冷却水温度和沸腾后蒸馏时间的规定；

——气相色谱法中的色谱柱增加了毛细管柱，色谱条件和分析步骤作了相应的修改；

——总酸的测定增加了第二法电位滴定法；

——总酯的测定将电位滴定法的指示终点作了调整；

——附录A“不同温度下酒精溶液相对密度与酒精度对照表”根据国际分析化学家学会(AOAC)的分析方法进行了修改；

——附录B“温度20℃时酒精计浓度与温度换算表”根据“1990年国际温标国际酒精表”进行了修改。

本标准的附录A和附录B为规范性附录。

本标准由全国食品工业标准化技术委员会酿酒分技术委员会提出并归口。

本标准起草单位：中国食品发酵工业研究院、泸州老窖集团股份有限公司、山西杏花村汾酒集团有限责任公司。

本标准主要起草人：郭新光、康永璞、卢中明、张蔚、王凤仙。

本标准所代替标准的历次版本发布情况为：

——GB/T 10345.1—1989；

——GB/T 10345.2—1989；

——GB/T 10345.3—1989；

——GB/T 10345.4—1989；

——GB/T 10345.5—1989；

——GB/T 10345.6—1989；

——GB/T 10345.7—1989；

——GB/T 10345.8—1989。

白 酒 分 析 方 法

1 范围

本标准规定了白酒分析的总则、基本要求和详细分析步骤。

本标准适用于各种香型白酒的分析。

2 规范性引用文件

下列文件中的条款通过本标准的引用而成为本标准的条款。凡是注日期的引用文件,其随后所有的修改单(不包括勘误的内容)或修订版均不适用于本标准,然而,鼓励根据本标准达成协议的各方研究是否可使用这些文件的最新版本。凡是不注日期的引用文件,其最新版本适用于本标准。

GB/T 601 化学试剂 标准滴定溶液的制备

GB/T 603 化学试剂 试验方法中所用制剂及制品的制备(GB/T 603—2002,ISO 6353-1:1982,NEQ)

GB/T 6682—1992 分析试验室用水规格和试验方法(neq ISO 3696:1987)

3 总则

3.1 本标准中所采用的名词术语、计量单位应符合国家相关标准的规定。

3.2 本标准中所用的分析天平、酸度计、分光光度计和气相色谱仪要按时检定;所用的酒精计、温度计、微量注射器、移液管、滴定管、容量瓶等玻璃计量器具应按有关检定规程进行校正。

3.3 本标准中的“仪器”,为分析中所必需的仪器,一般实验室仪器不再列入。

3.4 本标准中所用的水,在未注明其他要求时,应符合 GB/T 6682—1992 中三级以上(含三级)水的规格。所用试剂,在未注明其他规格时,均指分析纯(AR)。

3.5 本标准中的“溶液”,除另有说明外,均指水溶液,“稀释至刻度”是指用水定容。

3.6 同一检测项目,有两个或两个以上分析方法时,各实验室可根据各自条件选用,但以第一法为仲裁法。

4 基本要求

4.1 测定样品,应做平行试验。以实测数据报告其分析结果,不需要按酒精度折算,有效数字要与技术要求相一致。

4.2 分析中所用玻璃器皿,用前应以铬酸洗涤液浸泡,用自来水冲洗,再用蒸馏水洗干净。测定金属离子(如:铅、锰)时,应用 15%的硝酸浸泡,然后,直接用去离子水冲洗干净。

4.3 分析方法中的有效数字,表示吸取或称量时要求达到的精密度。

4.4 恒重系指样品经干燥,前后两次称量值之差在 2 mg 以下。

4.5 色谱分析时,微量注射器应清洗干净。通常,使用前后要用乙醚抽洗 50 次~100 次。连续进样时,也可用酒样直接抽洗干净。

5 感官评定

5.1 原理

感官评定是指评酒者通过眼、鼻、口等感觉器官,对白酒样品的色泽、香气、口味及风格特征的分析评价。

5.2 品酒环境

品酒室要求光线充足、柔和、适宜,温度为20℃~25℃,湿度约为60%。恒温恒湿,空气新鲜,无香气及邪杂气味。

5.3 评酒要求

5.3.1 评酒员要求感觉器官灵敏,经过专门训练与考核,符合感官分析要求,熟悉白酒的感官品评用语,掌握相关香型白酒的特征。

5.3.2 评语要公正、科学、准确。

5.3.3 品酒杯外形及尺寸见图1。

单位为毫米

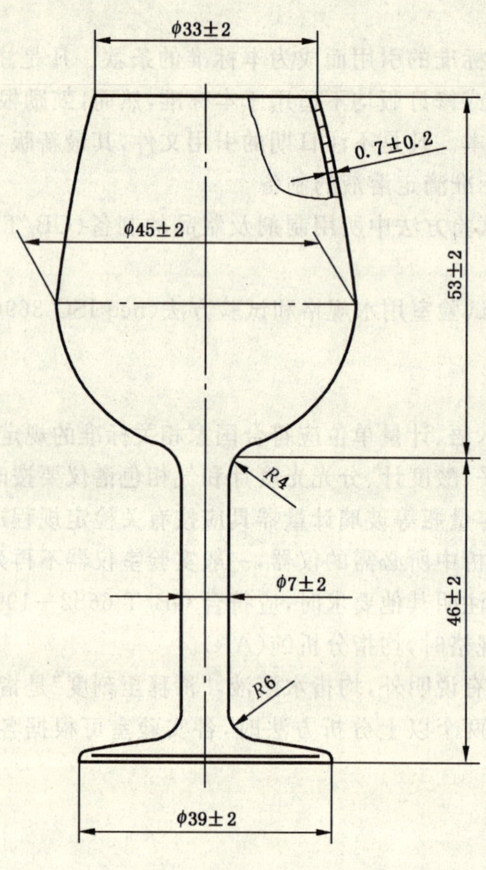

图1 品酒杯

5.4 品评

5.4.1 样品的准备

将样品放置于20℃±2℃环境下平衡24 h(或20℃±2℃水浴中保温1 h)后,采取密码标记后进行感官品评。

5.4.2 色泽

将样品注入洁净、干燥的品酒杯中(注入量为品酒杯的1/2~2/3),在明亮处观察,记录其色泽、清亮程度、沉淀及悬浮物情况。

5.4.3 香气

将样品注入洁净、干燥的品酒杯中(注入量为品酒杯的1/2~2/3),先轻轻摇动酒杯,然后用鼻进行闻嗅,记录其香气特征。

5.4.4 口味

将样品注入洁净、干燥的酒杯中(注入量为品酒杯的1/2～2/3),喝入少量样品(约2 mL)于口中,以味觉器官仔细品尝,记下口味特征。

5.4.5 风格

通过品评样品的香气、口味并综合分析,判断是否具有该产品的风格特点,并记录其典型性程度。

6 酒精度

6.1 密度瓶法

6.1.1 原理

以蒸馏法去除样品中的不挥发性物质,用密度瓶法测出试样(酒精水溶液)20℃时的密度,查附录A,求得在20℃时乙醇含量的体积分数,即为酒精度。

6.1.2 仪器

6.1.2.1 全玻璃蒸馏器:500 mL。

6.1.2.2 恒温水浴:控温精度±0.1℃。

6.1.2.3 附温度计密度瓶:25 mL或50 mL。

6.1.3 试样液的制备

用一洁净、干燥的100 mL容量瓶,准确量取样品(液温20℃)100 mL于500 mL蒸馏瓶中,用50 mL水分三次冲洗容量瓶,洗液并入蒸馏瓶中,加几颗沸石(或玻璃珠),连接蛇形冷凝管,以取样用的原容量瓶作接收器(外加冰浴),开启冷却水(冷却水温度宜低于15℃),缓慢加热蒸馏(沸腾后蒸馏时间应控制在30 min～40 min内完成),收集馏出液,当接近刻度时,取下容量瓶,盖塞,于20℃水浴中保温30 min,再补加水至刻度,混匀,备用。

6.1.4 分析步骤

将密度瓶洗净,反复烘干、称量,直至恒重(m)。

取下带温度计的瓶塞,将煮沸冷却至15℃的水注满已恒重的密度瓶中,插上带温度计的瓶塞(瓶中不得有气泡),立即浸入20.0℃±0.1℃的恒温水浴中,待内容物温度达20℃并保持20 min不变后,用滤纸快速吸去溢出侧管的液体,立即盖好侧支上的小罩,取出密度瓶,用滤纸擦干瓶外壁上的水液,立即称量(m_1)。

将水倒出,先用无水乙醇,再用乙醚冲洗密度瓶,吹干(或于烘箱中烘干),用试样液(6.1.3)反复冲洗密度瓶3次～5次,然后装满。重复上述操作,称量(m_2)。

6.1.5 结果计算

试样液(20℃)的相对密度按式(1)计算。

$$d_{20}^{20}=\frac{m_2-m}{m_1-m} \quad \cdots\cdots (1)$$

式中:

d_{20}^{20}——试样液(20℃)的相对密度;

m_2——密度瓶和试样液的质量,单位为克(g);

m——密度瓶的质量,单位为克(g);

m_1——密度瓶和水的质量,单位为克(g)。

根据试样液的相对密度d_{20}^{20},查附录A,求得20℃时样品的酒精度。

所得结果应表示至一位小数。

6.1.6 精密度

在重复性条件下获得的两次独立测定结果的绝对差值,不应超过平均值的0.5%。

6.2 酒精计法

6.2.1 原理

用精密酒精计读取酒精体积分数示值，按附录 B 进行温度校正，求得在 20℃时乙醇含量的体积分数，即为酒精度。

6.2.2 仪器

精密酒精计：分度值为 0.1%vol。

6.2.3 分析步骤

将试样液(6.1.3)注入洁净、干燥的 100 mL 量筒中，静置数分钟，待酒中气泡消失后，放入洁净、擦干的酒精计，再轻轻按一下，不应接触量筒壁，同时插入温度计，平衡约 5 min，水平观测，读取与弯月面相切处的刻度示值，同时记录温度。根据测得的酒精计示值和温度，查附录 B，换算成 20℃时样品的酒精度。

所得结果应表示至一位小数。

6.2.4 精密度

在重复性条件下获得的两次独立测定结果的绝对差值，不应超过平均值的 0.5%。

7 总酸

7.1 指示剂法

7.1.1 原理

白酒中的有机酸，以酚酞为指示剂，采用氢氧化钠溶液进行中和滴定，以消耗氢氧化钠标准滴定溶液的量计算总酸的含量。

7.1.2 试剂和溶液

7.1.2.1 酚酞指示剂(10 g/L)：按 GB/T 603 配制。

7.1.2.2 氢氧化钠标准滴定溶液[$c(NaOH)=0.1$ mol/L]：按 GB/T 601 配制与标定。

7.1.3 分析步骤

吸取样品 50.0 mL 于 250 mL 锥形瓶中，加入酚酞指示剂(7.1.2.1)2 滴；以氢氧化钠标准滴定溶液(7.1.2.2)滴定至微红色，即为其终点。

7.1.4 结果计算

样品中的总酸含量按式(2)计算。

$$X=\frac{c\times V\times 60}{50.0} \qquad \cdots\cdots(2)$$

式中：

X——样品中总酸的质量浓度(以乙酸计)，单位为克每升(g/L)；

c——氢氧化钠标准滴定溶液的实际浓度，单位为摩尔每升(mol/L)；

V——测定时消耗氢氧化钠标准滴定溶液的体积，单位为毫升(mL)；

60——乙酸的摩尔质量的数值，单位为克每摩尔(g/mol)[$M(CH_3COOH)=60$]；

50.0——吸取样品的体积，单位为毫升(mL)。

所得结果应表示至两位小数。

7.1.5 精密度

在重复性条件下获得的两次独立测定结果的绝对差值，不应超过平均值的 2%。

7.2 电位滴定法

7.2.1 原理

白酒中的有机酸，以酚酞为指示剂，采用氢氧化钠溶液进行中和滴定，当滴定接近等当点时，利用pH变化指示终点。

7.2.2 试剂和溶液

同7.1.2。

7.2.3 仪器

电位滴定仪(或酸度计)：精度为2 mV。

7.2.4 分析步骤

按使用说明书安装调试仪器，根据液温进行校正定位。

吸取样品50.0 mL(若用复合电极可酌情增加取样量)于100 mL烧杯中，插入电极，放入一枚转子，置于电磁搅拌器上，开始搅拌，初始阶段可快速滴加氢氧化钠标准滴定溶液(7.1.2.2)，当样液pH=8.00后，放慢滴定速度，每次滴加半滴溶液，直至pH=9.00为其终点，记录消耗氢氧化钠标准滴定溶液的体积。

7.2.5 结果计算

同7.1.4。

7.2.6 精密度

同7.1.5。

8 总酯

8.1 指示剂法

8.1.1 原理

用碱中和样品中的游离酸，再准确加入一定量的碱，加热回流使酯类皂化。通过消耗碱的量计算出总酯的含量。

8.1.2 仪器

8.1.2.1 全玻璃蒸馏器：500 mL；

8.1.2.2 全玻璃回流装置：回流瓶1 000 mL、250 mL(冷凝管不短于45 cm)；

8.1.2.3 碱式滴定管：25 mL或50 mL；

8.1.2.4 酸式滴定管：25 mL或50 mL。

8.1.3 试剂和溶液

8.1.3.1 氢氧化钠标准滴定溶液[$c(NaOH)=0.1$ mol/L]：按GB/T 601配制与标定。

8.1.3.2 氢氧化钠标准溶液[$c(NaOH)=3.5$ mol/L]：按GB/T 601配制。

8.1.3.3 硫酸标准滴定溶液[$c(\frac{1}{2}H_2SO_4)=0.1$ mol/L]：按GB/T 601配制与标定。

8.1.3.4 乙醇(无酯)溶液[40%(体积分数)]：量取95%乙醇600 mL于1 000 mL回流瓶(8.1.2.2)中，加氢氧化钠标准溶液(8.1.3.2)5 mL，加热回流皂化1 h。然后移入蒸馏器中重蒸，再配成40%(体积分数)乙醇溶液。

8.1.3.5 酚酞指示剂(10 g/L)：按GB/T 603配制。

8.1.4 分析步骤

吸取样品50.0 mL于250 mL回流瓶中，加2滴酚酞指示剂(8.1.3.5)，以氢氧化钠标准滴定溶液(8.1.3.1)滴定至粉红色(切勿过量)，记录消耗氢氧化钠标准滴定溶液的毫升数(也可作为总酸含量计算)。再准确加入氢氧化钠标准滴定溶液(8.1.3.1)25.00 mL(若样品总酯含量高时,可加入50.00 mL),摇匀,放入几颗沸石或玻璃珠),装上冷凝管(冷却水温度宜低于15℃),于沸水浴上回流30 min,取下,冷却。然后,用硫酸标准滴定溶液(8.1.3.3)进行滴定,使微红色刚好完全消失为其终点,记录消耗硫酸标准滴定溶液的体积。同时吸取乙醇(无酯)溶液(8.1.3.4)50 mL,按上述方法同样操作做空白试验,记录消耗硫酸标准滴定溶液的体积。

8.1.5 结果计算

样品中的总酯含量按式(3)计算。

$$X=\frac{c\times(V_0-V_1)\times 88}{50.0} \quad \cdots\cdots\cdots\cdots(3)$$

式中:

X——样品中总酯的质量浓度(以乙酸乙酯计),单位为克每升(g/L);

c——硫酸标准滴定溶液的实际浓度,单位为摩尔每升(mol/L);

V_0——空白试验样品消耗硫酸标准滴定溶液的体积,单位为毫升(mL);

V_1——样品消耗硫酸标准滴定溶液的体积,单位为毫升(mL);

88——乙酸乙酯的摩尔质量的数值,单位为克每摩尔(g/mol)[$M(CH_3COOC_2H_5)=88$];

50.0——吸取样品的体积,单位为毫升(mL)。

所得结果应表示至两位小数。

8.1.6 精密度

在重复性条件下获得的两次独立测定结果的绝对差值,不应超过平均值的2%。

8.2 电位滴定法

8.2.1 原理

用碱中和样品中的游离酸,再加入一定量的碱,回流皂化。用硫酸溶液进行中和滴定,当滴定接近等当点时,利用pH变化指示终点。

8.2.2 仪器

8.2.2.1 同8.1.2.1;

8.2.2.2 同8.1.2.2;

8.2.2.3 同8.1.2.3;

8.2.2.4 同8.1.2.4;

8.2.2.5 电位滴定仪(或酸度计):精度为2 mV。

8.2.3 试剂和溶液

同8.1.3。

8.2.4 分析步骤

按使用说明书安装调试仪器,根据液温进行校正定位。

吸取样品50.0 mL于250 mL回流瓶中,加两滴酚酞指示剂(8.1.3.5),以氢氧化钠标准滴定溶液(8.1.3.1)滴定至粉红色(切勿过量),记录消耗氢氧化钠标准滴定溶液的毫升数(也可作为总酸含量计算)。再准确加入氢氧化钠标准滴定溶液(8.1.3.1)25.00 mL(若样品总酯含量高时,可加入50.00 mL),摇匀,放入几颗沸石或玻璃珠),装上冷凝管(冷却水温度宜低于15℃),于沸水浴上回流30 min,取下,冷却。将样液移入100 mL小烧杯中,用10 mL水分次冲洗回流瓶,洗液并入小烧杯。插入电极,放入一枚转子,置于电磁搅拌器上,开始搅拌,初始阶段可快速滴加硫酸标准滴定溶液(8.1.3.3),当样液pH=9.00后,放慢滴定速度,每次滴加半滴溶液,直至pH=8.70为其终点,记录消耗硫酸标准滴定溶液的体积。同时吸取乙醇(无酯)溶液(8.1.3.4)50.00 mL,按上述方法同样操作做空白试验,记录消耗硫酸标准滴定溶液的体积。

8.2.5 结果计算

同8.1.5。

8.2.6 精密度

同8.1.6。

9 固形物

9.1 原理

白酒经蒸发、烘干后，不挥发性物质残留于皿中，用称量法测定。

9.2 仪器

9.2.1 电热干燥箱：控温精度±2℃。

9.2.2 分析天平：感量0.1 mg。

9.2.3 瓷蒸发皿：100 mL。

9.2.4 干燥器：用变色硅胶作干燥剂。

9.3 分析步骤

吸取样品50.0 mL，注入已烘干至恒重的100 mL瓷蒸发皿内，置于沸水浴上，蒸发至干，然后将蒸发皿放入103℃±2℃电热干燥箱内，烘2 h，取出，置于干燥器内30 min，称量。再放入103℃±2℃电热干燥箱内，烘1 h，取出，置于干燥器内30 min，称量。重复上述操作，直至恒重。

9.4 结果计算

样品中的固形物含量按式(4)计算。

$$X = \frac{m - m_1}{50.0} \times 1\ 000 \quad \cdots\cdots\cdots\cdots (4)$$

式中：

X——样品中固形物的质量浓度，单位为克每升(g/L)；

m——固形物和蒸发皿的质量，单位为克(g)；

m_1——蒸发皿的质量，单位为克(g)；

50.0——吸取样品的体积，单位为毫升(mL)。

所得结果应表示至两位小数。

9.5 精密度

在重复性条件下获得的两次独立测定结果的绝对差值，不应超过平均值的2%。

10 乙酸乙酯

10.1 原理

样品被气化后，随同载气进入色谱柱，利用被测定的各组分在气液两相中具有不同的分配系数，在柱内形成迁移速度的差异而得到分离。分离后的组分先后流出色谱柱，进入氢火焰离子化检测器，根据色谱图上各组分峰的保留值与标样相对照进行定性；利用峰面积(或峰高)，以内标法定量。

10.2 仪器和材料

10.2.1 气相色谱仪

备有氢火焰离子化检测器(FID)。

10.2.2 色谱柱

10.2.2.1 毛细管柱：LZP-930白酒分析专用柱(柱长18 m，内径0.53 mm)或FFAP毛细管色谱柱(柱长 35 m～50 m，内径 0.25 mm，涂层 0.2 μm)，或其他具有同等分析效果的毛细管色谱柱。

10.2.2.2　填充柱：柱长不短于 2 m。

10.2.2.2.1　载体：Chromosorb W(AW)或白色担体 102(酸洗，硅烷化)。80 目～100 目。

10.2.2.2.2　固定液：20％DNP(邻苯二甲酸二壬酯)加 7％吐温 80，或 10％PEG(聚乙二醇)1500 或 PEG 20M。

10.2.3　微量注射器

10 μL、1 μL。

10.3　试剂和溶液

10.3.1　乙醇溶液[60％(体积分数)]：用乙醇(色谱纯)加水配制。

10.3.2　乙酸乙酯溶液[2％(体积分数)]：作标样用。吸取乙酸乙酯(色谱纯)2 mL，用乙醇溶液(10.3.1)定容至 100 mL。

10.3.3　乙酸正戊酯溶液[2％(体积分数)]：使用毛细管柱时作内标用。吸取乙酸正戊酯(色谱纯)2 mL，用乙醇溶液(10.3.1)定容至 100 mL。

10.3.4　乙酸正丁酯溶液[2％(体积分数)]：使用填充柱时作内标用。吸取乙酸正丁酯(色谱纯)2 mL，用乙醇溶液(10.3.1)定容至 100 mL。

10.4　分析步骤

10.4.1　色谱参考条件

10.4.1.1　毛细管柱

载气(高纯氮)：流速为 0.5 mL/min～1.0 mL/min，分流比：约 37∶1，尾吹约 20 mL/min～30 mL/min；

氢气：流速为 40 mL/min；

空气：流速为 400 mL/min；

检测器温度(T_D)：220℃；

注样器温度(T_J)：220℃；

柱温(T_C)：起始温度 60℃，恒温 3 min，以 3.5℃/min 程序升温至 180℃，继续恒温 10 min。

10.4.1.2　填充柱

载气(高纯氮)：流速为 150 mL/min；

氢气：流速为 40 mL/min；

空气：流速为 400 mL/min；

检测器温度(T_D)：150℃；

注样器温度(T_J)：150℃；

柱温(T_C)：90℃，等温。

载气、氢气、空气的流速等色谱条件随仪器而异，应通过试验选择最佳操作条件，以内标峰与样品中其他组份峰获得完全分离为准。

10.4.2　校正因子(*f* 值)的测定

吸取乙酸乙酯溶液(10.3.2)1.00 mL，移入 100 mL 容量瓶中，加入内标溶液(10.3.3 或 10.3.4) 1.00 mL，用乙醇溶液(10.3.1)稀释至刻度。上述溶液中乙酸乙酯和内标的浓度均为 0.02％(体积分数)。待色谱仪基线稳定后，用微量注射器进样，进样量随仪器的灵敏度而定。记录乙酸乙酯和内标峰的保留时间及其峰面积(或峰高)，用其比值计算出乙酸乙酯的相对校正因子。

校正因子按式(5)计算。

$$f = \frac{A_1}{A_2} \times \frac{d_2}{d_1} \qquad \cdots\cdots(5)$$

式中：

f——乙酸乙酯的相对校正因子；

A_1——标样 f 值测定时内标的峰面积（或峰高）；

A_2——标样 f 值测定时乙酸乙酯的峰面积（或峰高）；

d_2——乙酸乙酯的相对密度；

d_1——内标物的相对密度。

10.4.3　样品测定

吸取样品 10.0 mL 于 10 mL 容量瓶中，加入内标溶液（10.3.3 或 10.3.4）0.10 mL，混匀后，在与 f 值测定相同的条件下进样，根据保留时间确定乙酸乙酯峰的位置，并测定乙酸乙酯与内标峰面积（或峰高），求出峰面积（或峰高）之比，计算出样品中乙酸乙酯的含量。

10.5　结果计算

样品中的乙酸乙酯含量按式(6)计算。

$$X_1 = f \times \frac{A_3}{A_4} \times I \times 10^{-3} \qquad (6)$$

式中：

X_1——样品中乙酸乙酯的质量浓度，单位为克每升（g/L）；

f——乙酸乙酯的相对校正因子；

A_3——样品中乙酸乙酯的峰面积（或峰高）；

A_4——添加于酒样中内标的峰面积（或峰高）；

I——内标物的质量浓度（添加在酒样中），单位为毫克每升（mg/L）。

所得结果应表示至两位小数。

10.6　精密度

在重复性条件下获得的两次独立测定结果的绝对差值，不应超过平均值的 5%。

11　己酸乙酯

11.1　原理

同 10.1。

11.2　仪器和材料

11.2.1　气相色谱仪

备有氢火焰离子化检测器（FID）。

11.2.2　色谱柱

11.2.2.1　毛细管柱：LZP-930 白酒分析专用柱（柱长 18 m，内径 0.53 mm）或 PEG 20M 毛细管色谱柱（柱长 35 m～50 m，内径 0.25 mm，涂层 0.2 μm），或其他具有同等分析效果的毛细管色谱柱。

11.2.2.2　填充柱：柱长不短于 2 m。

11.2.2.2.1　载体：Chromosorb W(AW)或白色担体 102（酸洗，硅烷化）。80 目～100 目。

11.2.2.2.2　固定液：20%DNP（邻苯二甲酸二壬酯）加 7%吐温 80，或 10%PEG（聚乙二醇）1500 或 PEG 20M。

11.2.3　微量注射器

10 μL、1 μL。

11.3　试剂和溶液

11.3.1　乙醇溶液［60%（体积分数）］：用乙醇（色谱纯）加水配制。

11.3.2 己酸乙酯溶液[2%(体积分数)]:作标样用。吸取己酸乙酯(色谱纯)2 mL,用乙醇溶液(11.3.1)定容至 100 mL。

11.3.3 乙酸正戊酯溶液[2%(体积分数)]:使用毛细管柱时作内标用。吸取乙酸正戊酯(色谱纯)2 mL,用乙醇溶液(11.3.1)定容至 100 mL。

11.3.4 乙酸正丁酯溶液[2%(体积分数)]:使用填充柱时作内标用。吸取乙酸正丁酯(色谱纯)2 mL,用乙醇溶液(11.3.1)定容至 100 mL。

11.4 分析步骤

除标样改为己酸乙酯溶液(11.3.2)外,其他操作同 10.4。

11.5 结果计算

同 10.5。

11.6 精密度

同 10.6。

12 乳酸乙酯

12.1 原理

同 10.1。

12.2 仪器和材料

12.2.1 气相色谱仪

备有氢火焰离子化检测器(FID)。

12.2.2 色谱柱

12.2.2.1 毛细管柱:LZP-930 白酒分析专用柱(柱长 18 m,内径 0.53 mm)或 PEG 20M 毛细管色谱柱(柱长 35 m~50 m,内径 0.25 mm,涂层 0.2 μm),或其他具有同等分析效果的毛细管色谱柱。

12.2.2.2 填充柱:柱长不短于 2 m。

12.2.2.2.1 载体:Chromosorb W(AW)或白色担体 102(酸洗,硅烷化)。80 目~100 目。

12.2.2.2.2 固定液:20%DNP(邻苯二甲酸二壬酯)加 7%吐温 80,或 10%PEG(聚乙二醇)1500 或 PEG 20M。

12.2.3 微量注射器

10 μL、1 μL。

12.3 试剂和溶液

12.3.1 乙醇溶液[60%(体积分数)]:用乙醇(色谱纯)加水配制。

12.3.2 乳酸乙酯溶液[2%(体积分数)]:作标样用。吸取乳酸乙酯(色谱纯)2 mL,用乙醇溶液(12.3.1)定容至 100 mL。

12.3.3 乙酸正戊酯溶液[2%(体积分数)]:使用毛细管柱时作内标用。吸取乙酸正戊酯(色谱纯)2 mL,用乙醇溶液(12.3.1)定容至 100 mL。

12.3.4 乙酸正丁酯溶液[2%(体积分数)]:使用填充柱时作内标用。吸取乙酸正丁酯(色谱纯)2 mL,用乙醇溶液(12.3.1)定容至 100 mL。

12.4 分析步骤

除标样改为乳酸乙酯溶液(12.3.2)外,其他操作同 10.4。

12.5 结果计算

同 10.5。

12.6 精密度

同 10.6。

13 丁酸乙酯

13.1 原理

同10.1。

13.2 仪器和材料

13.2.1 气相色谱仪

备有氢火焰离子化检测器(FID)。

13.2.2 色谱柱

13.2.2.1 毛细管柱:LZP-930白酒分析专用柱(柱长18 m,内径0.53 mm)或PEG 20M毛细管色谱柱(柱长35 m~50 m,内径0.25 mm,涂层0.2 μm),或其他具有同等分析效果的毛细管色谱柱。

13.2.2.2 填充柱:柱长不短于2 m。

13.2.2.2.1 载体:Chromosorb W(AW)或白色担体102(酸洗,硅烷化),80目~100目。

13.2.2.2.2 固定液:20%DNP(邻苯二甲酸二壬酯)加7%吐温80,或10%PEG(聚乙二醇)1500或PEG 20M。

13.2.3 微量注射器

10 μL、1 μL。

13.3 试剂和溶液

13.3.1 乙醇溶液[60%(体积分数)]:用乙醇(色谱纯)加水配制。

13.3.2 丁酸乙酯溶液[2%(体积分数)]:作标样用。吸取丁酸乙酯(色谱纯)2 mL,用乙醇溶液(13.3.1)定容至100 mL。

13.3.3 乙酸正戊酯溶液[2%(体积分数)]:使用毛细管柱时作内标用。吸取乙酸正戊酯(色谱纯)2 mL,用乙醇溶液(13.3.1)定容至100 mL。

13.3.4 乙酸正丁酯溶液[2%(体积分数)]:使用填充柱时作内标用。吸取乙酸正丁酯(色谱纯)2 mL,用乙醇溶液(13.3.1)定容至100 mL。

13.4 分析步骤

除标样改为丁酸乙酯溶液(13.3.2)外,其他操作同10.4。

13.5 结果计算

同10.5。

13.6 精密度

同10.6。

14 丙酸乙酯

14.1 原理

样品被气化后,随同载气进入色谱柱,利用被测定的各组分在气液两相中具有不同的分配系数,在柱内形成迁移速度的差异而得到分离。分离后的组分先后流出色谱柱,进入氢火焰离子化检测器,根据色谱图上各组分峰的保留值与标样相对照进行定性;利用峰面积(或峰高),以内标法定量。

当采用邻苯二甲酸二壬酯+吐温80混合柱测定时,丙酸乙酯与乙缩醛完全重叠,为此,要先将酒样加酸水解,使其中的乙缩醛分解,该组分峰的剩余部分即为丙酸乙酯,再按常规法加以测定。

14.2 仪器和材料

14.2.1 气相色谱仪

备有氢火焰离子化检测器(FID)。

14.2.2 **色谱柱**

14.2.2.1 毛细管柱：LZP-930 白酒分析专用柱（柱长 18 m，内径 0.53 mm），或其他具有同等分析效果的毛细管色谱柱。

14.2.2.2 填充柱：柱长不短于 2 m。

14.2.2.2.1 载体：Chromosorb W(AW)或白色担体 102(酸洗，硅烷化)。80 目～100 目。

14.2.2.2.2 固定液：20%DNP(邻苯二甲酸二壬酯)加 7%吐温 80，或 10%PEG(聚乙二醇)1500 或 PEG 20M。

14.2.3 **微量注射器**

10 μL、1 μL。

14.3 **试剂和溶液**

14.3.1 乙醇溶液[60%(体积分数)]：用乙醇(色谱纯)加水配制。

14.3.2 丙酸乙酯溶液[2%(体积分数)]：作标样用。吸取丙酸乙酯(色谱纯)2 mL，用乙醇溶液(14.3.1)定容至 100 mL。

14.3.3 乙酸正戊酯溶液[2%(体积分数)]：使用毛细管柱时作内标用。吸取乙酸正戊酯(色谱纯)2 mL，用乙醇溶液(14.3.1)定容至 100 mL。

14.3.4 乙酸正丁酯溶液[2%(体积分数)]：使用填充柱时作内标用。吸取乙酸正丁酯(色谱纯)2 mL，用乙醇溶液(14.3.1)定容至 100 mL。

14.3.5 盐酸溶液[10%(体积分数)]。

14.4 **分析步骤**

14.4.1 **色谱参考条件**

14.4.1.1 **毛细管柱**

载气(高纯氮)：流速为 0.5 mL/min～1.0 mL/min，分流比：约 37∶1，尾吹约 20 mL/min～30 mL/min；

氢气：流速为 40 mL/min；

空气：流速为 400 mL/min；

检测器温度(T_D)：220℃；

注样器温度(T_J)：220℃；

柱温(T_C)：起始温度 60℃，恒温 3 min，以 3.5℃/min 程序升温至 180℃，继续恒温 10 min。

14.4.1.2 **填充柱**

载气(高纯氮)：流速为 150 mL/min；

氢气：流速为 40 mL/min；

空气：流速为 400 mL/min；

检测器温度(T_D)：150℃；

注样器温度(T_J)：150℃；

柱温(T_C)：90℃，等温。

载气、氢气、空气的流速等色谱条件随仪器而异，应通过试验选择最佳操作条件，以内标峰与酒样中其他组分峰获得完全分离为准。

14.4.2 **校正因子(*f* 值)的测定**

吸取丙酸乙酯溶液(14.3.2)1.00 mL，移入 100 mL 容量瓶中，加入内标溶液(14.3.3 或 14.3.4) 1.00 mL，用乙醇溶液(14.3.1)稀释至刻度。上述溶液中丙酸乙酯和内标的浓度均为 0.02%(体积分数)。待色谱仪基线稳定后，用微量注射器进样，进样量随仪器的灵敏度而定。记录丙酸乙酯和内标峰的保留时间及其峰面积(或峰高),用其比值计算出丙酸乙酯的相对校正因子。

校正因子按式(7)计算。

$$f = \frac{A_1}{A_2} \times \frac{d_2}{d_1} \qquad \cdots\cdots(7)$$

式中:

f——丙酸乙酯的相对校正因子;

A_1——标样 f 值测定时内标的峰面积(或峰高);

A_2——标样 f 值测定时丙酸乙酯的峰面积(或峰高);

d_2——丙酸乙酯的相对密度;

d_1——内标物的相对密度。

14.4.3 样品的测定

吸取样品 10.0 mL 于 10 mL 容量瓶中[如使用填充柱,吸取样品 3 mL 于 10 mL 容量瓶中,加入盐酸溶液(14.3.5)2 滴,用水定容至刻度,在室温下放置 1 h],加入内标溶液(14.3.3 或 14.3.4)0.10 mL,混匀后,在与 f 值测定相同的条件下进样,根据保留时间确定丙酸乙酯峰的位置,并测定丙酸乙酯与内标峰面积(或峰高),求出峰面积(或峰高)之比,计算出样品中丙酸乙酯的含量。

14.5 结果计算

样品中的丙酸乙酯含量按式(8)计算。

$$X_1 = f \times \frac{A_3}{A_4} \times I \times 10^{-3} \qquad \cdots\cdots(8)$$

式中:

X_1——样品中丙酸乙酯的质量浓度,单位为克每升(g/L);

f——丙酸乙酯的相对校正因子;

A_3——样品中丙酸乙酯的峰面积(或峰高);

A_4——添加于酒样中内标的峰面积(或峰高);

I——内标物的质量浓度(添加在酒样中),单位为毫克每升(mg/L)。

所得结果应表示至两位小数。

14.6 精密度

在重复性条件下获得的两次独立测定结果的绝对差值,不应超过平均值的 5%。

15 正丙醇

15.1 原理

同 10.1。

15.2 仪器和材料

15.2.1 气相色谱仪

备有氢火焰离子化检测器(FID)。

15.2.2 色谱柱

15.2.2.1 毛细管柱:LZP-930 白酒分析专用柱(柱长 18 m,内径 0.53 mm)或 PEG 20M 毛细管色谱柱(柱长 35 m~50 m,内径 0.25 mm,涂层 0.2 μm),或其他具有同等分析效果的毛细管色谱柱。

15.2.2.2 填充柱:柱长不短于 2 m。

15.2.2.2.1 载体:Chromosorb W(AW)或白色担体 102(酸洗,硅烷化)。80 目~100 目。

15.2.2.2.2 固定液:20%DNP(邻苯二甲酸二壬酯)+7%吐温 80,或 10%PEG(聚乙二醇)1500 或 PEG 20M。

15.2.3 **微量注射器**

10 μL、1 μL。

15.3 试剂和溶液

15.3.1 乙醇溶液[60%(体积分数)]:用乙醇(色谱纯)加水配制。

15.3.2 正丙醇溶液[2%(体积分数)]:作标样用。吸取正丙醇(色谱纯)2 mL,用乙醇溶液(15.3.1)定容至100 mL。

15.3.3 乙酸正戊酯溶液[2%(体积分数)]:使用毛细管柱时作内标用。吸取乙酸正戊酯(色谱纯)2 mL,用乙醇溶液(15.3.1)定容至 100 mL。

15.3.4 乙酸正丁酯溶液[2%(体积分数)]:使用填充柱时作内标用。吸取乙酸正丁酯(色谱纯)2 mL,用乙醇溶液(15.3.1)定容至 100 mL。

15.4 分析步骤

除标样改为正丙醇溶液(15.3.2)外,其他操作同 10.4。

15.5 结果计算

同 10.5。

15.6 精密度

同 10.6。

16 β-苯乙醇

16.1 原理

同 10.1。

16.2 仪器和材料

16.2.1 气相色谱仪:备有氢火焰离子化检测器(FID)。

16.2.2 色谱柱 :LZP-930 白酒分析专用柱(柱长 18 m,内径 0.53 mm)或 PEG 20M 毛细管色谱柱(柱长 35 m~50 m,内径 0.25 mm,涂层 0.2 μm),或其他具有同等分析效果的毛细管色谱柱。

16.2.3 微量注射器:10 μL、1 μL。

16.3 试剂和溶液

16.3.1 乙醇溶液[60%(体积分数)]:用乙醇(色谱纯)加水配制。

16.3.2 β-苯乙醇溶液[2%(体积分数)]:作标样用。吸取 β-苯乙醇(色谱纯)2 mL,用乙醇溶液(16.3.1)定容至 100 mL。

16.3.3 乙酸正戊酯溶液[2%(体积分数)]:使用毛细管柱时作内标用。吸取乙酸正戊酯(色谱纯)2 mL,用乙醇溶液(16.3.1)定容至 100 mL。

16.4 分析步骤

除标样改为 β-苯乙醇溶液(16.3.2)外,其他操作同 10.4。

16.5 结果计算

同 10.5。

16.6 精密度

同 10.6。

17 3-甲硫基丙醇

17.1 原理

同 10.1。

17.2 仪器和材料

17.2.1 气相色谱仪:备有氢火焰离子化检测器(FID)。

17.2.2 色谱柱:FFAP、PEG 20M 毛细管色谱柱(柱长 35 m~50 m,内径 0.25 mm,涂层 0.2 μm)或 LZP-930 白酒分析专用柱(柱长 18 m,内径 0.53 mm),或其他具有同等分析效果的毛细管色谱柱。

17.2.3 微量注射器:10 μL、1 μL。

17.3 试剂和溶液

17.3.1 乙醇溶液[60%(体积分数)]:用乙醇(色谱纯)加水配制。

17.3.2 3-甲硫基丙醇溶液[2%(体积分数)]:作标样用。吸取 3-甲硫基丙醇(色谱纯)2 mL,用乙醇溶液(17.3.1)定容至 100 mL。

17.3.3 乙酸正戊酯溶液[2%(体积分数)]:使用毛细管柱时作内标用。吸取乙酸正戊酯(色谱纯)2 mL,用乙醇溶液(17.3.1)定容至 100 mL。

17.4 分析步骤

17.4.1 色谱参考条件

载气(高纯氮):流速为 0.5 mL/min~1.0 mL/min,分流比:约 37:1,尾吹约 20 mL/min~30 mL/min。

氢气:流速为 40 mL/min。

空气:流速为 400 mL/min。

检测器温度(T_D):220℃。

注样器温度(T_J):220℃。

柱温(T_C):PEG 20M 柱起始温度 60℃,恒温 2 min,以 3.5℃/min 程序升温至 180℃,继续恒温 15 min。

FFAP 柱起始温度 50℃,恒温 2 min,以 3.5℃/min 程序升温至 70℃,再以 6℃/min 程序升温至 100℃,然后以 15℃/min 程序升温至 210℃,再继续恒温 10 min。

载气、氢气、空气的流速等色谱条件随仪器而异,应通过试验选择最佳操作条件,以内标峰与酒样中其他组分峰获得完全分离为准。

17.4.2 校正因子(f 值)和样品的测定

除标样改为 3-甲硫基丙醇溶液(17.3.2)外,其他操作同 10.4.2 和 10.4.3。

17.5 结果计算

同 10.5。

17.6 精密度

同 10.6。

18 二元酸(庚二酸、辛二酸、壬二酸)二乙酯

18.1 原理

同 10.1。

18.2 仪器和材料

18.2.1 气相色谱仪:备有氢火焰离子化检测器(FID)。

18.2.2 色谱柱:FFAP 毛细管色谱柱(柱长 35 m~50 m,内径 0.25 mm,涂层 0.2 μm)或其他具有同等分析效果的毛细管色谱柱。

18.2.3 微量注射器:10 μL、1 μL。

18.3 试剂和溶液

18.3.1 乙醇溶液[60%(体积分数)]:用乙醇(色谱纯)加水配制。

18.3.2 庚二酸二乙酯、辛二酸二乙酯、壬二酸二乙酯混合标准溶液[1%(体积分数)]:作标样用。吸取庚二酸二乙酯、辛二酸二乙酯、壬二酸二乙酯(色谱纯)各1 mL,用乙醇溶液(18.3.1)定容至100 mL。

18.3.3 乙酸正戊酯溶液[2%(体积分数)]:使用毛细管柱时作内标用。吸取乙酸正戊酯(色谱纯)2 mL,用乙醇溶液(18.3.1)定容至100 mL。

18.4 分析步骤

18.4.1 色谱参考条件

载气(高纯氮):流速为0.5 mL/min~1.0 mL/min,分流比:约37∶1,尾吹约20 mL/min~30 mL/min;

氢气:流速为40 mL/min;

空气:流速为400 mL/min;

检测器温度(T_D):220℃;

注样器温度(T_J):220℃;

柱温(T_C):起始温度120℃,恒温1 min,以20℃/min程序升温至220℃,继续恒温10 min。

载气、氢气、空气的流速等色谱条件随仪器而异,应通过试验选择最佳操作条件,以内标峰与酒样中其他组分峰获得完全分离为准。

18.4.2 校正因子(*f*值)的测定

吸取庚二酸二乙酯、辛二酸二乙酯、壬二酸二乙酯混合标准溶液(18.3.2)1.00 mL,移入100 mL容量瓶中,加入内标溶液(18.3.3)1.00 mL,用60%乙醇溶液稀释至刻度。上述溶液中庚二酸二乙酯、辛二酸二乙酯、壬二酸二乙酯和内标的浓度均为0.01%(体积分数)。待色谱仪基线稳定后,用微量注射器进样,进样量随仪器的灵敏度而定。记录庚二酸二乙酯、辛二酸二乙酯、壬二酸二乙酯和内标峰的保留时间及其峰面积(或峰高),用其比值计算出庚二酸二乙酯、辛二酸二乙酯、壬二酸二乙酯的相对校正因子。

校正因子按式(9)计算。

$$f = \frac{A_1}{A_2} \times \frac{d_2}{d_1} \qquad \cdots\cdots(9)$$

式中:

f——庚二酸二乙酯、辛二酸二乙酯、壬二酸二乙酯的相对校正因子;

A_1——标样f值测定时内标的峰面积(或峰高);

A_2——标样f值测定时庚二酸二乙酯、辛二酸二乙酯、壬二酸二乙酯的峰面积(或峰高);

d_2——庚二酸二乙酯、辛二酸二乙酯、壬二酸二乙酯的相对密度;

d_1——内标物的相对密度。

18.4.3 样品的测定

吸取样品10.0 mL于10 mL容量瓶中,加入内标溶液(18.3.3)0.20 mL,混匀后,在与f值测定相同的条件下进样,根据保留时间确定庚二酸二乙酯、辛二酸二乙酯、壬二酸二乙酯峰的位置,并测定庚二酸二乙酯、辛二酸二乙酯、壬二酸二乙酯与内标峰面积(或峰高),求出峰面积(或峰高)之比,计算出样品中庚二酸二乙酯、辛二酸二乙酯、壬二酸二乙酯的含量。

18.5 结果计算

18.5.1 样品中的庚二酸二乙酯、辛二酸二乙酯、壬二酸二乙酯含量按式(10)计算。

$$X_1 = f \times \frac{A_3}{A_4} \times I \times 10^{-3} \qquad \cdots\cdots(10)$$

式中：

X_1——样品中庚二酸二乙酯、辛二酸二乙酯、壬二酸二乙酯的质量浓度，单位为克每升(g/L)；

f——庚二酸二乙酯、辛二酸二乙酯、壬二酸二乙酯的相对校正因子；

A_3——样品中庚二酸二乙酯、辛二酸二乙酯、壬二酸二乙酯的峰面积(或峰高)；

A_4——添加于酒样中内标的峰面积(或峰高)；

I——内标物的质量浓度(添加在酒样中)，单位为毫克每升(mg/L)。

18.5.2 样品中的二元酸(庚二酸、辛二酸、壬二酸)二乙酯含量按式(11)计算。

$$X = X_{庚} + X_{辛} + X_{壬} \qquad \cdots\cdots(11)$$

式中：

X——样品中二元酸(庚二酸、辛二酸、壬二酸)二乙酯的质量浓度，单位为克每升(g/L)；

$X_{庚}$——庚二酸二乙酯的质量浓度，单位为毫克每升(mg/L)；

$X_{辛}$——辛二酸二乙酯的质量浓度，单位为毫克每升(mg/L)；

$X_{壬}$——壬二酸二乙酯的质量浓度，单位为毫克每升(mg/L)。

所得结果应表示至两位小数。

18.6 精密度

在重复性条件下获得的两次独立测定结果的绝对差值，不应超过平均值的5%。

附 录 A
（规范性附录）
不同温度下酒精溶液相对密度与酒精度对照表

表 A.1 不同温度下酒精溶液相对密度与酒精度对照表（相对密度范围 0.9790～0.9581）

单位为%vol

相对密度	温度/℃										
	15.56/15.56	20/20	22/22	24/24	25/25	26/26	28/28	30/30	32/32	34/34	35/35	36/36
0.9790	16.92	16.46	16.27	16.09	16.00	15.92	15.75	15.59	15.44	15.29	15.22	15.15
0.9789	17.02	16.55	16.36	16.18	16.09	16.01	15.84	15.67	15.52	15.37	15.30	15.23
0.9788	17.12	16.64	16.45	16.27	16.18	16.10	15.93	15.76	15.61	15.45	15.38	15.31
0.9787	17.22	16.73	16.54	16.36	16.27	16.18	16.01	15.84	15.68	15.52	15.45	15.38
0.9786	17.32	16.83	16.63	16.44	16.35	16.26	16.09	15.92	15.76	15.60	15.53	15.46
0.9785	17.42	16.92	16.72	16.53	16.44	16.35	16.17	16.00	15.84	15.68	15.61	15.53
0.9784	17.51	17.01	16.81	16.62	16.53	16.44	16.26	16.08	15.92	15.76	15.69	15.61
0.9783	17.61	17.10	16.90	16.70	16.61	16.52	16.34	16.17	16.00	15.84	15.77	15.69
0.9782	17.71	17.20	16.99	16.79	16.70	16.61	16.43	16.25	16.08	15.92	15.84	15.76
0.9781	17.81	17.29	17.08	16.88	16.78	16.69	16.51	16.33	16.16	16.00	15.92	15.84
0.9780	17.91	17.38	17.17	16.97	16.87	16.78	16.59	16.41	16.24	16.08	16.00	15.92
0.9779	18.01	17.47	17.26	17.06	16.96	16.87	16.68	16.50	16.33	16.16	16.08	16.00
0.9778	18.11	17.57	17.35	17.14	17.04	16.95	16.76	16.58	16.41	16.24	16.16	16.08
0.9777	18.21	17.66	17.44	17.23	17.13	17.04	16.85	16.66	16.49	16.32	16.24	16.16
0.9776	18.31	17.75	17.53	17.32	17.22	17.12	16.93	16.74	16.57	16.40	16.32	16.24
0.9775	18.41	17.84	17.62	17.40	17.30	17.20	17.01	16.83	16.65	16.48	16.40	16.32
0.9774	18.51	17.94	17.72	17.50	17.39	17.29	17.10	16.91	16.73	16.56	16.48	16.40
0.9773	18.61	18.03	17.81	17.59	17.48	17.38	17.18	16.99	16.81	16.64	16.56	16.48
0.9772	18.71	18.12	17.90	17.68	17.57	17.47	17.27	17.07	16.89	16.72	16.63	16.55
0.9771	18.81	18.22	17.99	17.76	17.65	17.55	17.35	17.16	16.97	16.80	16.71	16.63
0.9770	18.91	18.31	18.08	17.85	17.74	17.63	17.43	17.24	17.05	16.88	16.79	16.71
0.9769	19.01	18.40	18.16	17.94	17.83	17.72	17.52	17.32	17.14	16.96	16.87	16.79
0.9768	19.11	18.50	18.25	18.02	17.91	17.80	17.60	17.40	17.22	17.04	16.95	16.86
0.9767	19.21	18.59	18.34	18.11	18.00	17.89	17.69	17.49	17.30	17.12	17.03	16.94
0.9766	19.32	18.69	18.44	18.20	18.09	17.98	17.78	17.57	17.38	17.20	17.11	17.02
0.9765	19.42	18.78	18.53	18.29	18.18	18.07	17.86	17.65	17.46	17.28	17.19	17.10
0.9764	19.52	18.88	18.63	18.38	18.27	18.16	17.95	17.74	17.55	17.36	17.27	17.17
0.9763	19.62	18.97	18.71	18.47	18.35	18.24	18.03	17.82	17.62	17.43	17.35	17.25
0.9762	19.72	19.07	18.81	18.56	18.44	18.33	18.11	17.90	17.70	17.51	17.43	17.33
0.9761	19.83	19.16	18.90	18.65	18.53	18.42	18.20	17.98	17.78	17.59	17.50	17.41
0.9760	19.93	19.26	18.99	18.74	18.62	18.50	18.28	18.07	17.87	17.67	17.58	17.49
0.9759	20.03	19.35	19.08	18.83	18.71	18.60	18.37	18.15	17.95	17.75	17.66	17.56
0.9758	20.13	19.45	19.18	18.92	18.80	18.69	18.46	18.23	18.03	17.83	17.74	17.64
0.9757	20.23	19.54	19.27	19.01	18.88	18.77	18.54	18.32	18.11	17.91	17.82	17.72
0.9756	20.33	19.64	19.36	19.10	18.97	18.86	18.62	18.40	18.19	17.99	17.90	17.80
0.9755	20.43	19.73	19.45	19.19	19.06	18.94	18.70	18.48	18.27	18.07	17.98	17.88
0.9754	20.53	19.83	19.55	19.28	19.15	19.03	18.79	18.57	18.36	18.15	18.06	17.96
0.9753	20.63	19.92	19.64	19.37	19.24	19.12	18.88	18.65	18.44	18.23	18.13	18.04

表 A.1(续)

单位为%vol

相对密度	温度/℃											
	15.56/15.56	20/20	22/22	24/24	25/25	26/26	28/28	30/30	32/32	34/34	35/35	36/36
0.9752	20.73	20.02	19.73	19.46	19.33	19.21	18.96	18.73	18.52	18.31	18.21	18.12
0.9751	20.83	20.11	19.82	19.55	19.42	19.30	19.05	18.82	18.60	18.39	18.29	18.19
0.9750	20.93	20.20	19.91	19.64	19.50	19.38	19.13	18.90	18.68	18.47	18.37	18.27
0.9749	21.03	20.30	20.01	19.73	19.59	19.47	19.22	18.98	18.76	18.55	18.45	18.35
0.9748	21.13	20.39	20.10	19.82	19.68	19.56	19.31	19.07	18.85	18.64	18.53	18.43
0.9747	21.23	20.48	20.19	19.91	19.77	19.65	19.39	19.15	18.93	18.72	18.61	18.51
0.9746	21.33	20.58	20.28	20.00	19.86	19.74	19.48	19.24	19.01	18.80	18.69	18.59
0.9745	21.43	20.67	20.37	20.09	19.95	19.82	19.56	19.32	19.09	18.88	18.77	18.67
0.9744	21.52	20.76	20.46	20.17	20.03	19.90	19.64	19.40	19.17	18.96	18.85	18.75
0.9743	21.62	20.86	20.55	20.26	20.12	19.99	19.73	19.49	19.26	19.04	18.93	18.83
0.9742	21.72	20.95	20.64	20.35	20.21	20.08	19.82	19.57	19.34	19.12	19.01	18.91
0.9741	21.82	21.04	20.73	20.44	20.30	20.17	19.91	19.66	19.42	19.20	19.09	18.98
0.9740	21.92	21.14	20.82	20.53	20.38	20.25	19.99	19.74	19.50	19.28	19.17	19.06
0.9739	22.02	21.23	20.91	20.62	20.47	20.34	20.07	19.82	19.58	19.35	19.24	19.13
0.9738	22.12	21.32	21.00	20.71	20.56	20.43	20.16	19.90	19.66	19.43	19.32	19.21
0.9737	22.22	21.41	21.09	20.79	20.64	20.51	20.24	19.98	19.74	19.51	19.40	19.29
0.9736	22.31	21.50	21.18	20.88	20.73	20.59	20.32	20.06	19.82	19.59	19.48	19.37
0.9735	22.41	21.60	21.27	20.97	20.82	20.68	20.41	20.15	19.90	19.67	19.56	19.45
0.9734	22.51	21.69	21.36	21.05	20.90	20.77	20.50	20.24	19.99	19.75	19.64	19.53
0.9733	22.61	21.78	21.45	21.14	20.99	20.85	20.58	20.32	20.07	19.83	19.72	19.61
0.9732	22.71	21.87	21.54	21.23	21.08	20.94	20.66	20.40	20.15	19.91	19.80	19.68
0.9731	22.80	21.96	21.63	21.32	21.16	21.02	20.74	20.48	20.23	19.99	19.87	19.76
0.9730	22.90	22.05	21.72	21.41	21.25	21.11	20.83	20.56	20.31	20.07	19.95	19.84
0.9729	23.00	22.14	21.81	21.50	21.34	21.20	20.91	20.64	20.39	20.15	20.03	19.92
0.9728	23.10	22.24	21.90	21.58	21.42	21.28	20.99	20.72	20.47	20.23	20.11	20.00
0.9727	23.19	22.33	21.99	21.67	21.51	21.36	21.07	20.80	20.55	20.31	20.19	20.08
0.9726	23.29	22.42	22.08	21.76	21.59	21.45	21.16	20.89	20.63	20.39	20.27	20.16
0.9725	23.38	22.51	22.17	21.84	21.68	21.53	21.24	20.97	20.71	20.46	20.34	20.23
0.9724	23.48	22.60	22.26	21.93	21.77	21.62	21.33	21.05	20.79	20.54	20.42	20.30
0.9723	23.58	22.69	22.34	22.01	21.85	21.70	21.41	21.13	20.87	20.62	20.50	20.38
0.9722	23.67	22.78	22.43	22.10	21.94	21.78	21.49	21.21	20.95	20.70	20.58	20.46
0.9721	23.77	22.87	22.52	22.19	22.03	21.87	21.58	21.30	21.03	20.78	20.66	20.54
0.9720	23.87	22.96	22.61	22.27	22.11	21.96	21.66	21.38	21.11	20.86	20.73	20.61
0.9719	23.96	23.06	22.70	22.36	22.19	22.04	21.74	21.46	21.19	20.94	20.81	20.69
0.9718	24.06	23.15	22.79	22.45	22.28	22.12	21.82	21.54	21.27	21.02	20.89	20.77
0.9717	24.15	23.24	22.88	22.54	22.36	22.21	21.91	21.62	21.35	21.10	20.97	20.85
0.9716	24.25	23.33	22.96	22.62	22.45	22.30	22.08	21.70	21.43	21.17	21.05	20.92
0.9715	24.34	23.42	23.05	22.70	22.53	22.38	22.16	21.79	21.51	21.24	21.12	20.99
0.9714	24.43	23.51	23.14	22.79	22.62	22.46	22.24	21.87	21.59	21.33	21.20	21.08
0.9713	24.53	23.60	23.22	22.87	22.70	22.54	22.32	21.95	21.67	21.40	21.27	21.15
0.9712	24.62	23.69	23.31	22.96	22.79	22.63	22.40	22.03	21.75	21.48	21.35	21.22
0.9711	24.72	23.78	23.40	23.04	22.87	22.71	22.49	22.11	21.83	21.56	21.43	21.30
0.9710	24.81	23.87	23.49	23.13	22.96	22.80	22.57	22.19	21.91	21.64	21.50	21.37

表 A.1(续)

单位为%vol

相对密度	温度/℃											
	15.56/15.56	20/20	22/22	24/24	25/25	26/26	28/28	30/30	32/32	34/34	35/35	36/36
0.9709	24.91	23.95	23.57	23.21	23.04	22.88	22.65	22.27	21.99	21.72	21.58	21.45
0.9708	25.00	24.04	23.66	23.30	23.13	22.97	22.73	22.35	22.07	21.80	21.66	21.53
0.9707	25.09	24.13	23.74	23.38	23.21	23.05	22.81	22.43	22.14	21.87	21.73	21.60
0.9706	25.19	24.22	23.83	23.47	23.29	23.13	22.90	22.51	22.22	21.95	21.81	21.68
0.9705	25.28	24.31	23.92	23.56	23.38	23.22	22.98	22.59	22.30	22.03	21.89	21.76
0.9704	25.38	24.40	24.00	23.64	23.46	23.30	23.06	22.67	22.38	22.10	21.96	21.83
0.9703	25.47	24.49	24.09	23.73	23.55	23.38	23.14	22.75	22.46	22.18	22.04	21.91
0.9702	25.57	24.58	24.18	23.81	23.63	23.46	23.21	22.83	22.53	22.25	22.11	21.98
0.9701	25.66	24.66	24.26	23.89	23.71	23.54	23.30	22.90	22.61	22.33	22.19	22.06
0.9700	25.75	24.75	24.35	23.98	23.80	23.63	23.38	22.98	22.69	22.41	22.27	22.14
0.9699	25.85	25.84	24.44	24.06	23.88	23.72	23.46	23.06	22.77	22.48	22.34	22.21
0.9698	25.94	26.93	24.53	24.15	23.97	23.80	23.54	23.14	22.84	22.55	22.42	22.28
0.9697	26.04	25.01	24.61	24.23	24.05	23.88	23.62	23.22	22.92	22.63	22.49	22.35
0.9696	26.13	25.10	24.69	24.31	24.13	23.96	23.70	23.30	23.00	22.71	22.57	22.43
0.9695	26.22	25.19	24.78	24.40	24.22	24.05	23.78	23.38	23.08	22.78	22.64	22.50
0.9694	26.31	25.28	24.86	24.48	24.30	24.13	23.86	23.45	23.15	22.86	22.72	22.58
0.9693	26.41	25.36	24.95	24.57	24.38	24.21	23.94	23.53	23.23	22.94	22.80	22.66
0.9692	26.50	25.45	25.04	24.65	24.47	24.29	24.02	23.61	23.31	23.01	22.87	22.74
0.9691	26.59	25.54	25.13	24.74	24.55	24.37	24.10	23.69	23.38	23.08	22.95	22.81
0.9690	26.69	25.62	25.21	24.82	24.63	24.45	24.10	23.77	23.46	23.16	23.02	22.88
0.9689	26.78	25.71	25.29	24.90	24.72	24.53	24.18	23.84	23.53	23.23	23.10	22.96
0.9688	26.87	25.80	25.38	24.98	24.80	24.61	24.26	23.92	23.61	23.31	23.17	23.03
0.9687	26.96	25.89	25.46	25.07	24.88	24.69	24.34	24.00	23.68	23.38	23.24	23.10
0.9686	27.05	25.98	25.55	25.15	24.97	24.77	24.42	24.08	23.76	23.46	23.32	23.18
0.9685	27.15	26.06	25.63	25.23	25.05	24.85	24.50	24.16	23.84	23.53	23.39	23.25
0.9684	27.24	26.15	25.72	25.32	25.13	24.94	24.58	24.23	23.92	23.61	23.47	23.33
0.9683	27.33	26.24	25.80	25.40	25.21	25.02	24.66	24.31	23.99	23.68	23.54	23.40
0.9682	27.42	26.33	25.89	25.48	25.29	25.10	24.74	24.39	24.06	23.75	23.61	23.47
0.9681	27.51	26.41	25.97	25.57	25.37	25.18	24.81	24.47	24.14	23.83	23.69	23.54
0.9680	27.60	26.50	26.06	25.65	25.45	25.26	24.89	24.54	24.21	23.90	23.76	23.61
0.9679	27.69	26.59	26.16	25.73	25.53	25.34	24.97	24.62	24.30	23.98	23.84	23.69
0.9678	27.78	26.67	26.22	25.81	25.61	25.42	25.05	24.70	24.37	24.06	23.91	23.77
0.9677	27.87	26.76	26.31	25.89	25.69	25.50	25.13	24.78	24.45	24.14	23.99	23.84
0.9676	27.96	26.84	26.39	25.97	25.77	25.58	25.21	24.85	24.52	24.21	24.06	23.91
0.9675	28.05	26.93	26.47	26.05	25.85	25.66	25.29	24.93	24.60	24.29	24.13	23.99
0.9674	28.14	27.01	26.56	26.14	25.94	25.74	25.37	25.01	24.68	24.36	24.21	24.06
0.9673	28.23	27.10	26.64	26.22	26.02	25.82	25.45	25.09	24.75	24.43	24.28	24.13
0.9672	28.32	17.19	26.73	26.30	26.10	25.90	25.53	25.16	24.83	24.51	24.36	24.20
0.9671	28.41	27.27	26.81	26.38	26.18	25.98	25.60	25.24	24.90	24.58	24.43	24.28
0.9670	28.50	27.36	26.89	26.46	26.26	26.06	25.68	25.32	24.98	24.66	24.50	24.35
0.9669	28.59	27.44	26.97	26.54	26.34	26.14	25.76	25.40	25.06	24.73	24.58	24.42
0.9668	28.68	27.52	27.05	26.63	26.42	26.22	25.84	25.47	25.13	24.81	24.65	24.50
0.9667	28.77	27.61	27.14	26.71	26.50	26.30	25.92	25.55	25.20	24.88	24.73	24.57

表 A.1(续)

单位为%vol

相对密度	温度/℃										
	15.56/15.56	20/20	22/22	24/24	25/25	26/26	28/28	30/30	32/32	34/34	35/35	36/36
0.9666	28.86	27.69	27.22	26.79	26.58	26.38	25.99	25.63	25.28	24.95	24.80	24.64
0.9665	28.95	27.77	27.30	26.87	26.66	26.46	26.07	25.70	25.36	25.03	24.87	24.72
0.9664	29.04	27.86	27.39	26.95	26.74	26.54	26.15	25.78	25.44	25.11	24.95	24.79
0.9663	29.12	27.94	27.47	27.03	26.82	26.62	26.23	25.86	25.51	25.18	25.02	24.86
0.9662	29.21	28.02	27.55	27.11	26.90	26.70	26.31	25.94	25.59	25.25	25.09	24.93
0.9661	29.30	28.11	27.64	27.19	26.98	26.77	26.38	26.02	25.66	25.33	25.17	25.01
0.9660	29.39	28.19	27.72	27.27	27.06	26.85	26.46	26.09	25.74	25.40	25.24	25.08
0.9659	29.47	28.28	27.81	27.35	27.13	26.93	26.54	26.17	25.82	25.48	25.31	25.15
0.9658	29.56	28.36	27.89	27.43	27.21	27.01	26.61	26.24	25.89	25.56	25.39	25.23
0.9657	29.65	28.44	27.97	27.51	27.29	27.09	26.69	26.32	25.97	25.63	25.46	25.30
0.9656	29.74	28.53	28.05	27.59	27.37	27.17	26.77	26.39	26.04	25.70	25.53	25.37
0.9655	29.82	28.61	28.13	27.67	27.45	27.25	26.85	26.47	26.11	25.77	25.61	25.45
0.9654	29.91	28.69	28.21	27.75	27.53	27.33	26.93	26.55	26.19	25.85	25.68	25.52
0.9653	30.00	28.78	28.29	27.83	27.61	27.41	27.00	26.62	26.26	25.92	25.75	25.59
0.9652	30.09	28.86	28.37	27.91	27.69	27.49	27.08	26.70	26.34	25.99	25.82	25.66
0.9651	30.17	28.94	28.45	27.99	27.77	27.56	27.16	26.78	26.41	26.06	25.90	25.74
0.9650	30.26	29.03	28.53	28.07	27.85	27.64	27.23	26.85	26.49	26.14	25.97	25.81
0.9649	30.34	29.11	28.61	28.15	27.93	27.72	27.31	26.92	26.56	26.21	26.04	25.89
0.9648	30.43	29.19	28.69	28.23	28.01	27.79	27.38	27.00	26.64	26.29	26.11	25.96
0.9647	30.52	29.27	28.73	28.31	28.09	27.87	27.46	27.07	26.71	29.36	26.19	26.03
0.9646	30.60	29.35	28.85	28.39	28.16	27.95	27.53	27.15	26.78	29.43	26.26	26.10
0.9645	30.69	29.44	28.93	28.47	28.24	28.03	27.61	27.22	26.85	29.51	26.33	26.17
0.9644	30.78	29.52	29.02	28.55	28.32	28.10	27.69	27.30	26.93	26.58	26.40	26.24
0.9643	30.86	29.60	29.10	28.63	28.40	28.18	27.76	27.37	27.00	26.65	26.47	26.31
0.9642	30.95	29.68	29.18	28.71	28.47	28.26	27.84	27.44	27.07	26.72	26.54	26.38
0.9641	31.03	29.76	29.26	28.79	28.55	28.34	27.91	27.52	27.14	26.79	26.61	26.45
0.9640	31.11	29.85	29.34	28.86	28.63	28.41	27.99	27.59	27.22	26.86	26.69	26.52
0.9639	31.20	29.93	29.42	28.93	28.71	28.49	28.06	27.67	27.29	26.93	26.76	26.59
0.9638	31.28	30.01	29.50	29.01	28.78	28.56	28.14	27.74	27.37	27.01	26.83	26.66
0.9637	31.36	30.09	29.58	29.09	28.86	28.64	28.21	27.81	27.44	27.08	26.90	26.73
0.9636	31.44	30.17	29.66	29.17	28.94	28.72	28.29	27.89	27.51	27.15	26.97	26.80
0.9635	31.52	30.25	29.74	29.25	29.02	28.80	28.37	27.96	27.58	27.22	27.04	26.87
0.9634	31.61	30.34	29.28	29.33	29.09	28.87	28.44	28.04	27.66	27.29	27.11	26.94
0.9633	31.69	30.42	29.90	29.41	29.17	28.95	28.52	28.11	27.73	27.36	27.18	27.01
0.9632	31.77	30.50	29.98	29.49	29.25	29.03	28.60	28.19	27.80	27.43	27.25	27.08
0.9631	31.85	30.58	30.06	29.57	29.33	29.11	28.67	28.26	27.87	27.50	27.32	27.15
0.9630	31.93	30.66	30.13	29.64	29.40	29.18	28.74	28.33	27.95	27.58	27.39	27.22
0.9629	32.02	30.74	30.21	29.72	29.48	29.26	28.82	28.41	27.95	27.65	27.46	27.29
0.9628	32.09	30.82	30.29	29.79	29.56	29.33	28.89	28.48	28.02	27.72	27.54	27.36
0.9627	32.17	30.89	30.36	29.87	29.64	29.41	28.97	28.56	28.10	27.79	27.61	27.43
0.9626	32.25	30.97	30.44	29.95	29.71	29.48	29.04	28.63	28.17	27.86	27.68	27.50
0.9625	32.33	31.05	30.52	30.03	29.79	29.56	29.12	28.70	28.24	27.93	27.75	27.57
0.9624	32.41	31.13	30.60	30.10	29.87	29.64	29.20	28.78	28.31	28.00	27.82	27.64

表 A.1(续)

单位为%vol

相对密度	温度/℃										
	15.56/15.56	20/20	22/22	24/24	25/25	26/26	28/28	30/30	32/32	34/34	35/35	36/36
0.9623	32.49	31.20	30.67	30.17	29.95	29.71	29.27	28.85	28.38	28.07	27.89	27.71
0.9622	32.57	31.28	30.75	30.25	30.02	29.79	29.35	28.93	28.45	28.14	27.96	27.78
0.9621	32.65	31.36	30.83	30.33	30.10	29.86	29.42	29.00	28.52	28.21	28.03	27.85
0.9620	32.72	31.44	30.91	30.41	30.17	29.94	29.50	29.07	28.59	28.29	28.10	27.92
0.9619	32.80	31.52	—	—	30.25	30.01	29.57	29.14	28.67	28.36	28.17	27.99
0.9618	32.88	31.59	—	—	30.32	30.09	29.65	29.22	28.74	28.43	28.24	28.06
0.9617	32.96	31.67	—	—	30.40	30.16	29.72	29.29	28.82	28.50	28.31	28.13
0.9616	33.04	31.75	—	—	30.47	30.24	29.79	29.36	28.89	28.57	28.38	28.20
0.9615	33.12	31.82	—	—	30.54	30.31	29.86	29.43	28.96	28.64	28.45	28.27
0.9614	33.19	31.90	—	—	30.62	31.39	29.94	29.51	29.03	28.71	28.52	28.34
0.9613	33.27	31.98	—	—	30.69	30.46	30.01	29.58	29.10	28.78	28.59	28.41
0.9612	33.35	32.05	—	—	30.77	30.53	30.08	29.65	29.17	28.85	28.66	28.48
0.9611	33.43	32.13	—	—	30.84	30.61	30.15	29.72	29.24	28.92	28.73	28.55
0.9610	33.50	32.21	—	—	30.92	30.69	30.23	29.80	29.31	28.99	28.80	28.62
0.9609	33.58	32.28	—	—	30.99	30.75	30.30	29.87	29.39	29.06	28.87	28.69
0.9608	33.66	32.36	—	—	31.07	30.83	30.38	29.94	29.46	29.13	28.94	28.76
0.9607	33.74	32.43	—	—	31.13	30.90	30.45	30.01	29.53	29.20	29.01	28.83
0.9606	33.81	32.51	—	—	31.21	30.98	30.52	30.09	29.60	29.27	29.08	28.90
0.9605	33.89	32.58	—	—	31.29	31.05	30.59	30.16	29.67	29.34	29.15	28.97
0.9604	33.97	32.66	—	—	31.36	31.13	30.66	30.23	29.74	29.41	29.22	29.04
0.9603	34.05	32.73	—	—	31.43	31.20	30.73	30.30	29.81	29.48	29.29	29.11
0.9602	34.12	32.81	—	—	31.51	31.28	30.80	30.37	29.88	29.55	29.36	29.18
0.9601	34.20	32.88	—	—	31.58	31.35	30.88	30.44	29.95	29.62	29.43	29.25
0.9600	34.27	32.96	—	—	31.65	31.42	30.95	30.51	30.02	29.69	29.50	29.31
0.9599	34.35	33.03	—	—	31.73	—	—	30.58	30.09	29.76	29.57	29.38
0.9598	34.42	33.10	—	—	31.80	—	—	30.65	30.16	29.83	29.63	29.45
0.9597	34.50	33.18	—	—	31.87	—	—	30.72	30.23	29.90	29.70	29.51
0.9596	34.57	33.25	—	—	31.95	—	—	30.79	30.30	29.97	29.77	29.58
0.9595	34.65	33.32	—	—	32.02	—	—	30.87	30.37	30.04	29.84	29.65
0.9594	34.72	33.40	—	—	32.09	—	—	30.94	30.44	30.11	29.91	29.72
0.9593	34.80	33.47	—	—	32.16	—	—	31.01	30.51	30.18	29.98	29.79
0.9592	34.87	33.54	—	—	32.23	—	—	31.08	30.58	30.25	30.05	29.86
0.9591	34.95	33.62	—	—	32.30	—	—	31.15	30.65	30.32	30.12	29.93
0.9590	35.02	33.69	—	—	32.37	—	—	31.22	30.72	30.38	30.18	29.99
0.9589	35.09	33.76	—	—	32.44	—	—	31.28	30.79	—	30.25	30.06
0.9588	35.17	33.84	—	—	32.51	—	—	31.35	—	—	30.33	30.13
0.9587	35.24	33.91	—	—	32.58	—	—	31.42	—	—	30.39	30.20
0.9586	35.31	33.98	—	—	32.65	—	—	31.49	—	—	30.46	30.27
0.9585	35.38	34.05	—	—	32.73	—	—	31.56	—	—	30.52	30.33
0.9584	35.46	34.12	—	—	32.80	—	—	31.63	—	—	30.59	30.40
0.9583	35.53	34.20	—	—	32.87	—	—	31.70	—	—	30.66	30.47
0.9582	35.60	34.27	—	—	32.94	—	—	31.77	—	—	30.73	30.54
0.9581	35.67	34.34	—	—	33.01	—	—	31.84	—	—	30.80	30.61

表 A.2 不同温度下酒精溶液相对密度与酒精度对照表(相对密度范围 0.9580～0.8601)

单位为%vol

相对密度	温度/℃					相对密度	温度/℃				
	15.56/15.56	20/20	25/25	30/30	35/35		15.56/15.56	20/20	25/25	30/30	35/35
0.9580	35.75	34.41	33.08	31.91	30.86	0.9535	38.84	37.49	36.12	34.90	33.78
0.9579	35.82	34.48	33.15	31.98	30.93	0.9534	38.91	37.56	36.18	34.96	33.85
0.9578	35.89	34.56	33.22	32.05	31.00	0.9533	38.97	37.62	36.25	35.03	33.91
0.9577	35.96	34.63	33.29	32.11	31.07	0.9532	39.04	37.69	36.31	35.09	33.97
0.9576	36.04	34.70	33.36	32.18	31.13	0.9531	39.10	37.75	36.38	35.15	34.04
0.9575	36.11	34.77	33.43	32.25	31.20	0.9530	39.17	37.82	36.44	35.22	34.10
0.9574	36.18	34.84	33.50	32.32	31.26	0.9529	39.23	37.88	36.51	35.28	34.16
0.9573	36.25	34.91	33.57	32.38	31.33	0.9528	39.30	37.95	36.57	35.34	34.22
0.9572	36.32	34.98	33.64	32.45	31.39	0.9527	39.36	38.01	36.64	35.41	34.29
0.9571	36.39	35.05	33.71	32.52	31.46	0.9526	39.43	38.07	36.70	35.47	34.35
0.9570	36.46	35.12	33.78	32.58	31.53	0.9525	39.49	38.14	36.77	35.53	34.41
0.9569	36.53	35.19	33.85	32.65	31.59	0.9524	39.56	38.20	36.83	35.59	34.47
0.9568	36.60	35.26	33.92	32.72	31.66	0.9523	39.62	38.27	36.90	35.66	34.53
0.9567	36.67	35.33	33.99	32.79	31.72	0.9522	39.69	38.33	36.96	35.72	34.60
0.9566	36.74	35.40	34.05	32.85	31.79	0.9521	39.75	38.39	37.02	35.78	34.66
0.9565	36.81	35.47	34.12	32.92	31.86	0.9520	39.82	38.46	37.09	35.85	34.72
0.9564	36.88	35.54	34.19	32.99	31.92	0.9519	39.88	38.52	37.15	35.91	34.78
0.9563	36.95	35.61	34.26	33.05	31.99	0.9518	39.95	38.59	37.21	35.97	34.84
0.9562	37.02	35.68	34.32	33.12	32.05	0.9517	40.01	38.65	37.28	36.04	34.91
0.9561	37.09	35.75	34.39	33.19	32.12	0.9516	40.08	38.72	37.30	36.10	34.97
0.9560	37.16	35.82	34.46	33.25	32.18	0.9515	40.14	38.78	37.40	36.16	35.04
0.9559	37.22	35.88	34.53	33.32	32.25	0.9514	40.20	38.84	37.46	36.22	35.10
0.9558	37.29	35.95	34.59	33.39	32.31	0.9513	40.27	38.91	37.52	36.28	35.16
0.9557	37.36	36.02	34.66	33.45	32.37	0.9512	40.33	38.97	37.59	36.35	35.22
0.9556	37.43	36.09	34.73	33.52	32.44	0.9511	40.39	39.04	37.65	36.41	35.28
0.9555	37.50	36.15	34.80	33.59	32.50	0.9510	40.46	39.10	37.71	36.47	35.34
0.9554	37.56	36.22	34.86	33.65	32.57	0.9509	40.52	39.16	37.78	36.53	35.40
0.9553	37.63	36.29	34.93	33.72	32.63	0.9508	40.58	3.23	37.84	36.59	35.46
0.9552	37.70	36.36	35.00	33.79	32.70	0.9507	40.65	39.29	37.90	36.65	35.52
0.9551	37.77	36.42	35.07	33.85	32.76	0.9506	40.71	39.35	37.96	36.72	35.58
0.9550	37.84	36.49	35.13	33.92	32.83	0.9505	40.77	39.41	38.02	36.78	35.64
0.9549	37.90	36.56	35.20	33.99	32.89	0.9504	40.84	39.48	38.09	36.84	35.71
0.9548	37.97	36.63	35.26	34.05	32.95	0.9503	40.90	39.54	38.15	36.90	35.77
0.9547	38.04	36.69	35.33	34.12	33.02	0.9502	40.96	39.60	38.21	36.96	35.83
0.9546	38.10	36.76	35.39	34.18	33.08	0.9501	41.02	39.67	38.27	37.02	35.89
0.9545	38.17	36.83	35.46	34.25	33.15	0.9500	41.09	39.73	38.33	37.09	35.95
0.9544	38.24	36.89	35.53	34.31	33.21	0.9499	41.15	39.79	38.40	37.15	36.01
0.9543	38.31	36.96	35.59	34.38	33.27	0.9498	41.21	39.85	38.46	37.21	36.07
0.9542	38.37	37.03	35.66	34.44	33.34	0.9497	41.27	39.91	38.52	37.27	36.13
0.9541	38.44	37.09	35.72	34.51	33.40	0.9496	41.33	39.98	38.58	37.33	36.19
0.9540	38.51	37.16	35.79	34.57	33.46	0.9495	41.40	40.04	38.64	37.39	36.25
0.9539	38.57	37.23	35.86	34.64	33.53	0.9494	41.46	40.10	38.70	37.45	36.31
0.9538	38.64	37.29	35.92	37.70	33.59	0.9493	41.52	40.16	38.77	37.51	36.37
0.9537	38.71	37.36	35.99	34.77	33.66	0.9492	41.58	40.22	38.83	37.57	36.43
0.9536	38.77	37.42	36.05	34.83	33.72	0.9491	41.64	40.29	38.89	37.63	36.49

表 A.2(续)

单位为%vol

相对密度	温度/℃					相对密度	温度/℃				
	15.56/15.56	20/20	25/25	30/30	35/35		15.56/15.56	20/20	25/25	30/30	35/35
0.9490	41.70	40.35	38.95	37.70	36.55	0.9445	44.39	43.04	41.63	40.35	39.19
0.9489	41.77	40.41	39.01	37.76	36.61	0.9444	44.45	43.09	41.69	40.41	39.24
0.9488	41.83	40.47	39.07	37.82	36.67	0.9443	44.50	43.15	41.75	40.47	39.30
0.9487	41.89	40.53	39.13	37.88	36.73	0.9442	44.56	43.21	41.80	40.53	39.36
0.9486	41.95	40.59	39.20	37.94	36.79	0.9441	44.62	43.27	41.86	40.58	39.41
0.9485	42.01	40.65	39.26	38.00	36.85	0.9440	44.68	43.33	41.92	60.64	39.47
0.9484	42.07	40.71	39.32	38.06	36.91	0.9439	44.73	43.39	41.98	60.70	39.53
0.9483	42.13	40.78	39.38	38.12	36.97	0.9438	44.79	43.44	42.03	60.75	39.64
0.9482	42.19	40.84	39.44	38.18	37.03	0.9437	44.85	43.50	42.09	60.81	39.70
0.9481	42.25	40.90	39.50	38.24	37.09	0.9436	44.91	43.56	42.15	60.87	39.76
0.9480	42.31	40.96	39.56	38.30	37.15	0.9435	44.97	43.62	42.21	60.93	39.81
0.9479	42.37	41.02	39.62	38.36	37.21	0.9434	45.02	43.67	42.26	60.98	39.87
0.9478	42.43	41.08	39.68	38.42	37.26	0.9433	45.08	43.73	42.32	41.04	39.93
0.9477	42.49	41.14	39.74	38.48	37.32	0.9432	45.14	43.78	43.38	41.10	39.98
0.9476	42.55	41.20	39.80	38.54	37.38	0.9431	45.19	43.85	42.43	41.15	40.04
0.9475	42.61	41.26	39.87	38.60	37.44	0.9430	45.25	43.90	42.49	41.21	40.09
0.9474	42.67	41.32	39.93	38.66	37.50	0.9429	45.31	43.96	42.55	41.27	40.15
0.9473	42.73	41.38	39.99	38.72	37.56	0.9428	45.36	44.02	42.61	41.32	40.21
0.9472	42.80	41.44	40.05	38.78	37.62	0.9427	45.42	44.07	42.66	41.38	40.26
0.9471	42.86	41.50	40.11	38.84	37.68	0.9426	45.48	44.13	42.72	41.44	40.32
0.9470	42.92	41.56	40.17	38.90	37.74	0.9425	45.53	44.18	42.78	41.49	40.37
0.9469	42.98	41.62	40.22	38.96	37.79	0.9424	45.59	44.24	42.83	41.55	40.45
0.9468	43.04	41.68	40.28	39.02	37.85	0.9423	45.64	44.30	42.89	41.60	40.43
0.9467	43.09	41.74	40.34	39.08	37.91	0.9422	45.70	44.35	42.95	41.66	40.48
0.9466	43.15	41.80	40.40	39.13	37.97	0.9421	45.76	44.41	43.01	41.72	40.54
0.9465	43.21	41.86	40.46	39.19	38.03	0.9420	45.81	44.46	43.06	41.77	40.59
0.9464	43.27	41.92	40.52	39.25	38.09	0.9419	45.87	44.52	43.12	41.83	40.65
0.9463	43.33	41.98	40.58	39.31	38.15	0.9418	45.93	44.58	43.17	41.89	40.71
0.9462	43.39	42.04	40.64	39.37	38.20	0.9417	45.98	44.63	43.23	41.94	40.76
0.9461	43.45	42.09	40.70	39.43	38.26	0.9416	46.04	44.69	43.29	42.00	40.82
0.9460	43.51	42.15	40.76	39.49	38.32	0.9415	46.09	44.74	43.34	42.06	40.87
0.9459	43.57	42.21	40.82	39.54	38.38	0.9414	46.15	44.80	43.40	42.11	40.93
0.9458	43.63	42.27	40.88	39.60	38.44	0.9413	46.20	44.86	43.46	42.17	40.98
0.9457	43.69	42.33	40.93	39.66	38.49	0.9412	46.26	44.91	43.51	42.22	41.04
0.9456	43.75	42.39	40.99	39.72	38.55	0.9411	46.31	44.97	43.57	42.28	41.09
0.9455	43.80	42.45	41.05	39.78	38.61	0.9410	46.37	45.03	43.62	42.33	41.15
0.9454	43.86	42.51	41.11	39.84	38.67	0.9409	46.43	45.08	43.68	42.39	41.20
0.9453	43.92	42.57	41.17	39.89	38.73	0.9408	46.48	45.14	43.74	42.44	41.26
0.9452	43.98	42.63	41.23	39.95	38.78	0.9407	46.54	45.19	43.79	42.50	41.31
0.9451	44.04	42.69	41.28	40.01	38.84	0.9406	46.59	45.25	43.85	42.56	41.37
0.9450	44.10	42.74	41.34	40.07	38.90	0.9405	46.65	45.30	43.90	42.61	41.62
0.9449	44.16	42.80	41.40	40.13	38.96	0.9404	46.70	45.36	43.96	42.67	41.48
0.9448	44.21	42.86	41.46	40.18	39.02	0.9403	46.76	45.42	44.02	42.72	41.53
0.9447	44.27	42.92	41.51	40.24	39.07	0.9402	46.81	45.47	44.07	42.78	41.59
0.9446	44.33	42.98	41.57	40.30	39.13	0.9401	46.87	45.53	44.13	42.83	41.64

表 A.2(续)

单位为%vol

相对密度	温度/℃					相对密度	温度/℃				
	15.56/15.56	20/20	25/25	30/30	35/35		15.56/15.56	20/20	25/25	30/30	35/35
0.9400	46.92	45.58	44.18	42.89	41.70	0.9355	49.32	48.00	46.61	45.32	44.13
0.9399	46.98	45.64	44.23	42.94	41.75	0.9354	49.37	48.05	46.66	45.37	44.18
0.9398	47.03	45.69	44.29	43.00	41.81	0.9353	49.42	48.10	46.71	45.43	44.23
0.9397	47.09	45.74	44.34	43.05	41.86	0.9352	49.47	48.15	46.77	45.48	44.28
0.9396	47.14	45.80	44.40	43.11	41.92	0.9351	49.52	48.21	46.82	45.53	44.34
0.9395	47.19	45.85	44.45	43.16	41.97	0.9350	49.58	48.26	46.87	45.58	44.39
0.9394	47.25	45.91	44.51	43.22	42.03	0.9349	49.63	48.31	46.93	45.64	44.44
0.9393	47.30	45.96	44.56	43.27	42.08	0.9348	49.68	48.36	46.98	45.69	44.49
0.9392	47.35	46.01	44.62	43.33	42.14	0.9347	49.73	48.41	47.03	45.74	44.54
0.9391	47.41	46.07	44.67	43.38	42.19	0.9346	49.78	48.47	47.08	45.79	44.60
0.9390	47.46	46.12	44.73	43.44	42.24	0.9345	49.83	48.52	47.14	45.85	44.65
0.9389	47.52	46.18	44.78	43.49	42.30	0.9344	49.89	48.57	47.19	45.90	44.70
0.9388	47.57	46.23	44.84	43.55	42.35	0.9343	49.94	48.62	47.24	45.95	44.75
0.9387	47.62	46.29	44.89	43.60	42.41	0.9342	49.99	48.68	47.29	46.01	44.81
0.9386	47.68	46.34	44.95	43.66	42.46	0.9341	50.04	48.73	47.34	46.06	44.86
0.9385	47.73	46.39	45.00	43.71	42.52	0.9340	50.09	48.78	47.40	46.11	44.91
0.9384	47.78	46.45	45.05	43.77	42.57	0.9339	50.14	48.83	47.45	46.16	44.96
0.9383	47.84	46.50	45.11	43.82	42.63	0.9338	50.19	48.88	47.50	46.21	45.02
0.9382	47.89	46.56	45.16	43.87	42.68	0.9337	50.25	48.94	47.55	46.27	45.07
0.9381	47.95	46.61	45.22	43.93	42.73	0.9336	50.30	48.99	47.60	46.32	45.12
0.9380	48.00	46.67	45.27	43.98	42.79	0.9335	50.35	49.04	47.66	46.37	45.17
0.9379	48.05	46.72	45.32	44.04	42.84	0.9334	50.40	49.09	47.71	46.42	45.22
0.9378	48.11	46.77	45.38	44.09	42.90	0.9333	50.45	49.14	47.76	46.47	45.27
0.9377	48.16	46.83	45.43	44.15	42.95	0.9332	50.50	49.19	47.81	46.53	45.33
0.9376	48.21	46.88	45.48	44.20	43.01	0.9331	50.55	49.25	47.86	46.58	45.38
0.9375	48.26	46.94	45.54	44.25	43.06	0.9330	50.60	49.30	47.92	46.63	45.43
0.9374	48.32	46.99	45.59	44.31	43.11	0.9329	50.65	49.35	47.97	46.68	45.48
0.9373	48.37	47.04	45.65	44.36	43.17	0.9328	50.70	49.40	48.02	46.73	45.53
0.9372	48.42	47.10	45.70	44.41	43.22	0.9327	50.75	49.45	48.07	46.79	45.59
0.9371	48.48	47.15	45.75	44.47	43.27	0.9326	50.81	49.50	48.12	46.84	45.64
0.9370	48.53	47.20	45.81	44.52	43.33	0.9325	50.86	49.55	48.17	46.89	45.69
0.9369	48.58	47.26	45.86	44.58	43.38	0.9324	50.91	49.60	48.22	46.94	45.74
0.9368	48.63	47.31	45.91	44.63	43.43	0.9323	50.96	49.65	48.28	46.99	45.79
0.9367	48.69	47.36	45.97	44.68	43.49	0.9322	51.01	49.70	48.33	47.05	45.84
0.9366	48.74	47.42	46.02	44.74	43.54	0.9321	51.06	49.75	48.38	47.10	45.90
0.9365	48.79	47.47	46.07	44.79	43.59	0.9320	51.11	49.80	48.43	47.15	45.95
0.9364	48.85	47.52	46.13	44.84	43.65	0.9319	51.16	49.85	48.48	47.20	46.00
0.9363	48.90	47.58	46.18	44.90	43.70	0.9318	51.21	49.90	48.53	47.25	46.05
0.9362	48.95	47.63	46.23	44.95	43.75	0.9317	51.26	49.95	48.58	47.30	46.10
0.9361	49.01	47.68	46.29	45.01	43.81	0.9316	51.31	50.00	48.63	47.35	46.15
0.9360	49.06	47.73	46.34	45.06	43.86	0.9315	51.36	50.05	48.68	47.40	46.20
0.9359	49.11	47.79	46.39	45.11	43.91	0.9314	51.41	50.10	48.73	47.45	46.26
0.9358	49.16	47.84	46.45	45.16	43.97	0.9313	51.46	50.16	48.79	47.50	46.31
0.9357	49.21	47.89	46.50	45.22	44.02	0.9312	51.51	50.21	48.84	47.55	46.36
0.9356	49.26	47.94	46.55	45.27	44.07	0.9311	51.56	50.26	48.89	47.60	46.41

表 A.2(续)

单位为%vol

相对密度	温度/℃					相对密度	温度/℃				
	15.56/15.56	20/20	25/25	30/30	35/35		15.56/15.56	20/20	25/25	30/30	35/35
0.9310	51.61	50.31	48.94	47.65	46.46	0.9265	53.84	52.54	51.08	49.91	48.71
0.9309	51.66	50.36	48.99	47.71	46.51	0.9264	53.89	52.59	51.23	49.96	48.76
0.9308	51.71	50.41	49.04	47.76	46.56	0.9263	53.94	52.64	51.27	50.00	48.81
0.9307	51.76	50.46	49.09	47.81	46.61	0.9262	53.99	52.69	51.32	50.05	48.86
0.9306	51.81	50.51	49.14	47.86	46.66	0.9261	54.03	52.74	51.37	50.10	48.91
0.9305	51.86	50.56	49.19	47.91	46.71	0.9260	54.08	52.79	51.42	50.15	48.96
0.9304	51.91	50.61	49.24	47.96	46.77	0.9259	54.13	52.84	51.47	50.20	49.01
0.9303	51.96	50.66	49.29	48.01	46.82	0.9258	54.18	52.89	51.52	50.25	49.06
0.9302	52.01	50.71	49.34	48.06	46.87	0.9257	54.23	52.93	51.57	50.30	49.11
0.9301	52.06	50.76	49.39	48.11	46.92	0.9256	54.28	52.98	51.62	50.35	49.15
0.9330	52.11	50.81	49.44	48.46	46.97	0.9255	54.32	53.03	51.67	50.40	49.20
0.9299	52.16	50.86	49.49	48.21	47.02	0.9254	54.37	53.08	51.72	50.44	49.25
0.9298	52.21	50.91	49.54	48.26	47.07	0.9253	54.42	53.13	51.76	50.49	49.30
0.9297	52.26	50.96	49.59	48.31	47.12	0.9252	54.47	53.18	51.81	50.54	49.35
0.9296	52.31	51.01	49.64	48.36	47.17	0.9251	54.52	53.22	51.86	50.59	49.40
0.9295	52.36	51.06	49.69	48.41	47.22	0.9250	54.57	53.27	51.91	50.64	49.44
0.9294	52.41	51.11	49.74	48.46	47.27	0.9249	54.61	53.32	51.96	50.69	49.49
0.9293	52.46	51.16	49.79	48.51	47.32	0.9248	54.66	53.37	52.01	50.74	49.54
0.9292	52.51	51.21	49.84	48.56	47.37	0.9247	54.71	53.42	52.06	50.79	49.59
0.9291	52.56	51.26	49.89	48.61	47.42	0.9246	54.76	53.47	52.11	50.83	49.64
0.9290	52.61	51.31	49.94	48.66	47.47	0.9245	54.81	53.52	52.16	50.88	49.69
0.9289	52.66	51.36	49.99	48.71	47.52	0.9244	54.86	53.56	52.20	50.93	49.73
0.9288	52.71	51.41	50.04	48.76	47.57	0.9243	54.90	53.61	52.25	50.98	49.78
0.9287	52.76	51.46	50.09	48.81	47.62	0.9242	54.95	53.66	52.30	51.03	49.83
0.9286	52.81	51.50	50.14	48.86	47.67	0.9241	55.00	53.71	52.35	51.08	49.88
0.9285	52.86	51.55	50.19	48.91	47.72	0.9240	55.05	53.76	52.40	51.13	49.93
0.9284	52.91	51.60	50.24	48.96	47.77	0.9239	55.10	53.81	52.45	51.17	49.98
0.9283	52.96	51.65	50.29	49.01	47.82	0.9238	55.14	53.85	52.50	51.22	50.02
0.9282	53.00	51.70	50.34	49.06	47.87	0.9237	55.19	53.90	52.54	51.27	50.07
0.9281	53.05	51.75	50.39	49.11	47.92	0.9236	55.24	53.95	52.59	51.32	50.12
0.9280	53.10	51.80	50.44	49.16	47.97	0.9235	55.29	54.00	52.64	51.37	50.17
0.9279	53.15	51.85	50.49	49.21	48.02	0.9234	55.33	54.05	52.69	51.42	50.22
0.9278	53.20	51.90	50.54	49.26	48.07	0.9233	55.38	54.09	52.74	51.46	50.27
0.9277	53.25	51.95	50.59	49.31	48.12	0.9232	55.43	54.14	52.79	51.51	50.31
0.9276	53.30	52.00	50.64	49.36	48.17	0.9231	55.48	54.19	52.83	51.56	50.36
0.9275	53.35	52.05	50.68	49.41	48.22	0.9230	55.52	54.24	52.88	51.61	50.41
0.9274	53.40	52.10	50.73	49.46	48.27	0.9229	55.57	54.29	52.93	51.66	50.46
0.9273	53.45	52.15	50.78	49.51	48.32	0.9228	55.62	54.33	52.98	51.71	50.51
0.9272	53.50	52.20	50.83	49.56	48.37	0.9227	55.67	54.38	53.03	51.75	50.56
0.9271	53.54	52.25	50.88	49.61	48.42	0.9226	55.71	54.43	53.08	51.80	50.60
0.9270	53.59	52.29	50.93	49.66	48.47	0.9225	55.76	54.48	53.12	51.85	50.65
0.9269	53.64	52.34	50.98	49.71	48.52	0.9224	55.81	54.53	53.17	51.90	50.70
0.9268	53.69	52.39	51.03	49.76	48.57	0.9223	55.86	54.57	53.22	51.95	50.75
0.9267	53.74	52.44	51.08	49.81	48.62	0.9222	55.90	54.62	53.27	52.00	50.80
0.9266	53.79	52.49	51.13	49.86	48.67	0.9221	55.95	54.67	53.31	52.04	50.85

表 A.2(续)

单位为%vol

相对密度	温度/℃					相对密度	温度/℃				
	15.56/15.56	20/20	25/25	30/30	35/35		15.56/15.56	20/20	25/25	30/30	35/35
0.9220	56.00	54.72	53.36	52.09	50.89	0.9175	58.11	56.84	55.49	54.21	53.02
0.9219	56.05	54.77	53.41	52.14	50.94	0.9174	58.16	56.88	55.53	54.26	56.07
0.9218	56.09	54.81	53.46	52.19	50.99	0.9173	58.20	56.93	55.58	54.31	53.12
0.9217	56.14	54.86	53.50	52.23	51.04	0.9172	58.25	56.97	55.63	54.36	53.16
0.9216	56.19	54.91	53.55	52.28	51.09	0.9171	58.29	57.02	55.67	54.40	53.21
0.9215	56.24	54.96	53.60	52.33	51.13	0.9170	58.34	57.07	55.72	54.45	53.26
0.9214	56.28	55.00	53.65	52.38	51.18	0.9169	58.38	57.11	55.77	54.50	53.30
0.9213	56.33	55.05	53.70	52.43	51.23	0.9168	58.43	57.16	55.81	54.54	53.35
0.9212	56.38	55.10	53.74	52.47	51.27	0.9167	58.47	57.21	55.96	54.59	53.40
0.9211	56.43	55.15	53.79	52.52	51.32	0.9166	58.52	57.25	55.91	54.64	53.44
0.9210	56.47	55.19	53.84	52.57	51.37	0.9165	58.57	57.30	55.95	54.68	53.49
0.9209	56.52	55.24	53.89	52.62	51.42	0.9164	58.61	57.35	56.00	54.73	53.53
0.9208	56.57	55.29	53.93	52.67	51.46	0.9163	58.66	57.39	56.05	54.78	53.58
0.9207	56.62	55.34	53.98	52.71	51.51	0.9162	58.70	57.44	56.09	54.82	53.63
0.9206	56.66	55.38	54.03	52.76	51.56	0.9161	58.75	57.48	56.14	54.87	53.67
0.9205	56.71	55.43	54.08	52.81	51.61	0.9160	58.79	57.53	56.18	54.92	53.72
0.9204	56.76	55.48	54.12	52.86	51.65	0.9159	58.84	57.58	56.23	54.96	53.77
0.9203	56.81	55.53	54.17	52.90	51.70	0.9158	58.89	57.62	56.28	55.01	53.81
0.9202	56.85	55.57	54.22	52.95	51.75	0.9157	58.93	57.67	56.32	55.06	53.86
0.9201	56.90	55.62	54.26	53.00	51.80	0.9156	58.98	57.71	56.37	55.10	53.91
0.9200	56.95	55.67	54.31	53.05	51.84	0.9155	59.02	57.76	56.41	55.15	53.95
0.9199	57.00	55.71	54.36	53.09	51.89	0.9154	59.07	57.81	56.46	55.19	54.00
0.9198	57.04	55.76	54.41	53.14	51.94	0.9153	59.11	57.85	56.51	55.24	54.05
0.9197	57.09	55.81	54.45	53.19	51.99	0.9152	59.16	57.90	56.55	55.29	54.09
0.9196	57.13	55.86	54.50	53.23	52.03	0.9151	59.20	57.94	56.60	55.33	54.14
0.9195	57.18	55.90	54.55	53.28	52.08	0.9150	59.25	57.99	56.65	55.38	54.18
0.9194	57.23	55.95	54.59	53.33	52.13	0.9149	59.29	58.03	56.69	55.42	54.23
0.9193	57.27	56.00	54.64	53.37	52.17	0.9148	59.34	58.08	56.74	55.47	54.28
0.9192	57.32	56.04	54.69	53.42	52.22	0.9147	59.38	58.13	56.78	55.52	54.32
0.9191	57.37	56.09	54.71	53.47	52.27	0.9146	59.43	58.17	56.83	55.56	54.37
0.9190	57.41	56.14	54.78	53.51	52.32	0.9145	59.47	58.22	56.88	55.61	54.41
0.9189	57.46	56.18	54.83	53.56	52.36	0.9144	59.52	58.26	56.92	55.65	54.46
0.9288	57.51	56.23	54.88	53.61	52.41	0.9143	59.56	58.31	56.97	55.70	54.51
0.9187	57.55	56.28	54.92	53.65	52.46	0.9142	59.61	58.35	57.01	55.75	54.55
0.9186	57.60	56.32	54.97	53.70	52.50	0.9141	59.65	58.40	57.06	55.79	54.60
0.9185	57.65	56.37	55.02	53.75	52.55	0.9140	59.70	58.44	57.10	55.84	54.65
0.9184	57.69	56.42	55.07	53.79	52.60	0.9139	59.74	58.49	57.15	55.88	54.69
0.9183	57.74	56.46	55.11	53.84	52.65	0.9138	59.79	58.53	57.20	55.93	54.74
0.9182	57.79	56.51	55.16	53.89	52.69	0.9137	59.83	58.58	57.24	55.98	54.78
0.9181	57.83	56.56	55.21	53.93	52.74	0.9136	59.88	58.62	57.29	56.02	54.83
0.9180	57.88	56.60	55.25	53.98	52.79	0.9135	59.92	58.67	57.33	56.07	54.88
0.9179	57.93	56.65	55.30	54.03	52.83	0.9134	59.97	58.71	57.38	56.11	54.92
0.9178	57.97	56.70	55.35	54.07	52.88	0.9133	60.01	58.76	57.42	56.16	54.97
0.9177	58.02	56.74	55.39	54.12	52.93	0.9132	60.06	58.80	57.47	56.21	55.01
0.9176	58.06	56.79	55.44	54.17	52.98	0.9131	60.10	58.85	57.51	56.25	55.06

表 A.2(续)

单位为%vol

相对密度	温度/℃					相对密度	温度/℃				
	15.56/15.56	20/20	25/25	30/30	35/35		15.56/15.56	20/20	25/25	30/30	35/35
0.9130	60.15	58.89	57.56	56.30	55.11	0.9085	62.14	60.90	59.58	58.33	57.15
0.9129	60.19	58.94	57.60	56.34	55.15	0.9084	62.18	60.94	59.63	58.38	57.19
0.9128	60.24	58.98	57.65	56.39	55.20	0.9083	62.23	60.99	59.67	58.42	57.24
0.9127	60.28	59.03	57.70	56.44	55.24	0.9082	62.27	61.03	59.71	58.46	57.28
0.9126	60.33	59.07	57.74	56.48	55.29	0.9081	62.31	61.08	59.76	58.51	57.33
0.9125	60.37	59.12	57.79	56.53	55.33	0.9080	62.36	61.12	59.80	58.55	57.37
0.9124	60.42	59.16	57.83	56.57	55.38	0.9079	62.40	61.17	59.85	58.60	57.42
0.9123	60.46	59.21	57.88	56.62	55.42	0.9078	62.45	61.21	59.89	58.64	57.46
0.9122	60.50	59.25	57.92	56.67	55.47	0.9077	62.49	61.25	59.94	58.69	57.50
0.9121	60.55	59.30	57.97	56.71	55.52	0.9076	62.53	61.30	59.98	58.73	57.55
0.9120	60.59	59.34	58.01	56.76	55.56	0.9075	62.58	61.34	60.03	58.77	57.59
0.9119	60.64	59.39	58.06	56.80	55.61	0.9074	62.62	61.39	60.07	58.82	57.64
0.9118	60.68	59.43	58.10	56.85	55.65	0.9073	62.66	61.43	60.11	58.86	57.68
0.9117	60.73	59.48	58.15	56.89	55.70	0.9072	62.71	61.47	60.16	58.91	57.73
0.9116	60.77	59.52	58.19	56.94	55.74	0.9071	62.75	61.52	60.20	58.95	57.77
0.9115	60.82	59.57	58.24	56.99	55.79	0.9070	62.79	61.56	60.25	59.00	57.81
0.9114	60.86	59.61	58.28	57.03	55.84	0.9069	62.84	61.60	60.29	59.04	57.86
0.9113	60.91	59.66	58.33	57.08	55.88	0.9068	62.88	61.65	60.33	59.08	57.90
0.9112	60.95	59.70	58.37	57.12	55.93	0.9067	62.93	61.69	60.38	59.13	57.95
0.9111	61.00	59.75	58.42	57.17	55.97	0.9066	62.97	61.74	60.42	59.17	57.99
0.9110	61.04	59.79	58.46	57.21	56.02	0.9065	63.01	61.78	60.46	59.21	58.04
0.9109	61.08	59.84	58.51	57.26	56.06	0.9064	63.06	61.82	60.51	59.26	58.08
0.9108	61.13	59.88	58.55	57.30	56.11	0.9063	63.10	61.87	60.55	59.30	58.12
0.9107	61.17	59.92	58.60	57.35	56.15	0.9062	63.14	61.91	60.60	59.35	58.17
0.9106	61.22	59.97	58.64	57.39	56.20	0.9061	63.19	61.96	60.64	59.39	58.21
0.9105	61.26	60.01	58.69	57.44	56.25	0.9060	63.23	62.00	60.68	59.43	58.26
0.9104	61.30	60.06	58.73	57.48	56.29	0.9059	63.27	62.04	60.73	59.48	58.30
0.9103	61.35	60.10	58.78	57.53	56.34	0.9058	63.32	62.09	60.77	59.52	58.34
0.9102	61.39	60.15	58.82	57.57	56.38	0.9057	63.36	62.13	60.82	59.57	58.39
0.9101	61.44	60.19	58.87	57.62	56.43	0.9056	63.40	62.17	60.86	59.61	58.43
0.9100	61.48	60.24	58.91	57.66	56.47	0.9055	63.45	62.22	60.90	59.65	58.48
0.9099	61.52	60.28	58.96	57.71	56.52	0.9054	63.49	62.26	60.95	59.70	58.52
0.9098	61.57	60.33	59.00	57.75	56.56	0.9053	63.53	62.30	60.99	59.74	58.56
0.9097	61.61	60.37	59.04	57.80	56.61	0.9052	63.58	62.35	61.03	59.79	58.61
0.9096	61.66	60.41	59.09	57.84	56.65	0.9051	63.62	62.39	61.08	59.83	58.65
0.9095	61.70	60.46	59.13	57.89	56.70	0.9050	63.66	62.43	61.12	59.87	58.70
0.9094	61.74	60.50	59.18	57.93	56.75	0.9049	63.71	62.48	61.16	59.92	58.74
0.9093	61.79	60.55	59.22	57.98	56.79	0.9048	63.75	62.52	61.21	59.96	58.78
0.9092	61.83	60.59	59.27	58.02	56.84	0.9047	63.79	62.56	61.25	60.00	58.83
0.9091	61.88	60.64	59.31	58.07	56.88	0.9046	63.84	62.60	61.29	60.05	58.87
0.9090	61.92	60.68	59.36	58.11	56.93	0.9045	63.88	62.65	61.34	60.09	58.92
0.9089	61.96	60.72	59.40	58.15	56.97	0.9044	63.92	62.69	61.38	60.14	58.96
0.9088	62.01	60.77	59.45	58.20	57.02	0.9043	63.97	62.73	61.42	60.18	59.00
0.9087	62.05	60.81	59.49	58.24	57.06	0.9042	64.01	62.78	61.47	60.22	59.05
0.9086	62.10	60.86	59.53	58.29	57.11	0.9041	64.05	62.82	61.51	60.27	59.09

表 A.2(续)

单位为%vol

相对密度	温度/℃					相对密度	温度/℃				
	15.56/15.56	20/20	25/25	30/30	35/35		15.56/15.56	20/20	25/25	30/30	35/35
0.9040	64.09	62.86	61.55	60.31	59.13	0.8995	66.02	64.79	63.49	62.26	61.08
0.9039	64.14	62.91	61.60	60.35	59.18	0.8994	66.06	64.84	63.53	62.30	61.12
0.9038	64.18	62.95	61.64	60.40	59.22	0.8993	66.10	64.88	63.57	62.34	61.16
0.9037	64.22	62.99	61.68	60.44	59.27	0.8992	66.15	64.92	63.62	62.38	61.21
0.9036	64.27	63.04	61.73	60.48	59.31	0.8991	66.19	64.96	63.66	62.43	61.25
0.9035	64.31	63.08	61.77	60.53	59.35	0.8990	66.23	65.01	63.70	62.47	61.29
0.9034	64.35	63.12	61.81	60.57	59.40	0.8989	66.27	65.05	63.74	62.51	61.33
0.9033	64.40	63.17	61.86	60.62	59.44	0.8988	66.31	65.09	63.79	62.55	61.38
0.9032	64.44	63.21	61.90	60.66	59.48	0.8987	66.36	65.13	63.83	62.60	61.42
0.9031	64.48	63.25	61.94	60.70	59.53	0.8986	66.40	65.18	63.87	62.64	61.46
0.9030	64.53	63.30	61.99	60.75	59.57	0.8985	66.44	65.22	63.91	62.68	61.50
0.9029	64.57	63.34	62.03	60.79	59.61	0.8984	66.48	65.26	63.96	62.72	61.55
0.9028	64.61	63.38	62.07	60.83	59.66	0.8983	66.52	65.30	64.00	62.77	61.59
0.9027	64.66	63.43	62.12	60.88	59.70	0.8982	66.56	65.35	64.04	62.81	61.63
0.9026	64.70	63.47	62.16	60.92	59.74	0.8981	66.61	65.39	64.08	62.85	61.68
0.9025	64.74	63.51	62.20	60.97	59.79	0.8980	66.65	65.43	64.13	62.89	61.72
0.9024	64.78	63.56	62.24	61.01	59.83	0.8979	66.69	65.47	64.17	62.94	61.76
0.9023	64.83	63.60	62.29	61.05	59.87	0.8978	66.73	65.51	64.21	62.98	61.80
0.9022	64.87	63.64	62.33	61.09	59.92	0.8977	66.77	65.56	64.25	63.02	61.85
0.9021	64.91	63.69	62.37	61.14	59.96	0.8976	66.82	65.60	64.30	63.06	61.89
0.9020	64.96	63.73	62.42	61.18	60.00	0.8975	66.86	65.64	64.34	63.11	61.93
0.9019	65.00	63.77	62.46	61.22	60.05	0.8974	66.90	65.68	64.38	63.15	61.97
0.9018	65.04	63.82	62.50	61.27	60.09	0.8973	66.94	65.72	64.42	63.19	62.02
0.9017	65.09	63.86	62.55	61.31	60.13	0.8972	66.98	65.77	64.47	63.23	62.06
0.9016	65.13	63.90	62.59	61.35	60.18	0.8971	67.03	65.81	64.51	63.28	62.10
0.9015	65.17	63.94	62.63	61.40	60.22	0.8970	67.07	65.85	64.55	63.32	62.14
0.9014	65.21	63.99	62.67	61.44	60.26	0.8969	67.11	65.89	64.59	63.36	62.19
0.9013	65.26	64.03	62.72	61.48	60.30	0.8968	67.15	65.94	64.64	63.40	62.23
0.9012	65.30	64.07	62.76	61.53	60.35	0.8967	67.19	65.98	64.68	63.44	62.27
0.9011	65.34	64.11	62.80	61.57	60.39	0.8966	67.23	66.02	64.72	63.49	62.31
0.9010	65.38	64.16	62.85	61.61	60.43	0.8965	67.28	66.06	64.76	63.53	62.36
0.9009	65.43	64.20	62.89	61.66	60.48	0.8964	67.32	66.10	64.81	63.57	62.40
0.9008	65.47	64.24	62.93	61.70	60.52	0.8963	67.36	66.15	64.85	63.61	62.44
0.9007	65.51	64.28	62.97	61.74	60.56	0.8962	67.40	66.19	64.89	63.66	62.48
0.9006	65.55	64.33	63.02	61.78	60.61	0.8961	67.44	66.23	64.93	63.70	62.53
0.9005	65.60	64.37	63.06	61.83	60.65	0.8960	67.48	66.27	64.97	63.74	62.57
0.9004	65.64	64.41	63.10	61.87	60.69	0.8959	67.53	66.31	65.02	63.78	62.61
0.9003	65.68	64.45	63.15	61.91	60.73	0.8958	67.57	66.36	65.06	63.83	62.65
0.9002	65.72	64.50	63.19	61.96	60.78	0.8957	67.61	66.40	65.10	63.87	62.69
0.9001	65.77	64.54	63.23	62.00	60.82	0.8956	67.65	66.44	65.14	63.91	62.74
0.9000	65.81	64.58	63.27	62.04	60.86	0.8955	67.69	66.48	65.18	63.95	62.78
0.8999	65.85	64.62	63.32	62.09	60.91	0.8954	67.73	66.52	65.23	64.00	62.82
0.8998	65.89	64.67	63.36	62.13	60.95	0.8953	67.78	66.56	65.27	64.04	62.86
0.8997	65.94	64.71	63.40	62.17	60.99	0.8952	67.82	66.60	65.31	64.08	62.91
0.8996	65.98	64.75	63.44	62.21	61.03	0.8951	67.86	66.65	65.35	64.12	62.95

表 A.2(续)

单位为%vol

相对密度	温度/℃					相对密度	温度/℃				
	15.56/15.56	20/20	25/25	30/30	35/35		15.56/15.56	20/20	25/25	30/30	35/35
0.8950	67.90	66.69	65.39	64.16	62.99	0.8905	69.74	68.54	67.26	66.04	64.87
0.8949	67.94	66.73	65.44	64.21	63.03	0.8904	69.78	68.58	67.30	66.08	64.92
0.8948	67.98	66.77	65.48	64.25	63.08	0.8903	69.82	68.62	67.34	66.12	64.96
0.8947	68.02	66.81	65.52	64.29	63.12	0.8902	69.86	68.67	67.39	66.17	65.00
0.8946	68.07	66.85	65.56	64.33	63.16	0.8901	69.90	68.71	67.43	66.21	65.04
0.8945	68.11	66.90	65.60	64.37	63.20	0.8900	69.94	68.75	67.47	66.25	65.08
0.8944	68.15	66.94	65.64	64.42	63.24	0.8899	69.98	68.79	67.51	66.29	65.12
0.8943	68.19	66.98	65.69	64.46	63.28	0.8898	70.02	68.83	67.55	66.33	65.17
0.8942	68.23	67.02	65.73	64.50	63.33	0.8897	70.06	68.87	67.59	66.37	65.21
0.8941	68.27	67.06	65.77	64.54	63.37	0.8896	70.10	68.91	67.63	66.41	65.25
0.8940	68.31	67.10	65.81	64.58	63.41	0.8895	70.14	68.95	67.67	66.45	65.29
0.8939	68.35	67.15	65.85	64.63	63.45	0.8894	70.18	68.99	67.71	66.50	65.33
0.8938	68.39	67.19	65.90	64.67	63.49	0.8893	70.22	69.03	67.75	66.54	65.37
0.8937	68.43	67.23	65.94	64.71	63.54	0.8892	70.27	69.07	67.80	66.58	65.41
0.8936	68.48	67.27	65.98	64.75	63.58	0.8891	70.31	69.11	67.84	66.62	65.45
0.8935	68.52	67.31	66.02	64.79	63.62	0.8890	70.35	69.15	67.88	66.66	65.50
0.8934	68.56	67.35	66.06	64.84	63.66	0.8889	70.39	69.19	67.92	66.70	65.54
0.8933	68.60	67.39	66.10	64.88	63.70	0.8888	70.43	69.23	67.96	66.74	65.58
0.8932	68.64	67.43	66.15	64.92	63.74	0.8887	70.47	69.27	68.00	66.79	65.62
0.8931	68.68	67.47	66.19	64.96	63.79	0.8886	70.51	69.32	68.04	66.83	65.66
0.8930	68.72	67.52	66.23	65.00	63.83	0.8885	70.55	69.36	68.08	66.87	65.70
0.8929	68.76	67.56	66.27	65.05	63.87	0.8884	70.59	69.40	68.12	66.91	65.74
0.8928	68.80	67.60	66.31	65.09	63.91	0.8883	70.63	69.44	68.16	66.95	65.79
0.8927	68.84	67.64	66.35	65.13	63.95	0.8882	70.67	69.48	68.20	66.99	65.83
0.8926	68.89	67.68	66.39	65.17	64.00	0.8881	70.71	69.52	68.24	67.03	65.87
0.8925	68.93	67.72	66.44	65.21	64.04	0.8880	70.75	69.56	68.28	67.07	65.91
0.8924	68.97	67.76	66.48	65.25	64.08	0.8879	70.79	69.60	68.33	67.11	65.95
0.8923	69.01	67.80	66.52	65.29	64.12	0.8878	70.83	69.64	68.37	67.15	65.99
0.8922	69.05	67.84	66.56	65.34	64.16	0.8877	70.87	69.68	68.41	67.20	66.03
0.8921	69.09	67.89	66.60	65.38	64.21	0.8876	70.91	69.72	68.45	67.24	66.07
0.8920	69.13	67.93	66.64	65.42	64.25	0.8875	70.95	69.76	68.49	67.28	66.11
0.8919	69.17	67.97	66.68	65.46	64.29	0.8874	70.99	69.80	68.53	67.32	66.16
0.8918	69.21	68.01	66.73	65.50	64.33	0.8873	71.03	69.84	68.57	67.36	66.20
0.8917	69.25	68.05	66.77	65.54	64.37	0.8872	71.07	69.88	68.61	67.40	66.24
0.8916	69.29	68.09	66.81	65.59	64.41	0.8871	71.11	69.92	68.65	67.44	66.28
0.8915	69.33	68.13	66.85	65.63	64.46	0.8870	71.15	69.96	68.69	67.48	66.32
0.8914	69.37	68.17	66.89	65.67	64.50	0.8869	71.19	70.00	68.73	67.52	66.36
0.8913	69.41	68.21	66.93	65.71	64.54	0.8868	71.23	70.04	68.77	67.56	66.40
0.8912	69.46	68.26	66.98	65.75	64.58	0.8867	71.27	70.08	68.81	67.60	66.44
0.8911	69.50	68.30	67.02	65.79	64.62	0.8866	71.31	70.12	68.85	67.64	66.48
0.8910	69.54	68.34	67.06	65.83	64.67	0.8865	71.35	70.16	68.89	67.68	66.52
0.8909	69.58	68.38	67.10	65.88	64.71	0.8864	71.38	70.20	68.93	67.72	66.56
0.8908	69.62	68.42	67.14	65.92	64.75	0.8863	71.42	70.24	68.98	67.76	66.60
0.8907	69.66	68.46	67.18	65.96	64.79	0.8862	71.46	70.28	69.02	67.80	66.64
0.8906	69.70	68.50	67.22	66.00	64.83	0.8861	71.50	70.32	69.06	67.85	66.69

表 A.2(续)

单位为%vol

相对密度	温度/℃					相对密度	温度/℃				
	15.56/15.56	20/20	25/25	30/30	35/35		15.56/15.56	20/20	25/25	30/30	35/35
0.8860	71.54	70.36	69.10	67.89	66.73	0.8815	73.31	72.14	70.89	69.69	68.54
0.8859	71.58	70.40	69.14	67.93	66.77	0.8814	73.35	72.18	70.93	69.73	68.58
0.8858	71.62	70.44	69.18	67.97	66.81	0.8813	73.39	72.22	70.97	69.77	68.62
0.8857	71.66	70.48	69.22	68.01	66.85	0.8812	73.43	72.26	71.01	69.81	68.66
0.8856	71.70	70.52	69.26	68.05	66.89	0.8811	73.47	72.30	71.05	69.85	68.70
0.8855	71.74	70.56	69.30	68.09	66.93	0.8810	73.50	72.34	71.09	69.89	68.74
0.8854	71.78	70.60	69.34	68.13	66.97	0.8809	73.54	72.38	71.13	69.93	68.78
0.8853	71.82	70.64	69.38	68.17	67.01	0.8808	73.58	72.42	71.16	69.97	68.82
0.8852	71.86	70.68	69.42	68.21	67.05	0.8807	73.62	72.46	71.20	70.01	68.86
0.8851	71.90	70.72	69.46	68.25	67.09	0.8806	73.66	72.50	71.24	70.05	68.90
0.8850	71.94	70.76	69.50	68.29	67.13	0.8805	73.70	72.53	71.28	70.09	68.94
0.8849	71.98	70.80	69.54	68.33	67.17	0.8804	73.74	72.57	71.32	70.13	68.98
0.8848	72.02	70.84	69.58	68.37	67.21	0.8803	73.78	72.61	71.36	70.17	69.02
0.8847	72.06	70.88	69.62	68.41	67.25	0.8802	73.81	72.65	71.40	70.21	69.06
0.8846	72.10	70.92	69.66	68.45	67.29	0.8801	73.85	72.69	71.44	70.25	69.10
0.8845	72.14	70.96	69.70	68.49	67.33	0.8800	73.89	72.73	71.48	70.29	69.14
0.8844	72.18	71.00	69.74	68.53	67.38	0.8799	73.93	72.77	71.52	70.33	69.18
0.8843	72.22	71.04	69.78	68.57	67.42	0.8798	73.97	72.81	71.56	70.37	69.22
0.8842	72.25	71.08	69.82	68.61	67.46	0.8797	74.01	72.85	71.60	70.41	69.26
0.8841	72.29	71.12	69.86	68.65	67.50	0.8796	74.05	72.88	71.64	70.44	69.30
0.8840	72.33	71.16	69.90	68.69	67.54	0.8795	74.08	72.92	71.67	70.48	69.34
0.8839	72.37	71.20	69.94	68.73	67.58	0.8794	74.12	72.96	71.71	70.52	69.38
0.8838	72.41	71.24	69.98	68.77	67.62	0.8793	74.16	73.00	71.75	70.56	69.42
0.8837	72.45	71.27	70.02	68.81	67.66	0.8792	74.20	73.04	71.79	70.60	69.45
0.8836	72.49	71.31	70.06	68.85	67.70	0.8791	74.24	73.08	71.83	70.64	69.49
0.8835	72.53	71.35	70.10	68.89	67.74	0.8790	74.28	73.12	71.87	70.68	69.53
0.8834	72.57	71.39	70.13	68.93	67.78	0.8789	74.32	73.16	71.91	70.72	69.57
0.8833	72.61	71.43	70.17	68.97	67.82	0.8788	74.36	73.19	71.95	70.76	69.61
0.8832	72.65	71.47	70.21	69.01	67.86	0.8787	74.39	73.23	71.99	70.80	69.65
0.8831	72.69	71.51	70.25	69.05	67.90	0.8786	74.43	73.27	72.03	70.84	69.69
0.8830	72.73	71.55	70.29	69.09	67.94	0.8785	74.47	73.31	72.07	70.88	69.73
0.8829	72.76	71.59	70.33	69.13	67.98	0.8784	74.51	73.35	72.11	70.92	69.77
0.8828	72.80	71.63	70.37	69.17	68.02	0.8783	74.55	73.39	72.14	70.96	69.81
0.8827	72.84	71.67	70.41	69.21	68.06	0.8782	74.59	73.43	72.18	71.00	69.85
0.8826	72.88	71.71	70.45	69.25	68.10	0.8781	74.63	73.47	72.22	71.04	69.89
0.8825	72.92	71.75	70.49	69.29	68.14	0.8780	74.66	73.50	72.26	71.07	69.93
0.8824	72.96	71.79	70.53	69.33	68.18	0.8779	74.70	73.54	72.30	71.11	69.97
0.8823	73.00	71.83	70.57	69.37	68.22	0.8778	74.74	73.58	72.34	71.15	70.01
0.8822	73.04	71.87	70.61	69.41	68.26	0.8777	74.78	73.62	72.38	71.19	70.05
0.8821	73.08	71.91	70.65	69.45	68.30	0.8776	74.82	73.66	72.42	71.23	70.09
0.8820	73.12	71.95	70.69	69.49	68.34	0.8775	74.86	73.70	72.46	71.27	70.13
0.8819	73.16	71.99	70.73	69.53	68.38	0.8774	74.90	73.74	72.49	71.31	70.16
0.8818	73.19	72.03	70.77	69.57	68.42	0.8773	74.93	73.78	72.53	71.35	70.20
0.8817	73.23	72.07	70.81	69.61	68.46	0.8772	74.97	73.81	72.57	71.39	70.24
0.8816	73.27	72.10	70.85	69.65	68.50	0.8771	75.01	73.85	72.61	71.42	70.28

表 A.2(续)

单位为%vol

相对密度	温度/℃					相对密度	温度/℃				
	15.56/15.56	20/20	25/25	30/30	35/35		15.56/15.56	20/20	25/25	30/30	35/35
0.8770	75.05	73.89	72.65	71.46	70.32	0.8725	76.75	75.61	74.38	73.20	72.07
0.8769	75.09	73.93	72.69	71.50	70.36	0.8724	76.79	75.65	74.42	73.24	72.11
0.8768	75.13	73.97	72.73	71.54	70.40	0.8723	76.82	75.69	74.46	73.28	72.15
0.8767	75.16	74.01	72.77	71.58	70.44	0.8722	76.86	75.73	74.50	73.32	72.19
0.8766	75.20	74.05	72.81	71.62	70.48	0.8721	76.90	75.76	74.53	73.35	72.23
0.8765	75.24	74.08	72.84	71.66	70.52	0.8720	76.94	75.80	74.57	73.39	72.27
0.8764	75.28	74.12	72.88	71.70	70.56	0.8719	76.97	75.84	74.61	73.43	72.30
0.8763	75.32	74.16	72.92	71.74	70.60	0.8718	77.01	75.88	74.65	73.47	72.34
0.8762	75.35	74.20	72.96	71.77	70.64	0.8717	77.05	75.91	74.69	73.51	72.38
0.8761	75.39	74.24	73.00	71.81	70.67	0.8716	77.09	75.95	74.73	73.55	72.42
0.8760	75.43	74.28	73.04	71.85	70.71	0.8715	77.12	75.99	74.76	73.58	72.46
0.8759	75.47	74.32	73.08	71.89	70.75	0.8714	77.16	76.03	74.80	73.62	72.50
0.8758	75.51	74.35	73.12	71.93	70.79	0.8713	77.20	76.06	74.84	73.66	72.53
0.8757	75.54	74.39	73.15	71.97	70.83	0.8712	77.23	76.10	74.88	73.70	72.57
0.8756	75.58	74.43	73.19	72.01	70.87	0.8711	77.27	76.14	74.92	73.74	72.61
0.8755	75.62	74.47	73.23	72.05	70.91	0.8710	77.31	76.18	74.95	73.77	72.65
0.8754	75.66	74.51	73.27	72.08	70.95	0.8709	77.34	76.22	74.99	73.81	72.69
0.8753	75.70	74.55	73.31	72.12	70.99	0.8708	77.38	76.25	75.03	73.85	72.73
0.8752	75.73	74.58	73.35	72.16	71.03	0.8707	77.42	76.29	75.07	73.89	72.77
0.8751	75.77	74.62	73.38	72.20	71.07	0.8706	77.46	76.33	75.10	73.93	72.80
0.8750	75.81	74.66	73.42	72.24	71.10	0.8705	77.49	76.37	75.14	73.97	72.84
0.8749	75.85	74.70	73.46	72.28	71.14	0.8704	77.53	76.40	75.18	74.00	72.88
0.8748	75.89	74.74	73.50	72.32	71.18	0.8703	77.57	76.44	75.22	74.04	72.92
0.8747	75.92	74.77	73.54	72.36	71.22	0.8702	77.60	76.48	75.25	74.08	72.96
0.8746	75.96	74.81	73.58	72.39	71.26	0.8701	77.64	76.52	75.29	74.12	73.00
0.8745	76.00	74.85	73.62	72.43	71.30	0.8700	77.68	76.55	75.33	74.16	73.03
0.8744	76.04	74.89	73.65	72.47	71.34	0.8699	77.71	76.59	75.37	74.19	73.07
0.8743	76.07	74.93	73.69	72.51	71.38	0.8698	77.75	76.63	75.40	74.23	73.11
0.8742	76.11	74.97	73.73	72.55	71.41	0.8697	77.79	76.66	75.44	74.27	73.15
0.8741	76.15	75.00	73.77	72.59	71.45	0.8696	77.83	76.70	75.48	74.31	73.19
0.8740	76.19	75.04	73.81	72.63	71.49	0.8695	77.86	76.74	75.52	74.35	73.22
0.8739	76.22	75.08	73.85	72.66	71.53	0.8694	77.90	76.78	75.55	74.38	73.26
0.8738	76.26	75.12	73.88	72.70	71.57	0.8693	77.94	76.81	75.59	74.42	73.30
0.8737	76.30	75.16	73.92	72.74	71.61	0.8692	77.97	76.85	75.63	74.46	73.34
0.8736	76.34	75.19	73.96	72.78	71.65	0.8691	78.01	76.89	75.67	74.50	73.38
0.8735	76.37	75.23	74.00	72.82	71.69	0.8690	78.05	76.92	75.70	74.54	73.41
0.8734	76.41	75.27	74.04	72.86	71.72	0.8689	78.08	76.96	75.74	74.57	73.45
0.8733	76.45	75.31	74.08	72.90	71.76	0.8688	78.12	77.00	75.78	74.61	73.49
0.8732	76.49	75.35	74.11	72.93	71.80	0.8687	78.16	77.03	75.82	74.65	73.53
0.8731	76.52	75.38	74.15	72.97	71.84	0.8686	78.19	77.07	75.85	74.69	73.56
0.8730	76.56	75.42	74.19	73.01	71.88	0.8685	78.23	77.11	75.89	74.73	73.60
0.8729	76.60	75.46	74.23	73.05	71.92	0.8684	78.27	77.14	75.93	74.76	73.64
0.8728	76.64	75.50	74.27	73.09	71.96	0.8683	78.30	77.18	75.97	74.80	73.68
0.8727	76.67	75.54	74.31	73.13	72.00	0.8682	78.34	77.22	76.00	74.84	73.72
0.8726	76.71	75.57	74.34	73.16	72.03	0.8681	78.38	77.26	76.04	74.88	73.75

表 A.2(续)

单位为%vol

相对密度	温度/℃					相对密度	温度/℃				
	15.56/15.56	20/20	25/25	30/30	35/35		15.56/15.56	20/20	25/25	30/30	35/35
0.8680	78.41	77.29	76.08	74.92	73.79	0.8640	79.87	78.76	77.56	76.41	75.29
0.8679	78.45	77.33	76.12	74.95	73.83	0.8639	79.90	78.79	77.60	76.44	75.33
0.8678	78.49	77.37	76.15	74.99	73.87	0.8638	79.94	78.83	77.63	76.48	75.37
0.8677	78.52	77.40	76.19	75.03	73.91	0.8637	79.97	78.86	77.67	76.52	75.41
0.8676	78.56	77.44	76.23	75.07	73.94	0.8636	80.01	78.90	77.71	76.56	75.44
0.8675	78.60	77.48	76.26	75.10	73.98	0.8635	80.05	78.94	77.74	76.59	75.48
0.8674	78.63	77.51	76.30	75.14	74.02	0.8634	80.08	78.97	77.78	76.63	75.52
0.8673	78.67	77.55	76.34	75.18	74.06	0.8633	80.12	79.01	77.82	76.67	75.56
0.8672	78.71	77.59	76.38	75.22	74.09	0.8632	80.15	79.05	77.85	76.70	75.59
0.8671	78.74	77.62	76.41	75.25	74.13	0.8631	80.19	79.08	77.89	76.74	75.63
0.8670	78.78	77.66	76.45	75.29	74.17	0.8630	80.22	79.12	77.93	76.78	75.67
0.8669	78.82	77.70	76.49	75.33	74.21	0.8629	80.26	79.16	77.96	76.81	75.71
0.8668	78.85	77.73	76.53	75.37	74.24	0.8628	80.30	79.19	78.00	76.85	75.74
0.8667	78.89	77.77	76.56	75.40	74.28	0.8627	80.33	79.23	78.04	76.89	75.78
0.8666	78.93	77.81	76.60	75.44	74.32	0.8626	80.37	79.26	78.07	76.93	75.82
0.8665	78.96	77.84	76.64	75.48	74.36	0.8625	80.40	79.30	78.11	76.96	75.85
0.8664	79.00	77.88	76.68	75.51	74.39	0.8624	80.44	79.34	78.14	77.00	75.89
0.8663	79.04	77.92	76.71	75.55	74.43	0.8623	80.47	79.37	78.18	77.04	75.93
0.8662	79.07	77.96	76.75	75.59	74.47	0.8622	80.51	79.41	78.22	77.07	75.97
0.8661	79.11	77.99	76.79	75.63	74.51	0.8621	80.55	79.45	78.25	77.11	76.00
0.8660	79.14	78.03	76.82	75.66	74.55	0.8620	80.58	79.48	78.29	77.15	76.04
0.8659	79.18	78.07	76.86	75.70	74.58	0.8619	80.62	79.52	78.33	77.18	76.08
0.8658	79.22	78.10	76.90	75.74	74.62	0.8618	80.65	79.55	78.36	77.22	76.11
0.8657	79.25	78.14	76.94	75.78	74.66	0.8617	80.69	79.59	78.40	77.26	76.15
0.8656	79.29	78.17	76.97	75.81	74.70	0.8616	80.72	79.63	78.43	77.29	76.19
0.8655	79.32	78.21	77.01	75.85	74.73	0.8615	80.76	79.66	78.47	77.33	76.23
0.8654	79.36	78.25	77.05	75.89	74.77	0.8614	80.80	79.70	78.51	77.36	76.26
0.8653	79.40	78.28	77.08	75.93	74.81	0.8613	80.83	79.73	78.54	77.40	76.30
0.8652	79.43	78.32	77.12	75.96	74.85	0.8612	80.87	79.77	78.58	77.44	76.34
0.8651	79.47	78.36	77.16	76.00	74.88	0.8611	80.90	79.80	78.62	77.47	76.37
0.8650	79.51	78.39	77.19	76.04	74.92	0.8610	80.94	79.84	78.65	77.51	76.41
0.8649	79.54	78.43	77.23	76.07	74.96	0.8609	80.97	79.88	78.69	77.55	76.45
0.8648	79.58	78.47	77.27	76.11	75.00	0.8608	81.01	79.91	78.72	77.58	76.48
0.8647	79.61	78.50	77.30	76.15	75.03	0.8607	81.05	79.95	78.76	77.62	76.52
0.8646	79.65	78.54	77.34	76.19	75.07	0.8606	81.08	79.98	78.80	77.66	76.56
0.8645	79.69	78.57	77.38	76.22	75.11	0.8605	81.12	80.02	78.83	77.69	76.59
0.8644	79.72	78.61	77.41	76.26	75.15	0.8604	81.15	80.05	78.87	77.73	76.63
0.8643	79.76	78.65	77.45	76.30	75.18	0.8603	81.19	80.09	78.91	77.77	76.67
0.8642	79.79	78.68	77.49	76.33	75.22	0.8602	81.22	80.13	78.94	77.80	76.70
0.8641	79.83	78.72	77.52	76.37	75.26	0.8601	81.26	80.16	78.98	77.84	76.74

附 录

(规范性

温度 20℃时酒精计

表 B.1 温度 20℃时酒精计浓度与温度换算表

酒精计浓度/(%vol)	温度/											
	10	10.5	11	11.5	12	12.5	13	13.5	14	14.5	15	15.5
18	20.80	20.66	20.52	20.38	20.25	20.11	19.97	19.83	19.69	19.55	19.41	19.27
18.1	20.92	20.78	20.64	20.50	20.36	20.22	20.08	19.94	19.80	19.66	19.52	19.38
18.2	21.04	20.90	20.76	20.61	20.47	20.33	20.19	20.05	19.91	19.77	19.62	19.48
18.3	21.16	21.01	20.87	20.73	20.59	20.44	20.30	20.16	20.02	19.88	19.73	19.59
18.4	21.28	21.13	20.99	20.84	20.70	20.56	20.41	20.27	20.13	19.98	19.84	19.70
18.5	21.39	21.25	21.10	20.96	20.81	20.67	20.53	20.38	20.24	20.09	19.95	19.80
18.6	21.51	21.37	21.22	21.07	20.93	20.78	20.64	20.49	20.35	20.20	20.06	19.91
18.7	21.63	21.48	21.34	21.19	21.04	20.90	20.75	20.60	20.46	20.31	20.16	20.02
18.8	21.75	21.60	21.45	21.30	21.16	21.01	20.86	20.71	20.57	20.42	20.27	20.13
18.9	21.87	21.72	21.57	21.42	21.27	21.12	20.97	20.82	20.68	20.53	20.38	20.23
19	21.99	21.83	21.68	21.53	21.38	21.23	21.08	20.94	20.79	20.64	20.49	20.34
19.1	22.10	21.95	21.80	21.65	21.50	21.35	21.20	21.05	20.90	20.75	20.60	20.45
19.2	22.22	22.07	21.92	21.76	21.61	21.46	21.31	21.16	21.01	20.85	20.70	20.55
19.3	22.34	22.18	22.03	21.88	21.72	21.57	21.42	21.27	21.12	20.96	20.81	20.66
19.4	22.46	22.30	22.15	21.99	21.84	21.68	21.53	21.38	21.22	21.07	20.92	20.77
19.5	22.57	22.42	22.26	22.11	21.95	21.80	21.64	21.49	21.33	21.18	21.03	20.87
19.6	22.69	22.53	22.38	22.22	22.06	21.91	21.75	21.60	21.44	21.29	21.14	20.98
19.7	22.81	22.65	22.49	22.33	22.18	22.02	21.86	21.71	21.55	21.40	21.24	21.09
19.8	22.93	22.77	22.61	22.45	22.29	22.13	21.98	21.82	21.66	21.51	21.35	21.19
19.9	23.04	22.88	22.72	22.56	22.40	22.25	22.09	21.93	21.77	21.61	21.46	21.30
20	23.16	23.00	22.84	22.68	22.52	22.36	22.20	22.04	21.88	21.72	21.57	21.41
20.1	23.28	23.12	22.95	22.79	22.63	22.47	22.31	22.15	21.99	21.83	21.67	21.52
20.2	23.39	23.23	23.07	22.91	22.74	22.58	22.42	22.26	22.10	21.94	21.78	21.62
20.3	23.51	23.35	23.18	23.02	22.86	22.69	22.53	22.37	22.21	22.05	21.89	21.73
20.4	23.63	23.46	23.30	23.13	22.97	22.81	22.64	22.48	22.32	22.16	22.00	21.83
20.5	23.74	23.58	23.41	23.25	23.08	22.92	22.75	22.59	22.43	22.26	22.10	21.94
20.6	23.86	23.69	23.53	23.36	23.19	23.03	22.86	22.70	22.54	22.37	22.21	22.05
20.7	23.98	23.81	23.64	23.47	23.31	23.14	22.97	22.81	22.65	22.48	22.32	22.15
20.8	24.09	23.92	23.75	23.59	23.42	23.25	23.09	22.92	22.75	22.59	22.42	22.26
20.9	24.21	24.04	23.87	23.70	23.53	23.36	23.20	23.03	22.86	22.70	22.53	22.37
21	24.33	24.15	23.98	23.81	23.64	23.47	23.31	23.14	22.97	22.81	22.64	22.47
21.1	24.44	24.27	24.10	23.93	23.76	23.59	23.42	23.25	23.08	22.91	22.75	22.58
21.2	24.56	24.38	24.21	24.04	23.87	23.70	23.53	23.36	23.19	23.02	22.85	22.69
21.3	24.67	24.50	24.32	24.15	23.98	23.81	23.64	23.47	23.30	23.13	22.96	22.79
21.4	24.79	24.61	24.44	24.26	24.09	23.92	23.75	23.58	23.41	23.24	23.07	22.90
21.5	24.90	24.73	24.55	24.38	24.20	24.03	23.86	23.69	23.51	23.34	23.17	23.01
21.6	25.02	24.84	24.66	24.49	24.31	24.14	23.97	23.79	23.62	23.45	23.28	23.11
21.7	25.13	24.95	24.78	24.60	24.43	24.25	24.08	23.90	23.73	23.56	23.39	23.22

B

附录)

浓度与温度换算表

(温度范围 10℃~22℃,间隔 0.5℃)

单位为%vol

℃												
16	16.5	17	17.5	18	18.5	19	19.5	20	20.5	21	21.5	22
19.13	18.99	18.85	18.71	18.57	18.42	18.28	18.14	18.00	17.86	17.72	17.57	17.43
19.23	19.09	18.95	18.81	18.67	18.53	18.39	18.24	18.10	17.93	17.81	17.67	17.53
19.34	19.20	19.06	18.91	18.77	18.63	18.49	18.34	18.20	18.06	17.91	17.77	17.62
19.45	19.30	19.16	19.02	18.88	18.73	18.59	18.44	18.30	18.16	18.01	17.87	17.72
19.55	19.41	17.27	19.12	18.98	18.83	18.69	18.54	18.40	18.26	18.11	17.96	17.82
19.66	19.52	19.37	19.23	19.08	18.94	18.79	18.65	18.50	18.35	18.21	18.06	17.92
19.77	19.62	19.48	19.33	19.18	19.04	18.89	18.75	18.60	18.45	18.31	18.16	18.01
19.87	19.73	19.58	19.43	19.29	19.14	18.99	18.85	18.70	18.55	18.41	18.26	18.11
19.98	19.83	19.68	19.54	19.39	19.24	19.10	18.95	18.80	18.65	18.50	18.36	18.21
20.08	19.94	19.79	19.64	19.49	19.34	19.20	19.05	18.90	18.75	18.60	18.45	18.31
20.19	20.04	19.89	19.74	19.60	19.45	19.30	19.15	19.00	18.85	18.70	18.55	18.40
20.30	20.15	20.00	19.85	19.70	19.55	19.40	19.25	19.10	18.95	18.80	18.65	18.50
20.40	20.25	20.10	19.95	19.80	19.65	19.50	19.35	19.20	19.05	18.90	18.75	18.60
20.51	20.36	20.21	20.06	19.90	19.75	19.60	19.45	19.30	19.15	19.00	18.85	18.69
20.62	20.46	20.31	20.16	20.01	19.86	19.70	19.55	19.40	19.25	19.10	18.94	18.79
20.72	20.57	20.42	20.26	20.11	19.96	19.81	19.65	19.50	19.35	19.19	19.04	18.89
20.83	20.67	20.52	20.37	20.21	20.06	19.91	19.75	19.60	19.45	19.29	19.14	18.99
20.93	20.78	20.62	20.47	20.32	20.16	20.01	19.85	19.70	19.55	19.39	19.24	19.08
21.04	20.88	20.73	20.57	20.42	20.26	20.11	19.95	19.80	19.65	19.49	19.34	19.18
21.25	20.99	20.83	20.68	20.52	20.37	20.21	20.06	19.90	19.74	19.59	19.43	19.28
21.25	21.09	20.94	20.78	20.62	20.47	20.31	20.16	20.00	19.84	19.69	19.53	19.38
21.36	21.20	21.04	20.88	20.73	20.57	20.41	20.26	20.10	19.94	19.79	19.63	19.47
21.46	21.30	21.15	20.99	20.83	20.67	20.51	20.36	20.20	20.04	19.89	19.73	19.57
21.57	21.41	21.25	21.09	20.93	20.77	20.62	20.46	20.30	20.14	19.98	19.83	19.67
21.67	21.51	21.35	21.20	21.04	20.88	20.72	20.56	20.40	20.24	20.08	19.92	19.77
21.78	21.62	21.46	21.30	21.14	20.98	20.82	20.66	20.50	20.34	20.18	20.02	19.86
21.89	21.72	21.56	21.40	21.24	21.08	20.92	20.76	20.60	20.44	20.28	20.12	19.96
21.99	21.83	21.67	21.51	21.34	21.18	21.02	20.86	20.70	20.54	20.38	20.22	20.06
22.10	21.93	21.77	21.61	21.45	21.28	21.12	20.96	20.80	20.64	20.48	20.32	20.16
22.20	22.04	21.88	21.71	21.55	21.39	21.22	21.06	20.90	20.74	20.58	20.41	20.25
22.31	22.14	21.98	21.82	21.65	21.49	21.33	21.16	21.00	20.84	20.68	20.51	20.35
22.41	22.25	22.08	21.92	21.75	21.59	21.43	21.26	21.10	20.94	20.77	20.61	20.45
22.52	22.35	22.19	22.02	21.86	21.69	21.53	21.36	21.20	21.04	20.87	20.71	20.55
22.63	22.46	22.29	22.13	21.96	21.79	21.63	21.46	21.30	21.14	20.97	20.81	20.64
22.73	22.56	22.40	22.23	22.06	21.90	21.73	21.57	21.40	21.23	21.07	20.91	20.74
22.84	22.67	22.50	22.33	22.17	22.00	21.83	21.67	21.50	21.33	21.17	21.00	20.84
22.94	22.77	22.60	22.44	22.27	22.10	21.93	21.77	21.60	21.43	21.27	21.10	20.94
23.05	22.88	22.71	22.54	22.37	22.20	22.03	21.87	21.70	21.53	21.37	21.20	21.03

表 B.1

酒精计浓度/(%vol)	温度/											
	10	10.5	11	11.5	12	12.5	13	13.5	14	14.5	15	15.5
21.8	25.25	25.07	24.89	24.71	24.54	24.36	24.19	24.01	23.84	23.67	23.49	23.32
21.9	25.36	25.18	25.00	24.83	24.65	24.47	24.30	24.12	23.95	23.77	23.60	23.43
22	25.48	25.30	25.12	24.94	24.76	24.58	24.41	24.23	24.06	23.88	23.71	23.54
22.1	25.59	25.41	25.23	25.05	24.87	24.69	24.52	24.34	24.16	23.99	23.81	23.64
22.2	25.70	25.52	25.34	25.16	24.98	24.80	24.62	24.45	24.27	24.10	23.92	23.75
22.3	25.82	25.64	25.45	25.27	25.09	24.91	24.73	24.56	24.38	24.20	24.03	23.85
22.4	25.93	25.75	25.57	25.38	25.20	25.02	24.84	24.67	24.49	24.31	24.13	23.96
22.5	26.05	25.86	25.68	25.50	25.31	25.13	24.95	24.77	24.60	24.42	24.24	24.06
22.6	26.16	25.97	25.79	25.61	25.42	25.24	25.06	24.88	24.70	24.52	24.35	24.17
22.7	26.27	26.09	25.90	25.72	25.53	25.35	25.17	24.99	24.81	24.63	24.45	24.28
22.8	26.39	26.20	26.01	25.83	25.64	25.46	25.28	25.10	24.92	24.74	24.56	24.38
22.9	26.50	26.31	26.12	25.94	25.75	25.57	25.39	25.21	25.03	24.84	24.67	24.49
23	26.61	26.42	26.24	26.05	25.86	25.68	25.50	25.31	25.13	24.95	24.77	24.59
23.1	26.72	26.53	26.35	26.16	25.97	25.79	25.61	25.42	25.24	25.06	24.88	24.70
23.2	26.84	26.65	26.46	26.27	26.08	25.90	25.71	25.53	25.35	25.16	24.98	24.80
23.3	26.95	26.76	26.57	26.38	26.19	26.01	25.82	25.64	25.45	25.27	25.09	24.91
23.4	27.06	26.87	26.68	26.49	26.30	26.12	25.93	25.75	25.56	25.38	25.19	25.01
23.5	27.17	26.98	26.79	26.60	26.41	26.23	26.04	25.85	25.67	25.48	25.30	25.12
23.6	27.28	27.09	26.90	26.71	26.52	26.33	26.15	25.96	25.77	25.59	25.41	25.22
23.7	27.40	27.20	27.01	26.82	26.63	26.44	26.25	26.07	25.88	25.70	25.51	25.33
23.8	27.51	27.31	27.12	26.93	26.74	26.55	26.36	26.17	25.99	25.80	25.62	25.43
23.9	27.62	27.42	27.23	27.04	26.85	26.66	26.47	26.28	26.09	25.91	25.72	25.54
24	27.73	27.54	27.34	27.15	26.96	26.77	26.58	26.39	26.20	26.01	25.83	25.64
24.1	27.84	27.65	27.45	27.26	27.07	26.88	26.69	26.50	26.31	26.12	25.93	25.75
24.2	27.95	27.76	27.56	27.37	27.17	26.98	26.79	26.60	26.41	26.23	26.04	25.85
24.3	28.06	27.87	27.67	27.48	27.28	27.09	26.90	26.71	26.52	26.33	26.14	25.96
24.4	28.17	27.98	27.78	27.59	27.39	27.20	27.01	26.82	26.63	26.44	26.25	26.06
24.5	28.28	28.09	27.89	27.69	27.50	27.31	27.11	26.92	26.73	26.54	26.35	26.17
24.6	28.39	28.19	28.00	27.80	27.61	27.41	27.22	27.03	26.84	26.65	26.46	26.27
24.7	28.50	28.30	28.11	27.91	27.72	27.52	27.33	27.14	26.94	26.75	26.56	26.37
24.8	28.61	28.41	28.22	28.02	27.82	27.63	27.44	27.24	27.05	26.86	26.67	26.48
24.9	28.72	28.52	28.32	28.13	27.93	27.74	27.54	27.35	27.16	26.96	26.77	26.58
25	28.83	28.63	28.43	28.24	28.04	27.84	27.65	27.45	27.26	27.07	26.88	26.69
25.1	28.94	28.74	28.54	28.34	28.15	27.95	27.75	27.56	27.37	27.17	26.98	26.79
25.2	29.05	28.85	28.65	28.45	28.25	28.06	27.86	27.67	27.47	27.28	27.09	26.90
25.3	29.16	28.96	28.76	28.56	28.36	28.16	27.97	27.77	27.58	27.38	27.19	27.00
25.4	29.27	29.07	28.86	28.67	28.47	28.27	28.07	27.88	27.68	27.49	27.30	27.10
25.5	29.37	29.17	28.97	28.77	28.57	28.38	28.18	27.98	27.79	27.59	27.40	27.21
25.6	29.48	29.28	29.08	28.88	28.68	28.48	28.29	28.09	27.89	27.70	27.50	27.31
25.7	29.59	29.39	29.19	28.99	28.79	28.59	28.39	28.19	28.00	27.80	27.61	27.42
25.8	29.70	29.50	29.29	29.09	28.89	28.70	28.50	28.30	28.10	27.91	27.71	27.52
25.9	29.81	29.60	29.40	29.20	29.00	28.80	28.60	28.41	28.21	28.01	27.82	27.62
26	29.91	29.71	29.51	29.31	29.11	28.91	28.71	28.51	28.31	28.12	27.92	27.73
26.1	30.02	29.82	29.62	29.41	29.21	29.01	28.81	28.62	28.42	28.22	28.03	27.83

（续）

单位为%vol

℃												
16	16.5	17	17.5	18	18.5	19	19.5	20	20.5	21	21.5	22
23.15	22.98	22.81	22.64	22.47	22.30	22.14	21.97	21.80	21.63	21.47	21.30	21.13
23.26	23.09	22.92	22.75	22.58	22.41	22.24	22.07	21.90	21.73	21.56	21.40	21.23
23.36	23.19	23.02	22.85	22.68	22.51	22.34	22.17	22.00	21.83	21.66	21.49	21.33
23.47	23.30	23.12	22.95	22.78	22.61	22.44	22.27	22.10	21.93	21.76	21.59	21.42
23.57	23.40	23.23	23.06	22.88	22.71	22.54	22.37	22.20	22.03	21.86	21.69	21.52
23.68	23.50	23.33	23.16	22.99	22.81	22.64	22.47	22.30	22.13	21.96	21.79	21.62
23.78	23.61	23.43	23.26	23.09	22.92	22.74	22.57	22.40	22.23	22.06	21.89	21.72
23.89	23.71	23.54	23.36	23.19	23.02	22.84	22.67	22.50	22.33	22.16	21.99	21.81
23.99	23.82	23.64	23.47	23.29	23.12	22.95	22.77	22.60	22.43	22.26	22.08	21.91
24.10	23.92	23.75	23.57	23.40	23.22	23.05	22.87	22.70	22.53	22.35	22.18	22.01
24.20	24.03	23.85	23.67	23.50	23.32	23.15	22.97	22.80	22.63	22.45	22.28	22.11
24.31	24.13	23.95	23.78	23.60	23.42	23.25	23.07	22.90	22.73	22.55	22.38	22.21
24.41	24.23	24.06	23.88	23.70	23.53	23.35	23.17	23.00	22.83	22.65	22.48	22.30
24.52	24.34	24.16	23.98	23.80	23.63	23.45	23.28	23.10	22.92	22.75	22.58	22.40
24.62	24.44	24.26	24.08	23.91	23.73	23.55	23.38	23.20	23.02	22.85	22.67	22.50
24.73	24.55	24.37	24.19	24.01	23.83	23.65	23.48	23.30	23.12	22.95	22.77	22.60
24.83	24.65	24.47	24.29	24.11	23.93	23.75	23.58	23.40	23.22	23.05	22.87	22.70
24.94	24.75	24.57	24.39	24.21	24.03	23.86	23.68	23.50	23.32	23.15	22.97	22.79
25.04	24.86	24.68	24.50	24.32	24.14	23.96	23.78	23.60	23.42	23.24	23.07	22.89
25.14	24.96	24.78	24.60	24.42	24.24	24.06	23.88	23.70	23.52	23.34	23.17	22.99
25.25	25.07	24.88	24.70	24.52	24.34	24.16	23.98	23.80	23.62	23.44	23.26	23.09
25.35	25.17	24.99	24.80	24.62	24.44	24.26	24.08	23.90	23.72	23.54	23.36	23.18
25.46	25.27	25.09	24.91	24.72	24.54	24.36	24.18	24.00	23.82	23.64	23.46	23.28
25.56	25.38	25.19	25.01	24.83	24.64	24.46	24.28	24.10	23.92	23.74	23.56	23.38
25.67	25.48	25.30	25.11	24.93	24.75	24.56	24.38	24.20	24.02	23.84	23.66	23.48
25.77	25.58	25.40	25.21	25.03	24.85	24.66	24.48	24.30	24.12	23.94	23.76	23.58
25.87	25.69	25.50	25.32	25.13	24.95	24.77	24.58	24.40	24.22	24.04	23.86	23.67
25.98	25.79	25.61	25.42	25.23	25.05	24.87	24.68	24.50	24.32	24.14	23.95	23.77
26.08	25.89	25.71	25.52	25.34	25.15	24.97	24.78	24.60	24.42	24.23	24.05	23.87
26.19	26.00	25.81	25.62	25.44	25.25	25.07	24.88	24.70	24.52	24.33	24.15	23.97
26.29	26.10	25.91	25.73	25.54	25.35	25.17	24.98	24.80	24.62	24.43	24.25	24.07
26.39	26.20	26.02	25.83	25.64	25.46	25.27	25.08	24.90	24.72	24.53	24.35	24.17
26.50	26.31	26.12	25.93	25.74	25.56	25.37	25.19	25.00	24.82	24.63	24.45	24.26
26.60	26.41	26.22	26.03	25.85	25.66	25.47	25.29	25.10	24.91	24.73	24.55	24.36
26.70	26.51	26.32	26.14	25.95	25.76	25.57	25.39	25.20	25.01	24.83	24.64	24.46
26.81	26.62	26.43	26.24	26.05	25.86	25.67	25.49	25.30	25.11	24.93	24.74	24.56
26.91	26.72	26.53	26.34	26.15	25.96	25.77	25.59	25.40	25.21	25.03	24.84	24.66
27.02	26.82	26.63	26.44	26.25	26.06	25.88	25.69	25.50	25.31	25.13	24.94	24.75
27.12	26.93	26.74	26.54	26.35	26.17	25.98	25.79	25.60	25.41	25.23	25.04	24.85
27.22	27.03	26.84	26.65	26.46	26.27	26.08	25.89	25.70	25.51	25.32	25.14	24.95
27.33	27.13	26.94	26.75	26.56	26.37	26.18	25.99	25.80	25.61	25.42	25.24	25.05
27.43	27.24	27.04	26.85	26.66	26.47	26.28	26.09	25.90	25.71	25.52	25.34	25.15
27.53	27.34	27.15	26.95	26.76	26.57	26.38	26.19	26.00	25.81	25.62	25.43	25.25
27.64	27.44	27.25	27.05	26.86	26.67	26.48	26.29	26.10	25.91	25.72	25.53	25.35

表 B.1

酒精计浓度/(%vol)	温度/											
	10	10.5	11	11.5	12	12.5	13	13.5	14	14.5	15	15.5
26.2	30.13	29.93	29.72	29.52	29.32	29.12	28.92	28.72	28.52	28.33	28.13	27.93
26.3	30.24	30.03	29.83	29.63	29.43	29.22	29.02	28.83	28.63	28.43	28.23	28.04
26.4	30.34	30.14	29.94	29.73	29.53	29.33	29.13	28.93	28.73	28.53	28.34	28.14
26.5	30.45	30.25	30.04	29.84	29.64	29.44	29.23	29.03	28.84	28.64	28.44	28.24
26.6	30.56	30.35	30.15	29.94	29.74	29.53	29.34	29.14	28.94	28.74	28.54	28.35
26.7	30.66	30.46	30.25	30.05	29.85	29.65	29.44	29.24	29.04	28.85	28.65	28.45
26.8	30.77	30.57	30.36	30.16	29.95	29.75	29.55	29.35	29.15	28.95	28.75	28.55
26.9	30.88	30.67	30.47	30.26	30.06	29.86	29.65	29.45	29.25	29.05	28.85	28.66
27	30.98	30.78	30.57	30.37	30.16	29.96	29.76	29.56	29.36	29.16	28.96	28.76
27.1	31.09	30.88	30.68	30.47	30.27	30.07	29.86	29.66	29.46	29.26	29.06	28.86
27.2	31.20	30.99	30.78	30.58	30.37	30.17	29.97	29.77	29.56	29.36	29.16	28.96
27.3	31.30	31.09	30.89	30.68	30.48	30.27	30.07	29.87	29.67	29.47	29.27	29.07
27.4	31.41	31.20	30.99	30.79	30.58	30.38	30.18	29.97	29.77	29.57	29.37	29.17
27.5	31.51	31.30	31.10	30.89	30.69	30.48	30.28	30.08	29.87	29.67	29.47	29.27
27.6	31.62	31.41	31.20	31.00	30.79	30.59	30.38	30.18	29.98	29.78	29.58	29.38
27.7	31.72	31.51	31.31	31.10	30.90	30.69	30.49	30.28	30.08	29.88	29.68	29.48
27.8	31.83	31.62	31.41	31.21	31.00	30.80	30.59	30.39	30.19	29.98	29.78	29.58
27.9	31.93	31.72	31.52	31.31	31.10	30.90	30.69	30.49	30.29	30.09	29.88	29.68
28	32.04	31.83	31.62	31.41	31.21	31.00	30.80	30.59	30.39	30.19	29.99	29.79
28.1	32.14	31.93	31.73	31.52	31.31	31.11	30.90	30.70	30.49	30.29	30.09	29.89
28.2	32.25	32.04	31.83	31.62	31.42	31.21	31.01	30.80	30.60	30.39	30.19	29.99
28.3	32.35	32.14	31.93	31.73	31.52	31.31	31.11	30.90	30.70	30.50	30.29	30.09
28.4	32.45	32.25	32.04	31.83	31.62	31.42	31.21	31.01	30.80	30.60	30.40	30.19
28.5	32.56	32.35	32.14	31.93	31.73	31.52	31.31	31.11	30.91	30.70	30.50	30.30
28.6	32.66	32.45	32.24	32.04	31.83	31.62	31.42	31.21	31.01	30.80	30.60	30.40
28.7	32.77	32.56	32.35	32.14	31.93	31.73	31.52	31.32	31.11	30.91	30.70	30.50
28.8	32.87	32.66	32.45	32.24	32.04	31.83	31.62	31.42	31.21	31.01	30.81	30.60
28.9	32.97	32.76	32.55	32.35	32.14	31.93	31.73	31.52	31.32	31.11	30.91	30.71
29	33.08	32.87	32.66	32.45	32.24	32.04	31.83	31.62	31.42	31.21	31.01	30.81
29.1	33.18	32.97	32.76	32.55	32.35	32.14	31.93	31.73	31.52	31.32	31.11	30.91
29.2	33.28	33.07	32.86	32.66	32.45	32.24	32.03	31.83	31.62	31.42	31.21	31.01
29.3	33.39	33.18	32.97	32.76	32.55	32.34	32.14	31.93	31.73	31.52	31.32	31.11
29.4	33.49	33.28	33.07	32.86	32.65	32.45	32.24	32.03	31.83	31.62	31.42	31.21
29.5	33.59	33.38	33.17	32.96	32.76	32.55	32.34	32.14	31.93	31.72	31.52	31.32
29.6	33.69	33.48	33.27	33.07	32.86	32.65	32.44	32.24	32.03	31.83	31.62	31.42
29.7	33.80	33.59	33.38	33.17	32.96	32.75	32.55	32.34	32.13	31.93	31.72	31.52
29.8	33.90	33.69	33.48	33.27	33.06	32.86	32.65	32.44	32.24	32.03	31.82	31.62
29.9	34.00	33.79	33.58	33.37	33.16	32.96	32.75	32.54	32.34	32.13	31.93	31.72
30	34.10	33.89	33.68	33.48	33.27	33.06	32.85	32.65	32.44	32.23	32.03	31.82
30.1	34.21	34.00	33.79	33.58	33.37	33.16	32.95	32.75	32.54	32.33	32.13	31.92
30.2	34.31	34.10	33.89	33.68	33.47	33.26	33.06	32.85	32.64	32.44	32.23	32.03
30.3	34.41	34.20	33.99	33.78	33.57	33.36	33.16	32.95	32.74	32.54	32.33	32.13
30.4	34.51	34.30	34.09	33.88	33.67	33.47	33.26	33.05	32.85	32.64	32.43	32.23
30.5	34.61	34.40	34.19	33.98	33.78	33.57	33.36	33.15	32.95	32.74	32.53	32.33

（续）　　　　　　　　　　　　　　　　　　　　　　　　　　　　　　　　单位为%vol

℃												
16	16.5	17	17.5	18	18.5	19	19.5	20	20.5	21	21.5	22
27.74	27.54	27.35	27.16	26.96	26.77	26.58	26.39	26.20	26.01	25.82	25.63	25.44
27.84	27.65	27.45	27.26	27.07	26.87	26.68	26.49	26.30	26.11	25.92	25.73	25.54
27.94	27.75	27.55	27.36	27.17	26.97	26.78	26.59	26.40	26.21	26.02	25.83	25.64
28.05	27.85	27.66	27.46	27.27	27.08	26.88	26.69	26.50	26.31	26.12	25.93	25.74
28.15	27.95	27.76	27.56	27.37	27.18	26.98	26.79	26.60	26.41	26.22	26.03	25.84
28.25	28.06	27.86	27.67	27.47	27.28	27.08	26.89	26.70	26.51	26.32	26.13	25.94
28.36	28.16	27.96	27.77	27.57	27.38	27.19	26.99	26.80	26.61	26.42	26.23	26.03
28.46	28.26	28.07	27.87	27.67	27.48	27.29	27.09	26.90	26.71	26.52	26.32	26.13
28.56	28.36	28.17	27.97	27.78	27.58	27.39	27.19	27.00	26.81	26.62	26.42	26.23
28.66	28.47	28.27	28.07	27.88	27.68	27.49	27.29	27.10	26.91	26.71	26.52	26.33
28.77	28.57	28.37	28.17	27.98	27.78	27.59	27.39	27.20	27.01	26.81	26.62	26.43
28.87	28.67	28.47	28.28	28.08	27.88	27.69	27.49	27.30	27.11	26.91	26.72	26.53
28.97	28.77	28.58	28.38	28.18	27.99	27.79	27.59	27.40	27.21	27.01	26.82	26.63
29.07	28.88	28.68	28.48	28.28	28.09	27.89	27.69	27.50	27.31	27.11	26.92	26.73
29.18	28.98	28.78	28.58	28.38	28.19	27.99	27.80	27.60	27.41	27.21	27.02	26.82
29.28	29.08	28.88	28.68	28.48	28.29	28.09	27.90	27.70	27.51	27.31	27.12	26.92
29.38	29.18	28.98	28.78	28.59	28.39	28.19	28.00	27.80	27.60	27.41	27.22	27.02
29.48	29.28	29.08	28.89	28.69	28.49	28.29	28.10	27.90	27.70	27.51	27.31	27.12
29.59	29.39	29.19	28.99	28.79	28.59	28.39	28.20	28.00	27.80	27.61	27.41	27.22
29.69	29.49	29.29	29.09	28.89	28.69	28.49	28.30	28.10	27.90	27.71	27.51	27.32
29.79	29.59	29.39	29.19	28.99	28.79	28.59	28.40	28.20	28.00	27.81	27.61	27.42
29.89	29.69	29.49	29.29	29.09	28.89	28.69	28.50	28.30	28.10	27.91	27.71	27.52
29.99	29.79	29.59	29.39	29.19	28.99	28.80	28.60	28.40	28.20	28.01	27.81	27.61
30.10	29.89	29.69	29.49	29.29	29.09	28.90	28.70	28.50	28.30	28.11	27.91	27.71
30.20	30.00	29.79	29.59	29.39	29.20	29.00	28.80	28.60	28.40	28.21	28.01	27.81
30.30	30.10	29.90	29.70	29.50	29.30	29.10	28.90	28.70	28.50	28.30	28.11	27.91
30.40	30.20	30.00	29.80	29.60	29.40	29.20	29.00	28.80	28.60	28.40	28.21	28.01
30.50	30.30	30.10	29.90	29.70	29.50	29.30	29.10	28.90	28.70	28.50	28.31	28.11
30.60	30.40	30.20	30.00	29.80	29.60	29.40	29.20	29.00	28.80	28.60	28.41	28.21
30.71	30.50	30.30	30.10	29.90	29.70	29.50	29.30	29.10	28.90	28.70	28.51	28.31
30.81	30.60	30.40	30.20	30.00	29.80	29.60	29.40	29.20	29.00	28.80	28.60	28.41
30.91	30.71	30.50	30.30	30.10	29.90	29.70	29.50	29.30	29.10	28.90	28.70	28.51
31.01	30.81	30.61	30.40	30.20	30.00	29.80	29.60	29.40	29.20	29.00	28.80	28.61
31.11	30.91	30.71	30.50	30.30	30.10	29.90	29.70	29.50	29.30	29.10	28.90	28.70
31.21	31.01	30.81	30.60	30.40	30.20	30.00	29.80	29.60	29.40	29.20	29.00	28.80
31.31	31.11	30.91	30.71	30.50	30.30	30.10	29.90	29.70	29.50	29.30	29.10	28.90
31.42	31.21	31.01	30.81	30.60	30.40	30.20	30.00	29.80	29.60	29.40	29.20	29.00
31.52	31.31	31.11	30.91	30.71	30.50	30.30	30.10	29.90	29.70	29.50	29.30	29.10
31.62	31.41	31.21	31.01	30.81	30.60	30.40	30.20	30.00	29.80	29.60	29.40	29.20
31.72	31.52	31.31	31.11	30.91	30.70	30.50	30.30	30.10	29.90	29.70	29.50	29.30
31.82	31.62	31.41	31.21	31.01	30.80	30.60	30.40	30.20	30.00	29.80	29.60	29.40
31.92	31.72	31.51	31.31	31.11	30.91	30.70	30.50	30.30	30.10	29.90	29.70	29.50
32.02	31.82	31.62	31.41	31.21	31.01	30.80	30.60	30.40	30.20	30.00	29.80	29.60
32.12	31.92	31.72	31.51	31.31	31.11	30.90	30.70	30.50	30.30	30.10	29.90	29.70

表 B.1

酒精计浓度/（%vol）	温度/										
	10	10.5	11	11.5	12	12.5	13	13.5	14	14.5	15	15.5
30.6	34.71	34.50	34.30	34.09	33.88	33.67	33.46	33.25	33.05	32.84	32.64	32.43
30.7	34.82	34.61	34.40	34.19	33.98	33.77	33.56	33.36	33.15	32.94	32.74	32.53
30.8	34.92	34.71	34.50	34.29	34.08	33.87	33.66	33.46	33.25	33.04	32.84	32.63
30.9	35.02	34.81	34.60	34.39	34.18	33.97	33.77	33.56	33.35	33.15	32.94	32.73
31	35.12	34.91	34.70	34.49	34.28	34.07	33.87	33.66	33.45	33.25	33.04	32.83
31.1	35.22	35.01	34.80	34.59	34.38	34.18	33.97	33.76	33.55	33.35	33.14	32.94
31.2	35.32	35.11	34.90	34.69	34.49	34.28	34.07	33.86	33.65	33.45	33.24	33.04
31.3	35.42	35.21	35.00	34.79	34.59	34.38	34.17	33.96	33.76	33.55	33.34	33.14
31.4	35.52	35.31	35.10	34.90	34.69	34.48	34.27	34.06	33.86	33.65	33.44	33.24
31.5	35.62	35.41	35.21	35.00	34.79	34.58	34.37	34.16	33.96	33.75	33.54	33.34
31.6	35.72	35.52	35.31	35.10	34.89	34.68	34.47	34.27	34.06	33.85	33.65	33.44
31.7	35.83	35.62	35.41	35.20	34.99	34.78	34.57	34.37	34.16	33.95	33.75	33.54
31.8	35.93	35.72	35.51	35.30	35.09	34.88	34.67	34.47	34.26	34.05	33.85	33.64
31.9	36.03	35.82	35.61	35.40	35.19	34.98	34.77	34.57	34.36	34.15	33.95	33.74
32	36.13	35.92	35.71	35.50	35.29	35.08	34.88	34.67	34.46	34.25	34.05	33.84
32.1	36.23	36.02	35.81	35.60	35.39	35.18	34.98	34.77	34.56	34.35	34.15	33.94
32.2	36.33	36.12	35.91	35.70	35.49	35.28	35.08	34.87	34.66	34.45	34.25	34.04
32.3	36.43	36.22	36.01	35.80	35.59	35.38	35.18	34.97	34.76	34.56	34.35	34.14
32.4	36.53	36.32	36.11	35.90	35.69	35.48	35.28	35.07	34.86	34.66	34.45	34.24
32.5	36.63	36.42	36.21	36.00	35.79	35.58	35.38	35.17	34.96	34.76	34.55	34.34
32.6	36.73	36.52	36.31	36.10	35.89	35.68	35.48	35.27	35.06	34.86	34.65	34.44
32.7	36.83	36.62	36.41	36.20	35.99	35.79	35.58	35.37	35.16	34.96	34.75	34.54
32.8	36.93	36.72	36.51	36.30	36.09	35.89	35.68	35.47	35.26	35.06	34.85	34.64
32.9	37.03	36.82	36.61	36.40	36.19	35.99	35.78	35.57	35.36	35.16	34.95	34.74
33	37.13	36.92	36.71	36.50	36.29	36.09	35.88	35.67	35.46	35.26	35.05	34.84
33.1	37.22	37.02	36.81	36.60	36.39	36.19	35.98	35.77	35.56	35.36	35.15	34.94
33.2	37.32	37.12	36.91	36.70	36.49	36.28	36.08	35.87	35.66	35.46	35.25	35.04
33.3	37.42	37.22	37.01	36.80	36.59	36.38	36.18	35.97	35.76	35.56	35.35	35.14
33.4	37.52	37.31	37.11	36.90	36.69	36.48	36.28	36.07	35.86	35.66	35.45	35.24
33.5	37.62	37.41	37.21	37.00	36.79	36.58	36.38	36.17	35.96	35.76	35.55	35.34
33.6	37.72	37.51	37.31	37.10	36.89	36.68	36.48	36.27	36.06	35.86	35.65	35.44
33.7	37.82	37.61	37.41	37.20	36.99	36.78	36.58	36.37	36.16	35.96	35.75	35.54
33.8	37.92	37.71	37.50	37.30	37.09	36.88	36.68	36.47	36.26	36.06	35.85	35.64
33.9	38.02	37.81	37.60	37.40	37.19	36.98	36.78	36.57	36.36	36.16	35.95	35.74
34	38.12	37.91	37.70	37.50	37.29	37.08	56.88	36.67	36.46	36.26	36.05	35.84
34.1	38.22	38.01	37.80	37.59	37.39	37.18	36.97	36.77	36.56	36.36	36.15	35.94
34.2	38.31	38.11	37.90	37.69	37.49	37.28	37.07	36.87	36.66	36.46	36.25	36.04
34.3	38.41	38.21	38.00	37.79	37.59	37.38	37.17	36.97	36.76	36.56	36.35	36.14
34.4	38.51	38.31	38.10	37.89	37.69	37.48	37.27	37.07	36.86	36.65	36.45	36.24
34.5	38.61	38.40	38.20	37.99	37.78	37.58	37.37	37.17	36.96	36.75	36.55	36.34
34.6	38.71	38.50	38.30	38.09	37.88	37.68	37.47	37.27	37.06	36.85	36.65	36.44
34.7	38.81	38.60	38.40	38.19	37.98	37.78	37.57	37.36	37.16	36.95	36.75	36.54
34.8	38.91	38.70	38.49	38.29	38.08	37.88	37.67	37.46	37.26	37.05	36.85	36.64
34.9	39.00	38.80	38.59	38.39	38.18	37.97	37.77	37.56	37.36	37.15	36.95	36.74

（续）　　　　　　　　　　　　　　　　　　　　　　　　　　　　单位为%vol

℃												
16	16.5	17	17.5	18	18.5	19	19.5	20	20.5	21	21.5	22
32.23	32.02	31.82	31.61	31.41	31.21	31.00	30.80	30.60	30.40	30.20	30.00	29.80
32.33	32.12	31.92	31.71	31.51	31.31	31.10	30.90	30.70	30.50	30.30	30.10	29.90
32.43	32.22	32.02	31.81	31.61	31.41	31.20	31.00	30.80	30.60	30.40	30.20	29.99
32.53	32.32	32.12	31.91	31.71	31.51	31.30	31.10	30.90	30.70	30.50	30.30	30.09
32.63	32.42	32.22	32.02	31.81	31.61	31.41	31.20	31.00	30.80	30.60	30.39	30.19
32.73	32.52	32.32	32.12	31.91	31.71	31.51	31.30	31.10	30.90	30.70	30.49	30.29
32.83	32.63	32.42	32.22	32.01	31.81	31.61	31.40	31.20	31.00	30.80	30.59	30.39
32.93	32.73	32.52	32.32	32.11	31.91	31.71	31.50	31.30	31.10	30.90	30.69	30.49
33.03	32.83	32.62	32.42	32.21	32.01	31.81	31.60	31.40	31.20	31.00	30.79	30.59
33.13	32.93	32.72	32.52	32.31	32.11	31.91	31.70	31.50	31.30	31.10	30.89	30.69
33.23	33.03	32.82	32.62	32.41	32.21	32.01	31.80	31.60	31.40	31.19	30.99	30.79
33.33	33.13	32.92	32.72	32.51	32.31	32.11	31.90	31.70	31.50	31.29	31.09	30.89
33.43	33.23	33.02	32.82	32.61	32.41	32.21	32.00	31.80	31.60	31.39	31.19	30.99
33.54	33.33	33.12	32.92	32.72	32.51	32.31	32.10	31.90	31.70	31.49	31.29	31.09
33.64	33.43	33.22	33.02	32.82	32.61	32.41	32.20	32.00	31.80	31.59	31.39	31.19
33.74	33.53	33.33	33.12	32.92	32.71	32.51	32.30	32.10	31.90	31.69	31.49	31.29
33.84	33.63	33.43	33.22	33.02	32.81	32.61	32.40	32.20	32.00	31.79	31.59	31.39
33.94	33.73	33.53	33.32	33.12	32.91	32.71	32.50	32.30	32.10	31.89	31.69	31.49
34.04	33.83	33.63	33.42	33.22	33.01	32.81	32.60	32.40	32.20	31.99	31.79	31.59
34.14	33.93	33.73	33.52	33.32	33.11	32.91	32.70	32.50	32.30	32.09	31.89	31.69
34.24	34.03	33.83	33.62	33.42	33.21	33.01	32.80	32.60	32.40	32.19	31.99	31.79
34.34	34.13	33.93	33.72	33.52	33.31	33.11	32.90	32.70	32.50	32.29	32.09	31.89
34.44	34.23	34.03	33.82	33.62	33.41	33.21	33.00	32.80	32.60	32.39	32.19	31.99
34.54	34.33	34.13	33.92	33.72	33.51	33.31	33.10	32.90	32.70	32.49	32.29	32.09
34.64	34.43	34.23	34.02	33.82	33.61	33.41	33.20	33.00	32.80	32.59	32.39	32.19
34.74	34.53	34.33	34.12	33.92	33.71	33.51	33.30	33.10	32.90	32.69	32.49	32.29
34.84	34.63	34.43	34.22	34.02	33.81	33.61	33.40	33.20	33.00	32.79	32.59	32.39
34.94	34.73	34.53	34.32	34.12	33.91	33.71	33.50	33.30	33.10	32.89	32.69	32.49
35.04	34.83	34.63	34.42	34.22	34.01	33.81	33.60	33.40	33.20	32.99	32.79	32.59
35.14	34.93	34.73	34.52	34.32	34.11	33.91	33.70	33.50	33.30	33.09	32.89	32.69
35.24	35.03	34.83	34.62	34.42	34.21	34.01	33.80	33.60	33.40	33.19	32.99	32.79
35.34	35.13	34.93	34.72	34.52	34.31	34.11	33.90	33.70	33.50	33.29	33.09	32.88
35.44	35.23	35.03	34.82	34.62	34.41	34.21	34.00	33.80	33.60	33.39	33.19	32.98
35.54	35.33	35.13	34.92	34.72	34.51	34.31	34.10	33.90	33.70	33.49	33.29	33.08
35.64	35.43	35.23	35.02	34.82	34.61	34.41	34.20	34.00	33.80	33.59	33.39	33.18
35.74	35.53	35.33	35.12	34.92	34.71	34.51	34.30	34.10	33.90	33.69	33.49	33.28
35.84	35.63	35.43	35.22	35.02	34.81	34.61	34.40	34.20	34.00	33.79	33.59	33.38
35.94	35.73	35.53	35.32	35.12	34.91	34.71	34.50	34.30	34.10	33.89	33.69	33.48
36.04	35.83	35.63	35.42	35.22	35.01	34.81	34.60	34.40	34.20	33.99	33.79	33.58
36.14	35.93	35.73	35.52	35.32	35.11	34.91	34.70	34.50	34.30	34.09	33.89	33.68
36.24	36.03	35.83	35.62	35.42	35.21	35.01	34.80	34.60	34.40	34.19	33.99	33.78
36.34	36.13	35.93	35.72	35.52	35.31	35.11	34.90	34.70	34.50	34.29	34.09	33.88
36.44	36.23	36.03	35.82	35.62	35.41	35.21	35.00	34.80	34.60	34.39	34.19	33.98
36.54	36.33	36.13	35.92	35.72	35.51	35.31	35.10	34.90	34.70	34.49	34.29	34.08

表 B.1

酒精计浓度/(%vol)	温度/											
	10	10.5	11	11.5	12	12.5	13	13.5	14	14.5	15	15.5
35	39.10	38.90	38.69	38.43	38.28	38.07	37.87	37.66	37.46	37.25	37.05	36.84
35.1	39.20	39.00	38.79	38.58	38.38	38.17	37.97	37.76	37.56	37.35	37.15	36.94
35.2	39.30	39.09	38.89	38.68	38.48	38.27	38.07	37.86	37.66	37.45	37.25	37.04
35.3	39.40	39.19	38.99	38.78	38.58	38.37	38.17	37.96	37.76	37.55	37.34	37.14
35.4	39.50	39.29	39.09	38.88	38.67	38.47	38.26	38.06	37.85	37.65	37.44	37.24
35.5	39.59	39.39	39.18	38.98	38.77	38.57	38.36	38.16	37.95	37.75	37.54	37.34
35.6	39.69	39.49	39.28	39.08	38.87	38.67	38.46	38.26	38.05	37.85	37.64	37.44
35.7	39.79	39.59	39.38	39.18	38.97	38.77	38.56	38.36	38.15	37.95	37.74	37.54
35.8	39.89	39.68	39.48	39.27	39.07	38.86	38.66	38.46	38.25	38.05	37.84	37.64
35.9	39.99	39.78	39.58	39.37	39.17	38.96	38.76	38.55	38.35	38.15	37.94	37.74
36	40.08	39.88	39.68	39.47	39.27	39.06	38.86	38.65	38.45	38.24	38.04	37.84
36.1	40.18	39.98	39.77	39.57	39.37	39.16	38.96	38.75	38.55	38.34	38.14	37.94
36.2	40.28	40.08	39.87	39.67	39.46	39.26	39.06	38.85	38.65	38.44	38.24	38.03
36.3	40.38	40.17	39.97	39.77	39.56	39.36	39.15	38.95	38.75	38.54	38.34	38.13
36.4	40.48	40.27	40.07	39.86	39.66	39.46	39.25	39.05	38.84	38.64	38.44	38.23
36.5	40.57	40.37	40.17	39.96	39.76	39.56	39.35	39.15	38.94	38.74	38.54	38.33
36.6	40.67	40.47	40.26	40.06	39.86	39.65	39.45	39.25	39.04	38.84	38.64	38.43
36.7	40.77	40.57	40.36	40.16	39.96	39.75	39.55	39.35	39.14	38.94	38.73	38.53
36.8	40.87	40.66	40.46	40.26	40.05	39.85	39.65	39.44	39.24	39.04	38.83	38.63
36.9	40.96	40.76	40.56	40.36	40.15	39.95	39.75	39.54	39.34	39.14	38.93	38.73
37	41.06	40.86	40.66	40.45	40.25	40.05	39.84	39.64	39.44	39.23	39.03	38.83
37.1	41.16	40.96	40.75	40.55	40.35	40.15	39.94	39.74	39.54	39.33	39.13	38.93
37.2	41.26	41.05	40.85	40.65	40.45	40.24	40.04	39.84	39.64	39.43	39.23	39.03
37.3	41.35	41.15	40.95	40.75	40.54	40.34	40.14	39.94	39.73	39.53	39.33	39.13
37.4	41.45	41.25	41.05	40.85	40.64	40.44	40.24	40.04	39.83	39.63	39.43	39.23
37.5	41.55	41.35	41.15	40.94	40.74	40.54	40.34	40.13	39.93	39.73	39.53	39.32
37.6	41.65	41.45	41.24	41.04	40.84	40.64	40.44	40.23	40.03	39.83	39.63	39.42
37.7	41.74	41.54	41.34	41.14	40.94	40.74	40.53	40.33	40.13	39.93	39.72	39.52
37.8	41.84	41.64	41.44	41.24	41.04	40.83	40.63	40.43	40.23	40.03	39.82	39.62
37.9	41.94	41.74	41.54	41.34	41.13	40.93	40.73	40.53	40.33	40.12	39.92	39.72
38	42.04	41.84	41.63	41.43	41.23	41.03	40.83	40.63	40.43	40.22	40.02	39.82
38.1	42.13	41.93	41.73	41.53	41.33	41.13	40.93	40.73	40.52	40.32	40.12	39.92
38.2	42.23	42.03	41.83	41.63	41.43	41.23	41.03	40.82	40.62	40.42	40.22	40.02
38.3	42.33	42.13	41.93	41.73	41.53	41.32	41.12	40.92	40.72	40.52	40.32	40.12
38.4	42.43	42.23	42.02	41.82	41.62	41.42	41.22	41.02	40.82	40.62	40.42	40.22
38.5	42.52	42.32	42.12	41.92	41.72	41.52	41.32	41.12	40.92	40.72	40.52	40.31
38.6	42.62	42.42	42.22	42.02	41.82	41.62	41.42	41.22	41.02	40.82	40.61	40.41
38.7	42.72	42.52	42.32	42.12	41.92	41.72	41.52	41.32	41.11	40.91	40.71	40.51
38.8	42.81	42.61	42.41	42.21	42.01	41.81	41.61	41.41	41.21	41.01	40.81	40.61
38.9	42.91	42.71	42.51	42.31	42.11	41.91	41.71	41.51	41.31	41.11	40.91	40.71
39	43.01	42.81	42.61	42.41	42.21	42.01	41.81	41.61	41.41	41.21	41.01	40.81
39.1	43.11	42.91	42.71	42.51	42.31	42.11	41.91	41.71	41.51	41.31	41.11	40.91
39.2	43.20	43.00	42.80	42.61	42.41	42.21	42.01	41.81	41.61	41.41	41.21	41.01
39.3	43.30	43.10	42.90	42.70	42.50	42.30	42.11	41.91	41.71	41.51	41.31	41.11

（续） 单位为%vol

℃

16	16.5	17	17.5	18	18.5	19	19.5	20	20.5	21	21.5	22
36.64	36.43	36.23	36.02	35.82	35.61	35.41	35.20	35.00	34.80	34.59	34.39	34.18
36.74	36.53	36.33	36.12	35.92	35.71	35.51	35.30	35.10	34.90	34.69	34.49	34.28
36.84	36.63	36.43	36.22	36.02	35.81	35.61	35.40	35.20	35.00	34.79	34.59	34.38
36.94	36.73	36.53	36.32	36.12	35.91	35.71	35.50	35.30	35.10	34.89	34.69	34.48
37.03	36.83	36.63	36.42	36.22	36.01	35.81	35.60	35.40	35.20	34.99	34.79	34.58
37.13	36.93	36.73	36.52	36.32	36.11	35.91	35.70	35.50	35.30	35.09	34.89	34.68
37.23	37.03	36.82	36.62	36.42	36.21	36.01	35.80	35.60	35.40	35.19	34.99	34.78
37.33	37.13	36.92	36.72	36.52	36.31	36.11	35.90	35.70	35.50	35.29	35.09	34.89
37.43	37.23	37.02	36.82	36.62	36.41	36.21	36.00	35.80	35.60	35.39	35.19	34.99
37.53	37.33	37.12	36.92	36.72	36.51	36.31	36.10	35.90	35.70	35.49	35.29	35.09
37.63	37.43	37.22	37.02	36.82	36.61	36.41	36.20	36.00	35.80	35.59	35.39	35.19
37.73	37.53	37.32	37.12	36.92	36.71	36.51	36.30	36.10	35.90	35.69	35.49	35.29
37.83	37.63	37.42	37.22	37.01	36.81	36.61	36.40	36.20	36.00	35.79	35.59	35.39
37.93	37.73	37.52	37.32	37.11	36.91	36.71	36.50	36.30	36.10	35.89	35.69	35.49
38.03	37.83	37.62	37.42	37.21	37.01	36.81	36.60	36.40	36.20	35.99	35.79	35.59
38.13	37.93	37.72	37.52	37.31	37.11	36.91	36.70	36.50	36.30	36.09	35.89	35.69
38.23	38.02	37.82	37.62	37.41	37.21	37.01	36.80	36.60	36.40	36.19	35.99	35.79
38.33	38.12	37.92	37.72	37.51	37.31	37.11	36.90	36.70	36.50	36.29	36.09	35.89
38.43	38.22	38.02	37.82	37.61	37.41	37.21	37.00	36.80	36.60	36.39	36.19	35.99
38.53	38.32	38.12	37.92	37.71	37.51	37.31	37.10	36.90	36.70	36.49	36.29	36.09
38.63	38.42	38.22	38.02	37.81	37.61	37.41	37.20	37.00	36.80	36.59	36.39	36.19
38.72	38.52	38.32	38.12	37.91	37.71	37.51	37.30	37.10	36.90	36.69	36.49	36.29
38.82	38.62	38.42	38.21	38.01	37.81	37.61	37.40	37.20	37.00	36.79	36.59	36.39
38.92	38.72	38.52	38.31	38.11	37.91	37.71	37.50	37.30	37.10	36.89	36.69	36.49
39.02	38.82	38.62	38.41	38.21	38.01	37.81	37.60	37.40	37.20	36.99	36.79	36.59
39.12	38.92	38.72	38.51	38.31	38.11	37.91	37.70	37.50	37.30	37.09	36.89	36.69
39.22	39.02	38.82	38.61	38.41	38.21	38.01	37.80	37.60	37.40	37.19	36.99	36.79
39.32	39.12	38.92	38.71	38.51	38.31	38.11	37.90	37.70	37.50	37.29	37.09	36.89
39.42	39.22	39.01	38.81	38.61	38.41	38.20	38.00	37.80	37.60	37.39	37.19	36.99
39.52	39.32	39.11	38.91	38.71	38.51	38.30	38.10	37.90	37.70	37.50	37.29	37.09
39.62	39.42	39.21	39.01	38.81	38.61	38.40	38.20	38.00	37.80	37.60	37.39	37.19
39.72	39.51	39.31	39.11	38.91	38.71	38.50	38.30	38.10	37.90	37.70	37.49	37.29
39.82	39.61	39.41	39.21	39.01	38.81	38.60	38.40	38.20	38.00	37.80	37.59	37.39
39.91	39.71	39.51	39.31	39.11	38.91	38.70	38.50	38.30	38.10	37.90	37.69	37.49
40.01	39.81	39.61	39.41	39.21	39.01	38.80	38.60	38.40	38.20	38.00	37.79	37.59
40.11	39.91	39.71	39.51	39.31	39.11	38.90	38.70	38.50	38.30	38.10	37.89	37.69
40.21	40.01	39.81	39.61	39.41	39.21	39.00	38.80	38.60	38.40	38.20	37.99	37.79
40.31	40.11	39.91	39.71	39.51	39.30	39.10	38.90	38.70	38.50	38.30	38.09	37.89
40.41	40.21	40.01	39.81	39.61	39.40	39.20	39.00	38.80	38.60	38.40	38.20	37.99
40.51	40.31	40.11	39.91	39.71	39.50	39.30	39.10	38.90	38.70	38.50	38.30	38.09
40.61	40.41	40.21	40.01	39.80	39.60	39.40	39.20	39.00	38.80	38.60	38.40	38.19
40.71	40.51	40.31	40.11	39.90	39.70	39.50	39.30	39.10	38.90	38.70	38.50	38.29
40.81	40.61	40.41	40.20	40.00	39.80	39.60	39.40	39.20	39.00	38.80	38.60	38.39
40.91	40.71	40.50	40.30	40.10	39.90	39.70	39.50	39.30	39.10	38.90	38.70	38.50

表 B.1

酒精计浓度/(%vol)	温度/											
	10	10.5	11	11.5	12	12.5	13	13.5	14	14.5	15	15.5
39.4	43.40	43.20	43.00	42.80	42.60	42.40	42.20	42.00	41.80	41.60	41.40	41.20
39.5	43.49	43.30	43.10	42.90	42.70	42.50	42.30	42.10	41.90	41.70	41.50	41.30
39.6	43.59	43.39	43.19	43.00	42.80	42.60	42.40	42.20	42.00	41.80	41.60	41.40
39.7	43.69	43.49	43.29	43.09	42.89	42.70	42.50	42.30	42.10	41.90	41.70	41.50
39.8	43.78	43.59	43.39	43.19	42.99	42.79	42.60	42.40	42.20	42.00	41.80	41.60
39.9	43.88	43.68	43.49	43.29	43.09	42.89	42.69	42.49	42.30	42.10	41.90	41.70
40	43.98	43.78	43.58	43.39	43.19	42.99	42.79	42.59	42.39	42.20	42.00	41.80
40.1	44.08	43.88	43.68	43.48	43.29	43.09	42.89	42.69	42.49	42.29	42.10	41.90
40.2	44.17	43.98	43.78	43.58	43.38	43.19	42.99	42.79	42.59	42.39	42.19	42.00
40.3	44.27	44.07	43.88	43.68	43.48	43.28	43.09	42.89	42.69	42.49	42.29	42.09
40.4	44.37	44.17	43.97	43.78	43.58	43.38	43.18	42.99	42.79	42.59	42.39	42.19
40.5	44.46	44.27	44.07	43.87	43.68	43.48	43.28	43.08	42.89	42.69	42.49	42.29
40.6	44.56	44.36	44.17	43.97	43.77	43.58	43.38	43.18	42.98	42.79	42.59	42.39
40.7	44.66	44.46	44.26	44.07	43.87	43.67	43.48	43.28	43.08	42.88	42.69	42.49
40.8	44.75	44.56	44.36	44.17	43.97	43.77	43.58	43.38	43.18	42.98	42.79	42.59
40.9	44.85	44.66	44.46	44.26	44.07	43.87	43.67	43.48	43.28	43.08	42.88	42.69
41	44.95	44.75	44.56	44.36	44.16	43.97	43.77	43.57	43.38	43.18	42.98	42.79
41.1	45.04	44.85	44.65	44.46	44.26	44.07	43.87	43.67	43.48	43.28	43.08	42.88
41.2	45.14	44.95	44.75	44.56	44.36	44.16	43.97	43.77	43.57	43.38	43.18	42.98
41.3	45.24	45.04	44.85	44.65	44.46	44.26	44.07	43.87	43.67	43.48	43.28	43.08
41.4	45.34	45.14	44.95	44.75	44.55	44.36	44.16	43.97	43.77	43.57	43.38	43.18
41.5	45.43	45.24	45.04	44.85	44.65	44.46	44.26	44.06	43.87	43.67	43.48	43.28
41.6	45.53	45.33	45.14	44.94	44.75	44.55	44.36	44.16	43.97	43.77	43.57	43.38
41.7	45.63	45.43	45.24	45.04	44.85	44.65	44.46	44.26	44.07	43.87	43.67	43.48
41.8	45.72	45.53	45.33	45.14	44.94	44.75	44.55	44.36	44.16	43.97	43.77	43.58
41.9	45.82	45.63	45.43	45.24	45.04	44.85	44.65	44.46	44.26	44.07	43.87	43.67
42	45.92	45.72	45.53	45.33	45.14	44.95	44.75	44.56	44.36	44.16	43.97	43.77
42.1	46.01	45.82	45.63	45.43	45.24	45.04	44.85	44.65	44.46	44.26	44.07	43.87
42.2	46.11	45.92	45.72	45.53	45.33	45.14	44.95	44.75	44.56	44.36	44.17	43.97
42.3	46.21	46.01	45.82	45.63	45.43	45.24	45.04	44.85	44.65	44.46	44.26	44.07
42.4	46.30	46.11	45.92	45.72	45.53	45.34	45.14	44.95	44.75	44.56	44.36	44.17
42.5	46.40	46.21	46.01	45.82	45.63	45.43	45.24	45.05	44.85	44.66	44.46	44.27
42.6	46.50	46.30	46.11	45.92	45.72	45.53	45.34	45.14	44.95	44.75	44.56	44.36
42.7	46.59	46.40	46.21	46.02	45.82	45.63	45.44	45.24	45.05	44.85	44.66	44.46
42.8	46.69	46.50	46.31	46.11	45.92	45.73	45.53	45.34	45.15	44.95	44.76	44.56
42.9	46.79	46.60	46.40	46.21	46.02	45.82	45.63	45.44	45.24	45.05	44.86	44.66
43	46.88	46.69	46.50	46.31	46.12	45.92	45.73	45.54	45.34	45.15	44.95	44.76
43.1	46.98	46.79	46.60	46.41	46.21	46.02	45.83	45.63	45.44	45.25	45.05	44.86
43.2	47.08	46.89	46.69	46.50	46.31	46.12	45.92	45.73	45.54	45.34	45.15	44.96
43.3	47.17	46.98	46.79	46.60	46.41	46.22	46.02	45.83	45.64	45.44	45.25	45.06
43.4	47.27	47.08	46.89	46.70	46.51	46.31	46.12	45.93	45.73	45.54	45.35	45.15
43.5	47.37	47.18	46.99	46.79	46.60	46.41	46.22	46.03	45.83	45.64	45.45	45.25
43.6	47.46	47.27	47.08	46.89	46.70	46.51	46.32	46.12	45.93	45.74	45.54	45.35
43.7	47.56	47.37	47.18	46.99	46.80	46.61	46.41	46.22	46.03	45.84	45.64	45.45

（续）　　　　单位为%vol

℃

16	16.5	17	17.5	18	18.5	19	19.5	20	20.5	21	21.5	22
41.00	40.80	40.60	40.40	40.20	40.00	39.80	39.60	39.40	39.20	39.00	38.80	38.60
41.10	40.90	40.70	40.50	40.30	40.10	39.90	39.70	39.50	39.30	39.10	38.90	38.70
41.20	41.00	40.80	40.60	40.40	40.20	40.00	39.80	39.60	39.40	39.20	39.00	38.80
41.30	41.10	40.90	40.70	40.50	40.30	40.10	39.90	39.70	39.50	39.30	39.10	38.90
41.40	41.20	41.00	40.80	40.60	40.40	40.20	40.00	39.80	39.60	39.40	39.20	39.00
41.50	41.30	41.10	40.90	40.70	40.50	40.30	40.10	39.90	39.70	39.50	39.30	39.10
41.60	41.40	41.20	41.00	40.80	40.60	40.46	40.20	40.00	39.80	39.60	39.40	39.20
41.70	41.50	41.30	41.10	40.90	40.70	40.50	40.30	40.10	39.90	39.70	39.50	39.30
41.80	41.60	41.40	41.20	41.00	40.80	40.60	40.40	40.20	40.00	39.80	39.60	39.40
41.90	41.70	41.50	41.30	41.10	40.90	40.70	40.50	40.30	40.10	39.90	39.70	39.50
41.99	41.80	41.60	41.40	41.20	41.00	40.80	40.60	40.40	40.20	40.00	39.80	39.60
42.09	41.89	41.70	41.50	41.30	41.10	40.90	40.70	40.50	40.30	40.10	39.90	39.70
42.19	41.99	41.79	41.60	41.40	41.20	41.00	40.80	40.60	40.40	40.20	40.00	39.80
42.29	42.09	41.89	41.70	41.50	41.30	41.10	40.90	40.70	40.50	40.30	40.10	39.90
42.39	42.19	41.99	41.79	41.60	41.40	41.20	41.00	40.80	40.60	40.40	40.20	40.00
42.49	42.29	42.09	41.89	41.70	41.50	41.30	41.10	40.90	40.70	40.50	40.30	40.10
42.59	42.39	42.19	41.99	41.79	41.60	41.40	41.20	41.00	40.80	40.60	40.40	40.20
42.69	42.49	42.29	42.09	41.89	41.70	41.50	41.30	41.10	40.90	40.70	40.50	40.30
42.79	42.59	42.39	42.19	41.99	41.80	41.60	41.40	41.20	41.00	40.80	40.60	40.40
42.88	42.69	42.49	42.29	42.09	41.90	41.70	41.50	41.30	41.10	40.90	40.70	40.50
42.98	42.79	42.59	42.39	42.19	41.99	41.80	41.60	41.40	41.20	41.00	40.80	40.60
43.08	42.88	42.69	42.49	42.29	42.09	41.90	41.70	41.50	41.30	41.10	40.90	40.71
43.18	42.98	42.79	42.59	42.39	42.19	42.00	41.80	41.60	41.40	41.20	41.00	40.81
43.28	43.08	42.89	42.69	42.49	42.29	42.10	41.90	41.70	41.50	41.30	41.10	40.91
43.38	43.18	42.98	42.79	42.59	42.39	42.20	42.00	41.80	41.60	41.40	41.21	41.01
43.48	43.28	43.08	42.89	42.69	42.49	42.30	42.10	41.90	41.70	41.50	41.31	41.11
43.58	43.38	43.18	42.99	42.79	42.59	42.40	42.20	42.00	41.80	41.60	41.41	41.21
43.68	43.48	43.28	43.09	42.89	42.69	42.49	42.30	42.10	41.90	41.70	41.51	41.31
43.77	43.58	43.38	43.19	42.99	42.79	42.59	42.40	42.20	42.00	41.80	41.61	41.41
43.87	43.68	43.48	43.28	43.09	42.89	42.69	42.50	42.30	42.10	41.91	41.71	41.51
43.97	43.78	43.58	43.38	43.19	42.99	42.79	42.60	42.40	42.20	42.01	41.81	41.61
44.07	43.87	43.68	43.48	43.29	43.09	42.89	42.70	42.50	42.30	42.11	41.91	41.71
44.17	43.97	43.78	43.58	43.39	43.19	42.99	42.80	42.60	42.40	42.21	42.01	41.81
44.27	44.07	43.88	43.68	43.49	43.29	43.09	42.90	42.70	42.50	42.31	42.11	41.91
44.37	44.17	43.98	43.78	43.59	43.39	43.19	43.00	42.80	42.60	42.41	42.21	42.01
44.47	44.27	44.08	43.88	43.68	43.49	43.29	43.10	42.90	42.70	42.51	42.31	42.11
44.56	44.37	44.17	43.98	43.78	43.59	43.39	43.20	43.00	42.80	42.61	42.41	42.21
44.66	44.47	44.27	44.08	43.88	43.69	43.49	43.30	43.10	42.90	42.71	42.51	42.31
44.76	44.57	44.37	44.18	43.98	43.79	43.59	43.40	43.20	43.00	42.81	42.61	42.41
44.86	44.67	44.47	44.28	44.08	43.89	43.69	43.50	43.30	43.10	42.91	42.71	42.51
44.96	44.77	44.57	44.38	44.18	43.99	43.79	43.60	43.40	43.20	43.01	42.81	42.62
45.06	44.86	44.67	44.48	44.28	44.09	43.89	43.70	43.50	43.30	43.11	42.91	42.72
45.16	44.96	44.77	44.58	44.38	44.19	43.99	43.80	43.60	43.40	43.21	43.01	42.82
45.26	45.06	44.87	44.67	44.48	44.29	44.09	43.90	43.70	43.50	43.31	43.11	42.92

表 B.1

酒精计浓度/(%vol)	温度/											
	10	10.5	11	11.5	12	12.5	13	13.5	14	14.5	15	15.5
43.8	47.66	47.47	47.28	47.09	46.90	46.70	46.51	46.32	46.13	45.93	45.74	45.55
43.9	47.76	47.56	47.37	47.18	46.99	46.80	46.61	46.42	46.23	46.03	45.84	45.65
44	47.85	47.66	47.47	47.28	47.09	46.90	46.71	46.52	46.32	46.13	45.94	45.75
44.1	47.95	47.76	47.57	47.38	47.19	47.00	46.81	46.61	46.42	46.23	46.04	45.84
44.2	48.05	47.86	47.67	47.48	47.29	47.09	46.90	46.71	46.52	46.33	46.14	45.94
44.3	48.14	47.95	47.76	47.57	47.38	47.19	47.00	46.81	46.62	46.43	46.23	46.04
44.4	48.24	48.05	47.86	47.67	47.48	47.29	47.10	46.91	46.72	46.52	46.33	46.14
44.5	48.34	48.15	47.96	47.77	47.58	47.39	47.20	47.01	46.81	46.62	46.43	46.24
44.6	48.43	48.24	48.05	47.86	47.68	47.48	47.29	47.10	46.91	46.72	46.53	46.34
44.7	48.53	48.34	48.15	47.96	47.77	47.58	47.39	47.20	47.01	46.82	46.63	46.44
44.8	48.63	48.44	48.25	48.06	47.87	47.68	47.49	47.30	47.11	46.92	46.73	46.54
44.9	48.72	48.53	48.35	48.16	47.97	47.78	47.59	47.40	47.21	47.02	46.83	46.63
45	48.82	48.63	48.44	48.25	48.07	47.88	47.69	47.50	47.31	47.11	46.92	46.73
45.1	48.92	48.73	48.54	48.35	48.16	47.97	47.78	47.59	47.40	47.21	47.02	46.83
45.2	49.01	48.83	48.64	48.45	48.26	48.07	47.88	47.69	47.50	47.31	47.12	46.93
45.3	49.11	48.92	48.73	48.55	48.36	48.17	47.98	47.79	47.60	47.41	47.22	47.03
45.4	49.21	49.02	48.83	48.64	48.46	48.27	48.08	47.89	47.70	47.51	47.32	47.13
45.5	49.30	49.12	48.93	48.74	48.55	48.36	48.18	47.99	47.80	47.61	47.42	47.23
45.6	49.40	49.21	49.03	48.84	48.65	48.46	48.27	48.08	47.89	47.70	47.51	47.32
45.7	49.50	49.31	49.12	48.94	48.75	48.56	48.37	48.18	47.99	47.80	47.61	47.42
45.8	49.59	49.41	49.22	49.03	48.85	48.66	48.47	48.28	48.09	47.90	47.71	47.52
45.9	49.69	49.51	49.32	49.13	48.94	48.75	48.57	48.38	48.19	48.00	47.81	47.62
46	49.79	49.60	49.42	49.23	49.04	48.85	48.66	48.48	48.29	48.10	47.91	47.72
46.1	49.89	49.70	49.51	49.33	49.14	48.95	48.76	48.57	48.39	48.20	48.01	47.82
46.2	49.98	49.80	49.61	49.42	49.24	49.05	48.86	48.67	48.48	48.29	48.11	47.92
46.3	50.08	49.89	49.71	49.52	49.33	49.15	48.96	48.77	48.58	48.39	48.20	48.01
46.4	50.18	49.99	49.80	49.62	49.43	49.24	49.06	48.87	48.68	48.49	48.30	48.11
46.5	50.27	50.09	49.90	49.71	49.53	49.34	49.15	48.97	48.78	48.59	48.40	48.21
46.6	50.37	50.18	50.00	49.81	49.63	49.44	49.25	49.06	48.88	48.69	48.50	48.31
46.7	50.47	50.28	50.10	49.91	49.72	49.54	49.35	49.16	48.97	48.79	48.60	48.41
46.8	50.56	50.38	50.19	50.01	49.82	49.63	49.45	49.26	49.07	48.88	48.70	48.51
46.9	50.66	50.48	50.29	50.10	49.92	49.73	49.55	49.36	49.17	48.98	48.80	48.61
47	50.76	50.57	50.39	50.20	50.02	49.83	49.64	49.46	49.27	49.08	48.89	48.71
47.1	50.85	50.67	50.48	50.30	50.11	49.93	49.74	49.55	49.37	49.18	48.99	48.80
47.2	50.95	50.77	50.58	50.40	50.21	50.03	49.84	49.65	49.47	49.28	49.09	48.90
47.3	51.05	50.86	50.68	50.49	50.31	50.12	49.94	49.75	49.56	49.38	49.19	49.00
47.4	51.15	50.96	50.78	50.59	50.41	50.22	50.03	49.85	49.66	49.48	49.29	49.10
47.5	51.24	51.06	50.87	50.69	50.50	50.32	50.13	49.95	49.76	49.57	49.39	49.20
47.6	51.34	51.16	50.97	50.79	50.60	50.42	50.23	50.04	49.86	49.67	49.49	49.30
47.7	51.44	51.25	51.07	50.88	50.70	50.51	50.33	50.14	49.96	49.77	49.58	49.40
47.8	51.53	51.35	51.17	50.98	50.80	50.61	50.43	50.24	50.06	49.87	49.68	49.50
47.9	51.63	51.45	51.26	51.08	50.89	50.71	50.52	50.34	50.15	49.97	49.78	49.59
48	51.73	51.54	51.36	51.18	50.99	50.81	50.62	50.44	50.25	50.07	49.88	49.69
48.1	51.82	51.64	51.46	51.27	51.09	50.91	50.72	50.54	50.35	50.16	49.98	49.79

（续） 单位为%vol

℃

16	16.5	17	17.5	18	18.5	19	19.5	20	20.5	21	21.5	22
45.36	45.16	44.97	44.77	44.58	44.38	44.19	44.00	43.80	43.60	43.41	43.21	43.02
45.45	45.26	45.07	44.87	44.68	44.48	44.29	44.10	43.90	43.70	43.51	43.31	43.12
45.55	45.36	45.17	44.97	44.78	44.58	44.39	44.19	44.00	43.80	43.61	43.41	43.22
45.65	45.46	45.27	45.07	44.88	44.68	44.49	44.29	44.10	43.91	43.71	43.51	43.32
45.75	45.56	45.36	45.17	44.98	44.78	44.59	44.39	44.20	44.01	43.81	43.62	43.42
45.85	45.66	45.46	45.27	45.08	44.88	44.69	44.49	44.30	44.11	43.91	43.72	43.52
45.95	45.76	45.56	45.37	45.18	44.98	44.79	44.59	44.40	44.21	44.01	43.82	43.62
46.05	45.85	45.66	45.47	45.28	45.08	44.89	44.69	44.50	44.31	44.11	43.92	43.72
46.15	45.95	45.76	45.57	45.37	45.18	45.99	44.79	44.60	44.41	44.21	44.02	43.82
46.24	46.05	45.86	45.67	45.47	45.28	45.09	44.89	44.70	44.51	44.31	44.12	43.92
46.34	46.15	45.96	45.77	45.57	45.38	45.19	44.99	44.80	44.61	44.41	44.22	44.02
46.44	46.25	46.06	45.87	45.67	45.48	45.29	45.09	44.90	44.71	44.51	44.32	44.12
46.54	46.35	46.16	45.96	45.77	45.58	45.39	45.19	45.00	44.81	44.61	44.42	44.22
46.64	46.45	46.26	46.06	45.87	45.68	45.49	45.29	45.10	44.91	44.71	44.52	44.32
46.74	46.55	46.36	46.16	45.97	45.78	45.59	45.39	45.20	45.01	44.81	44.62	44.43
46.84	46.65	46.45	46.26	46.07	45.88	45.69	45.49	45.30	45.11	44.91	44.72	44.53
46.94	46.75	46.55	46.36	46.17	45.98	45.79	45.59	45.40	45.21	45.01	44.82	44.63
47.03	46.84	46.65	46.46	46.27	46.08	45.89	45.69	45.50	45.31	45.11	44.92	44.73
47.13	46.94	46.75	46.56	46.37	46.18	45.98	45.79	45.60	45.41	45.21	45.02	44.83
47.23	47.04	46.85	46.66	46.47	46.28	46.08	45.89	45.70	45.51	45.31	45.12	44.93
47.33	47.14	46.95	46.76	46.57	46.38	46.18	45.99	45.80	45.61	45.41	45.22	45.03
47.43	47.24	47.05	46.86	46.67	46.48	46.28	46.09	45.90	45.71	45.51	45.32	45.13
47.53	47.34	47.15	46.96	46.77	46.58	46.38	46.19	46.00	45.81	45.62	45.42	45.23
47.63	47.44	47.25	47.06	46.87	46.67	46.48	46.29	46.10	45.91	45.72	45.52	45.33
47.73	47.54	47.35	47.16	46.97	46.77	46.58	46.39	46.20	46.01	45.82	45.62	45.43
47.83	47.64	47.45	47.26	47.06	46.87	46.68	46.49	46.30	46.11	45.92	45.72	45.53
47.92	47.73	47.54	47.35	47.16	46.97	46.78	46.59	46.40	46.21	46.02	45.82	45.63
48.02	47.83	47.64	47.45	47.26	47.07	46.88	46.69	46.50	46.31	46.12	45.92	45.73
48.12	47.93	47.74	47.55	47.36	47.17	46.98	46.79	46.60	46.41	46.22	46.03	45.83
48.22	48.03	47.84	47.65	47.46	47.27	47.08	46.89	46.70	46.51	46.32	46.13	45.93
48.32	48.13	47.94	47.75	47.56	47.37	47.18	46.99	46.80	46.61	46.42	46.23	46.03
48.42	48.23	48.04	47.85	47.66	47.47	47.28	47.09	46.90	46.71	46.52	46.33	46.13
48.52	48.33	48.14	47.95	47.76	47.57	47.38	47.19	47.00	46.81	46.62	46.43	46.24
48.62	48.43	48.24	48.05	47.86	47.67	47.48	47.29	47.10	46.91	46.72	46.53	46.34
48.71	48.53	48.34	48.15	47.96	47.77	47.58	47.39	47.20	47.01	46.82	46.63	46.44
48.81	48.63	48.44	48.25	48.06	47.87	47.68	47.49	47.30	47.11	46.92	46.73	46.54
48.91	48.72	48.54	48.35	48.16	47.97	47.78	47.59	47.40	47.21	47.02	46.83	46.64
49.01	48.82	48.64	48.45	48.26	48.07	47.88	47.69	47.50	47.31	47.12	46.93	46.74
49.11	48.92	48.73	48.55	48.36	48.17	47.98	47.79	47.60	47.41	47.22	47.03	46.84
49.21	49.02	48.83	48.65	48.46	48.27	48.08	47.89	47.70	47.51	47.32	47.13	46.94
49.31	49.12	48.93	48.74	48.56	48.37	48.18	47.99	47.80	47.61	47.42	47.23	47.04
49.41	49.22	49.03	48.84	48.66	48.47	48.28	48.09	47.90	47.71	47.52	47.33	47.14
49.51	49.32	49.13	48.94	48.76	48.57	48.38	48.19	48.00	47.81	47.62	47.43	47.24
49.60	49.42	49.23	49.04	48.85	48.67	48.48	48.29	48.10	47.91	47.72	47.53	47.34

表 B.1

酒精计浓度/(%vol)	温度/											
	10	10.5	11	11.5	12	12.5	13	13.5	14	14.5	15	15.5
48.2	51.92	51.74	51.56	51.37	51.19	51.00	50.82	50.63	50.45	50.26	50.08	49.89
48.3	52.02	51.84	51.65	51.47	51.29	51.10	50.92	50.73	50.55	50.36	50.17	49.99
48.4	52.12	51.93	51.75	51.57	51.38	51.20	51.01	50.83	50.64	50.46	50.27	50.09
48.5	52.21	52.03	51.85	51.66	51.48	51.30	51.11	50.93	50.74	50.56	50.37	50.19
48.6	52.31	52.13	51.94	51.76	51.58	51.39	51.21	51.03	50.84	50.66	50.47	50.28
48.7	52.41	52.22	52.04	51.86	51.68	51.49	51.31	51.12	50.94	50.75	50.57	50.38
48.8	52.50	52.32	52.14	51.96	51.77	51.59	51.41	51.22	51.04	50.85	50.67	50.48
48.9	52.60	52.42	52.24	52.05	51.87	51.69	51.50	51.32	51.14	50.95	50.77	50.58
49	52.70	52.52	52.33	52.15	51.97	51.79	51.60	51.42	51.23	51.05	50.87	50.68
49.1	52.80	52.61	52.43	52.25	52.07	51.88	51.70	51.52	51.33	51.15	50.96	50.78
49.2	52.89	52.71	52.53	52.35	52.16	51.98	51.80	51.61	51.43	51.25	51.06	50.88
49.3	52.99	52.81	52.63	52.44	52.26	52.08	51.90	51.71	51.53	51.35	51.16	50.98
49.4	53.09	52.91	52.72	52.54	52.36	52.18	51.99	51.81	51.63	51.44	51.26	51.07
49.5	53.18	53.00	52.82	52.64	52.46	52.28	52.09	51.91	51.73	51.54	51.36	51.17
49.6	53.28	53.10	52.92	52.74	52.56	52.37	52.19	52.01	51.82	51.64	51.46	51.27
49.7	53.38	53.20	53.02	52.84	52.65	52.47	52.29	52.11	51.92	51.74	51.56	51.37
49.8	53.48	53.29	53.11	52.93	52.75	52.57	52.39	52.20	52.02	51.84	51.65	51.47
49.9	53.57	53.39	53.21	53.03	52.85	52.67	52.48	52.30	52.12	51.94	51.75	51.57
50	53.67	53.49	53.31	53.13	52.95	52.76	52.58	52.40	52.22	52.03	51.85	51.67
50.1	53.77	53.59	53.41	53.23	53.04	52.86	52.68	52.50	52.32	52.13	51.95	51.77
50.2	53.86	53.68	53.50	53.32	53.14	52.96	52.78	52.60	52.41	52.23	52.05	51.86
50.3	53.96	53.78	53.60	53.42	53.24	53.06	52.88	52.69	52.51	52.33	52.15	51.96
50.4	54.06	53.88	53.70	53.52	53.34	53.16	52.97	52.79	52.61	52.43	52.25	52.06
50.5	54.16	53.98	53.80	53.62	53.44	53.25	53.07	52.89	52.71	52.53	52.34	52.16
50.6	54.25	54.07	53.89	53.71	53.53	53.35	53.17	52.99	52.81	52.63	52.44	52.26
50.7	54.35	54.17	53.99	53.81	53.63	53.45	53.27	53.09	52.91	52.72	52.54	52.36
50.8	54.45	54.27	54.09	53.91	53.73	53.55	53.37	53.19	53.00	52.82	52.64	52.46
50.9	54.55	54.37	54.19	54.01	53.83	53.65	53.47	53.28	53.10	52.92	52.74	52.56
51	54.64	54.46	54.28	54.10	53.92	53.74	53.56	53.38	53.20	53.02	52.84	52.66
51.1	54.74	54.56	54.38	54.20	54.02	53.84	53.66	53.48	53.30	53.12	52.94	52.75
51.2	54.84	54.66	54.48	54.30	54.12	53.94	53.76	53.58	53.40	53.22	53.03	52.85
51.3	54.93	54.76	54.58	54.40	54.22	54.04	53.86	53.68	53.50	53.32	53.13	52.95
51.4	55.03	54.85	54.67	54.50	54.32	54.14	53.96	53.78	53.59	53.41	53.23	53.05
51.5	55.13	54.95	54.77	54.59	54.41	54.23	54.05	53.87	53.69	53.51	53.33	53.15
51.6	55.23	55.05	54.87	54.69	54.51	54.33	54.15	53.97	53.79	53.61	53.43	53.25
51.7	55.32	55.15	54.97	54.79	54.61	54.43	54.25	54.07	53.89	53.71	53.53	53.35
51.8	55.42	55.24	55.06	54.89	54.71	54.53	54.35	54.17	53.99	53.81	53.63	53.45
51.9	55.52	55.34	55.16	54.98	54.81	54.63	54.45	54.27	54.09	53.91	53.73	53.54
52	55.62	55.44	55.26	55.08	54.90	54.72	54.54	54.37	54.19	54.01	53.82	53.64
52.1	55.71	55.54	55.36	55.18	55.00	54.82	54.64	54.46	54.28	54.10	53.92	53.74
52.2	55.81	55.63	55.46	55.28	55.10	54.92	54.74	54.56	54.38	54.20	54.02	53.84
52.3	55.91	55.73	55.55	55.38	55.20	55.02	54.84	54.66	54.48	54.30	54.12	53.94
52.4	56.01	55.83	55.65	55.47	55.29	55.12	54.94	54.76	54.58	54.40	54.22	54.04
52.5	56.10	55.93	55.75	55.57	55.39	55.21	55.04	54.86	54.68	54.50	54.32	54.14

（续） 单位为%vol

℃

16	16.5	17	17.5	18	18.5	19	19.5	20	20.5	21	21.5	22
49.70	49.52	49.33	49.14	48.95	48.77	48.58	48.39	48.20	48.01	47.82	47.63	47.44
49.80	49.62	49.43	49.24	49.05	48.87	48.68	48.49	48.30	48.11	47.92	47.73	47.54
49.90	49.71	49.53	49.34	49.15	48.97	48.78	48.59	48.40	48.21	48.02	47.83	47.64
50.00	49.81	49.63	49.44	49.25	49.06	48.88	48.69	48.50	48.31	48.12	47.93	47.74
50.10	49.91	49.73	49.54	49.35	49.16	48.98	48.79	48.60	48.41	48.22	48.03	47.84
50.20	50.01	49.83	49.64	49.45	49.26	49.08	48.89	48.70	48.51	48.32	48.13	47.94
50.30	50.11	49.92	49.74	49.55	49.36	49.18	48.99	48.80	48.61	48.42	48.23	48.05
50.40	50.21	50.02	49.84	49.65	49.46	49.28	49.09	48.90	48.71	48.52	48.33	48.15
50.49	50.31	50.12	49.94	49.75	49.56	49.38	49.19	49.00	48.81	48.62	48.43	48.25
50.59	50.41	50.22	50.04	49.85	49.66	49.48	49.29	49.10	48.91	48.72	48.54	48.35
50.69	50.51	50.32	50.13	49.95	49.76	49.57	49.39	49.20	49.01	48.82	48.64	48.45
50.79	50.61	50.42	50.23	50.05	49.86	49.67	49.49	49.30	49.11	48.92	48.74	48.55
50.89	30.70	50.52	50.33	50.15	49.96	49.77	49.59	49.40	49.21	49.02	48.84	48.65
50.99	50.80	50.62	50.43	50.25	50.06	49.87	49.69	49.50	49.31	49.12	48.94	48.75
51.09	50.90	50.72	50.53	50.35	50.16	49.97	49.79	49.60	49.41	49.23	49.04	48.85
51.19	51.00	50.82	50.63	50.45	50.26	50.07	49.89	49.70	49.51	49.33	49.14	48.95
51.29	51.10	50.92	50.73	50.55	50.36	50.17	49.99	49.80	49.61	49.43	49.24	49.05
51.38	51.20	51.02	50.83	50.64	50.46	50.27	50.09	49.90	49.71	49.53	49.34	49.15
51.48	51.30	51.11	50.93	50.74	50.56	50.37	50.19	50.00	49.81	49.63	49.44	49.25
51.58	51.40	51.21	51.03	50.84	50.66	50.47	50.29	50.10	49.91	49.73	49.54	49.35
51.68	51.50	51.31	51.13	50.94	50.76	50.57	50.39	50.20	50.01	49.83	49.64	49.45
51.78	51.60	51.41	51.23	51.04	50.86	50.67	50.49	50.30	50.11	49.93	49.74	49.55
51.88	51.70	51.51	51.33	51.14	50.96	50.77	50.59	50.40	50.21	50.03	49.84	49.65
51.98	51.79	51.61	51.43	51.24	51.06	50.87	50.69	50.50	50.31	50.13	49.94	49.75
52.08	51.89	51.71	51.53	51.34	51.16	50.97	50.79	50.60	50.41	50.23	50.04	49.85
52.18	51.99	51.81	51.62	51.44	51.26	51.07	50.89	50.70	50.51	50.33	50.14	49.96
52.27	52.09	51.91	51.72	51.54	51.36	51.17	50.99	50.80	50.61	50.43	50.24	50.06
52.37	52.19	52.01	51.82	51.64	51.45	51.27	51.09	50.90	50.71	50.53	50.34	50.16
52.47	52.29	52.11	51.92	51.74	51.55	51.37	51.19	51.00	50.81	50.63	50.44	50.26
52.57	52.39	52.21	52.02	51.84	51.65	51.47	51.29	51.10	50.91	50.73	50.54	50.36
52.67	52.49	52.30	52.12	51.94	51.75	51.57	51.38	51.20	51.01	50.83	50.64	50.46
52.77	52.59	52.40	52.22	52.04	51.85	51.67	51.48	51.30	51.11	50.93	50.74	50.56
52.87	52.69	52.50	52.32	52.14	51.95	51.77	51.58	51.40	51.22	51.03	50.84	50.66
52.97	52.78	52.60	52.42	52.24	52.05	51.87	51.68	51.50	51.32	51.13	50.94	50.76
53.07	52.88	52.70	52.52	52.34	52.15	51.97	51.78	51.60	51.42	51.23	51.05	50.86
53.17	52.98	52.80	52.62	52.44	52.25	52.07	51.88	51.70	51.52	51.33	51.15	50.96
53.26	53.08	52.90	52.72	52.53	52.35	52.17	51.98	51.80	51.62	51.43	51.25	51.06
53.36	53.18	53.00	52.82	52.63	52.45	52.27	52.08	51.90	51.72	51.53	51.35	51.16
53.46	53.28	53.10	52.92	52.73	52.55	52.37	52.18	52.00	51.82	51.63	51.45	51.26
53.56	53.38	53.20	53.02	52.83	52.65	52.47	52.28	52.10	51.92	51.73	51.55	51.36
53.66	53.48	53.30	53.11	52.93	52.75	52.57	52.38	52.20	52.02	51.83	51.65	51.46
53.76	53.58	53.40	53.21	53.03	52.85	52.67	52.48	52.30	52.12	51.93	51.75	51.56
53.86	53.68	53.50	53.31	53.13	52.95	52.77	52.58	52.30	52.22	52.03	51.85	51.66
53.96	53.78	53.59	53.41	53.23	53.05	52.87	52.68	52.50	52.32	52.13	51.95	51.76

表 B.1

酒精计浓度/	温度/											
(%vol)	10	10.5	11	11.5	12	12.5	13	13.5	14	14.5	15	15.5
52.6	56.20	56.02	55.85	55.67	55.49	55.31	55.13	54.96	54.78	54.60	54.42	54.24
52.7	56.30	56.12	55.94	55.77	55.59	55.41	55.23	55.05	54.87	54.70	54.52	54.34
52.8	56.39	56.22	56.04	55.86	55.69	55.51	55.33	55.15	54.97	54.79	54.61	54.43
52.9	56.49	56.32	56.14	55.96	55.78	55.61	55.43	55.25	55.07	54.89	54.71	54.53
53	56.59	56.41	56.24	56.06	55.88	55.70	55.53	55.35	55.17	54.99	54.81	54.63
53.1	56.69	56.51	56.33	56.16	55.98	55.80	55.63	55.45	55.27	55.09	54.91	54.73
53.2	56.78	56.61	56.43	56.26	56.08	55.90	55.72	55.55	55.37	55.19	55.01	54.83
53.3	56.88	56.71	56.53	56.35	56.18	56.00	55.82	55.64	55.47	55.29	55.11	54.93
53.4	56.98	56.80	56.63	56.45	56.27	56.10	55.92	55.74	55.56	55.39	55.21	55.03
53.5	57.08	56.90	56.73	56.55	56.37	56.20	56.02	55.84	55.66	55.48	55.31	55.13
53.6	57.17	57.00	56.82	56.65	56.47	56.29	56.12	55.94	55.76	55.58	55.40	55.23
53.7	57.27	57.10	56.92	56.74	56.57	56.39	56.21	56.04	55.86	55.68	55.50	55.32
53.8	57.37	57.19	57.02	56.84	56.67	56.49	56.31	56.14	55.96	55.78	55.60	55.42
53.9	57.47	57.29	57.12	56.94	56.76	56.59	56.41	56.23	56.06	55.88	55.70	55.52
54	57.56	57.39	57.21	57.04	56.86	56.69	56.51	56.33	56.15	55.98	55.80	55.62
54.1	57.66	57.49	57.31	57.14	56.96	56.78	56.61	56.43	56.25	56.08	55.90	55.72
54.2	57.76	57.58	57.41	57.23	57.06	56.88	56.71	56.53	56.35	56.17	56.00	55.82
54.3	57.86	57.68	57.51	57.33	57.16	56.98	56.80	56.63	56.45	56.27	56.10	55.92
54.4	57.95	57.78	57.61	57.43	57.25	57.08	56.90	56.73	56.55	56.37	56.19	56.02
54.5	58.05	57.88	57.70	57.53	57.35	57.18	57.00	56.82	56.65	56.47	56.29	56.12
54.6	58.15	57.98	57.80	57.63	57.45	57.27	57.10	56.92	56.75	56.57	56.39	56.21
54.7	58.25	58.07	57.90	57.72	57.55	57.37	57.20	57.02	56.84	56.67	56.49	56.31
54.8	58.34	58.17	58.00	57.82	57.65	57.47	57.30	57.12	56.94	56.77	56.59	56.41
54.9	58.44	58.27	58.09	57.92	57.74	57.57	57.39	57.22	57.04	56.87	56.69	56.51
55	58.54	58.37	58.19	58.02	57.84	57.67	57.49	57.32	57.14	56.96	56.79	56.61
55.1	58.64	58.46	58.29	58.12	57.94	57.77	57.59	57.41	57.24	57.06	56.89	56.71
55.2	58.73	58.56	58.39	58.21	58.04	57.86	57.69	57.51	57.34	57.16	56.98	56.81
55.3	58.83	58.66	58.49	58.31	58.14	57.96	57.79	57.61	57.44	57.26	57.08	56.91
55.4	58.93	58.76	58.58	58.41	58.23	58.06	57.89	57.71	57.53	57.36	57.18	57.01
55.5	59.03	58.85	58.68	58.51	58.33	58.16	57.98	57.81	57.63	57.46	57.28	57.10
55.6	59.13	58.95	58.78	58.61	58.43	58.26	58.08	57.91	57.73	57.56	57.38	57.20
55.7	59.22	59.05	58.88	58.70	58.53	58.35	58.18	58.01	57.83	57.65	57.48	57.30
55.8	59.32	59.15	58.97	58.80	58.63	58.45	58.28	58.10	57.93	57.75	57.58	57.40
55.9	59.42	59.25	59.07	58.90	58.73	58.55	58.38	58.20	58.03	57.85	57.68	57.50
56	59.52	59.34	59.17	59.00	58.82	58.65	58.48	58.30	58.13	57.95	57.77	57.60
56.1	59.61	59.44	59.27	59.10	58.92	58.75	58.57	58.40	58.22	58.05	57.87	57.70
56.2	59.71	59.54	59.37	59.19	59.02	58.85	58.67	58.50	58.32	58.15	57.97	57.80
56.3	59.81	59.64	59.46	59.29	59.12	58.94	58.77	58.60	58.42	58.25	58.07	57.90
56.4	59.91	59.73	59.56	59.39	59.22	59.04	58.87	58.69	58.52	58.35	58.17	57.99
56.5	60.00	59.83	59.66	59.49	59.31	59.14	58.97	58.79	58.62	58.44	58.27	58.09
56.6	60.10	59.93	59.76	59.59	59.41	59.24	59.07	58.89	58.72	58.54	58.37	58.19
56.7	60.20	60.03	59.86	59.68	59.51	59.34	59.16	58.99	58.82	58.64	58.47	58.29
56.8	60.30	60.13	59.95	59.78	59.61	59.44	59.26	59.09	58.91	58.74	58.57	58.39
56.9	60.39	60.22	60.05	59.88	59.71	59.53	59.36	59.19	59.01	58.84	58.66	58.49

（续） 单位为%vol

℃												
16	16.5	17	17.5	18	18.5	19	19.5	20	20.5	21	21.5	22
54.06	53.88	53.69	53.51	53.33	53.15	52.97	52.78	52.60	52.42	52.23	52.05	51.86
54.15	53.97	53.79	53.61	53.43	53.25	53.07	52.88	52.70	52.52	52.33	52.15	51.97
54.25	54.07	53.89	53.71	53.53	53.35	53.17	52.98	52.80	52.62	52.43	52.25	52.07
54.35	54.17	53.99	53.81	53.63	53.45	53.27	53.08	52.90	52.72	52.53	52.35	52.17
54.45	54.27	54.09	53.91	53.73	53.55	53.36	53.18	53.00	52.82	52.63	52.45	52.27
54.55	54.37	54.19	54.01	53.83	53.65	53.46	53.28	53.10	52.92	52.73	52.55	52.37
54.65	54.47	54.29	54.11	53.93	53.75	53.56	53.38	53.20	53.02	52.83	52.65	52.47
54.75	54.57	54.39	54.21	54.03	53.85	53.66	53.48	53.30	53.12	52.93	52.75	52.57
54.85	54.67	54.49	54.31	54.13	53.95	53.76	53.58	53.40	53.22	53.03	52.85	52.67
54.95	54.77	54.59	54.41	54.23	54.04	53.86	53.68	53.50	53.32	53.14	52.95	52.77
55.05	54.87	54.69	54.51	54.33	54.14	53.96	53.78	53.60	53.42	53.24	53.05	52.87
55.14	54.97	54.79	54.61	54.42	54.24	54.06	53.88	53.70	53.52	53.34	53.15	52.97
55.24	55.06	54.88	54.70	54.52	54.34	54.16	53.98	53.80	53.62	53.44	53.25	53.07
55.34	55.16	54.98	54.80	54.62	54.44	54.26	54.08	53.90	53.72	53.54	53.35	53.17
55.44	55.26	55.08	54.90	54.72	54.54	54.36	54.18	54.00	53.82	53.64	53.45	53.27
55.54	55.36	55.18	55.00	54.82	54.64	54.46	54.28	54.10	53.92	53.74	53.55	53.37
55.64	55.46	55.28	55.10	54.92	54.74	54.56	54.38	54.20	54.02	53.84	53.65	53.47
55.74	55.56	55.38	55.20	55.02	54.84	54.66	54.48	54.30	54.12	53.94	53.76	53.57
55.84	55.66	55.48	55.30	55.12	54.94	54.76	54.58	54.40	54.22	54.04	53.86	53.67
55.94	55.76	55.58	55.40	55.22	55.04	54.86	54.68	54.50	54.32	54.14	53.96	53.77
56.04	55.86	55.68	55.50	55.32	55.14	54.96	54.78	54.60	54.42	54.24	54.06	53.87
56.14	55.96	55.78	55.60	55.42	55.24	55.06	54.88	54.70	54.52	54.34	54.16	53.97
56.23	56.06	55.88	55.70	55.52	55.34	55.16	54.98	54.80	54.62	54.44	54.26	54.08
56.33	56.16	55.98	55.80	55.62	55.44	55.26	55.08	54.90	54.72	54.54	54.36	54.18
56.43	56.25	56.08	55.90	55.72	55.54	55.36	55.18	55.00	54.82	54.64	54.46	54.28
56.53	56.35	56.18	56.00	55.82	55.64	55.46	55.28	55.10	54.92	54.74	54.56	54.38
56.63	56.45	56.27	56.10	55.92	55.74	55.56	55.38	55.20	55.02	54.84	54.66	54.48
56.73	56.55	56.37	56.20	56.02	55.84	55.66	55.48	55.30	55.12	54.94	54.76	54.58
56.83	56.65	56.47	56.30	56.12	55.94	55.76	55.58	55.40	55.22	55.04	54.86	54.68
56.93	56.75	56.57	56.39	56.22	56.04	55.86	55.68	55.50	55.32	55.14	54.96	54.78
57.03	56.85	56.67	56.49	56.32	56.14	55.96	55.78	55.60	55.42	55.24	55.06	54.88
57.13	56.95	56.77	56.59	56.42	56.24	56.06	55.88	55.70	55.52	55.34	55.16	54.98
57.22	57.05	56.87	56.69	56.51	56.34	56.16	55.98	55.80	55.62	55.44	55.26	55.08
57.32	57.15	56.97	56.79	56.61	56.44	56.26	56.08	55.90	55.72	55.54	55.36	55.18
57.42	57.25	57.07	56.89	56.71	56.54	56.36	56.18	56.00	55.82	55.64	55.46	55.28
57.52	57.35	57.17	56.99	56.81	56.64	56.46	56.28	56.10	55.92	55.74	55.56	55.38
57.62	57.44	57.27	57.09	56.91	56.74	56.56	56.38	56.20	56.02	55.84	55.66	55.48
57.72	57.54	57.37	57.19	57.01	56.83	56.66	56.48	56.30	56.12	55.94	55.76	55.58
57.82	57.64	57.47	57.29	57.11	56.93	56.76	56.58	56.40	56.22	56.04	55.86	55.68
57.92	57.74	57.57	57.39	57.21	57.03	56.86	56.68	56.50	56.32	56.14	55.96	55.78
58.02	57.84	57.66	57.49	57.31	57.13	56.96	56.78	56.60	56.42	56.24	56.06	55.88
58.12	57.94	57.76	57.59	57.41	57.23	57.06	56.88	56.70	56.52	56.34	56.16	55.98
58.22	58.04	57.86	57.69	57.51	57.33	57.16	56.98	56.80	56.62	56.44	56.26	56.08
58.31	58.14	57.96	57.79	57.61	57.43	57.26	57.08	56.90	56.72	56.54	56.36	56.19

表 B.1

酒精计浓度/(%vol)	温度/											
	10	10.5	11	11.5	12	12.5	13	13.5	14	14.5	15	15.5
57	60.49	60.32	60.15	59.98	59.80	59.63	59.46	59.29	59.11	58.94	58.76	58.59
57.1	60.59	60.42	60.25	60.08	59.90	59.73	59.56	59.38	59.21	59.04	58.86	58.69
57.2	60.69	60.52	60.34	60.17	60.00	59.83	59.66	59.48	59.31	59.14	58.96	58.79
57.3	60.79	60.61	60.44	60.27	60.10	59.93	59.75	59.58	59.41	59.23	59.06	58.89
57.4	60.88	60.71	60.54	60.37	60.20	60.03	59.85	59.68	59.51	59.33	59.16	58.98
57.5	60.98	60.81	60.64	60.47	60.30	60.12	59.95	59.78	59.60	59.43	59.26	59.08
57.6	61.08	60.91	60.74	60.57	60.39	60.22	60.05	59.88	59.70	59.53	59.36	59.18
57.7	61.18	61.01	60.83	60.66	60.49	60.32	60.15	59.97	59.80	59.63	59.46	59.28
57.8	61.27	61.10	60.93	60.76	60.59	60.42	60.25	60.07	59.90	59.73	59.55	59.38
57.9	61.37	61.20	61.03	60.86	60.69	60.52	60.34	60.17	60.00	59.83	59.65	59.48
58	61.47	61.30	61.13	60.96	60.79	60.61	60.44	60.27	60.10	59.92	59.75	59.58
58.1	61.57	61.40	61.23	61.06	60.88	60.71	60.54	60.37	60.20	60.02	59.85	59.68
58.2	61.66	61.49	61.32	61.15	60.98	60.81	60.64	60.47	60.30	60.12	59.95	59.78
58.3	61.76	61.59	61.42	61.25	61.08	60.91	60.74	60.57	60.39	60.22	60.05	59.87
58.4	61.86	61.69	61.52	61.35	61.18	61.01	60.84	60.66	60.49	60.32	60.15	59.97
58.5	61.96	61.79	61.62	61.45	61.28	61.11	60.93	60.76	60.59	60.42	60.25	60.07
58.6	62.06	61.89	61.72	61.55	61.38	61.20	61.03	60.86	60.69	60.52	60.34	60.17
58.7	62.15	61.98	61.81	61.64	61.47	61.30	61.13	60.96	60.79	60.62	60.44	60.27
58.8	62.25	62.08	61.91	61.74	61.57	61.40	61.23	61.06	60.89	60.71	60.54	60.37
58.9	62.35	62.18	62.01	61.84	61.67	61.50	61.33	61.16	60.99	60.81	60.64	60.47
59	62.45	62.28	62.11	61.94	61.77	61.60	61.43	61.26	61.08	60.91	60.74	60.57
59.1	62.54	62.38	62.21	62.04	61.87	61.70	61.53	61.35	61.18	61.01	60.84	60.67
59.2	62.64	62.47	62.30	62.13	61.96	61.79	61.62	61.45	61.28	61.11	60.94	60.77
59.3	62.74	62.57	62.40	62.23	62.06	61.89	61.72	61.55	61.38	61.21	61.04	60.86
59.4	62.84	62.67	62.50	62.33	62.16	61.99	61.82	61.65	61.48	61.31	61.14	60.96
59.5	62.93	62.77	62.60	62.43	62.26	62.09	61.92	61.75	61.58	61.41	61.23	61.06
59.6	63.03	62.86	62.70	62.53	62.36	62.19	62.02	61.85	61.68	61.50	61.33	61.16
59.7	63.13	62.96	62.79	62.62	62.46	62.29	62.12	61.95	61.77	61.60	61.43	61.26
59.8	63.23	63.06	62.89	62.72	62.55	62.38	62.21	62.04	61.87	61.70	61.53	61.36
59.9	63.33	63.16	62.99	62.82	62.65	62.48	62.31	62.14	61.97	61.80	61.63	61.46
60	63.42	63.26	63.09	62.92	62.75	62.58	62.41	62.24	62.07	61.90	61.73	61.56
60.1	63.52	63.35	63.19	63.02	62.85	62.68	62.51	62.34	62.17	62.00	61.83	61.66
60.2	63.62	63.45	63.28	63.11	62.95	62.78	62.61	62.44	62.27	62.10	61.93	61.76
60.3	63.72	63.55	63.38	63.21	63.04	62.88	62.71	62.54	62.37	62.20	62.03	61.85
60.4	63.81	63.65	63.48	63.31	63.14	62.97	62.80	62.64	62.47	62.30	62.12	61.95
60.5	63.91	63.74	63.58	63.41	63.24	63.07	62.90	62.73	62.56	62.39	62.22	62.05
60.6	64.01	63.84	63.68	63.51	63.34	63.17	63.00	62.83	62.66	62.49	62.32	62.15
60.7	64.11	63.94	63.77	63.61	63.44	63.27	63.10	62.93	62.76	62.59	62.42	62.25
60.8	64.21	64.04	63.87	63.70	63.54	63.37	63.20	63.03	62.86	62.69	62.52	62.35
60.9	64.30	64.14	63.97	63.80	63.63	63.47	63.30	63.13	62.96	62.79	62.62	62.45
61	64.40	64.23	64.07	63.90	63.73	63.56	63.40	63.23	63.06	62.89	62.72	62.55
61.1	64.50	64.33	64.17	64.00	63.83	63.66	63.49	63.32	63.16	62.99	62.82	62.65
61.2	64.60	64.43	64.26	64.10	63.93	63.76	63.59	63.42	63.25	63.09	62.92	62.75
61.3	64.69	64.53	64.36	64.19	64.03	63.86	63.69	63.52	63.35	63.18	63.01	62.84

（续） 单位为%vol

℃												
16	16.5	17	17.5	18	18.5	19	19.5	20	20.5	21	21.5	22
58.41	58.24	58.06	57.89	57.71	57.53	57.36	57.18	57.00	56.82	56.64	56.46	56.29
58.51	58.34	58.16	57.99	57.81	57.63	57.46	57.28	57.10	56.92	56.74	56.56	56.39
58.61	58.44	58.26	58.08	57.91	57.73	57.55	57.38	57.20	57.02	56.84	56.67	56.49
58.71	58.54	58.36	58.18	58.01	57.83	57.65	57.48	57.30	57.12	56.94	56.77	56.59
58.81	58.63	58.46	58.28	58.11	57.93	57.75	57.58	57.40	57.22	57.04	56.87	56.69
58.91	58.73	58.56	58.38	58.21	58.03	57.85	57.68	57.50	57.32	57.14	56.97	56.79
59.01	58.83	58.66	58.48	58.31	58.13	57.95	57.78	57.60	57.42	57.24	57.07	56.89
59.11	58.93	58.76	58.58	58.41	58.23	58.05	57.88	57.70	57.52	57.35	57.17	56.99
59.21	59.03	58.86	58.68	58.51	58.33	58.15	57.98	57.80	57.62	57.45	57.27	57.09
59.30	59.13	58.96	58.78	58.61	58.43	58.25	58.08	57.90	57.72	57.55	57.37	57.19
59.40	59.23	59.06	58.88	58.70	58.53	58.35	58.18	58.00	57.82	57.65	57.47	57.29
59.50	59.33	59.15	58.98	58.80	58.63	58.45	58.28	58.10	57.92	57.75	57.57	57.39
59.60	59.43	59.25	59.08	58.90	58.73	58.55	58.38	58.20	58.02	57.85	57.67	57.49
59.70	59.53	59.35	59.18	59.00	58.83	58.65	58.48	58.30	58.12	57.95	57.77	57.59
59.80	59.63	59.45	59.28	59.10	58.93	58.75	58.58	58.40	58.22	58.05	57.87	57.69
59.90	29.73	59.55	59.38	59.20	59.03	58.85	58.68	58.50	58.32	58.15	57.97	57.79
60.00	59.82	59.65	59.48	59.30	59.13	58.95	58.78	58.60	58.42	58.25	58.07	57.89
60.10	59.92	59.75	59.58	59.40	59.23	59.05	58.88	58.70	58.52	58.35	58.17	57.99
60.20	60.02	59.85	59.68	59.50	59.33	59.15	58.98	58.80	58.62	58.45	58.27	58.09
60.30	60.12	59.95	59.77	59.60	59.43	59.25	59.08	58.90	58.72	58.55	58.37	58.19
60.39	60.22	60.05	59.87	59.70	59.53	59.35	59.18	59.00	58.82	58.65	58.47	58.29
60.49	60.32	60.15	59.97	59.80	59.63	59.45	59.28	59.10	58.92	58.75	58.57	58.39
60.59	60.42	60.25	60.07	59.90	59.72	59.55	59.38	59.20	59.02	58.85	58.67	58.50
60.69	60.52	60.35	60.17	60.00	59.82	59.65	59.48	59.30	59.12	58.95	58.77	58.60
60.79	60.62	60.45	60.27	60.10	59.92	59.75	59.58	59.40	59.22	59.05	58.87	58.70
60.89	60.72	60.54	60.37	60.20	60.02	59.85	59.68	59.50	59.32	59.15	58.97	58.80
60.99	60.82	60.64	60.47	60.30	60.12	59.95	59.77	59.60	59.42	59.25	59.07	58.90
61.09	60.92	60.74	60.57	60.40	60.22	60.05	59.87	59.70	59.52	59.35	59.17	59.00
61.19	61.02	60.84	60.67	60.50	60.32	60.15	59.97	59.80	59.63	59.45	59.27	59.10
61.29	61.11	60.94	60.77	60.60	60.42	60.25	60.07	59.90	59.73	59.55	59.37	59.20
61.39	61.21	61.04	60.87	60.70	60.52	60.35	60.17	60.00	59.83	59.65	59.47	59.30
61.49	61.31	61.14	60.97	60.80	60.62	60.45	60.27	60.10	59.93	59.75	59.58	59.40
61.58	61.41	61.24	61.07	60.89	60.72	60.55	60.37	60.20	60.03	59.85	59.68	59.50
61.68	61.51	61.34	61.17	60.99	60.82	60.65	60.47	60.30	60.13	59.95	59.78	59.60
61.78	61.61	61.44	61.27	61.09	60.92	60.75	60.57	60.40	60.23	60.05	59.88	59.70
61.88	61.71	61.54	61.37	61.19	61.02	60.85	60.67	60.50	60.33	60.15	59.98	59.80
61.98	61.81	61.64	61.47	61.29	61.12	60.95	60.77	60.60	60.43	60.25	60.08	59.90
62.08	61.91	61.74	61.56	61.39	61.22	61.05	60.87	60.70	60.53	60.35	60.18	60.00
62.18	62.01	61.84	61.66	61.49	61.32	61.15	60.97	60.80	60.63	60.45	60.28	60.10
62.28	62.11	61.94	61.76	61.59	61.42	61.25	61.07	60.90	60.73	60.55	60.38	60.20
62.38	62.21	62.03	61.86	61.69	61.52	61.35	61.17	61.00	60.83	60.65	60.48	60.30
62.48	62.31	62.13	61.96	61.79	61.62	61.45	61.27	61.10	60.93	60.75	60.58	60.40
62.58	62.40	62.23	62.06	61.89	61.72	61.55	61.37	61.20	61.03	60.85	60.68	60.50
62.67	62.50	62.33	62.16	61.99	61.82	61.65	61.47	61.30	61.13	60.95	60.78	60.60

表 B.1

酒精计浓度/(%vol)	温度/											
	10	10.5	11	11.5	12	12.5	13	13.5	14	14.5	15	15.5
61.4	64.79	64.63	64.46	64.29	64.12	63.96	63.79	63.62	63.45	63.28	63.11	62.94
61.5	64.89	64.72	64.56	64.39	64.22	64.06	63.89	63.72	63.55	63.38	63.21	63.04
61.6	64.99	64.82	64.65	64.49	64.32	64.15	63.99	63.82	63.65	63.48	63.31	63.14
61.7	65.09	64.92	64.75	64.59	64.42	64.25	64.08	63.92	63.75	63.58	63.41	63.24
61.8	65.18	65.02	64.85	64.68	64.52	64.35	64.18	64.01	63.85	63.68	63.51	63.34
61.9	65.28	65.11	64.95	64.78	64.62	64.45	64.28	64.11	63.94	63.78	63.61	63.44
62	65.38	65.21	65.05	64.88	64.71	64.55	64.38	64.21	64.04	63.88	63.71	63.54
62.1	65.48	65.31	65.14	64.98	64.81	64.65	64.48	64.31	64.14	63.97	63.81	63.64
62.2	65.57	65.41	65.24	65.08	64.91	64.74	64.58	64.41	64.24	64.07	63.90	63.74
62.3	65.67	65.51	65.34	65.17	65.01	64.84	64.67	64.51	64.34	64.17	64.00	63.83
62.4	65.77	65.60	65.44	65.27	65.11	64.94	64.77	64.61	64.44	64.27	64.10	63.93
62.5	65.87	65.70	65.54	65.37	65.20	65.04	64.87	64.70	64.54	64.37	64.20	64.03
62.6	65.96	65.80	65.63	65.47	65.30	65.14	64.97	64.80	64.64	64.47	64.30	64.13
62.7	66.06	65.90	65.73	65.57	65.40	65.23	65.07	64.90	64.73	64.57	64.40	64.23
62.8	66.16	66.00	65.83	65.67	65.50	65.33	65.17	65.00	64.83	64.67	64.50	64.33
62.9	66.26	66.09	65.93	65.76	65.60	65.43	65.27	65.10	64.93	64.76	64.60	64.43
63	66.36	66.19	66.03	65.86	65.70	65.53	65.36	65.20	65.03	64.86	64.70	64.53
63.1	66.45	66.29	66.12	65.96	65.79	65.63	65.46	65.30	65.13	64.96	64.79	64.63
63.2	66.55	66.39	66.22	66.06	65.89	65.73	65.56	65.39	65.23	65.06	64.89	64.73
63.3	66.65	66.48	66.32	66.16	65.99	65.82	65.66	65.49	65.33	65.16	64.99	64.82
63.4	66.75	66.58	66.42	66.25	66.09	65.92	65.76	65.59	65.42	65.26	65.09	64.92
63.5	66.84	66.68	66.52	66.35	66.19	66.02	65.86	65.69	65.52	65.36	65.19	65.02
63.6	66.94	66.78	66.61	66.45	66.28	66.12	65.95	65.79	65.62	65.46	65.29	65.12
63.7	67.04	66.88	66.71	66.55	66.38	66.22	66.05	65.89	65.72	65.55	65.39	65.22
63.8	67.14	66.97	66.81	66.65	66.48	66.32	66.15	65.99	65.82	65.65	65.49	65.32
63.9	67.24	67.07	66.91	66.74	66.58	66.41	66.25	66.08	65.92	65.75	65.58	65.42
64	67.33	67.17	67.01	66.84	66.68	66.51	66.35	66.18	66.02	65.85	65.68	65.52
64.1	67.43	67.27	67.10	66.94	66.78	66.61	66.45	66.28	66.11	65.95	65.78	65.62
64.2	67.53	67.37	67.20	67.04	66.87	66.71	66.54	66.38	66.21	66.05	65.88	65.71
64.3	67.63	67.46	67.30	67.14	66.97	66.81	66.64	66.48	66.31	66.15	65.98	65.81
64.4	67.72	67.56	67.40	67.23	67.07	66.91	66.74	66.58	66.41	66.25	66.08	65.91
64.5	67.82	67.66	67.50	67.33	67.17	67.00	66.84	66.67	66.51	66.34	66.18	66.01
64.6	67.92	67.76	67.59	67.43	67.27	67.10	66.94	66.77	66.61	66.44	66.28	66.11
64.7	68.02	67.85	67.69	67.53	67.36	67.20	67.04	66.87	66.71	66.54	66.38	66.21
64.8	68.11	67.95	67.79	67.63	67.46	67.30	67.13	66.97	66.81	66.64	66.47	66.31
64.9	68.21	68.05	67.89	67.72	67.56	67.40	67.23	67.07	66.90	66.74	66.57	66.41
65	68.31	68.15	67.99	67.82	67.66	67.50	67.33	67.17	67.00	66.84	66.67	66.51
65.1	68.41	68.25	68.08	67.92	67.76	67.59	67.43	67.27	67.10	66.94	66.77	66.61
65.2	68.51	68.34	68.18	68.02	67.86	67.69	67.53	67.36	67.20	67.04	66.87	66.70
65.3	68.60	68.44	68.28	68.12	67.95	67.79	67.63	67.46	67.30	67.13	66.97	66.80
65.4	68.70	68.54	68.38	68.21	68.05	67.89	67.72	67.56	67.40	67.23	67.07	66.90
65.5	68.80	68.64	68.47	68.31	68.15	67.99	67.82	67.66	67.50	67.33	67.17	67.00
65.6	68.90	68.73	68.57	68.41	68.25	68.08	67.92	67.76	67.59	67.43	67.27	67.10
65.7	68.99	68.83	68.67	68.51	68.35	68.18	68.02	67.86	67.69	67.53	67.36	67.20

（续）

单位为%vol

℃												
16	16.5	17	17.5	18	18.5	19	19.5	20	20.5	21	21.5	22
62.77	65.60	62.43	62.26	62.09	61.92	61.75	61.57	61.40	61.23	61.05	60.88	60.71
62.87	62.70	62.53	62.36	62.19	62.02	61.85	61.67	61.50	61.33	61.15	60.98	60.81
62.97	62.80	62.63	62.46	62.29	62.12	61.94	61.77	61.60	61.43	61.25	61.08	60.91
63.07	62.90	62.73	62.56	62.39	62.22	62.04	61.87	61.70	61.53	61.35	61.18	61.01
63.17	63.00	62.83	62.66	62.49	62.32	62.14	61.07	61.80	61.63	61.45	61.28	61.11
63.27	63.10	62.93	62.76	62.59	62.42	62.24	62.07	61.90	61.73	61.55	61.38	61.21
63.37	63.20	63.03	62.86	62.69	62.52	62.34	62.17	62.00	61.83	61.65	61.48	61.31
63.47	63.30	63.13	62.96	62.79	62.62	62.44	62.27	62.10	61.93	61.75	61.58	61.41
63.57	63.40	63.23	63.06	62.89	62.71	62.54	62.37	62.20	62.03	61.86	61.68	61.51
63.67	63.50	63.33	63.16	62.99	62.81	62.64	62.47	62.30	62.13	61.96	61.78	61.61
63.76	63.60	63.43	63.26	63.08	62.91	62.74	62.57	62.40	62.23	62.06	61.88	61.71
63.86	63.69	63.52	63.35	63.18	63.01	62.84	62.67	62.50	62.33	62.16	61.98	61.81
63.96	63.79	63.62	63.45	63.28	63.11	62.94	62.77	62.60	62.43	62.26	62.08	61.91
64.06	63.89	63.72	63.55	63.38	63.21	63.04	62.87	62.70	62.53	62.36	62.18	62.01
64.16	63.99	63.82	63.65	63.48	63.31	63.14	62.97	62.80	62.63	62.46	62.28	62.11
64.26	64.09	63.92	63.75	63.58	63.41	63.24	63.07	62.90	62.73	62.56	62.38	62.21
64.36	64.19	64.02	63.85	63.68	63.51	63.34	63.17	63.00	62.83	62.66	62.48	62.31
64.46	64.29	64.12	63.95	63.78	63.61	63.44	63.27	63.10	62.93	62.76	62.59	62.41
64.56	64.39	64.22	64.05	63.88	63.71	63.54	63.37	63.20	63.03	62.86	62.69	62.51
64.66	64.49	64.32	64.15	63.98	63.81	63.64	63.47	63.30	63.13	62.96	62.79	62.61
64.76	64.59	64.42	64.25	64.08	63.91	63.74	63.57	63.40	63.23	63.06	62.89	62.71
64.85	64.69	64.52	64.35	64.18	64.01	63.84	63.67	63.50	63.33	63.16	62.99	62.81
64.95	64.79	64.62	64.45	64.28	64.11	63.94	63.77	63.60	63.43	63.26	63.09	62.91
65.05	64.88	64.72	64.55	64.38	64.21	64.04	63.87	63.70	63.53	63.36	63.19	63.02
65.15	64.98	64.82	64.65	64.48	64.31	64.14	63.97	63.80	63.63	63.46	63.29	63.12
65.25	65.08	64.92	64.75	64.58	64.41	64.24	64.07	63.90	63.73	63.56	63.39	63.22
65.35	65.18	65.01	64.85	64.68	64.51	64.34	64.17	64.00	63.83	63.66	63.49	63.32
65.45	65.28	65.11	64.95	64.78	64.61	64.44	64.27	64.10	63.93	63.76	63.59	63.42
65.55	65.38	65.21	65.05	64.88	64.71	64.54	64.37	64.20	64.03	63.86	63.69	63.52
65.65	65.48	65.31	65.14	64.98	64.81	64.64	64.47	64.30	64.13	63.96	63.79	63.62
65.75	65.58	65.41	65.24	65.08	64.91	64.74	64.57	64.40	64.23	64.06	63.89	63.72
65.85	65.68	65.51	65.34	65.18	65.01	64.84	64.67	64.50	64.33	64.16	63.99	63.82
65.94	65.78	65.61	65.44	65.27	65.11	64.94	64.77	64.60	64.43	64.26	64.09	63.92
66.04	65.88	65.71	65.54	65.37	65.21	65.04	64.87	64.71	64.53	64.36	64.19	64.02
66.14	65.98	65.81	65.64	65.47	65.31	65.14	64.97	64.80	64.63	64.46	64.29	64.12
66.24	66.08	65.91	65.74	65.57	65.41	65.24	65.07	64.90	64.73	64.56	64.39	64.22
66.34	66.17	66.01	65.84	65.67	65.51	65.34	65.17	65.00	64.83	64.66	64.49	64.32
66.44	66.27	66.11	65.94	65.77	65.61	65.44	65.27	65.10	64.93	64.76	64.59	64.42
66.54	66.37	66.21	66.04	65.87	65.70	65.54	65.37	65.20	65.03	64.86	64.69	64.52
66.64	66.47	66.31	66.14	65.97	65.80	65.64	65.47	65.30	65.13	64.96	64.79	64.62
66.74	66.57	66.40	66.24	66.07	65.90	65.74	65.57	65.40	65.23	65.06	64.89	64.72
66.84	66.67	66.50	66.34	66.17	66.00	65.84	65.67	65.50	65.33	65.16	64.99	64.82
66.94	66.77	66.60	66.44	66.27	66.10	65.94	65.77	65.60	65.43	65.26	65.09	64.92
67.03	66.87	66.70	66.54	66.37	66.20	66.04	65.87	65.70	65.53	65.36	65.19	65.02

表 B.1

酒精计浓度/(%vol)	温度/											
	10	10.5	11	11.5	12	12.5	13	13.5	14	14.5	15	15.5
65.8	69.09	68.93	68.77	68.61	68.44	68.28	68.12	67.96	67.79	67.63	67.46	67.30
65.9	69.19	69.03	68.87	68.70	68.54	68.38	68.22	68.05	67.89	67.73	67.56	67.40
66	69.29	69.13	68.96	68.80	68.64	68.48	68.32	68.15	67.99	67.82	67.66	67.50
66.1	69.38	69.22	69.06	68.90	68.74	68.58	68.41	68.25	68.09	67.92	67.76	67.60
66.2	69.48	69.32	69.16	69.00	68.84	68.67	68.51	68.35	68.19	68.02	67.86	67.69
66.3	69.58	69.42	69.26	69.10	68.93	68.77	68.61	68.45	68.28	68.12	67.96	67.79
66.4	69.68	69.52	69.36	69.19	69.03	68.87	68.71	68.55	68.38	68.22	68.06	67.89
66.5	69.78	69.61	69.45	69.29	69.13	68.97	68.81	68.64	68.48	68.32	68.15	67.99
66.6	69.87	69.71	69.55	69.39	69.23	69.07	68.91	68.74	68.58	68.42	68.25	68.09
66.7	69.97	69.81	69.65	69.49	69.33	69.17	69.00	68.84	68.68	68.52	68.35	68.19
66.8	70.07	69.91	69.75	69.59	69.43	69.26	69.10	68.94	68.78	68.61	68.45	68.29
66.9	70.17	70.01	69.85	69.68	69.52	69.36	69.20	69.04	68.88	68.71	68.55	68.39
67	70.26	70.10	69.94	69.78	69.62	69.46	69.30	69.14	68.97	68.81	68.65	68.49
67.1	70.36	70.20	70.04	69.88	69.72	69.56	69.40	69.24	69.07	68.91	68.75	68.58
67.2	70.46	70.30	70.14	69.98	69.82	69.66	69.70	69.33	69.17	69.01	68.85	68.68
67.3	70.56	70.40	70.24	70.08	69.92	69.76	69.59	69.43	69.27	69.11	68.95	68.78
67.4	70.65	70.49	70.33	70.17	70.01	69.85	69.69	69.53	69.37	69.21	69.04	68.88
67.5	70.75	70.59	70.43	70.27	70.11	69.95	69.79	69.63	69.47	69.31	69.14	68.98
67.6	70.85	70.69	70.53	70.37	70.21	70.05	69.89	69.73	69.57	69.40	69.24	69.08
67.7	70.95	70.79	70.63	70.47	70.31	70.15	69.99	69.83	69.66	69.50	69.34	69.18
67.8	71.04	70.89	70.73	70.57	70.41	70.25	70.09	69.92	69.76	69.60	69.44	69.28
67.9	71.14	70.98	70.82	70.66	70.50	70.34	70.18	70.02	69.86	69.70	69.54	69.38
68	71.24	71.08	70.92	70.76	70.60	70.44	70.28	70.12	69.96	69.80	69.64	69.47
68.1	71.34	71.18	71.02	70.86	70.70	70.54	70.38	70.22	70.06	69.90	69.74	69.57
68.2	71.43	71.28	71.12	70.96	70.80	70.64	70.48	70.32	70.16	70.00	69.83	69.67
68.3	71.53	71.37	71.22	71.06	70.90	70.74	70.58	70.42	70.26	70.09	69.93	69.77
68.4	71.63	71.47	71.31	71.15	70.99	70.84	70.68	70.52	70.35	70.19	70.03	69.87
68.5	71.73	71.57	71.41	71.25	71.09	70.93	70.77	70.61	70.45	70.29	70.13	69.97
68.6	71.83	71.67	71.51	71.35	71.19	71.03	70.87	70.71	70.55	70.39	70.23	70.07
68.7	71.92	71.76	71.61	71.45	71.29	71.13	70.97	70.81	70.65	70.49	70.33	70.17
68.8	72.02	71.86	71.70	71.55	71.39	71.23	71.07	70.91	70.75	70.59	70.43	70.27
68.9	72.12	71.96	71.80	71.64	71.49	71.33	71.17	71.01	70.85	70.69	70.53	70.37
69	72.22	72.06	71.90	71.74	71.58	71.42	71.27	71.11	70.95	70.79	70.62	70.46
69.1	72.31	72.16	72.00	71.84	71.68	71.52	71.36	71.20	71.04	70.88	70.72	70.56
69.2	72.41	72.25	72.10	71.94	71.78	71.62	71.46	71.30	71.14	70.98	70.82	70.66
69.3	72.51	72.35	72.19	72.04	71.88	71.72	71.56	71.40	71.24	71.08	70.92	70.76
69.4	72.61	72.45	72.29	72.13	71.98	71.82	71.66	71.50	71.34	71.18	71.02	70.86
69.5	72.70	72.55	72.39	72.23	72.07	71.92	71.76	71.60	71.44	71.28	71.12	70.96
69.6	72.80	72.64	72.49	72.33	72.17	72.01	71.85	71.70	71.54	71.38	71.22	71.06
69.7	72.90	72.74	72.58	72.43	72.27	72.11	71.95	71.79	71.64	71.48	71.32	71.16
69.8	73.00	72.84	72.68	72.53	72.37	72.21	72.05	71.89	71.73	71.57	71.42	71.26
69.9	73.09	72.94	72.78	72.62	72.47	72.31	72.15	71.99	71.83	71.67	71.51	71.35

(续) 单位为%vol

℃

16	16.5	17	17.5	18	18.5	19	19.5	20	20.5	21	21.5	22
67.13	66.97	66.80	66.64	66.47	66.30	66.14	65.97	65.80	65.63	65.46	65.29	65.13
67.23	67.07	66.90	66.74	66.57	66.40	66.24	66.07	65.90	65.73	65.56	65.39	65.23
67.33	67.17	67.00	66.83	66.67	66.50	66.33	66.17	66.00	65.83	65.66	65.49	65.33
67.43	67.27	67.10	66.93	66.77	66.60	66.43	66.27	66.10	65.93	65.76	65.60	65.43
67.53	67.36	67.20	67.03	66.87	66.70	66.53	66.37	66.20	66.03	65.86	65.70	65.53
67.63	67.46	67.30	67.13	66.97	66.80	66.63	66.47	66.30	66.13	65.96	65.80	65.63
67.73	67.56	67.40	67.23	67.07	66.90	66.73	66.57	66.40	66.23	66.06	65.90	65.73
67.83	67.66	67.50	67.33	67.17	67.00	66.83	66.67	66.50	66.33	66.16	66.00	65.83
67.93	67.76	67.60	67.43	67.27	67.10	66.93	66.77	66.60	66.43	66.27	66.10	65.93
68.02	67.86	67.70	67.53	67.37	67.20	67.03	66.87	66.70	66.53	66.37	66.20	66.03
68.12	67.96	67.79	67.63	67.46	67.30	67.13	66.97	66.80	66.63	66.47	66.30	66.13
68.22	68.06	67.89	67.73	67.56	67.40	67.23	67.07	66.90	66.73	66.57	66.40	66.23
68.32	68.16	67.99	67.83	67.66	67.50	67.33	67.17	67.00	66.83	66.67	66.50	66.33
68.42	68.26	68.09	67.93	67.76	67.60	67.43	67.27	67.10	66.93	66.77	66.60	66.43
68.52	68.36	68.19	68.03	67.86	67.70	67.53	67.37	67.20	67.03	66.87	66.70	66.53
68.62	68.46	68.29	68.13	67.96	67.80	67.63	67.47	67.30	67.13	66.97	66.80	66.63
68.72	68.55	68.39	68.23	68.06	67.90	67.73	67.57	67.40	67.23	67.07	66.90	66.73
68.82	68.65	68.49	68.33	68.16	68.00	67.83	67.67	67.50	67.33	67.17	67.00	66.83
68.92	68.75	68.59	68.43	68.26	68.10	67.93	67.77	67.60	67.43	67.27	67.10	66.93
69.02	68.85	68.69	68.52	68.36	68.20	68.03	67.87	67.70	67.53	67.37	67.20	67.03
69.11	68.95	68.79	68.62	68.46	68.30	68.13	67.97	67.80	67.63	67.47	67.30	67.13
69.21	69.05	68.89	68.72	68.56	68.40	68.23	68.07	67.90	67.73	67.57	67.40	67.23
69.31	69.15	68.99	68.82	68.66	68.49	68.33	68.17	68.00	67.83	67.67	67.50	67.34
69.41	69.25	69.09	68.92	68.76	68.59	68.43	68.27	68.10	67.93	67.77	67.60	67.44
69.51	69.35	69.18	69.02	68.86	68.69	68.53	68.37	68.20	68.03	67.87	67.70	67.54
69.61	69.45	69.28	69.12	68.96	68.79	68.63	68.46	68.30	68.13	67.97	67.80	67.64
69.71	69.55	69.38	69.22	69.06	68.89	68.73	68.56	68.40	68.23	68.07	67.90	67.74
69.81	69.65	69.48	69.32	69.16	68.99	68.83	68.66	68.50	68.33	68.17	68.00	67.84
69.91	69.74	69.58	69.42	69.26	69.09	68.93	68.76	68.60	68.44	68.27	68.10	67.94
70.01	69.84	69.68	69.52	69.36	69.19	69.03	68.86	68.70	68.54	68.37	68.20	68.04
70.10	69.94	69.78	69.62	69.46	69.29	69.13	68.96	68.80	68.64	68.47	68.30	68.14
70.20	70.04	69.88	69.72	69.55	69.39	69.23	69.06	68.90	68.74	68.57	68.41	68.24
70.30	70.14	69.98	69.82	69.65	69.49	69.33	69.16	69.00	68.84	68.67	68.51	68.34
70.40	70.24	70.08	69.92	69.75	69.59	69.43	69.26	69.10	68.94	68.77	68.61	68.44
70.50	70.34	70.18	70.02	69.85	69.69	69.53	69.36	69.20	69.04	68.87	68.71	68.54
70.60	70.44	70.28	70.11	69.95	69.79	69.63	69.46	69.30	69.14	68.97	68.81	68.64
70.70	70.54	70.38	70.21	70.05	69.89	69.73	69.56	69.40	69.24	69.07	68.91	68.74
70.80	70.64	70.48	70.31	70.15	69.99	69.83	69.66	69.50	69.34	69.17	69.01	68.84
70.90	70.74	70.57	70.41	70.25	70.09	69.93	69.76	69.60	69.44	69.27	69.11	68.94
71.00	70.84	70.67	70.51	70.35	70.19	70.03	69.86	69.70	69.54	69.37	69.21	69.04
71.09	70.93	70.77	70.61	70.45	70.29	70.13	69.96	69.80	69.64	69.47	69.31	69.14
71.19	71.03	70.87	70.71	70.55	70.39	70.23	70.06	69.90	69.74	69.57	69.41	69.24

表 B.2　温度 20℃时酒精计浓度与温度换算表

酒精计浓度/													温度/
(%vol)	22.5	23	23.5	24	24.5	25	25.5	26	26.5	27	27.5	28	28.5
18	17.29	17.14	17.00	16.86	16.71	16.57	16.42	16.28	16.13	15.99	15.84	15.69	15.55
18.1	17.38	17.24	17.09	16.95	16.81	16.66	16.51	16.37	16.22	16.08	15.93	15.78	15.64
18.2	17.48	17.34	17.19	17.04	16.90	16.75	16.61	16.46	16.32	16.17	16.02	15.87	15.73
18.3	17.58	17.43	17.29	17.14	19.99	16.85	16.70	16.55	16.41	16.26	16.11	15.96	15.82
18.4	17.67	17.53	17.38	17.23	17.09	16.94	16.79	16.65	16.50	16.35	16.20	16.06	15.91
18.5	17.77	17.62	17.48	17.33	17.18	17.03	16.89	16.74	16.59	16.44	16.29	16.15	16.00
18.6	17.87	17.72	17.57	17.42	17.28	17.13	16.98	16.83	16.68	16.53	16.39	16.24	16.09
18.7	17.96	17.82	17.67	17.52	17.37	17.22	17.07	16.92	16.78	16.63	16.48	16.33	16.18
18.8	18.06	17.91	17.76	17.61	17.46	17.32	17.17	17.02	16.87	16.72	16.57	16.42	16.27
18.9	18.16	18.01	17.86	17.71	17.56	17.41	17.26	17.11	16.96	16.81	16.66	16.51	16.36
19	18.25	18.10	17.95	17.80	17.65	17.50	17.35	17.20	17.05	16.90	16.75	16.60	16.45
19.1	18.35	18.20	18.05	17.90	17.75	17.60	17.45	17.29	17.14	16.99	16.84	16.69	16.54
19.2	18.45	18.30	18.14	17.99	17.84	17.69	17.54	17.39	17.24	17.08	16.93	16.78	16.63
19.3	18.54	18.39	18.24	18.09	17.94	17.78	17.63	17.48	17.33	17.18	17.02	16.87	16.72
19.4	18.64	18.49	18.34	18.18	18.03	17.88	17.73	17.57	17.42	17.27	17.11	16.96	16.81
19.5	18.74	18.58	18.43	18.28	18.13	17.97	17.82	17.67	17.52	17.36	17.20	17.05	16.90
19.6	18.83	18.68	18.53	18.37	18.22	18.07	17.91	17.76	17.60	17.45	17.30	17.14	16.99
19.7	18.93	18.78	18.62	18.48	18.31	18.16	18.01	17.85	17.70	17.54	17.39	17.23	17.08
19.8	19.03	18.87	18.72	18.56	18.41	18.25	18.10	17.94	17.79	17.63	17.48	17.32	17.17
19.9	19.12	18.97	18.81	18.66	18.50	18.35	18.19	18.04	17.88	17.73	17.57	17.41	17.26
20	19.22	19.06	18.91	18.75	18.60	18.44	18.29	18.13	17.97	17.82	17.66	17.50	17.35
20.1	19.32	19.16	19.00	18.85	18.69	18.53	18.38	18.22	18.07	17.91	17.75	17.60	17.44
20.2	19.41	19.26	19.10	18.94	18.79	18.63	18.47	18.31	18.16	18.00	17.84	17.69	17.53
20.3	19.51	19.35	19.20	19.04	18.88	18.72	18.57	18.41	18.25	18.09	17.93	17.78	17.62
20.4	19.61	19.45	19.29	19.13	18.97	18.82	18.66	18.50	18.34	18.18	18.03	17.87	17.71
20.5	19.70	19.55	19.39	19.23	19.07	18.91	18.75	18.59	18.43	18.28	18.12	17.96	17.80
20.6	19.80	19.64	19.48	19.32	19.16	19.00	18.85	18.69	18.53	18.37	18.21	18.05	17.89
20.7	19.90	19.74	19.58	19.42	19.26	19.10	18.94	18.78	18.62	18.46	18.30	18.14	17.98
20.8	20.00	19.83	19.67	19.51	19.35	19.19	19.03	18.87	18.71	18.55	18.39	18.23	18.07
20.9	20.09	19.93	19.77	19.61	19.45	19.29	19.13	18.97	18.80	18.64	18.48	18.32	18.16
21	20.19	20.03	19.87	19.70	19.54	19.38	19.22	19.06	18.90	18.74	18.57	18.41	18.25
21.1	20.29	20.12	19.96	19.80	19.64	19.47	19.31	19.15	18.99	18.83	18.67	18.50	18.34
21.2	20.38	20.22	20.06	19.89	19.73	19.57	19.41	19.24	19.08	18.92	18.76	18.60	18.43
21.3	20.48	20.32	20.15	19.99	19.83	19.66	19.50	19.34	19.17	19.01	18.85	18.69	18.52
21.4	20.58	20.41	20.25	20.08	19.92	19.76	19.59	19.43	19.27	19.10	18.94	18.78	18.61
21.5	20.67	20.51	20.34	20.18	20.02	19.85	19.69	19.52	19.36	19.20	19.03	18.87	18.71
21.6	20.77	20.61	20.44	20.28	20.11	19.95	19.78	19.62	19.45	19.29	19.12	18.96	18.80
21.7	20.87	20.70	20.54	20.37	20.21	20.04	19.87	19.71	19.55	19.38	19.22	19.05	18.89
21.8	20.96	20.80	20.63	20.47	20.30	20.13	19.97	19.80	19.64	19.47	19.31	19.14	18.98
21.9	21.06	20.89	20.73	20.56	20.39	20.23	20.06	19.90	19.73	19.56	19.40	19.23	19.07
22	21.16	20.99	20.82	20.66	20.49	20.32	20.16	19.99	19.82	19.66	19.49	19.33	19.16
22.1	21.26	21.09	20.92	20.75	20.58	20.42	20.25	20.08	19.92	19.75	19.58	19.42	19.25
22.2	21.35	21.18	21.02	20.85	20.68	20.51	20.34	20.18	20.01	19.84	19.68	19.51	19.34
22.3	21.45	21.28	21.11	20.94	20.77	20.61	20.44	20.27	20.10	19.93	19.77	19.60	19.43

(温度范围 22.5℃～35℃,间隔 0.5℃) 单位为%vol

℃

29	29.5	30	30.5	31	31.5	32	32.5	33	33.5	34	34.5	35
15.40	15.25	15.11	14.96	14.81	14.66	14.51	14.37	14.22	14.07	13.92	13.77	13.62
15.49	15.34	15.19	15.05	14.90	14.75	14.60	14.45	14.30	14.15	14.00	13.85	13.70
15.58	15.43	15.28	15.13	14.99	14.84	14.69	14.54	14.39	14.24	14.09	13.94	13.79
15.67	15.52	15.37	15.22	15.07	14.92	14.77	14.63	14.48	14.33	14.17	14.02	13.87
15.76	15.61	15.46	15.31	15.16	15.01	14.86	14.71	14.56	14.41	14.26	14.11	13.96
15.85	15.70	15.55	15.40	15.25	15.10	14.95	14.80	14.65	14.50	14.35	14.19	14.04
15.94	15.79	15.64	15.49	15.34	15.19	15.04	14.88	14.73	14.58	14.43	14.28	14.13
16.03	15.88	15.73	15.58	15.42	15.27	15.12	14.97	14.82	14.67	14.52	14.36	14.21
16.12	15.97	15.81	15.66	15.51	15.36	15.21	15.06	14.91	14.75	14.60	14.45	14.30
16.21	16.05	15.90	15.75	15.60	15.45	15.30	15.14	14.99	14.84	14.69	14.53	14.38
16.30	16.14	15.99	15.84	15.69	15.54	15.38	15.23	15.08	14.92	14.77	14.62	14.47
16.38	16.23	16.08	15.93	15.78	15.62	15.47	15.32	15.16	15.01	14.86	14.70	14.55
16.47	16.32	16.17	16.02	15.86	15.71	15.36	15.40	15.25	15.10	14.94	14.79	14.63
16.56	16.41	16.26	16.10	15.95	15.80	15.64	15.49	15.34	15.18	15.03	14.87	14.72
16.65	16.50	16.35	16.28	16.04	15.88	15.73	15.58	15.42	15.27	15.11	14.96	14.80
16.74	16.59	16.44	16.28	16.13	15.97	15.82	15.66	15.51	15.35	15.20	15.04	14.89
16.83	16.68	16.52	16.37	16.21	16.06	15.90	15.75	15.59	15.44	15.28	15.13	14.97
16.92	16.77	16.61	16.46	16.30	16.15	15.99	15.84	15.68	15.53	15.37	15.21	15.06
17.01	16.86	16.70	16.55	16.39	16.23	16.08	15.92	15.77	15.61	15.45	15.30	15.14
17.10	16.95	16.79	16.63	16.48	16.32	16.17	16.01	15.85	15.70	15.54	15.38	15.23
17.19	17.04	16.88	16.72	16.57	16.41	16.25	16.10	15.94	15.78	15.63	15.47	15.31
17.28	17.12	16.97	16.81	16.65	16.50	16.34	16.18	16.03	15.87	15.71	15.55	15.40
17.37	17.21	17.06	16.90	16.74	16.58	16.43	16.27	16.11	15.95	15.80	15.64	15.48
17.46	17.30	17.15	16.99	16.83	16.67	16.51	16.36	16.20	16.04	15.88	15.72	15.57
17.55	17.39	17.23	17.08	16.92	16.76	16.60	16.44	16.28	16.13	15.97	15.81	15.65
17.64	17.48	17.32	17.17	17.01	16.85	16.69	16.53	16.37	16.21	16.05	15.89	15.74
17.73	17.57	17.41	17.25	17.09	16.94	16.78	16.62	16.46	16.30	16.14	15.98	15.82
17.82	17.66	17.50	17.34	17.18	17.02	16.86	16.70	16.54	16.38	16.22	16.07	15.91
17.91	17.75	17.59	17.43	17.27	17.11	16.95	16.79	16.63	16.47	16.31	16.15	15.99
18.00	17.84	17.68	17.52	17.36	17.20	17.04	16.88	16.72	16.56	16.40	16.24	16.08
18.09	17.93	17.77	17.61	17.45	17.29	17.13	16.96	16.80	16.64	16.48	16.32	16.16
18.18	18.02	17.86	17.70	17.54	17.37	17.21	17.05	16.89	16.73	16.57	16.41	16.25
18.27	18.11	17.95	17.79	17.62	17.46	17.30	17.14	16.98	16.82	16.65	16.49	16.33
18.36	18.20	18.04	17.87	17.71	17.55	17.39	17.23	17.06	16.90	16.74	16.58	16.42
18.45	18.29	18.13	17.96	17.80	17.64	17.48	17.31	17.15	16.99	16.83	16.66	16.50
18.54	18.38	18.22	18.05	17.89	17.73	17.56	17.40	17.24	17.07	16.91	16.75	16.59
18.63	18.47	18.30	18.14	17.98	17.81	17.65	17.49	17.32	17.16	17.00	16.83	16.67
18.72	18.56	18.39	18.23	18.07	17.90	17.74	17.57	17.41	17.25	17.08	16.92	16.76
18.81	18.65	18.48	18.32	18.15	17.99	17.83	17.66	17.50	17.33	17.17	17.01	16.84
18.90	18.74	18.57	18.41	18.24	18.08	17.91	17.75	17.58	17.42	17.26	17.09	16.93
18.99	18.83	18.66	18.50	18.33	18.17	18.00	17.84	17.67	17.51	17.34	17.18	17.01
19.08	18.92	18.75	18.59	18.42	18.26	18.09	17.92	17.76	17.59	17.43	17.26	17.10
19.17	19.01	18.84	18.68	18.51	18.34	18.18	18.01	17.85	17.68	17.52	17.35	17.18
19.27	19.10	18.93	18.76	18.60	18.43	18.27	18.10	17.93	17.77	17.60	17.44	17.27

表 B.2

酒精计浓度/(%vol)	温度/											
	22.5	23	23.5	24	24.5	25	25.5	26	26.5	27	27.5	28	28.5
22.4	21.55	21.38	21.21	21.04	20.87	20.70	20.53	20.36	20.20	20.03	19.86	19.69	19.52
22.5	21.64	21.47	21.30	21.13	20.96	20.80	20.63	20.46	20.29	20.12	19.95	19.78	19.61
22.6	21.74	21.57	21.40	21.23	21.06	20.89	20.72	20.55	20.38	20.21	20.04	19.87	19.71
22.7	21.84	21.67	21.50	21.33	21.15	20.98	20.81	20.64	20.47	20.30	20.14	19.97	19.80
22.8	21.94	21.76	21.59	21.42	21.25	21.08	20.91	20.74	20.57	20.40	20.23	20.06	19.89
22.9	22.03	21.86	21.69	21.52	21.35	21.17	21.00	20.83	20.66	20.49	20.32	20.15	19.98
23	22.13	21.96	21.78	21.61	21.44	21.27	21.10	20.93	20.75	20.58	20.41	20.24	20.07
23.1	22.23	22.05	21.88	21.71	21.54	21.36	21.19	21.02	20.85	20.68	20.50	20.33	20.16
23.2	22.33	22.15	21.98	21.80	21.63	21.46	21.29	21.11	20.94	20.77	20.60	20.43	20.25
23.3	22.42	22.25	22.07	21.90	21.73	21.55	21.38	21.21	21.03	20.86	20.69	20.52	20.35
23.4	22.52	22.34	22.17	22.00	21.82	21.65	21.47	21.30	21.13	20.95	20.78	20.61	20.44
23.5	22.62	22.44	22.27	22.09	21.92	21.74	21.57	21.39	21.22	21.05	20.87	20.70	20.53
23.6	22.71	22.54	22.36	22.19	22.01	21.84	21.66	21.49	21.31	21.14	20.97	20.79	20.62
23.7	22.81	22.64	22.46	22.28	22.11	21.93	21.76	21.58	21.41	21.23	21.06	20.89	20.71
23.8	22.91	22.73	22.56	22.38	22.20	22.03	21.85	21.68	21.50	21.33	21.15	20.98	20.80
23.9	23.01	22.83	22.65	22.48	22.30	22.12	21.95	21.77	21.60	21.42	21.25	21.07	20.90
24	23.10	22.93	22.75	22.57	22.39	22.22	22.04	21.87	21.69	21.51	21.34	21.16	20.99
24.1	23.20	23.02	22.85	22.67	22.49	22.31	22.14	21.96	21.78	21.61	21.43	21.26	21.08
24.2	23.30	23.12	22.94	22.76	22.59	22.41	22.23	22.05	21.88	21.70	21.52	21.35	21.17
24.3	23.40	23.22	23.04	22.86	22.68	22.50	22.33	22.15	21.97	21.79	21.62	21.44	21.26
24.4	23.49	23.31	23.14	22.96	22.78	22.60	22.42	22.24	22.06	21.89	21.71	21.53	21.36
24.5	23.59	23.41	23.23	23.05	22.87	22.69	22.52	22.34	22.16	21.98	21.80	21.63	21.45
24.6	23.69	23.51	23.33	23.15	22.97	22.79	22.61	22.43	22.25	22.07	21.90	21.72	21.54
24.7	23.79	23.61	23.43	23.24	23.06	22.88	22.71	22.53	22.35	22.17	21.99	21.81	21.63
24.8	23.89	23.70	23.52	23.34	23.16	22.98	22.80	22.62	22.44	22.26	22.08	21.90	21.73
24.9	23.98	23.80	23.62	23.44	23.26	23.08	22.90	22.72	22.54	22.36	22.18	22.00	21.82
25	24.08	23.90	23.72	23.53	23.35	23.17	22.99	22.81	22.63	22.45	22.27	22.09	21.91
25.1	24.18	24.00	23.81	23.63	23.45	23.27	23.09	22.90	22.72	22.54	22.36	22.18	22.00
25.2	24.28	24.09	23.91	23.73	23.54	23.36	23.18	23.00	22.82	22.64	22.46	22.28	22.10
25.3	24.37	24.19	24.01	23.82	23.64	23.46	23.28	23.09	22.91	22.73	22.55	22.37	22.19
25.4	24.47	24.29	24.10	23.92	23.74	23.55	23.37	23.19	23.01	22.83	22.64	22.46	22.28
25.5	24.57	24.39	24.20	24.02	23.83	23.65	23.47	23.28	23.10	22.92	22.74	22.56	22.38
25.6	24.67	24.48	24.30	24.11	23.93	23.75	23.56	23.38	23.20	23.01	22.83	22.65	22.47
25.7	24.77	24.58	24.39	24.21	24.03	23.84	23.66	23.47	23.29	23.11	22.93	22.74	22.56
25.8	24.86	24.68	24.49	24.31	24.12	23.94	23.75	23.57	23.39	23.20	23.02	22.84	22.66
25.9	24.96	24.78	24.59	24.40	24.22	24.03	23.85	23.66	23.48	23.30	23.11	22.93	22.75
26	25.06	24.87	24.69	24.50	24.31	24.13	23.94	23.76	23.58	23.39	23.21	23.03	22.84
26.1	25.16	24.97	24.78	24.60	24.41	24.23	24.04	23.86	23.67	23.49	23.30	23.12	22.94
26.2	25.26	25.07	24.88	24.69	24.51	24.32	24.14	23.95	23.77	23.58	23.40	23.21	23.03
26.3	25.35	25.17	24.98	24.79	24.60	24.42	24.23	24.05	23.86	23.68	23.49	23.31	23.12
26.4	25.45	25.26	25.08	24.89	24.70	24.51	24.33	24.14	23.96	23.77	23.59	23.40	23.22
26.5	25.55	25.36	25.17	24.98	24.80	24.61	24.42	24.24	24.05	23.87	23.68	23.49	23.31
26.6	25.65	25.46	25.27	25.08	24.89	24.71	24.52	24.33	24.15	23.96	23.77	23.59	23.40
26.7	25.75	25.56	25.37	25.18	24.99	24.80	24.62	24.43	24.24	24.06	23.87	23.68	23.50

（续）　　　　单位为%vol

℃												
29	29.5	30	30.5	31	31.5	32	32.5	33	33.5	34	34.5	35
19.36	19.19	19.02	18.85	18.69	18.52	18.35	18.19	18.02	17.85	17.69	17.52	17.36
19.45	19.28	19.11	18.94	18.78	18.61	18.44	18.27	18.11	17.94	17.77	17.61	17.44
19.54	19.37	19.20	19.03	18.87	18.70	18.53	18.36	18.20	18.03	17.86	17.69	17.53
19.63	19.46	19.29	19.12	18.95	18.79	18.62	18.45	18.28	18.12	17.95	17.78	17.61
19.72	19.55	19.38	19.21	19.04	18.87	18.71	18.54	18.37	18.20	18.03	17.87	17.70
19.81	19.64	19.47	19.30	19.13	18.96	18.79	18.63	18.46	18.29	18.12	17.95	17.79
19.90	19.73	19.56	19.39	19.22	19.05	18.88	18.71	18.55	18.38	18.21	18.04	17.87
19.99	19.82	19.65	19.48	19.31	19.14	18.97	18.80	18.63	18.46	18.30	18.13	17.96
20.08	19.91	19.74	19.57	19.40	19.23	19.06	18.89	18.72	18.55	18.38	18.21	18.04
20.17	20.00	19.83	19.66	19.49	19.32	19.15	18.98	18.81	18.64	18.47	18.30	18.13
20.27	20.09	19.92	19.75	19.58	19.41	19.24	19.07	18.90	18.73	18.56	18.39	18.22
20.36	20.18	20.01	19.84	19.67	19.50	19.33	19.16	18.98	18.81	18.64	18.47	18.30
20.45	20.28	20.10	19.93	19.76	19.59	19.42	19.24	19.07	18.90	18.73	18.56	18.39
20.54	20.37	20.19	20.02	19.85	19.68	19.50	19.33	19.16	18.99	18.82	18.65	18.48
20.63	20.46	20.28	20.11	19.94	19.77	19.59	19.42	19.25	19.08	18.91	18.73	18.56
20.72	20.55	20.37	20.20	20.03	19.85	19.68	19.51	19.34	19.17	18.99	18.82	18.65
20.81	20.64	20.47	20.29	20.12	19.94	19.77	19.60	19.43	19.25	19.08	18.91	18.74
20.91	20.73	20.56	20.38	20.21	20.03	19.86	19.69	19.51	19.34	19.17	19.00	18.82
21.00	20.82	20.65	20.47	20.30	20.12	19.95	19.78	19.60	19.43	19.26	19.08	18.91
21.09	20.91	20.74	20.56	20.39	20.21	20.04	19.86	19.69	19.52	19.34	19.17	19.00
21.18	21.00	20.83	20.65	20.48	20.30	20.13	19.95	19.78	19.61	19.43	19.26	19.08
21.27	21.10	20.92	20.74	20.57	20.39	20.22	20.04	19.87	19.69	19.52	19.35	19.17
21.36	21.19	21.01	20.83	20.66	20.48	20.31	20.13	19.96	19.78	19.61	19.43	19.26
21.46	21.28	21.10	20.93	20.75	20.57	20.40	20.22	20.05	19.87	19.70	19.52	19.35
21.55	21.37	21.19	21.02	20.84	20.66	20.49	20.31	20.13	19.96	19.78	19.61	19.43
21.64	21.46	21.29	21.11	20.93	20.75	20.58	20.40	20.22	20.05	19.87	19.70	19.52
21.73	21.55	21.38	21.20	21.02	20.84	20.67	20.49	20.31	20.14	19.96	19.79	19.61
21.83	21.65	21.47	21.29	21.11	20.93	20.76	20.58	20.40	20.23	20.05	19.87	19.70
21.92	21.74	21.56	21.38	21.20	21.02	20.85	20.67	20.49	20.31	20.14	19.96	19.79
22.01	21.83	21.65	21.47	21.29	21.11	20.94	20.76	20.58	20.40	20.23	20.05	19.87
22.10	21.92	21.74	21.56	21.38	21.21	21.03	20.85	20.67	20.49	20.32	20.14	19.96
22.20	22.01	21.83	21.66	21.48	21.30	21.12	20.94	20.76	20.58	20.40	20.23	20.05
22.29	22.11	21.93	21.75	21.57	21.39	21.21	21.03	20.85	20.67	20.49	20.32	20.14
22.38	22.20	22.02	21.84	21.66	21.48	21.30	21.12	20.94	20.76	20.58	20.40	20.23
22.47	22.29	22.11	21.93	21.75	21.57	21.39	21.21	21.03	20.85	20.67	20.49	20.31
22.57	22.38	22.20	22.02	21.84	21.66	21.48	21.30	21.12	20.94	20.76	20.58	20.40
22.66	22.48	22.30	22.11	21.93	21.75	21.57	21.39	21.21	21.03	20.85	20.67	20.49
22.75	22.57	22.39	22.21	22.02	21.84	21.66	21.48	21.30	21.12	20.94	20.76	20.58
22.85	22.66	22.48	22.30	22.12	21.93	21.75	21.57	21.39	21.21	21.03	20.85	20.67
22.94	22.76	22.57	22.39	22.21	22.02	21.84	21.66	21.48	21.30	21.12	20.94	20.76
23.03	22.85	22.66	22.48	22.30	22.12	21.93	21.75	21.57	21.39	21.21	21.03	20.85
23.13	22.94	22.76	22.57	22.39	22.21	22.03	21.84	21.66	21.48	21.30	21.12	20.94
23.22	23.03	22.85	22.67	22.48	22.30	22.12	21.93	21.75	21.57	21.39	21.21	21.03
23.31	23.13	22.94	22.76	22.57	22.39	22.21	22.03	21.84	21.66	21.48	21.30	21.12

表 B.2

酒精计浓度/(%vol)	温度/											
	22.5	23	23.5	24	24.5	25	25.5	26	26.5	27	27.5	28	28.5
26.8	25.84	25.65	25.47	25.28	25.09	24.90	24.71	24.52	24.34	24.15	23.96	23.78	23.59
26.9	25.94	25.75	25.56	25.37	25.18	25.00	24.81	24.62	24.43	24.25	24.06	23.87	23.69
27	26.04	25.85	25.66	25.47	25.28	25.09	24.90	24.72	24.53	24.34	24.15	23.97	23.78
27.1	26.14	25.95	25.76	25.57	25.38	25.19	25.00	24.81	24.62	24.44	24.25	24.06	23.87
27.2	26.24	26.05	25.86	25.67	25.48	25.29	25.10	24.91	24.72	24.53	24.34	24.16	23.97
27.3	26.34	26.14	25.95	25.76	25.57	25.38	25.19	25.00	24.81	24.63	24.44	24.25	24.06
27.4	26.43	26.24	26.05	25.86	25.67	25.48	25.29	25.10	24.91	24.72	24.53	24.34	24.16
27.5	26.53	26.34	26.15	25.96	25.77	25.58	25.39	25.20	25.01	24.82	24.63	24.44	24.25
27.6	26.63	26.44	26.25	26.05	25.86	25.67	25.48	25.29	25.10	24.91	24.72	24.53	24.35
27.7	26.73	26.54	26.34	26.15	25.96	25.77	25.58	25.39	25.20	25.01	24.82	24.63	24.44
27.8	26.83	26.63	26.44	26.25	26.06	25.87	25.68	25.48	25.29	25.10	24.91	24.72	24.54
27.9	26.93	26.73	26.54	26.35	26.16	25.96	25.77	25.58	25.39	25.20	25.01	24.82	24.63
28	27.03	26.83	26.64	26.45	26.25	26.06	25.87	25.68	25.49	25.30	25.10	24.91	24.72
28.1	27.12	26.93	26.74	26.54	26.35	26.16	25.97	25.77	25.58	25.39	25.20	25.01	24.82
28.2	27.22	27.03	26.83	26.64	26.45	26.25	26.06	25.87	25.68	25.49	25.30	25.11	24.91
28.3	27.32	27.13	26.93	26.74	26.54	26.35	26.16	25.97	25.77	25.58	25.39	25.20	25.01
28.4	27.42	27.22	27.03	26.84	26.64	26.45	26.26	26.06	25.87	25.68	25.49	25.30	25.10
28.5	27.52	27.32	27.13	26.93	26.74	26.55	26.35	26.16	25.97	25.78	25.58	25.39	25.20
28.6	27.62	27.42	27.23	27.03	26.84	26.64	26.45	26.26	26.06	25.87	25.68	25.49	25.30
28.7	27.72	27.52	27.32	27.13	26.94	26.74	26.55	26.35	26.16	25.97	25.77	25.58	25.39
28.8	27.81	27.62	27.42	27.23	27.03	26.84	26.64	26.45	26.26	26.06	25.87	25.68	25.49
28.9	27.91	27.72	27.52	27.33	27.13	26.94	26.74	26.55	26.35	26.16	25.97	25.77	25.58
29	28.01	27.82	27.62	27.42	27.23	27.03	26.84	26.64	26.45	26.26	26.06	25.87	25.68
29.1	28.11	27.91	27.72	27.52	27.33	27.13	26.94	26.74	26.55	26.35	26.16	25.97	25.77
29.2	28.21	28.01	27.82	27.62	27.42	27.23	27.03	26.84	26.64	26.45	26.26	26.06	25.87
29.3	28.31	28.11	27.91	27.72	27.52	27.33	27.13	26.94	26.74	26.55	26.35	26.16	25.96
29.4	28.41	28.21	28.01	27.82	27.62	27.42	27.23	27.03	26.84	26.64	26.45	26.25	26.06
29.5	28.51	28.31	28.11	27.91	27.72	27.52	27.33	27.13	26.93	26.74	26.55	26.35	26.16
29.6	28.61	28.41	28.21	28.01	27.82	27.62	27.42	27.23	27.03	26.84	26.64	26.45	26.25
29.7	28.70	28.51	28.31	28.11	27.91	27.72	27.52	27.32	27.13	26.93	26.74	26.54	26.35
29.8	28.80	28.60	28.41	28.21	28.01	27.82	27.62	27.42	27.23	27.03	26.84	26.64	26.45
29.9	28.90	28.70	28.51	28.31	28.11	27.91	27.72	27.52	27.32	27.13	26.93	26.74	26.54
30	29.00	28.80	28.60	28.41	28.21	28.01	27.81	27.62	27.42	27.22	27.03	26.83	26.64
30.1	29.10	28.90	28.70	28.50	28.31	28.11	27.91	27.71	27.52	27.32	27.13	26.93	26.73
30.2	29.20	29.00	28.80	28.60	28.41	28.21	28.01	27.81	27.62	27.42	27.22	27.03	26.83
30.3	29.30	29.10	28.90	28.70	28.50	28.31	28.11	27.91	27.71	27.52	27.32	27.12	26.93
30.4	29.40	29.20	29.00	28.80	28.60	28.40	28.21	28.01	27.81	27.61	27.42	27.22	27.02
30.5	29.50	29.30	29.10	28.90	28.70	28.50	28.30	28.11	27.91	27.71	27.51	27.32	27.12
30.6	29.60	29.40	29.20	29.00	28.80	28.60	28.40	28.20	28.01	27.81	27.61	27.41	27.22
30.7	29.70	29.50	29.30	29.10	28.90	28.70	28.50	28.30	28.10	27.91	27.71	27.51	27.31
30.8	29.79	29.59	29.39	29.19	29.00	28.80	28.60	28.40	28.20	28.00	27.81	27.61	27.41
30.9	29.89	29.69	29.49	29.29	29.09	28.90	28.70	28.50	28.30	28.10	27.90	27.71	27.51
31	29.99	29.79	29.59	29.39	29.19	28.99	28.79	28.60	28.40	28.20	28.00	27.80	27.61
31.1	30.09	29.89	29.69	29.49	29.29	29.09	28.89	28.69	28.50	28.30	28.10	27.90	27.70

（续） 单位为%vol

℃												
29	29.5	30	30.5	31	31.5	32	32.5	33	33.5	34	34.5	35
23.41	23.22	23.04	22.85	22.67	22.48	22.30	22.12	21.93	21.75	21.57	21.39	21.20
23.50	23.31	23.13	22.94	22.76	22.58	22.39	22.21	22.02	21.84	21.66	21.48	21.29
23.59	23.41	23.22	23.04	22.85	22.67	22.48	22.30	22.12	21.93	21.75	21.57	21.38
23.69	23.50	23.32	23.13	22.94	22.76	22.57	22.39	22.21	22.02	21.84	21.66	21.47
23.78	23.59	23.41	23.22	23.04	22.85	22.67	22.48	22.30	22.11	21.93	21.75	21.56
23.88	23.69	23.50	23.32	23.13	22.94	22.76	22.57	22.39	22.20	22.02	21.84	21.65
23.97	23.78	23.59	23.41	23.22	23.04	22.85	22.67	22.48	22.30	22.11	21.93	21.74
24.06	23.88	23.69	23.50	23.31	23.13	22.94	22.76	22.57	22.39	22.20	22.02	21.83
24.16	23.97	23.78	23.59	23.41	23.22	23.03	22.85	22.66	22.48	22.29	22.11	21.92
24.25	24.06	23.88	23.69	23.50	23.31	23.13	22.94	22.76	22.57	22.38	22.20	22.01
24.35	24.16	23.97	23.78	23.59	23.41	23.22	23.03	22.85	22.66	22.48	22.29	22.11
24.44	24.25	24.06	23.88	23.69	23.50	23.31	23.13	22.94	22.75	22.57	22.38	22.20
24.54	24.35	24.16	23.97	23.78	23.59	23.40	23.22	23.03	22.84	22.66	22.47	22.29
24.63	24.44	24.25	24.06	23.87	23.69	23.50	23.31	23.12	22.94	22.75	22.56	22.38
24.72	24.53	24.35	24.16	23.97	23.78	23.59	23.40	23.22	23.03	22.84	22.65	22.47
24.82	24.63	24.44	24.25	24.06	23.87	23.68	23.50	23.31	23.12	22.93	22.75	22.56
24.91	24.72	24.53	24.34	24.15	23.97	23.78	23.59	23.40	23.21	23.02	22.84	22.65
25.01	24.82	24.63	24.44	24.25	24.06	23.87	23.68	23.49	23.30	23.12	22.93	22.74
25.10	24.91	24.72	24.53	24.34	24.15	23.96	23.77	23.59	23.40	23.21	23.02	22.83
25.20	25.01	24.82	24.63	24.44	24.25	24.06	23.87	23.68	23.49	23.30	23.11	22.93
25.29	25.10	24.91	24.72	24.53	24.34	24.15	23.96	23.77	23.58	23.39	23.20	23.02
25.39	25.20	25.01	24.82	24.62	24.43	24.24	24.05	23.86	23.67	23.49	23.30	23.11
25.48	25.29	25.10	24.91	24.72	24.53	24.34	24.15	23.96	23.77	23.58	23.39	23.20
25.58	25.39	25.20	25.00	24.81	24.62	24.43	24.24	24.05	23.86	23.67	23.48	23.29
25.68	25.48	25.29	25.10	24.91	24.72	24.52	24.33	24.14	23.95	23.76	23.57	23.38
25.77	25.58	25.39	25.19	25.00	24.81	24.62	24.43	24.24	24.05	23.86	23.67	23.48
25.87	25.67	25.48	25.29	25.10	24.90	24.71	24.52	24.33	24.14	23.95	23.76	23.57
25.96	25.77	25.58	25.38	25.19	25.00	24.81	24.62	24.42	24.23	24.04	23.85	23.66
26.06	25.87	25.67	25.48	25.29	25.09	24.90	24.71	24.52	24.33	24.14	23.94	23.75
26.15	25.96	25.77	25.57	25.38	25.19	25.00	24.80	24.61	24.42	24.23	24.04	23.85
26.25	26.06	25.86	25.67	25.48	25.28	25.09	24.90	24.71	24.51	24.32	24.13	23.94
26.35	26.15	25.96	25.76	25.57	25.38	25.18	24.99	24.80	24.61	24.42	24.22	24.03
26.44	26.25	26.05	25.86	25.67	25.47	25.28	25.09	24.89	24.70	24.51	24.32	24.13
26.54	26.34	26.15	25.96	25.76	25.57	25.37	25.18	24.99	24.80	24.60	24.41	24.22
26.64	26.44	26.25	26.05	25.86	25.66	25.47	25.28	25.08	24.89	24.70	24.50	24.31
26.73	26.54	26.34	26.15	25.95	25.76	25.56	25.37	25.18	24.98	24.79	24.60	24.41
26.83	26.63	26.44	26.24	26.05	25.85	25.66	25.46	25.27	25.08	24.88	24.69	24.50
26.92	26.73	26.53	26.34	26.14	25.95	25.75	25.56	25.37	25.17	24.98	24.79	24.59
27.02	26.83	26.63	26.43	26.24	26.04	25.85	25.65	25.46	25.27	25.07	24.88	24.69
27.12	26.92	26.73	26.53	26.33	26.14	25.94	25.75	25.56	25.36	25.17	24.97	24.78
27.21	27.02	26.82	26.63	26.43	26.23	26.04	25.84	25.65	25.46	25.26	25.07	24.87
27.31	27.11	26.92	26.72	26.53	26.33	26.14	25.94	25.75	25.55	25.36	25.16	24.97
27.41	27.21	27.01	26.82	26.62	26.43	26.23	26.04	25.84	25.65	25.45	25.26	25.06
27.51	27.31	27.11	26.91	26.72	26.52	26.33	26.13	25.94	25.74	25.55	25.35	25.16

表 B.2

酒精计浓度/(%vol)	温度/											
	22.5	23	23.5	24	24.5	25	25.5	26	26.5	27	27.5	28	28.5
31.2	30.19	29.99	29.79	29.59	29.39	29.19	28.99	28.79	28.59	28.39	28.20	28.00	27.80
31.3	30.29	30.09	29.89	29.69	29.49	29.29	29.09	28.89	28.69	28.49	28.29	28.10	27.90
31.4	30.39	30.19	29.99	29.79	29.59	29.39	29.19	28.99	28.79	28.59	28.39	28.19	27.99
31.5	30.49	30.29	30.09	29.89	29.69	29.49	29.29	29.09	28.89	28.69	28.49	28.29	28.09
31.6	30.59	30.39	30.19	29.99	29.79	29.59	29.39	29.19	28.99	28.79	28.59	28.39	28.19
31.7	30.69	30.49	30.29	30.09	29.88	29.68	29.48	29.28	29.08	28.88	28.69	28.49	28.29
31.8	30.79	30.59	30.39	30.18	29.98	29.78	29.58	29.38	29.18	28.98	28.78	28.58	28.39
31.9	30.89	30.69	30.48	30.28	30.08	29.88	29.68	29.48	29.28	29.08	28.88	28.68	28.48
32	30.99	30.79	30.58	30.38	30.18	29.98	29.78	29.58	29.38	29.18	28.98	28.78	28.58
32.1	31.09	30.88	30.68	30.48	30.28	30.08	29.88	29.68	29.48	29.28	29.08	28.88	28.68
32.2	31.19	30.98	30.78	30.58	30.38	30.18	29.98	29.78	29.58	29.38	29.18	28.98	28.78
32.3	31.29	31.08	30.88	30.68	30.48	30.28	30.08	29.88	29.67	29.47	29.27	29.07	28.87
32.4	31.39	31.18	30.98	30.78	30.58	30.38	30.18	29.97	29.77	29.57	29.37	29.17	28.97
32.5	31.48	31.28	31.08	30.88	30.68	30.48	30.27	30.07	29.87	29.67	29.47	29.27	29.07
32.6	31.58	31.38	31.18	30.98	30.78	30.57	30.37	30.17	29.97	29.77	29.57	29.37	29.17
32.7	31.68	31.48	31.28	31.08	30.88	30.67	30.47	30.27	30.07	29.87	29.67	29.47	29.27
32.8	31.78	31.58	31.38	31.18	30.97	30.77	30.57	30.37	30.17	29.97	29.77	29.57	29.37
32.9	31.88	31.68	31.48	31.28	31.07	30.87	30.67	30.47	30.27	30.07	29.87	29.66	29.46
33	31.98	31.78	31.58	31.38	31.17	30.97	30.77	30.57	30.37	30.17	29.96	29.76	29.56
33.1	32.08	31.88	31.68	31.48	31.27	31.07	30.87	30.67	30.47	30.26	30.06	29.86	29.66
33.2	32.18	31.98	31.78	31.57	31.37	31.17	30.97	30.77	30.56	30.36	30.16	29.96	29.76
33.3	32.28	32.08	31.88	31.67	31.47	31.27	31.07	30.87	30.66	30.46	30.26	30.06	29.86
33.4	32.38	32.18	31.98	31.77	31.57	31.37	31.17	30.96	30.76	30.56	30.36	30.16	29.96
33.5	32.48	32.28	32.08	31.87	31.67	31.47	31.27	31.06	30.86	30.66	30.46	30.26	30.06
33.6	32.58	32.38	32.18	31.97	31.77	31.57	31.37	31.16	30.96	30.76	30.56	30.36	30.16
33.7	32.68	32.48	32.28	32.07	31.87	31.67	31.47	31.26	31.06	30.86	30.66	30.46	30.25
33.8	32.78	32.58	32.38	32.17	31.97	31.77	31.56	31.36	31.16	30.96	30.76	30.55	30.35
33.9	32.88	32.68	32.47	32.27	32.07	31.87	31.66	31.46	31.26	31.06	30.86	30.65	30.45
34	32.98	32.78	32.57	32.37	32.17	31.97	31.76	31.56	31.36	31.16	30.95	30.75	30.55
34.1	33.08	32.88	32.67	32.47	32.27	32.07	31.86	31.66	31.46	31.26	31.05	30.85	30.65
34.2	33.18	32.98	32.77	32.57	32.37	32.17	31.96	31.76	31.56	31.36	31.15	30.95	30.75
34.3	33.28	33.08	32.87	32.67	32.47	32.27	32.06	31.86	31.66	31.46	31.25	31.05	30.85
34.4	33.38	33.18	32.97	32.77	32.57	32.37	32.16	31.96	31.76	31.55	31.35	31.15	30.95
34.5	33.48	33.28	33.07	32.87	32.67	32.46	32.26	32.06	31.86	31.65	31.45	31.25	31.05
34.6	33.58	33.38	33.17	32.97	32.77	32.56	32.36	32.16	31.96	31.75	31.55	31.35	31.15
34.7	33.68	33.48	33.27	33.07	32.87	32.66	32.46	32.26	32.06	31.85	31.65	31.45	31.25
34.8	33.78	33.58	33.37	33.17	32.97	32.76	32.56	32.36	32.16	31.95	31.75	31.55	31.35
34.9	33.88	33.68	33.47	33.27	33.07	32.86	32.66	32.46	32.26	32.05	31.85	31.65	31.45
35	33.98	33.78	33.57	33.37	33.17	32.96	32.76	32.56	32.36	32.15	31.95	31.75	31.55
35.1	34.08	33.88	33.67	33.47	33.27	33.06	32.86	32.66	32.46	32.25	32.05	31.85	31.64
35.2	34.18	33.98	33.77	33.57	33.37	33.16	32.96	32.76	32.56	32.35	32.15	31.95	31.74
35.3	34.28	34.08	33.87	33.67	33.47	33.26	33.06	32.86	32.66	32.45	32.25	32.05	31.84
35.4	34.38	34.18	33.97	33.77	33.57	33.36	33.16	32.96	32.76	32.55	32.35	32.15	31.94
35.5	34.48	34.28	34.07	33.87	33.67	33.46	33.26	33.06	32.86	32.65	32.45	32.25	32.04

（续） 单位为%vol

℃

29	29.5	30	30.5	31	31.5	32	32.5	33	33.5	34	34.5	35
27.60	27.41	27.21	27.01	26.81	26.62	26.42	26.23	26.03	25.84	25.64	25.45	25.25
27.70	27.50	27.30	27.11	26.91	26.71	26.52	26.32	26.13	25.93	25.74	25.54	25.35
27.80	27.60	27.40	27.20	27.01	26.81	26.61	26.42	26.22	26.03	25.83	25.64	25.44
27.89	27.70	27.50	27.30	27.10	26.91	26.71	26.51	26.32	26.12	25.93	25.73	25.54
27.99	27.79	27.60	27.40	27.20	27.00	26.81	26.61	26.41	26.22	26.02	25.83	25.63
28.09	27.89	27.69	27.49	27.30	27.10	26.90	26.71	26.51	26.31	26.12	25.92	25.73
28.19	27.99	27.79	27.59	27.39	27.20	27.00	26.80	26.61	26.41	26.21	26.02	25.82
28.28	28.09	27.89	27.69	27.49	27.29	27.10	26.90	26.70	26.50	26.31	26.11	25.92
28.38	28.18	27.98	27.79	27.59	27.39	27.19	26.99	26.80	26.60	26.40	26.21	26.01
28.48	28.28	28.08	27.88	27.68	27.49	27.29	27.09	26.89	26.70	26.50	26.30	26.11
28.58	28.38	28.18	27.98	27.78	27.58	27.39	27.19	26.99	26.79	26.60	26.40	26.20
28.68	28.48	28.28	28.08	27.88	27.68	27.48	27.28	27.09	26.89	26.69	26.50	26.30
28.77	28.57	28.37	28.18	27.98	27.78	27.58	27.38	27.18	26.99	26.79	26.59	26.39
28.87	28.67	28.47	28.27	28.07	27.88	27.68	27.48	27.28	27.08	26.88	26.69	26.49
28.97	28.77	28.57	28.37	28.17	27.97	27.77	27.58	27.38	27.18	26.98	26.78	26.59
29.07	28.87	28.67	28.47	28.27	28.07	27.87	27.67	27.47	27.28	27.08	26.88	26.68
29.17	28.97	28.77	28.57	28.37	28.17	27.97	27.77	27.57	27.37	27.17	26.98	26.78
29.26	29.06	28.86	28.66	28.46	28.26	28.07	27.87	27.67	27.47	27.27	27.07	26.87
29.36	29.16	28.96	28.76	28.56	28.36	28.16	27.96	27.77	27.57	27.37	27.17	26.97
29.46	29.26	29.06	28.86	28.66	28.46	28.26	28.06	27.86	27.66	27.46	27.27	27.07
29.56	29.36	29.16	28.96	28.76	28.56	28.36	28.16	27.96	27.76	27.56	27.36	27.16
29.66	29.46	29.26	29.06	28.86	28.66	28.46	28.26	28.06	27.86	27.66	27.46	27.26
29.76	29.56	29.35	29.15	28.95	28.75	28.55	28.35	28.15	27.96	27.76	27.56	27.36
29.86	29.65	29.45	29.25	29.05	28.85	28.65	28.45	28.25	28.05	27.85	27.65	27.46
29.95	29.75	29.55	29.35	29.15	28.95	28.75	28.55	28.35	28.15	27.95	27.75	27.55
30.05	29.85	29.65	29.45	29.25	29.05	28.85	28.65	28.45	28.25	28.05	27.85	27.65
30.15	29.95	29.75	29.55	29.35	29.15	28.95	28.75	28.55	28.35	28.15	27.95	27.75
30.25	30.05	29.85	29.65	29.45	29.24	29.04	28.84	28.64	28.44	28.24	28.04	27.84
30.35	30.15	29.95	29.75	29.54	29.34	29.14	28.94	28.74	28.54	28.34	28.14	27.94
30.45	30.25	30.05	29.84	29.64	29.44	29.24	29.04	28.84	28.64	28.44	28.24	28.04
30.55	30.35	30.14	29.94	29.74	29.54	29.34	29.14	28.94	28.74	28.54	28.34	28.14
30.65	30.44	30.24	30.04	29.84	29.64	29.44	29.24	29.04	28.84	28.64	28.43	28.23
30.75	30.54	30.34	30.14	29.94	29.74	29.54	29.34	29.13	28.93	28.73	28.53	28.33
30.85	30.64	30.44	30.24	30.04	29.84	29.64	29.43	29.23	29.03	28.83	28.63	28.43
30.94	30.74	30.54	30.34	30.14	29.94	29.73	29.53	29.33	29.13	28.93	28.73	28.53
31.04	30.84	30.64	30.44	30.24	30.03	29.83	29.63	29.43	29.23	29.03	28.83	28.63
31.14	30.94	30.74	30.54	30.34	30.13	29.93	29.73	29.53	29.33	29.13	28.93	28.73
31.24	31.04	30.84	30.64	30.43	30.23	30.03	29.83	29.63	29.43	29.23	29.02	28.82
31.34	31.14	30.94	30.74	30.53	30.33	30.13	29.93	29.73	29.53	29.32	29.12	28.92
31.44	31.24	31.04	30.84	30.63	30.43	30.23	30.03	29.83	29.62	29.42	29.22	29.02
31.54	31.34	31.14	30.93	30.73	30.53	30.33	30.13	29.93	29.72	29.52	29.32	29.12
31.64	31.44	31.24	31.03	30.83	30.63	30.43	30.23	30.02	29.82	29.62	29.42	29.22
31.74	31.54	31.34	31.13	30.93	30.73	30.53	30.33	30.12	29.92	29.72	29.52	29.32
31.84	31.64	31.44	31.23	31.03	30.83	30.63	30.42	30.22	30.02	29.82	29.62	29.42

表 B.2

酒精计浓度/(%vol)	温度/												
	22.5	23	23.5	24	24.5	25	25.5	26	26.5	27	27.5	28	28.5
35.6	34.58	34.38	34.17	33.97	33.77	33.56	33.36	33.16	32.96	32.75	32.55	32.35	32.14
35.7	34.68	34.48	34.27	34.07	33.87	33.66	33.46	33.26	33.06	32.85	32.65	32.45	32.24
35.8	34.78	34.58	34.37	34.17	33.97	33.76	33.56	33.36	33.16	32.96	32.75	32.55	32.34
35.9	34.88	34.68	34.48	34.27	34.07	33.87	33.66	33.46	33.26	33.05	32.85	32.65	32.44
36	34.98	34.78	34.58	34.37	34.17	33.97	33.76	33.56	33.36	33.15	32.95	32.75	32.54
36.1	35.08	34.88	34.68	34.47	34.27	34.07	33.86	33.66	33.46	33.25	33.05	32.85	32.64
36.2	35.18	34.98	34.78	34.57	34.37	34.17	33.96	33.76	33.56	33.35	33.15	32.95	32.74
36.3	35.28	35.08	34.88	34.67	34.47	34.27	34.06	33.86	33.66	33.45	33.25	33.05	32.84
36.4	35.38	35.18	34.98	34.77	34.57	34.37	34.16	33.96	33.76	33.55	33.35	33.15	32.95
36.5	35.48	35.28	35.08	34.87	34.67	34.47	34.26	34.06	33.86	33.65	33.45	33.25	33.05
36.6	35.58	35.38	35.18	34.97	34.77	34.57	34.36	34.16	33.96	33.76	33.55	33.35	33.15
36.7	35.68	35.48	35.28	35.07	34.87	34.67	34.46	34.26	34.06	33.86	33.65	33.45	33.25
36.8	35.78	35.58	35.38	35.17	34.97	34.77	34.57	34.36	34.16	33.96	33.75	33.55	33.35
36.9	35.88	35.68	35.48	35.27	35.07	34.87	34.67	34.46	34.26	34.06	33.85	33.65	33.45
37	35.98	35.78	35.58	35.38	35.17	34.97	34.77	34.56	34.36	34.16	33.95	33.75	33.55
37.1	36.08	35.88	35.68	35.48	35.27	35.07	34.87	34.66	34.46	34.26	34.05	33.85	33.65
37.2	36.19	35.98	35.78	35.58	35.37	35.17	34.97	34.76	34.56	34.36	34.16	33.95	33.75
37.3	36.29	36.08	35.88	35.68	35.47	35.27	35.07	34.86	34.66	34.46	34.26	34.05	33.85
37.4	36.39	36.18	35.98	35.78	35.57	35.37	35.17	34.97	34.76	34.56	34.36	34.15	33.95
37.5	36.49	36.28	36.08	35.88	35.67	35.47	35.27	35.07	34.86	34.66	34.46	34.25	34.05
37.6	36.59	36.38	36.18	35.98	35.78	35.57	35.37	35.17	34.96	34.76	34.56	34.36	34.15
37.7	36.69	36.48	36.28	36.08	35.88	35.67	35.47	35.27	35.06	34.86	34.66	34.46	34.25
37.8	36.79	36.58	36.38	36.18	35.98	35.77	35.57	35.37	35.17	34.96	34.76	34.56	34.35
37.9	36.89	36.69	36.48	36.28	36.08	35.87	35.67	35.47	35.27	35.06	34.86	34.66	34.45
38	36.99	36.79	36.58	36.38	36.18	35.98	35.77	35.57	35.37	35.16	34.96	34.76	34.56
38.1	37.09	36.89	36.68	36.48	36.28	36.08	35.87	35.67	35.47	35.27	35.06	34.86	34.66
38.2	37.19	36.99	36.78	36.58	36.38	36.18	35.97	35.77	35.57	35.37	35.16	34.96	34.76
38.3	37.29	37.09	36.88	36.68	36.48	36.28	36.07	35.87	35.67	35.47	35.26	35.06	34.86
38.4	37.39	37.19	36.99	36.78	36.58	36.38	36.18	35.97	35.77	35.57	35.37	35.16	34.96
38.5	37.49	37.29	37.09	36.88	36.68	36.48	36.28	36.07	35.87	35.67	35.47	35.26	35.06
38.6	37.59	37.39	37.19	36.98	36.78	36.58	36.38	36.17	35.97	35.77	35.57	35.36	35.16
38.7	37.69	37.49	37.29	37.08	36.88	36.68	36.48	36.28	36.07	35.87	35.67	35.47	35.26
38.8	37.79	37.59	37.39	37.19	36.98	36.78	36.58	36.38	36.17	35.97	35.77	35.57	35.36
38.9	37.89	37.69	37.49	37.29	37.08	36.88	36.68	36.48	36.28	36.07	35.87	35.67	35.47
39	37.99	37.79	37.59	37.39	37.19	36.98	36.78	36.58	36.38	36.17	35.97	35.77	35.57
39.1	38.09	37.89	37.69	37.49	37.29	37.08	36.88	36.68	36.48	36.28	36.07	35.87	35.67
39.2	38.19	37.99	37.79	37.59	37.39	37.18	36.98	36.78	36.58	36.38	36.17	35.97	35.77
39.3	38.29	38.09	37.89	37.69	37.49	37.29	37.08	36.88	36.68	36.48	36.28	36.07	35.87
39.4	38.39	38.19	37.99	37.79	37.59	37.39	37.18	36.98	36.78	36.58	36.38	36.17	35.97
39.5	38.49	38.29	38.09	37.89	37.69	37.49	37.29	37.08	36.88	36.68	36.48	36.28	36.07
39.6	38.60	38.39	38.19	37.99	37.79	37.59	37.39	37.19	36.98	36.78	36.58	36.38	36.18
39.7	38.70	38.49	38.29	38.09	37.89	37.69	37.49	37.29	37.08	36.88	36.68	36.48	36.28
39.8	38.80	38.60	38.39	38.19	37.99	37.79	37.59	37.39	37.19	36.98	36.78	36.58	36.38
39.9	38.90	38.70	38.50	38.29	38.09	37.89	37.69	37.49	37.29	37.09	36.88	36.68	36.48

（续） 单位为%vol

℃												
29	29.5	30	30.5	31	31.5	32	32.5	33	33.5	34	34.5	35
31.94	31.74	31.54	31.33	31.13	30.93	30.73	30.52	30.32	30.12	29.92	29.72	29.51
32.04	31.84	31.64	31.43	31.23	31.03	30.83	30.62	30.42	30.22	30.02	29.82	29.61
32.14	31.94	31.74	31.53	31.33	31.13	30.93	30.72	30.52	30.32	30.12	29.91	29.71
32.24	32.04	31.84	31.63	31.43	31.23	31.03	30.82	30.62	30.42	30.22	30.01	29.81
32.34	32.14	31.94	31.73	31.53	31.33	31.13	30.92	30.72	30.52	30.32	30.11	29.91
32.44	32.24	32.04	31.83	31.63	31.43	31.23	31.02	30.82	30.62	30.42	30.21	30.01
32.54	32.34	32.14	31.93	31.73	31.53	31.33	31.12	30.92	30.72	30.52	30.31	30.11
32.64	32.44	32.24	32.03	31.83	31.63	31.43	31.22	31.02	30.82	30.62	30.41	30.21
32.74	32.54	32.34	32.13	31.93	31.73	31.53	31.32	31.12	30.92	30.71	30.51	30.31
32.84	32.64	32.44	32.23	32.03	31.83	31.63	31.42	31.22	31.02	30.81	30.61	30.41
32.94	32.74	32.54	32.33	32.13	31.93	31.73	31.52	31.32	31.12	30.91	30.71	30.51
33.04	32.84	32.64	32.43	32.23	32.03	31.83	31.62	31.42	31.22	31.01	30.81	30.61
33.14	32.94	32.74	32.54	32.33	32.13	31.93	31.72	31.52	31.32	31.12	30.91	30.71
33.24	33.04	32.84	32.64	32.43	32.23	32.03	31.82	31.62	31.42	31.22	31.01	30.81
33.34	33.14	32.94	32.74	32.53	32.33	32.13	31.92	31.72	31.52	31.32	31.11	30.91
33.45	33.24	33.04	32.84	32.63	32.43	32.23	32.02	31.82	31.62	31.42	31.21	31.01
33.55	33.34	33.14	32.94	32.73	32.53	32.33	32.13	31.92	31.72	31.52	31.31	31.11
33.65	33.44	33.24	33.04	32.83	32.63	32.43	32.23	32.02	31.82	31.62	31.41	31.21
33.75	33.54	33.34	33.14	32.94	32.73	32.53	32.33	32.12	31.92	31.72	31.51	31.31
33.85	33.65	33.44	33.24	33.04	32.83	32.63	32.43	32.22	32.02	31.82	31.62	31.41
33.95	33.75	33.54	33.34	33.14	32.93	32.73	32.53	32.32	32.12	31.92	31.72	31.51
34.05	33.85	33.64	33.44	33.24	33.04	32.83	32.63	32.43	32.22	32.02	31.82	31.61
34.15	33.95	33.75	33.54	33.34	33.14	32.93	32.73	32.53	32.32	32.12	31.92	31.71
34.25	34.05	33.85	33.64	33.44	33.24	33.03	32.83	32.63	32.42	32.22	32.02	31.81
34.35	34.15	33.95	33.74	33.54	33.34	33.13	32.93	32.73	32.53	32.32	32.12	31.92
34.45	34.25	34.05	33.85	33.64	33.44	33.24	33.03	32.83	32.63	32.42	32.22	32.02
34.55	34.35	34.15	33.95	33.74	33.54	33.34	33.13	32.93	32.73	32.52	32.32	32.12
34.66	34.45	34.25	34.05	33.84	33.64	33.44	33.24	33.03	32.83	32.63	32.42	32.22
34.76	34.55	34.35	34.15	33.95	33.74	33.54	33.34	33.13	32.93	32.73	32.52	32.32
34.86	34.66	34.45	34.25	34.05	33.84	33.64	33.44	33.23	33.03	32.83	32.62	32.42
34.96	34.76	34.55	34.35	34.15	33.95	33.74	33.54	33.34	33.13	32.93	32.73	32.52
35.06	34.86	34.66	34.45	34.25	34.05	33.84	33.64	33.44	33.23	33.03	32.83	32.62
35.16	34.96	34.76	34.55	34.35	34.15	33.94	33.74	33.54	33.34	33.13	32.93	32.73
35.26	35.06	34.86	34.66	34.45	34.25	34.05	33.84	33.64	33.44	33.23	33.03	32.83
35.36	35.16	34.96	34.76	34.55	34.35	34.15	33.94	33.74	33.54	33.34	33.13	32.93
35.47	35.26	35.06	34.86	34.66	34.45	34.25	34.05	33.84	33.64	33.44	33.23	33.03
35.57	35.36	35.16	34.96	34.76	34.55	34.35	34.15	33.94	33.74	33.54	33.34	33.13
35.67	35.47	35.26	35.06	34.86	34.66	34.45	34.25	34.05	33.84	33.64	33.44	33.23
35.77	35.57	35.37	35.16	34.96	34.76	34.55	34.35	34.15	33.95	33.74	33.54	33.34
35.87	35.67	35.47	35.26	35.06	34.86	34.66	34.45	34.25	34.05	33.84	33.64	33.44
35.97	35.77	35.57	35.37	35.16	34.96	34.76	34.55	34.35	34.15	33.95	33.74	33.54
36.07	35.87	35.67	35.47	35.26	35.06	34.86	34.66	34.45	34.25	34.05	33.84	33.64
36.18	35.97	35.77	35.57	35.37	35.16	34.96	34.76	34.56	34.35	34.15	33.95	33.74
36.28	36.08	35.87	35.67	35.47	35.27	35.06	34.86	34.66	34.45	34.25	34.05	33.85

表 B.2

酒精计浓度/(%vol)	温度/												
	22.5	23	23.5	24	24.5	25	25.5	26	26.5	27	27.5	28	28.5
40	39.00	38.80	38.60	38.39	38.19	37.99	37.79	37.59	37.39	37.19	36.98	36.78	36.58
40.1	39.10	38.90	38.70	38.50	38.29	38.09	37.89	37.69	37.49	37.29	37.09	36.88	36.68
40.2	39.20	39.00	38.80	38.60	38.40	38.19	37.99	37.79	37.59	37.39	37.19	36.99	36.78
40.3	39.30	39.10	38.90	38.70	38.50	38.30	38.09	37.89	37.69	37.49	37.29	37.09	36.89
40.4	39.40	39.20	39.00	38.80	38.60	38.40	38.20	37.99	37.79	37.59	37.39	37.19	36.99
40.5	39.50	39.30	39.10	38.90	38.70	38.50	38.30	38.10	37.89	37.69	37.49	37.29	37.09
40.6	39.60	39.40	39.20	39.00	38.80	38.60	38.40	38.20	38.00	37.80	37.59	37.39	37.19
40.7	39.70	39.50	39.30	39.10	38.90	38.70	38.50	38.30	38.10	37.90	37.70	37.49	37.29
40.8	39.80	39.60	39.40	39.20	39.00	38.80	38.60	38.40	38.20	38.00	37.80	37.60	37.39
40.9	39.90	39.70	39.50	39.30	39.10	38.90	38.70	38.50	38.30	38.10	37.90	37.70	37.50
41	40.00	39.80	39.60	39.40	39.20	39.00	38.80	38.60	38.40	38.20	38.00	37.80	37.60
41.1	40.10	39.90	39.70	39.50	39.30	39.10	38.90	38.70	38.50	38.30	38.10	37.90	37.70
41.2	40.20	40.00	39.81	39.61	39.41	39.21	39.01	38.80	38.60	38.40	38.20	38.00	37.80
41.3	40.31	40.11	39.91	39.71	39.51	39.31	39.11	38.91	38.71	38.51	38.30	38.10	37.90
41.4	40.41	40.21	40.01	39.81	39.61	39.41	39.21	39.01	38.81	38.61	38.41	38.21	38.01
41.5	40.51	40.31	40.11	39.91	39.71	39.51	39.31	39.11	38.91	38.71	38.51	38.31	38.11
41.6	40.61	40.41	40.21	40.01	39.81	39.61	39.41	39.21	39.01	38.81	38.61	38.41	38.21
41.7	40.71	40.51	40.31	40.11	39.91	39.71	39.51	39.31	39.11	38.91	38.71	38.51	38.31
41.8	40.81	40.61	40.41	40.21	40.01	39.81	39.61	39.41	39.21	39.01	38.81	38.61	38.41
41.9	40.91	40.71	40.51	40.31	40.11	39.91	39.71	39.51	39.31	39.11	38.91	38.71	38.51
42	41.01	40.81	40.61	40.41	40.21	40.01	39.82	39.62	39.42	39.22	39.02	38.82	38.62
42.1	41.11	40.91	40.71	40.51	40.32	40.12	39.92	39.72	39.52	39.32	39.12	38.92	38.72
42.2	41.21	41.01	40.81	40.62	40.42	40.22	40.02	39.82	39.62	39.42	39.22	39.02	38.82
42.3	41.31	41.11	40.91	40.72	40.52	40.32	40.12	39.92	39.72	39.52	39.32	39.12	38.92
42.4	41.41	41.21	41.02	40.82	40.62	40.42	40.22	40.02	39.82	39.62	39.42	39.22	39.02
42.5	41.51	41.31	41.12	40.92	40.72	40.52	40.32	40.12	39.92	39.72	39.53	39.33	39.13
42.6	41.61	41.42	41.22	41.02	40.82	40.62	40.42	40.22	40.03	39.83	39.63	39.43	39.23
42.7	41.71	41.52	41.32	41.12	40.92	40.72	40.52	40.33	40.13	39.93	39.73	39.53	39.33
42.8	41.81	41.62	41.42	41.22	41.02	40.82	40.63	40.43	40.23	40.03	39.83	39.63	39.43
42.9	41.92	41.72	41.52	41.32	41.12	40.93	40.73	40.53	40.33	40.13	39.93	39.73	39.53
43	42.02	41.82	41.62	41.42	41.23	41.03	40.83	40.63	40.43	40.23	40.03	39.84	39.64
43.1	42.12	41.92	41.72	41.52	41.33	41.13	40.93	40.73	40.53	40.34	40.14	39.94	39.74
43.2	42.22	42.02	41.82	41.63	41.43	41.23	41.03	40.83	40.64	40.44	40.24	40.04	39.84
43.3	42.32	42.12	41.92	41.73	41.53	41.33	41.13	40.94	40.74	40.54	40.34	40.14	39.94
43.4	42.42	42.22	42.02	41.83	41.63	41.43	41.23	41.04	40.84	40.64	40.44	40.24	40.04
43.5	42.52	42.32	42.13	41.93	41.73	41.53	41.34	41.14	40.94	40.74	40.54	40.35	40.15
43.6	42.62	42.42	42.23	42.03	41.83	41.64	41.44	41.24	41.04	40.84	40.65	40.45	40.25
43.7	42.72	42.52	42.33	42.13	41.93	41.74	41.54	41.34	41.14	40.95	40.75	40.55	40.35
43.8	42.82	42.62	42.43	42.23	42.03	41.84	41.64	41.44	41.25	41.05	40.85	40.65	40.45
43.9	42.92	42.73	42.53	42.33	42.14	41.94	41.74	41.54	41.35	41.15	40.95	40.75	40.56
44	43.02	42.83	42.63	42.43	42.24	42.04	41.84	41.65	41.45	41.25	41.05	40.86	40.66
44.1	43.12	42.93	42.73	42.53	42.34	42.14	41.94	41.75	41.55	41.35	41.16	40.96	40.76
44.2	43.22	43.03	42.83	42.64	42.44	42.24	42.05	41.85	41.65	41.45	41.26	41.06	40.86
44.3	43.32	43.13	42.93	42.74	42.54	42.34	42.15	41.95	41.75	41.56	41.36	41.16	40.96

（续）　　　　单位为%vol

℃												
29	29.5	30	30.5	31	31.5	32	32.5	33	33.5	34	34.5	35
36.38	36.18	35.97	35.77	35.57	35.37	35.17	34.96	34.76	34.56	34.35	34.15	33.95
36.48	36.28	36.08	35.87	35.67	35.47	35.27	35.06	34.86	34.66	34.46	34.25	34.05
36.58	36.38	36.18	35.98	35.77	35.57	35.37	35.17	34.96	34.76	34.56	34.35	34.15
36.68	36.48	36.28	36.08	35.88	35.67	35.47	35.27	35.07	34.86	34.66	34.46	34.25
36.79	36.58	36.38	36.18	35.98	35.78	35.57	35.37	35.17	34.97	34.76	34.56	34.36
36.89	36.69	36.48	36.28	36.08	35.88	35.68	35.47	35.27	35.07	34.86	34.66	34.46
36.99	36.79	36.59	36.38	36.18	35.98	35.78	35.57	35.37	35.17	34.97	34.76	34.56
37.09	36.89	36.69	36.49	36.28	36.08	35.88	35.68	35.47	35.27	35.07	34.87	34.66
37.19	36.99	36.79	36.59	36.39	36.18	35.98	35.78	35.58	35.37	35.17	34.97	34.77
37.29	37.09	36.89	36.69	36.49	36.29	36.08	35.88	35.68	35.48	35.27	35.07	34.87
37.40	37.20	36.99	36.79	36.59	36.39	36.19	35.98	35.78	35.58	35.38	35.17	34.97
37.50	37.30	37.10	36.89	36.69	36.49	36.29	36.09	35.88	35.68	35.48	35.28	35.07
37.60	37.40	37.20	37.00	36.79	36.59	36.39	36.19	35.99	35.78	35.58	35.38	35.18
37.70	37.50	37.30	37.10	36.90	36.69	36.49	36.29	36.09	35.89	35.68	35.48	35.28
37.80	37.60	37.40	37.20	37.00	36.80	36.60	36.39	36.19	35.99	35.79	35.58	35.38
37.91	37.71	37.50	37.30	37.10	36.90	36.70	36.50	36.29	36.09	35.89	35.69	35.48
38.01	37.81	37.61	37.40	37.20	37.00	36.80	36.60	36.40	36.19	35.99	35.79	35.59
38.11	37.91	37.71	37.51	37.31	37.10	36.90	36.70	36.50	36.30	36.09	35.89	35.69
38.21	38.01	37.81	37.61	37.41	37.21	37.01	36.80	36.60	36.40	36.20	36.00	35.79
38.31	38.11	37.91	37.71	37.51	37.31	37.11	36.91	36.70	36.50	36.30	36.10	35.90
38.42	38.22	38.01	37.81	37.61	37.41	37.21	37.01	36.81	36.61	36.40	36.20	36.00
38.52	38.32	38.12	37.92	37.72	37.51	37.31	37.11	36.91	36.71	36.51	36.30	36.10
38.62	38.42	38.22	38.02	37.82	37.62	37.42	37.21	37.01	36.81	36.61	36.41	36.20
38.72	38.52	38.32	38.12	37.92	37.72	37.52	37.32	37.12	36.91	36.71	36.51	36.31
38.82	38.62	38.42	38.22	38.02	37.82	37.62	37.42	37.22	37.02	36.81	36.61	36.41
38.93	38.73	38.53	38.33	38.12	37.92	37.72	37.52	37.32	37.12	36.92	36.72	36.51
39.03	38.83	38.63	38.43	38.23	38.03	37.83	37.62	37.42	37.22	37.02	36.82	36.62
39.13	38.93	38.73	38.53	38.33	38.13	37.93	37.73	37.53	37.33	37.12	36.92	36.72
39.23	39.03	38.83	38.63	38.43	38.23	38.03	37.83	37.63	37.43	37.23	37.03	36.82
39.33	39.14	38.94	38.74	38.53	38.33	38.13	37.93	37.73	37.53	37.33	37.13	36.93
39.44	39.24	39.04	38.84	38.64	38.44	38.24	38.04	37.84	37.63	37.43	37.23	37.03
39.54	39.34	39.14	38.94	38.74	38.54	38.34	38.14	37.94	37.74	37.54	37.33	37.13
39.64	39.44	39.24	39.04	38.84	38.64	38.44	38.24	38.04	37.84	37.64	37.44	37.24
39.74	39.54	39.34	39.15	38.95	38.75	38.55	38.34	38.14	37.94	37.74	37.54	37.34
39.85	39.65	39.45	39.25	39.05	38.85	38.65	38.45	38.25	38.05	37.85	37.64	37.44
39.95	39.75	39.55	39.35	39.15	38.95	38.75	38.55	38.35	38.15	37.95	37.75	37.55
40.05	39.85	39.65	39.45	39.25	39.05	38.85	38.65	38.45	38.25	38.05	37.85	37.65
40.15	39.95	39.75	39.56	39.36	39.16	38.96	38.76	38.56	38.36	38.16	37.95	37.75
40.25	40.06	39.86	39.66	39.46	39.26	39.06	38.86	38.66	38.46	38.26	38.06	37.86
40.36	40.16	39.96	39.76	39.56	39.36	39.16	38.96	38.76	38.56	38.36	38.16	37.96
40.46	40.26	40.06	39.86	39.66	39.46	39.27	39.07	38.87	38.67	38.47	38.26	38.06
40.56	40.36	40.16	39.97	39.77	39.57	39.37	39.17	38.97	38.77	38.57	38.37	38.17
40.66	40.47	40.27	40.07	39.87	39.67	39.47	39.27	39.07	38.87	38.67	38.47	38.27
40.77	40.57	40.37	40.17	39.97	39.77	39.57	39.37	39.18	38.98	38.78	38.58	38.37

表 B.2

酒精计浓度/(%vol)	温度/												
	22.5	23	23.5	24	24.5	25	25.5	26	26.5	27	27.5	28	28.5
44.4	43.43	43.23	43.03	42.84	42.64	42.45	42.25	42.05	41.86	41.66	41.46	41.26	41.07
44.5	43.53	43.33	43.13	42.94	42.74	42.55	42.35	42.15	41.96	41.76	41.56	41.37	41.17
44.6	43.63	43.43	43.24	43.04	42.84	42.65	42.45	42.26	42.06	41.86	41.67	41.47	41.27
44.7	43.73	43.53	43.34	43.14	42.95	42.75	42.55	42.36	42.16	41.96	41.77	41.57	41.37
44.8	43.83	43.63	43.44	43.24	43.05	42.85	42.65	42.46	42.26	42.07	41.87	41.67	41.47
44.9	43.93	43.73	43.54	43.34	43.15	42.95	42.76	42.56	42.36	42.17	41.97	41.77	41.58
45	44.03	43.83	43.64	43.44	43.25	43.05	42.86	42.66	42.47	42.27	42.07	41.88	41.68
45.1	44.13	43.94	43.74	43.55	43.35	43.16	42.96	42.76	42.57	42.37	42.17	41.98	41.78
45.2	44.23	44.04	43.84	43.65	43.45	43.26	43.06	42.87	42.67	42.47	42.28	42.08	41.88
45.3	44.33	44.14	43.94	43.75	43.55	43.36	43.16	42.97	42.77	42.57	42.38	42.18	41.99
45.4	44.43	44.24	44.04	43.85	43.65	43.46	43.26	43.07	42.87	42.68	42.48	42.28	42.09
45.5	44.53	44.34	44.14	43.95	43.76	43.56	43.37	43.17	42.97	42.78	42.58	42.39	42.19
45.6	44.63	44.44	44.25	44.05	43.86	43.66	43.47	43.27	43.08	42.88	42.68	42.49	42.29
45.7	44.73	44.54	44.35	44.15	43.96	43.76	43.57	43.37	43.18	42.98	42.79	42.59	42.39
45.8	44.84	44.64	44.45	44.25	44.06	43.86	43.67	43.47	43.28	43.08	42.89	42.69	42.50
45.9	44.94	44.74	44.55	44.35	44.16	43.97	43.77	43.58	43.38	43.19	42.99	42.80	42.60
46	45.04	44.84	44.65	44.46	44.26	44.07	43.87	43.68	43.48	43.29	43.09	42.90	42.70
46.1	45.14	44.94	44.75	44.56	44.36	44.17	43.97	43.78	43.58	43.39	43.19	43.00	42.80
46.2	45.24	45.04	44.85	44.66	44.46	44.27	44.08	43.88	43.69	43.49	43.30	43.10	42.91
46.3	45.34	45.15	44.95	44.76	44.57	44.37	44.18	43.98	43.79	43.59	43.40	43.20	43.01
46.4	45.44	45.25	45.05	44.86	44.67	44.47	44.28	44.08	43.89	43.70	43.50	43.31	43.11
46.5	45.54	45.35	45.15	44.96	44.77	44.57	44.38	44.19	43.99	43.80	43.60	43.41	43.21
46.6	45.64	45.45	45.26	45.06	44.87	44.68	44.48	44.29	44.09	43.90	43.70	43.51	43.31
46.7	45.74	45.55	45.36	45.16	44.97	44.78	44.58	44.39	44.20	44.00	43.81	43.61	43.42
46.8	45.84	45.65	45.46	45.26	45.07	44.88	44.68	44.49	44.30	44.10	43.91	43.71	43.52
46.9	45.94	45.75	45.56	45.37	45.17	44.98	44.79	44.59	44.40	44.20	44.01	43.82	43.62
47	46.04	45.85	45.66	45.47	45.27	45.08	44.89	44.69	44.50	44.31	44.11	43.92	43.72
47.1	46.14	45.95	45.76	45.57	45.37	45.18	44.99	44.80	44.60	44.41	44.21	44.02	43.83
47.2	46.24	46.05	45.86	45.67	45.48	45.28	45.09	44.90	44.70	44.51	44.32	44.12	43.93
47.3	46.35	46.15	45.96	45.77	45.58	45.38	45.19	45.00	44.81	44.61	44.42	44.22	44.03
47.4	46.45	46.25	46.06	45.87	45.68	45.49	45.29	45.10	44.91	44.71	44.52	44.33	44.13
47.5	46.55	46.36	46.16	45.97	45.78	45.59	45.39	45.20	45.01	44.82	44.62	44.43	44.24
47.6	46.65	46.46	46.26	46.07	45.88	45.69	45.50	45.30	45.11	44.92	44.72	44.53	44.34
47.7	46.75	46.56	46.37	46.17	45.98	45.79	45.60	45.41	45.21	45.02	44.83	44.63	44.44
47.8	46.85	46.66	46.47	46.28	46.08	45.89	45.70	45.51	45.31	45.12	44.93	44.74	44.54
47.9	46.95	46.76	46.57	46.38	46.18	45.99	45.80	45.61	45.42	45.22	45.03	44.84	44.64
48	47.05	46.86	46.67	46.48	46.29	46.09	45.90	45.71	45.52	45.33	45.13	44.94	44.75
48.1	47.15	46.96	46.77	46.58	46.39	46.20	46.00	45.81	45.62	45.43	45.23	45.04	44.85
48.2	47.25	47.06	46.87	46.68	46.49	46.30	46.11	45.91	45.72	45.53	45.34	45.14	44.95
48.3	47.35	47.16	46.97	46.78	46.59	46.40	46.21	46.02	45.82	45.63	45.44	45.25	45.05
48.4	47.45	47.26	47.07	46.88	46.69	46.50	46.31	46.12	45.92	45.73	45.54	45.35	45.16
48.5	47.55	47.36	47.17	46.98	46.79	46.60	46.41	46.22	46.03	45.83	45.64	45.45	45.26
48.6	47.65	47.46	47.27	47.08	46.89	46.70	46.51	46.32	46.13	45.94	45.74	45.55	45.36
48.7	47.75	47.57	47.38	47.18	46.99	46.80	46.61	46.42	46.23	46.04	45.85	45.65	45.46

（续） 单位为%vol

℃

29	29.5	30	30.5	31	31.5	32	32.5	33	33.5	34	34.5	35
40.87	40.67	40.47	40.27	40.07	39.88	39.68	39.48	39.28	39.08	38.88	38.68	38.48
40.97	40.77	40.57	40.38	40.18	39.98	39.78	39.58	39.38	39.18	38.98	38.78	38.58
41.07	40.87	40.68	40.48	40.28	40.08	39.88	39.68	39.48	39.29	39.09	38.89	38.69
41.18	40.98	40.78	40.58	40.38	40.18	39.99	39.79	39.59	39.39	39.19	38.99	38.79
41.28	41.08	40.88	40.68	40.49	40.29	40.09	39.89	39.69	39.49	39.29	39.09	38.89
41.38	41.18	40.98	40.79	40.59	40.39	40.19	39.99	39.79	39.60	39.40	39.20	39.00
41.48	41.28	41.09	40.89	40.69	40.49	40.29	40.10	39.90	39.70	39.50	39.30	39.10
41.58	41.39	41.19	40.99	40.79	40.60	40.40	40.20	40.00	39.80	39.60	39.40	39.20
41.69	41.49	41.29	41.09	40.90	40.70	40.50	40.30	40.10	39.91	39.71	39.51	39.31
41.79	41.59	41.39	41.20	41.00	40.80	40.60	40.41	40.21	40.01	39.81	39.61	39.41
41.89	41.69	41.50	41.30	41.10	40.90	40.71	40.51	40.31	40.11	39.91	39.71	39.51
41.99	41.80	41.60	41.40	41.21	41.01	40.81	40.61	40.41	40.22	40.02	39.82	39.62
42.10	41.90	41.70	41.51	41.31	41.11	40.91	40.72	40.52	40.32	40.12	39.92	39.72
42.20	42.00	41.81	41.61	41.41	41.21	41.02	40.82	40.62	40.42	40.22	40.03	39.83
42.30	42.10	41.91	41.71	41.51	41.32	41.12	40.92	40.72	40.53	40.33	40.13	39.93
42.40	42.21	42.01	41.81	41.62	41.42	41.22	41.02	40.83	40.63	40.43	40.23	40.03
42.51	42.31	42.11	41.92	41.72	41.52	41.33	41.13	40.93	40.73	40.53	40.34	40.14
42.61	42.41	42.22	42.02	41.82	41.63	41.43	41.23	41.03	40.84	40.64	40.44	40.24
42.71	42.51	42.32	42.12	41.93	41.73	41.53	41.33	41.14	40.94	40.74	40.54	40.35
42.81	42.62	42.42	42.22	42.03	41.83	41.63	41.44	41.24	41.04	40.85	40.65	40.45
42.91	42.72	42.52	42.33	42.13	41.93	41.74	41.54	41.34	41.15	40.95	40.75	40.55
43.02	42.82	42.63	42.43	42.23	42.04	41.84	41.64	41.45	41.25	41.05	40.85	40.66
43.12	42.92	42.73	42.53	42.34	42.14	41.94	41.75	41.55	41.35	41.16	40.96	40.76
43.22	43.03	42.83	42.64	42.44	42.24	42.05	41.85	41.65	41.46	41.26	41.06	40.86
43.32	43.13	42.93	42.74	42.54	42.35	42.15	41.95	41.76	41.56	41.36	41.17	40.97
43.43	43.23	43.04	42.84	42.65	42.45	42.25	42.06	41.86	41.66	41.47	41.27	41.07
43.53	43.33	43.14	42.94	42.75	42.55	42.36	42.16	41.96	41.77	41.57	41.37	41.18
43.63	43.44	43.24	43.05	42.85	42.66	42.46	42.26	42.07	41.87	41.67	41.48	41.28
43.73	43.54	43.34	43.15	42.95	42.76	42.56	42.37	42.17	41.97	41.78	41.58	41.38
43.84	43.64	43.45	43.25	43.06	42.86	42.67	42.47	42.27	42.08	41.88	41.68	41.49
43.94	43.74	43.55	43.35	43.16	42.96	42.77	42.57	42.38	42.18	41.98	41.79	41.59
44.04	43.85	43.65	43.46	43.26	43.07	42.87	42.68	42.48	42.28	42.09	41.89	41.70
44.14	43.95	43.75	43.56	43.37	43.17	42.98	42.78	42.58	42.39	42.19	42.00	41.80
44.25	44.05	43.86	43.66	43.47	43.27	43.08	42.88	42.69	42.49	42.30	42.10	41.90
44.35	44.15	43.96	43.77	43.57	43.38	43.18	42.99	42.79	42.60	42.40	42.20	42.01
44.45	44.26	44.06	43.87	43.67	43.48	43.28	43.09	42.89	42.70	42.50	42.31	42.11
44.55	44.36	44.17	43.97	43.78	43.58	43.39	43.19	43.00	42.80	42.61	42.41	42.21
44.66	44.46	44.27	44.07	43.88	43.69	43.49	43.30	43.10	42.91	42.71	42.51	42.32
44.76	44.56	44.37	44.18	43.98	43.79	43.59	43.40	43.20	43.01	42.81	42.62	42.42
44.86	44.67	44.47	44.28	44.09	43.89	43.70	43.50	43.31	43.11	42.92	42.72	42.53
44.96	44.77	44.58	44.38	44.19	43.99	43.80	43.61	43.41	43.22	43.02	42.83	42.63
45.06	44.87	44.68	44.49	44.29	44.10	43.90	43.71	43.51	43.32	43.12	42.93	42.73
45.17	44.97	44.78	44.59	44.39	44.20	44.01	43.81	43.62	43.42	43.23	43.03	42.84
45.27	45.08	44.88	44.69	44.50	44.30	44.11	43.92	43.72	43.53	43.33	43.14	42.94

表 B.2

酒精计浓度/(%vol)	温度/											
	22.5	23	23.5	24	24.5	25	25.5	26	26.5	27	27.5	28	28.5
48.8	47.86	47.67	47.48	47.29	47.10	46.90	46.71	46.52	46.33	46.14	45.95	45.76	45.56
48.9	47.96	47.77	47.58	47.39	47.20	47.01	46.82	46.62	46.43	46.24	46.05	45.86	45.67
49	48.06	47.87	47.68	47.49	47.30	47.11	46.92	46.73	46.54	46.34	46.15	45.96	45.77
49.1	48.16	47.97	47.78	47.59	47.40	47.21	47.02	46.83	46.64	46.45	46.25	46.06	45.87
49.2	48.26	48.07	47.88	47.69	47.50	47.31	47.12	46.93	46.74	46.55	46.36	46.16	45.97
49.3	48.36	48.17	47.98	47.79	47.60	47.41	47.22	47.03	46.84	46.65	46.46	46.27	46.08
49.4	48.46	48.27	48.08	47.89	47.70	47.51	47.32	47.13	46.94	46.75	46.56	46.37	46.18
49.5	48.56	48.37	48.18	47.99	47.80	47.61	47.42	47.23	47.04	46.85	46.66	46.47	46.28
49.6	48.66	48.47	48.28	48.09	47.91	47.72	47.53	47.34	47.15	46.95	46.76	46.57	46.38
49.7	48.76	48.57	48.38	48.20	48.01	47.82	47.63	47.44	47.25	47.06	46.87	48.68	46.48
49.8	48.86	48.67	48.49	48.30	48.11	47.92	47.73	47.54	47.35	47.16	46.97	46.78	46.59
49.9	48.96	48.77	48.59	48.40	48.21	48.02	47.83	47.64	47.45	47.26	47.07	46.88	46.69
50	49.06	48.88	48.69	48.50	48.31	48.12	47.93	47.74	47.55	47.36	47.17	46.98	46.79
50.1	49.16	48.98	48.79	48.60	48.41	48.22	48.03	47.84	47.65	47.46	47.27	47.08	46.89
50.2	49.26	49.08	48.89	48.70	48.51	48.32	48.13	47.94	47.76	47.57	47.38	47.19	46.99
50.3	49.37	49.18	48.99	48.80	48.61	48.42	48.24	48.05	47.86	47.67	47.48	47.29	47.10
50.4	49.47	49.28	49.09	48.90	48.71	48.53	48.34	48.15	47.96	47.77	47.58	47.39	47.20
50.5	49.57	49.38	49.19	49.00	48.82	48.63	48.44	48.25	48.06	47.87	47.68	47.49	47.30
50.6	49.67	49.48	49.29	49.10	48.92	48.73	48.54	48.35	48.16	47.97	47.78	47.59	47.40
50.7	49.77	49.58	49.39	49.21	49.02	48.83	48.64	48.45	48.26	48.07	47.89	47.70	47.51
50.8	49.87	49.68	49.49	49.31	49.12	48.93	48.74	48.55	48.37	48.18	47.99	47.80	47.61
50.9	49.97	49.78	49.60	49.41	49.22	49.03	48.84	48.66	48.47	48.28	48.09	47.90	47.71
51	50.07	49.88	49.70	49.51	49.32	49.13	48.95	48.76	48.57	48.38	48.19	48.00	47.81
51.1	50.17	49.98	49.80	49.61	49.42	49.23	49.05	48.86	48.67	48.48	48.29	48.10	47.91
51.2	50.27	50.08	49.90	49.71	49.52	49.34	49.15	48.96	48.77	48.58	48.39	48.21	48.02
51.3	50.37	50.19	50.00	49.81	49.62	49.44	49.25	49.06	48.87	48.69	48.50	48.31	48.12
51.4	50.47	50.29	50.10	49.91	49.73	49.54	49.35	49.16	48.98	48.79	48.60	48.41	48.22
51.5	50.57	50.39	50.20	50.01	49.83	49.64	49.45	49.26	49.08	48.89	48.70	48.51	48.32
51.6	50.67	50.49	50.30	50.12	49.93	49.74	49.55	49.37	49.18	48.99	48.80	48.61	48.42
51.7	50.77	50.59	50.40	50.22	50.03	49.84	49.66	49.47	49.28	49.09	48.90	48.72	48.53
51.8	50.88	50.69	50.50	50.32	50.13	49.94	49.76	49.57	49.38	49.19	49.01	48.82	48.63
51.9	50.98	50.79	50.60	50.42	50.23	50.04	49.86	49.67	49.48	49.30	49.11	48.92	48.73
52	51.08	50.89	50.71	50.52	50.33	50.15	49.96	49.77	49.58	49.40	49.21	49.02	48.83
52.1	51.18	50.99	50.81	50.62	50.43	50.25	50.06	49.87	49.69	49.50	49.31	49.12	48.94
52.2	51.28	51.09	50.91	50.72	50.53	50.35	50.16	49.98	49.79	49.60	49.41	49.23	49.04
52.3	51.38	51.19	51.01	50.82	50.64	50.45	50.26	50.08	49.89	49.70	49.52	49.33	49.14
52.4	51.48	51.29	51.11	50.92	50.74	50.55	50.36	50.18	49.99	49.80	49.62	49.43	49.24
52.5	51.58	51.39	51.21	51.02	50.84	50.65	50.47	50.28	50.09	49.91	49.72	49.53	49.34
52.6	51.68	51.50	51.31	51.13	50.94	50.75	50.57	50.38	50.19	50.01	49.82	49.63	49.45
52.7	51.78	51.60	51.41	51.23	51.04	50.85	50.67	50.48	50.30	50.11	49.92	49.74	49.55
52.8	51.88	51.70	51.51	51.33	51.14	50.96	50.77	50.58	50.40	50.21	50.02	49.84	49.65
52.9	51.98	51.80	51.61	51.43	51.24	51.06	50.87	50.69	50.50	50.31	50.13	49.94	49.75
53	52.08	51.90	51.71	51.53	51.34	51.16	50.97	50.79	50.60	50.41	50.23	50.04	49.85
53.1	52.18	52.00	51.81	51.63	51.44	51.26	51.07	50.89	50.70	50.52	50.33	50.14	49.96

（续）　　单位为%vol

℃

29	29.5	30	30.5	31	31.5	32	32.5	33	33.5	34	34.5	35
45.37	45.18	44.99	44.79	44.60	44.41	44.21	44.02	43.82	43.63	43.44	43.24	43.05
45.47	45.28	45.09	44.90	44.70	44.51	44.32	44.12	43.93	43.73	43.54	43.34	43.15
45.58	45.38	45.19	45.00	44.81	44.61	44.42	44.23	44.03	43.84	43.64	43.45	43.25
45.68	45.49	45.29	45.10	44.91	44.72	44.52	44.33	44.13	43.94	43.75	43.55	43.36
45.78	45.59	45.40	45.20	45.01	44.82	44.63	44.43	44.24	44.04	43.85	43.66	43.46
45.88	45.69	45.50	45.31	45.11	44.92	44.73	44.53	44.34	44.15	43.95	43.76	43.56
45.99	45.79	45.60	45.41	45.22	45.02	44.83	44.64	44.44	44.25	44.06	43.86	43.67
46.09	45.90	45.70	45.51	45.32	45.13	44.93	44.74	44.55	44.35	44.16	43.97	43.77
46.19	46.00	45.81	45.61	45.42	45.23	45.04	44.84	44.65	44.46	44.26	44.07	43.88
46.29	46.10	45.91	45.72	45.53	45.33	45.14	44.95	44.75	44.56	44.37	44.17	43.98
46.40	46.20	46.01	45.82	45.63	45.44	45.24	45.05	44.86	44.66	44.47	44.28	44.08
46.50	46.31	46.11	45.92	45.73	45.54	45.35	45.15	44.96	44.77	44.57	44.38	44.19
46.60	46.41	46.22	51.15	50.97	50.78	50.59	50.41	50.22	50.03	49.85	49.66	49.47
46.70	46.51	46.32	51.25	51.07	50.88	50.70	50.51	50.32	50.14	49.95	49.76	49.58
46.80	46.61	46.42	51.36	51.17	50.99	50.80	50.61	50.43	50.24	50.05	49.87	49.68
46.91	46.72	46.52	51.46	51.27	51.09	50.90	50.72	50.53	50.34	50.16	49.97	49.78
47.01	46.82	46.63	51.56	51.38	51.19	51.01	50.82	50.63	50.45	50.26	50.07	49.89
47.11	46.92	46.73	51.66	51.48	51.29	51.11	50.92	50.74	50.55	50.36	50.18	49.99
47.21	47.02	46.83	51.77	51.58	51.40	51.21	51.02	50.84	50.65	50.47	50.28	50.09
47.32	47.13	46.94	51.87	51.68	51.50	51.31	51.13	50.94	50.76	50.57	50.38	50.20
47.42	47.23	47.04	51.97	51.79	51.60	51.42	51.23	51.04	50.86	50.67	50.49	50.30
47.52	47.33	47.14	52.07	51.89	51.70	51.52	51.33	51.15	50.96	50.78	50.59	50.40
47.62	47.43	47.24	52.18	51.99	51.81	51.62	51.44	51.25	51.06	50.88	50.69	50.51
47.72	47.54	47.35	52.28	52.09	51.91	51.72	51.54	51.35	51.17	50.98	50.80	50.61
47.83	47.64	47.45	52.38	52.20	52.01	51.83	51.64	51.46	51.27	51.08	50.90	50.71
47.93	47.74	47.55	52.48	52.30	52.11	51.93	51.74	51.56	51.37	51.19	51.00	50.82
48.03	47.84	47.65	52.59	52.40	52.22	52.03	51.85	51.66	51.48	51.29	51.10	50.92
48.13	47.94	47.76	52.69	52.50	52.32	52.13	51.95	51.76	51.58	51.39	51.21	51.02
48.24	48.05	47.86	52.79	52.61	52.42	52.24	52.05	51.87	51.68	51.50	51.31	51.13
48.34	48.15	47.96	52.89	52.71	52.52	52.34	52.15	51.97	51.78	51.60	51.41	51.23
48.44	48.25	48.06	52.99	52.81	52.63	52.44	52.26	52.07	51.89	51.70	51.52	51.33
48.54	48.35	48.16	53.10	52.91	52.73	52.54	52.36	52.18	51.99	51.81	51.62	51.43
48.64	48.46	48.27	53.20	53.02	52.83	52.65	52.46	52.28	52.09	51.91	51.72	51.54
48.75	48.56	48.37	53.30	53.12	52.93	52.75	52.57	52.38	52.20	52.01	51.83	51.64
48.85	48.66	48.47	53.40	53.22	53.04	52.85	52.67	52.48	52.30	52.11	51.93	51.74
48.95	48.76	48.57	53.51	53.32	53.14	52.95	52.77	52.59	52.40	52.22	52.03	51.85
49.05	48.87	48.68	53.61	53.42	53.24	53.06	52.87	52.69	52.51	52.32	52.14	51.95
49.16	48.97	48.78	53.71	53.53	53.34	53.16	52.98	52.79	52.61	52.42	52.24	52.05
49.26	49.07	48.88	53.81	53.63	53.45	53.26	53.08	52.89	52.71	52.53	52.34	52.16
49.36	49.17	48.98	53.91	53.73	53.55	53.37	53.18	53.00	52.81	52.63	52.45	52.26
49.46	49.27	49.09	54.02	53.83	53.65	53.47	53.28	53.10	52.92	52.73	52.55	52.36
49.56	49.38	49.19	54.12	53.94	53.75	53.57	53.39	53.20	53.02	52.84	52.65	52.47
49.67	49.48	49.29	54.22	54.04	53.86	53.67	53.49	53.31	53.12	52.94	52.75	52.57
49.77	49.58	49.39	54.32	54.14	53.96	53.78	53.59	53.41	53.23	53.04	52.86	52.67

表 B.2

酒精计浓度/(%vol)	温度/											
	22.5	23	23.5	24	24.5	25	25.5	26	26.5	27	27.5	28	28.5
53.2	52.28	52.10	51.92	51.73	51.55	51.36	51.18	50.99	50.80	50.62	50.43	50.24	50.06
53.3	52.38	52.20	52.02	51.83	51.65	51.46	51.28	51.09	50.91	50.72	50.53	50.35	50.16
53.4	52.49	52.30	52.12	51.93	51.75	51.56	51.38	51.19	51.01	50.82	50.64	50.45	50.26
53.5	52.59	52.40	52.22	52.03	51.85	51.66	51.48	51.29	51.11	50.92	50.74	50.55	50.36
53.6	52.69	52.50	52.32	52.13	51.95	51.77	51.58	51.40	51.21	51.02	50.84	50.65	50.47
53.7	52.79	52.60	52.42	52.24	52.05	51.87	51.68	51.50	51.31	51.13	50.94	50.75	50.57
53.8	52.89	52.70	52.52	52.34	52.15	51.97	51.78	51.60	51.41	51.23	51.04	50.86	50.67
53.9	52.99	52.80	52.62	52.44	52.25	52.07	51.88	51.70	51.51	51.33	51.14	50.96	50.77
54	53.09	52.91	52.72	52.54	52.35	52.17	51.99	51.80	51.62	51.43	51.25	51.06	50.87
54.1	53.19	53.01	52.82	52.64	52.46	52.27	52.09	51.90	51.72	51.53	51.35	51.16	50.98
54.2	53.29	53.11	52.92	52.74	52.56	52.37	52.19	52.00	51.82	51.63	51.45	51.26	51.08
54.3	53.39	53.21	53.02	52.84	52.66	52.47	52.29	52.11	51.92	51.74	51.55	51.37	51.18
54.4	53.49	53.31	53.13	52.94	52.76	52.58	52.39	52.21	52.02	51.84	51.65	51.47	51.28
54.5	53.59	53.41	53.23	53.04	52.86	52.68	52.49	52.31	52.12	51.94	51.75	51.57	51.38
54.6	53.69	53.51	53.33	53.14	52.96	52.78	52.59	52.41	52.23	52.04	51.86	51.67	51.49
54.7	53.79	53.61	53.43	53.25	53.06	52.88	52.70	52.51	52.33	52.14	51.96	51.77	51.59
54.8	53.89	53.71	53.53	53.35	53.16	52.98	52.80	52.61	52.43	52.24	52.06	51.87	51.69
54.9	53.99	53.81	53.63	53.45	53.26	53.08	52.90	52.71	52.53	52.35	52.16	51.98	51.79
55	54.09	53.91	53.73	53.55	53.37	53.18	53.00	52.82	52.63	52.45	52.26	52.08	51.89
55.1	54.20	54.01	53.83	53.65	53.47	53.28	53.10	52.92	52.73	52.55	52.36	52.18	52.00
55.2	54.30	54.11	53.93	53.75	53.57	53.38	53.20	53.02	52.83	52.65	52.47	52.28	52.10
55.3	54.40	54.21	54.03	53.85	53.67	53.49	53.30	53.12	52.94	52.75	52.57	52.38	52.20
55.4	54.50	54.32	54.13	53.95	53.77	53.59	53.40	53.22	53.04	52.85	52.67	52.49	52.30
55.5	54.60	54.42	54.23	54.05	53.87	53.69	53.51	53.32	53.14	52.96	52.77	52.59	52.40
55.6	54.70	54.52	54.34	54.15	53.97	53.79	53.61	53.42	53.24	53.06	52.87	52.69	52.51
55.7	54.80	54.62	54.44	54.25	54.07	53.89	53.71	53.52	53.34	53.16	52.98	52.79	52.61
55.8	54.90	54.72	54.54	54.36	54.17	53.99	53.81	53.63	53.44	53.26	53.08	52.89	52.71
55.9	55.00	54.82	54.64	54.46	54.27	54.09	53.91	53.73	53.54	53.36	53.18	52.99	52.81
56	55.10	54.92	54.74	54.56	54.38	54.19	54.01	53.83	53.65	53.46	53.28	53.10	52.91
56.1	55.20	55.02	54.84	54.66	54.48	54.29	54.11	53.93	53.75	53.56	53.38	53.20	53.01
56.2	55.30	55.12	54.94	54.76	54.58	54.40	54.21	54.03	53.85	53.67	53.48	53.30	53.12
56.3	55.40	55.22	55.04	54.86	54.68	54.50	54.32	54.13	53.95	53.77	53.59	53.40	53.22
56.4	55.50	55.32	55.14	54.96	54.78	54.60	54.42	54.23	54.05	53.87	53.69	53.50	53.32
56.5	55.60	55.42	55.24	55.06	54.88	54.70	54.52	54.34	54.15	53.97	53.79	53.61	53.42
56.6	55.70	55.52	55.34	55.16	54.98	54.80	54.62	54.44	54.26	54.07	53.89	53.71	53.52
56.7	55.80	55.62	55.44	55.26	55.08	54.90	54.72	54.54	54.36	54.17	53.99	53.81	53.63
56.8	55.91	55.73	55.54	55.36	55.18	55.00	54.82	54.64	54.46	54.28	54.09	53.91	53.73
56.9	56.01	55.83	55.65	55.47	55.28	55.10	54.92	54.74	54.56	54.38	54.20	54.01	53.83
57	56.11	55.93	55.75	55.57	55.39	55.20	55.02	54.84	54.66	54.48	54.30	54.11	53.93
57.1	56.21	56.03	55.85	55.67	55.49	55.31	55.13	54.94	54.76	54.58	54.40	54.22	54.03
57.2	56.31	56.13	55.95	55.77	55.59	55.41	55.23	55.05	54.86	54.68	54.50	54.32	54.14
57.3	56.41	56.23	56.05	55.87	55.69	55.51	55.33	55.15	54.97	54.78	54.60	54.42	54.24
57.4	56.51	56.33	56.15	55.97	55.79	55.61	55.43	55.25	55.07	54.89	54.70	54.52	54.34
57.5	56.61	56.43	56.25	56.07	55.89	55.71	55.53	55.35	55.17	54.99	54.81	54.62	54.44

（续） 单位为%vol

℃

29	29.5	30	30.5	31	31.5	32	32.5	33	33.5	34	34.5	35
49.87	49.68	49.50	54.43	54.24	54.06	53.88	53.69	53.51	53.33	53.14	52.96	52.78
49.97	49.79	49.60	54.53	54.35	54.16	53.98	53.80	53.61	53.43	53.25	53.06	52.88
50.08	49.89	49.70	54.63	54.45	54.27	54.08	53.90	53.72	53.53	33.35	53.17	52.98
50.18	49.99	49.80	54.73	54.55	54.37	54.19	54.00	53.82	53.64	53.45	53.27	53.09
50.28	50.09	49.91	54.84	54.65	54.47	54.29	54.11	53.92	53.74	53.56	53.37	53.19
50.38	50.20	50.01	54.94	54.76	54.57	54.39	54.21	54.03	53.84	53.66	53.48	53.29
50.48	50.30	50.11	55.04	54.86	54.68	54.49	54.31	54.13	53.94	53.76	53.58	53.39
50.59	50.40	50.21	55.14	54.96	54.78	54.60	54.41	54.23	54.05	53.86	53.68	53.50
50.69	50.50	50.32	55.24	55.06	54.88	54.70	54.52	54.33	54.15	53.97	53.78	53.60
50.79	50.60	50.42	55.35	55.16	54.98	54.80	54.62	54.44	54.25	54.07	53.89	53.70
50.89	50.71	50.52	55.45	55.27	55.09	54.90	54.72	54.54	54.36	54.17	53.99	53.81
50.99	50.81	50.62	55.55	55.37	55.19	55.01	54.82	54.64	54.46	54.28	54.09	53.91
51.10	50.91	50.72	55.65	55.47	55.29	55.11	54.93	54.74	54.56	54.38	54.20	54.01
51.20	51.01	50.83	55.76	55.57	55.39	55.21	55.03	54.85	54.66	54.48	54.30	54.12
51.30	51.11	50.93	55.86	55.68	55.49	55.31	55.13	54.95	54.77	54.58	54.40	54.22
51.40	51.22	51.03	55.96	55.78	55.60	55.42	55.23	55.95	54.87	54.69	54.51	54.32
51.50	51.32	51.13	56.06	55.88	55.70	55.52	55.34	55.15	54.97	54.79	54.61	54.43
51.61	51.42	51.24	56.16	55.98	55.80	55.62	55.44	55.56	55.08	54.89	54.71	54.53
51.71	51.52	51.34	51.15	50.97	50.78	50.59	50.41	50.22	50.03	49.85	49.66	49.47
51.81	51.63	51.44	51.25	51.07	50.88	50.70	50.51	50.32	50.14	49.95	49.76	49.58
51.91	51.73	51.54	51.36	51.17	50.99	50.80	50.61	50.43	50.24	50.05	49.87	49.68
52.01	51.83	51.64	51.46	51.27	51.09	50.90	50.72	50.53	50.34	50.16	49.97	49.78
52.12	51.93	51.75	51.56	51.38	51.19	51.01	50.82	50.63	50.45	50.26	50.07	49.89
52.22	52.03	51.85	51.66	51.48	51.29	51.11	50.92	50.74	50.55	50.36	50.18	49.99
52.32	52.14	51.95	51.77	51.58	51.40	51.21	51.02	50.84	50.65	50.47	50.28	50.09
52.42	52.24	52.05	51.87	51.68	51.50	51.31	51.13	50.94	50.76	50.57	50.38	50.20
52.53	52.34	52.16	51.97	51.79	51.60	51.42	51.23	51.04	50.86	50.67	50.49	50.30
52.63	52.44	52.26	52.07	51.89	51.70	51.52	51.33	51.15	50.96	50.78	50.59	50.40
52.73	52.54	52.36	52.18	51.99	51.81	51.62	51.44	51.25	51.06	50.88	50.69	50.51
52.83	52.65	52.46	52.28	52.09	51.91	51.72	51.54	51.35	51.17	50.98	50.80	50.61
52.93	52.75	52.57	52.38	52.20	52.01	51.83	51.64	51.46	51.27	51.08	50.90	50.71
53.04	52.85	52.67	52.48	52.30	52.11	51.93	51.74	51.56	51.37	51.19	51.00	50.82
53.14	52.95	52.77	52.59	52.40	52.22	52.03	51.85	51.66	51.48	51.29	51.10	50.92
53.24	53.06	52.87	52.69	52.50	52.32	52.13	51.95	51.76	51.58	51.39	51.21	51.02
53.34	53.16	52.97	52.79	52.61	52.42	52.24	52.05	51.87	51.68	51.50	51.31	51.13
53.44	53.26	53.08	52.89	52.71	52.52	52.34	52.15	51.97	51.78	51.60	51.41	51.23
53.55	53.36	53.18	52.99	52.81	52.63	52.44	52.26	52.07	51.89	51.70	51.52	51.33
53.65	53.46	53.28	53.10	52.91	52.73	52.54	52.36	52.18	51.99	51.81	51.62	51.43
53.75	53.57	53.38	53.20	53.02	52.83	52.65	52.46	52.28	52.09	51.91	51.72	51.54
53.85	53.67	53.48	53.30	53.12	52.93	52.75	52.57	52.38	52.20	52.01	51.83	51.64
53.95	53.77	53.59	53.40	53.22	53.04	52.85	52.67	52.48	52.30	52.11	51.93	51.74
54.05	53.87	53.69	53.51	53.32	53.14	52.95	52.77	52.59	52.40	52.22	52.03	51.85
54.16	53.97	53.79	53.61	53.42	53.24	53.06	52.87	52.69	52.51	52.32	52.14	51.95
54.26	54.08	53.89	53.71	53.53	53.34	53.16	52.98	52.79	52.61	52.42	52.24	52.05

表 B.2

酒精计浓度/(%vol)	温度/												
	22.5	23	23.5	24	24.5	25	25.5	26	26.5	27	27.5	28	28.5
57.6	56.71	56.53	56.35	56.17	55.99	55.81	55.63	55.45	55.27	55.09	54.91	54.72	54.54
57.7	56.81	56.63	56.45	56.27	56.09	55.91	55.73	55.55	55.37	55.19	55.01	54.83	54.64
57.8	56.91	56.73	56.55	56.37	56.19	56.01	55.83	55.65	55.47	55.29	55.11	54.93	54.75
57.9	57.01	56.83	56.65	56.47	56.29	56.11	55.93	55.75	55.57	55.39	55.21	55.03	54.85
58	57.11	56.93	56.75	56.58	56.40	56.22	56.04	55.86	55.68	55.49	55.31	55.13	54.95
58.1	57.21	57.03	56.86	56.68	56.50	56.32	56.14	55.96	55.78	55.60	55.41	55.23	55.05
58.2	57.31	57.13	56.96	56.78	56.60	56.42	56.24	56.06	55.88	55.70	55.52	55.34	55.15
58.3	57.41	57.24	57.06	56.88	56.70	56.52	56.34	56.16	55.98	55.80	55.62	55.44	55.26
58.4	57.51	57.34	57.16	56.98	56.80	56.62	56.44	56.26	56.08	55.90	55.72	55.54	55.36
58.5	57.61	57.44	57.26	57.08	56.90	56.72	56.54	56.36	56.18	56.00	55.82	55.64	55.46
58.6	57.72	57.54	57.36	57.18	57.00	56.82	56.64	56.46	56.28	56.10	55.92	55.74	55.56
58.7	57.82	57.64	57.46	57.28	57.10	56.92	56.74	56.56	56.39	56.20	56.02	55.84	55.66
58.8	57.92	57.74	57.56	57.38	57.20	57.02	56.85	56.67	56.49	56.31	56.13	55.95	55.76
58.9	58.02	57.84	57.66	57.48	57.30	57.13	56.95	56.77	56.59	56.41	56.23	56.05	55.87
59	58.12	57.94	57.76	57.58	57.41	57.23	57.05	56.87	56.69	56.51	56.33	56.15	55.97
59.1	58.22	58.04	57.86	57.68	57.51	57.33	57.15	56.97	56.79	56.61	56.43	56.25	56.07
59.2	58.32	58.14	57.96	57.79	57.61	57.43	57.25	57.07	56.89	56.71	56.53	56.35	56.17
59.3	58.42	58.24	58.06	57.89	57.71	57.53	57.35	57.17	56.99	56.81	56.63	56.45	56.27
59.4	58.52	58.34	58.17	57.99	57.81	57.63	57.45	57.27	57.09	56.92	56.74	56.56	56.38
59.5	58.62	58.44	58.27	58.09	57.91	57.73	57.55	57.38	57.20	57.02	56.84	56.66	56.48
59.6	58.72	58.54	58.37	58.19	58.01	57.83	57.66	57.48	57.30	57.12	56.94	56.76	56.58
59.7	58.82	58.64	58.47	58.29	58.11	57.93	57.76	57.58	57.40	57.22	57.04	56.86	56.68
59.8	58.92	58.75	58.57	58.39	58.21	58.04	57.86	57.68	57.50	57.32	57.14	56.96	56.78
59.9	59.02	58.85	58.67	58.49	58.31	58.14	57.96	57.78	57.60	57.42	57.24	57.06	56.88
60	59.12	58.95	58.77	58.59	58.42	58.24	58.06	57.88	57.70	57.52	57.35	57.17	56.99
60.1	59.22	59.05	58.87	58.69	58.52	58.34	58.16	57.98	57.80	57.63	57.45	57.27	57.09
60.2	59.32	59.15	58.97	58.79	58.62	58.44	58.26	58.08	57.91	57.73	57.55	57.37	57.19
60.3	59.42	59.25	59.07	58.90	58.72	58.54	58.36	58.19	58.01	57.83	57.65	57.47	57.29
60.4	59.53	59.35	59.17	59.00	58.82	58.64	58.46	58.29	58.11	57.93	57.75	57.57	57.39
60.5	59.63	59.45	59.27	59.10	58.92	58.74	58.57	58.39	58.21	58.03	57.85	57.67	57.50
60.6	59.73	59.55	59.37	59.20	59.02	58.84	58.67	58.49	58.31	58.13	57.96	57.78	57.60
60.7	59.83	59.65	59.48	59.30	59.12	58.95	58.77	58.59	58.41	58.24	58.06	57.88	57.70
60.8	59.93	59.75	59.58	59.40	59.22	59.05	58.87	58.69	58.51	58.34	58.16	57.98	57.80
60.9	60.03	59.85	59.68	59.50	59.32	59.15	58.97	58.79	58.62	58.44	58.26	58.08	57.90
61	60.13	59.95	59.78	59.60	59.43	59.25	59.07	58.89	58.72	58.54	58.36	58.18	58.00
61.1	60.23	60.05	59.88	59.70	59.53	59.35	59.17	59.00	58.82	58.64	58.46	58.29	58.11
61.2	60.33	60.15	59.98	59.80	59.63	59.45	59.27	59.10	58.92	58.74	58.56	58.39	58.21
61.3	60.43	60.26	60.08	59.90	59.73	59.55	59.38	59.20	59.02	58.84	58.67	58.49	58.31
61.4	60.53	60.36	60.18	60.01	59.83	59.65	59.48	59.30	59.12	58.95	58.77	58.59	58.41
61.5	60.63	60.46	60.28	60.11	59.93	59.75	59.58	59.40	59.22	59.05	58.87	58.69	58.51
61.6	60.73	60.56	60.38	60.21	60.03	59.86	59.68	59.50	59.33	59.15	58.97	58.79	58.62
61.7	60.83	60.66	60.48	60.31	60.13	59.96	59.78	59.60	59.43	59.25	59.07	58.90	58.72
61.8	60.93	60.76	60.58	60.41	60.23	60.06	59.88	59.71	59.53	59.35	59.17	59.00	58.82
61.9	61.03	60.86	60.68	60.51	60.33	60.16	59.98	59.81	59.63	59.45	59.28	59.10	58.92

（续）　　　　单位为%vol

℃												
29	29.5	30	30.5	31	31.5	32	32.5	33	33.5	34	34.5	35
54.36	54.18	54.00	53.81	53.63	53.45	53.26	53.08	52.89	52.71	52.53	52.34	52.16
54.46	54.28	54.10	53.91	53.73	53.55	53.37	53.18	53.00	52.81	52.63	52.45	52.26
54.56	54.38	54.20	54.02	53.83	53.65	53.47	53.28	53.10	52.92	52.73	52.55	52.36
54.67	54.48	54.30	54.12	53.94	53.75	53.57	53.39	53.20	53.02	52.84	52.65	52.47
54.77	54.59	94.40	54.22	54.04	53.86	53.67	53.49	53.31	53.12	52.94	52.75	52.57
54.87	54.69	54.51	54.32	54.14	53.96	53.78	53.59	53.41	53.23	53.04	52.86	52.67
54.97	54.79	54.61	54.43	54.24	54.06	53.88	53.69	53.51	53.33	53.14	52.96	52.78
55.07	54.89	54.71	54.53	54.35	54.16	53.98	53.80	53.61	53.43	53.25	53.06	52.88
55.18	54.99	54.81	54.63	54.45	54.27	54.08	53.90	53.72	53.53	33.35	53.17	52.98
55.28	55.10	54.91	54.73	54.55	54.37	54.19	54.00	53.82	53.64	53.45	53.27	53.09
55.38	55.20	55.02	54.84	54.65	54.47	54.29	54.11	53.92	53.74	53.56	53.37	53.19
55.48	55.30	55.12	54.94	54.76	54.57	54.39	54.21	54.03	53.84	53.66	53.48	53.29
55.58	55.40	55.22	55.04	54.86	54.68	54.49	54.31	54.13	53.94	53.76	53.58	53.39
55.69	55.50	55.32	55.14	54.96	54.78	54.60	54.41	54.23	54.05	53.86	53.68	53.50
55.79	55.61	55.43	55.24	55.06	54.88	54.70	54.52	54.33	54.15	53.97	53.78	53.60
55.89	55.71	55.53	55.35	55.16	54.98	54.80	54.62	54.44	54.25	54.07	53.89	53.70
55.99	55.81	55.63	55.45	55.27	55.09	54.90	54.72	54.54	54.36	54.17	53.99	53.81
56.09	55.91	55.73	55.55	55.37	55.19	55.01	54.82	54.64	54.46	54.28	54.09	53.91
56.20	56.01	55.83	55.65	55.47	55.29	55.11	54.93	54.74	54.56	54.38	54.20	54.01
56.30	56.12	55.94	55.76	55.57	55.39	55.21	55.03	54.85	54.66	54.48	54.30	54.12
56.40	56.22	56.04	55.86	55.68	55.49	55.31	55.13	54.95	54.77	54.58	54.40	54.22
56.50	56.32	56.14	55.96	55.78	55.60	55.42	55.23	55.95	54.87	54.69	54.51	54.32
56.60	56.42	56.24	56.06	55.88	55.70	55.52	55.34	55.15	54.97	54.79	54.61	54.43
56.70	56.52	56.34	56.16	55.98	55.80	55.62	55.44	55.56	55.08	54.89	54.71	54.53
56.81	56.63	56.45	56.27	56.09	55.90	55.72	55.54	55.36	55.18	55.00	54.81	54.63
56.91	56.73	56.55	56.37	56.19	56.01	55.83	55.64	55.46	55.28	55.10	54.92	54.73
57.01	56.83	56.65	56.47	56.29	56.11	55.93	55.75	55.57	55.38	55.20	55.02	54.84
57.11	56.93	56.75	56.57	56.39	56.21	56.03	55.85	55.67	55.49	55.30	55.12	54.94
57.21	57.03	56.85	56.67	56.49	56.31	56.13	55.95	55.77	55.59	55.41	55.23	55.04
57.32	57.14	56.96	56.78	56.60	56.42	56.24	56.05	55.87	55.69	55.51	55.33	55.15
57.42	57.24	57.06	56.88	56.70	56.52	56.34	56.16	55.98	55.79	55.61	55.43	55.25
57.52	57.34	57.16	56.98	56.80	56.62	56.44	56.26	56.08	55.90	55.72	55.53	55.35
57.62	57.44	57.26	57.08	56.90	56.72	56.54	56.36	56.18	56.00	55.82	55.64	55.46
57.72	57.54	57.37	57.19	57.01	56.83	56.65	56.46	56.28	56.10	55.92	55.74	55.56
57.83	57.65	57.47	57.29	57.11	56.93	56.75	56.57	56.39	56.21	56.02	55.84	55.66
57.93	57.75	57.57	57.39	57.21	57.03	56.85	56.67	56.49	56.31	56.13	55.95	55.77
58.03	57.85	57.67	57.49	57.31	57.13	56.95	56.77	56.59	56.41	56.23	56.05	55.87
58.13	57.95	57.77	57.59	57.42	57.24	57.06	56.88	56.69	56.51	56.33	56.15	55.97
58.23	58.05	57.88	57.70	57.52	57.34	57.16	56.98	56.80	56.62	56.44	56.26	56.07
58.34	58.16	57.98	57.80	57.62	57.44	57.26	57.08	56.90	56.72	56.54	56.36	56.18
58.44	58.26	58.08	57.90	57.72	57.54	57.36	57.18	57.00	56.82	56.64	56.46	56.28
58.54	58.36	58.18	58.00	57.82	57.64	57.47	57.29	57.11	56.93	56.74	56.56	56.38
58.64	58.46	58.28	58.11	57.93	57.75	57.57	57.39	57.21	57.03	56.85	56.67	56.49
58.74	58.56	58.39	58.21	58.03	57.85	57.67	57.49	57.31	57.13	56.95	56.77	56.59

表 B.2

酒精计浓度/(%vol)	温度/												
	22.5	23	23.5	24	24.5	25	25.5	26	26.5	27	27.5	28	28.5
62	61.13	60.96	60.79	60.61	60.44	60.26	60.08	59.91	59.73	59.55	59.38	59.20	59.02
62.1	61.23	61.06	60.89	60.71	60.54	60.36	60.19	60.01	59.83	59.66	59.48	59.30	59.12
62.2	61.34	61.16	60.99	60.81	60.64	60.46	60.29	60.11	59.93	59.76	59.58	59.40	59.23
62.3	61.44	61.26	61.09	60.91	60.74	60.56	60.39	60.21	60.04	59.86	59.68	59.51	59.33
62.4	61.54	61.36	61.19	61.01	60.84	60.66	60.49	60.31	60.14	59.96	59.78	59.61	59.43
62.5	61.64	61.46	61.29	61.11	60.94	60.77	60.59	60.41	60.24	60.06	59.89	59.71	59.53
62.6	61.74	61.56	61.39	61.22	61.04	60.87	60.69	60.52	60.34	60.16	59.99	59.81	59.63
62.7	61.84	61.66	61.49	61.32	61.14	60.97	60.79	60.62	60.44	60.27	60.09	59.91	59.74
62.8	61.94	61.77	61.59	61.42	61.24	61.07	60.89	60.72	60.54	60.37	60.19	60.01	59.84
62.9	62.04	61.87	61.69	61.52	61.34	61.17	60.99	60.82	60.64	60.47	60.29	60.12	59.94
63	62.14	61.97	61.79	61.62	61.45	61.27	61.10	60.92	60.75	60.57	60.39	60.22	60.04
63.1	62.24	62.07	61.89	61.72	61.55	61.37	61.20	61.02	60.85	60.67	60.50	60.32	60.14
63.2	62.34	62.17	61.99	61.82	61.65	61.47	61.30	61.12	60.95	60.77	60.60	60.42	60.24
63.3	62.44	62.27	62.10	61.92	61.75	61.57	61.40	61.22	61.05	60.87	60.70	60.52	60.35
63.4	62.54	62.37	62.20	62.02	61.85	61.68	61.50	61.33	61.15	60.98	60.80	60.62	60.45
63.5	62.64	62.47	62.30	62.12	61.95	61.78	61.60	61.43	61.25	61.08	60.90	60.73	60.55
63.6	62.74	62.57	62.40	62.22	62.05	61.88	61.70	61.53	61.35	61.18	61.00	60.83	60.65
63.7	62.84	62.67	62.50	62.33	62.15	61.98	61.80	61.63	61.46	61.28	61.11	60.93	60.75
63.8	62.94	62.77	62.60	62.43	62.25	62.08	61.91	61.73	61.56	61.38	61.21	61.03	60.86
63.9	63.04	62.87	62.70	62.53	62.35	62.18	62.01	61.83	61.66	61.48	61.31	61.13	60.96
64	63.15	62.97	62.80	62.63	62.46	62.28	62.11	61.93	61.76	61.59	61.41	61.24	61.06
64.1	63.25	63.07	62.90	62.73	62.56	62.38	62.21	62.04	61.86	61.69	61.51	61.34	61.16
64.2	63.35	63.17	63.00	62.83	62.66	62.48	62.31	62.14	61.96	61.79	61.61	61.44	61.26
64.3	63.45	63.28	63.10	62.93	62.76	62.59	62.41	62.24	62.06	61.89	61.72	61.54	61.37
64.4	63.55	63.38	63.20	63.03	62.86	62.69	62.51	62.34	62.17	61.99	61.82	61.64	61.47
64.5	63.65	63.48	63.30	63.13	62.96	62.79	62.61	62.44	62.27	62.09	61.92	61.74	61.57
64.6	63.75	63.58	63.41	63.23	63.06	62.89	62.72	62.54	62.37	62.19	62.02	61.85	61.67
64.7	63.85	63.68	63.51	63.33	63.16	62.99	62.82	62.64	62.47	62.30	62.12	61.95	61.77
64.8	63.95	63.78	63.61	63.44	63.26	63.09	62.92	62.74	62.57	62.40	62.22	62.05	61.87
64.9	64.05	63.88	63.71	63.54	63.36	63.19	63.02	62.85	62.67	62.50	62.33	62.15	61.98
65	64.15	63.98	63.81	63.64	63.47	63.29	63.12	62.95	62.77	62.60	62.43	62.25	62.08
65.1	64.25	64.08	63.91	63.74	63.57	63.39	63.22	63.05	62.88	62.70	62.53	62.35	62.18
65.2	64.35	64.18	64.01	63.84	63.67	63.50	63.32	63.15	62.98	62.80	62.63	62.46	62.28
65.3	64.45	64.28	64.11	63.94	63.77	63.60	63.42	63.25	63.08	62.91	62.73	62.56	62.38
65.4	64.55	64.38	64.21	64.04	63.87	63.70	63.53	63.35	63.18	63.01	62.83	62.66	62.49
65.5	64.65	64.48	64.31	64.14	63.97	63.80	63.63	63.45	63.28	63.11	62.94	62.76	62.59
65.6	64.75	64.58	64.41	64.24	64.07	63.90	63.73	63.56	63.38	63.21	63.04	62.86	62.69
65.7	64.85	64.68	64.51	64.34	64.17	64.00	63.83	63.66	63.48	63.31	63.14	62.97	62.79
65.8	64.96	64.79	64.62	64.44	64.27	64.10	63.93	63.76	63.59	63.41	63.24	63.07	62.89
65.9	65.06	64.89	64.72	64.55	64.37	64.20	64.03	63.86	63.69	63.51	63.34	63.17	63.00
66	65.16	64.99	64.82	64.65	64.48	64.30	64.13	63.96	63.79	63.62	63.44	63.27	63.10
66.1	65.26	65.09	64.92	64.75	64.58	64.41	64.23	64.06	63.89	63.72	63.55	63.37	63.20
66.2	65.36	65.19	65.02	64.85	64.68	64.51	64.34	64.16	63.99	63.82	63.65	63.47	63.30
66.3	65.46	65.29	65.12	64.95	64.78	64.61	64.44	64.27	64.09	63.92	63.75	63.58	63.40

(续)

单位为%vol

℃												
29	29.5	30	30.5	31	31.5	32	32.5	33	33.5	34	34.5	35
58.85	58.67	58.49	58.31	58.13	57.95	57.77	57.59	57.41	57.23	57.05	56.87	56.69
58.95	58.77	58.59	58.41	58.23	58.05	57.88	57.70	57.52	57.34	57.16	56.98	56.80
59.05	58.87	58.69	58.51	58.34	58.16	57.98	57.80	57.62	57.44	57.26	57.08	56.90
59.15	58.97	58.79	58.62	58.44	58.26	58.08	57.90	57.72	57.54	57.36	57.18	57.00
59.25	59.08	58.90	58.72	58.54	58.36	58.18	58.00	57.82	57.64	57.46	57.28	57.10
59.35	59.18	59.00	58.82	58.64	58.46	58.29	58.11	57.93	57.75	57.57	57.39	57.21
59.46	59.28	59.10	58.92	58.75	58.57	58.39	58.21	58.03	57.85	57.67	57.49	57.31
59.56	59.38	59.20	59.03	58.85	58.67	58.49	58.31	58.13	57.95	57.77	57.59	57.41
59.66	59.48	59.31	59.13	58.95	58.77	58.59	58.41	58.23	58.06	57.88	57.70	57.52
59.76	59.59	59.41	59.23	59.05	58.87	58.70	58.52	58.34	58.16	57.98	57.80	57.62
59.86	59.69	59.51	59.33	59.15	58.98	58.80	58.62	58.44	58.26	58.08	57.90	57.72
59.97	59.79	59.61	59.43	59.26	59.08	58.90	58.72	58.54	58.36	58.18	58.01	57.83
60.07	59.89	59.71	59.54	59.36	59.18	59.00	58.82	58.65	58.47	58.29	58.11	57.93
60.17	59.99	59.82	59.64	59.46	59.28	59.11	58.93	58.75	58.57	58.39	58.21	58.03
60.27	60.10	59.92	59.74	59.56	59.39	59.21	59.03	58.85	58.67	58.49	58.42	58.13
60.37	60.20	60.02	59.84	59.67	59.49	59.31	59.13	58.95	58.78	58.60	58.31	58.24
60.48	60.30	60.12	59.95	59.77	59.59	59.41	59.23	59.06	58.88	58.70	58.52	58.34
60.58	60.40	60.22	60.05	59.87	59.69	59.52	59.34	59.16	58.98	58.80	58.62	58.44
60.68	60.50	60.33	60.15	59.97	59.80	59.62	59.44	59.26	59.08	58.90	58.73	58.55
60.78	60.61	60.43	60.25	60.08	59.90	59.72	59.54	59.36	59.19	59.01	58.83	58.65
60.88	60.71	60.53	60.35	60.18	60.00	59.82	59.65	59.47	59.29	59.11	58.93	58.75
60.99	60.81	60.63	60.46	60.28	60.10	59.93	59.75	59.57	59.39	59.21	59.04	58.86
61.09	60.91	60.74	60.56	60.38	60.21	60.03	59.85	59.67	59.49	59.32	59.14	58.96
61.19	61.01	60.84	60.66	60.48	60.31	60.13	59.95	59.78	59.60	59.42	59.24	59.06
61.29	61.12	60.94	60.76	60.59	60.41	60.23	60.06	59.88	59.70	59.52	59.34	59.17
61.39	61.22	61.04	60.87	60.69	60.51	60.34	60.16	59.98	59.80	59.63	59.45	59.27
61.50	61.32	61.14	60.97	60.79	60.62	60.44	60.26	60.08	59.91	59.73	59.55	59.37
61.60	61.42	61.25	61.07	60.89	60.72	60.54	60.36	60.19	60.01	59.83	59.65	59.47
61.70	61.52	61.35	61.17	61.00	60.82	60.64	60.47	60.29	60.11	59.93	59.76	59.58
61.80	61.63	61.45	61.28	61.10	60.92	60.75	60.57	60.39	60.21	60.04	59.86	59.68
61.90	61.73	61.55	61.38	61.20	61.03	60.85	60.67	60.49	60.32	60.14	59.96	59.78
62.01	61.83	61.66	61.48	61.30	61.13	60.95	60.77	60.60	60.42	60.24	60.07	59.89
62.11	61.93	61.76	61.58	61.41	61.23	61.05	60.88	60.70	60.52	60.35	60.17	59.99
62.21	62.03	61.86	61.68	61.51	61.33	61.16	60.98	60.80	60.63	60.45	60.27	60.09
62.31	62.14	61.96	61.79	61.61	61.44	61.26	61.08	60.91	60.73	60.55	60.37	60.20
62.41	62.24	62.06	61.89	61.71	61.54	61.36	61.19	61.01	60.83	60.65	60.48	60.30
62.52	62.34	62.17	61.99	61.82	61.64	61.46	61.29	61.11	60.93	60.76	60.58	60.40
62.62	62.44	62.27	62.09	61.92	61.74	61.57	61.39	61.21	61.04	60.86	60.68	60.51
62.72	62.55	62.37	62.20	62.02	61.85	61.67	61.49	61.32	61.14	60.96	60.79	60.61
62.82	62.65	62.47	62.30	62.12	61.95	61.77	61.60	61.42	61.24	61.07	60.89	60.71
62.92	62.75	62.58	62.40	62.23	62.05	61.87	61.70	61.52	61.35	61.17	60.99	60.82
63.03	62.85	62.68	62.50	62.33	62.15	61.98	61.80	61.63	61.45	61.27	61.10	60.92
63.13	62.95	62.78	62.61	62.43	62.26	62.08	61.90	61.73	61.55	61.38	61.20	61.02
63.23	63.06	62.88	62.71	62.53	62.36	62.18	62.01	61.83	61.66	61.48	61.30	61.13

表 B.2

酒精计浓度/（%vol）	温度/											
	22.5	23	23.5	24	24.5	25	25.5	26	26.5	27	27.5	28	28.5
66.4	65.56	65.39	65.22	65.05	64.88	64.71	64.54	64.37	64.19	64.02	63.85	63.68	63.50
66.5	65.66	65.49	65.32	65.15	64.98	64.81	64.64	64.47	64.30	64.12	63.95	63.78	63.61
66.6	65.76	65.59	65.42	65.25	65.08	64.91	64.74	64.57	64.40	64.23	64.05	63.88	63.71
66.7	65.86	65.69	65.52	65.35	65.18	65.01	64.84	64.67	64.50	64.33	64.16	63.98	63.81
66.8	65.96	65.79	65.62	65.45	65.28	65.11	64.94	64.77	64.60	64.43	64.26	64.09	63.91
66.9	66.06	65.89	65.72	65.55	65.38	65.21	65.04	64.87	64.70	64.53	64.36	64.19	64.01
67	66.16	65.99	65.82	65.66	65.49	65.32	65.15	64.98	64.80	64.63	64.46	64.29	64.12
67.1	66.26	66.09	65.93	65.76	65.59	65.42	65.25	65.08	64.91	64.73	64.56	64.39	64.22
67.2	66.36	66.20	66.03	65.86	65.69	65.52	65.35	65.18	65.01	64.84	64.66	64.49	64.32
67.3	66.46	66.30	66.13	65.96	65.79	65.62	65.45	65.28	65.11	64.94	64.77	64.59	64.42
67.4	66.56	66.40	66.23	66.06	65.89	65.72	65.55	65.38	65.21	65.04	64.87	64.70	64.52
67.5	66.67	66.50	66.33	66.16	65.99	65.82	65.65	65.48	65.31	65.14	64.97	64.80	64.63
67.6	66.77	66.60	66.43	66.26	66.09	65.92	65.75	65.58	65.41	65.24	65.07	64.90	64.53
67.7	66.87	66.70	66.53	66.36	66.19	66.02	65.85	65.68	65.51	65.34	65.17	65.00	64.83
67.8	66.97	66.80	66.63	66.46	66.29	66.13	65.96	65.79	65.62	65.45	65.28	65.10	64.93
67.9	67.07	66.90	66.73	66.56	66.40	66.23	66.06	65.89	65.72	65.55	65.38	65.21	65.03
68	67.17	67.00	66.83	66.67	66.50	66.33	66.16	65.99	65.82	65.65	65.48	65.31	65.14
68.1	67.27	67.10	66.93	66.77	66.60	66.43	66.26	66.09	65.92	65.75	65.58	65.41	65.24
68.2	67.37	67.20	67.03	66.87	66.70	66.53	66.36	66.19	66.02	65.85	65.68	65.51	65.34
68.3	67.47	67.30	67.14	66.97	66.80	66.63	66.46	66.29	66.12	65.95	65.78	65.61	65.44
68.4	67.57	67.40	67.24	67.07	66.90	66.73	66.56	66.39	66.23	66.06	65.89	65.72	65.54
68.5	67.67	67.50	67.34	67.17	67.00	66.83	66.67	66.50	66.33	66.16	65.99	65.82	65.65
68.6	67.77	67.61	67.44	67.27	67.10	66.94	66.77	66.60	66.43	66.26	66.09	65.92	65.75
68.7	67.87	67.71	67.54	67.37	67.20	67.04	66.87	66.70	66.53	66.36	66.19	66.02	65.85
68.8	67.97	67.81	67.64	67.47	67.31	67.14	66.97	66.80	66.63	66.46	66.29	66.12	65.95
68.9	68.07	67.91	67.74	67.57	67.41	67.24	67.07	66.90	66.73	66.56	66.39	66.22	66.05
69	68.17	68.01	67.84	67.67	67.51	67.34	67.17	67.00	66.83	66.67	66.50	66.33	66.16
69.1	68.28	68.11	67.94	67.78	67.61	67.44	67.27	67.11	66.94	66.77	66.60	66.43	66.26
69.2	68.38	68.21	68.04	67.88	67.71	67.54	67.37	67.21	67.04	66.87	66.70	66.53	66.36
69.3	68.48	68.31	68.14	67.98	67.81	67.64	67.48	67.31	67.14	66.97	66.80	66.63	66.46
69.4	68.58	68.41	68.25	68.08	67.91	67.74	67.58	67.41	67.24	67.07	66.90	66.73	66.56
69.5	68.68	68.51	68.35	68.18	68.01	67.85	67.68	67.51	67.34	67.17	67.01	66.84	66.67
69.6	68.78	68.61	68.45	68.28	68.11	67.95	67.78	67.61	67.44	67.28	67.11	66.94	66.77
69.7	68.88	68.71	68.55	68.38	68.22	68.05	67.88	67.71	67.55	67.38	67.21	67.04	66.87
69.8	68.98	68.81	68.65	68.48	68.32	68.15	67.98	67.82	67.65	67.48	67.31	67.14	66.97
69.9	69.08	68.91	68.75	68.58	68.42	68.25	68.08	67.92	67.75	67.58	67.41	67.24	67.08

(续)　　单位为%vol

℃												
29	29.5	30	30.5	31	31.5	32	32.5	33	33.5	34	34.5	35
63.33	63.16	62.98	62.81	62.64	62.46	62.29	62.11	61.93	61.76	61.58	61.41	61.23
63.43	63.26	63.09	62.91	62.74	62.56	62.39	62.21	62.04	61.86	61.69	61.51	61.33
63.54	63.36	63.19	63.01	62.84	62.67	62.49	62.32	62.14	61.96	61.79	61.61	61.44
63.64	63.46	63.29	63.12	62.94	62.77	62.59	62.42	62.24	62.07	61.89	61.72	61.54
63.74	63.57	63.39	63.22	63.05	62.87	62.70	62.52	62.35	62.17	61.99	61.82	61.64
63.84	63.67	63.50	63.32	63.15	62.97	62.80	62.62	62.45	62.27	62.10	61.92	61.75
63.94	63.77	63.60	63.42	63.25	63.08	62.90	62.73	62.55	62.38	62.20	62.02	61.85
64.05	63.87	63.70	63.53	63.35	63.18	63.00	62.83	62.65	62.48	62.30	62.13	61.95
64.15	63.98	63.80	63.63	63.46	63.28	63.11	62.93	62.76	62.58	62.41	62.23	62.05
64.25	64.08	63.90	63.73	63.56	63.38	63.21	63.04	62.86	62.69	62.51	62.33	62.16
64.35	64.18	64.01	63.83	63.66	63.49	63.31	63.14	62.96	62.79	62.61	62.44	62.26
64.45	64.28	64.11	63.94	63.76	63.59	63.42	63.24	63.07	62.89	62.72	62.54	62.36
64.56	64.38	64.21	64.04	63.87	63.69	63.52	63.34	63.17	62.99	62.82	62.64	62.47
64.66	64.49	64.31	64.14	63.97	63.79	63.62	63.45	63.27	63.10	62.92	62.75	62.57
64.76	64.59	64.42	64.24	64.07	63.90	63.72	63.55	63.38	63.20	63.03	62.85	62.67
64.86	64.69	64.52	64.35	64.17	64.00	63.83	63.65	63.48	63.30	63.13	62.95	62.78
64.96	64.79	64.62	64.45	64.28	64.10	63.93	63.76	63.58	63.41	63.23	63.06	62.88
65.07	64.90	64.72	64.55	64.38	64.21	64.03	63.86	63.68	63.51	63.34	63.16	62.98
65.17	65.00	64.83	64.65	64.48	64.31	64.13	63.96	63.79	63.61	63.44	63.26	63.09
65.27	65.10	64.93	64.76	64.58	64.41	64.24	64.06	63.89	63.72	63.54	63.37	63.19
65.37	65.20	65.03	64.86	64.69	64.51	64.34	64.17	63.99	63.82	63.64	63.47	63.30
65.48	65.30	65.13	64.96	64.79	64.62	64.44	64.27	64.10	63.92	63.75	63.57	63.40
65.58	65.41	65.24	65.06	64.89	64.72	64.55	64.37	64.20	64.03	63.85	63.68	63.50
65.68	65.51	65.34	65.17	64.99	64.82	64.65	64.48	64.30	64.13	63.95	63.78	63.61
65.78	65.61	65.44	65.27	65.10	64.92	64.75	64.58	64.41	64.23	64.06	63.88	63.71
65.88	65.71	65.54	65.37	65.20	65.03	64.85	64.68	64.51	64.33	64.16	63.99	63.81
65.99	65.82	65.64	65.47	65.30	65.13	64.96	64.78	64.61	64.44	64.26	64.09	63.92
66.09	65.92	65.75	65.58	65.40	65.23	65.06	64.89	64.71	64.54	64.37	64.19	64.02
66.19	66.02	65.85	65.68	65.51	65.33	65.16	64.99	64.82	64.64	64.47	64.30	64.12
66.29	66.12	65.95	65.78	65.61	65.44	65.27	65.09	64.92	64.75	64.57	64.40	64.23
66.40	66.22	66.05	65.88	65.71	65.54	65.37	65.20	65.02	64.85	64.68	64.50	64.33
66.50	66.33	66.16	65.99	65.81	65.64	65.47	65.30	65.13	64.95	64.78	64.61	64.43
66.60	66.43	66.26	66.09	65.92	65.75	65.57	65.40	65.23	65.06	64.88	64.71	64.54
66.70	66.53	66.36	66.19	66.02	65.85	65.68	65.51	65.33	65.16	64.99	64.81	64.64
66.80	66.63	66.46	66.29	66.12	65.95	65.78	65.61	65.44	65.26	65.09	64.92	64.74
66.91	66.74	66.57	66.40	66.23	66.05	65.88	65.71	65.54	65.37	65.19	65.02	64.85

GB/T 10345—2007《白酒分析方法》国家标准
第1号修改单

本修改单经国家标准化管理委员会于2007年9月5日以国标委农函[2007]62号文批准，自公布之日起实施。

---

1. 10.4.1.2 第一行改用新条文：

"载气(高纯氮)：流速为 50 mL/min；"。

2. 14.4.1.2 第一行改用新条文：

"载气(高纯氮)：流速为 50 mL/min；"。

3. 16.3.3"乙酸正戊酯溶液[2%(体积分数)]：使用毛细管柱时作内标用……"改为"2-乙基正丁酸溶液[2%(体积分数)]：使用毛细管柱时作内标用……"。

4. 18.3.1 改用新条文：

"乙醇溶液[95%(体积分数)]：色谱纯。"。

5. 18.3.3"乙酸正戊酯溶液[2%(体积分数)]：使用毛细管柱时作内标用。吸取乙酸正戊酯(色谱纯)2 mL，……"改为"十四醇溶液[1%(体积分数)]：使用毛细管柱时作内标用。吸取十四醇(色谱纯)1 mL，……"。

6. 附录B(规范性附录)表B.2中酒精度48.8%vol～57.5%vol、温度22.5℃～35℃(标准文本第72页～75页)改用新表：

表 B.2

酒精计浓度/(%vol)	温度/												
	22.5	23	23.5	24	24.5	25	25.5	26	26.5	27	27.5	28	28.5
48.8	47.86	47.67	47.48	47.29	47.10	46.90	46.71	46.52	46.33	46.14	45.95	45.76	45.56
48.9	47.96	47.77	47.58	47.39	47.20	47.01	46.82	46.62	46.43	46.24	46.05	45.86	45.67
49	48.06	47.87	47.68	47.49	47.30	47.11	46.92	46.73	46.54	46.34	46.15	45.96	45.77
49.1	48.16	47.97	47.78	47.59	47.40	47.21	47.02	46.83	46.64	46.45	46.25	46.06	45.87
49.2	48.26	48.07	47.88	47.69	47.50	47.31	47.12	46.93	46.74	46.55	46.36	46.16	45.97
49.3	48.36	48.17	47.98	47.79	47.60	47.41	47.22	47.03	46.84	46.65	46.46	46.27	46.08
49.4	48.46	48.27	48.08	47.89	47.70	47.51	47.32	47.13	46.94	46.75	46.56	46.37	46.18
49.5	48.56	48.37	48.18	47.99	47.80	47.61	47.42	47.23	47.04	46.85	46.66	46.47	46.28
49.6	48.66	48.47	48.28	48.09	47.91	47.72	47.53	47.34	47.15	46.95	46.76	46.57	46.38
49.7	48.76	48.57	48.38	48.20	48.01	47.82	47.63	47.44	47.25	47.06	46.87	48.68	46.48
49.8	48.86	48.67	48.49	48.30	48.11	47.92	47.73	47.54	47.35	47.16	46.97	46.78	46.59
49.9	48.96	48.77	48.59	48.40	48.21	48.02	47.83	47.64	47.45	47.26	47.07	46.88	46.69
50	49.06	48.88	48.69	48.50	48.31	48.12	47.93	47.74	47.55	47.36	47.17	46.98	46.79
50.1	49.16	48.98	48.79	48.60	48.41	48.22	48.03	47.84	47.65	47.46	47.27	47.08	46.89
50.2	49.26	49.08	48.89	48.70	48.51	48.32	48.13	47.94	47.76	47.57	47.38	47.19	46.99
50.3	49.37	49.18	48.99	48.80	48.61	48.42	48.24	48.05	47.86	47.67	47.48	47.29	47.10
50.4	49.47	49.28	49.09	48.90	48.71	48.53	48.34	48.15	47.96	47.77	47.58	47.39	47.20
50.5	49.57	49.38	49.19	49.00	48.82	48.63	48.44	48.25	48.06	47.87	47.68	47.49	47.30
50.6	49.67	49.48	49.29	49.10	48.92	48.73	48.54	48.35	48.16	47.97	47.78	47.59	47.40
50.7	49.77	49.58	49.39	49.21	49.02	48.83	48.64	48.45	48.26	48.07	47.89	47.70	47.51
50.8	49.87	49.68	49.49	49.31	49.12	48.93	48.74	48.55	48.37	48.18	47.99	47.80	47.61
50.9	49.97	49.78	49.60	49.41	49.22	49.03	48.84	48.66	48.47	48.28	48.09	47.90	47.71
51	50.07	49.88	49.70	49.51	49.32	49.13	48.95	48.76	48.57	48.38	48.19	48.00	47.81
51.1	50.17	49.98	49.80	49.61	49.42	49.23	49.05	48.86	48.67	48.48	48.29	48.10	47.91
51.2	50.27	50.08	49.90	49.71	49.52	49.34	49.15	48.96	48.77	48.58	48.39	48.21	48.02
51.3	50.37	50.19	50.00	49.81	49.62	49.44	49.25	49.06	48.87	48.69	48.50	48.31	48.12
51.4	50.47	50.29	50.10	49.91	49.73	49.54	49.35	49.16	48.98	48.79	48.60	48.41	48.22
51.5	50.57	50.39	50.20	50.01	49.83	49.64	49.45	49.26	49.08	48.89	48.70	48.51	48.32
51.6	50.67	50.49	50.30	50.12	49.93	49.74	49.55	49.37	49.18	48.99	48.80	48.61	48.42
51.7	50.77	50.59	50.40	50.22	50.03	49.84	49.66	49.47	49.28	49.09	48.90	48.72	48.53
51.8	50.88	50.69	50.50	50.32	50.13	49.94	49.76	49.57	49.38	49.19	49.01	48.82	48.63
51.9	50.98	50.79	50.60	50.42	50.23	50.04	49.86	49.67	49.48	49.30	49.11	48.92	48.73
52	51.08	50.89	50.71	50.52	50.33	50.15	49.96	49.77	49.58	49.40	49.21	49.02	48.83
52.1	51.18	50.99	50.81	50.62	50.43	50.25	50.06	49.87	49.69	49.50	49.31	49.12	48.94
52.2	51.28	51.09	50.91	50.72	50.53	50.35	50.16	49.98	49.79	49.60	49.41	49.23	49.04
52.3	51.38	51.19	51.01	50.82	50.64	50.45	50.26	50.08	49.89	49.70	49.52	49.33	49.14
52.4	51.48	51.29	51.11	50.92	50.74	50.55	50.36	50.18	49.99	49.80	49.62	49.43	49.24
52.5	51.58	51.39	51.21	51.02	50.84	50.65	50.47	50.28	50.09	49.91	49.72	49.53	49.34
52.6	51.68	51.50	51.31	51.13	50.94	50.75	50.57	50.38	50.19	50.01	49.82	49.63	49.45
52.7	51.78	51.60	51.41	51.23	51.04	50.85	50.67	50.48	50.30	50.11	49.92	49.74	49.55
52.8	51.88	51.70	51.51	51.33	51.14	50.96	50.77	50.58	50.40	50.21	50.02	49.84	49.65
52.9	51.98	51.80	51.61	51.43	51.24	51.06	50.87	50.69	50.50	50.31	50.13	49.94	49.75
53	52.08	51.90	51.71	51.53	51.34	51.16	50.97	50.79	50.60	50.41	50.23	50.04	49.85
53.1	52.18	52.00	51.81	51.63	51.44	51.26	51.07	50.89	50.70	50.52	50.33	50.14	49.96

（续） 单位为%vol

℃												
29	29.5	30	30.5	31	31.5	32	32.5	33	33.5	34	34.5	35
45.37	45.18	44.99	44.79	44.60	44.41	44.21	44.02	43.82	43.63	43.44	43.24	43.05
45.47	45.28	45.09	44.90	44.70	44.51	44.32	44.12	43.93	43.73	43.54	43.34	43.15
45.58	45.38	45.19	45.00	44.81	44.61	44.42	44.23	44.03	43.84	43.64	43.45	43.25
45.68	45.49	45.29	45.10	44.91	44.72	44.52	34.33	44.13	43.94	43.75	43.55	43.36
45.78	45.59	45.40	45.20	45.01	44.82	44.63	44.43	44.24	44.04	43.85	43.66	43.46
45.88	45.69	45.50	45.31	45.11	44.92	44.73	44.53	44.34	44.15	43.95	43.76	43.56
45.99	45.79	45.60	45.41	45.22	45.02	44.83	44.64	44.44	44.25	44.06	43.86	43.67
46.09	45.90	45.70	45.51	45.32	45.13	44.93	44.74	44.55	44.35	44.16	43.97	43.77
46.19	46.00	45.81	45.61	45.42	45.23	45.04	44.84	44.65	44.46	44.26	44.07	43.88
46.29	46.10	45.91	45.72	45.53	45.33	45.14	44.95	44.75	44.56	44.37	44.17	43.98
46.40	46.20	46.01	45.82	45.63	45.44	45.24	45.05	44.86	44.66	44.47	44.28	44.08
46.50	46.31	46.11	45.92	45.73	45.54	45.35	45.15	44.96	44.77	44.57	44.38	44.19
46.60	46.41	46.22	46.03	45.83	45.64	45.45	45.26	45.06	44.87	44.68	44.49	44.29
46.70	46.51	46.32	46.13	45.94	45.74	45.55	45.36	45.17	44.98	44.78	44.59	44.40
46.80	46.61	46.42	46.23	46.04	45.85	45.66	45.46	45.27	45.08	44.89	44.69	44.50
46.91	46.72	46.52	46.33	46.14	45.95	45.76	45.57	45.37	45.18	44.99	44.80	44.60
47.01	46.82	46.63	46.44	46.25	46.05	45.86	45.67	45.48	45.29	45.09	44.90	44.71
47.11	46.92	46.73	46.54	46.35	46.16	45.96	45.77	45.58	45.39	45.20	45.00	44.81
47.21	47.02	46.83	46.64	46.45	46.26	46.07	45.88	45.68	45.49	45.30	45.11	44.91
47.32	47.13	46.94	46.74	46.55	46.36	46.17	45.98	45.79	45.60	45.40	45.21	45.02
47.42	47.23	47.04	46.85	46.66	46.47	46.27	46.08	45.89	45.70	45.51	45.31	45.12
47.52	47.33	47.14	46.95	46.76	46.57	46.38	46.19	45.99	45.80	45.61	45.42	45.23
47.62	47.43	47.24	47.05	46.86	46.67	46.48	46.29	46.10	45.91	45.71	45.52	45.33
47.72	47.54	47.35	47.15	46.96	46.77	46.58	46.39	46.20	46.01	45.82	45.63	45.43
47.83	47.64	47.45	47.26	47.07	46.88	46.69	46.49	46.30	46.11	45.92	45.73	45.54
47.93	47.74	47.55	47.36	47.17	46.98	46.79	46.60	46.41	46.22	46.02	45.83	45.64
48.03	47.84	47.65	47.46	47.27	47.08	46.89	46.70	46.51	46.32	46.13	45.94	45.74
48.13	47.94	47.76	47.57	47.38	47.19	46.99	46.80	46.61	46.42	46.23	46.04	45.85
48.24	48.05	47.86	47.67	47.48	47.29	47.10	46.91	46.72	46.53	46.33	46.14	45.95
48.34	48.15	47.96	47.77	47.58	47.39	47.20	47.01	46.82	46.63	46.44	46.25	46.06
48.44	48.25	48.06	47.87	47.68	47.49	47.30	47.11	46.92	46.73	46.54	46.35	46.16
48.54	48.35	48.16	47.98	47.79	47.60	47.41	47.22	47.03	46.84	46.64	46.45	46.26
48.64	48.46	48.27	48.08	47.89	47.70	47.51	47.32	47.13	46.94	46.75	46.56	46.37
48.75	48.56	48.37	48.18	47.99	47.80	47.61	47.42	47.23	47.04	46.85	46.66	46.47
48.85	48.66	48.47	48.28	48.09	47.90	47.72	47.53	47.34	47.15	46.96	46.76	46.57
48.95	48.76	48.57	48.39	48.20	48.01	47.82	47.63	47.44	47.25	47.06	46.87	46.68
49.05	48.87	48.68	48.49	48.30	48.11	47.92	47.73	47.54	47.35	47.16	46.97	46.78
49.16	48.97	48.78	48.59	48.40	48.21	48.02	47.84	47.65	47.46	47.27	47.08	46.88
49.26	49.07	48.88	48.69	48.50	48.32	48.13	47.94	47.75	47.56	47.37	47.18	46.99
49.36	49.17	48.98	48.80	48.61	48.42	48.23	48.04	47.85	47.66	47.47	47.28	47.09
49.46	49.27	49.09	48.90	48.71	48.52	48.33	48.14	47.95	47.77	47.58	47.39	47.20
49.56	49.38	49.19	49.00	48.81	48.62	48.44	48.25	48.06	47.87	47.68	47.49	47.30
49.67	49.48	49.29	49.10	48.92	48.73	48.54	48.35	48.16	47.97	47.78	47.59	47.40
49.77	49.58	49.39	49.21	49.02	48.83	48.64	48.45	48.26	48.07	47.89	47.70	47.51

表 B.2

酒精计浓度/(%vol)	温度/												
	22.5	23	23.5	24	24.5	25	25.5	26	26.5	27	27.5	28	28.5
53.2	52.28	52.10	51.92	51.73	51.55	51.36	51.18	50.99	50.80	50.62	50.43	50.24	50.06
53.3	52.38	52.20	52.02	51.83	51.65	51.46	51.28	51.09	50.91	50.72	50.53	50.35	50.16
53.4	52.49	52.30	52.12	51.93	51.75	51.56	51.38	51.19	51.01	50.82	50.64	50.45	50.26
53.5	52.59	52.40	52.22	52.03	51.85	51.66	51.48	51.29	51.11	50.92	50.74	50.55	50.36
53.6	52.69	52.50	52.32	52.13	51.95	51.77	51.58	51.40	51.21	51.02	50.84	50.65	50.47
53.7	52.79	52.60	52.42	52.24	52.05	51.87	51.68	51.50	51.31	51.13	50.94	50.75	50.57
53.8	52.89	52.70	52.52	52.34	52.15	51.97	51.78	51.60	51.41	51.23	51.04	50.86	50.67
53.9	52.99	52.80	52.62	52.44	52.25	52.07	51.88	51.70	51.51	51.33	51.14	50.96	50.77
54	53.09	52.91	52.72	52.54	52.35	52.17	51.99	51.80	51.62	51.43	51.25	51.06	50.87
54.1	53.19	53.01	52.82	52.64	52.46	52.27	52.09	51.90	51.72	51.53	51.35	51.16	50.98
54.2	53.29	53.11	52.92	52.74	52.56	52.37	52.19	52.00	51.82	51.63	51.45	51.26	51.08
54.3	53.39	53.21	53.02	52.84	52.66	52.47	52.29	52.11	51.92	51.74	51.55	51.37	51.18
54.4	53.49	53.31	53.13	52.94	52.76	52.58	52.39	52.21	52.02	51.84	51.65	51.47	51.28
54.5	53.59	53.41	53.23	53.04	52.86	52.68	52.49	52.31	52.12	51.94	51.75	51.57	51.38
54.6	53.69	53.51	53.33	53.14	52.96	52.78	52.59	52.41	52.23	52.04	51.86	51.67	51.49
54.7	53.79	53.61	53.43	53.25	53.06	52.88	52.70	52.51	52.33	52.14	51.96	51.77	51.59
54.8	53.89	53.71	53.53	53.35	53.16	52.98	52.80	52.61	52.43	52.24	52.06	51.87	51.69
54.9	53.99	53.81	53.63	53.45	53.26	53.08	52.90	52.71	52.53	52.35	52.16	51.98	51.79
55	54.09	53.91	53.73	53.55	53.37	53.18	53.00	52.82	52.63	52.45	52.26	52.08	51.89
55.1	54.20	54.01	53.83	53.65	53.47	53.28	53.10	52.92	52.73	52.55	52.36	52.18	52.00
55.2	54.30	54.11	53.93	53.75	53.57	53.38	53.20	53.02	52.83	52.65	52.47	52.28	52.10
55.3	54.40	54.21	54.03	53.85	53.67	53.49	53.30	53.12	52.94	52.75	52.57	52.38	52.20
55.4	54.50	54.32	54.13	53.95	53.77	53.59	53.40	53.22	53.04	52.85	52.67	52.49	52.30
55.5	54.60	54.42	54.23	54.05	53.87	53.69	53.51	53.32	53.14	52.96	52.77	52.59	52.40
55.6	54.70	54.52	54.34	54.15	53.97	53.79	53.61	53.42	53.24	53.06	52.87	52.69	52.51
55.7	54.80	54.62	54.44	54.25	54.07	53.89	53.71	53.52	53.34	53.16	52.98	52.79	52.61
55.8	54.90	54.72	54.54	54.36	54.17	53.99	53.81	53.63	53.44	53.26	53.08	52.89	52.71
55.9	55.00	54.82	54.64	54.46	54.27	54.09	53.91	53.73	53.54	53.36	53.18	52.99	52.81
56	55.10	54.92	54.74	54.56	54.38	54.19	54.01	53.83	53.65	53.46	53.28	53.10	52.91
56.1	55.20	55.02	54.84	54.66	54.48	54.29	54.11	53.93	53.75	53.56	53.38	53.20	53.01
56.2	55.30	55.12	54.94	54.76	54.58	54.40	54.21	54.03	53.85	53.67	53.48	53.30	53.12
56.3	55.40	55.22	55.04	54.86	54.68	54.50	54.32	54.13	53.95	53.77	53.59	53.40	53.22
56.4	55.50	55.32	55.14	54.96	54.78	54.60	54.42	54.23	54.05	53.87	53.69	53.50	53.32
56.5	55.60	55.42	55.24	55.06	54.88	54.70	54.52	54.34	54.15	53.97	53.79	53.61	53.42
56.6	55.70	55.52	55.34	55.16	54.98	54.80	54.62	54.44	54.26	54.07	53.89	53.71	53.52
56.7	55.80	55.62	55.44	55.26	55.08	54.90	54.72	54.54	54.36	54.17	53.99	53.81	53.63
56.8	55.91	55.73	55.54	55.36	55.18	55.00	54.82	54.64	54.46	54.28	54.09	53.91	53.73
56.9	56.01	55.83	55.65	55.47	55.28	55.10	54.92	54.74	54.56	54.38	54.20	54.01	53.83
57	56.11	55.93	55.75	55.57	55.39	55.20	55.02	54.84	54.66	54.48	54.30	54.11	53.93
57.1	56.21	56.03	55.85	55.67	55.49	55.31	55.13	54.94	54.76	54.58	54.40	54.22	54.03
57.2	56.31	56.13	55.95	55.77	55.59	55.41	55.23	55.05	54.86	54.68	54.50	54.32	54.14
57.3	56.41	56.23	56.05	55.87	55.69	55.51	55.33	55.15	54.97	54.78	54.60	54.42	54.24
57.4	56.51	56.33	56.15	55.97	55.79	55.61	55.43	55.25	55.07	54.89	54.70	54.52	54.34
57.5	56.61	56.43	56.25	56.07	55.89	55.71	55.53	55.35	55.17	54.99	54.81	54.62	54.44

（续） 单位为%vol

℃												
29	29.5	30	30.5	31	31.5	32	32.5	33	33.5	34	34.5	35
49.87	49.68	49.50	49.31	49.12	48.93	48.74	48.56	48.37	48.18	47.99	47.80	47.61
49.97	49.79	49.60	49.41	49.22	49.04	48.85	48.66	48.47	48.28	48.09	47.90	47.71
50.08	49.89	49.70	49.51	49.33	49.14	48.95	48.76	48.57	48.38	48.20	48.01	47.82
50.18	49.99	49.80	49.62	49.43	49.24	49.05	48.86	48.68	48.49	48.30	48.11	47.92
50.28	50.09	49.91	49.72	49.53	49.34	49.16	48.97	48.78	48.59	48.40	48.21	48.02
50.38	50.20	50.01	49.82	49.63	49.45	49.26	49.07	48.88	48.69	48.51	48.32	48.13
50.48	50.30	50.11	49.92	49.74	49.55	49.36	49.17	48.99	48.80	48.61	48.42	48.23
50.59	50.40	50.21	50.03	49.84	49.65	49.46	49.28	49.09	48.90	48.71	48.52	48.33
50.69	50.50	50.32	50.13	49.94	49.75	49.57	49.38	49.19	49.00	48.82	48.63	48.44
50.79	50.60	50.42	50.23	50.04	49.86	49.67	49.48	49.29	49.11	48.92	48.73	48.54
50.89	50.71	50.52	50.33	50.15	49.96	49.77	49.58	49.40	49.21	49.02	48.83	48.64
50.99	50.81	50.62	50.44	50.25	50.06	49.88	49.69	49.50	49.31	49.12	48.94	48.75
51.10	50.91	50.72	50.54	50.35	50.16	49.98	49.79	49.60	49.42	49.23	49.04	48.85
51.20	51.01	50.83	50.64	50.45	50.27	50.08	49.89	49.71	49.52	49.33	49.14	48.96
51.30	51.11	50.93	50.74	50.56	50.37	50.18	50.00	49.81	49.62	49.43	49.25	49.06
51.40	51.22	51.03	50.85	50.66	50.47	50.29	50.10	49.91	49.72	49.54	49.35	49.16
51.50	51.32	51.13	50.95	50.76	50.58	50.39	50.20	50.02	49.83	49.64	49.45	49.27
51.61	51.42	51.24	51.05	50.86	50.68	50.49	50.30	50.12	49.93	49.74	49.56	49.37
51.71	51.52	51.34	51.15	50.97	50.78	50.59	50.41	50.22	50.03	49.85	49.66	49.47
51.81	51.63	51.44	51.25	51.07	50.88	50.70	50.51	50.32	50.14	49.95	49.76	49.58
51.91	51.73	51.54	51.36	51.17	50.99	50.80	50.61	50.43	50.24	50.05	49.87	49.68
52.01	51.83	51.64	51.46	51.27	51.09	50.90	50.72	50.53	50.34	50.16	49.97	49.78
52.12	51.93	51.75	51.56	51.38	51.19	51.01	50.82	50.63	50.45	50.26	50.07	49.89
52.22	52.03	51.85	51.66	51.48	51.29	51.11	50.92	50.74	50.55	50.36	50.18	49.99
52.32	52.14	51.95	51.77	51.58	51.40	51.21	51.02	50.84	50.65	50.47	50.28	50.09
52.42	52.24	52.05	51.87	51.68	51.50	51.31	51.13	50.94	50.76	50.57	50.38	50.20
52.53	52.34	52.16	51.97	51.79	51.60	51.42	51.23	51.04	50.86	50.67	50.49	50.30
52.63	52.44	52.26	52.07	51.89	51.70	51.52	51.33	51.15	50.96	50.78	50.59	50.40
52.73	52.54	52.36	52.18	51.99	51.81	51.62	51.44	51.25	51.06	50.88	50.69	50.51
52.83	52.65	52.46	52.28	52.09	51.91	51.72	51.54	51.35	51.17	50.98	50.80	50.61
52.93	52.75	52.57	52.38	52.20	52.01	51.83	51.64	51.46	51.27	51.08	50.90	50.71
53.04	52.85	52.67	52.48	52.30	52.11	51.93	51.74	51.56	51.37	51.19	51.00	50.82
53.14	52.95	52.77	52.59	52.40	52.22	52.03	51.85	51.66	51.48	51.29	51.10	50.92
53.24	53.06	52.87	52.69	52.50	52.32	52.13	51.95	51.76	51.58	51.39	51.21	51.02
53.34	53.16	52.97	52.79	52.61	52.42	52.24	52.05	51.87	51.68	51.50	51.31	51.13
53.44	53.26	53.08	52.89	52.71	52.52	52.34	52.15	51.97	51.78	51.60	51.41	51.23
53.55	53.36	53.18	52.99	52.81	52.63	52.44	52.26	52.07	51.89	51.70	51.52	51.33
53.65	53.46	53.28	53.10	52.91	52.73	52.54	52.36	52.18	51.99	51.81	51.62	51.43
53.75	53.57	53.38	53.20	53.02	52.83	52.65	52.46	52.28	52.09	51.91	51.72	51.54
53.85	53.67	53.48	53.30	53.12	52.93	52.75	52.57	52.38	52.20	52.01	51.83	51.64
53.95	53.77	53.59	53.40	53.22	53.04	52.85	52.67	52.48	52.30	52.11	51.93	51.74
54.05	53.87	53.69	53.51	53.32	53.14	52.95	52.77	52.59	52.40	52.22	52.03	51.85
54.16	53.97	53.79	53.61	53.42	53.24	53.06	52.87	52.69	52.51	52.32	52.14	51.95
54.26	54.08	53.89	53.71	53.53	53.34	53.16	52.98	52.79	52.61	52.42	52.24	52.05

ICS 29.160.30
K 24

中华人民共和国国家标准

GB/T 10403—2007
代替 GB/T 10403—1989

多极和双通道感应移相器通用技术条件

General specification for multipolar and two-speed induction phase shifters

2007-12-03 发布　　　　2008-05-20 实施

中华人民共和国国家质量监督检验检疫总局
中国国家标准化管理委员会　发布

前言

本标准代替 GB/T 10403—1989《多极和双通道感应移相器通用技术条件》。

本标准与 GB/T 10403—1989 相比主要变化如下：

——根据 GB/T 7345—1994《控制微电机基本技术要求》修订的内容取消强冲击、防爆炸两个检验项目，并删除相关条款中对这两项的要求；

——根据 GB 18211—2000《微电机安全通用要求》增加安全的相关内容；

——根据 GB/T 7345—1994《控制微电机基本技术要求》修订的内容对本标准的相关内容进行了修订；

——按照 GB/T 1.1—2000《标准化工作导则　第 1 部分：标准的结构和编写规则》的规定，对本标准的编排格式进行修改。

本标准的附录 A 为资料性附录。

本标准由中国电器工业协会提出。

本标准由全国微电机标准化技术委员会归口。

本标准起草单位：西安微电机研究所。

本标准主要起草人：谭莹、沈桂霞、樊君莉。

本标准替代历次标准发布情况为：

——GB/T 10403—1989。

多极和双通道感应移相器通用技术条件

1 范围

本标准规定了多极和双通道感应移相器的产品分类、技术要求、试验方法、检验规则等。

本标准适用于在相位控制的同步随动系统和轴角—数字转换中作为精密的角度传感元件的多极和双通道感应移相器。

2 规范性引用文件

下列文件中的条款通过本标准的引用而成为本标准的条款。凡是注日期的引用文件，其随后所有的修改单(不包括勘误的内容)或修订版均不适用于本标准，然而，鼓励根据本标准达成协议的各方研究是否可使用这些文件的最新版本。凡是不注日期的引用文件，其最新版本适用于本标准。

GB/T 2828.1—2003 计数抽样检验程序 第1部分:按接收质量限(AQL)检索的逐批检验抽样计划(ISO 2859-1:1999,IDT)

GB/T 7345—1994 控制微电机基本技术要求

GB/T 10405—2001 控制电机型号命名方法

GB 18211—2000 微电机安全通用要求

JB/T 8162—1999 控制微电机 包装技术条件

3 产品分类

3.1 型号

多极和双通道感应移相器(以下简称电机)的型号按 GB/T 10405—2001 的规定由以下四部分组成。

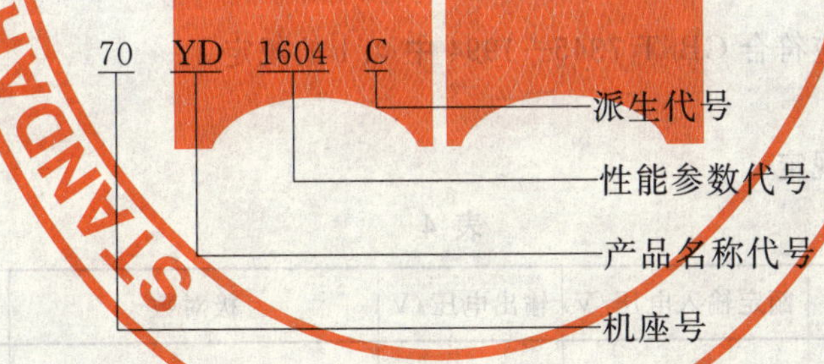

3.2 机座号

机座号与电机外径的关系见表1。

表1

机座号	电机外径/mm	机座号	电机外径/mm
45	45	160	160
70	70	250	250
110	110	320	320

3.3 产品名称代号

产品名称代号由两个大写汉语拼音字母组成。

多极感应移相器为 YD(移、多);

双通道感应移相器为 YS(移、双)。

3.4 性能参数代号

性能参数代号由 3～4 位阿拉伯数字组成,前两位数字为极对数代号,第 3～4 位数字为频率代号。极对数代号与极对数的对应关系见表 2。

表 2

极对数代号	极对数	极对数代号	极对数
04	4	32	32
08	8	36	36
16	16	64	64
20	20	28	128

频率代号与额定频率的对应关系见表 3。

表 3

频率代号	额定频率/Hz
04	400
1	1 000
2	2 000

3.5 派生代号

派生代号用一个大写汉语拼音字母表示。A～L 表示结构派生代号。L 以后的字母表示性能或其他结构派生代号。

4 技术要求

4.1 使用环境条件

电机的使用环境条件应符合 GB/T 7345—1994 中 4.1 的规定。

4.2 基本参数

基本参数应符合表 4 规定。

表 4

类型	额定频率/Hz	额定输入电压/V	输出电压/V	极对数	精机开路输入阻抗/Ω
YD 型,YS 型	400,1 000,2 000	15	5	8,16,20,32,36,64,128	100,150,200,400,600

4.3 技术性能参数

电机的技术性能参数应符合产品专用技术条件的规定,可参考附录 A。

4.4 旋转方向

从非出线端视之,转子逆时针方向旋转为旋转正方向。

4.5 电气原理图及基准相位零位

从非出线端视之,当电机处于基准相位零位时的电气原理图和相量图如表 5。

当转子从基准相位零位正向转过一个角度 θ 时的电气原理图、相量图和输出电压方程式,应符合表 6 的规定。

表 5

类型	电气原理图	相量图
YS 型	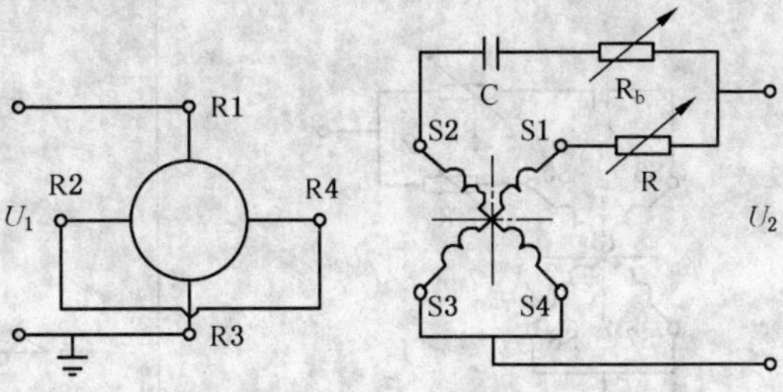 R1, R2, R3, R4, U_1, C, R_b, R, S1, S2, S3, S4, U_2	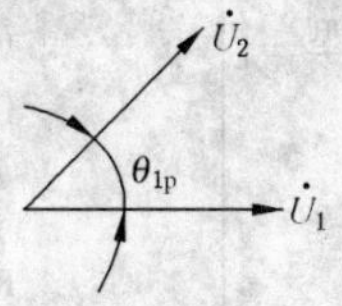 $\dot{U}_2$, θ_{1p}, $\dot{U}_1$
	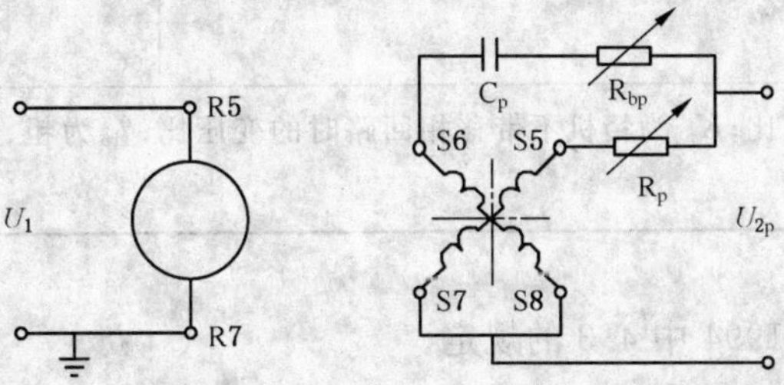 R5, R7, U_1, C_p, R_{bp}, R_p, S5, S6, S7, S8, U_{2p}	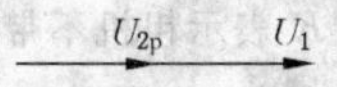 $\dot{U}_{2p}$ $\dot{U}_1$
YD 型	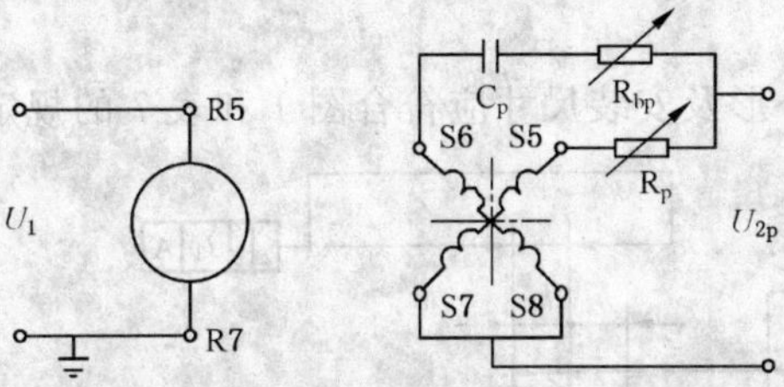 R5, R7, U_1, C_p, R_{bp}, R_p, S5, S6, S7, S8, U_{2p}	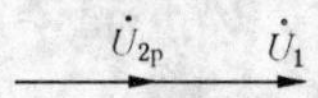 $\dot{U}_{2p}$ $\dot{U}_1$

注 1：图中 C、R 和 R_b 分别为粗机的移相电容、移相电阻和补偿电阻；C_p，R_p，R_b，R_{bp} 分别为精机的移相电容、移相电阻和补偿电阻；θ_{1P} 为粗、精机相位零位偏差。

注 2：移相回路中允许采用补偿电感进行补偿。

表 6

类型	电气原理图	输出电压方程式和相量图
YS 型	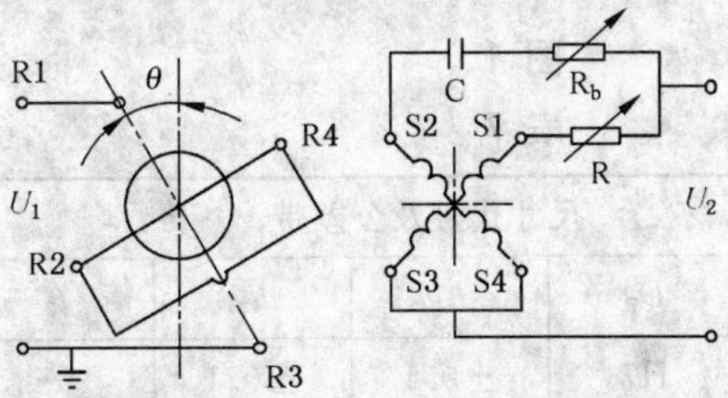 R1, R2, R3, R4, θ, U_1, C, R_b, R, S1, S2, S3, S4, U_2	$\dot{U}=\frac{K}{\sqrt{2}}\dot{U}_1 e^{j(\theta+\theta_{1p})}$ 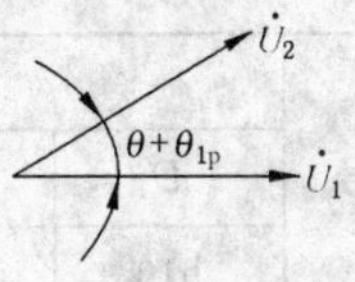 $\dot{U}_2$, $\theta+\theta_{1p}$, $\dot{U}_1$
	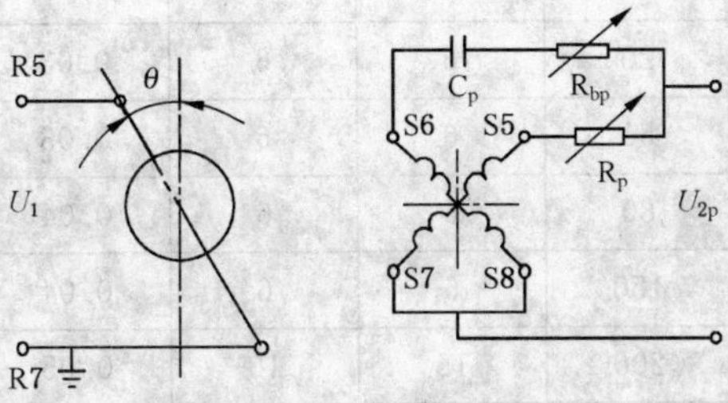 R5, R7, θ, U_1, C_p, R_{bp}, R_p, S5, S6, S7, S8, U_{2p}	$\dot{U}_{2p}=\frac{K_p}{\sqrt{2}}\dot{U}_1 e^{j(p\theta)}$ 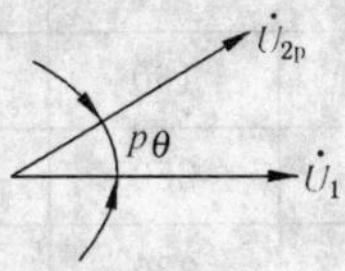 $\dot{U}_{2p}$, $p\theta$, $\dot{U}_1$

表 6（续）

<table>
<tr><th>类型</th><th>电气原理图</th><th>输出电压方程式和相量图</th></tr>
<tr><td>YD 型</td><td>R5 θ U_1 R7 C_p R_{bp} S6 S5 R_p S7 S8 U_{2p}</td><td>$\dot{U}_{2p}=\frac{K_p}{\sqrt{2}}\dot{U}_1\mathrm{e}^{\mathrm{j}(p\theta)}$
$\dot{U}_{2p}$ $p\theta$ $\dot{U}_1$</td></tr>
<tr><td colspan="3">注：K 表示粗机不带移相回路时的变压比；K_p 为精机不带移相回路时的变压比；θ_{1p} 为粗、精机相位零位偏差；p 为极对数。</td></tr>
</table>

4.6 外观

电机的外观应符合 GB/T 7345—1994 中 4.3 的规定。

4.7 外形及安装尺寸

4.7.1 基本结构

电机以分装式有凸缘为基本结构，外形及安装尺寸应符合图 1 和表 7 的规定。

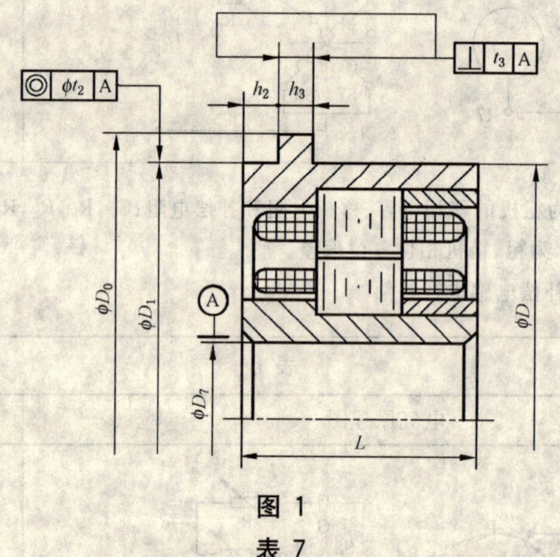

图 1

表 7

单位为毫米

机座号	尺寸代号及公差带								
	D	D_1	D_0	D_7	h_2	h_3	t_2	t_3	L
	h10	h7	h10	H7	±0.1	±0.1	—	—	≤
45	45	45	50	6	4	4	0.02	0.02	35
70	70	70	76	20	6	6	0.03	0.03	35
110	110	110	118	50	6	6	0.03	0.03	35
160	160	160	170	80	6	6	0.04	0.04	40
250	250	250	260	150	6	6	0.04	0.04	50
320	320	320	350	200	15	10	0.05	0.05	55

4.7.2 派生结构

派生结构的派生代号、结构型式与轴伸型式等外形及安装尺寸应符合表 8 的规定。

表 8

派生代号	A	B	C	D	E	F	G	H	J	K	L
机座号	70～320	45～320	70～160								45
结构型式	分装式		组装式								
安装型式	有凸缘	无凸缘	法兰盘及腰形孔				外圆及凸缘				端部大止口及凹槽
结构图	图 1	图 2	图 3				图 4				图 5
外形尺寸	表 9	表 10	表 11				表 12				表 13
轴伸型式[a]	空心轴		光轴伸	螺纹止推轴伸	光轴伸双轴伸	螺纹止推轴伸双轴伸	光轴伸	螺纹止推轴伸	光轴伸双轴伸	螺纹止推轴伸双轴伸	光轴伸
轴伸结构	—		图 6	图 7	图 6	图 7	图 6	图 7	图 6	图 7	图 5
轴伸尺寸	—		表 14	表 15	表 14	表 15	表 14	表 15	表 14	表 15	表 13

a 双轴伸电机的另一端轴伸应符合图 8 和表 16 的规定。

表 9

单位为毫米

机座号	尺寸代号及公差带								
	D	D_1	D_0	D_7	h_2	h_3	t_2	t_3	L
	h10	h7	h10	H7	±0.1	±0.1	—	—	≤
70	70	70	76	30	6	6	0.03	0.03	35
110	110	110	118	30	6	6	0.03	0.03	35
320	320	320	350	150	15	10	0.05	0.05	55

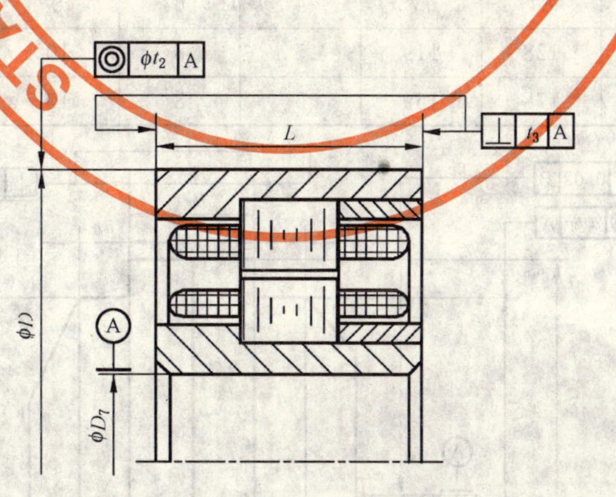

图 2

表 10

单位为毫米

机座号	尺寸代号及公差带				
	D	D_7	t_2	t_3	L
	h10	H7	—	—	≤
45	45	6	0.02	0.02	35
70	70	20	0.03	0.03	35
110	110	50	0.03	0.03	35
160	160	80	0.04	0.04	40
250	250	150	0.04	0.04	50
320	320	200	0.05	0.05	55

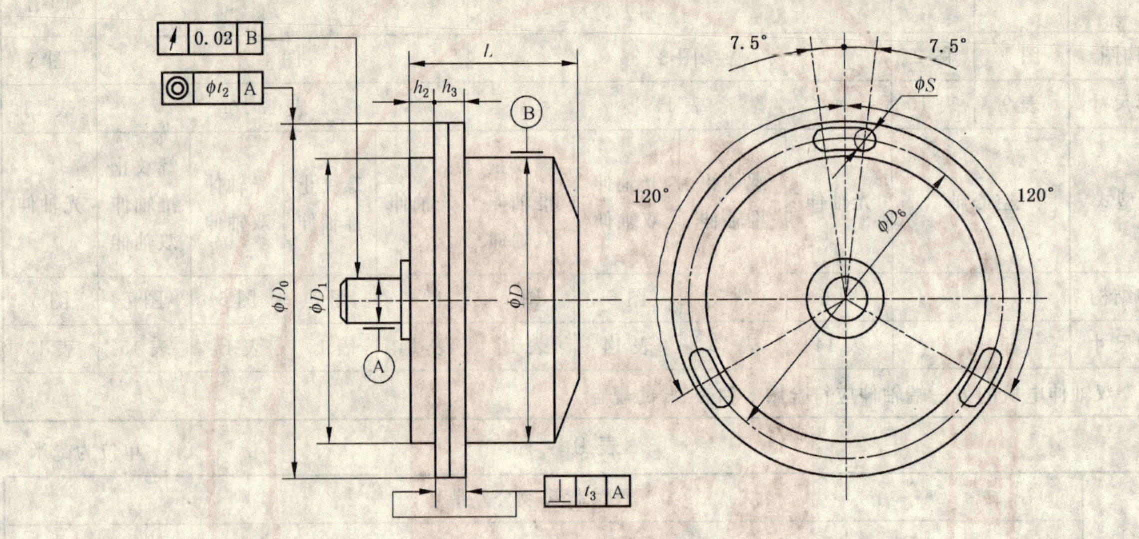

图 3

表 11

单位为毫米

机座号	尺寸代号及公差带									
	D	D_1	D_0	D_6	S	h_2	h_3	t_2	t_3	L
	h10	h7	h10	±0.1	—	±0.1	±0.1	—	—	≤
70	70	70	84	77	4	6	8	0.03	0.06	70
110	110	110	128	119	5	8	10	0.05	0.10	55
160	160	160	178	169	5	8	10	0.05	0.10	50

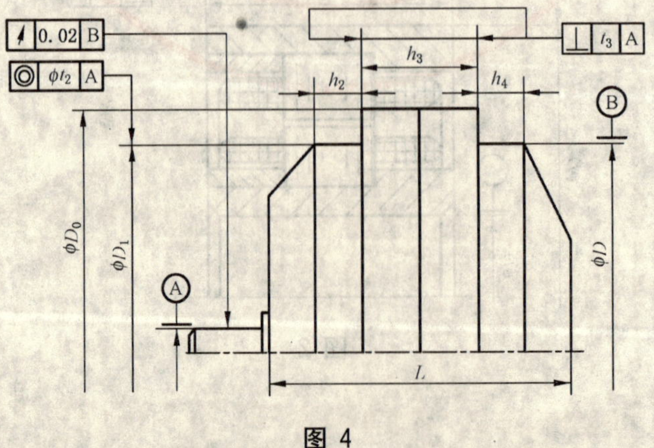

图 4

表 12　　　单位为毫米

机座号	尺寸代号及公差带								
	D	D_1	D_6	h_2	h_3	h_4	t_2	t_3	L
	h10	h7	h10	±0.1	±0.1	±0.2	—	—	≤
70	70	70	82	10	22	10	0.03	0.06	45
110	110	110	122	12.5	25	12.5	0.05	0.10	55
160	160	160	176	15	30	15	0.05	0.10	65

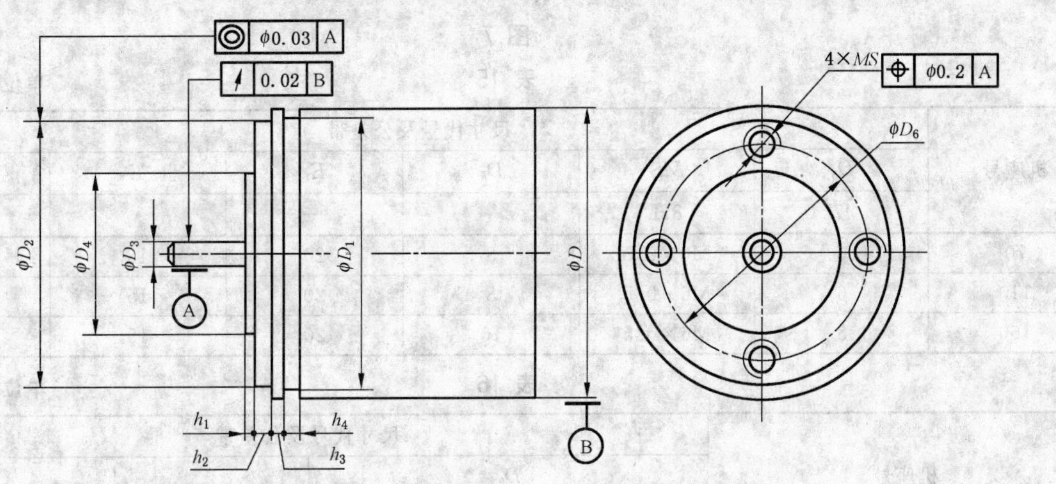

图 5

表 13　　　单位为毫米

机座号	尺寸代号及公差带											
	D	D_2	D_4	D_1	E	h_1	h_2	h_3	h_4	D_6	MS	D_3	L
	h10	h6	h8	h11	—	—	±0.1	—	+0.2 0	—	8H	f7	≤
45	45	41	25	42	12	1.5	2.5	2	2	33	M3	4	70

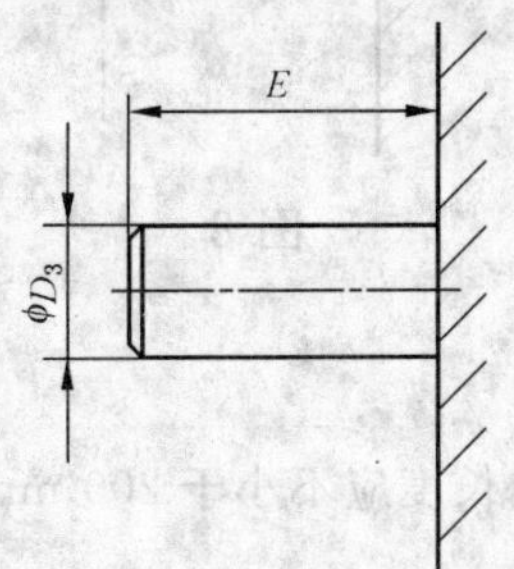

图 6

表 14　　　单位为毫米

机座号	尺寸代号及公差带	
	D_3	E
	f7	—
70	6	20
110	8	20
160	8	20

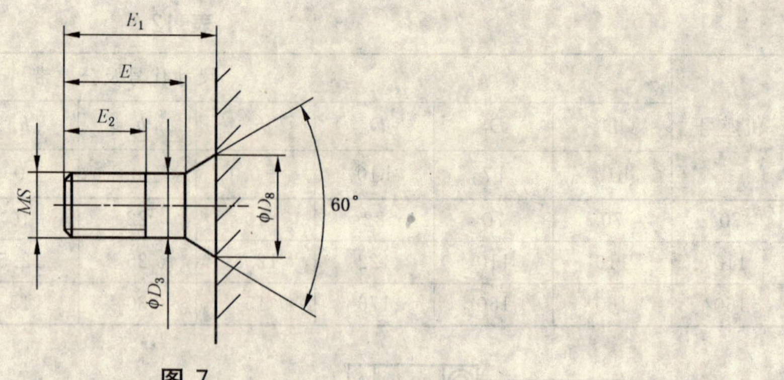

图 7

表 15

单位为毫米

机座号	尺寸代号及公差带					
	D_3	MS	D_8	E_1	E	E_2
	f7	8H	—	—	—	—
70	6	M6×0.5	8	20	15	6
110	6	M6×0.5	8	20	15	6
160	8	M6×0.5	10	20	15	10

表 16

单位为毫米

机座号	尺寸代号及公差带	
	D_9	E_3
	f7	—
70	3	6
110	4	8
160	5	10

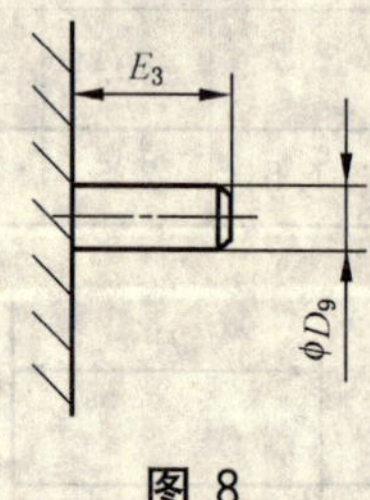

图 8

4.8 引出线或接线端

4.8.1 出线方式和出线标记

分装式电机采用引出线方式，引出线长度应不小于 200 mm 或符合产品专用技术条件的规定；组装式电机采用接线板或其他方式。

出线标记及套管颜色按表 17 的规定或由产品专用技术条件规定。

表 17

出线方式	机型	出线标记		套管颜色	
		转子	定子	输入端	输出端
接线板	粗机	R1、R3；R2、R4	S1、S3；S2、S4	—	—
	精机	R5、R7	S5、S7；S6、S8	—	—
引出线	粗机	红白、黑白；黄白、蓝白	红、黑；黄、蓝	红	黄
	精机	红白、黑白	红、黑；黄、蓝	蓝	白

4.8.2 引出线或接线端强度

电机的引出线或接线端强度应符合 GB/T 7345—1994 中 4.11 的规定。

4.9 径向间隙

组装式电机径向间隙和径向力应符合产品专用技术条件的规定。

型式检验后，径向间隙应不大于最大值的 1.5 倍。

4.10 轴向间隙

组装式电机的轴向间隙和轴向推力应符合表 18 的规定。型式检验后，轴向间隙应不大于表 18 规定最大值的 1.66 倍。

表 18

机座号	轴向间隙/mm	轴向推力/N
45	0.05～0.15	10
70	0.10～0.20	20
110～160		30

4.11 轴伸径向圆跳动

电机轴伸径向圆跳动应不大于 0.02 mm。

4.12 安装配合面的同轴度

电机安装配合面的同轴度应不大于 4.7 的规定。

4.13 安装配合端面的垂直度

电机安装配合端面的垂直度应不大于 4.7 的规定。

4.14 电刷接触电阻变化

组装式电机转子转动时，电刷接触电阻的变化应符合 GB/T 7345—1994 中 4.17 的规定。型式检验后，其最大变化值还应符合表 19 的规定。

表 19

试验名称	电刷接触电阻变化	
	转子电阻≤200 Ω(20℃)	转子电阻>200 Ω(20℃)
型式检验后	1.50 Ω	转子直流电阻的 0.75%

4.15 静摩擦力矩

电机的静摩擦力矩应不大于表 20 的规定。型式检验后，静摩擦力矩应不大于表 20 规定值的 2 倍。

表 20

机座号	静摩擦力矩/(mN·m)	机座号	静摩擦力矩/(mN·m)
45	1.5	110	6.0
70	4.0	160	8.0

4.16 绝缘介电强度

电机的绝缘介电强度应符合 GB/T 7345—1994 中 4.18 的规定。其中 130 机座号以下电机的绕组峰值漏电流为 1 mA，130 机座号以上电机的绕组峰值漏电流为 5 mA。

4.17 绝缘电阻

电机的绝缘电阻应符合 GB 18211—2000 中第 7 章的规定。

4.18 消耗功率

电机的消耗功率应不大于产品专用技术条件的规定。

4.19 接线正确性

电机的定、转子绕组按 4.8 规定接线后应满足 4.5 的电压关系。

4.20 基准相位零位标记和粗、精机相位零位偏差

当精机处于基准相位零位时，应在定、转子或机壳与轴伸的相应的适当位置给予明显而牢固的“基准相位零位”标记。

YS 型电机的粗、精机相位零位偏差应符合产品专用技术条件的规定。

4.21 相位误差

电机的精度按相位误差确定分为三级，其值应不大于表 21 的规定。

型式检验后误差允许增加。对精机 0 级产品相位误差应不大于规定值的 1.5 倍，Ⅰ、Ⅱ级产品相位误差应不大于规定值的 1.25 倍，粗机相位误差应不大于规定值的 1.25 倍。

表 21

<table>
<tr><th rowspan="2">机型</th><th rowspan="2">机座号</th><th rowspan="2">极对数</th><th colspan="3">精度等级对应的相位误差</th></tr>
<tr><th>0 级</th><th>Ⅰ级</th><th>Ⅱ级</th></tr>
<tr><td>粗机</td><td>45～320</td><td>1</td><td colspan="3">±50′</td></tr>
<tr><td rowspan="9">精机</td><td>45</td><td>8</td><td>±1′30″</td><td>±3′</td><td>±6′</td></tr>
<tr><td>70</td><td rowspan="2">16</td><td>±1′</td><td>±2′</td><td>±4′</td></tr>
<tr><td rowspan="4">110</td><td>±45″</td><td>±1′30″</td><td>±3′</td></tr>
<tr><td>20</td><td rowspan="3">±30″</td><td rowspan="3">±1′</td><td rowspan="3">±2′</td></tr>
<tr><td>32</td></tr>
<tr><td>36</td></tr>
<tr><td>160</td><td>64</td><td>±15″</td><td>±30″</td><td>±1′</td></tr>
<tr><td>250</td><td rowspan="2">64,128</td><td rowspan="2">±10″</td><td rowspan="2">±20″</td><td rowspan="2">±40″</td></tr>
<tr><td>320</td></tr>
</table>

4.22 输出电压

接入移相回路后的输出电压应符合表 4 或产品专用技术条件的规定，其偏差应在规定值的±10%范围内。

4.23 阻抗

4.23.1 开路输入阻抗

开路输入阻抗应符合产品专用技术条件的规定。精机的偏差应在规定值的±15%范围内，粗机的偏差应在规定值的±30%范围内。

4.23.2 接入移相回路后的短路输出阻抗

接入移相回路后的短路输出阻抗应符合产品专用技术条件的规定。

4.24 电磁干扰

当产品专用技术条件有要求时，电机的电磁干扰应不超过 GB/T 7345—1994 中 4.31 的规定。

4.25 质量

电机质量应符合产品专用技术条件的规定。

4.26 振动

电机应能承受产品专用技术条件规定的振动试验。试验后电机不应出现零件松动或损坏，并应符合表 22 的规定。

4.27 冲击

电机应能承受 GB/T 7345—1994 中 4.26 或产品专用技术条件规定的冲击试验，试验后电机不应出现零件松动或损坏，并应符合表 22 的规定。

4.28 低气压

4.28.1 低温低气压

当产品专用技术条件有要求时，电机应能承受产品专用技术条件规定的低温低气压试验，并应符合表22的规定。

4.28.2 高温低气压

当产品专用技术条件有要求时，电机应能承受产品专用技术条件规定的高温低气压试验，并应符合表22的规定。

4.29 寿命

电机的寿命应不小于2 000 h，并应符合表22的规定。

4.30 低温

电机应能承受产品专用技术条件规定的低温试验，并应符合表22的规定。

4.31 高温

电机应能承受产品专用技术条件规定的高温试验，并应符合表22的规定。

4.32 湿热

电机应能承受产品专用技术条件规定的湿热试验，并应符合表22的规定。

4.33 非正常工作

电机尽量避免发生由于不正常或误操作而破坏或消弱其安全性能，从而引起火灾、触电等事故。

4.34 盐雾

当产品专用技术条件有要求时，电机应能承受GB/T 7345—1994中4.32规定的盐雾试验。

4.35 霉菌

当产品专用技术条件有要求时，电机应能承受产品专用技术条件规定的霉菌试验。

5 试验方法

5.1 试验条件

5.1.1 正常的试验大气条件

正常的试验大气条件按GB/T 7345—1994中5.1.1的规定。

5.1.2 仲裁试验的标准大气条件

仲裁试验的标准大气条件按GB/T 7345—1994中5.1.2的规定。

5.1.3 基准的标准大气条件

基准的标准大气条件按GB/T 7345—1994中5.1.3的规定。

5.1.4 试验电源

a) 电压幅值的偏差为额定值的±1%；

b) 频率的偏差为额定值的±1%，稳定度不劣于1×10^{-4}；

c) 波形为正弦波，谐波含量不大于0.3%。

5.1.5 试验装置及测试仪表

试验装置及测试仪表应符合：

a) 角分度装置的误差不大于电机0级精度等级的20%。

b) 相位误差测试仪的相位精度不低于±0.05°(电角度)。

c) 电气测量仪表的精度，检查试验和验收试验时应不低于1级，型式检验时应不低于0.5级。

d) 高阻抗电压表应用相应试验类别规定的精度等级的电工仪表进行校准。

e) 示波器Y轴频率响应0 MHz～15 MHz应不大于3 dB，X轴频率响应0 kHz～200 kHz应不大于3 dB，灵敏度不大于135 mV/cm。

5.1.6 电机的安装与接地

电机水平或垂直位置安装，电机机壳应良好接地。

5.2 试验规定

相位误差检查时，电机应从试验零位开始正向旋转。

试验线路中，粗、精机共用一个线路图，绕组出线标志不带括号者表示粗机，带括号者表示精机，C、R 和R_b 分别为粗机的移相电容，移相电阻和补偿电阻，C_p、R_p、R_{bp}分别为精机的移相电容、移相电阻、补偿电阻；移相回路中允许采用补偿电感进行补偿。

试验中如无特殊规定，对 YS 型电机均是粗、精机同时励磁。

5.3 外观

目检电机外观，应符合 4.6 的要求。

5.4 外形及安装尺寸

检查电机的外形及安装尺寸，应符合 4.7 的要求。

5.5 引出线或接线端

5.5.1 出线方式和出线标记

检查电机的出线方式和出线标记应符合 4.8.1 的要求。

5.5.2 引出线或接线端强度

电机的引出线或接线端强度按 GB/T 7345—1994 中 5.10 的规定进行试验，并应符合 4.8.2 的要求。

5.6 径向间隙

电机径向间隙按 GB/T 7345—1994 中 5.4 的规定进行检查，并应符合 4.9 的要求。

5.7 轴向间隙

电机轴向间隙按 GB/T 7345—1994 中 5.5 的规定进行检查，并应符合 4.10 的要求。

5.8 轴伸径向圆跳动

电机轴伸径向圆跳动按 GB/T 7345—1994 中 5.6 的规定进行检查，并应符合 4.11 的要求。

5.9 安装配合面的同轴度

电机安装配合面的同轴度按 GB/T 7345—1994 中 5.7 的规定进行检查，并应符合 4.12 的要求。

5.10 安装配合端面的垂直度

电机安装配合端面的垂直度按 GB/T 7345—1994 中 5.8 的规定进行检查，并应符合 4.13 的要求。

5.11 电刷接触电阻变化

电刷接触电阻变化按 GB/T 7345—1994 中 5.16 的规定进行检查，电阻变化值应符合 4.14 的要求。

5.12 静摩擦力矩

电机的静摩擦力矩按 GB/T 7345—1994 中 5.9 的规定进行检查，并应符合 4.15 的要求。

5.13 绝缘介电强度

电机的绝缘介电强度按 GB/T 7345—1994 中 5.17 规定进行试验，并应符合 4.16 的要求。

5.14 绝缘电阻

电机的绝缘电阻按 GB 18211—2000 中第 7 章表 2 的规定选择对应的兆欧表，测量电机各绕组对机壳及各绕组间的绝缘电阻并应符合 4.17 的要求。

5.15 消耗功率

按图 9 接线，被试电机输入绕组额定励磁，输出绕组开路，分别测量粗、精机的空载消耗功率应符合 4.18 的要求。

允许用能保证精度的其他方法测量。

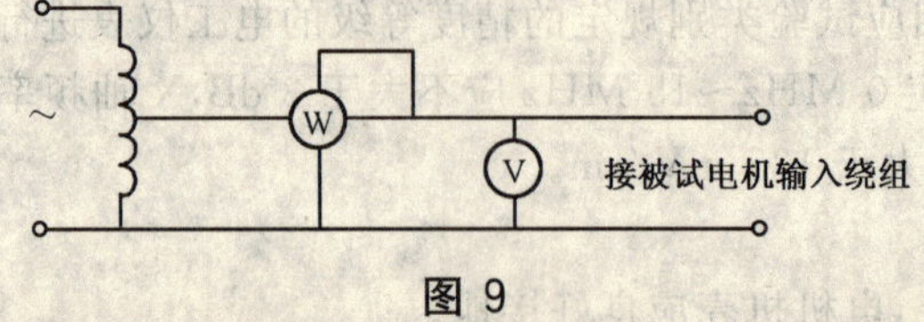

图 9

5.16 接线正确性

电机安装在角分度装置上，先确认 R1(R5)、R3(R7)；S1(S5)、S3(S7)，按图 10 接线。输入绕组额定励磁(对 YS 型粗、精机单独励磁)。转动转子使高阻抗电压表读数最小。再按图 11 接线，输入绕组额定励磁(对 YS 型粗、精机单独励磁)当转子从上述位置正方向旋转 90°(电角度)时，高阻抗电压表的读数由大逐渐减至最小，则 S2(S6)、S4(S8)接线正确。

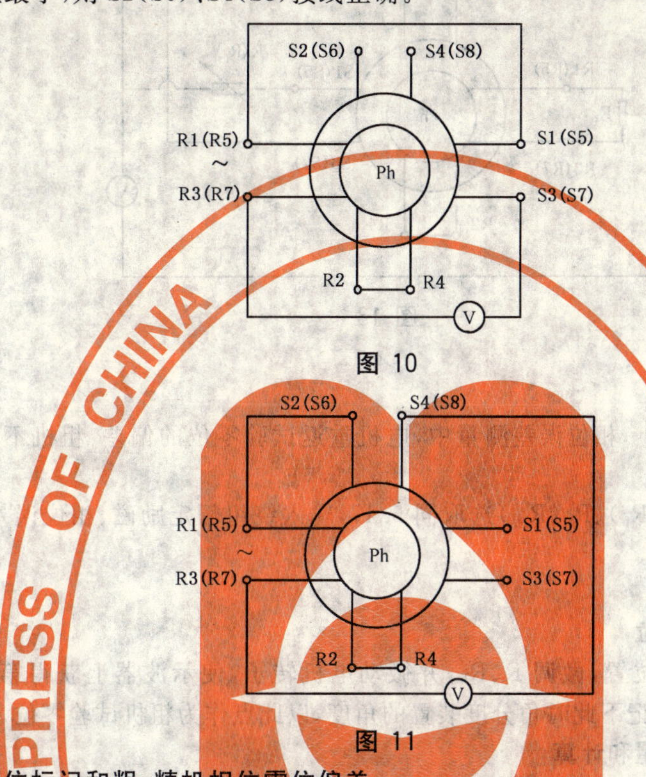

图 10

图 11

5.17 基准相位零位标记和粗、精机相位零位偏差

电机安装在角分度装置上，按图 12 接线，移相电容 C(C_p)符合产品专用技术条件规定，额定励磁，微调移相电阻 R(R_p)和补偿电阻 R_b(R_{bp})，并转动转子使高阻抗电压表读数恒定或变化最小。再按图 13 接线，转动转子并调节无感电阻器 R_r，使高阻抗电压表读数最小，此时转子位置即为相位零位。先确定粗机相位零位，在此附近确定精机基准相位零位。两者之差即为粗、精机相位零位偏差。粗机超前精机时，为正偏差，反之为负偏差。应符合 4.20 的要求。并在精机基准相位零位处给予明显而牢固的标记，作为电机的基准相位零位。

对于 YD 型电机，可取任一个相位零位给予明显而牢固的标记。作为电机的基准相位零位。

允许用能保证精度的其他方法测量。

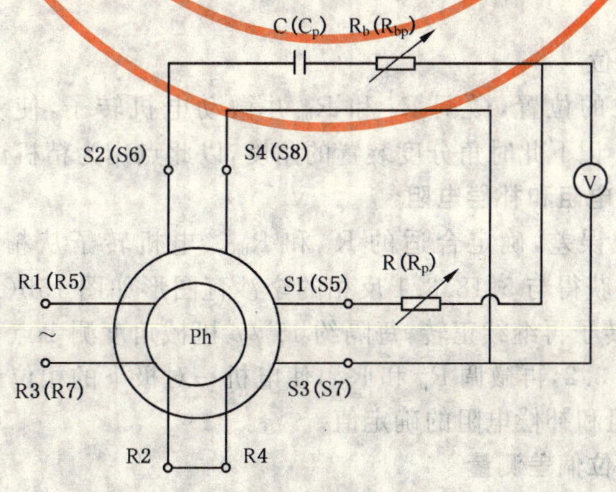

图 12

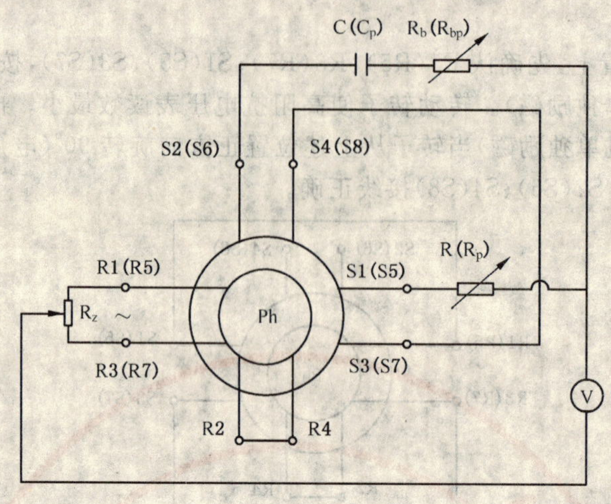

图 13

5.18 相位误差

5.18.1 总则

电机安装在角分度装置上，相位误差测量中，电机重返试验零位的偏差：粗机不大于 3′；精机不大于 $3'/p$。

按图 14 接线，$C(C_p)$、$R(R_p)$、$R_b(R_{bp})$选取同 5.17，输入绕组额定励磁、相位误差测量必须在电机达到稳定工作温度后进行。

5.18.2 粗机

5.18.2.1 确定粗机试验零位

电机先处于粗机零相位位置，微调 R、R_b，并微动电机转子，使示波器上获得第一个如图 15a(或图 15b)所示的李沙育图形。记下此时角分度装置的角度，以此点作为粗机试验零位。

5.18.2.2 粗机相位误差测量和计算

电机转子从粗机的试验零位开始正转约 15°，在示波器上获得与 5.18.2.1 反相的李沙育图形如图 15b(或图 15a)时，读取电机转子实际转过的机械角度，再继续将电机转子正转约 15°，在示波器上获得与 5.18.2.1 同相的李沙育图形如图 15a(或图 15b)时，读取电机转子实际转过的机械角度；电机转子继续正转每隔 15°测一点，共测 24 点。

计算上述各测点实测的机械角度与相应的理论相位角度之偏差，其中绝对值最大的偏差即为相位误差。

重复 5.18.2.1 和 5.18.2.2，再微调 R、R_b，使电机的相位误差最小为止，此时的误差即为粗机的相位误差。此时的 R、R_b 即分别为粗机移相电阻或补偿电阻的确定值。

粗机的相位误差应符合 4.21 的要求。

5.18.3 精机

5.18.3.1 确定精机试验零位

电机处于基准相位零位的位置，微调 R_p 和 R_{bp} 并微动电机转子，使示波器上获得如图 15a(或图 15b)所示的李沙育图形。记下此时角分度装置的角度，以此点作为精机试验零位。

5.18.3.2 确定精机的移相电阻和补偿电阻

先通过测一对极的相位误差，确定合适的 R_p 和 R_{bp}。电机转子从精机的试验零位开始正转约 $15°/p$ 机械角度，在示波器上获得与 5.18.3.1 反相的李沙育图形如图 15b(或图 15a)时，读取此时电机转子实际的机械角度；电机转子再继续正转，每隔约 $15°/p$ 机械角度测 1 点，共测 24 点。

重复 5.18.3.1 和 5.18.3.2，再微调 R_p 和 R_{bp}，使电机一对极下的相位误差最小为止，此时的 R_p 和 R_{bp} 即为电机精机的移相电阻和补偿电阻的确定值。

5.18.3.3 精机各特定点相位偏差测量

用 5.18.3.2 确定的 R_p 和 R_{bp} 值，先测理论相位电角度 0°、90°、180°……$n\times 90°$($n=1$、2、3……$4p$)

各特定点的相位偏差，其方法是电机转子从精机的试验零位开始正转，每隔 90°/p 机械角度测一点，在示波器上出现如图 15a(或图 15b)所示的李沙育图形时，读取电机转子实际的机械角度。依次测取，共测 4p 点。

电机极对数 $p \geqslant 64$ 时，先测理论相位电角度 0°、360°、720°……$p \times 360°$各零相位点的相位偏差其方法是转子从精机的试验零位开始正转，每隔 360°/p 机械角度测一点，在示波器上出现如图 15a(或图 15b)所示的李沙育图形时，读取电机转子实际的机械角度。依次测取，共测 p 点。

计算上述各特定点实测的机械角度与相应的理论相位角度之偏差。超前为正、滞后为负。

然后取最大正、负相位偏差点所在位置(当出现多个相同的最大正、负相位偏差点时，应取最大正、负相位偏差点近似相差 180°机械角的两个位置)各测一对极的相位误差。

5.18.3.4 精机相位误差的测量和计算

电机转子从精机的试验零位开始，转到 5.18.3.3 确定的第一位置，在示波器上得到如图 15a(或图 15b)所示的李沙育图形，并读取此时电机转子实测的机械角度。然后将电机转子正转约 15°/p 机械角度，在示波器上得到如图 15b(或图 15a)所示的李沙育图形，读取此时电机转子实测的机械角度:电机转子再继续正转，每隔约 15°/p 机械角度测一点，共测 24 点。然后转到 5.18.3.3 确定的另一个位置，用同样的方法测 24 点。

计算上述各点实测的机械角度与相应的理论相位角度之偏差。其中绝对值最大的偏差即为精机相位误差，应符合 4.21 的要求。

允许用能保证精度的其他方法测量。

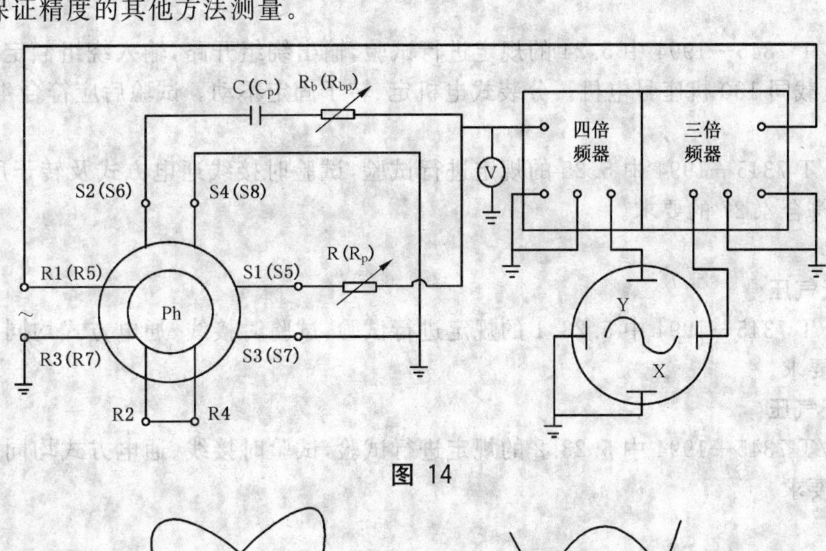

图 14

a)　　　　b)

图 15

5.19 输出电压

电机安装在角分度装置上，采用 5.18 确定的 C(C_p)、R(R_p)及 R_b(R_{bp})，按图 12 接线，以额定频率和额定输入电压励磁，在 0°～360°机械角度范围内慢慢转动转子，读取高阻抗电压表上的最大值和最小值，按公式(1)计算输出电压，应符合 4.22 的要求。

$$U = \frac{U_{max} + U_{min}}{2} \quad \cdots\cdots (1)$$

式中：

U——输出电压，单位为伏(V)；

U_{max}——高阻抗电压表上的最大值，单位为伏(V)；

U_{min}——高阻抗电压表上的最小值，单位为伏(V)。

5.20 阻抗

5.20.1 开路输入阻抗

电机额定励磁(对YS电机粗、精机单独励磁)，输出绕组开路。按GB/T 7345—1994中5.15的规定进行测量，开路输入阻抗应符合4.23.1的要求。

5.20.2 接入移相回路后的短路输出阻抗

电机励磁绕组短接，输出绕组接入移相回路，移相回路的参数采用5.18确定的$C(C_p)$、$R(R_p)$和$R_b(R_{bp})$值，输出绕组施加5.19规定的输出电压，按GB/T 7345—1994中5.15的规定进行测量。接入移相回路后的短路输出阻抗应符合4.23.2的要求。

允许用能保证精度的其他方法测量。

5.21 电磁干扰

电机的电磁干扰按GB/T 7345—1994中5.30的规定进行试验。输入绕组额定励磁，转子以300 r/min±50 r/min的转速旋转，将等于开路输出阻抗四倍的电阻负载加在输出绕组两端，电机的电磁干扰应符合4.24的要求。

5.22 质量

用感量不低于1%的衡器秤取电机的质量。应符合4.25的要求。

5.23 振动

电机按GB/T 7345—1994中5.24的规定进行试验，输出绕组开路，输入绕组额定励磁。160机座号电机的机械负载同130机座号电机。分装式电机定、转子固定不动。试验后应符合4.26的要求。

5.24 冲击

电机按GB/T 7345—1994中5.25的规定进行试验，试验时接线通电方式及转子所处的状态均同5.23，试验后应符合4.27的要求。

5.25 低气压

5.25.1 低温低气压

电机按GB/T 7345—1994中5.23.1的规定进行试验，试验时接线、通电方式均同5.23，试验后应符合4.28.1的要求。

5.25.2 高温低气压

电机按GB/T 7345—1994中5.23.2的规定进行试验，试验时接线、通电方式均同5.23，试验后应符合4.28.2的要求。

5.26 寿命

电机按GB/T 7345—1994中5.28的规定进行试验，输入绕组额定励磁，转子以(1 150±50)r/min的转速旋转，每隔24 h改变一次转向，并应符合4.29的要求。

5.27 低温

电机按GB/T 7345—1994中5.20的规定进行试验，应符合4.30的要求。

5.28 高温

电机按GB/T 7345—1994中5.21的规定进行试验，应符合4.31的要求。

5.29 湿热

电机按GB/T 7345—1994中5.27的规定进行试验，应符合4.32的要求。

5.30 非正常工作

非正常工作按GB 18211—2000中17.2规定的方法试验，应符合4.33的要求。

5.31 盐雾

电机按GB/T 7345—1994中5.31的规定进行试验，应符合4.34的要求。

5.32 霉菌

电机按GB/T 7345—1994中5.32的规定进行试验，应符合4.35的要求。

6 检验规则

6.1 检验分类

电机的检验分为出厂检验和型式检验。

6.2 出厂检验项目及规则

出厂检验项目及基本顺序按表22进行。

出厂检验可以抽样或逐台进行。抽样按GB/T 2828.1—2003中正常检验一次抽样方案进行，检验水平Ⅱ，接收质量限(AQL值)由使用方和制造方协商选定。

出厂检验中，电机若有一项或一项以上不合格，则该电机为不合格。

若批出厂检验合格，则除抽验中的不合格品外，使用方应整批接收；若批出厂检验不合格，则整批拒收，由制造厂消除缺陷并剔除不合格品后，再次提交验收。

6.3 型式检验项目及规则

6.3.1 检验规则

有下列情况之一时，一般应进行型式检验：

a) 新产品或老产品转厂生产的试制定型鉴定；

b) 定型产品，其电磁设计、机械结构或在制造过程中工艺和所用材料上的变更足以引起性能和参数变化时，允许根据上述变更可能产生的影响进行有关项目检验；

c) 产品长期停产后，恢复生产时；

d) 产品正常生产时，每两年进行一次型式检验，此时盐雾、长霉和寿命检验等项目可不进行。当批量小时，允许制造单位与使用方另行协商。

6.3.2 样机数量

从能代表相应生产阶段的产品中抽取6台，其中4台作为试验样机，2台作为存放对比用。

6.3.3 型式检验结果的评定

6.3.3.1 不合格

只要有一台电机的任一项检验不符合要求，并且不属于6.3.3.2和6.3.3.4的情况，则型式检验不合格。

6.3.3.2 偶然失效

当鉴定部门确定某一项不合格项目属于孤立性质时，允许用新的同等数量的电机代替，并补做已经做过的项目。然后继续试验，若再有一台电机的任何一个项目不合格，则型式检验不合格。

6.3.3.3 性能降低

电机经环境试验后，允许性能发生不影响使用性的降低，具体降低的程度及合格判据由产品专用技术条件规定。

6.3.3.4 环境试验时和环境试验后的性能严重降低

电机在环境试验时或环境试验后，发生影响使用性的性能严重降低时，鉴定部门可以采取两种方式：

a) 判定型式检验不合格；

b) 当一台电机出现失效时，允许用新的两台电机代替，并补做已经做过项目，然后补足4台继续下面的试验，若再有一台电机的任何一个项目不合格，则判定型式检验不合格。

6.3.4 同类产品的型式检验

当某一类同机座号的两个及两个以上型号的电机同时提交鉴定时，每种型号均应抽取4台样机，所有样机通过出厂检验后，再从中选取四台有代表性的不同型号的样机进行其余项目的试验，合格判据按6.3.3规定。任一台样机的任一项目不合格，则其所代表的该型号的电机型式检验不合格。本检验不允许样机替换。

若型式检验合格，则认为同时提交的所有型号的电机均合格。

6.3.5 定型鉴定合格的范围

若定型鉴定试验合格,则认为同时提交的同类型电机均定型鉴定合格。此后生产的主要结构尺寸相同的同类型电机也认为定型鉴定合格,可不再进行定型鉴定检验。

6.3.6 型式检验项目和基本顺序

电机的型式检验项目、基本顺序及样机编号应符合表22规定。

表22

序号	项　目	要求条款	试验方法条款	出厂检验	型式检验样机编号
1	外观	4.6	5.3	√	1,2,3,4
2	外形及安装尺寸	4.7	5.4	√	1,2,3,4
3	出线方式和出线标记	4.8.1	5.5.1	√	1,2,3,4
4	径向间隙[a]	4.9	5.6	√	1,2,3,4
5	轴向间隙[a]	4.10	5.7	√	1,2,3,4
6	轴伸径向圆跳动[a]	4.11	5.8	√	1,2,3,4
7	安装配合面的同轴度[a]	4.12	5.9	√	1,2,3,4
8	安装配合端面的垂直度[a]	4.13	5.10	√	1,2,3,4
9	电刷接触电阻变化[a]	4.14	5.11	√	1,2,3,4
10	静摩擦力矩	4.15	5.12	√	1,2,3,4
11	绝缘介电强度	4.16	5.13	√	1,2,3,4
12	绝缘电阻	4.17	5.14	√	1,2,3,4
13	消耗功率	4.18	5.15	√	1,2,3,4
14	接线正确性	4.19	5.16	√	1,2,3,4
15	基准相位零位标记和粗、精机相位零位偏差[b]	4.20	5.17	√	1,2,3,4
16	相位误差	4.21	5.18	√	1,2,3,4
17	输出电压	4.22	5.19	√	1,2,3,4
18	阻抗	4.23	5.20	√	1,2,3,4
19	引出线或接线端强度	4.8.2	5.5.2	—	1,2,3,4
20	电磁干扰[c]	4.24	5.21	—	1,2,3,4
21	质量	4.25	5.22	—	1,2
22	振动,随后进行项9、10、4、5、11和12检验	4.26	5.23	—	1,2,3,4
23	冲击,随后进行项16、20、4、5、11和12检验	4.27	5.24	—	1,2,3,4
24	低温低气压,在此期间进行项9和12检验[c]	4.28.1	5.25.1	—	3,4
25	高温低气压,在此期间进行项9和12检验[c]	4.28.2	5.25.2	—	3,4
26	寿命,随后进行项9、4、5、16和10检验[a]	4.29	5.26	—	1,2
27	低温,在此期间进行项9、11和12检验、随后进行项10检验	4.30	5.27	—	3,4

表 22（续）

序号	项　目	要求条款	试验方法条款	出厂检验	型式检验样机编号
28	高温，在此期间进行项 9、11 和 12 检验、随后进行项 16 和 10 检验	4.31	5.28	—	3,4
29	湿热，随后进行项 9、10、16、11 和 12 检验	4.32	5.29	—	3,4
30	非正常工作	4.33	5.30	—	1,2
31	盐雾[c]	4.34	5.31	—	1,2
32	霉菌[c]	4.35	5.32	—	3,4

注：“√”表示出厂检验应进行的项目；“—”表示出厂检验不进行的项目。

a　分装式电机不进行此项检验。

b　YD 型电机不测量粗、精机相位零位误差。

c　当产品专用技术条件有要求时进行此项检验。

7　质量保证期

质量保证期为产品从出厂之日算起的存放期（包括运输期）与保用期之和或由使用方与制造方协商。

存放期分为一年、三年和五年三种，由制造厂规定。

保用期从电机包装启封开始计算，保用期为两年半。

在正确存放和使用电机的情况下，制造厂应保证电机在保用期内正常工作（不超过寿命时间）如在保用期内电机因制造质量不良而发生损坏或不能正常工作时，则制造厂应负责。

8　标志、包装、运输和储存

8.1　标志

标志内容至少应包括：

a）　产品型号；

b）　产品编号；

c）　制造厂名称或标记；

d）　使用环境等级。

8.2　包装

电机包装按 JB/T 8162—1999 的规定进行。

8.3　运输

电机包装箱或包装盒在运输过程中应小心轻放，避免碰撞和敲击。严禁与酸碱等腐蚀性物品放在一起。

8.4　储存

电机应存放在环境温度为－6℃～30℃，相对湿度不大于 75%，清洁、通风良好的库房内，空气中不得含有腐蚀性气体。

附 录 A
（资料性附录）
多极和双通道感应移相器技术性能参数表

表 A.1

序号	型号	极对数	额定频率 Hz	额定输入电压 V	输出电压（接入移相回路后） V	开路输入阻抗 Ω	短路输出阻抗（接入移相回路） kΩ ≤	移相电容 μF
1	45YD081	8	1 000	15	5	200	10	0.012
2	45YD082	8	2 000	15	5	600	10	0.006
3	45YS082	1	2 000	15	5	—	—	
		8				600	10	0.006
4	70YD1604	16	400	15	5	200	10	0.030
5	70YS161	1	1 000	15	5	—	—	
		16				200	10	0.012
6	70YS162	1	2 000	15	5	—	—	
		16				200	10	0.006
7	110YD1604	16	400	15	5	200	10	0.030
8	110YD2004	20	400	15	5	200	10	0.030
9	110YS2004	1	400	15	5	—	—	
		20				200	10	0.030
10	110YS3204	1	400	15	5	—	—	
		32				200	10	0.030
11	110YS321	1	1 000	15	5	—	—	
		32				200	10	0.012
12	110YS322	1	2 000	15	5	—	—	
		32				200	10	0.006
13	110YS361	1	1 000	15	5	—	—	
		36				200	10	0.012
14	110YD362	36	2 000	15	5	200	10	0.006
15	110YS6404	1	400	15	5	—	—	
		64				200	10	0.003
16	160YS641	1	1 000	15	5	—	—	
		65				200	10	0.012
17	160YS642	1	2 000	15	5	—	—	
		64				200	10	0.006

表 A.1(续)

序号	型号	极对数	额定频率 Hz	额定输入电压 V	输出电压(接入移相回路后) V	开路输入阻抗 Ω	短路输出阻抗(接入移相回路) kΩ ≤	移相电容 μF
18	250YS6404	1	400	15	5	—	—	
		64				200	10	0.030
19	250YS641	1	1 000	15	5	—	—	
		64				150	10	0.012
20	320YS641	1	1 000	15	5	—	—	
		64				110	10	0.012
21	320YS642	1	2 000	15	5	—	—	
		64				110	10	0.006
22	320YS281	1	1 000	15	5	—	—	
		128				100	10	0.012
23	320YS282	1	2 000	15	5	—	—	
		128				100	10	0.006
注:电机出厂时,不带移相元件,但移相电容、移相电阻和补偿电阻(补偿电感)的数值及粗机的开路输入阻抗(接入移相回路后),必须在产品合格证或使用说明书中注明。								

ICS 29.160.30
K 24

中华人民共和国国家标准

GB/T 10404—2007
代替 GB/T 10404—1989

多极和双通道旋转变压器通用技术条件

General specification for multipolar and two-speed electrical resolvers

2007-12-03 发布　　2008-05-20 实施

中华人民共和国国家质量监督检验检疫总局
中国国家标准化管理委员会　发布

前言

本标准代替 GB/T 10404—1989《多极和双通道旋转变压器通用技术条件》。

本标准与 GB/T 10404—1989 相比主要变化如下：

——根据 GB/T 7345—1994《控制微电机基本技术要求》修订的内容取消强冲击、防爆炸两个检验项目，并删除相关条款中对这两项的要求；

——根据 GB 18211—2000《微电机安全通用要求》增加了安全的相关内容；

——根据 GB/T 7345—1994《控制微电机基本技术要求》修订的内容对本标准进行了相关内容的修订；

——按照 GB/T 1.1—2000《标准化工作导则　第 1 部分：标准的结构和编写规则》的规定，对标准的编排格式进行了修改。

本标准的附录 A 为资料性附录。

本标准由中国电器工业协会提出。

本标准由全国微电机标准化技术委员会归口。

本标准起草单位：西安微电机研究所。

本标准主要起草人：谭莹、张晓宇、樊君莉。

本标准替代历次标准发布情况为：

—— GB/T 10404—1989。

多极和双通道旋转变压器通用技术条件

1 范围

本标准规定了多极和双通道旋转变压器的产品分类、技术要求、试验方法、检验规则等。

本标准适用于在幅值控制的同步随动系统和轴角—数字转换中作为精密角度传感元件用的多极和双通道旋转变压器。

2 规范性引用文件

下列文件中的条款通过本标准的引用而成为本标准的条款。凡是注日期的引用文件，其随后所有的修改单(不包括勘误的内容)或修订版均不适用于本标准，然而，鼓励根据本标准达成协议的各方研究是否可使用这些文件的最新版本。凡是不注日期的引用文件，其最新版本适用于本标准。

GB/T 2828.1—2003 计数抽样检验程序 第1部分：按接收质量限(AQL)检索的逐批检验抽样计划(ISO 2859-1:1999,IDT)

GB/T 7345—1994 控制微电机基本技术要求

GB/T 10405—2001 控制电机型号命名方法

GB 18211—2000 微电机安全通用要求

JB/T 8162—1999 控制微电机 包装技术条件

3 产品分类

3.1 型号

多极和双通道旋转变压器(以下简称电机)的型号按GB/T 10405—2001的规定由以下四部分组成。

3.2 机座号

机座号与电机外径的关系见表1。

表1

机座号	电机外径/mm	机座号	电机外径/mm
45	45	160	160
70	70	200	200
(90)	90	250	250
110	110	320	320
(130)	130	400	400
注：圆括号中的数字为非优选的机座号。			

3.3 产品名称代号

产品名称代号由三个大写汉语拼音字母组成。

多极旋变发送机为 XFD(旋、发、多);

多极旋变变压器为 XBD(旋、变、多);

双通道旋变发送机为 XFS(旋、发、双);

双通道旋变变压器为 XBS(旋、变、双)。

3.4 性能参数代号

性能参数代号由四位阿拉伯数字组成,前两位数字为极对数代号,第三位数字为频率代号,第四位数字为电压代号。

极对数代号与极对数的对应关系见表 2。

表 2

极对数代号	极对数	极对数代号	极对数
04	4	30	30
08	8	32	32
15	15	36	36
16	16	64	64
20	20	28	128

频率代号与额定频率的对应关系见表 3。

表 3

频率代号	额定频率/Hz
1	1 000
2	2 000
4	400
7	混频

电压代号与额定电压的对应关系见表 4。

表 4

电压代号	额定电压/V
1	12
2	26
3	36

3.5 派生代号

派生代号用一个大写汉语拼音字母表示。A～L 表示结构派生代号。L 以后的字母表示性能或其他结构派生代号。

4 技术要求

4.1 使用环境条件

电机的使用环境条件应符合 GB/T 7345—1994 中 4.1 的规定。

4.2 基本参数

电机的基本参数应符合表 5 规定。

表 5

参　　数	类　　型	
	XFD,XFS	XBD,XBS
额定频率/Hz	400,1 000,2 000	
精机开路输入阻抗/Ω	100,150,200,400,600,800	
极对数	4,8,15,16,20,30,32,36,64,128	
额定电压/最大输出电压/(V/ V)	36/12	12/6
	26/12	
	26/5	

4.3　**技术性能参数**

电机的技术性能参数应符合产品专用技术条件的规定,可参考附录 A。

4.4　**旋转方向**

从非出线端视之,转子逆时针方向旋转为正方向。

4.5　**电气原理图及基准电气零位**

靠近粗机基准电气零位的那个精机电气零位称为电机的基准电气零位。

从非出线端视之,当电机处于基准电气零位时,定转子绕组相对位置及其矢量关系如表 6 规定。

电机输出绕组的输出电压应满足表 6 的电压方程式。

表 6

类型	电气原理图	矢量图	输出电压方程式
XFS 型	R1, R2, R4, R3; S1, S2, S4, S3; R5, R7; S5, S6, S8, S7	R1→R3; S1→S3; S2→S4; R5→R7; S5→S7; S6→S8	$U_{S1S3}=K_1U_{R1R3}\cos(\theta+\theta_{OP})$ $U_{S2S4}=K_1U_{R1R3}\sin(\theta+\theta_{OP})$ $U_{S5S7}=K_PU_{R5R7}\cos p\theta$ $U_{S6S8}=K_PU_{R5R7}\sin p\theta$
XFD 型	R5, R7; S5, S6, S8, S7	R5→R7; S5→S7; S6→S8	$U_{S5S7}=K_PU_{R5R7}\cos p\theta$ $U_{S6S8}=K_PU_{R5R7}\sin p\theta$

表 6（续）

类型	电气原理图	矢量图	输出电压方程式
XBS 型	S1 S2 S4 R1 R3 S3 S5 S6 S8 R5 R7 S7	S1 S2 S4 R1 R3 S3 S5 S6 S8 R5 R7 S7	$U_{R1R3}=K_1U_{S2S4}\cos(\theta+\theta_{OP})$ $-K_1U_{S1S3}\sin(\theta+\theta_{OP})$ $U_{R5R7}=K_PU_{S6S8}\cos p\theta$ $-K_PU_{S5S7}\sin p\theta$
XBD 型	S5 S6 S8 R5 R7 S7	S5 S6 S8 R5 R7 S7	$U_{R5R7}=K_PU_{S6S8}\cos p\theta$ $-K_PU_{S5S7}\sin p\theta$
注：K_1 为粗机的变压比；K_P 为精机的变压比；θ_{OP} 为粗、精机的零位偏差；p 为极对数；θ 为转子从电机的基准电气零位正向转动的机械角；U_{S1S3} 为 S1 与 S3 端子之间的电压（其他类同）。			

4.6 外观

电机的外观应符合 GB/T 7345—1994 中 4.3 的规定。

4.7 外形及安装尺寸

4.7.1 基本结构

电机以分装式有凸缘为基本结构，外形及安装尺寸应符合图 1 和表 7 的规定。

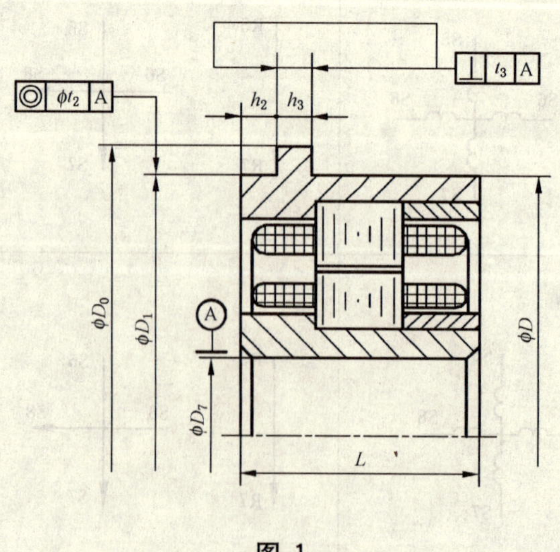

图 1

表 7

单位为毫米

机座号	尺寸代号及公差带								
	D	D_1	D_0	D_7	h_2	h_3	t_2	t_3	L
	h10	h7	h10	H7	±0.1	±0.1	—	—	≤
45	45	45	50	6	4	4	0.02	0.02	35
70	70	70	76	20					35
90	90	90	98	40			0.03	0.03	35
110	110	110	118	50					35
130	130	130	140	70	6	6			40
160	160	160	170	80			0.04	0.04	40
200	200	200	210	100					45
250	250	250	260	150					50
320	320	320	350	200	15	10	0.05	0.05	55
400	400	400	430	250					60

4.7.2 派生结构

派生结构的派生代号、结构型式与轴伸型式等外形及安装尺寸应符合表 8 的规定。

表 8

派生代号	A	B	C	D	E	F	G	H	J	K	L
机座号	70～400		70～160								45
结构型式	分装式		组装式								
安装型式	有凸缘	无凸缘	法兰盘及腰形孔				外圆及凸缘				端部大止口及凹槽
结构图	图 1	图 2	图 3				图 4				图 5
外形尺寸	表 9	表 10	表 11				表 12				表 13
轴伸型式[a]	空心轴		光轴伸	螺纹止推轴伸	光轴伸双轴伸	螺纹止推轴伸双轴伸	光轴伸	螺纹止推轴伸	光轴伸双轴伸	螺纹止推轴伸双轴伸	光轴伸
轴伸结构	—		图 6	图 7	图 6	图 7	图 6	图 7	图 6	图 7	图 5
轴伸尺寸	—		表 14	表 15	表 14	表 15	表 14	表 15	表 14	表 15	表 13

[a] 双轴伸电机的另一端轴伸应符合图 8 和表 16 的规定。

表 9

单位为毫米

机座号	尺寸代号及公差带								
	D	D_1	D_0	D_7	h_2	h_3	t_2	t_3	L
	h10	h7	h10	H7	±0.1	±0.1	—	—	≤
70	70	70	76	30	6	6	0.03	0.03	35
90	90	90	98	20					35
110	110	110	118	30					35
130	130	130	140	40					40
200	200	200	210	120			0.04	0.04	45
320	320	320	350	150	15	10	0.05	0.05	55
400	400	400	430	200					60

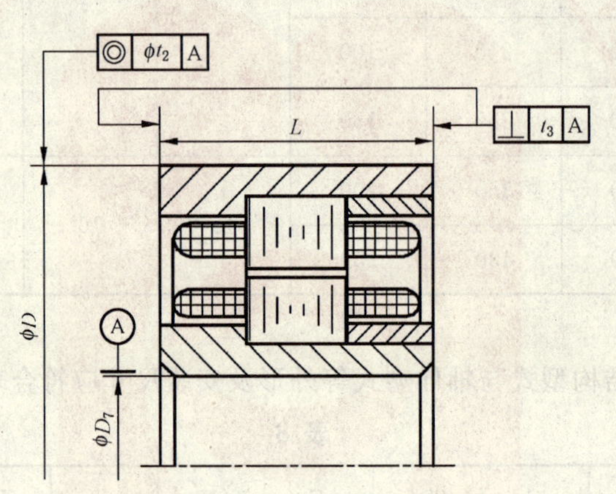

图 2

表 10

单位为毫米

机座号	尺寸代号及公差带				
	D	D_7	t_2	t_3	L
	h7	H7	—	—	≤
70	70	20	0.03	0.03	35
90	90	40			35
110	110	50			35
130	130	70			40
160	160	80	0.04	0.04	40
200	200	100			45
250	250	150			45
320	320	200	0.05	0.05	55
400	400	250			60

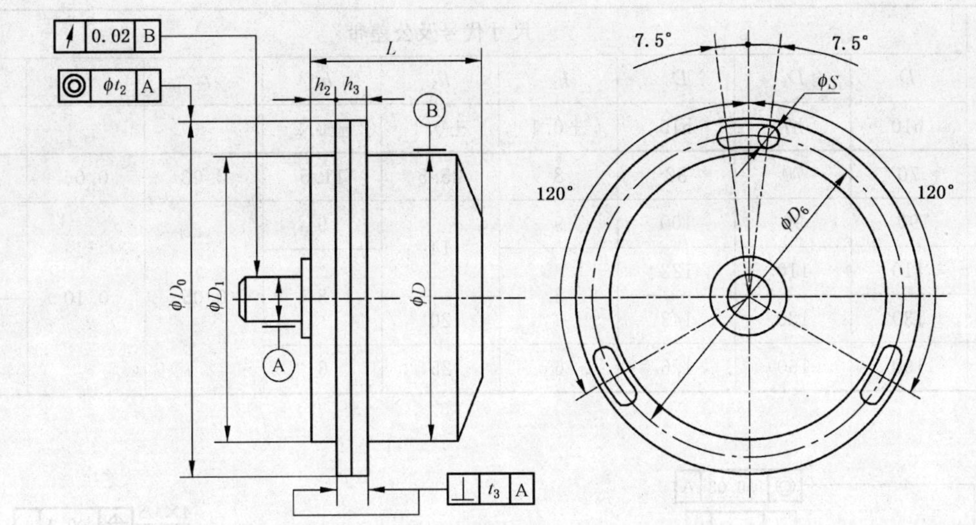

图 3

表 11 单位为毫米

机座号	尺寸代号及公差带									
	D	D_1	D_0	D_6	S	h_2	h_3	t_2	t_3	L
	h10	h7	h10	±0.1	—	±0.1	±0.1	—	—	≤
70	70	70	84	77	4	6	8	0.03	0.06	70
90	90	90	104	97				0.05	0.10	60
110	110	110	128	119	5	8	10	0.05	0.10	55
130	130	130	148	139						55
160	160	160	178	169						50

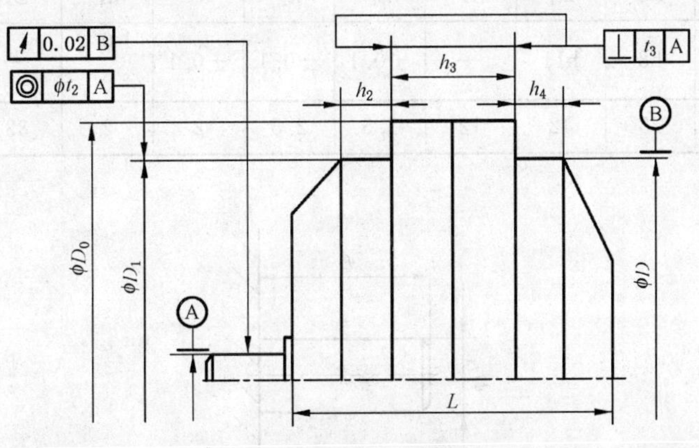

图 4

表 12

单位为毫米

<table>
<tr><th rowspan="3">机座号</th><th colspan="9">尺寸代号及公差带</th></tr>
<tr><th>D</th><th>D_1</th><th>D_0</th><th>h_2</th><th>h_3</th><th>h_4</th><th>t_2</th><th>t_3</th><th>L</th></tr>
<tr><th>h10</th><th>h7</th><th>h10</th><th>±0.1</th><th>±0.1</th><th>±0.2</th><th>—</th><th>—</th><th>≤</th></tr>
<tr><td>70</td><td>70</td><td>70</td><td>82</td><td>8</td><td>25.5</td><td>11.5</td><td>0.03</td><td>0.06</td><td>55</td></tr>
<tr><td>90</td><td>90</td><td>90</td><td>100</td><td>9</td><td rowspan="2">14</td><td>9</td><td rowspan="4">0.05</td><td rowspan="4">0.10</td><td rowspan="2">40</td></tr>
<tr><td>110</td><td>110</td><td>110</td><td>122</td><td rowspan="2">8</td><td rowspan="2">8</td></tr>
<tr><td>130</td><td>130</td><td>130</td><td>142</td><td>20</td><td rowspan="2">45</td></tr>
<tr><td>160</td><td>160</td><td>160</td><td>176</td><td>6</td><td>25</td><td>6</td></tr>
</table>

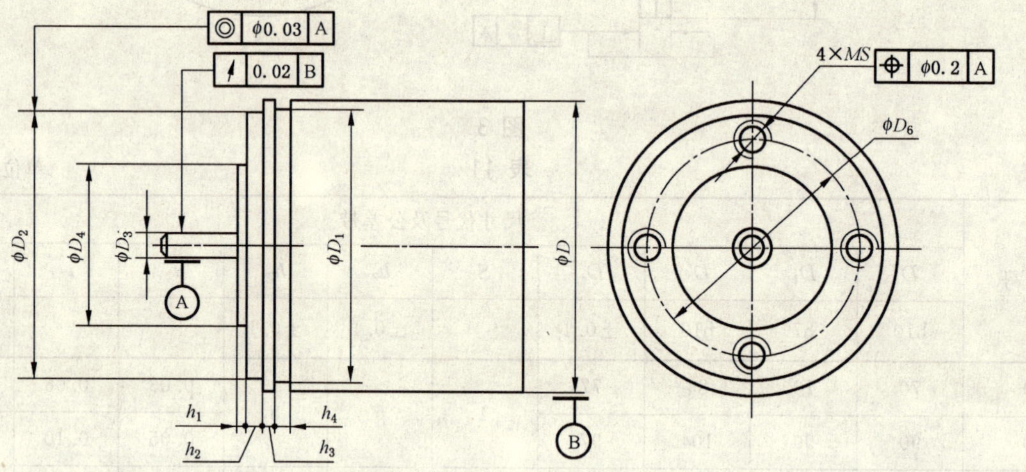

图 5

表 13

单位为毫米

<table>
<tr><th rowspan="3">机座号</th><th colspan="14">尺寸代号及公差带</th></tr>
<tr><th>D</th><th>D_2</th><th>D_4</th><th>D_1</th><th>E</th><th>h_1</th><th>h_2</th><th>h_3</th><th>h_4</th><th>D_6</th><th>MS</th><th colspan="2">D_3</th><th>L</th></tr>
<tr><th>h10</th><th>h6</th><th>h8</th><th>h11</th><th>—</th><th>±0.1</th><th>±0.1</th><th>±0.1</th><th>+0.2
0</th><th>—</th><th>8H</th><th colspan="2">f7</th><th>≤</th></tr>
<tr><td>45</td><td>45</td><td>41</td><td>25</td><td>42</td><td>12</td><td>1.5</td><td>2.5</td><td>2</td><td>2</td><td>33</td><td>M3</td><td>4</td><td>5</td><td>70</td></tr>
</table>

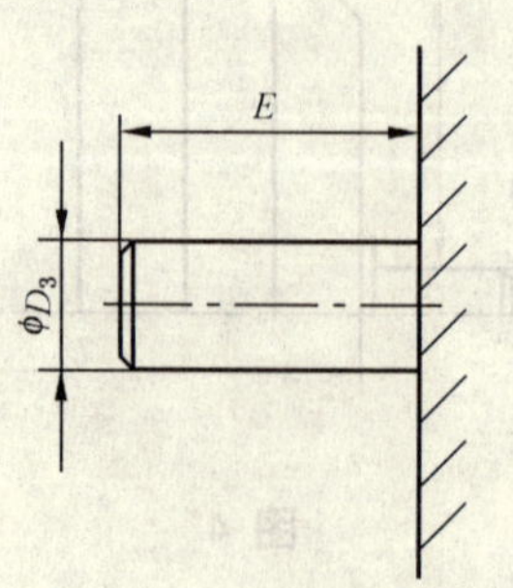

图 6

表 14

单位为毫米

机座号	尺寸代号及公差带	
	D_3	E
	f7	—
70	6	20
90	6	20
110	8	20
130	8	20
160	8	20

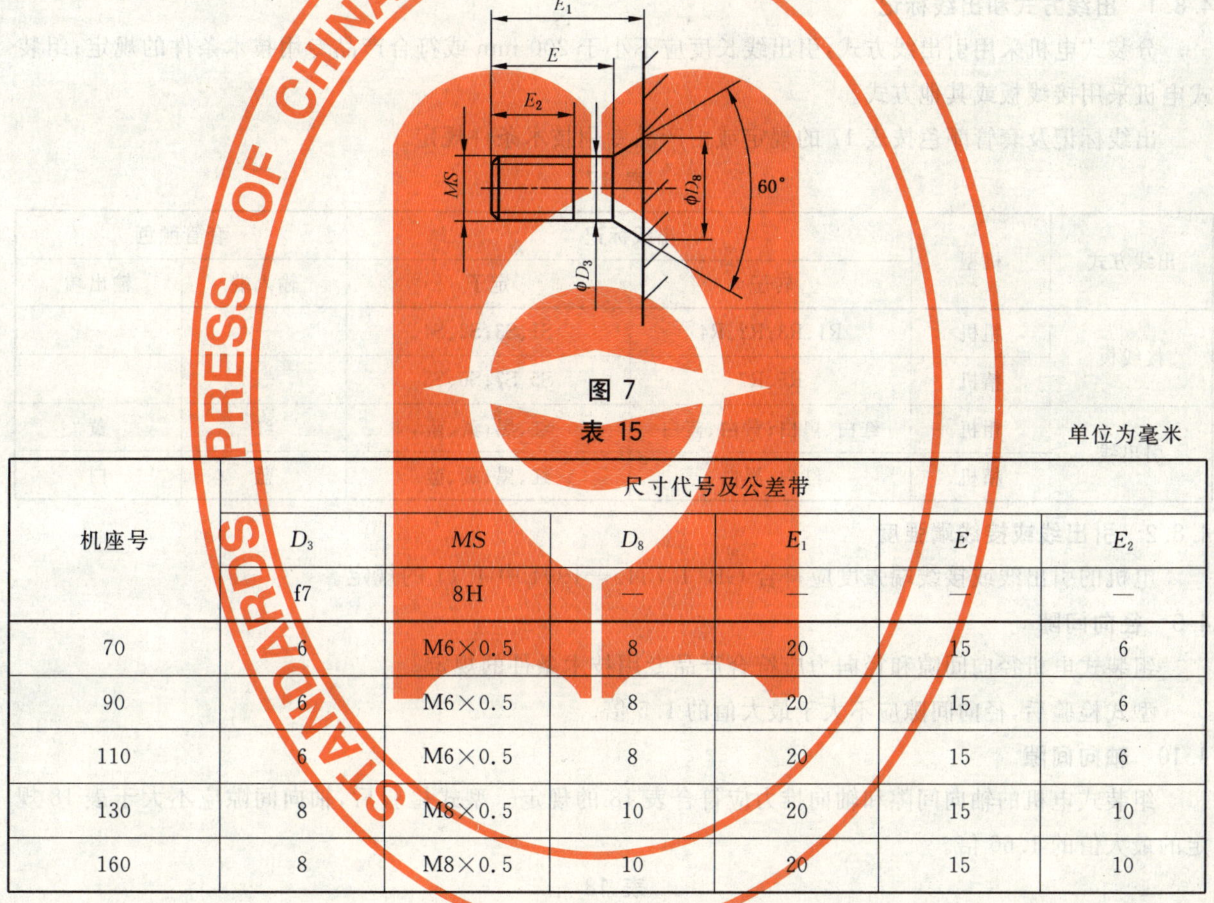

图 7

表 15

单位为毫米

机座号	尺寸代号及公差带					
	D_3	MS	D_8	E_1	E	E_2
	f7	8H	—	—	—	—
70	6	M6×0.5	8	20	15	6
90	6	M6×0.5	8	20	15	6
110	6	M6×0.5	8	20	15	6
130	8	M8×0.5	10	20	15	10
160	8	M8×0.5	10	20	15	10

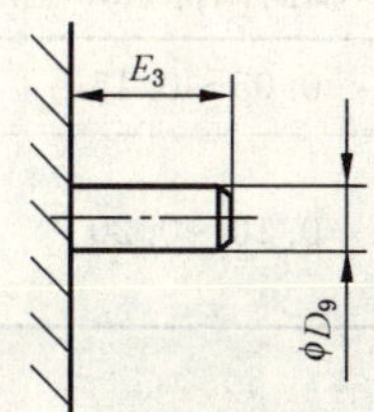

图 8

表 16

单位为毫米

机座号	尺寸代号及公差带	
	D_9	E_3
	f7	—
70	3	6
90	4	8
110	4	8
130	5	10
160	5	10

4.8 引出线或接线端

4.8.1 出线方式和出线标记

分装式电机采用引出线方式，引出线长度应不小于 200 mm 或符合产品专用技术条件的规定；组装式电机采用接线板或其他方式。

出线标记及套管颜色按表 17 的规定或由产品专用技术条件规定。

表 17

出线方式	机型	出线标记		套管颜色	
		转子	定子	输入端	输出端
接线板	粗机	R1、R3；R2、R4	S1、S3；S2、S4	—	—
	精机	R5、R7	S5、S7；S6、S8	—	—
引出线	粗机	红白、黑白；黄白、蓝白	红、黑；黄、蓝	红	黄
	精机	红白、黑白	红、黑；黄、蓝	蓝	白

4.8.2 引出线或接线端强度

电机的引出线或接线端强度应符合 GB/T 7345—1994 中 4.11 的规定。

4.9 径向间隙

组装式电机径向间隙和径向力应符合产品专用技术条件的规定。

型式检验后，径向间隙应不大于最大值的 1.5 倍。

4.10 轴向间隙

组装式电机的轴向间隙和轴向推力应符合表 18 的规定。型式检验后，轴向间隙应不大于表 18 规定的最大值的 1.66 倍。

表 18

机座号	轴向间隙/mm	轴向推力/N
45	0.05～0.15	10
70，90	0.10～0.20	20
110～160		30

4.11 轴伸径向圆跳动

电机轴伸径向圆跳动应不大于 0.02 mm。

4.12 安装配合面的同轴度

电机安装配合面的同轴度应不大于 4.7 的规定。

4.13 安装配合端面的垂直度

电机安装配合端面的垂直度应不大于4.7的规定。

4.14 电刷接触电阻变化

组装式电机转子转动时，电刷接触电阻的变化应符合GB/T 7345—1994中4.17的规定。型式检验后，其最大变化值还应符合表19的规定。

表19

试验名称	电刷接触电阻变化	
	转子电阻≤200 Ω(20℃)	转子电阻>200 Ω(20℃)
型式检验后	1.50 Ω	转子直流电阻的0.75%

4.15 静摩擦力矩

电机的静摩擦力矩应不大于表20的规定。型式检验后，静摩擦力矩不应大于表20规定的2倍。

表20

机座号	静摩擦力矩/(mN·m)
45	1.5
70	4.0
90,110	6.0
130,160	8.0

4.16 绝缘介电强度

电机的绝缘介电强度应符合GB/T 7345—1994中4.18的规定。其中130机座号以下电机的绕组峰值漏电流为1 mA，130机座号以上电机的绕组峰值漏电流为5 mA。

4.17 绝缘电阻

电机的绝缘电阻应符合GB 18211—2000中第7章的规定。

4.18 消耗功率

电机的消耗功率应不大于产品专用技术条件的规定。

4.19 最大输出电压

电机的最大输出电压应符合表5的规定，其偏差值在规定值的±10%范围内。

4.20 接线正确性

电机的定、转子绕组按4.8规定接线后应满足4.5的电压关系。

4.21 基准电气零位标记和粗、精机电气零位偏差

当电机处于基准电气零位时，应在定、转子或机壳和轴伸的相应的适当位置应有明显而牢固的“基准电气零位”标记。

对XFS型和XBS型电机，当极对数 $p \leqslant 8$ 时，粗、精机零位偏差应在±60′(机械角，下同)范围内；当极对数 $8 < p \leqslant 64$ 时，粗、精机零位偏差应在±30′(机械角，下同)范围内；当 $p \geqslant 64$ 时，粗、精机零位偏差应在±20′范围内。

4.22 最大输出电压相位移

电机的最大输出电压相位移应符合产品专用技术条件的规定。

4.23 电气误差

电机的精度按电气误差确定分为三级，其值应不大于表21的规定。

型式检验后误差允许增加。精机0级产品电气误差应不大于规定值的1.5倍，Ⅰ、Ⅱ级产品电气误差应不大于规定值的1.25倍；粗机电气误差应不大于规定值的1.25倍。

表 21

<table>
<tr><th rowspan="2">机　型</th><th rowspan="2">机座号</th><th rowspan="2">极对数</th><th colspan="3">精度等级对应的电气误差</th></tr>
<tr><th>0 级</th><th>Ⅰ级</th><th>Ⅱ级</th></tr>
<tr><td rowspan="2">粗机</td><td rowspan="2">45～400</td><td>4～64</td><td colspan="3">30′</td></tr>
<tr><td>128</td><td colspan="3">20′</td></tr>
<tr><td rowspan="11">精机</td><td>45</td><td rowspan="2">≤8</td><td>45″</td><td>1′30″</td><td>3′</td></tr>
<tr><td rowspan="2">70</td><td>30″</td><td>60″</td><td>2″</td></tr>
<tr><td rowspan="2">≥15</td><td>20″</td><td>40″</td><td>1′20″</td></tr>
<tr><td>90</td><td>15″</td><td>30″</td><td>60″</td></tr>
<tr><td>110</td><td>≤20</td><td>15″</td><td>30″</td><td>60″</td></tr>
<tr><td>130</td><td>≥30</td><td>10″</td><td>20″</td><td>40″</td></tr>
<tr><td>160</td><td rowspan="4">≥64</td><td rowspan="2">7″</td><td rowspan="2">15″</td><td rowspan="2">30″</td></tr>
<tr><td>200</td></tr>
<tr><td>250</td><td rowspan="2">5″</td><td rowspan="2">10″</td><td rowspan="2">20″</td></tr>
<tr><td>320</td></tr>
<tr><td>400</td><td>128</td><td>2″</td><td>5″</td><td>10″</td></tr>
</table>

4.24 零位电压

电机的零位电压的总值：

粗机：应不大于最大输出电压规定值的 0.5%；

精机：应不大于最大输出电压规定值的 0.3%；

零位电压的基波值应符合产品专用技术条件的规定。

4.25 阻抗

4.25.1 开路输入阻抗

开路输入阻抗应符合产品专用技术条件的规定。精机的偏差应在规定值的±15%范围内，粗机的偏差应在规定值的±30%范围内。

4.25.2 短路输出阻抗

短路输出阻抗应符合产品专用技术条件的规定。

4.26 电磁干扰

当产品专用技术条件有要求时，电机的电磁干扰应不超过 GB/T 7345—1994 中 4.31 的规定。

4.27 质量

电机质量应符合产品专用技术条件的规定。

4.28 振动

电机应能承受产品专用技术条件规定的振动试验。试验后电机不应出现零件松动或损坏，并应符合表 28 的规定。

4.29 冲击

电机应能承受 GB/T 7345—1994 中 4.26 或产品专用技术条件规定的冲击试验，试验后电机不应出现零件松动或损坏，并应符合表 28 的规定。

4.30 低气压

4.30.1 低温低气压

当产品专用技术条件有要求时，电机应能承受产品专用技术条件规定的低温低气压试验，并应符合

表 28 的规定。

4.30.2 高温低气压

当产品专用技术条件有要求时，电机应能承受产品专用技术条件规定的高温低气压试验，并应符合表 28 的规定。

4.31 寿命

电机的寿命应不小于 2 000 h，并应符合表 28 的规定。

4.32 低温

电机应能承受产品专用技术条件规定的低温试验，并应符合表 28 的规定。

4.33 高温

电机应能承受产品专用技术条件规定的高温试验，并应符合表 28 的规定。

4.34 湿热

电机应能承受产品专用技术条件规定的湿热试验，并应符合表 28 的规定。

4.35 非正常工作

电机尽量避免发生由于不正常或误操作而破坏或消弱其安全性能，从而引起火灾、触电等事故。

4.36 盐雾

当产品专用技术条件有要求时，电机应能承受 GB/T 7345—1994 中 4.32 规定的盐雾试验。

4.37 霉菌

当产品专用技术条件有要求时，电机应能承受产品专用技术条件规定的霉菌试验。

5 试验方法

5.1 试验条件

5.1.1 正常的试验大气条件

正常的试验大气条件按 GB/T 7345—1994 中 5.1.1 的规定。

5.1.2 仲裁试验的标准大气条件

仲裁试验的标准大气条件按 GB/T 7345—1994 中 5.1.2 的规定。

5.1.3 基准的标准大气条件

基准的标准大气条件按 GB/T 7345—1994 中 5.1.3 的规定。

5.1.4 试验电源

a) 电压幅值的偏差为额定值的±1%；

b) 频率的偏差为额定值的±1%；

c) 波形为正弦波，谐波含量不大于 1%。

5.1.5 试验装置及测试仪表

试验装置及测试仪表应符合：

a) 角分度装置的误差不大于电机 0 级精度等级的 20%。

b) 四臂函数电桥的电阻器全部电阻值及分压器的分压比的精度不低于 0.005%，分压器相位移小于 10′。

c) 感应分压器的比例误差不大于 10^{-5}，最大输出阻抗为 4 Ω。

d) 电气测量仪表的精度，检查试验和验收试验时应不低于 1 级，型式检验时应不低于 0.5 级。高阻抗电压表应用相应试验类别规定的精度等级的电工仪表进行校准。

e) 相敏电压表的输入阻抗应大于 150 kΩ 和 30 pF 的并联阻抗，电压表应具有抑制谐波电压和正交电压的能力，当谐波电压和正交电压分别达到旋转变压器最大输出电压的 1% 和 0.2% 时，两者所产生的仪表指示应不大于粗机的转子从零位偏移0.2′时所产生的仪表指示，相敏电压表的最小指示应能分辨出粗机从零位偏移0.2′时所产生的仪表指示。

5.1.6 电机的安装与接地

电机水平或垂直位置安装，电机机壳应良好接地。

5.2 试验规定

试验线路中，粗、精机共用一个线路图，绕组出线标志不带括号者表示粗机，带括号者表示精机。

试验中除指出粗、精机同时励磁外，其余均为单独励磁。

5.3 外观

目检电机外观，应符合4.6的要求。

5.4 外形及安装尺寸

检查电机的外形及安装尺寸，应符合4.7的要求。

5.5 引出线或接线端

5.5.1 出线方式和出线标记

检查电机的出线方式和出线标记应符合4.8.1的要求。

5.5.2 引出线或接线端强度

电机的引出线或接线端强度按GB/T 7345—1994中5.10的规定进行试验，并应符合4.8.2的要求。

5.6 径向间隙

电机径向间隙按GB/T 7345—1994中5.4的规定进行检查，并应符合4.9的要求。

5.7 轴向间隙

电机轴向间隙按GB/T 7345—1994中5.5的规定进行检查，并应符合4.10的要求。

5.8 轴伸径向圆跳动

电机轴伸径向圆跳动按GB/T 7345—1994中5.6的规定进行检查，并应符合4.11的要求。

5.9 安装配合面的同轴度

电机安装配合面的同轴度按GB/T 7345—1994中5.7的规定进行检查，并应符合4.12的要求。

5.10 安装配合端面的垂直度

电机安装配合端面的垂直度按GB/T 7345—1994中5.8的规定进行检查，并应符合4.13的要求。

5.11 电刷接触电阻变化

电刷接触电阻变化按GB/T 7345—1994中5.16的规定进行检查，电阻变化值应符合4.14的要求。

5.12 静摩擦力矩

电机的静摩擦力矩按GB/T 7345—1994中5.9的规定进行检查，并应符合4.15的要求。

5.13 绝缘介电强度

电机的绝缘介电强度按GB/T 7345—1994中5.17规定进行试验，并应符合4.16的要求。

5.14 绝缘电阻

电机的绝缘电阻按GB 18211—2000中第7章表2的规定选择对应的兆欧表，测量电机各绕组对机壳及各绕组间的绝缘电阻并应符合4.17的要求。

5.15 消耗功率

按图9接线，被试电机输入绕组额定励磁，输出绕组开路（对XBD型和XBS型电机输入绕组一相励磁，另一相短路）分别测量粗、精机的消耗功率应符合4.18的要求。

允许用能保证精度的其他方法测量。

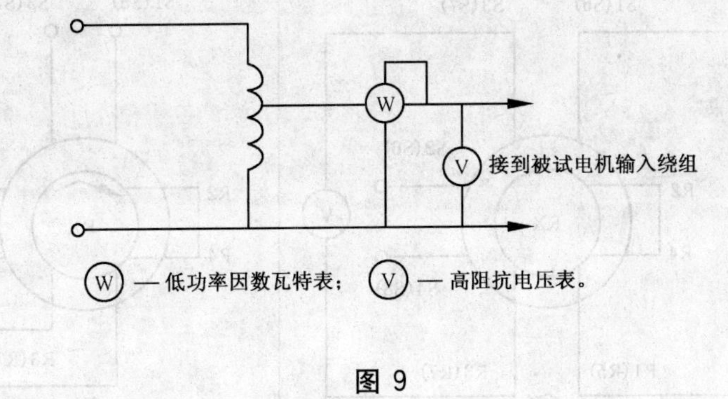

图 9

5.16 最大输出电压

被试电机按图10接线，额定励磁（磁路组合式粗、精机同时励磁），输出端接入高阻抗电压表或数字电压表，当转子缓慢转动时，由电压表读出最大输出电压应符合4.19的要求。

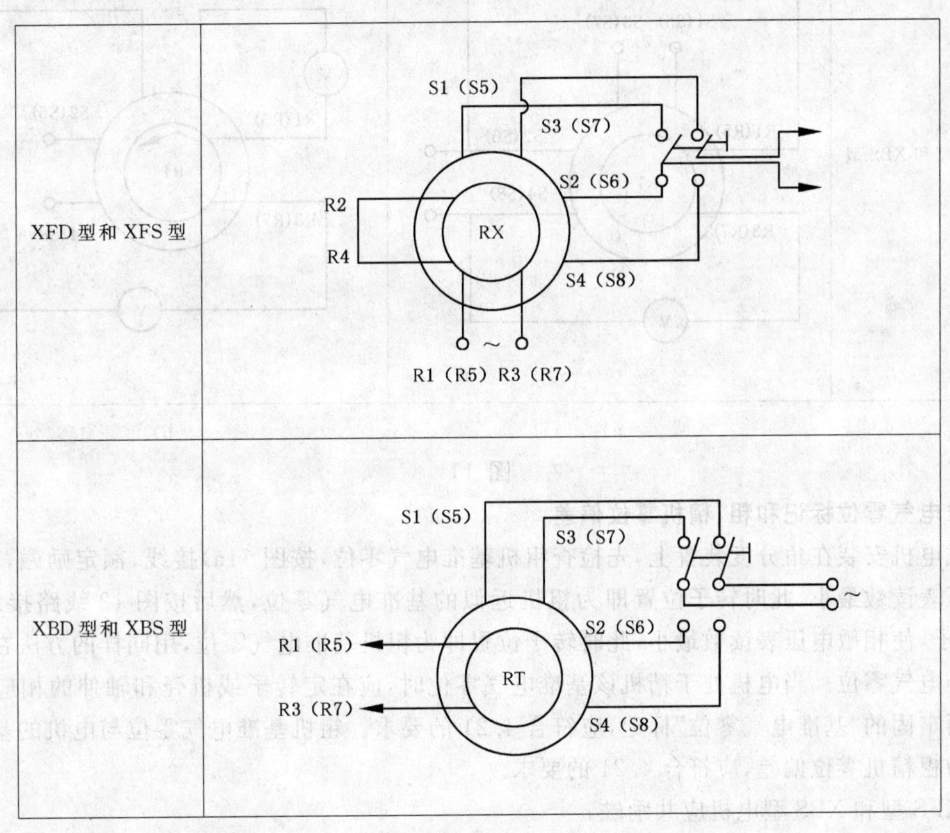

图 10

5.17 接线正确性

电机安装在角分度装置上，按图11a)接线，额定励磁，先检查粗机接线正确性，转动转子使相敏电压表读数最小，对于XFD型和XFS型电机，确认R1、R3；S1、S3；对于XBD型和XBS型电机，确认S2、S4；R1、R3；再按图11b)接线，额定励磁，对于XFD型和XFS型电机，当转子正向旋转电气角度90°时，电压表读数由大逐渐减小，则接线正确。对于XBD型和XBS型电机当转子反向旋转电气角度90°时，电压表读数由大逐渐减小，则接线正确。

用同样的方法检查精机接线正确性。

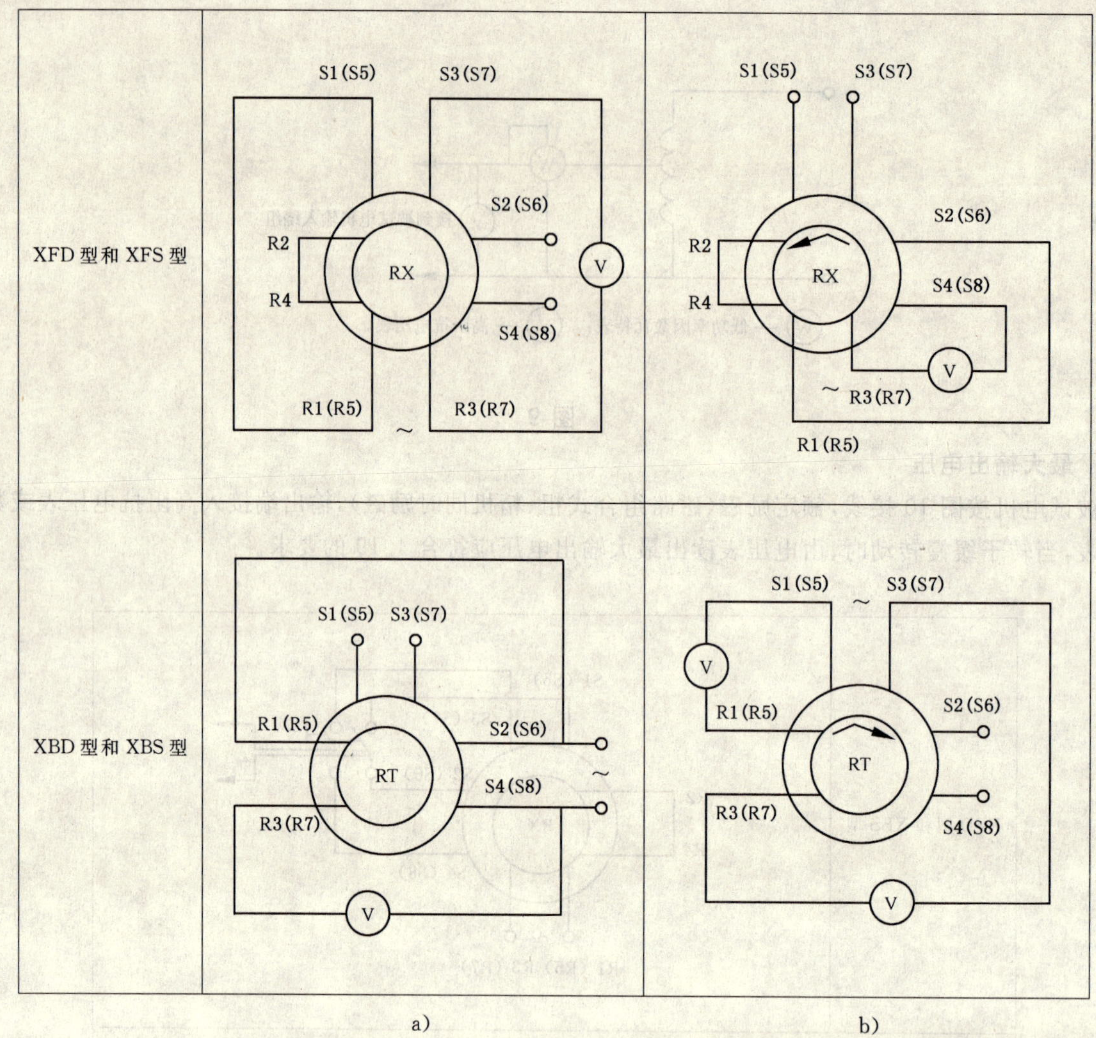

图 11

5.18 基准电气零位标记和粗、精机零位偏差

将被试电机安装在角分度装置上，先检查粗机基准电气零位，按图 11a)接线，额定励磁，转动转子，使相敏电压表读数最小，此时转子位置即为粗机近似的基准电气零位，然后按图 12 线路接线，额定励磁，微动转子，使相敏电压表读数最小，此时转子位置即为粗机基准电气零位，用同样的方法在其附近检查精机基准电气零位。当电机处于精机该基准电气零位时，应在定转子或机壳和轴伸的相应适当位置给予明显而牢固的“基准电气零位”标记，应符合 4.21 的要求。粗机基准电气零位与电机的基准电气零位之差即为粗精机零位偏差，应符合 4.21 的要求。

对于 XFS 型和 XBS 型电机应共励磁。

5.19 最大输出电压相位移

用相位计测量相位移，被试电机按图 10 接线，额定励磁，输出端接相位计，转子从基准电气零位正向转到输出电压近似等于最大输出电压时，从相位计上读取相位移应符合 4.22 的要求。

允许用能保证精度的其他方法测量。

5.20 电气误差

5.20.1 总则

电气误差测量时，粗机返零的角度偏差小于 2′，精机返零的角度偏差小于该机 0 级精度时的电气误差的 20%。

被试电机先处于粗机基准电气零位，对粗机每隔 15°测一点，共测 24 点，对精机从电机基准电气零

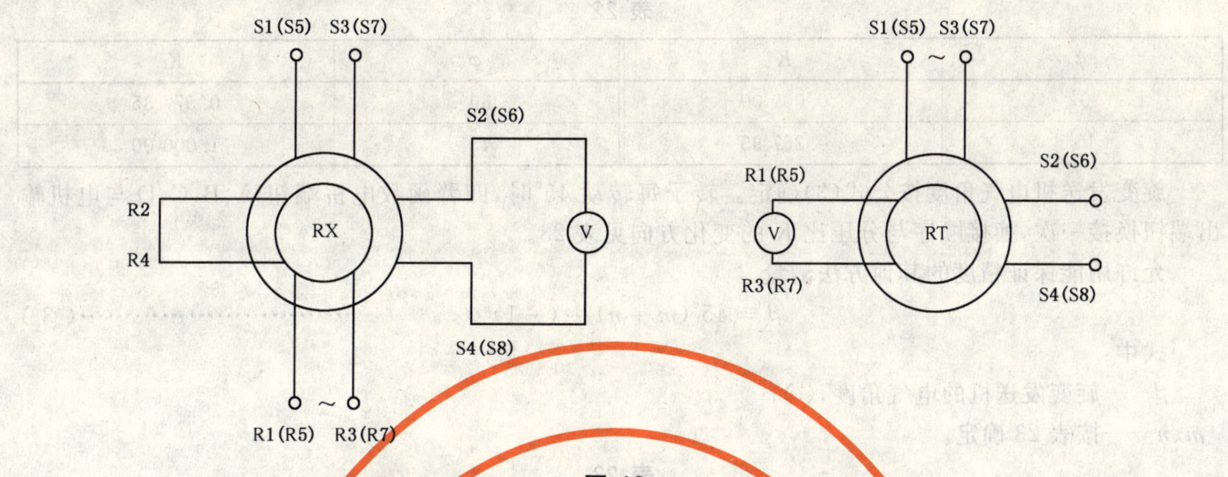

图 12

位开始，转子正向旋转使相敏电压表指示的基波同相分量为零，依次读取所有点的零位误差，然后在最大正、负零位误差所处的极对下各测一对极（当出现多个相同最大正值或负值时，应取最大正、负值的空间位置相差近 180°），每对极测 24 点（电气角度 15°测一点）。测量中转子正向旋转使相敏电压表指示的基波同相分量为零，分别记下转子实际机械角度与其相应的理论电气位置所对应的机械角度，计算两者之差，超前为正偏差，滞后为负偏差，取其中绝对值最大的偏差作为电气误差，应符合 4.23 的要求。

5.20.2 比例电压法

旋变发送机采用比例电压法测量电气误差，按图 13 接线，额定励磁（磁路组合式粗、精机同时励磁）。试验用的四臂函数电桥由两个无感电阻分压器和两个 10 kΩ 的无感电阻 R 组成。分压器分压比与给定角度的对应关系见公式(1)、(2)和表 22。

$$K = \frac{r_1}{r_2} = \mathrm{tg}\varphi \qquad \cdots\cdots(1)$$

$$R' = r_1 + r_2 \qquad \cdots\cdots(2)$$

式中：

K——分压器的分压比；

r_1、r_2——分压器的分压电阻，kΩ；

R'——无感电阻分压器，10 kΩ；

φ——给定的电气角度，(°)。

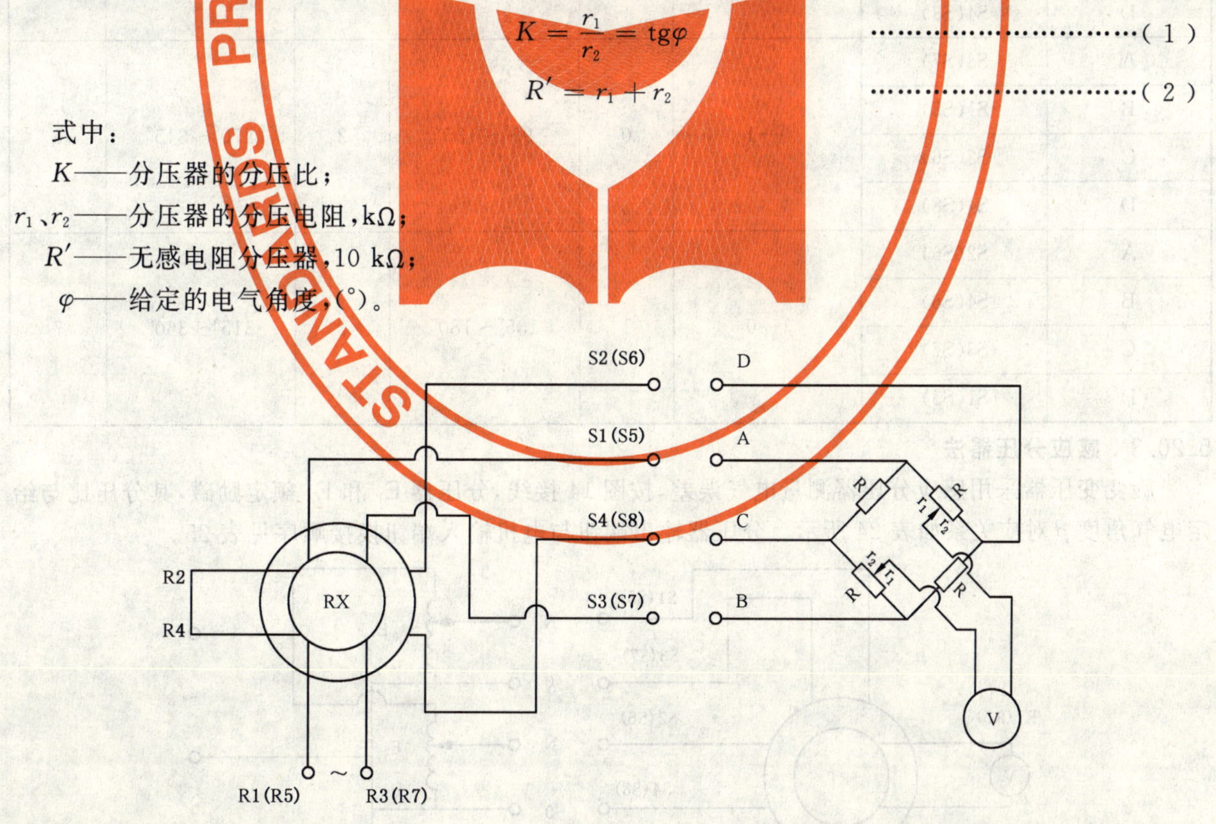

图 13

表 22

φ	K	φ	K
0°	0.000 00	30°	0.577 35
15°	0.267 95	45°	1.000 00

旋变发送机电气角度按公式(3)确定。转子每转动 45°时，四臂函数电桥端钮 A、B、C、D 与电机输出端钮换接一次，换接顺序与分压比 K 的变化方向见表 23。

允许用能保证精度的其他方法测量。

$$\beta = 45°(m+n) + (-1)^n\varphi \quad \cdots\cdots(3)$$

式中：

β——旋变发送机的电气角度，(°)；

m、n——按表 23 确定。

表 23

电桥端钮	电机输出端钮	K 值的变化方向	m	电角度范围	n	电角度范围	n
A	S2(S6)	0→1	0	0～45°	0	180°～225°	4
B	S4(S8)						
C	S1(S5)						
D	S3(S7)						
A	S1(S5)	1→0	1	45°～90°	1	225°～270°	5
B	S3(S7)						
C	S2(S6)						
D	S4(S8)						
A	S3(S7)	0→1	0	90°～135°	2	270°～315°	6
B	S1(S5)						
C	S2(S6)						
D	S4(S8)						
A	S2(S6)	1→0	1	135°～180°	3	315°～360°	7
B	S4(S8)						
C	S3(S7)						
D	S1(S5)						

5.20.3 感应分压器法

旋变变压器采用感应分压器测量电气误差，按图 14 接线，分压器 E_1 和 E_2 额定励磁，其分压比与给定电气角度 β 对应关系如表 24 所示。分压器输出端钮与电机输入端钮换接顺序见表 25。

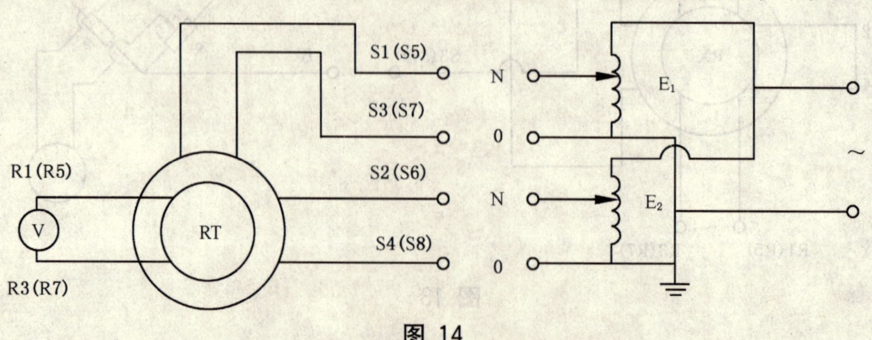

图 14

表 24

电气角度 β				分压器 E_1 的分压比	分压器 E_2 的分压比
0°		180°	360°	1.000 00	0.000 00
15°	165°	195°	345°	0.965 93	0.258 82
30°	150°	210°	330°	0.866 03	0.500 00
45°	135°	225°	315°	0.707 11	0.707 11
60°	120°	240°	300°	0.500 00	0.866 03
75°	105°	255°	285°	0.258 82	0.965 93
	90°		270°	0.000 00	1.000 00

表 25

<table>
<tr><td rowspan="3"></td><td rowspan="3">电气角度 β</td><td colspan="4">分压器及其输出端钮</td></tr>
<tr><td colspan="2">分压器 E_1</td><td colspan="2">分压器 E_2</td></tr>
<tr><td>N</td><td>O</td><td>N</td><td>O</td></tr>
<tr><td rowspan="4">电机输入端钮</td><td>0°～90°</td><td>S1(S5)</td><td>S3(S7)</td><td rowspan="2">S2(S6)</td><td rowspan="2">S4(S8)</td></tr>
<tr><td>90°～180°</td><td rowspan="2">S3(S7)</td><td rowspan="2">S1(S5)</td></tr>
<tr><td>180°～270°</td><td rowspan="2">S4(S8)</td><td rowspan="2">S2(S6)</td></tr>
<tr><td>270°～360°</td><td>S1(S5)</td><td>S3(S7)</td></tr>
</table>

对磁路组合式 XBS 型，测量粗机电气误差时，精机按图 15 接线，并以 0.7 倍额定电压励磁。

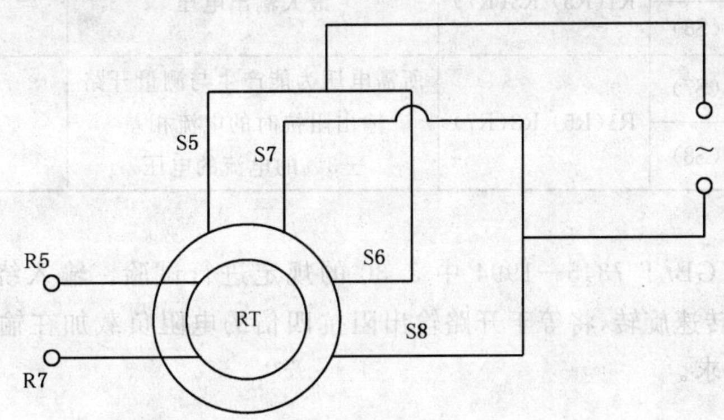

图 15

对磁路组合式 XBS 型，测量精机电气误差时，粗机两相输入绕组根据粗机转子转角 θ 所处的角度按表 26 接线并以 0.7 倍额定电压励磁，输出端开路。

允许用能保证精度的其他方法测量。

表 26

	转子转角 θ	电源端钮	
		高电位	低电位
电机输入端钮	0°～90°	S1、S2	S3、S4
	90°～180°	S3、S2	S1、S4
	180°～270°	S3、S4	S1、S2
	270°～360°	S1、S4	S3、S2

5.20.4 简化测量

对于极对数 $p \geqslant 64$ 的电机，在检查试验和验收试验时，可以简化测量，其方法是从电机的基准电气零位开始，先测第一个单元绕组下所有零位误差，并取出正、负零位误差较大者各 1～3 点，然后测量其余各单元绕组下与第一单元绕组下所取出较大正、负零位误差（1～3 点）相对应的各点零位误差，最后在所测得的零位误差中取最大正、负误差所处的极对下各测 24 点（电气角度 15°测一点，当出现多个相同正值或负值时，应取正、负值的空间相差近 180°），取其中绝对值最大的偏差为电气误差。

5.21 零位电压

在测量电气误差的同时，读取所有零位下的零位电压均应符合 4.24 的要求。

在磁路组合式 XFS 型，粗、精机同时励磁；对磁路组合式 XBS 型，测精机时，粗机按表 25 顺序以 0.7倍额定电压励磁。

5.22 阻抗

阻抗应按 GB/T 7345—1994 中 5.15 和表 27 的规定测量，电机额定励磁，应符合 4.25 的要求。

表 27

<table>
<tr><th rowspan="2">阻抗</th><th colspan="2">测量阻抗的接线端
（每个绕组单独试验）</th><th colspan="2">加于电机接线端的电压</th><th colspan="2">辅助连接</th></tr>
<tr><th>XFD
XFS</th><th>XBD
XBS</th><th>XFD
XFS</th><th>XBD
XBS</th><th>XFD
XFS</th><th>XBD
XBS</th></tr>
<tr><td rowspan="2">开路输入阻抗</td><td rowspan="2">R1(R5) R3(R7)</td><td>S1(S5) S3(S7)</td><td colspan="2" rowspan="2">见 5.1.4</td><td rowspan="4">除补偿绕组短路外，所有其他绕组开路</td><td rowspan="4">除被测绕组外，其他绕组均开路</td></tr>
<tr><td>S2(S6) S4(S8)</td></tr>
<tr><td rowspan="2">开路输出阻抗</td><td>S1(S5) S3(S7)</td><td rowspan="2">R1(R5) R3(R7)</td><td colspan="2" rowspan="2">最大输出电压</td></tr>
<tr><td>S2(S6) S4(S8)</td></tr>
<tr><td rowspan="2">短路输出阻抗</td><td>S1(S5) S3(S7)</td><td rowspan="2">R1(R5) R3(R7)</td><td colspan="2" rowspan="2">所需电压为能产生与测量开路输出阻抗时的电流相差±3%的电流的电压</td><td colspan="2" rowspan="2">除被测绕组外，其他绕组均短路</td></tr>
<tr><td>S2(S6) S4(S8)</td></tr>
</table>

5.23 电磁干扰

电机的电磁干扰按 GB/T 7345—1994 中 5.30 的规定进行试验。输入绕组额定励磁而转子以 300 r/min±50 r/min的转速旋转，将等于开路输出阻抗四倍的电阻负载加在输出绕组两端，电机的电磁干扰应符合 4.26 的要求。

5.24 质量

用感量不低于 1%的衡器称取电机的质量。应符合 4.27 的要求。

5.25 振动

电机输出绕组开路，输入绕组额定励磁（对 XBD 型和 XBS 型，两相输入绕组串接并以$\sqrt{2}$倍额定电压励磁），按 GB/T 7345—1994 中 5.24 的规定进行试验（160 机座号电机的机械负载同 130 机座号电机。分装式电机定、转子固定不动）试验后应符合 4.28 的要求。

5.26 冲击

电机按 GB/T 7345—1994 中 5.25 的规定进行试验，试验时接线通电方式及转子所处的状态均同 5.25，试验后应符合 4.29 的要求。

5.27 低气压

5.27.1 低温低气压

电机按 GB/T 7345—1994 中 5.23.1 的规定进行试验，试验时接线、通电方式均同 5.25，试验后应符合 4.30.1 的要求。

5.27.2 高温低气压

电机按 GB/T 7345—1994 中 5.23.2 的规定进行试验，试验时接线、通电方式均同 5.25，试验后应符合 4.30.2 的要求。

5.28 寿命

电机按 GB/T 7345—1994 中 5.28 的规定进行试验，输入绕组额定励磁，转子以(1 150±50)r/min 的转速旋转，每隔 24 h 改变一次转向，并应符合 4.31 的要求。

5.29 低温

电机按 GB/T 7345—1994 中 5.20 的规定进行试验，应符合 4.32 的要求。

5.30 高温

电机按 GB/T 7345—1994 中 5.21 的规定进行试验，应符合 4.33 的要求。

5.31 湿热

电机按 GB/T 7345—1994 中 5.27 的规定进行试验，应符合 4.34 的要求。

5.32 非正常工作

非正常工作按 GB 18211—2000 中 17.2 规定的方法试验，应符合 4.35 的要求。

5.33 盐雾

电机按 GB/T 7345—1994 中 5.31 的规定进行试验，应符合 4.36 的要求。

5.34 霉菌

电机按 GB/T 7345—1994 中 5.32 的规定进行试验，应符合 4.37 的要求。

6 检验规则

6.1 检验分类

电机的检验分为出厂检验和型式检验。

6.2 出厂检验项目及规则

出厂检验项目及基本顺序按表 28 进行。

出厂检验可以抽样或逐台进行。抽样按 GB/T 2828.1—2003 中正常检验一次抽样方案进行，检验水平Ⅱ，接收质量限(AQL 值)，由使用方和制造方协商选定。

出厂检验中，电机若有一项或一项以上不合格，则该电机为不合格。

若批出厂检验合格，则除抽验中的不合格品外，使用方应整批接收；若批出厂检验不合格，则整批拒收，由制造厂消除缺陷并剔除不合格品后，再次提交验收。

6.3 型式检验项目及规则

6.3.1 检验规则

有下列情况之一时，一般应进行型式检验：

a) 新产品或老产品转厂生产的试制定型鉴定；
b) 定型产品，其电磁设计、机械结构或在制造过程中工艺和所用材料上的变更足以引起性能和参数变化时，允许根据上述变更可能产生的影响进行有关项目检验；
c) 产品长期停产后，恢复生产时；
d) 产品正常生产时，每两年进行一次型式检验，此时盐雾、长霉和寿命检验等项目可不进行。当批量小时，允许制造单位与使用方另行协商。

6.3.2 样机数量

从能代表相应生产阶段的产品中抽取 6 台，其中 4 台作为试验样机，2 台作为存放对比用。

6.3.3 型式检验结果的评定

6.3.3.1 不合格

只要有一台电机的任一项检验不符合要求，并且不属于 6.3.3.2 和 6.3.3.4 的情况，则型式检验不合格。

6.3.3.2 **偶然失效**

当鉴定部门确定某一项不合格项目属于孤立性质时，允许用新的同等数量的电机代替，并补做已经做过的项目。然后继续试验，若再有一台电机的任何一个项目不合格，则型式检验不合格。

6.3.3.3 **性能降低**

电机经环境试验后，允许性能发生不影响使用性的降低，具体降低的程度及合格判据由产品专用技术条件规定。

6.3.3.4 **环境试验时和环境试验后的性能严重降低**

电机在环境试验时和环境试验后，发生影响使用性的性能严重降低时，鉴定部门可以采取两种方式：

a) 判定型式检验不合格；

b) 当一台电机出现失效时，允许用新的两台电机代替，并补做已经做过的项目，然后补足4台继续下面的试验，若再有一台电机的任何一个项目不合格，则判定型式检验不合格。

6.3.4 **同类型产品的型式检验**

当某一类同机座号的两个及两个以上型号的电机同时提交鉴定时，每种型号均应抽取4台样机，所有样机通过出厂检验后，再从中选取四台有代表性的不同型号的样机进行其余项目的试验，合格判据按6.3.3规定。任一台样机的任一项目不合格，则其所代表的该型号的电机型式检验不合格。本检验不允许样机替换。

若型式检验合格，则认为同时提交的所有型号的电机均合格。

6.3.5 **定型鉴定合格的范围**

若定型鉴定试验合格，则认为同时提交的同类型电机均定型鉴定合格。此后生产的主要结构尺寸相同的同类型电机也认为定型鉴定合格，可不再进行定型鉴定检验。

6.3.6 **型式检验项目和基本顺序**

电机的型式检验项目、基本顺序及样机编号应符合表28规定。

表 28

序号	项　　目	要求条款	试验方法条款	出厂检验	型式检验样机编号
1	外观	4.6	5.3	√	1,2,3,4
2	外形及安装尺寸	4.7	5.4	√	1,2,3,4
3	出线方式和出线标记	4.8.1	5.5.1	√	1,2,3,4
4	径向间隙[a]	4.9	5.6	√	1,2,3,4
5	轴向间隙[a]	4.10	5.7	√	1,2,3,4
6	轴伸径向圆跳动[a]	4.11	5.8	√	1,2,3,4
7	安装配合面的同轴度[a]	4.12	5.9	√	1,2,3,4
8	安装配合端面的垂直度[a]	4.13	5.10	√	1,2,3,4
9	电刷接触电阻变化[a]	4.14	5.11	√	1,2,3,4
10	静摩擦力矩[a]	4.15	5.12	√	1,2,3,4
11	绝缘介电强度	4.16	5.13	√	1,2,3,4
12	绝缘电阻	4.17	5.14	√	1,2,3,4
13	消耗功率	4.18	5.15	√	1,2,3,4

表 28（续）

序号	项　　目	要求条款	试验方法条款	出厂检验	型式检验样机编号
14	最大输出电压	4.19	5.16	√	1,2,3,4
15	接线正确性	4.20	5.17	√	1,2,3,4
16	基准相位零位标记和粗、精机相位零位偏差	4.21	5.18	√	1,2,3,4
17	最大输出电压相位移	4.22	5.19	√	1,2,3,4
18	电气误差	4.23	5.20	√	1,2,3,4
19	零位电压	4.24	5.21	√	1,2,3,4
20	阻抗	4.25	5.22	√	1,2,3,4
21	引出线或接线端强度	4.8.2	5.5.2	—	1,2,3,4
22	电磁干扰[b]	4.26	5.23	—	1,2,3,4
23	质量	4.27	5.24	—	1,2
24	振动，随后进行项 9、10、4、5、11 和 12 检验	4.28	5.25	—	1,2,3,4
25	冲击，随后进行项 9、18、19、10、4、5、11 和 12 检验	4.29	5.26	—	1,2,3,4
26	低温低气压，在此期间进行项 9 和 12 检验[b]	4.30.1	5.27.1	—	3,4
27	高温低气压，在此期间进行项 9 和 12 检验[b]	4.30.2	5.27.2	—	3,4
28	寿命，随后进行项 9、4、5、18、19 和 10 检验[a]	4.31	5.28	—	1,2
29	低温，在此期间进行项 9、11 和 12 检验、随后进行项 10 检验	4.32	5.29	—	3,4
30	高温，在此期间进行项 9、11 和 12 检验、随后进行项 18、19 和 10 检验	4.33	5.30	—	3,4
31	湿热，随后进行项 9、10、18、11 和 12 检验	4.34	5.31	—	3,4
32	非正常工作	4.35	5.32	—	1,2
33	盐雾[b]	4.36	5.33	—	1,2
34	霉菌[b]	4.37	5.34	—	3,4

注：“√”表示出厂检验应进行的项目；“—”表示出厂检验不进行的项目。

a 分装式电机不进行此项检验。

b 当产品专用技术条件有要求时进行此项检验。

7 质量保证期

质量保证期为产品从出厂之日算起的存放期（包括运输期）与保用期之和或由使用方与制造方协商。

存放期分为一年、三年和五年三种，由制造厂规定。

保用期从电机包装启封开始计算，保用期为两年半。

在正确存放和使用电机的情况下，制造厂应保证电机在保用期内正常工作（不超过寿命时间），如在保用期内电机因制造质量不良而发生损坏或不能正常工作时，则制造厂应负责。

8 标志、包装、运输和储存

8.1 标志

标志内容至少应包括：

a) 产品型号；

b) 产品编号；

c) 制造厂名称或标记；

d) 使用环境等级。

8.2 包装

电机包装按 JB/T 8162—1999 的规定进行。

8.3 运输

电机包装箱或包装盒在运输过程中应小心轻放，避免碰撞和敲击。严禁与酸碱等腐蚀性物品放在一起。

8.4 储存

电机应存放在环境温度为－6℃～30℃，相对湿度不大于 75%，清洁、通风良好的库房内，空气中不得含有腐蚀性气体。

附 录 A
（资料性附录）
多极和双通道旋转变压器技术性能参数表

表 A.1

序号	型号	极对数	额定电压/V	额定频率/Hz	开路输入阻抗/Ω	最大输出电压/V	短路输出阻抗/Ω ≤	空载消耗功率/W ≤
1	45XFD0442	4	26	400	400	5	20	0.5
2	45XFD0843	8	36	400	400	12	350	3.2
3	45XFD0822	8	26	2 000	800	12	300	0.5
4	45XFD0843	1	36	400	—	12	—	0.7
		8	36	400	—	12	—	2
5	45XFS0823	1	36	2000	—	12	—	0.4
		8	36	2000	—	12	—	0.6
6	70XFD0824	8	26	400	400	12	150	0.7
7	70XFS0842	1	26	400	5 700	12	300	0.1
		8	26	400	400	12	150	0.7
8	70XFS1543	1	36	400	4 500	12	120	0.1
		15	36	400	200	12	130	3.5
9	70XBS1541	1	12	400	12 000	6	500	0.1
		15	12	400	400	6	550	0.4
10	70XFD1643	16	36	400	200	12	150	4.5
11	70XFD1642	16	26	400	200	5	70	2.8
12	70XFD1612	16	26	1 000	200	12	120	1.2
13	70XFS1643	1	36	400	3 000	12	130	0.3
		16	36	400	200	12	150	4.5
14	70XFS1642	1	26	400	2 700	5	70	0.2
		16	26	400	200	5	70	2.8
15	70XFS1612	1	26	1 000	1 700	12	150	0.3
		16	26	1 000	200	12	150	1.2
16	70XBS1641	1	12	400	3 300	6	400	0.1
		16	12	400	200	6	350	0.7
17	70XFS2043	1	36	400	3 200	12	170	0.2
		20	36	400	150	12	220	5
18	70XBS2041	1	12	400	6 000	6	500	0.1
		20	12	400	200	6	800	0.5

表 A.1（续）

序号	型号	极对数	额定电压/V	额定频率/Hz	开路输入阻抗/Ω	最大输出电压/V	短路输出阻抗/Ω ≤	空载消耗功率/W ≤
19	90XFS1542	1	26	400	10 000	12	600	0.1
		15	26	400	150	12	200	3.0
20	90XBS1541	1	12	400	20 000	6	1 500	0.1
		15	12	400	400	6	350	0.4
21	110XFS1543	1	36	400	2 500	12	320	0.5
		15	36	400	150	12	100	5
22	110XBS1541	1	12	400	3 500	6	350	0.1
		15	12	400	200	6	350	0.5
23	110XFD2043	20	36	400	200	12	150	5
24	110XFS2043	1	36	400	2 000	12	180	0.5
		20	36	400	200	12	300	5.0
25	110XBD2041	20	12	400	400	6	650	0.4
26	110XBS2041	1	12	400	2 000	6	300	0.1
		20	12	400	200	6	400	0.7
27	110XFS3043	1	36	400	3 000	12	160	0.3
		30	36	400	200	12	300	3.5
28	110XFS3042	1	26	400	3 500	12	300	0.2
		30	26	400	200	12	600	2.0
29	110XBS3041	1	12	400	28 600	6	2 500	0.1
		30	12	400	800	6	3 500	0.2
30	110XFD3242	32	26	400	150	12	350	2.8
31	110XFS3243	1	36	400	2 900	12	200	0.3
		32	36	400	200	12	450	5.5
32	110XBS3241	1	12	400	7900	6	1 200	0.1
		32	12	400	400	6	2 100	0.4
33	110XFS3643	1	36	400	2 500	12	200	0.5
		36	36	400	200	12	400	4.3
34	110XFS3612	1	26	1 000	2 000	12	150	0.2
		36	26	1 000	200	12	500	1.4
35	110XBS3641	1	12	400	12 000	6	1 200	0.1
		36	12	400	200	6	1 500	0.7
36	110XFD6412	64	26	1 000	150	5	350	4.3
37	110XFS6412	1	26	1 000	6 000	5	150	0.1
		64	26	1 000	150	6	350	4.3

表 A.1(续)

序号	型号	极对数	额定电压/V	额定频率/Hz	开路输入阻抗/Ω	最大输出电压/V	短路输出阻抗/Ω ≤	空载消耗功率/W ≤
38	130XBS2041	1	12	400	4 500	6	550	0.1
		20	12	400	600	6	500	0.2
39	160XFD6443	64	36	400	100	12	1 000	10.0
40	160XFS6443	1	36	400	1 500	12	200	0.8
		64	36	400	100	12	1 000	10.0
41	160XFS6442	1	26	400	2 000	5	150	0.3
		64	26	400	150	5	800	4.5
42	160XBS6421	1	12	2 000	2 000	6	350	0.1
		64	12	2 000	200	6	400	0.7
43	200XFS6443	1	36	400	3 500	12	250	0.4
		64	36	400	200	12	600	5
44	250XFS6442	1	26	400	1 100	5	30	0.5
		64	26	400	100	5	100	5.5
45	250XFS2842	1	26	400	1 200	5	30	0.5
		128	26	400	100	5	900	4.3
46	250XBS2842	1	26	400	1 800	5	40	0.3
		128	26	400	100	5	950	3.5
47	320XFS2842	1	26	400	4 200	5	70	0.3
		128	26	400	100	5	900	4.5
48	320XFS2812	1	26	1 000	4 200	5	90	0.2
		128	26	1 000	100	5	600	3.0
49	320XFS2822	1	26	2 000	6 300	5	150	0.1
		128	26	2 000	100	5	500	2.0
50	320XBS2812	1	26	1 000	5 100	5	90	0.1
		64	26	1 000	100	5	700	5.0

注：粗机的阻抗仅供参考。

ICS 65.060.01
B 90

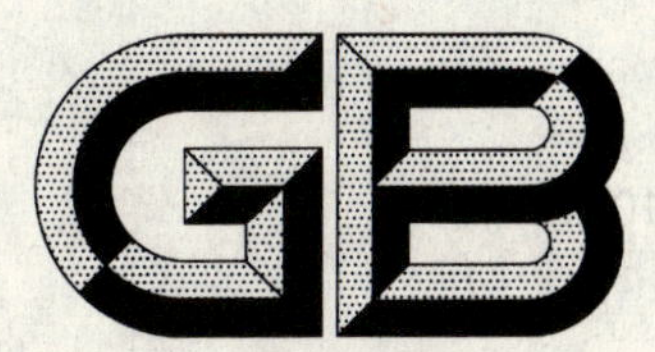

中华人民共和国国家标准

GB/T 10415—2007
代替 GB/T 10415—1989

农业机械 环形六角带及带轮轮槽截面

Agricultural machinery—Endless hexagonal belts and groove sections of corresponding pulleys

(ISO 5289:1992,MOD)

2007-11-01 发布 2008-01-01 实施

中华人民共和国国家质量监督检验检疫总局
中国国家标准化管理委员会 发布

前 言

本标准修改采用 ISO 5289:1992《农业机械　环形六角带及带轮轮槽截面》(英文)。

本标准根据 ISO 5289:1992 重新起草。

本标准与 ISO 5289:1992 相比,进行了如下修改:

——增加了带轮的制造要求;

——“本国际标准”一词改为“本标准”;

——删除国际标准的前言;

——用小数点“.”代替作为小数点的逗号“,”;

——对 ISO 5289:1992 中引用的其他国际标准,用已被采用为我国的标准代替对应的国际标准。

本标准是对 GB/T 10415—1989《农业机械用双面 V 带轮》的修订。与 GB/T 10415—1989 相比主要技术内容变化如下:

——对标准名称进行了修改;

——增加了有关带的长度、公差要求;

——增加了带长度的测量方法。

本标准自实施之日起代替 GB/T 10415—1989。

本标准由中国机械工业联合会提出。

本标准由全国农业机械标准化技术委员会归口。

本标准起草单位:中国农业机械化科学研究院、山东五征集团有限公司。

本标准主要起草人:吕树盛、张蒙、张伟、薛治刚。

农业机械　环形六角带及带轮轮槽截面

1　范围

本标准规定了农业机械用(特别是收割机械)环形六角带(双面 V 带)以及相应定直径槽轮的基本尺寸。

2　规范性引用文件

下列文件中的条款通过本标准的引用而成为本标准的条款。凡是注日期的引用文件,其随后所有的修改单(不包括勘误的内容)或修订版均不适用于本标准,然而,鼓励根据本标准达成协议的各方研究是否可使用这些文件的最新版本。凡是不注日期的引用文件,其最新版本适用于本标准。

GB/T 321—2005　优先数和优先数系(ISO 3:1973,IDT)

GB/T 6931.2—1986　V 带传动术语(eqv ISO 1081:1980)

GB/T 10412—2002　普通和窄 V 带轮(基准宽度制)(ISO 4183:1995,MOD)

GB/T 11357—1989　带轮的材质、表面粗糙度及平衡(eqv ISO 254:1981)

GB/T 17197—1997　带传动　联组普通 V 带轮(有效宽度制)(eqv ISO 5291:1993)

3　术语和定义

GB/T 6931.2 中确立的术语和定义适用于本标准。

4　尺寸和公差

4.1　六角带

4.1.1　概述

六角带单位横截面会传递径向力。当 V 带经过轮槽时,其横截面会发生一个微小的形变。因此,我们下面定义的各种的测量值都是在六角带安装在设备上,且受到力 F 的作用的情况下获得的,如 w、T 等值。

4.1.2　截面尺寸

六角带的理论截面是由两个等腰梯形在长底边处拼接成的六边形。其中,位于截面高的一半处,中立面与横截面的交线为中立轴(见图 1)。

六角带截面尺寸应符合表 1 要求。

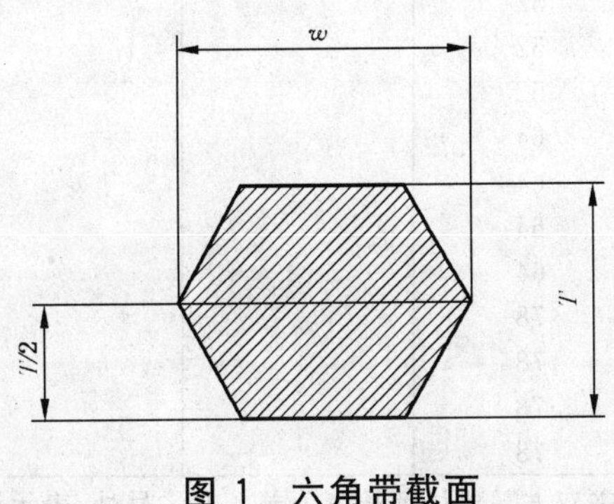

图 1　六角带截面

表 1　截面公称尺寸

单位为毫米

尺寸	符号	带型号			
		HAA	HBB	HCC	HDD
公称宽度	w	13	17	22	32
公称高度	T	10	13	17	25

4.1.3　有效长度

带的有效长度范围应首选优先系数 R40 系列(GB/T 321)当中 1 250 mm～10 000 mm 的数值(见表 2)。

表 2　六角带有效长度系列

单位为毫米

有效长度 L_e			带型号			
基本尺寸	极限偏差		HAA	HBB	HCC	HDD
	$+p/2$	$-p$				
1 250	8	16	×			
1 320	9	18	×			
1 400	9	18	×			
1 500	9	18	×			
1 600	9	18	×			
1 700	11	22	×			
1 800	11	22	×			
1 900	11	22	×			
2 000	11	22	×	×		
2 120	13	26	×	×		
2 240	13	26	×	×	×	
2 360	13	26	×	×	×	
2 500	13	26	×	×	×	
2 650	15	30	×	×	×	
2 800	15	30	×	×	×	
3 000	15	30	×	×	×	
3 150	15	30	×	×	×	
3 350	18	36	×	×	×	
3 550	18	36	×	×	×	
3 750	18	36		×	×	
4 000	18	36		×	×	×
4 250	22	44		×	×	×
4 500	22	44		×	×	×
4 750	22	44		×	×	×
5 000	22	44		×	×	×
5 300	26	52			×	×
5 600	26	52			×	×
6 000	26	52			×	×
6 300	26	52			×	×
6 700	32	64			×	×
7 100	32	64			×	×
7 500	32	64			×	×
8 000	32	64			×	×
8 500	39	78				×
9 000	39	78				×
9 500	39	78				×
10 000	39	78				×

注：在标准使用过程中，可根据供需双方需要协商长度公差。有×号处，表示该型号有标准有效长度的带。

4.1.4 长度极限偏差

带长度极限偏差用下式计算，其中，上偏差为$+p/2$，下偏差为$-p$。

$$p=0.8\sqrt[3]{L}+0.006L$$

L是优先系数R10中的数，它们的值等于或略大于表2中有效长度数值，单位为毫米(mm)。

4.2 槽轮

4.2.1 两槽轮旋转轴平行

本标准中六角带与旧式带轮槽型对应情况(见表3)按GB/T 10412或GB/T 17197规定。

表3 六角带与带轮槽型

带型号	带轮槽型	
	GB/T 10412	GB/T 17197
HAA	A	AJ
HBB	B	BJ
HCC	C	CJ
HDD	D	DJ

4.2.2 两槽轮旋转轴不平行

在特殊情况下，通过增加带轮外径或槽角可保证V带接触和离开带轮时它们的边缘处不会产生摩擦力。

目前，无法规定一个适合所有采用不平行轴传输的槽轮的槽型。

5 带有效长度的测量

5.1 测量设备

测量装置示意图见图2(推荐)。该装置包含两个功效相同、尺寸相同的带轮，其中一个带轮中心固定，另一个带轮可在测量力F(见表4)的作用下，沿两带轮所在平面移动。

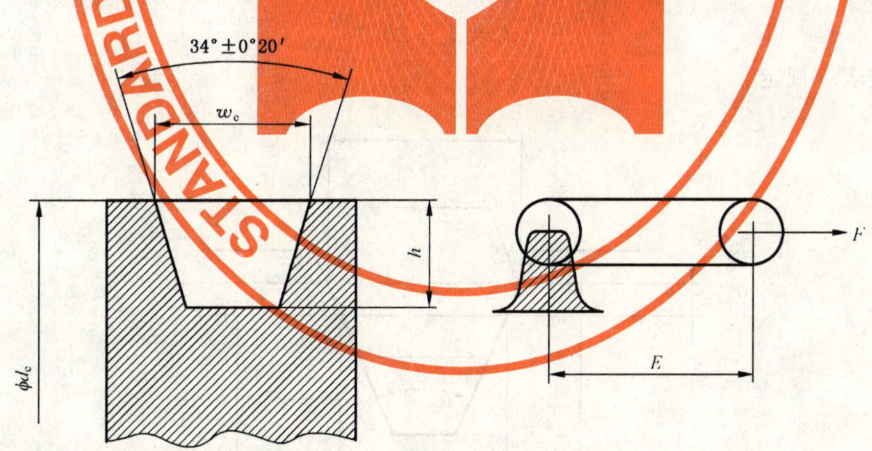

图2 测量设备示意图

5.2 测量步骤

测量时，要将V带转动至少两周，然后测量两轮的中心距E。

如在水平位置测量带长时，带的宽度等于截面的有效宽度w_e，此时带的有效长度L_e由下面公式计算获得：

$$L_e=2E+C_e$$

式中：

E——与 5.1 一致，指两个槽轮的中心距。

C_e——带轮的有效圆周长(见表 4)。

表 4　带轮基本尺寸及测量力

项　　目	型　　号			
	HAA	HBB	HCC	HDD
有效宽度 w_e/mm	13	16.5	22.4	32.8
最小槽深 h(近似值为 $0.6w_e$)/mm	8	10	14	20
有效直径 d_e/mm	95.49	127.32	190.99	286.48
有效圆周长 C_e/mm	300	400	600	900
测量力 F/N	300	450	850	1 400
槽角 α/(°)	34	34	34	36

5.3　被测量带轮槽面的检验

带轮的所有测量值当中，只有 w_e，C_e 和槽角 α 比较重要，其基本尺寸按表 4 规定。而标准中给出的槽深 h 仅供参考。

6　速度比 *R* 的计算

两个带轮中径 d_p 对于计算速度比是非常重要的。因此，在计算速度比的过程中，有必要采取下面的步骤。

6.1　带轮基准直径 d_d 的修正系数按 GB/T 10412 规定

如果带轮采用的是 GB/T 10412 规定的基准直径，那么必须采用修正系数来获得节径 d_p(图 3)。

节径 d_p 可以由下面公式计算获得。其中 b_d 为修正系数(GB/T 6931.2 中定义的基准线微分规定)。

$$d_p = d_d + 2b_d$$

$2b_d$ 的值按表 5 规定。

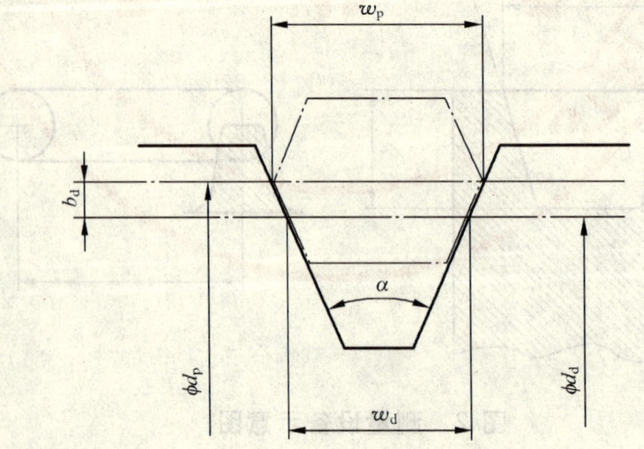

w_d——槽轮的基准宽度；

w_p——V 带的节宽。

图 3　带轮直径示意图

表 5 $2b_d$ 值

带外形	槽外形	槽角		
		34°	36°	38°
		$2b_d$ 值/mm		
HAA	A	6.5		5.8
HBB	B	8.2		7.3
HCC	C	11.1		9.9
HDD	D		17.9	16.8

6.2 带轮有效直径 d_e 的修正系数按 GB/T 17197 规定

由于六角带自身的特性，修正系数 b_e（按 GB/T 6931.2 中定义的有效节线微分规定）可近似等于零。因此，节径 d_p 近似等于有效直径 d_e（图 4）。

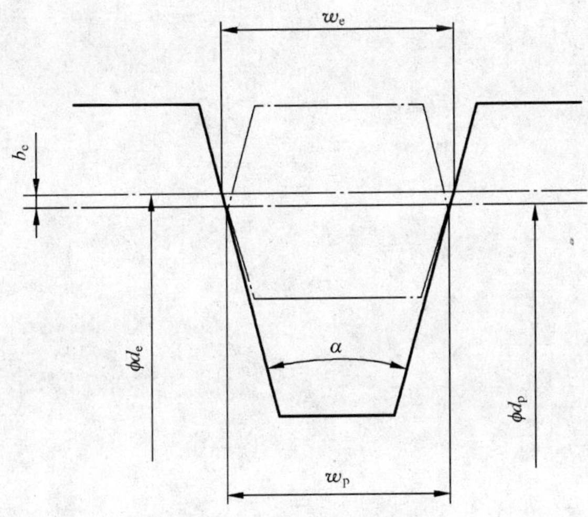

w_e——槽轮的有效宽度；

w_p——V 带的节宽。

图 4 带轮直径示意图

7 带轮制造要求

7.1 材料

当带速小于 25 m/s 时用性能不低于 HT150 牌号的灰铸铁。

当带速为 25 m/s～30 m/s 时用性能不低于 HT200 牌号的灰铸铁。

7.2 缺陷

带轮轮槽工作面不应有砂眼、气孔；辐板、辐轮及轮毂上不允许有缩孔。

7.3 平衡

带轮应按 GB/T 11357 的规定进行静平衡或动平衡。

ICS 65.060.01
B 90

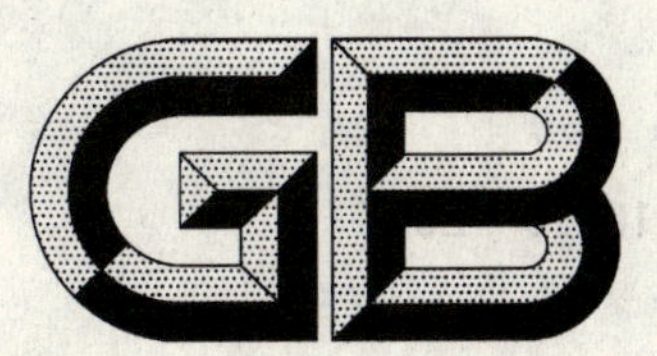

中华人民共和国国家标准

GB/T 10416—2007
代替 GB/T 10416—1989

农业机械 环形变速V带及带轮轮槽截面

Agricultural machinery—Endless variable-speed V-belts and groove sections of corresponding pulleys

(ISO 3410:1989,MOD)

2007-11-01 发布　　2008-01-01 实施

中华人民共和国国家质量监督检验检疫总局
中国国家标准化管理委员会　发布

前　言

本标准修改采用ISO 3410:1989《农业机械　环形变速V带及带轮轮槽截面》(英文版)。

本标准根据ISO 3410:1989重新起草。

本标准与ISO 3410:1989相比，进行了如下修改：

——增加了带轮制造技术要求；

——“本国际标准”一词改为“本标准”；

——删除国际标准的前言；

——用小数点“.”代替作为小数点的逗号“,”；

——对ISO 3410:1989中引用的其他国际标准，有被采用为我国标准的，用我国标准代替对应的国际标准。

本标准是对GB/T 10416—1989的修订，与GB/T 10416—1989相比主要技术内容变化如下：

——标准名称进行了修改；

——增加了有关带的长度、公差要求；

——增加了带长度的测量方法。

本标准自实施之日起代替GB/T 10416—1989。

本标准由中国机械工业联合会提出。

本标准由全国农业机械标准化技术委员会归口。

本标准起草单位：中国农业机械化科学研究院、山东五征集团有限公司。

本标准主要起草人：吕树盛、张蒙、张伟、薛治刚。

本标准所代替标准的历次版本发布情况为：

——GB/T 10416—1989。

农业机械　环形变速 V 带及带轮轮槽截面

1　范围

本标准规定了农业机械用(特别是收获机械)环形变速 V 带以及相应的固定和变直径槽轮基本尺寸。

2　规范性引用文件

下列文件中的条款通过本标准的引用而成为本标准的条款。凡是注日期的引用文件,其随后所有的修改单(不包括勘误的内容)或修订版均不适用于本标准,然而,鼓励根据本标准达成协议的各方研究是否可使用这些文件的最新版本。凡是不注日期的引用文件,其最新版本适用于本标准。

GB/T 321—2005　优先数和优先数系(ISO 3:1973,IDT)

GB/T 1800.4—1999　极限与配合　标准公差等级和孔、轴的极限偏差表(eqv ISO 286-2:1988)

GB/T 6931.2—1986　V 带传动术语(eqv ISO 1081:1980)

GB/T 11357—1989　带轮的材质、表面粗糙度及平衡(eqv ISO 254:1981)

ISO 9608:1994　V 带均匀性规范和试验方法　中心距变化量法

3　术语和定义

GB/T 6931.2 中确立的术语和定义适用于本标准。

4　尺寸和公差

4.1　V 带

4.1.1　概述

环形变速 V 带每单位横截面都会传递径向力。当 V 带经过槽轮时,其横截面会发生一个微小的变形。因此,我们下面定义的各种的测量值都是在 V 带安装在设备上,且受到力 F 的作用的情况下获得的,如 w_p、B、w、T 等值。

4.1.2　截面尺寸

可以用“相对高度”(截面高度 T 与节宽 w_p 的比)来描述 V 带截面特征。且此相对高度允许平均误差为 0.5。节线距截面长边的距离约占截面高的 1/3(见图 1)。V 带截面的尺寸应符合表 1 要求。

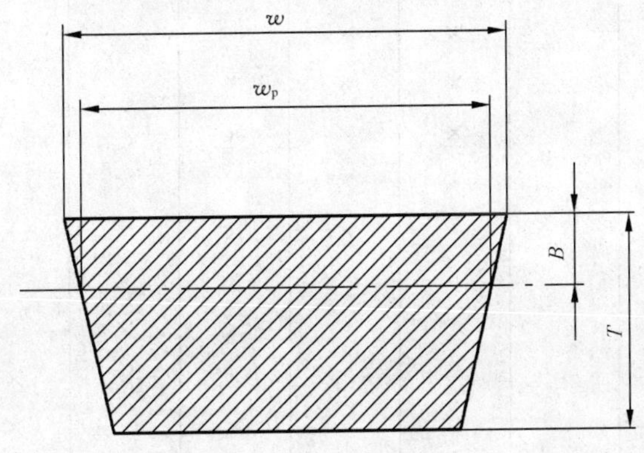

图 1　V 带截面

表 1　V 带截面尺寸

单位为毫米

型号	HG	HH	HI	HJ	HK	HL	HM	HN	HO
w_p	15.4	19	23.6	29.6	35.5	41.4	47.3	53.2	59.1
w	16.5	20.4	25.4	31.8	38.1	44.5	50.8	57.2	63.5
T	8	10	12.7	15.1	17.5	19.8	22.2	23.9	25.4
B[a]	2.5	3	3.8	4.7	5.7	6.6	7.6	8.5	9.5
[a] 近似值公式：$B=0.16w_p$									

4.1.3　V 带基准长度

V 带的基准长度范围应首选优先系数 R40 系列（GB/T 321）中 630 mm～5 000 mm 的数值（见表 2）。如果还需要中间值，则首选 R80 系列。

表 2　基准长度系列

单位为毫米

基准长度：L_d			槽型								
基本尺寸	极限偏差										
	$+p/2$	$-p$	HG	HH	HI	HJ	HK	HL	HM	HN	HO
630	5	10	×								
670	5	10	×								
710	6	12	×								
750	6	12	×								
800	6	12	×	×							
850	6	12	×	×							
900	7	14	×	×							
950	7	14	×	×							
1 000	7	14	×	×	×						
1 060	8	16	×	×	×						
1 120	8	16	×	×	×						
1 180	8	16		×	×						
1 250	8	16		×	×						
1 320	9	18		×	×						
1 400	9	18		×	×	×					
1 500	9	18		×	×	×					
1 600	9	18		×	×	×	×				
1 700	11	22			×	×	×				
1 800	11	22			×	×	×				
1 900	11	22				×	×				
2 000	11	22				×	×	×	×		
2 120	13	26				×	×	×	×	×	
2 240	13	26				×	×	×	×	×	×
2 360	13	26				×	×	×	×	×	×

表 2（续） 单位为毫米

基准长度：L_d			槽型								
基本尺寸	极限偏差										
	$+p/2$	$-p$	HG	HH	HI	HJ	HK	HL	HM	HN	HO
2 500	13	26					×	×	×	×	×
2 650	15	30					×	×	×	×	×
2 800	15	30					×	×	×	×	×
3 000	15	30					×	×	×	×	×
3 150	15	30						×	×	×	×
3 350	18	36						×	×	×	×
3 550	18	36						×	×	×	×
3 750	18	36						×	×	×	×
4 000	18	36						×	×	×	×
4 250	22	44							×	×	×
4 500	22	44							×	×	×
4 750	22	44							×	×	×
5 000	22	44							×	×	×
注：在标准使用过程中，可根据供需双方需要协商长度公差。有×号处，表示该型号有标准基准长度的带。											

4.1.4 带长极限偏差

带长度极限偏差用下式计算，其中，上偏差为$+p/2$，下偏差为$-p$。

$$p = 0.8\sqrt[3]{L} + 0.006L$$

L 是优先系数 R10 中的数，它们的值等于或略大于表 2 中基准长度数值，单位为毫米（mm）。

4.1.5 中心距变化量

中心距变化量 ΔE 按表 3 规定。

表 3 中心距变化量 单位为毫米

带长		带顶宽	
>	≤	≤25	>25
		ΔE	
—	1 000	1.2	1.8
1 000	2 000	1.6	2.2
2 000	5 000	2	3.4
5 000	—	2.5	3.4

4.2 槽轮

一般情况下，本标准中的 V 带通常配合两种变直径的槽轮，一种如图 2 中的型式 2，一侧槽轮可以在外力作用下沿槽轮轴向移动；另一种如型式 3，一侧轮槽可以在外力作用下沿槽轮轴向移动。很少情况下会配合型式 1 的定直径槽轮。

槽轮的基准直径 d_d 及槽轮的基本尺寸按表 4 规定。

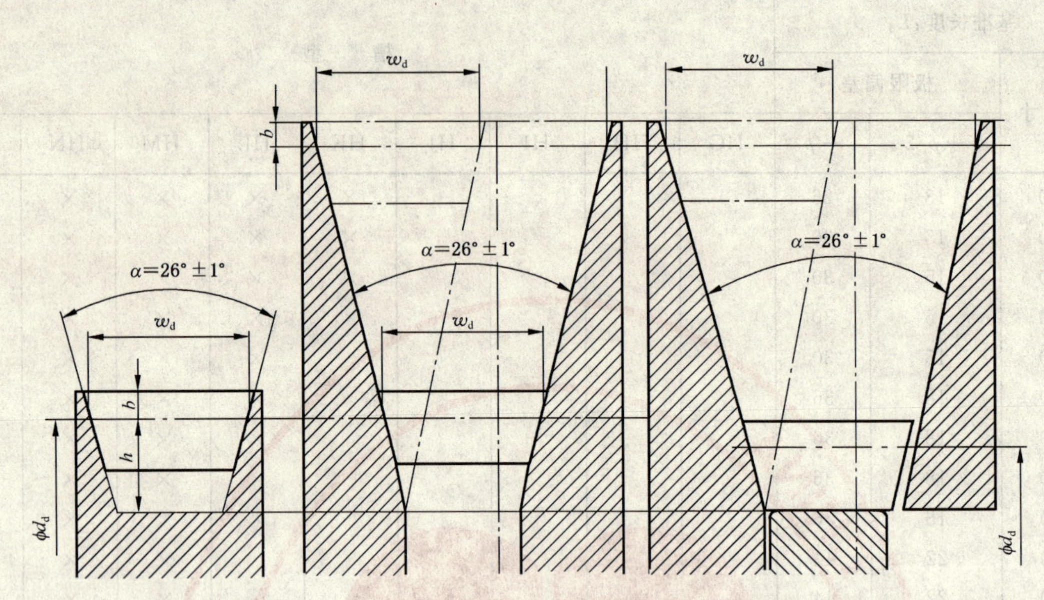

a) 型式 1 定直径式　　b) 型式 2 变直径式　　c) 型式 3 变直径可脱离式

图 2

表 4 带轮尺寸

单位为毫米

带轮类型	尺寸	近似公式	槽型								
			HG	HH	HI	HJ	HK	HL	HM	HN	HO
1-2-3	w_d		15.4	19	23.6	29.6	35.5	41.4	47.3	53.2	59.1
1-2-3	b(最小值)	$0.16w_d$	2.5	3	3.8	4.7	5.7	6.6	7.6	8.5	9.5
1-2	d_d(最小值)	$3.55w_d$	55	68	84	105	126	147	168	189	210
3		$3.15w_d$	49	60	74	93	112	130	149	168	186
1-2	h(最小值)	$0.535w_d$	8	10	13	16	19	22	25	28	32
3		$T-B$	5.5	7	8.9	10.4	11.8	13.2	14.6	15.4	15.9
注：d_d 和 h 的最小值的数值是经过四舍五入的。											

5 测量和检验

5.1 带的测量

5.1.1 测量装置

测量装置示意图如图 3 所示。该装置包含两个功效相同、尺寸相同的带轮，其中一个带轮中心固定，另一个带轮可在测量力 F 的作用下，沿两带轮所在平面移动。

槽轮的基本尺寸和测量力的对应关系如表 5 所示。

测量时，要将 V 带转动至少两周，然后测量两轮的中心距 E。

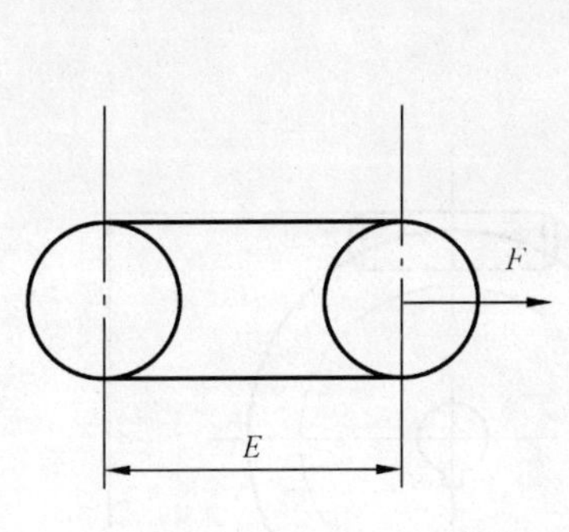

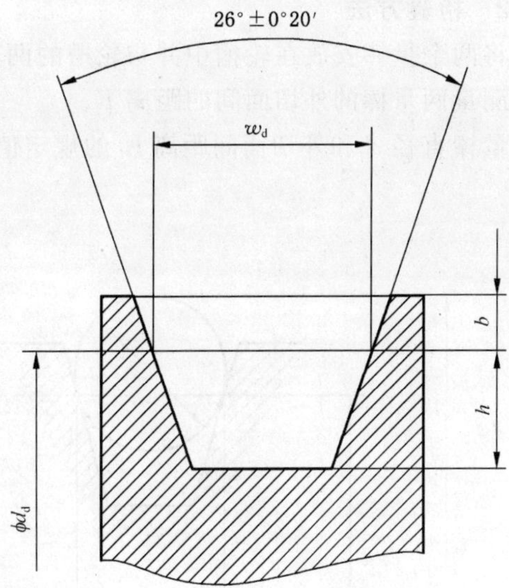

图 3 测量装置示意图

表 5 槽轮尺寸和测量力

尺寸	近似公式	槽型								
		HG	HH	HI	HJ	HK	HL	HM	HN	HO
w_d/mm		15.4	19	23.6	29.6	35.5	41.4	47.3	53.2	59.1
b/mm	$0.16w_d$	2.5	3	3.8	4.7	5.7	6.6	7.6	8.5	9.5
h/mm	$0.535w_d$	8	10	13	16	19	22	25	28	32
d_d/mm	$5.3w_d$[a]	95.49 ±0.13	95.49 ±0.13	127.32 ±0.13	159.16 ±0.13	190.99 ±0.13	222.82 ±0.13	254.65 ±0.13	286.48 ±0.13	318.31 ±0.13
C_d/mm	$17w_d$[a]	300	300	400	500	600	700	800	900	1 000
F/N	$1.46w_d^2$[b]	350	530	800	1 300	1 800	2 500	3 300	3 300	3 300
注：带的运行要在－0.8 mm 和＋4.1 mm 之间(除了 HN 和 HO,应在－0.8 mm 和 5.6 mm 之间)。										
a HG 和 HH 除外。 b HN 和 HO 除外。										

5.1.2 长度测量

带的基准长度 L_d 由下面公式计算获得：

$$L_d = 2E + C_d$$

式中：

E——与 5.1.1 一致,指两个槽轮的中心距；

C_d——带轮的基准周长(见表 5)。

5.1.3 中心距变化量的检验

中心距变化量的检验按 ISO 9608 规定进行。

5.2 带轮槽面的检验

带轮的所有测量值当中,只有 w_d、C_d 和槽角比较重要,其基本尺寸按表 5 规定。而标准中给出的 b、h 仅供参考。

5.3 轮槽的检验

5.3.1 原理

待测带轮槽有效直径可通过两个量棒与轮槽的两边同时紧密接触来测量,量棒直径 d 见表 6。

5.3.2 检验方法

将两个量棒安放在轮槽中并与轮槽的两边同时紧密接触，以保证两量棒和带轮的轴线平行(图 4)。测量两量棒的外切面间的距离 K。

量棒直径 d 和外切面间距离 K 的规定值见表 6。

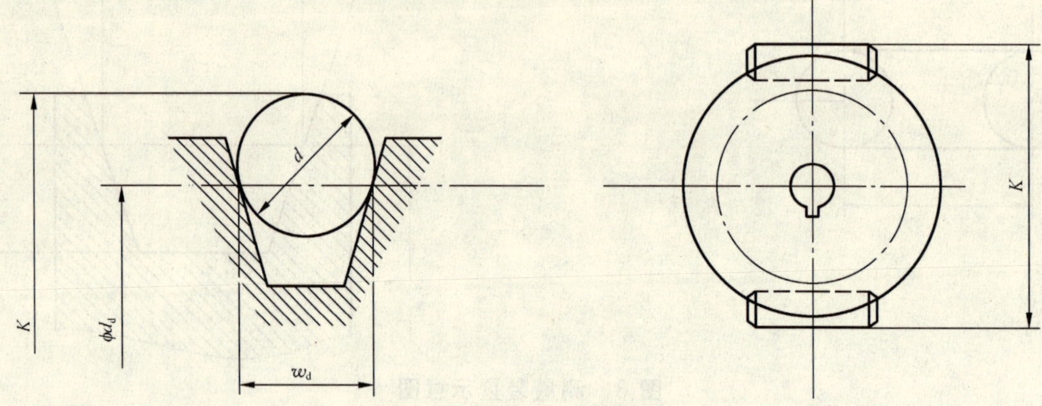

图 4 带轮的尺寸测量方法

表 6 量棒直径和 K 值

单位为毫米

型式	d		K	
	基本尺寸	极限偏差[a]	基本尺寸	极限偏差
HG	15.805	+0.005 −0.003	114.85	±0.2
HH	19.5	+0.005 −0.004	119.38	
HI	24.221		156.99	
HJ	30.379	+0.006 −0.005	196.37	
HK	36.434		235.62	
HL	42.489		274.87	
HM	48.544		314.11	
HN	54.599	+0.006 −0.007	353.36	
HO	60.655		392.61	

a 极限偏差 j5，见 GB/T 1800.4。

6 带轮制造要求

6.1 材料

当带速小于 25 m/s 时用性能不低于 HT150 牌号的灰铸铁。

当带速为 25 m/s～30 m/s 时用性能不低于 HT200 牌号的灰铸铁。

6.2 缺陷

带轮轮槽工作面不应有砂眼、气孔；辐板、辐轮及轮毂上不允许有缩孔。

6.3 平衡

带轮应按 GB/T 11357 的规定进行静平衡或动平衡。

ICS 43.040.20
T 38

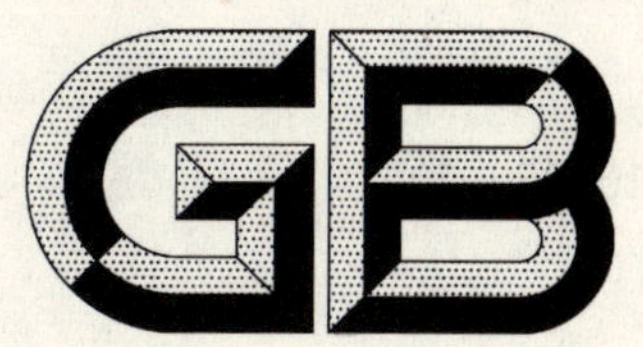

中华人民共和国国家标准

GB/T 10485—2007
代替 GB/T 10485—1989

道路车辆　外部照明和光信号装置环境耐久性

Road vehicles—Lighting and light-signalling devices—Environmental endurance

2007-04-30 发布　　　　2007-12-01 实施

中华人民共和国国家质量监督检验检疫总局
中国国家标准化管理委员会　发布

前言

本标准参照ISO/DIS 12346《道路机动车辆　照明和光信号装置　环境耐久性》(1997年英文版)修订。本标准与ISO/DIS 12346的主要差异如下：

——修改了前照灯和前雾灯热循环试验的适用性；

——修改了通用的热循环试验的适用性和试验方法；

——修改了热变形试验的适用性和试验条件；

——修改了防尘试验的适用性和结果判定；

——修改了防水试验的适用性；

——删除了耐透水性试验；

——删除了前照灯和前雾灯的耐候性试验(光源辐照试验)；

——删除了机械磨损试验；

——删除了适用于照明装置的耐化学试剂、耐燃油和耐洗涤剂试验。

本标准代替GB/T 10485—1989《汽车和挂车外部照明和信号装置基本环境试验》。本标准与前版相比较，主要变化如下：

——标准名称由前版《汽车和挂车外部照明和信号装置基本环境试验》改为本版《道路车辆　外部照明和光信号装置　环境耐久性》；

——修改了前版第1章～第4章的内容，提出了新的标准适用范围、规范性引用文件、术语和定义及一般要求；

——修改了前版5.1条耐候性试验，提出新的光源辐照试验；

——修改了前版5.2条耐温试验；

——修改了前版5.3条振动试验；

——删除了前版5.4条冲击试验；

——修改了前版5.5条防尘试验；

——修改了前版5.6条防水试验；

——修改了前版5.7条盐雾试验；

——删除了前版5.8条反射镜劣化试验；

——修改了前版5.9条强度、温度变化试验；

——删除了前版5.10条气密性试验设备和条件，增加了热冲击试验；

——增加了热变形试验；

——增加了光信号装置的耐润滑油，耐燃油和耐洗涤剂试验。

本标准由国家发展和改革委员会提出。

本标准由全国汽车标准化技术委员会归口。

本标准起草单位：上海汽车灯具研究所、国家汽车质量监督检验中心(襄樊)。

本标准主要起草人：许谋和、杨晓松、俞培锋、武华堂。

本标准所代替标准的历次版本发布情况为：

——GB/T 10485—1989。

道路车辆　外部照明和光信号装置环境耐久性

1　范围

本标准规定了机动车辆及挂车外部照明和光信号装置的环境耐久性试验的一般要求、试验项目(前照灯和前雾灯的热循环试验、通用的热循环试验、热冲击试验、热变形试验、盐雾试验、防尘试验、随机振动试验、防水试验、配光镜强度试验、耐润滑油、耐燃油和耐清洗液试验、光源辐照试验)、适用性、设备、试样、试验条件、试验方法和结果判定等。

本标准适用于M、N和O类机动车辆及挂车外部照明和光信号装置(回复反射器除外)。

2　规范性引用文件

下列文件中的条款通过本标准的引用而成为本标准的条款。凡是注日期的引用文件,其随后所有的修改单(不包括勘误的内容)或修订版均不适用于本标准,然而,鼓励根据本标准达成协议的各方研究是否可使用这些文件的最新版本。凡是不注日期的引用文件,其最新版本适用于本标准。

GB 4599　汽车用灯丝灯泡前照灯

GB 4660　汽车用灯丝灯泡前雾灯

GB 4785　汽车及挂车外部照明和光信号装置的安装规定

GB 5920　汽车及挂车前位灯、后位灯、示廓灯和制动灯配光性能

GB 11554　汽车及挂车后雾灯配光性能

GB 15235　汽车及挂车倒车灯配光性能

GB 17509　汽车及挂车转向信号灯配光性能

GB 18099　汽车及挂车侧标志灯配光性能

GB 18408　汽车及挂车后牌照板照明装置配光性能

GB 18409　汽车驻车灯配光性能

GB 21259　汽车用气体放电光源前照灯

3　术语和定义

上述规范性引用文件确立的术语和定义适用于本标准。

4　一般要求

4.1　每项试验应使用新试样,根据试验项目的需要也可以使用同一试样进行不同的试验。

4.2　对于为12 V和24 V系统两者设计的装置,除配光性能外,全部试验应使用光源标称电压为24 V的装置。配光性能应按相关标准规定检验。

5　前照灯和前雾灯的热循环试验

5.1　适用性

本试验项目用来确定前照灯和前雾灯(使用塑料配光镜的除外)的热循环试验耐抗性。

5.2　设备

可编程高低温试验箱。

5.3 试样

两只前照灯或前雾灯。

5.4 试验条件

5.4.1 试验前、后应检验配光性能。

5.4.2 放置试样前，箱内气流为 1 m/s～2 m/s。

5.4.3 试样与箱壁间距离应大于 200 mm。

5.5 试验方法

5.5.1 试样应安装在试验支架上，放置在试验箱内时，其基准轴线平行于气流的主方向。

5.5.2 试样应经历图 1 所示的 5 个高低温循环试验，每个循环历时 8 h。即：

试验循环：5；

每个循环时间：8 h；

温度曲线：按图 1 规定；

温度转换速率：0.6℃/min～4.0℃/min；

循环开始温度：20℃；

低温：−30℃/至少 2 h；

高温：60℃/至少 2 h；

点灯方式：在图 1“A”点开始点灯至“B”点关闭；

试验电压：13.2 V±0.1 V(标称电压 24 V 为 28.0±0.1 V)。

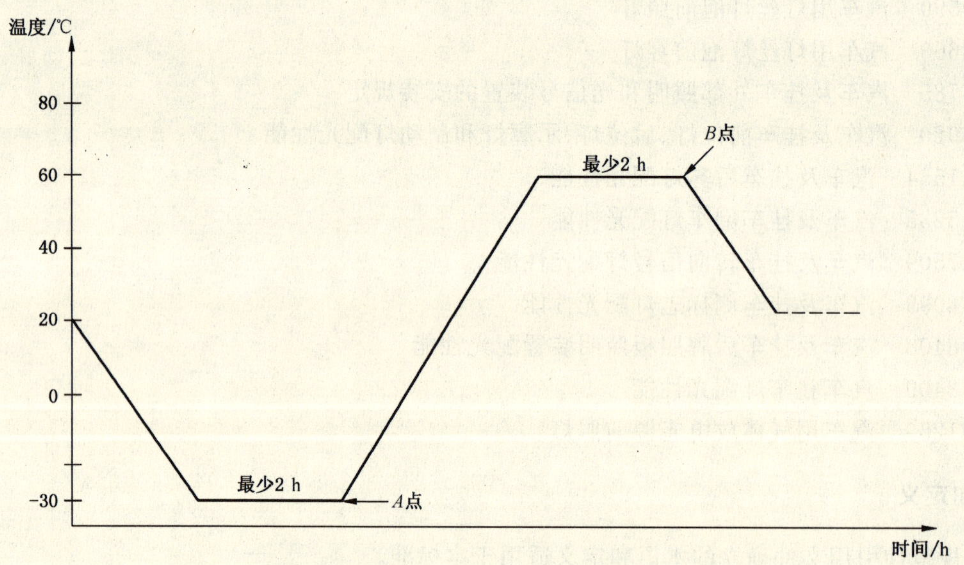

图 1 前照灯和前雾灯热循环试验的温度-时间曲线

5.5.3 试验结束后，从箱内取出试样，在室温 23℃±5℃和相对湿度 30%～60%的环境条件下存放 1 h。

5.6 结果判定

目视检验试样应无锈蚀，反射镜和配光镜应不变形、不起泡，配光性能应符合相关标准要求。

6 通用的热循环试验

6.1 适用性

本试验项目用来确定照明(使用塑料配光镜的前照灯和前雾灯除外)和光信号装置的耐温性。

6.2 设备

可编程高低温湿热试验箱。

6.3 试样

两只照明或光信号装置。

6.4 试验条件

试验前、后应检验配光性能。

6.5 试验方法

试样以正常工作位置放入试验箱内，并经历5个试验循环。每个试验循环组成如下：

湿热：38℃/16 h，相对湿度95%；

低温：－30℃/4 h；

高温：60℃/4 h；

温度转换速率：0.6℃/min～4.0℃/min；

循环开始温度：20℃。

6.6 结果判定

试验后，目视检验试样应无锈蚀，反射镜和配光镜应不变形、不起泡，配光性能应符合相关标准要求。

7 热冲击试验

7.1 适用性

本试验项目用来确定前照灯和前雾灯的热冲击耐抗性。

7.2 设备

直流稳压电源，水槽。

7.3 试样

两只前照灯或前雾灯。

7.4 试验条件

试验应在23℃±5℃和相对湿度30%～60%的环境条件下进行。

7.5 试验方法

7.5.1 在无气流的室温环境条件下，试样通常应以最大功率的方式点亮30 min。对于多灯单元应点亮有关的功能。

试验电压应为13.2 V±0.1 V(或者28.0 V±0.1 V)。

7.5.2 点亮结束后，配光镜的整个外表面立即浸入23℃±5℃的水中，历时5 min。

7.6 结果判定

试验后，目视检验透光部件应无裂纹，不起泡。

8 热变形试验

8.1 适用性

本试验项目适用于光信号装置，用来评定其塑料部件对于环境和自身光源的耐热性。

8.2 设备

可编程高低温试验箱。

8.3 试样

两只光信号装置。

8.4 试验条件

8.4.1 放置试样前，箱内气流应为1 m/s～2 m/s。

8.4.2 试样应安装在试验支架上，并安放在箱内中心位置处，其基准轴线平行于气流的主方向，试样与箱壁间距离应大于200 mm。

8.4.3 试样箱内的温度应为46℃～49℃之间(对于后雾灯温度应为23℃±5℃)。

8.5 试验方法

8.5.1 试样应按下述规定的方式,以试验电压(13.5 V±0.1 V或28.0 V±0.1 V)点亮1 h:

——牌照灯、侧标志灯、前位灯、后位灯、后雾灯、驻车灯、昼间行驶灯和示廓灯应稳定点亮;

——制动灯和倒车灯应点亮5 min,关闭5 min;

——转向信号灯以闪烁方式点亮。

8.5.2 具有多种功能的装置,除倒车灯和后雾灯组合成的组合灯外,应同时点亮所有的功能。

8.5.3 制动灯、倒车灯和后雾灯应分别进行试验。

8.5.4 若后雾灯与后位灯结合成混合灯,则试验时应同时点亮两种功能。

8.6 结果判定

试验后,目视检验塑料部件应不变形。

9 盐雾试验

9.1 适用性

本试验项目适用于照明和光信号装置,用来确定其耐盐雾腐蚀性。

9.2 设备

盐雾试验箱。

9.3 试样

两只照明或光信号装置。

9.4 试验条件

9.4.1 试验前后应检验试样的配光性能。

9.4.2 试样按装车情况防护,并安装在试验支架上。

9.4.3 氯化钠盐溶液(质量)浓度5%±0.1%,pH值(35℃时)6.5～7.2。

9.4.4 试验箱温度35℃±2℃,盐雾沉降率(1.0～2.0)mL/(h.80 cm^2),连续喷雾。

9.5 试验方法

9.5.1 打开试样上的所有泄水孔或其他开孔,将试样放在试验箱内。

9.5.2 试样应经历10个循环试验,每个循环喷雾23 h,干燥1 h。试验应在干燥阶段结束。

9.5.3 试验后,试验表面用去离子水清洗5 min,并在自然对流条件下干燥。

9.6 结果判定

试样应无腐蚀,配光性能应符合相关标准要求。

10 防尘试验

10.1 适用性

本方法用来确定照明和光信号装置(封闭式灯除外)的防尘性。

10.2 设备

如图2所示,或其他与之等效的试验设备。

10.3 试样

两只照明或光信号装置。

10.4 试验条件

10.4.1 应使用新的清洁试样。

10.4.2 试验前、后应检验试样的最大照度值或最大发光强度值。

10.4.3 试样按装车情况防护,并安装在试验支架上。

10.4.4 试验用灰尘由50%普通硅酸盐水泥和50%煤灰(重量比)混合而成,其颗粒尺寸分布如下:

颗粒尺寸≤32 μm:33 份;

32 μm≤颗粒尺寸≤250 μm:67 份。

10.4.5 温度 23℃±5℃,相对湿度 25%~75%,气压 86 kPa~106 kPa。

10.5 试验方法

10.5.1 按试验箱体积,以 2 kg/m^3 用量加入试验用灰尘。

10.5.2 试样与箱壁之间距离应不小于 150 mm。

10.5.3 试样打开泄水孔或其他开孔,经历 20 个循环试验,每个循环扬尘 6 s,之后间歇 15 min。

10.6 结果判定

试验后,最大照度值或最大发光强度(或亮度)值不应比试验前降低 10%以上。

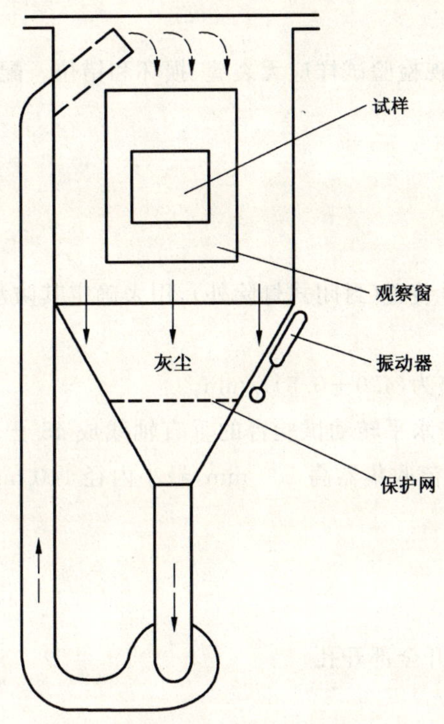

图 2 空气-灰尘混合物垂直向流动的防尘试验箱

11 随机振动试验

11.1 适用性

本方法适用于照明和光信号装置,用来评定其随机振动耐抗性。

11.2 设备

随机振动试验系统以及试验支架。

11.3 试样

两只照明或光信号装置,包括连接件。

11.4 试验条件

11.4.1 在 10 Hz~1 000 Hz 试验频率范围内,试验支架应避免产生共振。

11.4.2 试样固定点的位移为直线运动,瞬时加速度呈高斯分布。

11.4.3 环境温度 23℃±5℃。

11.4.4 加速度谱密度的频谱如下:

11.4.4.1 对于 N、O 类车:

10 Hz~56 Hz 0.07 g^2/Hz;

56 Hz～1 000 Hz 0.07 g^2/Hz 开始，以−3 dB/oct 下降，总均方根加速度值(RMS)3.8 g。

11.4.4.2 对于 M 类车：

10 Hz 0.213 g^2/Hz；

10 Hz～1 000 Hz 0.213 g^2/Hz 开始，以−3 dB/oct 下降，总均方根加速度值(RMS)3.15 g。

11.4.5 初始上升斜率不小于 30 dB/oct。

11.5 试验方法

11.5.1 试验前、后检验试样的配光性能。

11.5.2 试验由 2 个循环组成。对于 N、O 类车装置，每个振动方向试验持续时间 30 h；对于 M 类车装置，每个振动方向试验持续时间 7 h。振动方向上、下为基本方向，左、右和前、后方向按商定选择。

11.6 结果判定

除允许灯丝灯泡损坏外，目视检验试样应无裂缝、损坏和错位。配光性能应符合相关标准要求。

12 防水试验

12.1 方法 A

12.1.1 适用性

本方法适用于照明和光信号装置(封闭式灯除外)，用来确定其防水性。

12.1.2 设备

12.1.2.1 试样安装试验台转速为(4.0±0.5)r/min。

12.1.2.2 喷水管中心线向下与水平转动试验台的垂直轴线成 45°±5°角，喷水管水流应覆盖试样，其降水速度为 $2.5^{+1.6}_{-0}$ mm/min(水流收集器高 100 mm，最小内径 140 mm)。

12.1.3 试样

两只照明或光信号装置。

12.1.4 试验条件

试样按装车情况防护，并打开全部开孔。

12.1.5 试验方法

12.1.5.1 试样应安装在转台中心。

12.1.5.2 点灯方式为 3 min 点亮，2 min 关闭，应连续喷水 12 h。

12.1.5.3 喷水和转动停止后，试样应在箱内泄水 1 h。

12.1.6 结果判定

试样功能应正常。

12.2 方法 B

12.2.1 适用性

本方法适用于照明和光信号装置(封闭式灯除外)，用来确定其防水性。

12.2.2 设备

试验设备如图 3 所示。

12.2.2.1 半圆环形的喷水管在垂直轴线两侧±90°内，开有直径 0.8 mm，间距 50 mm 的喷水孔。

12.2.2.2 喷水管半径 R 取决于试样尺寸，R 值分别为 200 mm、400 mm、600 mm 和 800 mm 和 1 000 mm，从中选取适用的小 R 喷水管。

12.2.2.3 喷水管以 60°/s 的速度，在垂直轴线两侧扫掠，角度范围为 180°±20°。

12.2.2.4 每个喷水孔的水流量为 0.6 L/min+5%，水压近似为 400 kPa。

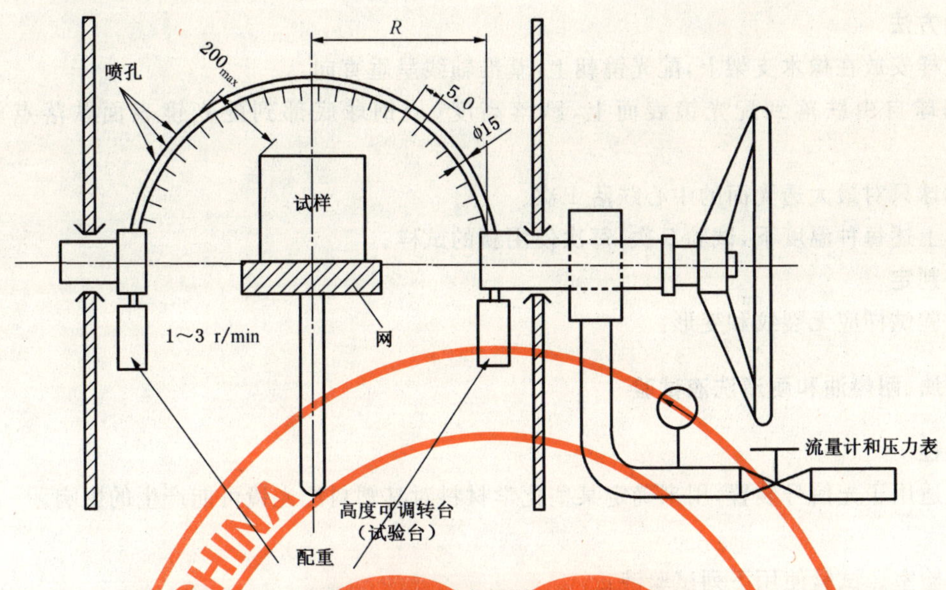

图 3 防水试验箱（方法 B）

12.2.3 **试样**

两只照明或光信号装置。

12.2.4 **试验条件**

12.2.4.1 试样按装车情况防护，并安装在试验支架上，打开全部泄水孔和开孔。安装试样的试验台转速为 1 r/min～3 r/min。

12.2.4.2 试样与喷水管的间距应不大于 200 mm。

12.2.4.3 温度 23℃±5℃，相对湿度 25%～75%，气压 86 kPa～106 kPa。

12.2.4.4 水温与环境温度相差不超过±5℃。

12.2.5 **试验方法**

12.2.5.1 试样应定中心地安装在试验台上。

12.2.5.2 试验前、后应检验试样的配光性能。

12.2.5.3 试验由两个循环组成，每个循环历时 5 min，其中 3 min 点亮试样，2 min 关闭。试验持续时间为 10 min。

12.2.6 **结果判定**

试验后，试样配光性能应符合相关标准要求。

13 配光镜强度试验

13.1 **适用性**

本方法适用于朝前面向的灯具，用来确定其配光镜的冲击耐抗性。

13.2 **设备**

安放试样用的橡木（或其他等效材料）支架、钢球和低温试验箱。

13.3 **试样**

10 只完整的试样。

13.4 **试验条件**

13.4.1 橡木支架厚 13 mm，钢球直径约 23 mm，重 50 g。

13.4.2 试验温度为 23℃±2.5℃和－30℃±3℃

13.4.3 试样应在试验温度下存放 1 h。

13.5 试验方法

13.5.1 试样安放在橡木支架上,配光镜朝上,基准轴线呈垂直向。

13.5.2 钢球自由跌落到配光镜表面上,跌落高度(从钢球底部到配光镜表面跌落点的距离)为400 mm。

13.5.3 钢球只对最大透光面的中心跌落1次。

13.5.4 在上述每种温度下,试验5次,每次使用新的试样。

13.6 结果判定

目视检验试样应无裂纹和变形。

14 耐润滑油、耐燃油和耐清洗液试验

14.1 适用性

本方法适用于光信号装置,用来确定某些化学材料对其塑料配光镜可能产生的影响。

14.2 设备

化学实验室。试验使用下列试验液:

清洁的润滑油;

燃油——由体积百分比70%正庚烷和30%甲苯组成;

风挡玻璃清洗液——由1份蒸馏水1份浓缩清洗液组成。

其中方法A只使用前两种试验液,方法B三种都用。

14.3 试样

对每种试验液,两只光信号装置。

14.4 试验条件

14.4.1 试样和试验液应处在23℃±5℃环境中。

14.4.2 浓缩清洗液的体积百分比组成为:85%异丙醇,5%乙醇,0.32%乙醇胺,加蒸馏水至100%。

14.5 试验方法

试验前、后应检验试样的配光性能,并商定使用试验方法A或方法B。

14.5.1 耐润滑油

将一块浸有清洁润滑油的棉布轮擦试样配光镜外表面约5 min。之后擦清表面,并检验配光性能。

14.5.2 耐燃油

将一块浸有上述燃油的棉布轮擦试样配光镜外表面约5 min。之后目视检验配光镜外表面。

14.5.3 耐清洗液

将上述清洗液滴在试样配光镜外表面上,液滴呈张力状态,7 h后检验配光镜外表面。

14.6 结果判定

配光镜外表面应无裂纹、变色和变形,试样配光性能应符合相关标准要求。

15 光源辐照试验

15.1 适用性

本方法适用于照明(除前照灯和前雾灯外)和光信号装置,用来确定其塑料光学部件的光源辐照耐抗性。

15.2 设备

氙灯气候试验箱,其光源的光谱能量分布相近于温度介于5 500 K~6 000 K的黑体。

15.3 试样

3块新的塑料配光镜或其材料试样。

15.4 试验条件和方法

15.4.1 在试验箱内，与试样处在同一水平位置上的黑色板温度为50°±5°。

15.4.2 光源与试样之间应放置相应的滤光片，尽可能减少波长小于295 nm和大于2 500 nm的辐射的影响。

15.4.3 试样环绕光源以1 r/min～5 r/min的速度转动。

15.4.4 试样的辐射照度应为1 200 W/m^2±200 W/m^2，在辐射期间接收到4 500 MJ/m^2±200 MJ/m^{2}的辐射能量。

15.4.5 在试验期间，试样应依次喷水5 min，干燥25 min，反复循环至试验结束。喷洒用的蒸馏水在23℃±2.5℃时的电导率小于1 mS/m。

15.5 结果判定

15.5.1 试验后，试样外表面应无裂纹、擦伤、屑片和变形。

15.5.2 按照GB 4599附录D规定的方法对3块试样进行测量时，其透过率变化$\Delta t=(T_2-T_3)/T_2$的平均值Δt_m应不大于0.020。

ICS 65.080
G 21

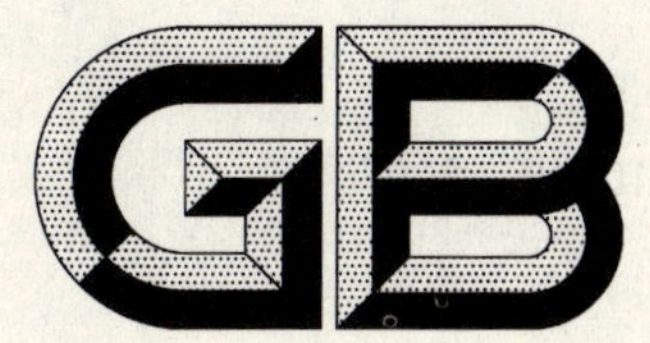

中华人民共和国国家标准

GB/T 10510—2007
代替 GB/T 10510—1998

硝酸磷肥、硝酸磷钾肥

Nitrophosphate and potassium nitrophosphate

2007-06-06 发布　　　　2007-09-01 实施

中华人民共和国国家质量监督检验检疫总局
中国国家标准化管理委员会　发布

前言

本标准代替 GB/T 10510—1998《硝酸磷肥》。

本标准与 GB/T 10510—1998 相比，主要变化如下：

——根据硝酸磷肥的开发生产需要，规定了硝酸磷钾肥的技术要求；

——制定了氧化钾含量和氯离子含量的测定方法；

——在原标准规定的要求基础上规定了总养分及配合式要求；

——取消了强度指标。

本标准由中国石油和化学工业协会提出。

本标准由全国肥料和土壤调理剂标准化技术委员会归口并负责解释。

本标准主要起草单位：国家化肥质量监督检验中心（上海）、天脊煤化工集团有限公司。

本标准主要起草人：杨晓霞、张家宏、房朋、马爱枝、卫丽华。

本标准于 1989 年首次发布。

硝酸磷肥、硝酸磷钾肥

1 范围

本标准规定了硝酸磷肥和硝酸磷钾肥的要求,试验方法,检验规则,标识,包装、运输和贮存。

本标准适用于主要以硝酸分解磷矿石后加工制得的氮磷比约为 2∶1 的肥料以及在其生产过程中加入钾盐而制得的肥料。

2 规范性引用文件

下列文件中的条款通过本标准的引用而成为本标准的条款。凡是注日期的引用文件,其随后所有的修改单(不包括勘误的内容)或修订版均不适用于本标准,然而,鼓励根据本标准达成协议的各方研究是否可使用这些文件的最新版本。凡是不注日期的引用文件,其最新版本适用于本标准。

GB/T 1250　极限数值的表示方法和判定方法

GB/T 6679　固体化工产品采样通则

GB/T 8569　固体化学肥料包装

GB/T 10511　硝酸磷肥中总氮含量的测定　蒸馏后滴定法

GB/T 10512　硝酸磷肥中磷含量的测定　磷钼酸喹啉重量法

GB/T 10513　硝酸磷肥中游离水含量的测定　卡尔·费休法

GB/T 10514　硝酸磷肥中游离水含量的测定　烘箱法

GB/T 10515　硝酸磷肥粒度测定

GB 18382　肥料标识　内容和要求(GB 18382—2001,neq ISO 7409:1984)

HG/T 2843　化肥产品　化学分析中常用标准滴定溶液、标准溶液、试剂溶液和指示剂溶液

3 术语及定义

下列术语和定义适用于本标准。

3.1

硝酸磷肥　nitrophosphate

以硝酸分解磷矿石后加工制得的氮磷比约为 2∶1 的肥料。

3.2

硝酸磷钾肥　potassium nitrophosphate

以硝酸分解磷矿石并加入钾盐加工制得的肥料。

3.3

配合式　formula

按 N-P_2O_5-K_2O(总氮-有效五氧化二磷-氧化钾)顺序,用阿拉伯数字分别表示其在肥料中所占百分比含量的一种方式。

注:"0"表示肥料中不含该元素。

4 要求

4.1　外观:颗粒状产品,无机械杂质。

4.2　硝酸磷肥和硝酸磷钾肥应符合表 1 要求,同时应符合标明值。

表 1

项　　目		硝酸磷肥			硝酸磷钾肥		
		优等品 27-13.5-0	一等品 26-11-0	合格品 25-10-0	优等品 22-10-10	一等品 22-9-9	合格品 20-8-10
总养分($N+P_2O_5+K_2O$)的质量分数/%	≥	40.5	37.0	35.0	42.0	40.0	38.0
水溶性磷占有效磷百分率/%	≥	70	55	40	60	50	40
水分(游离水)的质量分数/%	≤	0.6	1.0	1.2	0.6	1.0	1.2
粒度(粒径 1.00 mm～4.75 mm)/%	≥	95	85	80	95	85	80
氯离子(Cl^-)的质量分数/%	≤	—	—	—	3.0	3.0	3.0

注 1：单一养分测定值与标明值负偏差的绝对值不得大于 1.5%。

注 2：如硝酸磷钾肥产品氯离子含量大于 3.0%，并在包装容器上标明“含氯”，可不检验该项目；包装容器未标明“含氯”时，必须检验氯离子含量。

5 试验方法

本标准中所用试剂、水和溶液的配制，在未标明规格和配制方法时，均应按 HG/T 2843 之规定。

5.1 外观

目视法测定。

5.2 总氮的测定(蒸馏后滴定法)

按 GB/T 10511 进行。

5.3 有效磷和水溶性磷占有效磷百分率的测定(磷钼酸喹啉重量法)

按 GB/T 10512 进行。

5.4 氧化钾的测定(四苯硼钾重量法)

5.4.1 原理

在弱碱性介质中，以四苯硼酸钠溶液沉淀试样溶液中的钾离子，将沉淀过滤、干燥及称重。为了防止阳离子干扰，可预先加入适量的乙二胺四乙酸二钠盐(EDTA)，使阳离子与乙二胺四乙酸二钠络合。

5.4.2 试剂和材料

5.4.2.1 四苯硼酸钠溶液：15 g/L。

5.4.2.2 乙二胺四乙酸二钠盐(EDTA)溶液：40 g/L。

5.4.2.3 氢氧化钠溶液：400 g/L。

5.4.2.4 四苯硼酸钠洗涤液：1.5 g/L。

5.4.2.5 酚酞指示液：5 g/L 乙醇溶液，溶解 0.5 g 酚酞于 100 mL 95%(质量分数)乙醇中。

5.4.3 仪器

5.4.3.1 通常实验室用仪器。

5.4.3.2 玻璃坩埚式滤器：4 号，30 mL。

5.4.3.3 干燥箱：能维持 120℃±5℃的温度。

5.4.4 试样溶液的制备

称取按 6.4.2 制备的试样 4 g～5 g(称准至 0.000 2 g)，置于 250 mL 锥形瓶中，加约 150 mL 水，加热煮沸 30 min，冷却，定量转移到 250 mL 量瓶中，用水稀释至刻度，混匀，干过滤，弃去最初 50 mL 滤液。

5.4.5 分析步骤

准确吸取 25 mL 试样溶液(5.4.4)于 200 mL 烧杯中，加 20 mL EDTA 溶液，加 2～3 滴酚酞指示液，滴加氢氧化钠溶液至红色出现时，再过量1 mL，在通风柜内缓慢加热煮沸15 min(注意！不能煮干，如在煮沸过程中溶液太少时可加入适量水)，冷却至室温，若红色消失，再用氢氧化钠溶液调至红色。

在不断搅拌下，于上述溶液中逐滴加入四苯硼酸钠溶液，加入量为每含1 mg氧化钾加四苯硼酸钠溶液0.5 mL，并过量约7 mL，继续搅拌1 min，静置15 min以上，用倾滤法将沉淀过滤于120℃下预先恒重的4号玻璃坩埚式滤器内，用四苯硼酸钠洗涤液洗涤沉淀5～7次，每次用量约5 mL，在洗涤的同时将沉淀全部转移至滤器内，最后用水洗涤2次，每次用量5 mL。

将盛有沉淀的坩埚置入120℃±5℃干燥箱中，干燥1.5 h，然后放在干燥器中冷却，称重。

同时进行空白试验。

5.4.6 分析结果的表述

氧化钾(以 K_2O 计)含量 w_1 以质量分数(%)表示，按式(1)计算：

$$w_1=\frac{(m_2-m_1)\times 0.131\ 4}{m_0\times\frac{25}{250}}\times 100$$

$$=\frac{(m_2-m_1)\times 131.4}{m_0} \qquad\cdots\cdots(1)$$

式中：

m_2——测定试样溶液时所得沉淀质量的数值，单位为克(g)；

m_1——空白试验时所得沉淀质量的数值，单位为克(g)；

0.131 4——四苯硼酸钾质量换算为氧化钾质量的系数的数值；

m_0——试料的质量的数值，单位为克(g)；

25——吸取试样溶液的体积的数值，单位为毫升(mL)；

250——试样溶液总体积的数值，单位为毫升(mL)。

取平行测定结果的算术平均值为测定结果。

5.4.7 允许差

平行测定结果的绝对差值不大于0.20%；

不同实验室测定结果的绝对差值不大于0.40%。

5.5 水分(游离水)的测定

5.5.1 卡尔·费休法(仲裁法)

按GB/T 10513进行。

5.5.2 烘箱法

按GB/T 10514进行。

5.6 粒度的测定 筛分法

按GB/T 10515进行，试验筛孔径为1.00 mm和4.75 mm。

5.7 氯离子的测定 佛尔哈德法

5.7.1 原理

试料在微酸性溶液中，加入过量的硝酸银溶液，使氯离子转化成为氯化银沉淀，用邻苯二甲酸二丁酯包裹沉淀，以硫酸铁铵为指示剂，用硫氰酸铵标准滴定溶液滴定剩余的硝酸银。

5.7.2 试剂和材料

5.7.2.1 邻苯二甲酸二丁酯；

5.7.2.2 硝酸溶液：1+1；

5.7.2.3 硝酸银溶液：$c(AgNO_3)=0.05$ mol/L。称取8.7 g硝酸银，溶解于水中，稀释至1 000 mL，储存于棕色瓶中；

5.7.2.4 氯离子标准溶液：1 mg/mL。准确称取1.648 7 g经270℃～300℃烘干至恒重的基准氯化钠于烧杯中，用水溶解后，移入1 000 mL量瓶中，稀释至刻度，混匀，储存于塑料瓶中。此溶液1 mL含

1 mg氯离子(Cl^-)；

5.7.2.5　硫酸铁铵指示液：80 g/L。溶解 8.0 g 硫酸铁铵于 75 mL 水中，过滤，加几滴硫酸，使棕色消失，稀释至 100 mL。

5.7.2.6　硫氰酸铵标准滴定溶液：$c(NH_4SCN)=0.05$ mol/L。称取 3.8 g 硫氰酸铵溶解于水中，稀释至 1 000 mL。

标定方法如下：准确吸取 25.0 mL 氯标准溶液于 250 mL 锥形瓶中，加入 5 mL 硝酸溶液和 25.0 mL硝酸银溶液，摇动至沉淀分层，加入 5 mL 邻苯二甲酸二丁酯，摇动片刻。加入水，使溶液中体积约为 100 mL，加入 2 mL 硫酸铁铵指示液，用硫氰酸铵标准滴定溶液滴定剩余的硝酸银，至出现浅橙色或砖红色为止。同时进行空白试验。

硫氰酸铵标准滴定溶液的浓度 c(mol/L)按式(2)计算：

$$c=\frac{m_3\times 1\,000}{35.45\times(V_{01}-V_1)} \quad\cdots\cdots\cdots\cdots(2)$$

式中：

m_3——所取氯离子标准溶液中氯离子的质量的数值，单位为克(g)；

35.45——氯的摩尔质量的数值，单位为克每摩尔(g/mol)；

V_{01}——空白试验(25.0 mL 硝酸银溶液)所消耗硫氰酸铵标准滴定溶液的体积的数值，单位为毫升(mL)；

V_1——滴定剩余的硝酸银所消耗硫氰酸铵标准滴定溶液的体积的数值，单位为毫升(mL)。

5.7.3　分析步骤

称取试样约 1 g 至 10 g(精确至 0.001 g)(称样范围见表 2)于 250 mL 烧杯中，加 100 mL 水，缓慢加热至沸，继续微沸 10 min，冷却至室温，溶液转移到 250 mL 量瓶中，稀释至刻度，混匀。干过滤，弃去最初的部分滤液。

表 2

氯离子质量分数(X)/%	$X<5$	$5\leqslant X\leqslant 25$	$X>25$
称样量/g	10～5	5～1	1

准确吸取一定量的滤液(含氯离子约 25 mg)于 250 mL 锥形瓶中，加入 5 mL 硝酸溶液，加入 25.0 mL硝酸银溶液，摇动至沉淀分层，加入 5 mL 邻苯二甲酸二丁酯，摇动片刻。

加入水，使溶液总体积约为 100 mL，加入 2 mL 硫酸铁铵指示液，用硫氰酸铵标准滴定溶液滴定剩余的硝酸银，至出现浅橙色或砖红色为止。同时进行空白试验。

5.7.4　分析结果的表述

氯离子(以 Cl^- 计)含量 w_2 以质量分数(%)表示，按式(3)计算：

$$w_2=\frac{(V_{02}-V_2)c\times 35.45}{1\,000\times m_4 D}\times 100 \quad\cdots\cdots\cdots\cdots(3)$$

式中：

V_{02}——空白试验(25.0 mL 硝酸银溶液)所消耗硫氰酸铵标准滴定溶液的体积的数值，单位为毫升(mL)；

V_2——滴定试液时所消耗硫氰酸铵标准滴定溶液的体积的数值，单位为毫升(mL)；

c——硫氰酸铵标准滴定溶液的浓度的数值，单位为摩尔每升(mol/L)；

35.45——氯的摩尔质量的数值，单位为克每摩尔(g/mol)；

m_4——试料质量的数值，单位为克(g)；

D——测定时吸取试液体积与试液的总体积之比。

取平行测定结果的算术平均值为测定结果。

5.7.5　允许差

5.7.5.1　平行测定结果的绝对差值(%)应符合表3要求。

表 3

氯离子质量分数(X)/%	$X<5$	$5\leqslant X\leqslant 25$	$X>25$
绝对差值　　≤	0.20	0.30	0.40

5.7.5.2　不同实验室测定结果的绝对差值(%)应符合表4要求。

表 4

氯离子质量分数(X)/%	$X<5$	$5\leqslant X\leqslant 25$	$X>25$
绝对差值　　≤	0.30	0.40	0.60

6　检验规则

6.1　检验类别及检验项目

产品检验为出厂检验,检验项目为第4章的全部内容。

6.2　组批

产品按批检验,以每班产量为一批。

6.3　采样方案

6.3.1　袋装产品

不超过512袋时,按表5确定采样袋数;大于512袋时,按式(4)计算结果确定采样袋数,如遇小数,则进为整数。

表 5　采样袋数

总袋数	最少采样袋数	总袋数	最少采样袋数
1～10	全部袋数	182～216	18
11～49	11	217～254	19
50～64	12	255～296	20
65～81	13	297～343	21
82～101	14	344～394	22
102～125	15	395～450	23
126～151	16	451～512	24
152～181	17		

$$n = 3 \times \sqrt[3]{N} \qquad \cdots\cdots\cdots\cdots(4)$$

式中:

n——采样袋数;

N——每批产品总袋数。

按表5或式(4)计算结果,随机抽取一定袋数,用采样器从每袋最长对角线插入至袋的四分之三处,取出不少于100 g样品,每批采取总样品量不少于2 kg。

6.3.2　散装产品

按GB/T 6679规定进行采样。

6.4 样品缩分及试样制备

6.4.1 样品缩分

将采取的样品迅速混匀，用缩分器或四分法将样品缩分至不少于 1 kg。分装于两个洁净、干燥的 500 mL 具有磨口塞的玻璃瓶或塑料瓶中，密封并贴上标签，注明生产企业名称、产品名称、产品等级、批号或生产日期、取样日期和取样人姓名，一瓶做产品质量分析，另一瓶保存两个月，以备查用。

6.4.2 试样制备

由 6.4.1 中取一瓶样品，经多次缩分后取出约 100 g 样品，迅速研磨至全部通过 0.50 mm 孔径筛，混匀，置于洁净、干燥的瓶中，做成分分析。余下样品供粒度测定用。

6.5 结果判定

6.5.1 本标准中产品质量指标合格判断，采用 GB/T 1250 中"修约值比较法"。

6.5.2 出厂检验的项目全部符合本标准要求时，判该批产品合格。每批检验合格的出厂产品应附有质量证明书，其内容包括：生产企业名称、地址、产品名称、产品等级、批号或生产日期、产品净含量、总养分、配合式及本标准编号。

6.5.3 如果检验结果中有一项指标不符合本标准要求时，应重新自二倍量的包装袋中采取样品进行检验，重新检验结果中，即使有一项指标不符合本标准要求，则判该批产品不合格。

7 标识

如产品中氯离子的质量分数大于 3.0%，应在包装容器上标明"含氯"，非硝酸分解磷矿石制得的肥料不应标注硝酸磷肥（硝酸磷钾肥）。其余应执行 GB 18382 的规定。

8 包装、运输和贮存

8.1 产品用编织袋内衬聚乙烯薄膜袋或内涂膜聚丙烯编织袋包装，应按 GB 8569 规定执行。每袋净含量（50±0.5）kg、（40±0.4）kg、（25±0.25）kg，平均每袋净含量分别不应低于 50.0 kg、40.0 kg、25.0 kg。

8.2 产品的贮存和运输过程应防潮、防晒、防破裂。

ICS 77.040.01
H 25

中华人民共和国国家标准

GB/T 10567.2—2007
代替 GB/T 10567.2—1997
GB/T 8000—2001

铜及铜合金加工材残余应力检验方法 氨薰试验法

Wrought copper and copper alloys—Detection of residual stress —Ammonia test

2007-10-25 发布 2008-04-01 实施

中华人民共和国国家质量监督检验检疫总局
中国国家标准化管理委员会 发布

前　言

本标准代替 GB/T 10567.2—1997《铜及铜合金加工材残余应力检验方法　氨薰试验法》和 GB/T 8000—2001《热交换器用黄铜管残余应力检验方法　氨薰试验法》。合并修订后的标准包括氯化铵试验法和氨水试验法两种试验方法，其中氯化铵试验法参照采用 ISO 6957—1988《铜合金抗应力腐蚀的氨熏试验》。

本标准与 GB/T 10567.2—1997 和 GB/T 8000—2001 相比，主要变化如下：

——略去 ISO 6957 前言。

——删除“引用标准”。

——在“仪器装置”中增加“金相显微镜”和“酸洗槽和水洗槽”等条款。

——在“试剂与材料”中增加“氨水(ρ 0.90 g/mL)”条款。

——将“试验介质”并入“试验步骤”。

——增加了“试验方法和要求”。

——对原标准中的个别条款进行了适当的补充和完善。

本标准附录 A 为规范性附录。

本标准由中国有色金属工业协会提出。

本标准由全国有色金属标准化技术委员会归口。

本标准由中铝洛阳铜业有限公司负责起草。

本标准由金龙精密铜管集团股份有限公司参加起草。

本标准主要起草人：李湘海、路俊攀、张敬华、秦勇、雷少丽、杨忠、蒋长乐、娄东阁。

本标准所代替标准的历次版本发布情况为：

——GB/T 10567—1989、GB/T 8000—1987；

——GB/T 10567.2—1997、GB/T 8000—2001。

铜及铜合金加工材残余应力检验方法
氨薰试验法

1 范围

本标准规定了用氨气加速试验检测铜及铜合金加工材中残余应力(包括外加应力)的方法。这种应力均可导致材料在使用或储存过程中因应力腐蚀破裂而损坏。

本标准适用于黄铜加工材残余应力的检验,也适用于组装件和零部件(有限尺寸)的检验。

2 定义

2.1

应力腐蚀破裂 stress corrosion cracking

金属在腐蚀和残余应力或外加应力的共同作用下破裂而引起的自发损坏。

2.2

外加应力 applied stress

在施加外部负荷期间而引起并存在于物体内部的应力。

2.3

残余应力 residual stress

由于塑性变形的结果而残存于物体内部的应力。

3 原理

利用黄铜在氨气气氛中应力腐蚀破裂敏感性强的原理,将试样暴露于氨气气氛中达到规定的时间,然后在适当的放大倍率下检查裂纹。

4 仪器装置

4.1 pH 计。

4.2 密闭容器:容积不小于 1 000 mL 的磨口瓶和 ϕ240 mm～ϕ280 mm 的干燥器。

4.3 10×～15×放大仪器。

4.4 金相显微镜。

4.5 电热吹风机。

4.6 酸洗槽和水洗槽。

5 试剂

5.1 试验溶液

5.1.1 氯化铵溶液(214 g/L)

配制方法:将 107 g±0.1 g 氯化铵(NH_4Cl)溶解于去离子水中,配成体积为 500 mL 的溶液并保存于密闭容器(4.2)中。

5.1.2 氨水(ρ 0.90 g/mL)。

5.2 氢氧化钠溶液(300 g/L～500 g/L)。

5.3 有机溶剂(如三氯乙烯)或热碱溶液。

5.4 酸洗液：硫酸溶液(1+20)或硝酸溶液(1+2)。

5.5 过氧化氢[30%(市售)]：为酸洗液(5.4)中硫酸溶液(1+20)的添加剂。

6 试样

6.1 直径≤75 mm的管材，试样长度应≥150 mm；直径>75 mm的管材或非管材产品，其试样长度由供需双方协商确定。

6.2 平行试样的数量一般为2个。若产品标准上另有规定或用户另有要求，由供需双方协商确定。

6.3 取样前，应避免搬运、磕碰等影响试验结果的外加应力引入产品。

6.4 试样不得有弯曲、压扁、划伤、起皮、皱折、磕碰伤等缺陷。切取试样时，不得有夹持、人为折断等外加应力。若需在试样上做标记以便于识别，则应避免将外加应力引入试样。

7 试验方法和要求

7.1 试验方法分为氯化铵试验法和氨水试验法。

7.1.1 热交换器用黄铜管既可采用氯化铵试验法也可采用氨水试验法。仲裁时采用氯化铵试验法。

7.1.2 其他黄铜加工材应采用氯化铵试验法。

7.2 氨薰时间

7.2.1 氯化铵试验法的试验时间为24 h。

7.2.2 氨水试验法的试验时间为4 h。

7.3 试验温度应为20℃～30℃，在试验期间温度波动不超过±1℃。在仲裁情况下，温度保持在25℃±1℃。

7.4 试验溶液用量

7.4.1 氯化铵试验法的试验溶液用量应不少于容器总体积20%和每平方分米试样表面积不少于100 mL。

7.4.2 氨水试验法的氨水用量为200 mL。

7.5 试样在干燥器内的放置方式应使氨蒸汽能自由到达试样所有表面，且试样之间不能相互接触。

7.6 清洗试样和氨熏应在通风橱内进行。

8 试验步骤

8.1 配制氯化铵试验溶液：

将氢氧化钠溶液(5.2)缓缓加入氯化铵溶液(5.1.1)中配成具有规定pH值±0.05(见附录A)的试验溶液。维持溶液到室温并加去离子水稀释至体积为1 000 mL。稀释之后用pH计(4.1)检查pH值。

注：配制溶液应在通风橱内进行，并将溶液储存于磨口瓶(4.2)中。每次使用前应再次检查溶液pH值，调整溶液至规定pH值。

8.2 用清洁的有机溶剂或热碱溶液(5.3)对试样除油脱脂。

8.3 除油脱脂后，在酸洗液(5.4)中清洗试样，酸洗液浓度不够时，每升酸洗液可加入20 mL～50 mL过氧化氢溶液(5.5)。酸洗后立即在流水中彻底冲洗，最后用电热吹风机(4.5)将试样吹干。

8.4 经干燥的试样达到规定的试验温度后，将其移至处于同温度的干燥器(4.2)中。

8.5 采用氯化铵试验法检验时往干燥器内倒入新配制的具有规定pH值(见附录A)的试验溶液(8.1)，采用氨水试验法检验时往干燥器内倒入氨水(5.1.2)，然后立即盖上干燥器盖并开始计时。

8.6 到达规定的试验时间后，从干燥器内取出试样，先在水洗槽(4.6)内冲洗，然后放进酸洗液(5.4)内酸洗，酸洗时间以试样表面的腐蚀产物充分清除、可能产生的裂纹能够观察到为准。最后再充分水洗，并用电热吹风机(4.5)将试样吹干。

8.7 用放大仪器(4.3)检查试样表面是否有裂纹。如有必要，可以将试样轻微弯曲变形，使细小裂纹呈现以便更容易观察。对于直径小于 0.2 mm 的试样，可以通过金相显微镜(4.4)检查判断所观察到的裂纹是属于应力腐蚀破裂还是晶间腐蚀。

为了排除切取试样或试样表面有磕碰伤时所造成的局部应力的影响，距试样端部 5 mm 以内的裂纹忽略不计。

9 试验报告

试验报告应包括下列内容：

a) 样品来源、合金牌号、规格、状态、批号、平行试样根数等；

b) 本标准号及试验方法；

c) 试验溶液的 pH 值、试验时间、试验温度；

d) 试验结果：裂或不裂；

e) 试验日期、试验者、复验者签名。

附 录 A
（规范性附录）
试验溶液的 pH 值

根据铜合金在氨熏试验中的行为和铜合金产品在使用状态下的性能之间的相关性，表 A.1 规定的 pH 值为在不同腐蚀性的大气下，符合不同安全要求的 pH 值。

表 A.1 试验溶液的 pH 值

环境腐蚀性	pH 值范围
低：干燥状态下，室内大气	9.3～9.5
中：有结露可能的室内大气，温带气候，室外大气	9.5～10.0
高：有氨污染的大气	10.0

ICS 71.060.50
G 12

中华人民共和国国家标准

GB/T 10575—2007
代替 GB/T 10575—1989

无水氯化锂

Anhydrous lithium chloride

2007-04-30 发布　　2007-11-01 实施

中华人民共和国国家质量监督检验检疫总局
中国国家标准化管理委员会　发布

前　言

本标准代替 GB/T 10575—1989《无水氯化锂》。

本标准与 GB/T 10575—1989 相比主要变化如下：

——取消了原标准中的二级品(LiCl-2)，增加了一个特级产品牌号(LiCl-T)；

——对 0 级、一级品的化学成分要求进行了相应变动，使各牌号产品的质量水平比原有标准要求有所提高。

本标准由中国有色金属工业协会提出。

本标准由全国有色金属标准化技术委员会归口。

本标准由新疆锂盐厂负责起草。

本标准参加起草单位：江西赣锋锂业有限公司、建中化工总公司。

本标准主要起草人：陈悦娣、于超、夏永忠、李良彬。

本标准由全国有色金属标准化技术委员会负责解释。

本标准于 1989 年首次发布，本次为第一次修订。

无水氯化锂

1 范围

本标准规定了无水氯化锂产品的分类、要求、试验方法、检验规则和标志、包装、运输、贮存等。

本标准适用于以碳酸锂、单水氢氧化锂或含锂卤水为原料，采用转化法制得的无水氯化锂。该产品供焊接、材料、空调设备及制取金属锂等用。

2 规范性引用文件

下列文件中的条款通过本标准的引用而成为本标准的条款。凡是注日期的引用文件，其随后所有的修改单(不包括勘误的内容)或修订版均不适用于本标准，然而，鼓励根据本标准达成协议的各方研究是否可以使用这些文件的最新版本。凡是不注日期的引用文件，其最新版本适用于本标准。

GB 191—2000 包装储运图示标志

GB/T 6388—1986 运输包装收发货标志

GB/T 11064(所有部分) 碳酸锂、单水氢氧化锂、氯化锂化学分析方法

3 要求

3.1 产品分类

产品按化学成分分为三个牌号：LiCl-T、LiCl-0、LiCl-1。

3.2 化学成分

产品的化学成分应符合表1的规定。

表 1

牌号	LiCl(质量分数)/% 不小于	杂质含量(质量分数)/%，不大于								白度/% 不小于
		Na	K	Fe_2O_3	$CaCl_2$	$MgCl_2$	SO_4^{2-}	H_2O	盐酸不溶物	
LiCl-T	99.3	0.003	0.001	0.001 5	0.01	0.002 4	0.002	0.40	0.003	60
LiCl-0	99.3	0.02		0.002	0.02	—	0.003	0.60	0.005	60
LiCl-1	99.0	0.25		0.002	0.02	—	0.01	0.80	0.01	60

3.3 物理性质

产品应具有流动性，外观呈白色，不得有目视可见的机械夹杂物。

4 试验方法

4.1 产品的化学成分分析按 GB/T 11064 的规定进行。

4.2 外观质量用目视法进行。

5 检验规则

5.1 检查和验收

5.1.1 产品由供方质量监督部门进行检验，保证产品符合本标准或订货合同的规定，并填写质量证明书。

5.1.2 需方应对收到产品进行检验，如检验结果与本标准或订货合同的规定不符时，在收到产品之日

起一个月向供方提出，供需双方协商解决。

5.2 组批

产品应成批提交验收，每批由同一牌号的混合料组成。每批净重为 1 000 kg±1 kg。

5.3 取样

5.3.1 10 件以下任取 1 件；10 件～20 件任取 2 件；20 件以上任取 4 件。

5.3.2 产品取样采用不锈钢管或硬聚氯乙烯取样器，取样管沿袋中心插至袋 2/3 处，所取样品混匀后用四分法缩分至约 200 g 左右。

5.4 检验结果的判定

5.4.1 化学成分不合格时，判该批产品不合格。

5.4.2 外观质量不合格时，判该批产品不合格。但允许逐件检查，合格者重新组批交货。

6 标志、包装、运输、贮存

6.1 标志

产品袋上应标明：产品名称、批号、分子式、净重、毛重、产地和 GB 191—2000 中图 6“怕湿”标志、GB/T 6388—1986 中图 1-5“化工”标志。

6.2 包装、运输和贮存

6.2.1 产品采用两层聚乙烯塑料袋包装，分别用塑料绳扎紧后再折叠扎一次，装入塑料编织袋内，缝口包装。

6.2.2 产品每袋净重 25 kg±25 g。

6.2.3 产品为强吸水性物质，产品包装及搬运过程应防止包装袋的破损，并注意防潮。

6.2.4 产品应贮存在干燥、无酸腐蚀气氛处。贮存期不宜超过半年。

6.3 质量证明书

每批产品应附有质量证明书，注明：

a) 供方名称、地址、电话、传真；

b) 产品名称；

c) 牌号；

d) 批号；

e) 净重和件数；

f) 各项分析检验结果和技术监督部门印记；

g) 本标准编号；

h) 出厂日期。

7 订货单(或合同)内容

订购本标准所列产品的订货单(或合同)内应包括下列内容：

a) 产品名称；

b) 牌号；

c) 数量；

d) 本标准编号；

e) 增加本标准以外内容时的协商结果。

ICS 71.100.01;87.060.10
G 57

中华人民共和国国家标准

GB/T 10662—2007
代替 GB/T 10662—2000

分散深蓝 S-3BG 200%
（C.I. 分散蓝 79）

Disperse dark blue S-3BG 200%
（C.I. Disperse blue 79）

2007-11-28 发布　　　　2008-06-01 实施

中华人民共和国国家质量监督检验检疫总局
中国国家标准化管理委员会　发布

前 言

本标准代替 GB/T 10662—2000《分散深蓝 S-3BG》。

本标准与 GB/T 10662—2000 的主要差异如下：

——将标准名称修改为《分散深蓝 S-3BG 200%(C.I.分散蓝 79)》；

——分散性和高温分散稳定性指标均调整为≥A/3 级(2000 年版的 3.2;本版的 3.2)；

——增加了优等品指标和大颗粒检验项目(本版的 3.2)；

——增加了 23 种有害芳香胺的量和 10 种重金属元素的量指标(本版的 3.2)；

——调整了 1/1 染色标准深度(2000 年版的 3.3;本版的 3.3)；

——调整了染色深度，增加了 5 g 涤纶纱染色内容(2000 年版的 5.2.1;本版的 5.2.1)；

——规范了上色率的测定方法(2000 年版的 5.6;本版的 5.7)；

——增加了 23 种有害芳香胺的量和 10 种重金属元素的量的测定方法(本版的 5.9 和 5.10)。

本标准由中国石油和化学工业协会提出。

本标准由全国染料标准化技术委员会(SAC/TC 134)归口。

本标准起草单位：杭州吉华化工有限公司、浙江闰土股份有限公司、浙江龙盛集团股份有限公司、绍兴县精细化工有限公司、沈阳化工研究院。

本标准主要起草人：陈美芬、王勇、阮国标、阮华森、杨嘉俊。

本标准 1978 年首次发布为化工部颁标准 HG 2-1179—1978，1989 年第一次修订并调整为国家标准 GB 10662—1989；2000 年第二次修订为 GB/T 10662—2000。

分散深蓝 S-3BG 200%
(C.I.分散蓝 79)

1 范围

本标准规定了分散深蓝 S-3BG 200%(C.I.分散蓝 79,分散深蓝 HGL)产品的要求、采样、试验方法、检验规则以及标志、标签、包装、运输和贮存。

本标准适用于分散深蓝 S-3BG 200%产品质量的控制。该产品主要用于聚酯纤维的染色。

结构式:

$$O_2N-C_6H_2(NO_2)(Br)-N{=}N-C_6H_2(NHCOCH_3)(OCH_3)-N(CH_2CH_2OCOCH_3)_2$$

分子式:$C_{23}H_{25}N_6O_{10}Br$

相对分子质量:625.38(按 2005 年国际相对原子质量)

CAS:75497-74-4

2 规范性引用文件

下列文件中的条款通过本标准的引用而成为本标准的条款。凡是注日期的引用文件,其随后所有的修改单(不包括勘误的内容)或修订版均不适用于本标准,然而,鼓励根据本标准达成协议的各方研究是否可使用这些文件的最新版本。凡是不注日期的引用文件,其最新版本适用于本标准。

GB/T 2374—2007 染料 染色测定的一般条件规定

GB/T 2394—2006 分散染料 色光和强度的测定

GB/T 2397—2003 分散染料 提升力的测定

GB/T 3920—1997 纺织品 色牢度试验 耐摩擦色牢度(eqv ISO 105-X12:1993)

GB/T 3921.3—1997 纺织品 色牢度试验 耐洗色牢度:试验 3(eqv ISO 105-C03:1989)

GB/T 3922—1995 纺织品耐汗渍色牢度试验方法(eqv ISO 105-E04:1994)

GB/T 4841.1—2006 染料染色标准深度色卡 1/1

GB/T 5540—2007 分散染料 分散性能的测定 双层滤纸过滤法

GB/T 5541—2007 分散染料 高温分散稳定性的测定 双层滤纸过滤法

GB/T 5542—2007 染料 大颗粒的测定 单层滤布过滤法

GB/T 5718—1997 纺织品 色牢度试验 耐干热(热压除外)色牢度(eqv ISO 105-P01:1993)

GB/T 6152—1997 纺织品 色牢度试验 耐热压色牢度(eqv ISO 105-X11:1994)

GB/T 6678—2003 化工产品采样总则

GB/T 8427—1998 纺织品 色牢度试验 耐人造光色牢度:氙弧(eqv ISO 105-B02:1994)

GB/T 9337—2001 分散染料高温染色上色率的测定方法

GB 19601 染料产品中 23 种有害芳香胺的限量及测定

GB 20814 染料产品中 10 种重金属元素的限量及测定

HG/T 3399—2001 染料扩散性能的测定

3 要求

3.1 外观:深褐色至灰黑色均匀粉末或均匀颗粒。

3.2 分散深蓝 S-3BG 200%的质量应符合表 1 的规定。

表 1 分散深蓝 S-3BG 200%的质量要求

序号	项目		指标	
			优等品	合格品
1	强度(为标准品的)/分		100	100
2	色光(与标准品)		近似～微	近似～微
3	扩散性能/级	≥	4	4
4	分散性/(级/级)	≥	A/3	A/3
5	高温分散稳定性/(级/级)	≥	A/3	A/3
6	大颗粒/级		优	—
7	上色率(130℃,60 min)/%	≥	75.0	75.0
8	提升力/级		A	A
9	23 种有害芳香胺的量/(mg/kg)		符合 GB 19601 要求	符合 GB 19601 要求
10	10 种重金属元素的量/(mg/kg)		符合 GB 20814 要求	符合 GB 20814 要求

3.3 分散深蓝 S-3BG 200%在纯涤纶织物上的色牢度应不低于表 2 的规定。

表 2 分散深蓝 S-3BG 200%在纯涤纶织物上的色牢度

<table>
<tr><td rowspan="3">染色深度</td><td rowspan="3">耐光(氙弧)</td><td colspan="3" rowspan="2">耐洗
60℃</td><td colspan="6">耐汗渍</td><td colspan="3" rowspan="2">耐干热
210℃</td><td colspan="2" rowspan="2">耐摩擦</td><td rowspan="2">耐热压
200℃</td></tr>
<tr><td colspan="3">酸</td><td colspan="3">碱</td></tr>
<tr><td>变色</td><td>棉沾</td><td>涤沾</td><td>变色</td><td>棉沾</td><td>涤沾</td><td>变色</td><td>棉沾</td><td>涤沾</td><td>变色</td><td>棉沾</td><td>涤沾</td><td>干</td><td>湿</td><td>变色
(4 h后)</td></tr>
<tr><td>1/1</td><td>4</td><td>4</td><td>4～5</td><td>4～5</td><td>4</td><td>4～5</td><td>4～5</td><td>4</td><td>4～5</td><td>4～5</td><td>3～4</td><td>4</td><td>3</td><td>4～5</td><td>4</td><td>4</td></tr>
<tr><td colspan="17">注:1.3%(owf)相当于 1/1 染色标准深度。</td></tr>
</table>

4 采样

以批为单位采样,生产厂以一次拼混均匀的产品为一批。每批采样桶数应符合 GB/T 6678—2003 中 7.6 的规定。所采样产品的包装必须完好,采样时勿使外界杂质落入产品中。用探管从桶上、中、下三部分采样,所采样品总量不得少于 200 g。将所采样品充分混匀后,分装于两个清洁、干燥、密封良好的容器中,其上粘贴标签。注明:产品名称、批号、生产厂名称、采样日期、地点。一个供检验,一个保存备查。

5 试验方法

5.1 外观的评定

采用目视评定。

5.2 染色色光和强度的测定

5.2.1 染色一般条件

染色时的一般条件应符合 GB/T 2374—2007 和 GB/T 2394—2006 的有关规定。

染色深度 1%(owf),染色用 2 g 纯涤纶布,染色浴比 1∶100;或 5 g 涤纶纱,染色浴比 1∶40。

5.2.2 染浴配制

以 2 g 纯涤纶布染色为例，于 5 个染缸中按表 3 规定配制染浴。

表 3 染浴配制

单位为毫升

染 缸 编 号	1	2	3	4	5
0.5 g/L 标准品悬浮液	38	40	42	—	—
0.5 g/L 样品悬浮液	—	—	—	40	42
50 g/L 硫酸铵溶液	4	4	4	4	4
加蒸馏水至	200	200	200	200	200

5.2.3 染色操作

染色方法采用 GB/T 2394—2006 中 6.2 高温加压染色法的规定进行。

5.2.4 色光和强度的评定

按 GB/T 2374—2007 中第 7 章的有关规定进行。

5.3 扩散性能的测定

按 HG/T 3399—2001 的规定进行。

5.4 分散性的测定

按 GB/T 5540—2007 的规定进行。

5.5 高温分散稳定性的测定

按 GB/T 5541—2007 的规定进行。

5.6 大颗粒的测定

按 GB/T 5542—2007 中 5.1 的规定进行。

5.7 上色率的测定

按 GB/T 9337—2001 中有关“分散染料高温染色上色率的测定”的规定进行。测定波长约 580 nm。

5.8 提升力的测定

按 GB/T 2397—2003 的规定进行。

5.9 23 种有害芳香胺的量的测定

按 GB 19601 的规定进行。

5.10 10 种重金属元素的量的测定

按 GB 20814 的规定进行。

5.11 色牢度的测定

5.11.1 一般规定

所有色牢度的测试样按 GB/T 4841.1—2006 的规定染成 1/1 染色标准深度。

5.11.2 耐摩擦色牢度的测定

耐摩擦色牢度按 GB/T 3920—1997 的规定进行。

5.11.3 耐洗色牢度的测定

耐洗色牢度按 GB/T 3921.3—1997 的规定进行。

5.11.4 耐汗渍色牢度的测定

耐汗渍色牢度按 GB/T 3922—1995 的规定进行。

5.11.5 耐干热(热压除外)色牢度的测定

耐干热色牢度按 GB/T 5718—1997 的规定进行，210℃。

5.11.6 耐热压色牢度的测定

耐热压色牢度按 GB/T 6152—1997 的规定进行，200℃干压(4 h后评定)。

5.11.7 耐光色牢度的测定

耐光色牢度按 GB/T 8427—1998 的规定进行。

6 检验规则

6.1 检验分类

本标准 3.1 和 3.2 中 1～6 项为出厂检验项目，3.2 中 7～10 项和 3.3 为型式检验项目，在正常连续生产时每年至少检验一次。有下列情况之一时要随时进行检验：

a) 新产品最初定型时；

b) 产品异地生产时；

c) 生产配方、工艺及原材料有较大改变时；

d) 停产三个月后又恢复生产时；

e) 客户提出要求时。

6.2 出厂检验

分散深蓝 S-3BG 200%应由生产厂的质量检验部门进行检验，生产厂应保证所有出厂的分散深蓝 S-3BG 200%都符合本标准的要求。

6.3 复检

如果检验结果中有一项指标不符合本标准的要求，应重新自两倍量的包装中取样进行检验，重新检验的结果，即使只有一项指标不符合本标准要求，整批产品也不能验收。

7 标志、标签、包装、运输、贮存

7.1 标志、标签

分散深蓝 S-3BG 200%的每个包装桶上都应涂上牢固、清晰的标志，注明：产品名称、规格、等级、注册商标、净含量、生产厂名称、厂址、标准编号、批号、生产日期。也可将批号、生产日期打印在标签上，并和产品质量检验合格的证明一起放入包装桶内的塑料袋外面。

7.2 包装

分散深蓝 S-3BG 200%装于内衬塑料袋的包装桶内，并加密封和封印，每桶净含量 50 kg，其他包装可与用户协商确定。

7.3 运输

运输时应防止倒置，小心轻放，避免碰撞，切勿损坏包装。

7.4 贮存

分散深蓝 S-3BG 200%应贮存于阴凉，干燥通风处，防止受潮受热。

ICS 59.060.10
W 21

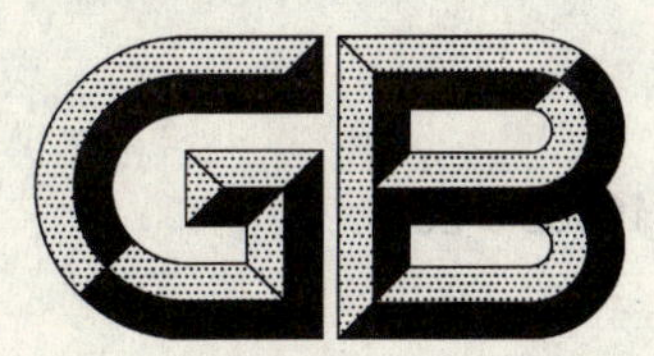

中华人民共和国国家标准

GB/T 10685—2007
代替 GB/T 10685—1989

羊毛纤维直径试验方法 投影显微镜法

Wool—Determination of fiber diameter—Projection microscope method

(ISO 137:1975,MOD)

2007-06-21 发布　　2007-09-01 实施

中华人民共和国国家质量监督检验检疫总局
中国国家标准化管理委员会　发布

前　言

本标准修改采用ISO 137:1975《羊毛　纤维直径的测定　投影显微镜法》(英文版)。

本标准与ISO 137:1975的主要技术性差异:

——含脂毛、洗净毛试验试样取样方法:本标准方法A取样方法同ISO 137,仲裁时使用;考虑到方法A的复杂性,本标准增加了方法B,多点取样法,用于常规测试;

——同ISO 137:1975相比,增加了散纤维试验试样的制备;

——计算公式的改变:ISO 137:1975用假定平均直径的计算公式,本标准改用更科学的加权平均直径计算。

本标准代替GB/T 10685—1989《羊毛纤维直径试验方法　投影显微镜法》。

本次修订结合国内使用情况,作了如下修改:

——增加了适用范围,本标准亦适用毛绒纤维直径检测(1989版的第1章;本版的第1章);

——增加了一个引用标准(本版的第2章);

——增加了三个名词术语(本版的3.4、3.6、3.7);

——修改了批样、试验室样品、试验试样的定义(1989版的3.2、3.3、3.4;本版的3.2、3.3、3.5);

——修改了方法B楔形尺的使用范围(1989版的5.2;本版的5.2);

——增加了不宜使用的粘性介质(1989年版的5.5;本版的5.5);

——明确了取样方法标准(1989年版的7.1和10.1;本版的7.1和8.1);

——修改了方法B毛条试验试样切取长度(1989版的10.3.2;本版的8.3.2);

——增加了散纤维试样的制备(本版的7.4和8.4);

——修改了计算结果表示的标题和计算公式(1989版的9.1和12.1;本版的10.1);

——修改了标准的编排格式(见第7、8章);

——合并了原附录A和附录B,并修改了附录A的格式。

本标准的附录A、附录B为资料性附录。

本标准由中国纤维检验局提出。

本标准由中国纤维检验局归口。

本标准起草单位:上海市纤维检验所。

本标准主要起草人:浦松丹、陈绍敏、胡蓓芬。

本标准1989年首次发布,本次为第一次修订。

羊毛纤维直径试验方法
投影显微镜法

1 范围

本标准规定了用投影显微镜测定羊毛纤维直径的试验方法。

本标准适用于各种类型的毛绒纤维及经受过各种工艺处理后横截面没有明显变型的毛绒纤维，亦适用于横截面接近圆形的其他纤维。

2 规范性引用文件

下列文件中的条款通过本标准的引用而成为本标准的条款。凡是注日期的引用文件，其随后所有的修改单(不包括勘误的内容)或修订版均不适用于本标准，然而，鼓励根据本标准达成协议的各方研究是否可使用这些文件的最新版本。凡是不注日期的引用文件，其最新版本适用于本标准。

GB/T 6978　含脂毛洗净率试验方法　烘箱法

GB/T 8170　数值修约规则

GB/T 14269　羊毛试验取样方法

3 术语和定义

下列术语和定义适用于本标准。

3.1

平均直径　average diameter

羊毛或其他纤维纵向投影宽度的平均值。

3.2

批样　lot sample

按规定从一批产品中随机抽取的一个或多个包装单元，作为试验室样品的来源。

3.3

试验室样品　laboratory sample

按规定取自批样的产品单元或部分材料，作为试验样品的来源。

3.4

试验样品 test sample

从批样或试验室样品中抽取的用于一个测试项目的样品，应具有代表性，并有转变为试验试样的足够的量。

3.5

试验试样　test specimen

从试验样品中抽取的用于一次试验的样品。

3.6

多点法　more points method

将充分混合的试验样品平铺为厚度均匀的毛层，从16个分布大致均匀的区域，随机从毛层的正反面32个点的部位抽取样品的方法。

3.7

散纤维　loose fibre

经过洗净、分梳或混合后的毛纤维。

4　方法原理

把纤维片段的映像放大500倍并投影到屏幕上，用通过屏幕圆心的毫米刻度尺量出与纤维正交处的宽度或用楔形尺测量屏幕圆内的纤维直径，逐次记录测量结果，并计算出纤维直径平均值。

5　仪器和器具

5.1　投影显微镜

a)　载物台，装有能向相互垂直的两个方向移动的步进位移装置；

b)　物镜和目镜，投影放大倍数为500倍；

c)　毫米刻度尺，安装在投影屏幕圆心，可在平面内绕其圆心旋转，如图1(方法A用)。

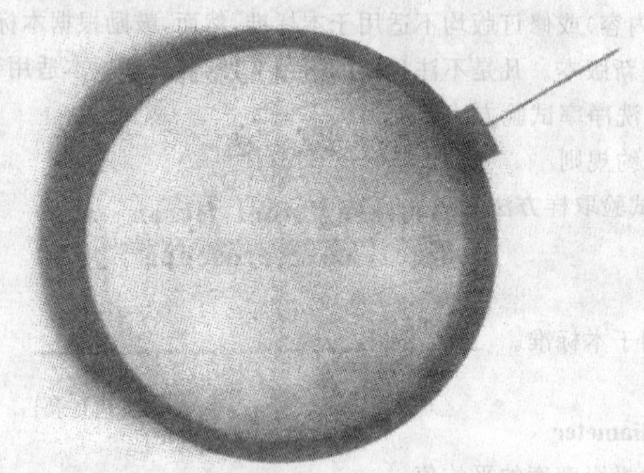

图1　毫米刻度尺

5.2　印有放大500倍刻度的楔形尺

采用方法B测量纤维直径，应采用经计量部门严格检定的楔形尺，推荐采用由中国纤维检验局印制的楔形尺。

5.3　显微镜接物测微尺

分度为0.01 mm。

5.4　纤维切片器或双刀片

可将纤维切成0.2 mm～0.4 mm片段长度。

5.5　粘性介质

粘性介质应具有以下性质：

a)　温度在20℃时折射率在1.43～1.53之间；

b)　有适当的粘性；

c)　吸水率为零；

d)　对纤维直径无影响。

适用的介质有杉木油或液体石蜡等，不宜使用无水甘油。

5.6　载玻片

长为76 mm，宽为26 mm。

5.7 盖玻片

厚度为 0.13 mm～0.17 mm，其长为 22 mm，宽为 22 mm。

6 预调湿、调湿和试验标准大气

6.1 预调湿是将试验样品置于 50℃烘箱内至少烘 0.5 h。若试验样品的回潮率低于标准平衡回潮率时，可不进行预调湿。

6.2 调湿是将未经预调湿或经预调湿后的试验样品置于温带二级标准大气下，放置一定时间后称量，当两次质量的增量(两次称量相隔 2 h)不超过后一次质量的 0.25%时，即认为试验样品达到吸湿平衡。

6.3 试验用温带二级标准大气：温度为(20±2)℃，相对湿度为(65±3)%的大气。

7 取样与试样的制备(方法 A)

注：仲裁时使用方法 A。

7.1 取样

按 GB/T 14269 或其他纤维的相应方法抽取批样、试验室样品和试验样品。

7.2 含脂毛、洗净毛试验试样制备

7.2.1 含脂毛试验样品按 GB/T 6978 洗净。

7.2.2 把洗净的羊毛试验样品大致分成 40 份，从每一份中取出一簇纤维一分为二，注意不可使纤维拉断，随机丢弃一半，稍加整理使纤维基本呈平行状态，再从纵向分取一束，一分为二，丢弃一半，如此继续操作，直到每份剩下约 100 根纤维，这样共剩下约 4 000 根纤维。

7.2.3 如果纤维含油率大于 1%，则用石油醚或其他溶剂处理两次，待干燥后放在标准大气中调湿。

7.2.4 用纤维切片器或双面刀片切取 0.2 mm～0.4 mm 长的纤维片段，在不同部位至少切三次，将这些纤维片段充分混和，取出一小部分放在滴有粘性介质的载玻片上，用镊子搅拌，使之均匀分布在介质内，然后盖上盖玻片。盖时注意，应先去除多余的粘性介质混合物，保证覆上盖玻片后不会有介质从盖玻片下挤出，以免细纤维流失。

7.2.5 本试验共制作三只试验试样，以供测量使用。

7.3 毛条试验试样制备

7.3.1 从试验样品中，任意抽取毛条不少于 10 根，每根毛条剖取 1/3～1/4，然后放到标准大气中调湿。

7.3.2 在每根剖取的毛条上用纤维切片器或双面刀片切取 0.2 mm～0.4 mm 长的纤维片段。

7.3.3 将纤维片段放在滴有粘性介质的表面皿上，用镊子搅拌，使之均匀分布在介质内，然后取适量试样放到载玻片上，盖上盖玻片。盖时注意，应先去除多余的粘性介质混合物，保证覆上盖玻片后不会有介质从盖玻片下挤出，以免细纤维流失。

7.3.4 本试验共制作三只试验试样，以供测量使用。

7.4 散纤维试验试样的制备

7.4.1 将试验样品平铺在工作台上，用多点法正反各取 16 个点(约 10 g)，放在标准大气中调湿。

7.4.2 将调湿后的试验试样整理成平行束状，用纤维切片器或双面刀片在纤维的中部切取 0.2 mm～0.4 mm 长的纤维片段。

7.4.3 其余操作同 7.3.3。

7.4.4 本试验共制作三只试验试样，以供测量使用。

8 取样与试样的制备(方法 B)

8.1 取样

方法同 7.1。

8.2 含脂毛、洗净毛试验试样制备

8.2.1 含脂毛试验样品按 GB/T 6978 洗净。

8.2.2 用多点法取洗净的羊毛纤维试验样品约 30 g，稍加整理使纤维基本呈平行状态，再将一束纤维从纵向分取 1/3，剩得 10 g 左右的纤维，除去草杂，放在标准大气中调湿。不论用人工或机器除草杂，都应该注意不使粗短纤维丢失。

8.2.3 将调湿后的试验试样整理成平行束状，用纤维切片器或双面刀片在纤维的中部切取 0.2 mm～0.4 mm 长的纤维片段。

8.2.4 其余同操作 7.3.3。

8.2.5 本试验共制作三只试验试样，以供测量使用。

8.3 毛条试验试样制备

方法同 7.3。

8.4 散纤维试验试样的制备

方法同 7.4。

9 试验步骤

9.1 校准放大倍数

将分度为 0.01 mm 的接物测微尺放在载物台上，投影在屏幕上的测微尺的 20 个分度(0.20 mm)应精确地被放大为 100 mm，这时放大倍数为 500 倍。

9.2 测量

把载有试样的载玻片放在显微镜载物台上，盖玻片面对物镜，开始时首先对盖玻片的角 A 进行调焦(见图 2)，纵向移动载玻片 0.5 mm 到 B，再横向移动 0.5 mm，这两步将在屏幕上取得第一个视野。按照此规则测量视野圆周内的每根纤维直径。

图 2 检测次序示意

在测量时以下情况应排除：

a) 其宽度有一半以上在视野圆周以外的纤维；

b) 端部在透明刻度尺宽度范围内的纤维；

c) 在测量点上与另一根纤维相交的纤维；

d) 严重损伤或畸形的纤维。

在第一视野内的纤维测量完毕后，将载玻片横向移动 0.5 mm，这样在屏幕上出现第二个视野，沿载玻片的整个长度按相同方法继续进行，在到达盖玻片右边 C 处时，将载玻片纵向移动 0.5 mm 至 D 处，并继续以 0.5 mm 步程横向移动测量。按图 2 所示的 A、B、C、D、E、F、G……的次序检验整个载玻片的试样，操作者不可随便选择被测量的纤维；纤维明显一端粗、另一端细时，测其居中部位，否则舍去。试验纤维根数的确定见附录 B。

上述测量应由两名操作者各自独立进行，结果以两者测得的平均值表示。若两者测得的结果差异大于两者平均值的 3%时，应测量第三个试样，最终结果取三个试样实测数值的平均值。

9.3 **调焦**

当透镜太靠近盖玻片时，纤维的边缘显示白色的边线；当透镜离盖玻片太远时，纤维边缘显示黑色边线[(图3 b)]。

当在焦平面上时，纤维边缘显示一细线，没有白色或黑色边线[图3 a)]。纤维映象的两边不是经常同时在焦平面上的，调焦时使一个边缘在焦点上而另一边显示白线，然后测量在焦点上的边线到白线的内侧的宽度。

a) 调焦正确　　b) 调焦不正确

图3　纤维调焦状况比较

9.4 **测量记录**

测量每根纤维都要使楔形尺的一边与对准焦点的纤维一边相切，在纤维的另一边与楔形尺另一边相交处读出数值。纤维的两条边中，一条边清晰而另一条边不清晰时，可先用楔形尺的一条线对准纤维的一边，然后调节清晰度，再找出另一条边与楔形尺的交叉点，读出数值。测量结果记在楔形尺纸上。

如果纤维未对准焦点的边缘落在刻度尺的两个分度之间，将其记在较小的微米整数 N 组内，在以后的计算中，可将记录在 N 组内的所有纤维的直径看作 $N+1$ μm，当偶尔有一根纤维的直径正好处于微米整数时，那么这根纤维既可算作 $N-1$ μm 组，也可算作 $N+1$ μm 组，在这种情况出现时，要把它们交替记作 $N+1$ μm 组和 $N-1$ μm 组计算。

10 计算与结果的表示

10.1 单次试验平均直径、标准差和变异系数分别按式(1)、式(2)、式(3)计算。

$$\overline{X}=\frac{\sum(A\times F)}{\sum F} \qquad \cdots\cdots(1)$$

$$S=\sqrt{\frac{\sum F(A-\overline{X})^2}{\sum F}} \qquad \cdots\cdots(2)$$

$$CV=\frac{S}{\overline{X}}\times 100\% \qquad \cdots\cdots(3)$$

式中：

$\overline{X}$——纤维加权平均直径，单位为微米(μm)；

A——组中值，单位为微米(μm)；

F——测量根数；

S——标准差，单位为微米(μm)；

CV——变异系数，%。

10.2 平行试验平均直径($\overline{X}$)、标准差(S)和变异系数(CV)分别按式(4)、式(5)、式(6)计算。

$$\overline{X}=\frac{\sum\overline{X}_i}{n} \qquad \cdots\cdots(4)$$

$$S=\sqrt{\frac{\sum S_i^2}{n}} \qquad \cdots\cdots(5)$$

$$CV = \frac{S}{\overline{X}} \times 100\% \qquad \cdots\cdots(6)$$

式中：

$\overline{X}_i$——第 i 次试验的平均直径，单位为微米（μm）；

S_i——第 i 次试验的标准差，单位为微米（μm）；

n——测试次数。

10.3 试验结果计算至小数点后第三位，修约至两位小数。数值修约按 GB/T 8170 的规定进行。

11 试验报告

试验报告包括以下内容：

a) 样品的品种、规格及编号；

b) 纤维平均直径、标准差、变异系数；

c) 纤维直径的测量根数；

d) 试验日期、温湿度条件；

e) 仪器编号及试验人员姓名或代号。

附 录 A
（资料性附录）
方法 A 计算实例

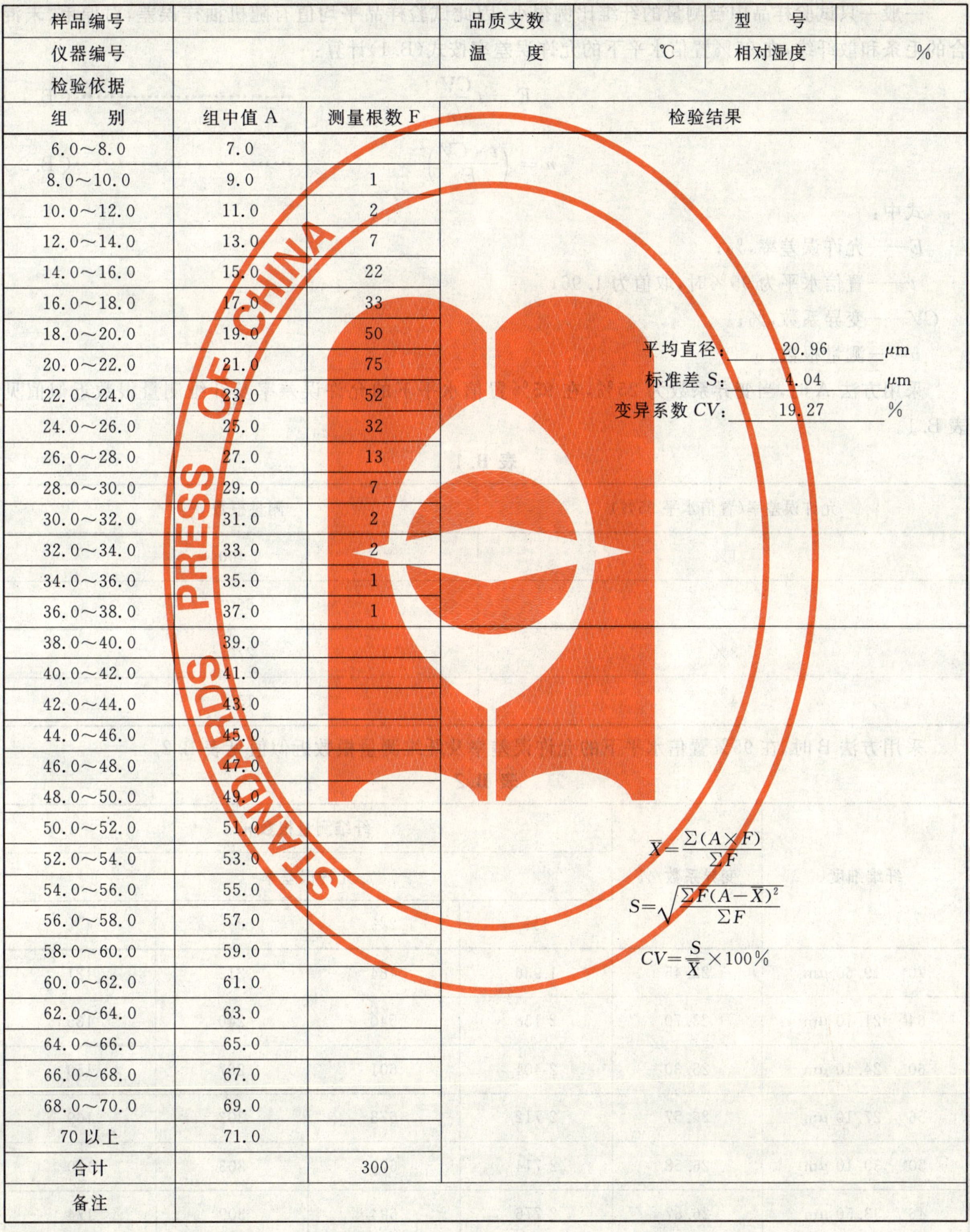

样品编号		品质支数		型　号	
仪器编号		温　度	℃	相对湿度	%
检验依据					

组　别	组中值 A	测量根数 F	检验结果
6.0～8.0	7.0		
8.0～10.0	9.0	1	
10.0～12.0	11.0	2	
12.0～14.0	13.0	7	
14.0～16.0	15.0	22	
16.0～18.0	17.0	33	
18.0～20.0	19.0	50	
20.0～22.0	21.0	75	
22.0～24.0	23.0	52	
24.0～26.0	25.0	32	
26.0～28.0	27.0	13	
28.0～30.0	29.0	7	
30.0～32.0	31.0	2	
32.0～34.0	33.0	2	
34.0～36.0	35.0	1	
36.0～38.0	37.0	1	
38.0～40.0	39.0		
40.0～42.0	41.0		
42.0～44.0	43.0		
44.0～46.0	45.0		
46.0～48.0	47.0		
48.0～50.0	49.0		
50.0～52.0	51.0		
52.0～54.0	53.0		
54.0～56.0	55.0		
56.0～58.0	57.0		
58.0～60.0	59.0		
60.0～62.0	61.0		
62.0～64.0	63.0		
64.0～66.0	65.0		
66.0～68.0	67.0		
68.0～70.0	69.0		
70 以上	71.0		
合计		300	
备注			

检验结果：

平均直径：20.96 μm

标准差 S：4.04 μm

变异系数 CV：19.27 %

$$\overline{X}=\frac{\sum(A\times F)}{\sum F}$$

$$S=\sqrt{\frac{\sum F(A-\overline{X})^2}{\sum F}}$$

$$CV=\frac{S}{\overline{X}}\times 100\%$$

试验　　　　　　　　复核　　　　　　　　日期

附 录 B
（资料性附录）
允许误差率和试验纤维根数的确定

一般一只试验样品中被测量的纤维比例很小，因此试验样品平均值有随机抽样误差，对原毛、未混合的毛条和散纤维，在95%置信水平下的允许误差率按式(B.1)计算：

$$E = t\frac{CV}{\sqrt{n}} \qquad \cdots\cdots (B.1)$$

$$n = \left(\frac{t \cdot CV}{E}\right)^2 \qquad \cdots\cdots (B.2)$$

式中：

E——允许误差率，%；

t——置信水平为95%时，取值为1.96；

CV——变异系数，%；

n——测量根数。

采用方法A时，当变异系数为25%，在95%置信水平下的允许误差率及纤维测量根数近似值见表B.1。

表 B.1

允许误差率(置信水平 95%)	测量根数 n
1%	2 400
2%	600
3%	270
4%	150

采用方法B时，在95%置信水平下的允许误差率及纤维测量根数近似值见表B.2。

表 B.2

纤维细度	变异系数/%	纤维测量根数 n			
		允许误差率			
		1%	2%	3%	4%
70^s 19.60 μm	22.45	1 936	484	215	121
64^s 21.10 μm	23.70	2 158	540	240	135
60^s 24.10 μm	25.30	2 401	601	267	150
56^s 27.10 μm	26.57	2 712	678	302	169
50^s 30.10 μm	26.58	2 714	679	303	170
46^s 33.50 μm	26.87	2 776	694	309	174

表 B.2（续）

纤维细度	变异系数/%	纤维测量根数 n			
		允许误差率			
		1%	2%	3%	4%
40ˢ　37.10 μm	26.69	2 736	684	304	171
36ˢ　39.00 μm	25.89	2 577	645	287	162

一般允许误差率在±3%以内。对于混合毛条及某些品种的原毛，由于离散较大可以根据式(B.2)确定测量根数。

ICS 71.040.30
G 60

中华人民共和国国家标准

GB/T 10726—2007
代替 GB/T 10726—1989

化学试剂 溶剂萃取-原子吸收光谱法测定金属杂质通用方法

Chemical reagent—General method for the determination of metals by solvent extraction followed by AAS

2007-09-26 发布　　　　2008-04-01 实施

中华人民共和国国家质量监督检验检疫总局
中国国家标准化管理委员会　发布

前　言

本标准代替 GB/T 10726—1989《化学试剂　溶剂萃取-原子吸收光谱法测定金属杂质通用方法》。

本标准与 GB/T 10726—1989 相比主要变化如下：

——修改了试剂和材料(1989 年版的第 4 章,本版的第 4 章)；

——补充了仪器一章的有关内容(1989 年版的第 5 章,本版的第 5 章)；

——调整了计算公式中的符号(1989 年版的第 6 章,本版的第 6 章)；

——修改了精密度一章(1989 年版的第 7 章,本版的第 7 章)。

本标准由中国石油和化学工业协会提出。

本标准由全国化学标准化技术委员会化学试剂分会(SAC/TC 63/SC 3)归口。

本标准起草单位:上海化学试剂研究所。

本标准主要起草人:盛晓华、隋琦颖。

本标准于 1989 年首次发布。

化 学 试 剂
溶剂萃取-原子吸收光谱法测定金属杂质通用方法

1 范围

本标准规定了用溶剂萃取化学试剂中的金属杂质后采用原子吸收光谱法测定其含量的要求和方法。

本标准适用于化学试剂中吸收灵敏度差或存在严重干扰的金属杂质的测定。

2 规范性引用文件

下列文件中的条款通过本标准的引用而成为本标准的条款。凡是注日期的引用文件,其随后所有的修改单(不包括勘误的内容)或修订版均不适用于本标准,然而,鼓励根据本标准达成协议的各方研究是否可使用这些文件的最新版本。凡是不注日期的引用文件,其最新版本适用于本标准。

GB/T 602 化学试剂 杂质测定用标准溶液的制备(GB/T 602—2002,ISO 6353-1:1982, NEQ)

GB/T 6682 分析实验室用水规格和试验方法(GB/T 6682—1992, neq ISO 3696:1987)

GB/T 9723—2007 化学试剂 火焰原子吸收光谱法通则

3 方法原理

微量金属离子在 pH 值 3～6 的微酸性溶液中与吡咯烷二硫代甲酸铵(或吡咯烷二硫代氨基甲酸铵)生成疏水性的螯合物,以 4-甲基-2-戊酮萃取,螯合物进入有机相,用原子吸收光谱法测定有机相中富集后的金属杂质的含量。

4 试剂和材料

本标准中所用标准溶液按 GB/T 602 的规定制备,实验用水应符合 GB/T 6682 中二级水的规格,试剂应在分析纯以上,燃气应为高纯气体。

5 仪器

同 GB/T 9723—2007 中第 6 章的规定。

6 测定

6.1 测定条件的选择

除火焰类型使用低流量乙炔的氧化性火焰外,其他条件同 GB/T 9723—2007 中第 7 章的规定。

6.2 测定方法

6.2.1 工作曲线法

按产品标准的规定制备空白试验溶液、试液及三个浓度成比例的标准溶液,分别置于 125 mL 分液漏斗中,加 40 mL 水,用乙酸或氢氧化钠溶液(200 g/L)调节试液 pH 值至 3～6,加入 1 mL 吡咯烷二硫代甲酸铵(APDC)溶液(10 g /L),混匀,静置 5 min,加 10 mL 4-甲基-2-戊酮,振摇 1 min ,静置分层,弃去水相。转移有机相至 10 mL 容量瓶中,用“乙醇(95%)”稀释至刻度,摇匀。以水调零,按 GB/T 9723—2007中 7.2.1 的规定测定。以标准溶液的质量浓度为横坐标,标准溶液的吸光度减去空白试验溶液的吸光度为纵坐标，绘制工作曲线，并在此工作曲线上查得与试液的吸光度均减去空白试验溶液的吸光度所对应的试液中待测金属元素的质量浓度。

6.2.2 标准加入法

按产品标准的规定制备试液。用乙酸或氢氧化钠溶液（200 g /L）调节试液 pH 值至 3～6，稀释至规定体积。量取相同体积的上述试液，共四份，置于 125 mL 的分液漏斗中，一份不加标准溶液，其余三份分别加入质量浓度成比例的标准溶液，同时配制空白试验溶液。分别加入 1 mL 吡咯烷二硫代甲酸铵（APDC）溶液（10 g /L），混匀，静置 5 min，加 10 mL 4-甲基-2-戊酮，振摇 1 min，静置分层，弃去水相。转移有机相至 10 mL 容量瓶中，用“乙醇（95%）”稀释至刻度，摇匀。以水调零，按 GB/T 9723—2007中 7.2.2 的规定测定。以加入标准溶液的质量浓度为横坐标，对应的吸光度减去空白试验溶液的吸光度为纵坐标，绘制标准加入法工作曲线，并求出试液中待测金属元素的质量浓度。

6.3 计算

按 GB/T 9723—2007 中 7.2.3 的规定计算。

7 精密度

一般在测定次数不少于 11 次，质量浓度小于 10 μg/mL 的情况下，相对标准偏差应不大于 10%。在制定产品标准时应符合精密度的要求。

8 安全事项

同 GB/T 9723—2007 中第 9 章规定。

ICS 71.040.30
G 60

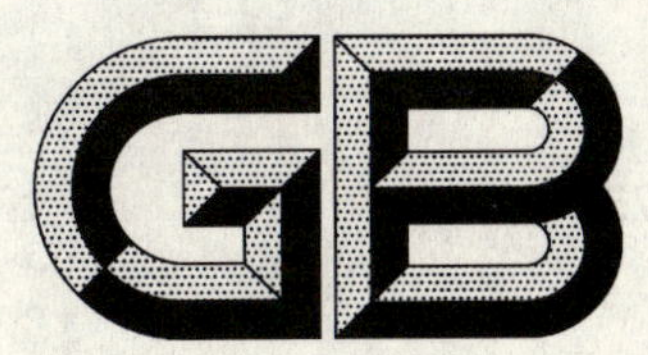

中华人民共和国国家标准

GB 10737—2007
代替 GB 10737—1989

工作基准试剂 含量测定通则 称量电位滴定法

Working chemical—General rules for assay—Weight titration(potentiometric method)

2007-02-02 发布　　　　2007-11-01 实施

中华人民共和国国家质量监督检验检疫总局
中国国家标准化管理委员会　发布

前　言

本标准 4.2、4.3、4.5、第 6 章、第 7 章为强制性的，其余为推荐性的。

本标准代替 GB 10737—1989《工作基准试剂(容量)　称量电位滴定法通则》。

本标准与 GB 10737—1989 相比，主要变化如下：

——标准名称修改为《工作基准试剂　含量测定通则　称量电位滴定法》；

——修改了适用范围(1989 年版第 1 章，本版第 1 章)；

——增加了“一般规定”一章 (本版第 4 章)；

——删除了“试剂”一章(1989 年版第 4 章)；

——调整了测定精密度的要求(1989 年版 6.1；本版 4.5)；

——修改了结果的计算公式(1989 年版第 7 章；本版第 7 章)；

——删除了“方法的精密度和准确度”一章(1989 年版第 8 章)；

——增加了“测定结果的扩展不确定度”一章 (本版第 8 章)；

——增加了“基准溶液的配制”(本版附录 A)；

——修改了二级微商的计算(1989 年版 6.2；本版附录 C)；

——增加了“工作基准试剂含量测定结果的不确定度的计算”(本版附录 E)。

本标准的附录 A、附录 B、附录 C、附录 D 为规范性附录，附录 E 为资料性附录。

本标准由中国石油和化学工业协会提出。

本标准由全国化学标准化技术委员会化学试剂分会(SAC/TC 63/SC 3)归口。

本标准起草单位：北京化学试剂研究所。

本标准主要起草人：王化圣、黄志齐、王素芳、郝玉林。

本标准于 1989 年首次发布。

工作基准试剂
含量测定通则　称量电位滴定法

1　范围

本标准规定了用分析天平称量操作溶液或基准溶液的质量，以电位法确定终点的滴定分析方法。本方法测定结果的相对标准偏差为0.02%。

本标准适用于工作基准试剂的含量测定。

2　规范性引用文件

下列文件中的条款通过本标准的引用而成为本标准的条款。凡是注日期的引用文件，其随后所有的修改单(不包括勘误的内容)或修订版均不适用于本标准，然而，鼓励根据本标准达成协议的各方研究是否可使用这些文件的最新版本。凡是不注日期的引用文件，其最新版本适用于本标准。

GB/T 601　化学试剂　标准滴定溶液的制备

GB/T 6682　分析实验室用水规格和试验方法(GB/T 6682—1992，neq ISO 3696:1987)

3　方法原理

测定工作基准试剂的含量需用化学成分标准物质为其赋值。

当标准物质和工作基准试剂样品是具有同类化学成分量，即具有相同或相近的计量学功能的物质时，可使用称量电位滴定这种高精密度的测量方法，在测量仪器、测量条件和操作程序均正常的情况下，借助操作溶液进行量值传递，将样品与标准物质直接比较而得出样品含量的量值。

当标准物质溶液与工作基准试剂样品溶液之间能迅速地进行定量反应、且反应的化学计量点可准确确定时，则可用称量法将标准物质配制成具有准确浓度的基准溶液，并用基准溶液滴定(称量电位滴定)被测样品，进行量值传递，得出样品含量的量值。

4　一般规定

4.1　本标准中所用操作溶液应按GB/T 601的规定配制，基准溶液按附录A的规定配制。实验用水应符合GB/T 6682中三级水的规格。

4.2　本标准中所用标准物质含量(质量分数)不得低于99.95%，扩展不确定度不得大于0.02%。

4.3　称量标准物质和样品的质量应精确至0.01 mg，分析天平在0 g～5 g范围内的重复性误差及最大允许误差均不得大于0.03 mg。若最大允许误差大于0.03 mg，可使用一等砝码按替代称量法进行称量。称量操作溶液或基准溶液的质量应精确至0.1 mg。

4.4　标准物质和样品的称取量应使滴定时消耗的操作溶液或基准溶液的质量在23 g～37 g之间。

4.5　测定样品时须两人进行实验，分别各做四平行，每人四平行测定结果极差的相对值不得大于重复性临界极差的相对值，即$[C_rR_{95}(4)]=0.069\%$。两人八平行测定结果极差的相对值不得大于重复性临界极差的相对值，即$[C_rR_{95}(8)]=0.082\%$。在运算过程中保留五位有效数字，取两人八平行测定值的平均值为报出结果，报出结果取四位有效数字。

注1：极差的相对值是指含量测定结果的极差值与含量测定结果平均值的比值，以"%"表示。

注2：重复性临界极差$[C_rR_{95}(n)]$是一个数值，在重复性条件下，几个测试结果的极差以95%的概率不超过此数。

注3：重复性临界极差的相对值是指重复性临界极差与含量测定结果平均值的比值，以"%"表示。

4.6　用本标准规定的方法测定，工作基准试剂含量测定结果的扩展不确定度一般不应大于0.05%。

5 仪器

5.1 称量电位滴定装置见图1,其中称量滴定瓶和反应瓶应遵照附录B的规定。

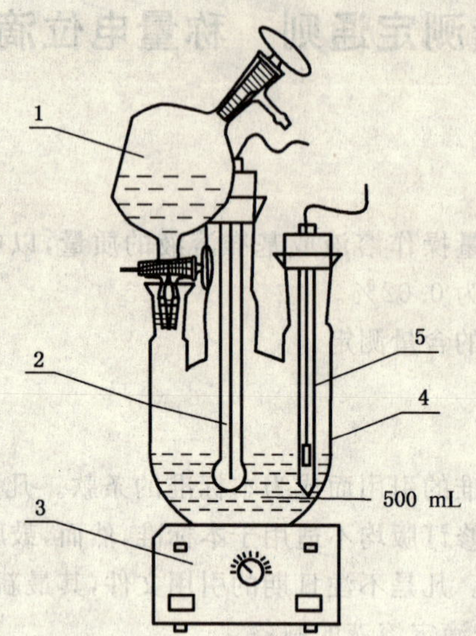

1——称量滴定瓶;

2——指示电极;

3——电磁搅拌器;

4——反应瓶;

5——参比电极。

图1 称量电位滴定装置示意图

5.2 离子计应具有±2 mV的精度。

5.3 分析天平的感量为0.01 mg、最大称量不小于5 g;感量为0.1 mg、最大称量不小于200 g。

6 测定

6.1 预处理

在称量之前,样品和标准物质须按产品标准规定的条件同时同样进行处理。

6.2 标准物质和样品的称量

按产品标准的规定称取标准物质和样品。当用操作溶液进行量值传递时,称取标准物质和样品应交替进行,并将相邻的标准物质和样品编为一组。

6.3 滴定

将称好的标准物质或样品按称量顺序置于反应瓶中,按产品标准的规定进行处理。插入规定的指示电极和参比电极。

取适量产品标准规定的操作溶液或基准溶液,置于干燥的称量滴定瓶中,称量。

按图1所示连接好装置。开动电磁搅拌器,进行滴定并观察电位变化。当滴入所需量的约95%以后,每隔10 mV左右记录一次电位值,并称量操作溶液或基准溶液用量。在化学计量点前后,每滴加10 mg左右(约1/4滴)操作溶液或基准溶液即称量一次质量,并记录相应的电位值,继续滴定至电位变化不大时为止,用二级微商法(见附录C)确定终点。

各种工作基准试剂(或标准物质)的终点电位可事先用二级微商法求出。在日常检验中亦可直接滴定至终点电位,称量并计算操作溶液或基准溶液的用量。终点电位的数值应定期(一般六个月)进行复测,当出现异常现象或更换电位计、电极时,必须重新测定。

在用操作溶液进行量值传递时，滴定标准物质和滴定样品要交替进行。将相邻的标准物质和样品测定的原始数据编为一组进行计算，作为单次测定的结果。

7 计算

7.1 用操作溶液进行量值传递时工作基准试剂含量的计算

工作基准试剂的含量以质量分数 w_G 计，数值以“%”表示，按式(1)计算：

$$w_G = \frac{m_1 w_B (m_4 - m_{4K}) M_G}{(m_2 - m_{2K}) m_3 M_B} \quad \cdots\cdots\cdots\cdots (1)$$

式中：

m_1——标准物质质量的数值，单位为克(g)；

w_B——标准物质的含量(质量分数)，数值以“%”表示；

m_4——滴定工作基准试剂所用操作溶液质量的数值，单位为克(g)；

m_{4K}——滴定工作基准试剂时空白试验所用操作溶液质量的数值，单位为克(g)；

M_G——工作基准试剂摩尔质量的数值，单位为克每摩尔(g/mol)；

m_2——滴定标准物质所用操作溶液质量的数值，单位为克(g)；

m_{2K}——滴定标准物质时空白试验所用操作溶液质量的数值，单位为克(g)；

m_3——工作基准试剂质量的数值，单位为克(g)；

M_B——标准物质摩尔质量的数值，单位为克每摩尔(g/mol)。

式(1)中 m_1、m_2、m_3、m_4 在代入公式前应按附录 D 的规定进行浮力校正。

当测定所用标准物质的分子式与工作基准试剂的分子式相同时，$M_G = M_B$，式(1)简化为式(2)。

$$w_G = \frac{m_1 w_B m_4}{m_2 m_3} \quad \cdots\cdots\cdots\cdots (2)$$

式(2)中 m_1、m_2、m_3、m_4 在代入公式前不必进行浮力校正。

7.2 用基准溶液进行量值传递时工作基准试剂含量的计算

工作基准试剂的含量以质量分数 w_G 计，数值以“%”表示，按式(3)计算：

$$w_G = \frac{m_1 w_B (m_4 - m_{4K}) M_G}{m_2 m_3 M_B} \quad \cdots\cdots\cdots\cdots (3)$$

式中：

m_1——配制基准溶液时称取标准物质质量的数值，单位为克(g)；

w_B——配制基准溶液时所用标准物质的含量(质量分数)，数值以“%”表示；

m_4——滴定工作基准试剂所用基准溶液的质量的数值，单位为克(g)；

m_{4K}——滴定工作基准试剂时空白试验所用基准溶液的质量的数值，单位为克(g)；

M_G——工作基准试剂的摩尔质量的数值，单位为克每摩尔(g/mol)；

m_2——配制的基准溶液质量的数值，单位为克(g)；

m_3——工作基准试剂质量的数值，单位为克(g)；

M_B——标准物质的摩尔质量的数值，单位为克每摩尔(g/mol)。

式(3)中 m_1、m_2、m_3、m_4 在代入公式前应按附录 D 的规定进行浮力校正。

8 测定结果的扩展不确定度

8.1 当给出完整的测定结果时或在需方有要求时应报告含量测定结果的扩展不确定度。

8.2 工作基准试剂含量测定结果扩展不确定度的计算可包含以下步骤：

——A 类标准不确定度分量的计算；

——B 类相对合成标准不确定度分量的计算；

——合成标准不确定度的计算；

——扩展不确定度的计算。

计算方法参见附录 E。

8.3 工作基准试剂含量测定结果扩展不确定度可采用下列形式之一表示。

示例：

工作基准试剂含量测定结果的平均值 $\overline{w}_G=99.98\%$，工作基准试剂含量测定结果的合成标准不确定度 $u_c(\overline{w}_G)=2.1\times10^{-4}$，取包含因子 $k=2$，工作基准试剂含量测定结果的扩展不确定度 $U=2\times2.1\times10^{-4}=4.2\times10^{-4}=0.042\%$。

测定结果可表示为：

a) $\overline{w}_G=99.98\%$；$U=0.05\%$；$k=2$。

b) $\overline{w}_G=(99.98\pm0.05)\%$；$k=2$。

c) $\overline{w}_G=99.98\%\times(1\pm5\times10^{-4})$；$k=2$。

d) $\overline{w}_G=99.98\%$；$U=5\times10^{-4}$；$k=2$。

附 录 A
（规范性附录）
基准溶液的配制

A.1 标准物质的前处理

按照产品标准的规定，对标准物质进行前处理。

A.2 标准物质的称量

根据欲配制基准溶液的浓度和质量计算所需标准物质的用量。

用替代称量法称取所需的、已经前处理的标准物质。

A.3 标准物质的溶解、基准溶液的配制

将 A.2 中称取的标准物质置于烧杯中，加适量水溶解，在恒温室内放置 1 h～2 h。

取一干燥的容量瓶，称量。将溶解标准物质所得的溶液转移至容量瓶中，加水至略少于应配制溶液的质量，称量。滴加少量水，再称量。反复进行，直至达到所需质量。混匀。

配制基准溶液时称取溶液质量需用替代称量法称量，所用天平的感量至少应达到 0.01 g、最大称量不低于 1 kg。

基准溶液应在使用当天配制。

A.4 基准溶液浓度的计算

基准溶液的质量摩尔浓度(b)，单位为 mol/kg，按式(A.1)计算：

$$b=\frac{m_1 w_B \times 1\,000}{m_2 M_B} \qquad \cdots\cdots\cdots\cdots(A.1)$$

式中：

m_1——标准物质质量的数值，单位为克(g)；

w_B——标准物质的含量(质量分数)，数值以“%”表示；

m_2——基准溶液质量的数值，单位为克(g)；

M_B——标准物质摩尔质量的数值，单位为克每摩尔(g/mol)。

式(A.1)中 m_1、m_2 在代入公式前应按附录 D 的规定进行浮力校正。

附 录 B
（规范性附录）
称量电位滴定装置中各部件的要求

B.1 称量滴定瓶

称量滴定瓶容量为 100 mL，见图 B.1。

单位为毫米

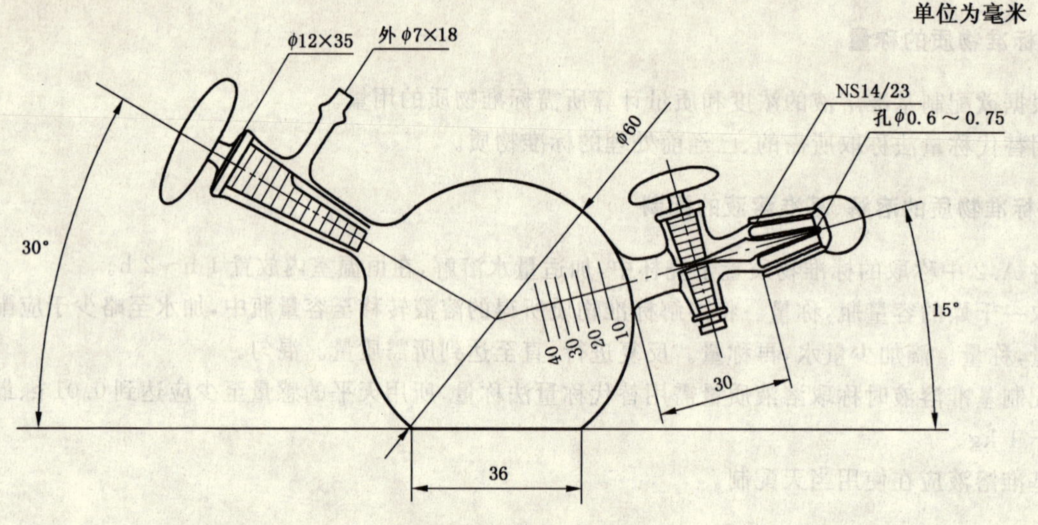

图 B.1 称量滴定瓶

B.2 反应瓶

反应瓶容量为 500 mL，见图 B.2。

单位为毫米

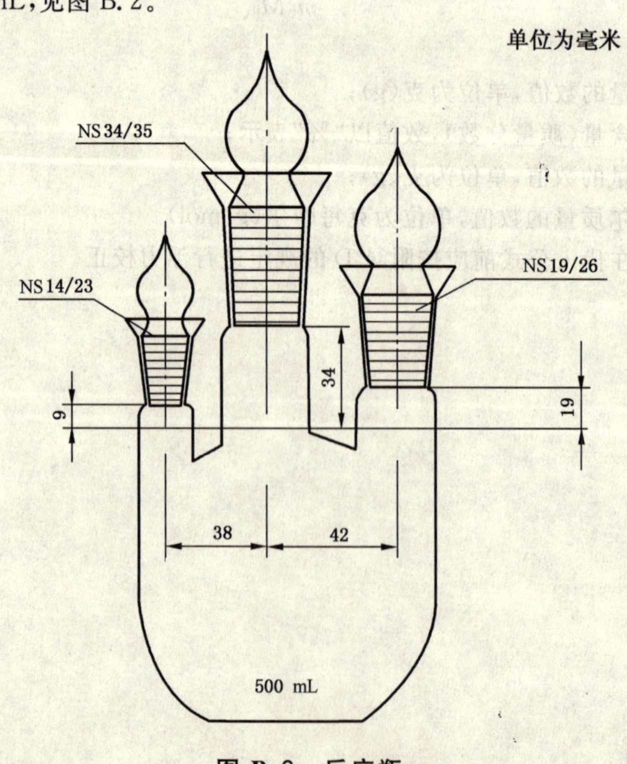

图 B.2 反应瓶

附 录 C
（规范性附录）
电位滴定终点的确定（二级微商法）

C.1 列表

将滴定过程所得的数据列成表格，并计算表中各栏的数值。该表格共有九列，分别表示为：

第一列：滴定过程中每次记录指示电极电位值时操作溶液或基准溶液的累计用量，单位为克(g)；

第二列：滴定过程中每次记录到的指示电极电位，单位为毫伏(mV)；

第三列：第二列中相邻两数值的差值，单位为毫伏(mV)；

第四列：第一列中相邻两数值的差值，单位为克(g)；

第五列：一级微商值。即滴加单位质量的溶液引起的电位的变化，数值上等于第三列与第四列相应数值的商，单位为毫伏每克(mV/g)；

第六列：第一列相邻数值的平均值，单位为克(g)；

第七列：第五列相邻两数值的差值，单位为毫伏每克(mV/g)；

第八列：第六列相邻两数值的差值，单位为克(g)；

第九列：二级微商值。即滴加单位质量的溶液引起的一级微商值的变化，数值上等于第七列与第八列相应数值的商，单位为毫伏每克(mV/g)。

C.2 计算

C.2.1 滴定终点

观察表格中的数值，当一级微商的绝对值最大、二级微商等于零时即为滴定终点。

C.2.2 滴定终点时溶液的质量

滴定终点时溶液的质量 m_0，单位为克(g)，按式(C.1)计算：

$$m_0 = m + \left(\frac{a}{a-b} \times \Delta m\right) \qquad \cdots\cdots(C.1)$$

式中：

m——二级微商为 a 时溶液质量的数值，单位为克(g)；

a——二级微商为零前的二级微商值；

b——二级微商为零后的二级微商值；

Δm——由二级微商为 a 至二级微商为 b 时所用溶液质量的数值，单位为克(g)。

C.2.3 滴定终点时指示电极电位的计算

滴定终点时指示电极的电位 E_0，单位为毫伏(mV)，按式(C.2)计算：

$$E_0 = E + \left(\frac{a}{a-b} \times \Delta E\right) \qquad \cdots\cdots(C.2)$$

式中：

E——二级微商为 a 时指示电极电位的数值，单位为毫伏(mV)；

a——二级微商为零前的二级微商值；

b——二级微商为零后的二级微商值；

ΔE——由二级微商为 a 至二级微商为 b，指示电极的电位的变化量，单位为毫伏(mV)。

C.3 计算示例

电位滴定法滴定终点的计算见表 C.1。

表 C.1　电位滴定法滴定终点的确定

1	2	3	4	5	6	7	8	9
m	E	ΔE	Δm_1	$\Delta E/\Delta m_1$	$\overline{m}$	$\Delta(\Delta E/\Delta m_1)$	Δm_2	$\Delta^2 E/\Delta m_2^2$
28.384 0	237.6							
		−4.3	0.009 9	−434.3	28.388 95			
28.393 9	233.3							
						−203.5	0.011 3	-180.1×10^2
		−8.1	0.012 7	−637.8	28.400 25			
28.406 6	225.2							
						−522.5	0.0113 5	-460.1×10^2
		−11.6	0.010 0	−1 160	28.411 6			
28.416 6	213.6							
						−2 721	0.009 2	$-2\,957.6\times10^2$
		−32.6	0.008 4	−3 881	28.420 8			
28.425 0	181.0							
						2 147.1	0.010 4	$2\,064.5\times10^2$
		−21.5	0.012 4	−1 733.9	28.431 2			
28.437 4	159.5							
						1 043.1	0.013 8	755.9×10^2
		−10.5	0.015 2	−690.8	28.445 0			
28.452 6	149.0							
						349.1	0.013 6	256.7×10^2
		−4.1	0.012 0	−341.7	28.458 6			
28.464 6	144.9							

根据表 C.1 所列数据：一级微商的绝对值最大、二级微商等于零的点在二级微商为 −2 957.6 和 2 064.5 两点之间，则：

$a=-2\ 957.6\times10^2$，$b=2\ 064.5\times10^2$，$m=28.416\ 6$ g，$\Delta m_1=0.008\ 4$ g，$E=213.6$ mV，$\Delta E=-32.6$ mV。

滴定终点时溶液的质量 m_0，按式(C.1)计算：

$$m_0=28.416\ 6\ \text{g}+\frac{-295\ 760}{-295\ 760-(206\ 450)}\times0.008\ 4\ \text{g}$$

$$=28.416\ 6\ \text{g}+0.004\ 947\ \text{g}$$

$$=28.421\ 5\ \text{g}$$

滴定终点时指示电极的电位 E_0，按式(C.2)计算：

$$E_0=213.6\ \text{mV}+\frac{-295\ 760}{-295\ 760-(206\ 450)}\times(-32.6\ \text{mV})$$

$$=213.6\ \text{mV}-19.20\ \text{mV}$$

$$=194.4\ \text{mV}$$

附 录 D
(规范性附录)
被称量物质质量的空气浮力校正

被称物的真空质量(m_Z),单位为克(g),按式(D.1)计算:

$$m_Z = m_K + \rho_K\left(\frac{1}{\rho_W} - \frac{1}{\rho_F}\right) \times m_K \quad \cdots\cdots\cdots\cdots(D.1)$$

式中:

m_K——用电子天平直接读数称量或用替代称量法称量所得被称量物的质量,单位为克(g);

ρ_K——称量时空气的密度,单位为克每立方厘米(g/cm^3);

ρ_W——被称量物质的密度,单位为克每立方厘米(g/cm^3);

ρ_F——砝码的密度,单位为克每立方厘米(g/cm^3)。用电子天平直接读数称量时,按 8.0 g/cm^3 计算。

用替代称量法称量时,应取砝码证书所给的数值。

空气的密度(ρ_K)单位为克每立方厘米(g/cm^3),按式(D.2)计算:

$$\rho_K = 0.001\,29\left(\frac{273.15}{t + 273.15}\right)\left(\frac{p_1 - 0.378\,3 \times p_2}{101.3}\right) \quad \cdots\cdots\cdots\cdots(D.2)$$

式中:

p_1——大气压的数值,单位为千帕(kPa);

p_2——室温下水的蒸气压的数值,单位为千帕(kPa);

t——室内温度的数值,单位为摄氏度(℃)。

水的蒸气压的数值(p_2),单位为千帕(kPa),按式(D.3)计算:

$$p_2 = W \cdot p_3 \quad \cdots\cdots\cdots\cdots(D.3)$$

式中:

W——空气的相对湿度的数值,以%表示;

p_3——室温下水的饱和蒸气压(见表 D.1)的数值,单位为千帕(kPa)。

表 D.1 水的饱和蒸气压

单位为千帕

温度/℃	0.0	0.1	0.2	0.3	0.4	0.5	0.6	0.7	0.8	0.9
11	1.312	1.321	1.329	1.338	1.347	1.356	1.365	1.374	1.383	1.392
12	1.402	1.411	1.420	1.430	1.439	1.448	1.458	1.468	1.477	1.487
13	1.497	1.507	1.516	1.526	1.536	1.546	1.556	1.567	1.577	1.587
14	1.598	1.608	1.618	1.629	1.639	1.650	1.661	1.672	1.682	1.693
15	1.704	1.715	1.726	1.737	1.749	1.760	1.771	1.783	1.794	1.806
16	1.817	1.829	1.840	1.852	1.864	1.876	1.888	1.900	1.912	1.924
17	1.937	1.949	1.961	1.974	1.986	1.999	2.011	2.024	2.037	2.050
18	2.063	2.076	2.089	2.102	2.115	2.129	2.142	2.155	2.169	2.183
19	2.196	2.210	2.224	2.238	2.252	2.266	2.280	2.294	2.308	2.323
20	2.337	2.352	2.366	2.381	2.396	2.410	2.425	2.440	2.455	2.471

表 D.1（续）

单位为千帕

温度/℃	0.0	0.1	0.2	0.3	0.4	0.5	0.6	0.7	0.8	0.9
21	2.486	2.501	2.517	2.532	2.548	2.563	2.579	2.595	2.611	2.627
22	2.643	2.659	2.675	2.692	2.708	2.724	2.741	2.758	2.775	2.791
23	2.808	2.825	2.843	2.860	2.877	2.894	2.912	2.930	2.947	2.965
24	2.983	3.001	3.019	3.037	3.055	3.074	3.092	3.111	3.129	3.148
25	3.167	3.186	3.205	3.224	3.243	3.262	3.282	3.301	3.321	3.341
26	3.361	3.381	3.401	3.421	3.441	3.461	3.482	3.502	3.523	3.544
27	3.565	3.586	3.607	3.628	3.649	3.671	3.692	3.714	3.735	3.757
28	3.779	3.801	3.824	3.846	3.868	3.891	3.913	3.936	3.959	3.982
29	4.005	4.028	4.052	4.075	4.099	4.122	4.146	4.170	4.194	4.218
30	4.243	4.267	4.292	4.316	4.341	4.366	4.391	4.416	4.441	4.467
31	4.492	4.518	4.544	4.570	4.596	4.622	4.648	4.675	4.701	4.728
32	4.755	4.782	4.809	4.836	4.863	4.891	4.919	4.946	4.974	5.002
33	5.030	5.059	5.087	5.116	5.144	5.173	5.202	5.231	5.261	5.290
34	5.320	5.349	5.379	5.409	5.439	5.470	5.500	5.531	5.561	5.592
35	5.623	5.654	5.686	5.717	5.749	5.781	5.813	5.845	5.877	5.909
36	5.942	5.975	6.007	6.040	6.074	6.107	6.140	6.174	6.208	6.242
37	6.276	6.310	6.345	6.379	6.414	6.449	6.484	6.519	6.555	6.590
38	6.626	6.662	6.698	6.734	6.771	6.807	6.844	6.881	6.918	6.956
39	6.993	7.031	7.068	7.106	7.145	7.183	7.221	7.260	7.299	7.338
40	7.377	7.417	7.456	7.496	7.536	7.576	7.617	7.657	7.698	7.739
41	7.780	7.821	7.863	7.904	7.946	7.988	8.030	8.073	8.115	8.158
42	8.201	8.244	8.288	8.331	8.375	8.419	8.463	8.508	8.552	8.597
43	8.642	8.687	8.732	8.778	8.824	8.870	8.916	8.962	9.009	9.056
44	9.103	9.150	9.198	9.245	9.293	9.341	9.390	9.438	9.487	9.536

附　录　E
（资料性附录）
工作基准试剂含量测定结果不确定度的计算

E.1　用操作溶液进行量值传递时工作基准试剂含量测定结果不确定度的计算

E.1.1　工作基准试剂含量测定结果的 A 类标准不确定度分量的计算

工作基准试剂含量测定结果的 A 类标准不确定度分量 [$u_A(\overline{w}_G)$] 按式 (E.1) 计算：

$$u_A(\overline{w}_G)=\frac{s(\overline{w}_G)}{\sqrt{8}} \qquad \text{(E.1)}$$

式中：

$s(\overline{w}_G)$——两人八平行测定结果的标准偏差，数值以“%”表示。

E.1.2　工作基准试剂含量测定结果的 B 类相对合成标准不确定度分量的计算

根据第 7 章式(1)，工作基准试剂质量分数平均值的 B 类相对合成标准不确定度分量[$u_{cBrel}(\overline{w}_G)$]按式(E.2)计算：

$$u_{cBrel}(\overline{w}_G)=\sqrt{u_{rel}^2(m_1)+u_{rel}^2(m_2-m_{2K})+u_{rel}^2(m_3)+u_{rel}^2(m_4-m_{4K})+u_{rel}^2(w_B)+u_{rel}^2(M_B)+u_{rel}^2(M_G)+u_{rel}^2(r)} \qquad \text{(E.2)}$$

式中：

$u_{rel}(m_1)$——标准物质质量数值的相对标准不确定度分量；

$u_{rel}(m_2-m_{2K})$——扣除空白后滴定标准物质所用操作溶液质量的数值的相对标准不确定度分量；

$u_{rel}(m_3)$——工作基准试剂质量数值的相对标准不确定度分量；

$u_{rel}(m_4-m_{4K})$——扣除空白后滴定工作基准试剂所用操作溶液质量数值的相对标准不确定度分量；

$u_{rel}(\overline{w}_B)$——标准物质含量数值的相对标准不确定度分量；

$u_{rel}(M_B)$——标准物质摩尔质量数值的相对标准不确定度分量；

$u_{rel}(M_G)$——工作基准试剂摩尔质量数值的相对标准不确定度分量；

$u_{rel}(r)$——工作基准试剂质量分数平均值的数值修约的相对标准不确定度分量。

E.1.2.1　标准物质质量的数值的相对标准不确定度分量[$u_{rel}(m_1)$]按式(E.3)计算：

$$u_{rel}(m_1)=\frac{u(m_1)}{m_1} \qquad \text{(E.3)}$$

式中：

$u(m_1)$——标准物质质量数值的标准不确定度分量，单位为克(g)；

m_1——标准物质质量的数值，单位为克(g)。

式(E.3)中：

$$u(m_1)=\sqrt{2\times\left(\frac{a}{k}\right)^2} \quad (\text{按均匀分布}, k=\sqrt{3}) \qquad \text{(E.4)}$$

式中：

a——感量为 0.01 mg 的天平的最大允许误差。

用替代称量法进行称量时，此项可忽略不计。

E.1.2.2　扣除空白后滴定标准物质所用操作溶液质量的数值的相对标准不确定度分量[$u_{rel}(m_2-m_{2K})$]按式(E.5)计算：

$$u_{rel}(m_2-m_{2K})=\frac{u(m_2-m_{2K})}{m_2-m_{2K}} \quad \cdots\cdots(E.5)$$

式中：

$u(m_2-m_{2K})$——扣除空白后滴定标准物质所用操作溶液质量数值的标准不确定度分量，单位为克(g)；

m_2-m_{2K}——扣除空白后滴定时所用操作溶液质量的数值，单位为克(g)。

式(E.5)中：

$$u(m_2-m_{2K})=\sqrt{2\times\left(\frac{a}{k}\right)^2+2\times\left(\frac{a}{k}\right)^2} \quad (按均匀分布,k=\sqrt{3}) \quad \cdots\cdots(E.6)$$

式中：

a——感量为 0.1 mg 的天平的最大允许误差。

E.1.2.3　工作基准试剂质量的数值的相对标准不确定度分量[$u_{rel}(m_3)$]按式(E.7)计算：

$$u_{rel}(m_3)=\frac{u(m_3)}{m_3} \quad \cdots\cdots(E.7)$$

计算方法与 E.1.2.1 标准物质质量的数值的相对标准不确定度分量的计算方法相同。

用替代称量法进行称量时，此项可忽略不计。

E.1.2.4　扣除空白后滴定工作基准试剂所用操作溶液质量的数值的相对标准不确定度分量[$u_{rel}(m_4-m_{4K})$]按式(E.8)计算：

$$u_{rel}(m_4-m_{4K})=\frac{u(m_4-m_{4K})}{m_4-m_{4K}} \quad \cdots\cdots(E.8)$$

计算方法与 E.1.2.2 滴定标准物质所用操作溶液质量的数值的相对标准不确定度分量的计算方法相同。

E.1.2.5　标准物质含量的数值的相对标准不确定度分量[$u_{rel}(w_B)$]按式(E.9)计算：

$$u_{rel}(w_B)=\frac{u(w_B)}{w_B} \quad \cdots\cdots(E.9)$$

式中：

$u(w_B)$——标准物质含量的数值的标准不确定度分量，数值以“%”表示；

w_B——标准物质含量的数值，数值以“%”表示。

式(E.9)中：

$$u(w_B)=\frac{U}{k} \quad \cdots\cdots(E.10)$$

式中：

U——标准物质质量分数的数值的扩展不确定度，数值以“%”表示；

k——包含因子。

U、k 的数值见标准物质证书。

E.1.2.6　标准物质摩尔质量的数值的相对标准不确定度分量[$u_{rel}(M_B)$]按式(E.11)计算：

$$u_{rel}(M_B)=\frac{u(M_B)}{M_B} \quad \cdots\cdots(E.11)$$

式中：

$u(M_B)$——标准物质摩尔质量的数值的标准不确定度分量，单位为克每摩尔(g/mol)；

M_B——标准物质摩尔质量的数值，单位为克每摩尔(g/mol)。

式(E.11)中：

$$u(M_B)=\sqrt{u^2(M_{B-1})+u^2(M_{B-2})} \quad \cdots\cdots(E.12)$$

式中：

$u(M_{B-1})$——标准物质分子中各元素的相对原子质量数值的标准不确定度引入的标准不确定度分量，单位为克每摩尔(g/mol)；

$u(M_{B-2})$——标准物质摩尔质量的数值的修约误差引入的标准不确定度分量，单位为克每摩尔(g/mol)。

式(E.12)中：

$$u(M_{B-1}) = \sqrt{\sum_{i=1}^{n} q_i u^2(A_i)} \quad \cdots\cdots\cdots\cdots(E.13)$$

式中：

q_i——标准物质分子中某元素 A 的原子个数；

$u(A_i)$——标准物质分子中某元素 A 的相对原子质量的数值的标准不确定度，单位为克每摩尔(g/mol)；

n——标准物质分子中原子的种类数。

式(E.12)中：

$$u(M_{B-2}) = \frac{b}{k} \text{（按均匀分布，} k = \sqrt{3}\text{）} \quad \cdots\cdots\cdots\cdots(E.14)$$

式中：

b——标准物质摩尔质量的数值的修约误差区间的半宽，单位为克每摩尔(g/mol)。

E.1.2.7 工作基准试剂摩尔质量的数值的相对标准不确定度分量[$u_{rel}(M_G)$]的计算：

计算方法与 E.1.2.6 标准物质摩尔质量的数值的相对标准不确定度分量[$u_{rel}(M_B)$]的计算方法相同。

E.1.2.8 工作基准试剂含量测定结果的数值修约的相对标准不确定度分量[$u_{rel}(r)$]按式(E.15)计算：

$$u_{rel}(r) = \frac{u(r)}{\overline{w}_G} \quad \cdots\cdots\cdots\cdots(E.15)$$

式中：

$u(r)$——工作基准试剂含量测定结果的数值修约的标准不确定度分量，数值以“%”表示；

$\overline{w}_G$——两人八平行测定所得含量结果的平均值，数值以“%”表示。

式(E.15)中：

$$u(r) = \frac{a}{k} \text{（按均匀分布，} k = \sqrt{3}\text{）} \quad \cdots\cdots\cdots\cdots(E.16)$$

式中：

a——两人八平行测定的工作基准试剂质量分数平均值的修约误差区间的半宽，数值以“%”表示。

E.1.2.9 工作基准试剂含量测定结果的 B 类相对合成标准不确定度分量[$u_{cBrel}(\overline{w}_G)$]的计算：

将上述计算的数值代入式(E.2)，进行计算。

E.1.3 工作基准试剂含量测定结果的合成标准不确定度的计算

工作基准试剂含量测定结果的合成标准不确定度[$u_c(\overline{w}_G)$]按式(E.17)计算：

$$u_c(\overline{w}_G) = \sqrt{u_A^2(\overline{w}_G) + u_{cB}^2(\overline{w}_G)} \quad \cdots\cdots\cdots\cdots(E.17)$$

式中：

$u_A(\overline{w}_G)$——工作基准试剂含量测定结果 A 类标准不确定度分量，数值以“%”表示；

$u_{cB}(\overline{w}_G)$——工作基准试剂含量测定结果的 B 类合成标准不确定度分量，数值以“%”表示。

式(E.17)中：

$$u_{cB}(\overline{w}_G) = u_{cBrel}(\overline{w}_G) \times \overline{w}_G \quad \cdots\cdots\cdots\cdots(E.18)$$

式中：

$u_{cBrel}(\overline{w}_G)$——工作基准试剂含量测定结果的B类相对合成标准不确定度分量，数值以“%”表示；

$\overline{w}_G$——工作基准试剂含量测定的平均值，数值以“%”表示。

E.1.4　工作基准试剂含量测定结果扩展不确定度的计算

工作基准试剂含量测定结果的扩展不确定度[$U(\overline{w})$]按式(E.19)计算：

$$U(\overline{w}) = k \times u_c(\overline{w}_G) \quad \cdots\cdots(E.19)$$

式中：

$u_c(\overline{w}_G)$——工作基准试剂含量测定结果合成标准不确定度，数值以“%”表示；

k——包含因子(一般情况下 $k=2$)。

E.2　用基准溶液进行量值传递时工作基准试剂含量测定结果不确定度的计算

E.2.1　工作基准试剂含量测定结果的A类标准不确定度分量的计算

计算方法与E.1.1工作基准试剂质量分数平均值的A类标准不确定度分量的计算相同。

E.2.2　工作基准试剂含量测定结果的B类相对合成标准不确定度分量的计算

根据7.2中式(3)，工作基准试剂含量测定结果的B类相对合成标准不确定度分量[$u_{cBrel}(\overline{w}_G)$]按式(E.20)计算：

$$u_{cBrel}(\overline{w}_G) = \sqrt{u_{rel}^2(m_1)+u_{rel}^2(m_2)+u_{rel}^2(m_3)+u_{rel}^2(m_4-m_{4K})+u_{rel}^2(w_B)+u_{rel}^2(M_B)+u_{rel}^2(M_G)+u_{rel}^2(r)} \quad \cdots\cdots(E.20)$$

式中：

$u_{rel}(m_1)$——标准物质质量的数值的相对标准不确定度分量；

$u_{rel}(m_2)$——基准溶液质量的数值的相对标准不确定度分量；

$u_{rel}(m_3)$——工作基准试剂质量的数值的相对标准不确定度分量；

$u_{rel}(m_4-m_{4K})$——扣除空白后滴定工作基准试剂所用基准溶液质量的数值的相对标准不确定度分量；

$u_{rel}(w_B)$——标准物质含量的数值的相对标准不确定度分量；

$u_{rel}(M_B)$——标准物质摩尔质量的数值的相对标准不确定度分量；

$u_{rel}(M_G)$——工作基准试剂摩尔质量的数值的相对标准不确定度分量；

$u_{rel}(r)$——工作基准试剂含量测定结果的数值修约的相对标准不确定度分量。

$u_{rel}(m_3)$、$u_{rel}(m_4-m_{4K})$、$u_{rel}(w_B)$、$u_{rel}(M_B)$、$u_{rel}(M_G)$、$u_{rel}(r)$与E.1.2中相应项目的计算方法相同。

E.2.2.1　标准物质质量的数值的相对标准不确定度分量[$u_{rel}(m_1)$]按式(E.21)计算：

$$u_{rel}(m_1) = \frac{u(m_1)}{m_1} \quad \cdots\cdots(E.21)$$

式中：

$u(m_1)$——标准物质质量的数值的标准不确定度分量，单位为克(g)；

m_1——标准物质质量的数值，单位为克(g)。

式(E.21)中：

$$u(m_1) = \sqrt{u_1^2(m_1)+u_2^2(m_1)} \quad \cdots\cdots(E.22)$$

$$u_2(m_1) = \sqrt{2 \times \left(\frac{a}{k}\right)^2} \quad (\text{按均匀分布}, k=\sqrt{3}) \quad \cdots\cdots(E.23)$$

式中：

$u_1(m_1)$——配制基准溶液称取标准物质时所用天平的重复性误差引入的不确定度分量，单位为克(g)；

$u_2(m_1)$——所用天平在称量范围内的最大允许误差引入的不确定度分量，单位为克(g)；

a——所用天平在此称量范围内的最大允许误差,单位为克(g)。

用替代称量法称量时,式(E.22)中 $u_2(m_1)$一项可忽略不计。

E.2.2.2 基准溶液质量的数值的相对标准不确定度分量[$u_{rel}(m_2)$]按式(E.24)计算:

$$u_{rel}(m_2)=\frac{u(m_2)}{m_2} \quad \cdots\cdots (E.24)$$

式中:

$u(m_2)$——基准溶液质量的数值的标准不确定度分量,单位为克(g);

m_2——基准溶液质量的数值,单位为克(g)。

式(E.24)中:

$$u(m_2)=\sqrt{u_1^2(m_2)+u_2^2(m_2)} \quad \cdots\cdots (E.25)$$

$$u_2(m_2)=\sqrt{2\times\left(\frac{a}{k}\right)^2} \quad (按均匀分布,k=\sqrt{3}) \quad \cdots\cdots (E.26)$$

式中:

$u_1(m_2)$——配制基准溶液称量溶液质量时所用天平的重复性误差引入的不确定度分量,单位为克(g);

$u_2(m_2)$——所用天平在称量范围内的最大允许误差引入的不确定度分量,单位为克(g);

a——所用天平在此称量范围内的最大允许误差,单位为克(g)。

用替代称量法称量时,式(E.25)中 $u_2(m_2)$一项可忽略不计。

E.2.2.3 工作基准试剂含量测定结果的B类相对合成标准不确定度分量[$u_{cBrel}(\overline{w}_G)$]的计算:

将上述计算的数值代入式(E.20),进行计算。

E.2.3 工作基准试剂含量测定结果的合成标准不确定度的计算

计算方法与E.1.3工作基准试剂含量测定结果的合成标准不确定度的计算方法相同。

E.2.4 工作基准试剂含量测定结果扩展不确定度的计算

计算方法与E.1.4工作基准试剂含量测定结果扩展不确定度的计算方法相同。

ICS 71.040.30
G 60

中华人民共和国国家标准

GB 10738—2007
代替 GB 10738—1989

工作基准试剂 含量测定通则 称量滴定法

Working chemical—General rules for assay—Weight titration

2007-02-02 发布　　2007-11-01 实施

中华人民共和国国家质量监督检验检疫总局
中国国家标准化管理委员会 发布

前　言

本标准 4.2、4.3、4.5 、第 6 章、第 7 章为强制性的，其余为推荐性的。

本标准代替 GB 10738—1989《工作基准试剂(容量)　称量滴定法通则》。

本标准与 GB 10738—1989 相比，主要变化如下：

——标准名称修改为：《工作基准试剂　含量测定通则　称量滴定法》；

——修改了适用范围(1989 年版第 1 章；本版第 1 章)；

——删除了“试剂”一章(1989 年版第 4 章)；

——增加了“一般规定”一章（本版第 4 章)；

——调整了方法的精密度要求(1989 年版 6.1；本版 4.5)；

——修改了结果的计算公式(1989 年版第 7 章；本版第 7 章)；

——删除了“方法的精密度和准确度”一章(1989 年版第 8 章)；

——增加了“测定结果的扩展不确定度”一章（本版第 8 章)；

——增加了“基准溶液的配制”（本版附录 A ）；

——增加了“工作基准试剂含量测定结果的不确定度的计算”（本版附录 D ）。

本标准的附录 A、附录 B、附录 C 为规范性附录，附录 D 为资料性附录。

本标准由中国石油和化学工业协会提出。

本标准由全国化学标准化技术委员会化学试剂分会(SAC/TC 63/SC 3)归口。

本标准起草单位：北京化学试剂研究所。

本标准主要起草人：王化圣、黄志齐、王素芳、郝玉林。

本标准于 1989 年首次发布。

工作基准试剂
含量测定通则　称量滴定法

1　范围

本标准规定了用分析天平称量操作溶液或基准溶液的质量，以指示剂法确定终点的滴定分析方法。本方法测定结果的相对标准偏差为0.02%。

本标准适用于工作基准试剂的含量测定。

2　规范性引用文件

下列文件中的条款通过本标准的引用而成为本标准的条款。凡是注日期的引用文件，其随后所有的修改单(不包括勘误的内容)或修订版均不适用于本标准，然而，鼓励根据本标准达成协议的各方研究是否可使用这些文件的最新版本。凡是不注日期的引用文件，其最新版本适用于本标准。

GB/T 601　化学试剂　标准滴定溶液的制备

GB/T 6682　分析实验室用水规格和试验方法(GB/T 6682—1992，neq ISO 3696:1987)

3　方法原理

测定工作基准试剂的含量需用化学成分标准物质为其赋值。

当标准物质和工作基准试剂样品是具有同类化学成分量，即具有相同或相近的计量学功能的物质时，可使用称量滴定这种高精密度的测量方法，在测量仪器、测量条件和操作程序均正常的情况下，借助操作溶液进行量值传递，将样品与标准物质直接比较而得出样品含量的量值。

当标准物质溶液与工作基准试剂样品溶液之间能迅速地进行定量反应、且反应的化学计量点可准确指示时，则可用称量法将标准物质配制成具有准确浓度的基准溶液，并用基准溶液滴定(称量滴定)被测样品，进行量值传递，得出样品含量的量值。

4　一般规定

4.1　本标准中所用操作溶液应按GB/T 601的规定配制，基准溶液按附录A的规定配制，实验用水应符合GB/T 6682中三级水的规格。

4.2　本标准中所用标准物质含量(质量分数)不得低于99.95%，扩展不确定度不得大于0.02%。

4.3　称量标准物质和样品的质量应精确至0.01 mg，分析天平在0 g～5 g范围内的重复性误差及最大允许误差均不得大于0.03 mg。若最大允许误差大于0.03 mg，可使用一等砝码按替代称量法进行称量。称量操作溶液或基准溶液的质量应精确至0.1 mg。

4.4　标准物质和样品的称取量应使滴定时消耗的操作溶液或基准溶液的质量在23 g～37 g之间。

4.5　测定样品时须两人进行实验，分别各做四平行，每人四平行测定结果极差的相对值不得大于重复性临界极差的相对值，即$[C_rR_{95}(4)]=0.069\%$。两人八平行测定结果极差的相对值不得大于重复性临界极差的相对值，即$[C_rR_{95}(8)]=0.082\%$。在运算过程中保留五位有效数字，取两人八平行测定值的平均值为报出结果，报出结果取四位有效数字。

注1：极差的相对值是指含量测定结果的极差值与含量测定结果平均值的比值，以“%”表示。

注2：重复性临界极差$[C_rR_{95}(n)]$是一个数值，在重复性条件下，几个测试结果的极差以95%的概率不超过此数。

注3：重复性临界极差的相对值是指重复性临界极差与含量测定结果平均值的比值，以“%”表示。

4.6　用本标准规定的方法测定，工作基准试剂含量测定结果的扩展不确定度一般不应大于0.05%。

5 仪器

5.1 称量滴定装置见图1,各部件应遵照附录B的规定。

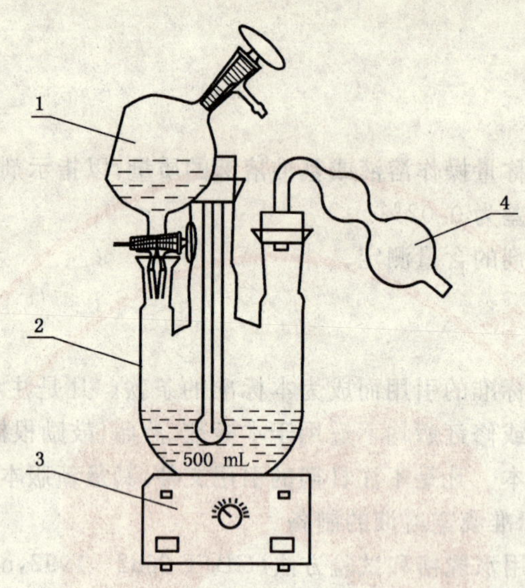

1——称量滴定瓶;

2——反应瓶;

3——电磁搅拌器;

4——双球管(在进行某些酸碱滴定时,双球管应装上钠石灰)。

图1 称量滴定装置示意图

5.2 分析天平的感量为0.01 mg、最大称量不小于5 g;感量为0.1 mg、最大称量不小于200 g。

6 测定

6.1 预处理

在称量之前,样品和标准物质须按产品标准规定的条件同时同样进行处理。

6.2 标准物质和样品的称量

按产品标准的规定称取标准物质和样品。当用操作溶液进行量值传递时,称取标准物质和样品应交替进行,并将相邻的标准物质和样品编为一组。

6.3 滴定

将称好的标准物质或样品依称量顺序置于反应瓶中,按产品标准的规定进行处理。加入规定的指示液。

取适量产品标准规定的操作溶液或基准溶液,置于干燥的称量滴定瓶中,称量。

按图1所示连接好装置。开动电磁搅拌器,进行滴定。滴至产品标准规定的终点颜色,取下称量滴定瓶,称量。两次称量之差即为所消耗的操作溶液或基准溶液的质量。

在用操作溶液进行量值传递时,滴定标准物质和滴定样品要交替进行。将相邻的标准物质和样品测定的原始数据编为一组进行计算,作为单次测定的结果。

7 计算

7.1 用操作溶液进行量值传递时工作基准试剂含量的计算

工作基准试剂的含量以质量分数 w_G 计,数值以"%"表示,按式(1)计算:

$$w_G = \frac{m_1 w_B (m_4 - m_{4K}) M_G}{(m_2 - m_{2K}) m_3 M_B} \quad \cdots\cdots(1)$$

式中：

m_1——标准物质质量的数值，单位为克(g)；

w_B——标准物质的含量(质量分数)，数值以"%"表示；

m_4——滴定工作基准试剂所用操作溶液质量的数值，单位为克(g)；

m_{4K}——滴定工作基准试剂时空白试验所用操作溶液质量的数值，单位为克(g)；

M_G——工作基准试剂摩尔质量的数值，单位为克每摩尔(g/mol)；

m_2——滴定标准物质所用操作溶液质量的数值，单位为克(g)；

m_{2K}——滴定标准物质时空白试验所用操作溶液质量的数值，单位为克(g)；

m_3——工作基准试剂质量的数值，单位为克(g)；

M_B——标准物质摩尔质量的数值，单位为克每摩尔(g/mol)。

式(1)中 m_1、m_2、m_3、m_4 在代入公式前应按附录C的规定进行浮力校正。

当测定所用标准物质的分子式与工作基准试剂的分子式相同时，$M_G = M_B$，式(1)简化为式(2)。

$$w_G = \frac{m_1 w_B m_4}{m_2 m_3} \quad \cdots\cdots(2)$$

式(2)中 m_1、m_2、m_3、m_4 在代入公式前不必进行浮力校正。

7.2 用基准溶液进行量值传递时工作基准试剂含量的计算

工作基准试剂的含量以质量分数 w_G 计，数值以"%"表示，按式(3)计算：

$$w_G = \frac{m_1 w_B (m_4 - m_{4K}) M_G}{m_2 m_3 M_B} \quad \cdots\cdots(3)$$

式中：

m_1——配制基准溶液时称取标准物质质量的数值，单位为克(g)；

w_B——配制基准溶液时所用标准物质的含量(质量分数)，数值以"%"表示；

m_4——滴定工作基准试剂所用基准溶液质量的数值，单位为克(g)；

m_{4K}——滴定工作基准试剂时空白试验所用基准溶液质量的数值，单位为克(g)；

M_G——工作基准试剂摩尔质量的数值，单位为克每摩尔(g/mol)；

m_2——配制基准溶液质量的数值，单位为克(g)；

m_3——工作基准试剂质量的数值，单位为克(g)；

M_B——标准物质摩尔质量的数值，单位为克每摩尔(g/mol)。

式(3)中 m_1、m_2、m_3、m_4 在代入公式前应按附录C的规定进行浮力校正。

8 测定结果的扩展不确定度

8.1 当给出完整的测定结果时或在需方有要求时应报告含量测定结果的扩展不确定度。

8.2 工作基准试剂含量测定结果扩展不确定度的计算可包含以下步骤：

——A类标准不确定度分量的计算；

——B类相对合成标准不确定度分量的计算；

——合成标准不确定度的计算；

——扩展不确定度的计算。

计算方法参见附录D。

8.3 工作基准试剂含量测定结果扩展不确定度可采用下列形式之一表示。

示例：

工作基准试剂含量测定结果的平均值 $\overline{w}_G=99.98\%$，工作基准试剂含量测定结果的合成标准不确定度 $u_c(\overline{w}_G)=2.1\times10^{-4}$，取包含因子 $k=2$，工作基准试剂含量测定结果的扩展不确定度 $U=2\times2.1\times10^{-4}=4.2\times10^{-4}=0.042\%$。

测定结果可表示为：

a) $\overline{w}_G=99.98\%$；$U=0.05\%$；$k=2$。

b) $\overline{w}_G=(99.98\pm0.05)\%$；$k=2$。

c) $\overline{w}_G=99.98\%\times(1\pm5\times10^{-4})$；$k=2$。

d) $\overline{w}_G=99.98\%$；$U=5\times10^{-4}$；$k=2$。

附 录 A
（规范性附录）
基准溶液的配制

A.1 标准物质的前处理

按照产品标准的规定，对标准物质进行前处理。

A.2 标准物质的称量

根据欲配制基准溶液的浓度和质量计算所需标准物质的用量。

用替代称量法称取所需的、已经前处理的标准物质。

A.3 标准物质的溶解、基准溶液的配制

将 A.2 中称取的标准物质置于烧杯中，加适量水溶解，在室温下放置 1 h～2 h。

取一干燥的容量瓶，称量。将溶解标准物质所得的溶液转移至容量瓶中，加水至略少于应配制溶液的质量，称量。滴加少量水，再称量。反复进行，直至达到所需质量。混匀。

配制基准溶液时称取溶液质量需用替代称量法称量，所用天平的感量至少应达到 0.01 g、最大称量不低于 1 kg。

基准溶液应在使用当天配制。

A.4 基准溶液浓度的计算

基准溶液的质量摩尔浓度(b)，单位为 mol/kg，按式(A.1)计算：

$$b=\frac{m_1 w_B \times 1\,000}{m_2 M_B} \qquad \text{(A.1)}$$

式中：

m_1——标准物质质量的数值，单位为克(g)；

w_B——标准物质的含量(质量分数)，数值以“%”表示；

m_2——基准溶液质量的数值，单位为克(g)；

M_B——标准物质摩尔质量的数值，单位为克每摩尔(g/mol)。

式(A.1)中 m_1、m_2 在代入公式前应按附录 C 的规定进行浮力校正。

附 录 B
（规范性附录）
称量滴定装置中各部件的要求

B.1 称量滴定瓶

称量滴定瓶容量为 100 mL，见图 B.1。

单位为毫米

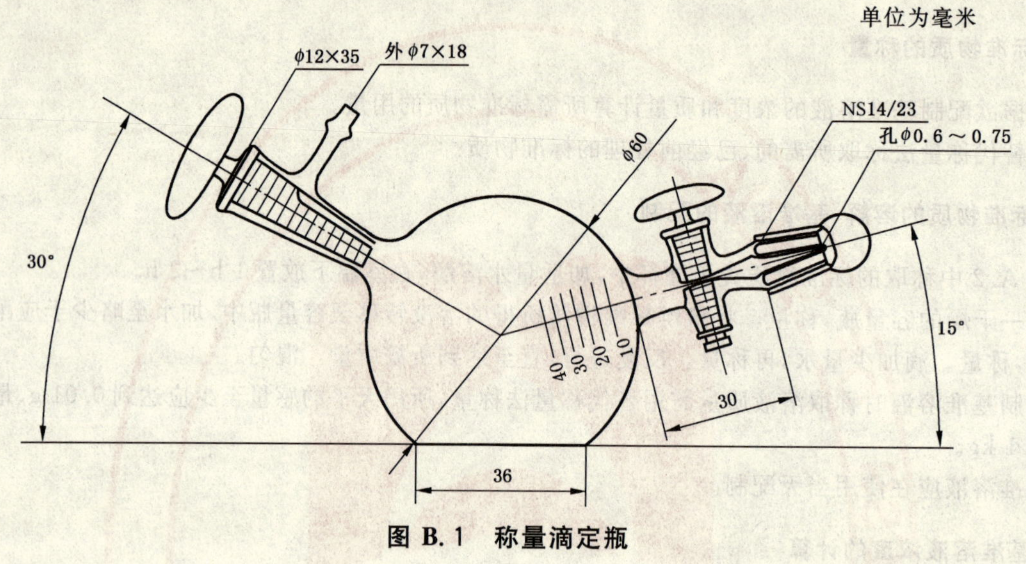

图 B.1 称量滴定瓶

B.2 反应瓶

反应瓶容量为 500 mL，见图 B.2 。

单位为毫米

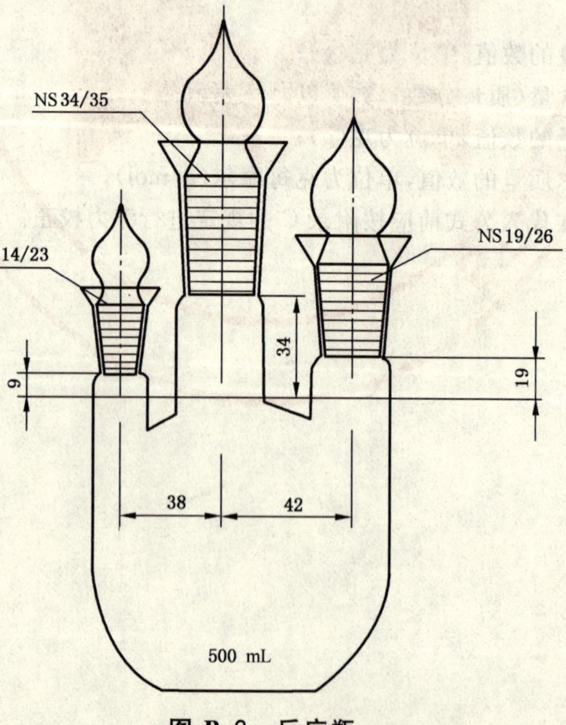

图 B.2 反应瓶

附　录　C
（规范性附录）
被称量物质质量的空气浮力校正

被称物的真空质量(m_Z)，单位为克(g)，按式(C.1)计算：

$$m_Z = m_K + \rho_K\left(\frac{1}{\rho_W} - \frac{1}{\rho_F}\right)m_K \quad \cdots\cdots(C.1)$$

式中：

m_K——用电子天平直接读数称量或用替代称量法称量所得被称量物的质量，单位为克(g)；

ρ_K——称量时空气的密度，单位为克每立方厘米(g/cm^3)；

ρ_W——被称量物质的密度，单位为克每立方厘米或克每毫升(g/cm^3 或 g/mL)；

ρ_F——砝码的密度，单位为克每立方厘米(g/cm^3)。用电子天平直接读数称量时，按 8.0 g/cm^3 计算。

用替代称量法称量时，应取砝码证书所给的数值。

式(C.1)中：

空气的密度(ρ_K)，单位为克每立方厘米(g/cm^3)，按式(C.2)计算：

$$\rho_K = 0.001\,29\left(\frac{273.15}{t+273.15}\right)\left(\frac{p_1 - 0.378\,3\times p_2}{101.3}\right) \quad \cdots\cdots(C.2)$$

式中：

p_1——大气压的数值，单位为千帕(kPa)；

p_2——室温下水的蒸气压的数值，单位为千帕(kPa)；

t——室内温度的数值，单位为摄氏度(℃)。

式(C.2)中：

水的蒸气压的数值(p_2)，单位为千帕(kPa)，按式(C.3)计算：

$$p_2 = Wp_3 \quad \cdots\cdots(C.3)$$

式中：

W——空气的相对湿度的数值，以%表示；

p_3——室温下水的饱和蒸气压的数值，单位为千帕(kPa)。

表 C.1　水的饱和蒸气压

单位为千帕

温度/℃	0.0	0.1	0.2	0.3	0.4	0.5	0.6	0.7	0.8	0.9
11	1.312	1.321	1.329	1.338	1.347	1.356	1.365	1.374	1.383	1.392
12	1.402	1.411	1.420	1.430	1.439	1.448	1.458	1.468	1.477	1.487
13	1.497	1.507	1.516	1.526	1.536	1.546	1.556	1.567	1.577	1.587
14	1.598	1.608	1.618	1.629	1.639	1.650	1.661	1.672	1.682	1.693
15	1.704	1.715	1.726	1.737	1.749	1.760	1.771	1.783	1.794	1.806
16	1.817	1.829	1.840	1.852	1.864	1.876	1.888	1.900	1.912	1.924
17	1.937	1.949	1.961	1.974	1.986	1.999	2.011	2.024	2.037	2.050
18	2.063	2.076	2.089	2.102	2.115	2.129	2.142	2.155	2.169	2.183
19	2.196	2.210	2.224	2.238	2.252	2.266	2.280	2.294	2.308	2.323
20	2.337	2.352	2.366	2.381	2.396	2.410	2.425	2.440	2.455	2.471

表 C.1(续)

单位为千帕

温度/℃	0.0	0.1	0.2	0.3	0.4	0.5	0.6	0.7	0.8	0.9
21	2.486	2.501	2.517	2.532	2.548	2.563	2.579	2.595	2.611	2.627
22	2.643	2.659	2.675	2.692	2.708	2.724	2.741	2.758	2.775	2.791
23	2.808	2.825	2.843	2.860	2.877	2.894	2.912	2.930	2.947	2.965
24	2.983	3.001	3.019	3.037	3.055	3.074	3.092	3.111	3.129	3.148
25	3.167	3.186	3.205	3.224	3.243	3.262	3.282	3.301	3.321	3.341
26	3.361	3.381	3.401	3.421	3.441	3.461	3.482	3.502	3.523	3.544
27	3.565	3.586	3.607	3.628	3.649	3.671	3.692	3.714	3.735	3.757
28	3.779	3.801	3.824	3.846	3.868	3.891	3.913	3.936	3.959	3.982
29	4.005	4.028	4.052	4.075	4.099	4.122	4.146	4.170	4.194	4.218
30	4.243	4.267	4.292	4.316	4.341	4.366	4.391	4.416	4.441	4.467
31	4.492	4.518	4.544	4.570	4.596	4.622	4.648	4.675	4.701	4.728
32	4.755	4.782	4.809	4.836	4.863	4.891	4.919	4.946	4.974	5.002
33	5.030	5.059	5.087	5.116	5.144	5.173	5.202	5.231	5.261	5.290
34	5.320	5.349	5.379	5.409	5.439	5.470	5.500	5.531	5.561	5.592
35	5.623	5.654	5.686	5.717	5.749	5.781	5.813	5.845	5.877	5.909
36	5.942	5.975	6.007	6.040	6.074	6.107	6.140	6.174	6.208	6.242
37	6.276	6.310	6.345	6.379	6.414	6.449	6.484	6.519	6.555	6.590
38	6.626	6.662	6.698	6.734	6.771	6.807	6.844	6.881	6.918	6.956
39	6.993	7.031	7.068	7.106	7.145	7.183	7.221	7.260	7.299	7.338
40	7.377	7.417	7.456	7.496	7.536	7.576	7.617	7.657	7.698	7.739
41	7.780	7.821	7.863	7.904	7.946	7.988	8.030	8.073	8.115	8.158
42	8.201	8.244	8.288	8.331	8.375	8.419	8.463	8.508	8.552	8.597
43	8.642	8.687	8.732	8.778	8.824	8.870	8.916	8.962	9.009	9.056
44	9.103	9.150	9.198	9.245	9.293	9.341	9.390	9.438	9.487	9.536

附 录 D
（资料性附录）
工作基准试剂含量测定结果不确定度的计算

D.1 用操作溶液进行量值传递时工作基准试剂含量测定结果不确定度的计算

D.1.1 工作基准试剂含量测定结果的 A 类标准不确定度分量的计算

工作基准试剂含量测定结果的 A 类标准不确定度分量[$u_A(\overline{w}_G)$]按式（D.1）计算：

$$u_A(\overline{w}_G)=\frac{s(\overline{w}_G)}{\sqrt{8}} \qquad \cdots\cdots(D.1)$$

式中：

$s(\overline{w}_G)$——两人八平行测定结果的标准偏差，数值以“%”表示。

D.1.2 工作基准试剂含量测定结果的 B 类相对合成标准不确定度分量的计算

根据第 7 章式(1)，工作基准试剂含量测定结果的 B 类相对合成标准不确定度分量[$u_{cBrel}(\overline{w}_G)$]按式(D.2)计算：

$$u_{cBrel}(\overline{w}_G)=\sqrt{u_{rel}^2(m_1)+u_{rel}^2(m_2-m_{2K})+u_{rel}^2(m_3)+u_{rel}^2(m_4-m_{4K})+u_{rel}^2(w_B)+u_{rel}^2(M_B)+u_{rel}^2(M_G)+u_{rel}^2(r)} \qquad \cdots\cdots(D.2)$$

式中：

$u_{rel}(m_1)$——标准物质质量数值的相对标准不确定度分量；

$u_{rel}(m_2-m_{2K})$——扣除空白后滴定标准物质所用操作溶液质量数值的相对标准不确定度分量；

$u_{rel}(m_3)$——工作基准试剂质量数值的相对标准不确定度分量；

$u_{rel}(m_4-m_{4K})$——扣除空白后滴定工作基准试剂所用操作溶液质量数值的相对标准不确定度分量；

$u_{rel}(\overline{w}_B)$——标准物质含量数值的相对标准不确定度分量；

$u_{rel}(M_B)$——标准物质摩尔质量数值的相对标准不确定度分量；

$u_{rel}(M_G)$——工作基准试剂摩尔质量数值的相对标准不确定度分量；

$u_{rel}(r)$——工作基准试剂含量测定结果的数值修约的相对标准不确定度分量。

D.1.2.1 标准物质质量的数值的相对标准不确定度分量[$u_{rel}(m_1)$]按式(D.3)计算：

$$u_{rel}(m_1)=\frac{u(m_1)}{m_1} \qquad \cdots\cdots(D.3)$$

式中：

$u(m_1)$——标准物质质量的数值的标准不确定度分量，单位为克(g)；

m_1——标准物质质量的数值，单位为克(g)。

式(D.3)中：

$$u(m_1)=\sqrt{2\times\left(\frac{a}{k}\right)^2}\ （按均匀分布，k=\sqrt{3}） \qquad \cdots\cdots(D.4)$$

式中：

a——感量为 0.01 mg 的天平的最大允许误差。

用替代称量法进行称量时，此项可忽略不计。

D.1.2.2 扣除空白后滴定标准物质所用操作溶液质量的数值的相对标准不确定度分量[$u_{rel}(m_2-m_{2K})$]按式(D.5)计算：

$$u_{rel}(m_2-m_{2K})\ \frac{u(m_2-m_{2K})}{m_2-m_{2K}} \qquad \cdots\cdots(D.5)$$

式中：

$u(m_2-m_{2K})$——扣除空白后滴定标准物质所用操作溶液质量数值的标准不确定度分量，单位为克(g)；

m_2-m_{2K}——扣除空白后滴定时所用操作溶液质量的数值，单位为克(g)。

式(D.5)中：

$$u(m_2)=\sqrt{\left(2\times\frac{a}{k}\right)^2+\left(2\times\frac{a}{k}\right)^2}\text{（按均匀分布，}k=\sqrt{3}\text{）} \quad \cdots\cdots\cdots\cdots(\text{D.6})$$

式中：

a——感量为 0.1 mg 的天平的最大允许误差。

D.1.2.3 工作基准试剂质量的数值的相对标准不确定度分量[$u_{rel}(m_3)$]按式(D.7)计算：

$$u_{rel}(m_3)=\frac{u(m_3)}{m_3} \quad \cdots\cdots\cdots\cdots(\text{D.7})$$

计算方法与 D.1.2.1 标准物质质量的数值的相对标准不确定度分量的计算方法相同。

用替代称量法进行称量时，此项可忽略不计。

D.1.2.4 扣除空白后滴定工作基准试剂所用操作溶液质量的数值的相对标准不确定度分量[$u_{rel}(m_4-m_{4K})$]按式(D.8)计算：

$$u_{rel}(m_4-m_{4K})=\frac{u(m_4-m_{4K})}{m_4-m_{4K}} \quad \cdots\cdots\cdots\cdots(\text{D.8})$$

计算方法与 D.1.2.2 滴定标准物质所用操作溶液质量的数值的相对标准不确定度分量的计算方法相同。

D.1.2.5 标准物质含量的数值的相对标准不确定度分量[$u_{rel}(w_B)$]按式(D.9)计算：

$$u_{rel}(w_B)=\frac{u(w_B)}{w_B} \quad \cdots\cdots\cdots\cdots(\text{D.9})$$

式中：

$u(w_B)$——标准物质含量的数值的标准不确定度分量，数值以“%”表示；

w_B——标准物质含量的数值，数值以“%”表示。

式(D.9)中：

$$u(w_B)=\frac{U}{k} \quad \cdots\cdots\cdots\cdots(\text{D.10})$$

式中：

U——标准物质含量的数值的扩展不确定度，数值以“%”表示；

k——包含因子。

U 及 k 的数值见标准物质证书。

D.1.2.6 标准物质摩尔质量的数值的相对标准不确定度分量[$u_{rel}(M_B)$]按式(D.11)计算：

$$u_{rel}(M_B)=\frac{u(M_B)}{M_B} \quad \cdots\cdots\cdots\cdots(\text{D.11})$$

式中：

$u(M_B)$——标准物质摩尔质量的数值的标准不确定度分量，单位为克每摩尔(g/mol)；

M_B——标准物质摩尔质量的数值，单位为克每摩尔(g/mol)。

式(D.11)中：

$$u(M_B)=\sqrt{u^2(M_{B-1})+u^2(M_{B-2})} \quad \cdots\cdots\cdots\cdots(\text{D.12})$$

式中：

$u(M_{B-1})$——标准物质分子中各元素的相对原子质量数值的标准不确定度引入的标准不确定度分量，单位为克每摩尔(g/mol)；

$u(M_{B-2})$——标准物质摩尔质量的数值的修约误差引入的标准不确定度分量，单位为克每摩尔(g/mol)。

式(D.12)中：

$$u(M_{B-1}) = \sqrt{\sum_{i=1}^{n} q_i u^2(A_i)} \quad \cdots\cdots (D.13)$$

式中：

q_i——标准物质分子中某元素A的原子个数；

$u(A_i)$——标准物质分子中某元素A的相对原子质量的数值的标准不确定度，单位为克每摩尔(g/mol)；

n——标准物质分子中原子的种类数。

式(D.12)中：

$$u(M_{B-2}) = \frac{b}{k}(按均匀分布, k=\sqrt{3}) \quad \cdots\cdots (D.14)$$

式中：

b——标准物质摩尔质量的数值的修约误差区间的半宽，单位为克每摩尔(g/mol)。

D.1.2.7 工作基准试剂摩尔质量的数值的相对标准不确定度分量[$u_{rel}(M_G)$]的计算：

计算方法与D.1.2.6标准物质摩尔质量的数值的相对标准不确定度分量[$u_{rel}(M_B)$]的计算方法相同。

D.1.2.8 工作基准试剂含量测定结果的数值修约的相对标准不确定度分量[$u_{rel}(r)$]按式(D.15)计算：

$$u_{rel}(r) = \frac{u(r)}{\overline{w}_G} \quad \cdots\cdots (D.15)$$

式中：

$u(r)$——工作基准试剂含量测定结果的数值修约的标准不确定度分量，数值以“%”表示；

$\overline{w}_G$——两人八平行测定所得含量结果的平均值，数值以‘%“表示”。

式(D.15)中：

$$u(r) = \frac{a}{k}(按均匀分布, k=\sqrt{3}) \quad \cdots\cdots (D.16)$$

式中：

a——两人八平行测定所得含量结果平均值的修约误差区间的半宽，数值以“%”表示。

D.1.2.9 工作基准试剂含量测定结果的B类相对合成标准不确定度分量[$u_{cBrel}(\overline{w}_G)$]的计算：

将上述计算的数值代入式(D.2)，进行计算。

D.1.3 工作基准试剂含量测定结果的合成标准不确定度的计算

工作基准试剂含量测定结果的合成标准不确定度[$u_c(\overline{w}_G)$]按式(D.17)计算：

$$u_c(\overline{w}_G) = \sqrt{u_A^2(\overline{w}_G) + u_{cB}^2(\overline{w}_G)} \quad \cdots\cdots (D.17)$$

式中：

$u_A(\overline{w}_G)$——工作基准试剂含量测定结果的A类标准不确定度分量，数值以“%”表示；

$u_{cB}(\overline{w}_G)$——工作基准试剂含量测定结果的B类合成标准不确定度分量，数值以“%”表示。

式(D.17)中：

$$u_{cB}(\overline{w}_G) = u_{cBrel}(\overline{w}_G) \times \overline{w}_G \quad \cdots\cdots (D.18)$$

式中：

$u_{cBrel}(\overline{w}_G)$——工作基准试剂含量测定结果的B类相对合成标准不确定度分量，数值以“%”表示；

$\overline{w}_G$——工作基准试剂含量测定的平均值，数值以“%”表示。

D.1.4 工作基准试剂含量测定结果的扩展不确定度的计算

工作基准试剂含量测定结果的扩展不确定度[$U(\overline{w})$]按式(D.19)计算：

$$U(\overline{w}) = k \times u_{c}(\overline{w}_{G}) \qquad \text{(D.19)}$$

式中：

$u_{c}(\overline{w}_{G})$——工作基准试剂含量测定结果的合成标准不确定度，数值以“%”表示；

k——包含因子(一般情况下 $k=2$)。

D.2 用基准溶液进行量值传递时工作基准试剂含量测定结果不确定度的计算

D.2.1 工作基准试剂含量测定结果的 A 类标准不确定度分量的计算

计算方法与 D.1.1 工作基准试剂质量分数平均值的 A 类标准不确定度分量的计算相同。

D.2.2 工作基准试剂含量测定结果的 B 类相对合成标准不确定度分量的计算

根据 7.2 中式(3)，工作基准试剂含量测定结果的 B 类相对合成标准不确定度分量[$u_{cBrel}(\overline{w}_{G})$]按式(D.20)计算：

$$u_{cBrel}(\overline{w}_{G}) = \sqrt{u_{rel}^{2}(m_{1}) + u_{rel}^{2}(m_{2}) + u_{rel}^{2}(m_{3}) + u_{rel}^{2}(m_{4} - m_{4K}) + u_{rel}^{2}(w_{B}) + u_{rel}^{2}(M_{B}) + u_{rel}^{2}(M_{G}) + u_{rel}^{2}(r)} \qquad \text{(D.20)}$$

式中：

$u_{rel}(m_{1})$——标准物质质量的数值的相对标准不确定度分量；

$u_{rel}(m_{2})$——基准溶液质量的数值的相对标准不确定度分量；

$u_{rel}(m_{3})$——工作基准试剂质量的数值的相对标准不确定度分量；

$u_{rel}(m_{4}-m_{4K})$——扣除空白后滴定工作基准试剂所用基准溶液质量的数值的相对标准不确定度分量；

$u_{rel}(w_{B})$——标准物质含量的数值的相对标准不确定度分量；

$u_{rel}(M_{B})$——标准物质摩尔质量的数值的相对标准不确定度分量；

$u_{rel}(M_{G})$——工作基准试剂摩尔质量的数值的相对标准不确定度分量；

$u_{rel}(r)$——工作基准试剂含量测定结果的数值修约的相对标准不确定度分量。

$u_{rel}(m_{3})$、$u_{rel}(m_{4}-m_{4K})$、$u_{rel}(w_{B})$、$u_{rel}(M_{B})$、$u_{rel}(M_{G})$、$u_{rel}(r)$与 D.1.2 中相应项目的计算方法相同。

D.2.2.1 标准物质质量的数值的相对标准不确定度分量[$u_{rel}(m_{1})$]按式(D.21)计算：

$$u_{rel}(m_{1}) = \frac{u(m_{1})}{m_{1}} \qquad \text{(D.21)}$$

式中：

$u(m_{1})$——标准物质质量的数值的标准不确定度分量，单位为克(g)；

m_{1}——标准物质质量的数值，单位为克(g)。

式(D.21)中：

$$u(m_{1}) = \sqrt{u_{1}^{2}(m_{1}) + u_{2}^{2}(m_{1})} \qquad \text{(D.22)}$$

$$u_{2}(m_{1}) = \sqrt{2 \times \left(\frac{a}{k}\right)^{2}} \text{(按均匀分布，} k=\sqrt{3}\text{)} \qquad \text{(D.23)}$$

式中：

$u_{1}(m_{1})$——配制基准溶液称取标准物质时所用天平的重复性误差引入的不确定度分量，单位为克(g)；

$u_{2}(m_{1})$——所用天平在称量范围内的最大允许误差引入的不确定度分量，单位为克(g)；

a——所用天平在此称量范围内的最大允许误差，单位为克(g)。

用替代称量法称量时，式(D.22)中 $u_{2}(m_{1})$ 一项可忽略不计。

D.2.2.2 基准溶液质量的数值的相对标准不确定度分量[$u_{rel}(m_2)$]按式(D.24)计算：

$$u_{rel}(m_2)=\frac{u(m_2)}{m_2} \qquad \cdots\cdots(D.24)$$

式中：

$u(m_2)$——基准溶液质量的数值的标准不确定度分量，单位为克(g)；

m_2——基准溶液质量的数值，单位为克(g)。

式(D.24)中：

$$u(m_2)=\sqrt{u_1^2(m_2)+u_2^2(m_2)} \qquad \cdots\cdots(D.25)$$

$$u_2(m_2)=\sqrt{2\times\left(\frac{a}{k}\right)^2}\text{(按均匀分布，}k=\sqrt{3}\text{)} \qquad \cdots\cdots(D.26)$$

式中：

$u_1(m_2)$——配制基准溶液称取溶液质量时所用天平的重复性误差引入的不确定度分量，单位为克(g)；

$u_2(m_2)$——所用天平在称量范围内的最大允许误差引入的不确定度分量，单位为克(g)；

a——所用天平在此称量范围内的最大允许误差，单位为克(g)。

用替代称量法称量时，式(D.25)中 $u_2(m_2)$一项可忽略不计。

D.2.2.3 工作基准试剂含量测定结果的B类相对合成标准不确定度分量[$u_{cBrel}(\overline{w}_G)$]的计算：

将上述计算的数值代入式(D.20)，进行计算。

D.2.3 工作基准试剂含量测定结果的合成标准不确定度的计算

计算方法与D.1.3工作基准试剂含量测定结果的合成标准不确定度的计算方法相同。

D.2.4 工作基准试剂含量测定结果的扩展不确定度的计算

计算方法与D.1.4工作基准试剂含量测定结果的扩展不确定度的计算方法相同。

ICS 67.160.01
X 50

中华人民共和国国家标准

GB 10789—2007
代替 GB 10789—1996

饮 料 通 则

General standard for beverage

2007-10-18 发布　　　　2008-12-01 实施

中华人民共和国国家质量监督检验检疫总局
中国国家标准化管理委员会　发布

前　言

本标准的第 4、5、6 章为强制性的，其余为推荐性的。

本标准部分条文参考了国际食品法典委员会(CAC)CODEX STAN 247—2005《果汁类和果肉饮料类通用标准》。

本标准代替 GB 10789—1996《软饮料的分类》。

本标准与 GB 10789—1996 相比主要变化如下：

——标准的名称改为:《饮料通则》；

——增加了第 3 章“术语和定义”；

——将 GB 10789—1996 第 3 章“类别、定义和种类”改为本标准第 5 章“分类”；

——将 GB 10789—1996 第 3 章“类别、定义和种类”中的技术指标分离出来，列入本标准的 6.1；

——对饮料的分类和技术指标作了调整；

——增加了附录 A(规范性附录)“饮料分类一览表”。

本标准附录 A 为规范性附录。

本标准由中国轻工业联合会提出。

本标准由全国食品工业标准化技术委员会饮料分技术委员会归口。

本标准由中国饮料工业协会技术工作委员会、天津科技大学、中国食品发酵工业研究院、杭州娃哈哈集团有限公司、农夫山泉股份有限公司、北京汇源饮料食品集团有限公司、统一企业(中国)投资有限公司负责起草。

本标准主要起草人：赵晋府、史其禄、文剑、王美玲、姚毓才、李绍振、黄莹萍、李惠宜、李羽楠。

本标准所代替标准的历次版本发布情况为：

——GB 10789—1989、GB 10789—1996。

饮 料 通 则

1 范围

本标准规定了饮料的分类、类别、种类和定义、技术要求。

本标准适用于饮料的生产、研发以及饮料产品标准和其他与饮料相关标准的制定。

2 规范性引用文件

下列文件中的条款通过本标准的引用而成为本标准的条款。凡是注日期的引用文件，其随后所有的修改单(不包括勘误的内容)或修订版均不适用于本标准，然而，鼓励根据本标准达成协议的各方研究是否可使用这些文件的最新版本。凡是不注日期的引用文件，其最新版本适用于本标准。

GB 2760 食品添加剂使用卫生标准

GB 5749 生活饮用水卫生标准

GB 7718 预包装食品标签通则

GB 13432 预包装特殊膳食用食品标签通则

GB 14880 食品营养强化剂使用卫生标准

3 术语和定义

下列术语和定义适用于本标准。

3.1

饮料 beverage

饮品

经过定量包装的，供直接饮用或用水冲调饮用的，乙醇含量不超过质量分数为0.5%的制品，不包括饮用药品。

4 分类

饮料按原料或产品性状进行分类，可分为11个类别及相应的种类，详见附录A。

5 类别、种类和定义

5.1 碳酸饮料(汽水)类 carbonated beverages

在一定条件下充入二氧化碳气的饮料，不包括由发酵法自身产生的二氧化碳气的饮料。

5.1.1 果汁型碳酸饮料 carbonated beverage of juice containing type

含有一定量果汁的碳酸饮料，如橘汁汽水、橙汁汽水、菠萝汁汽水或混合果汁汽水。

5.1.2 果味型碳酸饮料 carbonated beverage of fruit flavored type

以果味香精为主要香气成分，含有少量果汁或不含果汁的碳酸饮料，如橘子味汽水、柠檬味汽水。

5.1.3 可乐型碳酸饮料 carbonated beverage of cola type

以可乐香精或类似可乐果香型的香精为主要香气成分的碳酸饮料。

5.1.4 其他型碳酸饮料 carbonated beverage of others type

上述3类以外的碳酸饮料，如苏打水、盐汽水、姜汁汽水、沙士汽水。

5.2 果汁和蔬菜汁类 fruit and vegetable juices

用水果和(或)蔬菜(包括可食的根、茎、叶、花、果实)等为原料，经加工或发酵制成的饮料。

5.2.1 果汁(浆)和蔬菜汁(浆) fruit/vegetable juice (pulp)

采用物理方法,将水果或蔬菜加工制成可发酵但未发酵的汁(浆)液;或在浓缩果汁(浆)或浓缩蔬菜汁(浆)中加入果汁(浆)或蔬菜汁(浆)浓缩时失去的等量的水,复原而成的制品。可以使用食糖、酸味剂或食盐,调整果汁、蔬菜汁的风味,但不得同时使用食糖和酸味剂,调整果汁的风味。

5.2.2 浓缩果汁(浆)和浓缩蔬菜汁(浆) concentrated fruit/vegetable juice (pulp)

采用物理方法从果汁(浆)或蔬菜汁(浆)中除去一定比例的水分,加水复原后具有果汁(浆)或蔬菜汁(浆)应有特征的制品。

5.2.3 果汁饮料和蔬菜汁饮料 fruit/vegetable juice beverage

5.2.3.1 果汁饮料 fruit juice beverage

在果汁(浆)或浓缩果汁(浆)中加入水、食糖和(或)甜味剂、酸味剂等调制而成的饮料,可加入柑橘类的囊胞(或其他水果经切细的果肉)等果粒。

5.2.3.2 蔬菜汁饮料 vegetable juice beverage

在蔬菜汁(浆)或浓缩蔬菜汁(浆)中加入水、食糖和(或)甜味剂、酸味剂等调制而成的饮料。

5.2.4 果汁饮料浓浆和蔬菜汁饮料浓浆 concentrated fruit/vegetable juice beverage

在果汁(浆)和蔬菜汁(浆)、或浓缩果汁(浆)和浓缩蔬菜汁(浆)中加入水、食糖和(或)甜味剂、酸味剂等调制而成,稀释后方可饮用的饮料。

5.2.5 复合果蔬汁(浆)及饮料 blended fruit/vegetable juice (pulp) and beverage

含有两种或两种以上的果汁(浆)、或蔬菜汁(浆)、或果汁(浆)和蔬菜汁(浆)的制品为复合果蔬汁(浆);含有两种或两种以上果汁(浆),蔬菜汁(浆)或其混合物并加入水、食糖和(或)甜味剂、酸味剂等调制而成的饮料为复合果蔬汁饮料。

5.2.6 果肉饮料 nectar

在果浆或浓缩果浆中加入水、食糖和(或)甜味剂、酸味剂等调制而成的饮料。

含有两种或两种以上果浆的果肉饮料称为复合果肉饮料。

5.2.7 发酵型果蔬汁饮料 fermented fruit/vegetable juice beverage

水果、蔬菜、或果汁(浆)、蔬菜汁(浆)经发酵后制成的汁液中加入水、食糖和(或)甜味剂、食盐等调制而成的饮料。

5.2.8 水果饮料 fruit beverage

在果汁(浆)或浓缩果汁(浆)中加入水、食糖和(或)甜味剂、酸味剂等调制而成,但果汁含量较低的饮料。

5.2.9 其他果蔬汁饮料 other fruit and vegetable juice beverages

上述8类以外的果汁和蔬菜汁类饮料。

5.3 蛋白饮料类 protein beverages

以乳或乳制品、或有一定蛋白质含量的植物的果实、种子或种仁等为原料,经加工或发酵制成的饮料。

5.3.1 含乳饮料 milk beverage

5.3.1.1 配制型含乳饮料 formulated milk beverage

以乳或乳制品为原料,加入水,以及食糖和(或)甜味剂、酸味剂、果汁、茶、咖啡、植物提取液等的一种或几种调制而成的饮料。

5.3.1.2 发酵型含乳饮料 fermented milk beverage

以乳或乳制品为原料,经乳酸菌等有益菌培养发酵制得的乳液中加入水,以及食糖和(或)甜味剂、酸味剂、果汁、茶、咖啡、植物提取液等的一种或几种调制而成的饮料,如乳酸菌乳饮料。根据其是否经过杀菌处理而区分为杀菌(非活菌)型和未杀菌(活菌)型。

5.3.1.3 乳酸菌饮料 **lactic acid bacteria beverage**

以乳或乳制品为原料,经乳酸菌发酵制得的乳液中加入水,以及食糖和(或)甜味剂、酸味剂、果汁、茶、咖啡、植物提取液等的一种或几种调制而成的饮料,根据其是否经过杀菌处理而区分为杀菌(非活菌)型和未杀菌(活菌)型。

5.3.2 植物蛋白饮料 **plant protein beverage**

用有一定蛋白质含量的植物果实、种子或果仁等为原料,经加工制得(可经乳酸菌发酵)的浆液中加水,或加入其他食品配料制成的饮料。如豆奶(乳)、豆浆、豆奶(乳)饮料、椰子汁(乳)、杏仁露(乳)、核桃露(乳)、花生露(乳)。

5.3.3 复合蛋白饮料 **mixed protein beverage**

以乳或乳制品,和不同的植物蛋白为主要原料,经加工或发酵制成的饮料。

5.4 包装饮用水类 **packaged drinking water**

密封于容器中可直接饮用的水。

5.4.1 饮用天然矿泉水 **drinking natural mineral water**

采用从地下深处自然涌出或经钻井采集的、未受污染的地下矿水;含有一定量的矿物盐、微量元素或二氧化碳气体的;在通常情况下,其化学成分、流量、水温等动态在天然周期波动范围内相对稳定的水源制成的制品。

5.4.2 饮用天然泉水 **drinking natural spring water**

采用从地下自然涌出的泉水或经钻井采集的、未受污染的地下泉水且未经过公共供水系统的水源制成的制品。

5.4.3 其他天然饮用水 **other natural drinking water**

采用未受污染的水井、水库、湖泊或高山冰川等且未经过公共供水系统的水源制成的制品。

5.4.4 饮用纯净水 **purified drinking water**

以符合 GB 5749 的水为水源,采用适当的加工方法,去除水中的矿物质等制成的制品。

5.4.5 饮用矿物质水 **mineralized drinking water**

以符合 GB 5749 的水为水源,采用适当的加工方法,有目的地加入一定量的矿物质而制成的制品。

5.4.6 其他包装饮用水 **other packaged drinking water**

以符合 GB 5749 的水为水源,采用适当的加工方法,不经调色处理而制成的制品,如添加适量食用香精(料)的调味水等。

5.5 茶饮料类 **tea beverages**

以茶叶的水提取液或其浓缩液、茶粉等为原料,经加工制成的饮料。

5.5.1 茶饮料(茶汤) **tea beverage**

以茶叶的水提取液或其浓缩液、茶粉等为原料,经加工制成的,保持原茶汁应有风味的液体饮料,可添加少量的食糖和(或)甜味剂。

5.5.2 茶浓缩液 **concentrated tea beverage**

采用物理方法从茶叶的水提取液中除去一定比例的水分经加工制成,加水复原后具有原茶汁应有风味的液态制品。

5.5.3 调味茶饮料 **flavored tea beverage**

5.5.3.1 果汁茶饮料和果味茶饮料 **fruit juice tea beverage and fruit flavored tea beverage**

以茶叶的水提取液或其浓缩液、茶粉等为原料,加入果汁、食糖和(或)甜味剂、食用果味香精等的一种或几种调制而成的液体饮料。

5.5.3.2 奶茶饮料和奶味茶饮料 **milk tea beverage and flavored milk tea beverage**

以茶叶的水提取液或其浓缩液、茶粉等为原料,加入乳或乳制品、食糖和(或)甜味剂、食用奶味香精等的一种或几种调制而成的液体饮料。

5.5.3.3 **碳酸茶饮料 carbonated tea beverage**

以茶叶的水提取液或其浓缩液、茶粉等为原料,加入二氧化碳气、食糖和(或)甜味剂、食用香精等调制而成的液体饮料。

5.5.3.4 **其他调味茶饮料 other flavored tea beverage**

以茶叶的水提取液或其浓缩液、茶粉等为原料,加入食品配料调味,且在上述3类调味茶以外的饮料。

5.5.4 **复(混)合茶饮料 blended tea beverage**

以茶叶和植(谷)物的水提取液或其浓缩液、干燥粉为原料,加工制成的,具有茶与植(谷)物混合风味的液体饮料。

5.6 **咖啡饮料类 coffee beverages**

以咖啡的水提取液或其浓缩液、速溶咖啡粉为原料,经加工制成的饮料。

5.6.1 **浓咖啡饮料 strong coffee beverage**

以咖啡提取液或速溶咖啡粉为原料制成的液体饮料。

5.6.2 **咖啡饮料 coffee beverage**

以咖啡提取液或速溶咖啡粉为基本原料制成的液体饮料。

5.6.3 **低咖啡因咖啡饮料 coffee beverage of low caffeine**

以去咖啡因的咖啡提取液或去咖啡因的速溶咖啡粉为原料制成的液体饮料。

5.7 **植物饮料类 botanical beverages**

以植物或植物抽提物(水果、蔬菜、茶、咖啡除外)为原料,经加工或发酵制成的饮料。

5.7.1 **食用菌饮料 edible fungi beverage**

以食用菌子实体的浸取液或浸取液制品为原料经加工制成的饮料,或以在食用菌及其可食用培养基的发酵液为原料经加工制成的饮料。

5.7.2 **藻类饮料 algae beverage**

以海藻或人工繁殖的藻类为原料,经加工(含发酵或酶解)制成的饮料,如螺旋藻饮料。

5.7.3 **可可饮料 cocoa beverage**

以可可豆、可可粉为主要原料制成的饮料。

5.7.4 **谷物饮料 cereal beverage**

以谷物为主要原料经调配制成的饮料。

5.7.5 **其他植物饮料 other botanical beverages**

以符合国家相关规定的其他植物原料经加工或发酵制成的饮料。

5.8 **风味饮料类 flavored beverages**

以食用香精(料)、食糖和(或)甜味剂、酸味剂等作为调整风味主要手段,经加工制成的饮料。

5.8.1 **果味饮料 fruit flavored beverage**

以食糖和(或)甜味剂、酸味剂、果汁、食用香精、茶或植物抽提液等的全部或其中的部分为原料调制而成的果汁含量达不到表1中水果饮料基本技术要求的饮料,如橙味饮料、柠檬味饮料。

5.8.2 **乳味饮料 milk flavored beverage**

以食糖和(或)甜味剂、酸味剂、乳或乳制品、果汁、食用香精、茶或植物抽提液等全部或其中部分为原料,经调配而成的乳蛋白含量达不到表1中配制型含乳饮料基本技术要求的,或经发酵而成的乳蛋白含量达不到表1中乳酸菌饮料基本技术要求的饮料。

5.8.3 **茶味饮料 tea flavored beverage**

以茶或茶香精为主要赋香成分,茶多酚含量达不到表1中碳酸茶饮料基本技术要求的饮料。

5.8.4 **咖啡味饮料 coffee flavored beverage**

以咖啡或咖啡香精为主要赋香成分,咖啡因含量达不到表1中咖啡饮料基本技术要求的饮料,不含低咖啡因咖啡饮料。

5.8.5 **其他风味饮料 other favored beverages**

上述4类之外的风味饮料。

5.9 **特殊用途饮料类 beverages for special uses**

通过调整饮料中营养素的成分和含量，或加入具有特定功能成分的适应某些特殊人群需要的饮料。

5.9.1 **运动饮料 sports beverage**

营养素及其含量能适应运动或体力活动人群的生理特点的饮料。

5.9.2 **营养素饮料 nutritional beverage**

添加适量的食品营养强化剂，以补充某些人群特殊营养需要的饮料。

5.9.3 **其他特殊用途饮料 other special usage beverage**

为适应特殊人群的需要而调制的饮料。

5.10 **固体饮料类 powdered beverages**

用食品原料、食品添加剂等加工制成粉末状、颗粒状或块状等固态料的供冲调饮用的制品。如果汁粉、豆粉、茶粉、咖啡粉、果味型固体饮料、固态汽水（泡腾片）、姜汁粉。

5.11 **其他饮料类 other beverages**

以上分类中未能包括的饮料。

6 技术要求

6.1 基本技术要求见表1。

表1

分类		项目	指标或要求
碳酸饮料（汽水）类	果汁型碳酸饮料	CO_2 含量（20℃时同体积饮料中溶解的 CO_2 的体积倍数） ≥	1.5
		果汁含量/%（质量分数） ≥	2.5
	果味型、可乐型、其他型碳酸饮料	CO_2 含量（20℃时同体积饮料中溶解的 CO_2 的体积倍数） ≥	1.5
果汁和蔬菜汁类	果汁（浆）和蔬菜汁（浆）	具有原水果果汁（浆）和蔬菜汁（浆）的色泽、风味和可溶性固形物含量（为调整风味添加的糖不包括在内）	
	浓缩果汁（浆）和浓缩蔬菜汁（浆）	可溶性固形物的含量和原汁（浆）的可溶性固形物含量之比 ≥	2
	果汁饮料	果汁（浆）含量/%（质量分数） ≥	10
	蔬菜汁饮料	蔬菜汁（浆）含量/%（质量分数） ≥	5
	果汁饮料浓浆和蔬菜汁饮料浓浆	按标签标示的稀释倍数稀释后，其果汁（浆）和蔬菜汁（浆）含量	不低于本表对果汁饮料和蔬菜汁饮料的规定
	复合果蔬汁（浆）	应符合调兑时使用的单果汁（浆）和蔬菜汁（浆）的指标要求	
	复合果蔬汁饮料	复合果汁饮料中果汁（浆）总含量/%（质量分数） ≥	10
		复合蔬菜汁饮料中蔬菜汁（浆）总含量/%（质量分数） ≥	5
		复合果蔬汁饮料中果汁（浆）蔬菜汁（浆）总含量/%（质量分数） ≥	10

表 1(续)

分类		项目	指标或要求
果汁和蔬菜汁类	果肉饮料	果浆含量/%(质量分数) ≥	20
	发酵型果蔬汁饮料	按照相关标准执行	
	水果饮料	果汁含量/%(质量分数)	5～10
	其他果蔬汁饮料	按照相关标准执行	
蛋白饮料类	配制型含乳饮料	乳蛋白质含量/%(质量分数) ≥	1.0
	发酵型含乳饮料	乳蛋白质含量/%(质量分数) ≥	1.0
		未杀菌(活菌)型,出厂检验乳酸菌活菌数量(CFU/mL) ≥	1×10^6
	乳酸菌饮料	乳蛋白质含量/%(质量分数) ≥	0.7
		未杀菌(活菌)型,出厂检验乳酸菌活菌数量(CFU/mL) ≥	1×10^6
	植物蛋白饮料	蛋白质含量/%(质量分数) ≥	0.5
	复合蛋白饮料	蛋白质含量/%(质量分数) ≥	0.7
包装饮用水类		按照相关标准执行	
茶饮料类	茶饮料(茶汤)	茶多酚含量/(mg/kg) ≥	300
	茶浓缩液	按照相关标准执行	
	果汁茶饮料	茶多酚含量/(mg/kg) ≥	200
		果汁茶饮料果汁含量/%(质量分数) ≥	5.0
	果味茶饮料	按照相关标准执行	
	奶茶饮料	茶多酚含量/(mg/kg) ≥	200
		奶茶饮料中乳蛋白含量/%(质量分数) ≥	0.5
	奶味茶饮料	按照相关标准执行	
	碳酸茶饮料	茶多酚含量/(mg/kg) ≥	100
		CO_2 含量(20℃时同体积饮料中溶解的 CO_2 的体积倍数) ≥	1.5
	其他调味茶饮料	茶多酚含量/(mg/kg) ≥	150
	复(混)合茶饮料	茶多酚含量/(mg/kg) ≥	150
咖啡饮料类	浓咖啡饮料	咖啡因含量/(mg/kg) ≥	400
	咖啡饮料	咖啡因含量/(mg/kg)	200～400
	低咖啡因咖啡饮料	咖啡因含量/(mg/kg) ≤	50
植物饮料类		按照相关标准执行	
风味饮料类		按照相关标准执行	
特殊用途饮料类		按照相关标准执行	
固体饮料类		稀释冲调后,应达到本表中相应种类的指标和要求	
其他饮料类		按照相关标准执行	

6.2　饮料中添加的食品添加剂、食品营养强化剂，应分别符合 GB 2760、GB 14880 的规定。

6.3　标签上标示内容应符合 GB 7718、GB 13432 的规定；还应符合以下要求。

6.3.1　果汁饮料、蔬菜汁饮料应标名(原)果汁含量、(原)蔬菜汁含量。

6.3.2　添加食糖的果汁，应在“××汁”(产品名称)的邻近部位清晰地标明“加糖”字样，如“加糖苹果汁”。

6.4　饮料的卫生要求应符合相应的食品卫生标准的规定。

附 录 A
（规范性附录）
饮料分类一览表

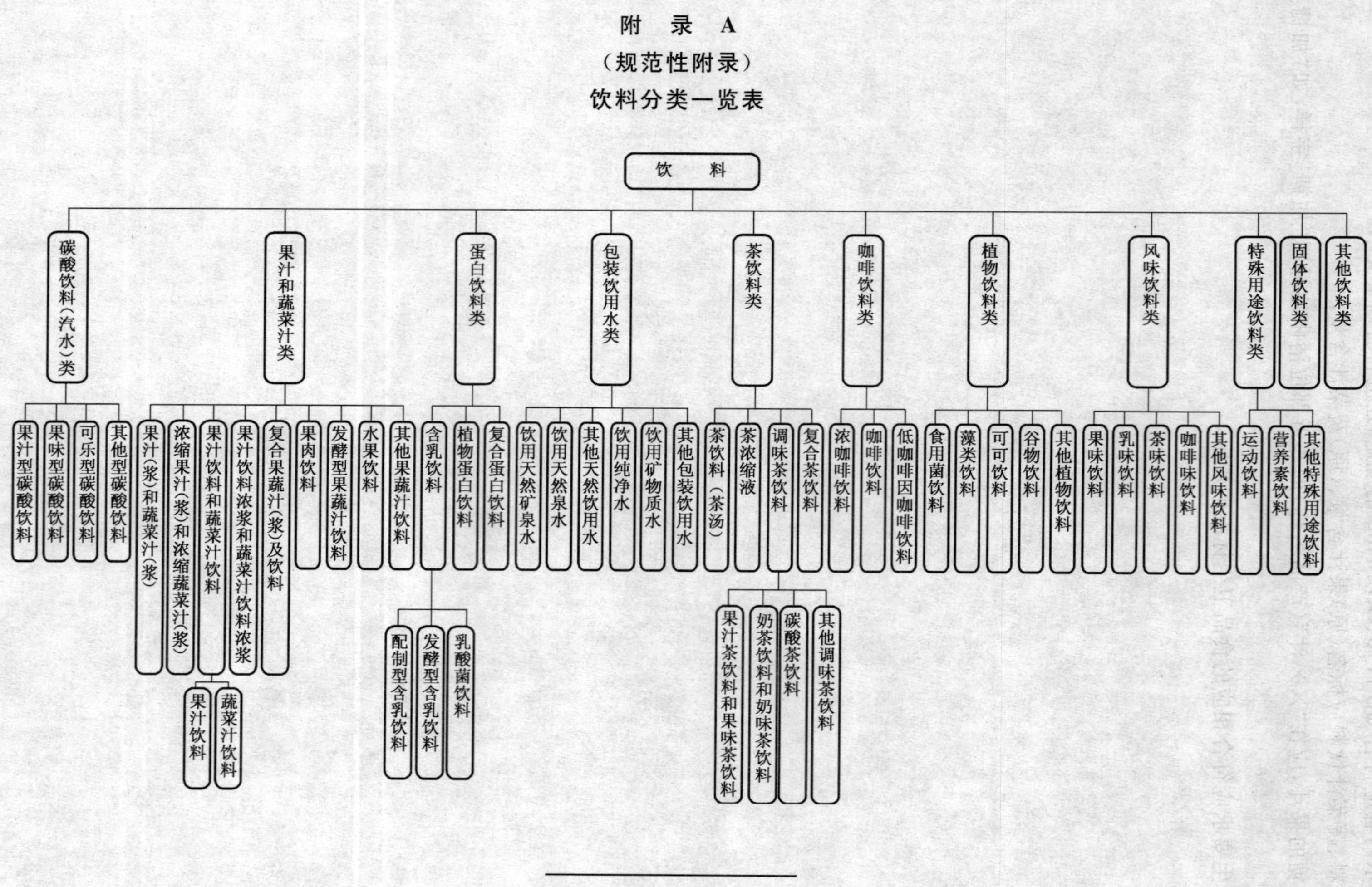

ICS 27.020
J 91

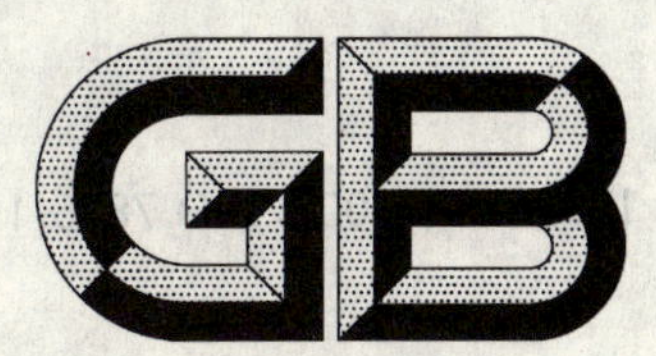

中华人民共和国国家标准

GB/T 10826.1—2007/ISO 7876-1:1990
代替 GB/T 10826—1989

燃油喷射装置 词汇 第1部分:喷油泵

Fuel injection equipment—Vocabulary—
Part 1:Fuel injection pump

(ISO 7876-1:1990,IDT)

2007-06-25 发布 2007-11-01 实施

中华人民共和国国家质量监督检验检疫总局
中国国家标准化管理委员会 发布

前　言

GB/T 10826《燃油喷射装置　词汇》由下列各部分组成：

——第1部分：喷油泵；

——第2部分：喷油器；

——第3部分：泵喷嘴；

——第4部分：高压油管和管端连接件；

——第5部分：共轨式燃油喷射装置。

本部分是GB/T 10826的第1部分。

本部分等同采用ISO 7876-1:1990《燃油喷射装置　词汇　第1部分：喷油泵》(英文版)，包括其修正案ISO 7876-1-Amd1:1999。

本部分等同翻译ISO 7876-1:1990。

为便于使用，本部分做了如下编辑性修改：

——"本国际标准"一词改为"本部分"；

——删除了国际标准前言。

本部分与GB/T 10826—1989《柴油机燃油系统　术语》相比，主要变化如下：

——本部分修改为系列标准；

——对原喷油泵部分技术内容进行了较大修改，并对喷油泵进行了分类。

本部分自实施之日起代替GB/T 10826—1989中有关喷油泵部分。

本部分由中国机械工业联合会提出。

本部分由全国内燃机标准化技术委员会归口。

本部分起草单位：上海内燃机研究所、洛阳拖拉机研究所、无锡油泵油嘴研究所。

本部分主要起草人：许凤霞、计维斌、居钰生、金奇、宋国婵、谢亚平、陈云清、瞿俊鸣。

燃油喷射装置　词汇
第1部分:喷油泵

1　范围

GB/T 10826的本部分规定了有关压燃式发动机(柴油机)用喷油泵的词汇和定义,以便为喷油泵的技术交流和对维修配件的计算机管理提供通用词汇。本标准是对GB/T 1883的补充。

注1:当所列术语中用到"燃油"或"喷射"这两个单词时,只要不致引起误解,均可将"燃油"或"燃油喷射"略去不用。

注2:在一个术语的定义中当出现一个已被定义的术语时,以黑体字表示,并在其后用括号标出该术语定义所在的条款号。

2　规范性引用文件

下列文件中的条款通过GB/T 10826的本部分的引用而成为本部分的条款。凡是注日期的引用文件,其随后所有的修改单(不包括勘误的内容)或修订版均不适用于本部分,然而,鼓励根据本部分达成协议的各方研究是否可使用这些文件的最新版本。凡是不注日期的引用文件,其最新版本适用于本部分。

GB/T 1883—2005(所有部分)　往复式内燃机　词汇

3　术语和定义

3.1

喷油泵　fuel injection pump

在一定压力下,通过一个或多个喷油嘴定量地供给燃油的装置。

4　工作原理

4.1

柱塞式喷油泵　jerk fuel injection pump

由操纵机构直接驱动柱塞运动的**喷油泵**(3.1)。

4.2

蓄压式喷油泵　accumulator fuel injection pump

由储存在蓄能器中的能量驱动柱塞运动的**喷油泵**(3.1)。

4.3

伺服式喷油泵　servo fuel injection pump

由喷油泵外部动力、用或不用中间助力装置驱动柱塞运动的**喷油泵**(3.1)。

5　动力输入形式

5.1

机械式喷油泵　mechanical fuel injection pump

完全通过机械方法驱动的**喷油泵**(3.1)。

5.2

电控式喷油泵　electrical fuel injection pump

完全通过电控方法驱动的**喷油泵**(3.1)。

5.3

液压式喷油泵　hydraulic fuel injection pump

完全通过液力方法驱动的**喷油泵**(3.1)。

注：也可由上述三种动力一起输入来驱动喷油泵(例如液机和液电等)。

6　驱动方式

6.1

往复式喷油泵　reciprocating fuel injection pump

不采用整体式凸轮轴驱动**泵油偶件**(11.2)的柱塞作往复运动的**机械式喷油泵**(5.1)。

6.2

滚轮式喷油泵　roller fuel injection pump

带滚轮挺柱的**往复式喷油泵**(6.1)。

6.3

驱动轴式喷油泵　driveshaft fuel injection pump

采用整体式驱动轴或凸轮轴驱动**泵油偶件**(11.2)柱塞的**机械式喷油泵**(5.1)。

这种喷油泵也可以由一个独立的凸轮箱加上几个安装在该凸轮箱上的单缸喷油泵组成。

6.4

凸轮轴式喷油泵　camshaft fuel injection pump

利用整体凸轮轴驱动**泵油偶件**(11.2)的柱塞，并采用 GB/T 10826 的本部分所定义的**安装方式**(9)的**驱动轴式喷油泵**(6.3)。

7　气缸布置形式

7.1

单缸喷油泵　single cylinder fuel injection pump

只有一副**泵油偶件**(11.2)和一个出油口的**喷油泵**(3.1)。

注：仅用于发动机一个气缸的单缸喷油泵也可称为"单体式喷油泵"。

7.2

直列式喷油泵　in-line fuel injection pump

各**泵油偶件**(11.2)轴线互相平行，且位于同一平面内的**喷油泵**(3.1)。

7.3

周向布置式喷油泵　cylindrical fuel injection pump

各**泵油偶件**(11.2)轴线沿周向排列成与驱动轴同心的**喷油泵**(3.1)。

7.4

V 形喷油泵　vee fuel injection pump

两列**泵油偶件**(11.2)相互倾斜成一定夹角(共用一根凸轮轴)的**驱动轴式喷油泵**(6.3)。

7.5

旋转式喷油泵　rotary fuel injection pump

各**泵油偶件**(11.2)轴线围绕一公共轴线旋转，以完成工作循环的**驱动轴式喷油泵**(6.3)。

8　燃油分配类型

8.1

多缸喷油泵　multi-cylinder fuel injection pump

具有多副**泵油偶件**(11.2)，并有相同数量出油口的**喷油泵**(3.1)。

注：用于两缸及两缸以上发动机的多缸喷油泵也可称为组合式喷油泵。

8.2

分配式喷油泵　distributor fuel injection pump

通过至少一个分配装置，向相应喷油嘴供油的**喷油泵**(3.1)。

9　安装方式

9.1

平底托架式喷油泵　base-mounted fuel injection pump

安装平面与驱动轴轴线平行，且与各**泵油偶件**(11.2)轴线垂直的**驱动轴式喷油泵**(6.3)。

9.2

平底法兰安装式喷油泵　base flange-mounted fuel injection pump

安装法兰与各**泵油偶件**(11.2)轴线垂直，且进油口、油量调节机构和出油口位于安装法兰上部的**往复式喷油泵**(6.1)。

9.3

高位法兰安装式喷油泵　high flange-mounted fuel injection pump

安装法兰与各**泵油偶件**(11.2)轴线垂直，且油量调节机构位于安装法兰下部的**往复式喷油泵**(6.1)。

9.4

侧面安装式喷油泵　side-mounted fuel injection pump

安装面平行于各**泵油偶件**(11.2)轴线，并和凸轮轴(不论是否在喷油泵内)轴线平行的**喷油泵**(3.1)。

9.5

端面法兰安装式喷油泵　end flange-mounted fuel injection pump

安装法兰垂直于驱动轴的**驱动轴式喷油泵**(6.3)。

9.6

弧形底安装式喷油泵　cradle-mounted fuel injection pump

外圆安装面与驱动轴同轴的**驱动轴式喷油泵**(6.3)。

10　燃油计量方法

10.1

计量　metering

使用各种控制方式使燃油喷射装置在规定的工作范围内确定所需**供油量**(10.24)的方法。

10.2

油孔和螺旋槽计量　port and helix metering

通过柱塞上一个或多个斜槽以及柱塞套上一个或多个油孔，或者以相反方式来**计量**(10.1)燃油的方法。

10.3

滑套计量　sleeve metering

通过一个可移动滑套来控制油孔开启和/或关闭的**计量**(10.1)方法。

10.4

进油计量　inlet metering

在喷油泵充油或回油过程中，控制进入泵油腔燃油量的**计量**(10.1)方法。

10.5

可变行程计量　variable stroke metering

控制**柱塞行程**(10.9)的**计量**(10.1)方法。

10.6

阀式计量　valve metering

通过阀的循环工作,控制有效供油行程的**计量**(10.1)方法。

10.7

滑阀(位移)计量　shuttle (displacement) metering

通过改变一辅助自由活塞位移的**计量**(10.1)方法。

10.8

凸轮升程　cam lift

凸轮轮廓线的最低点与最高点之间的几何差。

10.9

柱塞行程　plunger stroke

柱塞沿其运动方向连续两次换向所移动的名义距离。

10.10

断油孔关闭时柱塞预升程　plunger lift to cut-off port closing

从柱塞开始上升到**断油孔**(10.14)关闭时的**柱塞行程**(10.9)。它确定了几何供油的开始。

10.11

断油孔关闭角　angle of cut-off port closing

与**断油孔关闭时柱塞预升程**(10.10)相对应的驱动轴转角。

10.12

回油孔开启时柱塞升程　plunger lift to spill port opening

从柱塞开始上升到**回油孔**(10.15)开启时的**柱塞行程**(10.9)。它确定了几何供油的结束。

10.13

回油孔开启角　angle of spill port opening

与**回油孔开启时柱塞升程**(10.12)相对应的驱动轴转角。

10.14

断油孔　cut-off port

在几何供油开始时被柱塞关闭的油孔。

10.15

回油孔　spill port

在几何供油结束时被柱塞打开的油孔。

10.16

进油孔　inlet port

使燃油进入泵油腔的油孔。

注:进油孔可以或不可以用作断油孔(10.14)和/或回油孔(10.15)。

10.17

几何供油行程　geometric fuel delivery stroke

从几何供油开始到几何供油结束之间的柱塞行程(10.9)。

10.18

减压容积(卸压容积)　retraction volume(unloading volume)

当供油结束后,由高压油管回流至喷油泵的回油油量。

10.19

几何减压容积　geometric retraction volume

由减压阀几何位置变化所产生的,并可由计算求得的几何容积。

10.20

减压行程　retraction stroke

与**减压容积**(10.18)或**几何减压容积**(10.19)相对应的计算或实际**柱塞行程**(10.9)。

10.21

有效行程　effective stroke

几何供油行程(10.17)与**减压行程**(10.20)之差。

10.22

剩余行程　remainder stroke

从**几何供油行程**(10.17)结束到**柱塞行程**(10.9)结束的那部分**柱塞行程**(10.9)。

10.23

柱塞顶隙　head clearance

柱塞行程(10.9)结束时,从喷油泵柱塞(或柱塞组件)顶面到限制柱塞继续移动的最接近零件底面之间的距离。

10.24

供油量　fuel delivery

燃油喷射系统在一个工作循环内所供给的可计量的燃油量。

10.25

几何供油量　geometric fuel delivery

由**几何供油行程**(10.17)确定的名义供油量。

11　零部件和总成

11.1

喷油泵总成　injection pump assembly

由**喷油泵**(3.1)、调速器、输油泵及其他辅助装置等组合在一起所形成的总成。

11.2

泵油偶件(柱塞偶件)　pumping element

喷油泵(3.1)中泵油柱塞与其套筒所组成的偶件。

11.3

泵油系　pumping assembly

喷油泵(3.1)中柱塞底部到高压油管或泵喷嘴的喷油嘴之间的各零件组合。

11.4

回油计量阀　metering spill valve

通过使燃油从泵油腔溢出,以控制几何供油开始和/或结束的可调阀。

11.5

溢流阀　spill valve

通过其循环动作使燃油从泵油腔溢出，从而控制几何供油开始和/或结束的阀。

11.6

进油阀　inlet valve

使燃油进入泵油腔的自动阀。

11.7

进油计量阀　metering inlet valve

执行**进油计量**(10.4)的装置。

11.8

出油阀　delivery valve

装在泵油腔出口处的阀。各种型式的出油阀通过合理设计能够完成下列一种或多种功能:

a) 止回;

b) 等容卸载;

c) 可变容积卸载;

d) 压力时间容积卸载(包括逆向流动阻尼卸载);

e) 等压卸载;

f) 可变压力卸载。

11.9

出油阀紧座　delivery valve holder

用以固紧**出油阀**(11.8)和相关零件,有时也作为喷油泵出油口的装置。

11.10

喷油泵体　injection pump housing

用以安装**喷油泵**(3.1)各功能零部件,包括泵内所装驱动轴或凸轮轴的壳体。

11.11

燃油通道　fuel gallery

喷油泵(3.1)上燃油进出**泵油偶件**(11.2)的通道。

11.12

调节拉杆(齿条)　control rod (rack)

用于调节**供油量**(10.24)的杆子。

11.13

调节臂(齿圈)　control arm (pinion)

用于联接**燃油计量**(10.1)装置(柱塞)与**调节拉杆(齿条)**(11.12)的中间零件或部件。

11.14

计量滑套　metering sleeve

用以进行**滑套计量**(10.3)的可移动零件。

11.15

最大油量限制器　maximum fuel stop

在给定用途下,用以限制**喷油泵**(3.1)最大**供油量**(10.24)的装置。

11.16

全负荷限制器　full load stop[见**最大油量限制器**(11.15)]

11.17

液力泵头总成　hydraulic head assembly

由**泵油偶件**(11.2)、计量与分配元件,以及对**分配式喷油泵**(8.2)而言可能还包括**出油阀**(11.8)等组成的部件。

12　辅助装置

12.1

起动加浓装置　excess fuel device

仅用于发动机起动时,使**供油量**(10.24)超过**最大油量限制器**(11.15)控制的(自动或手动)装置。

12.2

增压补偿器 boost control [见增压压力控制式最大油量限制器(12.3)]

12.3

增压压力控制式最大油量限制器 boost pressure controlled maximum fuel stop

根据发动机增压压力(增压空气)来限制最大供油量(10.24)的装置。

12.4

海拔高度补偿器 altitude control [见海拔高度控制式最大油量限制器(12.5)]

12.5

海拔高度控制式最大油量限制器 altitude controlled maximum fuel stop

根据发动机工作的海拔高度(大气压力)来限制最大供油量(10.24)的装置。

12.6

扭矩校正装置 torque control

修正发动机外特性上各转速下最大供油量(10.24)的装置。

13 通用术语

13.1

旋转方向 direction of rotation

当面对驱动轴的驱动端,用"顺时针"或"逆时针"旋转表示的方向。

13.2

喷油泵转速 fuel injection pump speed

当驱动轴装在喷油泵内时,指喷油泵(3.1)驱动轴的转速;当驱动轴不装在喷油泵内时,指喷油泵出油口的供油频次。

13.3

喷油次序 injection order

驱动轴按规定旋转方向转动时,喷油泵各出油口的供油顺序。如有可能,应将最靠近驱动端的出油口标为第1号,然后依次递增进行编号。否则就应标明各出油口的序号。

13.4

残余压力 residual pressure

在下一工作循环开始供油前,在喷油泵(3.1)高压出口处的平均燃油压力。

13.5

定相 phasing

确定两个或两个以上喷油泵(3.1)或喷油系统出口之间供油时间的几何(通常为转角)关系。

13.6

静态定相 static phasing; spill phasing

通过观察溢流量的变化,以确定供油始点与终点相位的方法。

13.7

动态定相 dynamic phasing

在喷油泵运转时,确定喷油循环中特定供油相位的方法。

中 文 索 引

B

C

D

F

G

H

J

K

N

P

Q

R

S

T

V

W

X

Y

Z

英 文 索 引

R

S

T

U

V

ICS 47.020.30
U 57

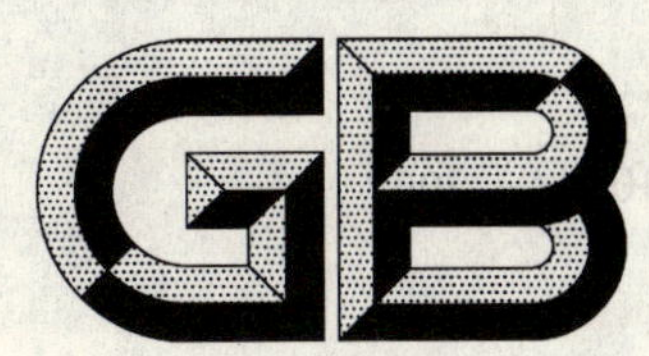

中华人民共和国国家标准

GB/T 10844—2007
代替 GB/T 10844—1989

船用电液伺服阀通用技术条件

General specification of electro-hydraulic servo valves for ship

2007-02-09 发布　　2007-08-01 实施

中华人民共和国国家质量监督检验检疫总局
中国国家标准化管理委员会　发布

前 言

本标准代替 GB/T 10844—1989《船用电液伺服阀通用技术条件》。

本标准与 GB/T 10844—1989 相比主要变化如下：

——回油口“*R*”改为“*T*”；

——增加安装面尺寸；

——增加线圈力矩马达线圈连接方式、接线端符号；

——增加交变湿热、霉菌、盐雾等环境指标及其试验方法；

——油液固体颗粒污染度等级代号采用符合 GB/T 14039—2002 中规定；

——增加试验环境要求。

本标准由中国船舶重工集团公司提出。

本标准由全国船用机械标准化技术委员会(SAC/TC 137)归口。

本标准起草单位：中国船舶重工集团公司 704 所、中国船舶工业综合技术经济研究院。

本标准主要起草人：方群、王学星、蔡振仲。

本标准所代替标准的历次发布情况为：

——GB/T 10844—1989。

船用电液伺服阀通用技术条件

1 范围

本标准规定了船用流量控制伺服阀(以下简称伺服阀)的术语、定义、符号和单位,要求,试验方法,检验规则及标志、包装、运输和贮存。

本标准适用于以液压油为介质的各类舰船及海上装置用电液流量控制伺服阀。压力控制伺服阀、有级间电反馈伺服阀亦可参照本标准。

2 规范性引用文件

下列文件中的条款通过本标准的引用而成为本标准的条款。凡是注日期的引用文件,其随后所有的修改单(不包括勘误的内容)或修订版均不适用于本标准,然而,鼓励根据本标准达成协议的各方研究是否可使用这些文件的最新版本。凡是不注日期的引用文件,其最新版本适用于本标准。

GB/T 14039—2002 液压传动 油液 固体颗粒污染等级代号(ISO 4406:1999,MOD)

GJB 4000—2000 舰船通用规范

CB 1146.4 舰船设备环境试验与工程导则 湿热

CB 1146.6 舰船设备环境试验与工程导则 冲击

CB 1146.9 舰船设备环境试验与工程导则 振动(正弦)

CB 1146.11 舰船设备环境试验与工程导则 霉菌

CB 1146.12 舰船设备环境试验与工程导则 盐雾

3 术语、定义、符号和单位

3.1 术语和定义

下列术语和定义适用于本标准。

3.1.1

电液伺服阀 electro-hydraulic servo valve

输入为电信号,输出为液压能的伺服阀。

3.1.2

流量控制电液伺服阀 flow control electro-hydraulic servo valve

以控制输出流量为主的电液伺服阀。

3.1.3

级 stage

伺服阀中的液压放大器。伺服阀可以是单级、双级或三级。

3.1.4

压力增益 pressure gain

控制流量为零时,负载压降对输入电流的变化率(见图 1)。

3.1.5

零位 null

负载压降为零时,使控制流量为零的输出级相对几何位置。

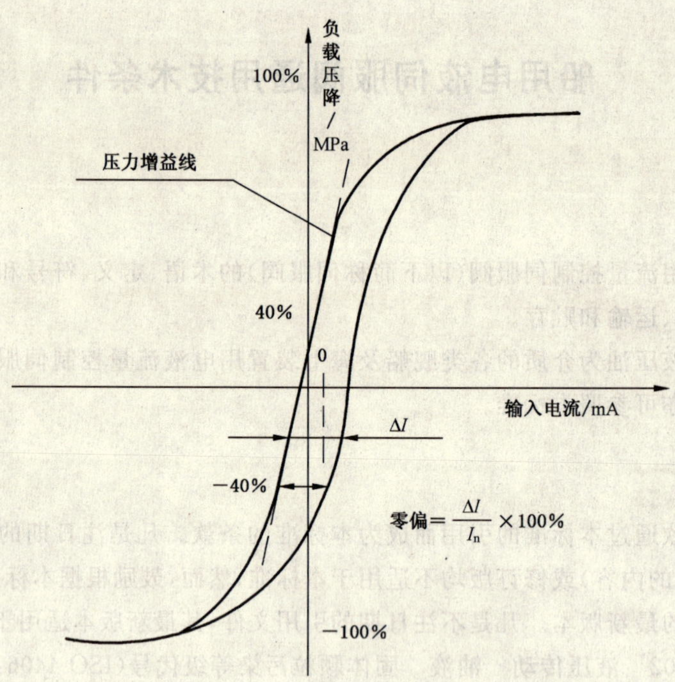

图 1 压力增益

3.1.6

零位区域 null region

零位附近,流量增益受遮盖和内漏等参数影响的区域。

3.1.7

分辨率 threshold

使伺服阀的输出产生变化所需的最小输入电流之增量,以额定电流的百分比表示。

3.1.8

正向分辨率 resolution

沿着输入电流变化的方向,使伺服阀输出产生变化所需的最小输入电流的增量。用其与额定电流的百分比表示。

3.1.9

反向分辨率 threshold

逆着输入电流变化的方向,使伺服阀输出产生变化所需的最小输入电流的增量。用其与额定电流的百分比表示。

通常分辨率用反向分辨率来衡量。

3.1.10

零漂 null bias

因压力、温度等工作条件的变化而引起的零偏的变化,以额定电流的百分比表示。

3.1.11

内漏 internal leakage

伺服阀控制流量为零时,从进油口到回油口的内部流量,它随进油口压力和输入电流的变化而变化(见图 2)。

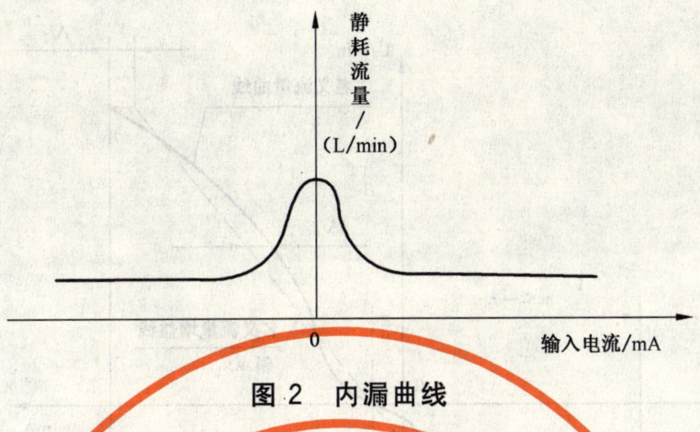

图 2　内漏曲线

3.1.12

控制流量　control flow

从伺服阀的控制油口(A或B)流出的流量(见图3)。负载压降为零时的控制流量称为空载流量，负载压降不为零时的控制流量称为负载流量。

I_n——额定电流。

图 3　控制流量曲线

3.1.13

空载流量曲线　no load flow curve

空载控制流量随输入电流在正负额定电流之间作出的一个完整循环的连续曲线。

3.1.14

名义流量曲线　normal flow curve

流量曲线中点的轨迹。

3.1.15

流量增益　flow gain

流量曲线的斜率(见图4)。

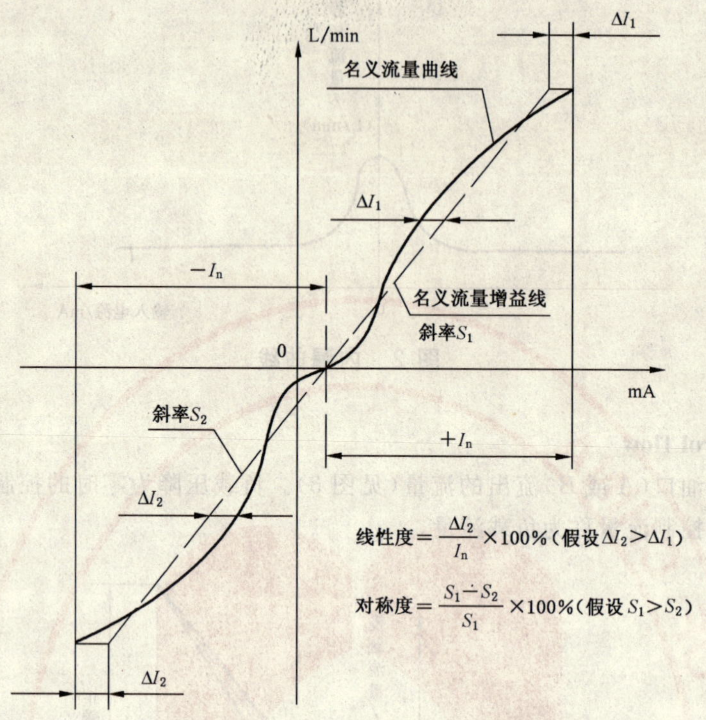

图 4　流量增益、线性度、对称度

3.1.16

名义流量增益　normal flow gain

从名义流量曲线的零流量点向两极性方向各作一条与名义流量曲线偏差最小的直线，为名义流量增益线。其斜率即为名义流量增益(见图 4)。

3.1.17

线性度　linearity

名义流量曲线的直线性。用名义流量曲线与名义流量增益的最大偏差来衡量，并以额定电流的百分比表示(见图 4)。

3.1.18

对称度　symmetry

两个极性的名义流量增益一致的程度。用二者之差对较大者的百分比表示(见图 4)。

3.1.19

滞环　hysteresis

在正负额定电流之间，以小于测试设备动态特性起作用的速度循环，对于产生相同输出的往与返的输入电流之差的最大值，以其与额定电流的百分比表示为滞环。

3.1.20

遮盖　lap

滑阀位于零位时，固定节流棱边与可动节流棱边轴向位置的相对关系。

3.1.20.1

零遮盖　zero lap

二极名义流量曲线的延长线的零流量点之间不存在间隙遮盖[见图 5a)]。

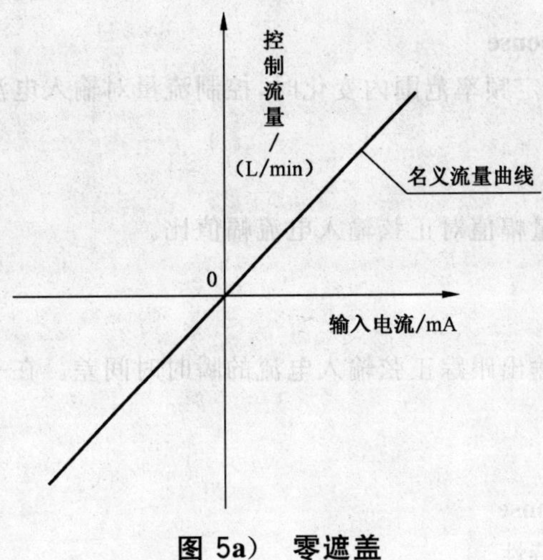

图 5a） 零遮盖

3.1.20.2

正遮盖 over lap

在零位区域,导致名义流量曲线斜率减小的遮盖[见图 5b)]。

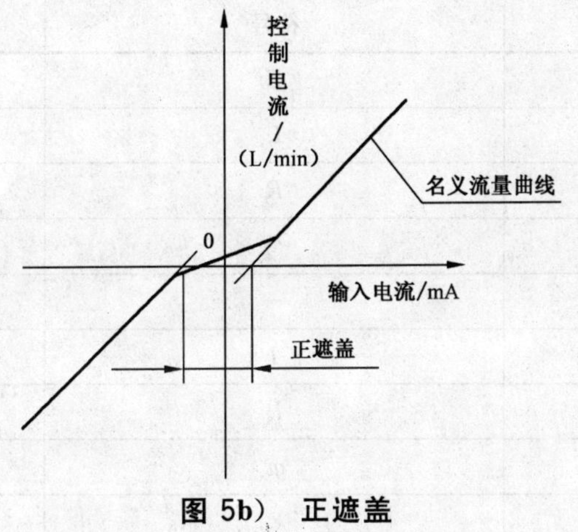

图 5b） 正遮盖

3.1.20.3

负遮盖 uncovered lap

在零位区域,导致名义流量曲线斜率增大的遮盖[见图 5c)]。

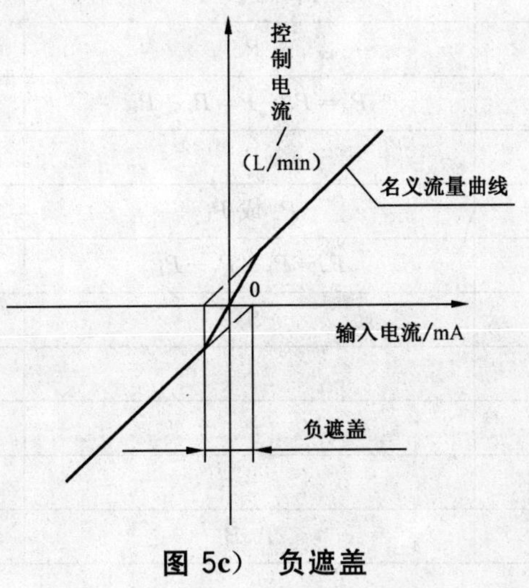

图 5c） 负遮盖

3.1.21

频率响应 frequency response

当恒幅正弦输入信号在规定频率范围内变化时,控制流量对输入电流的复数比。

3.1.22

幅值比 amplitude ratio

在某频率范围内,控制流量幅值对正弦输入电流幅值比。

3.1.23

相位滞后 phase lag

在规定频率范围内,正弦输出跟踪正弦输入电流的瞬时时间差。在一个特定的频率下测量,以角度表示。

3.1.24

瞬态响应 transient response

阶跃输入时,输出的跟踪特性。

3.2 符号和单位

本标准中用的符号和单位列在表1中。

表1 符号和单位

参数	符号	单位
线圈阻抗	Z	Ω
线圈电感	L	H
线圈电阻	R	Ω
励振幅值	—	mA
励振频率	—	Hz
输入电流	I	mA
额定电流	I_n	mA
控制流量	q_v	L/min
流量增益	k_v	L/(min·mA)
滞环	—	%
内漏	q_{vin}	L/min
负载压降	$P_L=P_a-P_b$	MPa
供油压力	P_s	MPa
额定压力	$P_n=P_v+P=P_s-P_t$	MPa
回油压力	P_t	MPa
控制压力	P_a 或 P_b	MPa
伺服阀压力降	$P_v=P_s-P_t-P_L$	MPa
压力增益	S_v	MPa/mA
分辨率	—	%
幅值比	—	dB
相位滞后	—	(°)
控制油口	A、B	—

表 1(续)

参数	符号	单位
供油阀口	P	—
回油阀口	T	—
安装固定螺纹孔	F_1、F_2、F_3、F_4	—

4 要求

4.1 安装面尺寸要求

4.1.1 安装面精度

a) 安装面表面平面度的公差允许值为 0.025 mm;

b) 安装面表面粗糙度:Ra_{max} 为 1.25 μm,Ra_{min} 为 0.32 μm;

c) 安装面孔的位置度公差允许值为 0.2 mm。

4.1.2 安装面尺寸

4.1.2.1 型式

安装面分为九个型式,分别为:安装面 1、安装面 2、安装面 3、安装面 4、安装面 5、安装面 6、安装面 7、安装面 8 和安装面 9。

4.1.2.2 示意图

安装面尺寸示意图见图 6。

图 6 安装面尺寸示意图

4.1.2.3 尺寸

安装面尺寸见表 2～表 10。

表 2 安装面 1 单位为毫米

	P	A	T	B	F_1	F_2	F_3	F_4
X 轴	12	6	12	18	0	24	24	0
Y 轴	7	13	19	13	0	0	26	26
直径	3.0	3.0	3.0	3.0	M4	M4	M4	M4
最小安装面:L=35,W=33。								

表 3 安装面 2

单位为毫米

	P	A	T	B	F_1	F_2	F_3	F_4
X 轴	21.5	13.5	21.5	29.5	0	43	43	0
Y 轴	9	17	25	17	0	0	34	34
直径	5.0	5.0	5.0	5.0	M5	M5	M5	M5
最小安装面:L=65,W=54。								

表 4 安装面 3

单位为毫米

	P	A	T	B	F_1	F_2	F_3	F_4
X 轴	21.5	11.5	21.5	31.5	0	43	43	0
Y 轴	7	17	27	17	0	0	34	34
直径	7.0	7.0	7.0	7.0	M5	M5	M5	M5
最小安装面:L=70,W=54。								

表 5 安装面 4

单位为毫米

	P	A	T	B	F_1	F_2	F_3	F_4
X 轴	22	11	22	33	0	44	44	0
Y 轴	21.5	32.5	43.5	32.5	0	0	65	65
直径	8.2	8.2	8.2	8.2	M8	M8	M8	M8
最小安装面:L=65,W=82。								

表 6 安装面 5

单位为毫米

	P	A	T	B	F_1	F_2	F_3	F_4
X 轴	25.5	13	25.5	38	0	51	51	0
Y 轴	9.5	22	34.5	22	0	0	44	44
直径	10.0	10.2	10.2	10.2	M6	M6	M6	M6
最小安装面:L=80,W=65。								

表 7 安装面 6

单位为毫米

	P	A	T	B	F_1	F_2	F_3	F_4
X 轴	35	21	35	49	0	70	70	0
Y 轴	9	23	37	23	0	0	46	46
直径	6.0	6.0	6.0	6.0	M6	M6	M6	M6
最小安装面:L=108,W=65。								

表 8 安装面 7

单位为毫米

	P	A	T	B	F_1	F_2	F_3	F_4
X 轴	44.5	27	44.5	62	0	89	89	0
Y 轴	4.5	22	39.5	22	0	0	44	44
直径	13.0	13.0	13.0	13.0	M8	M8	M8	M8
最小安装面:L=108,W=58。								

表 9　安装面 8　　单位为毫米

	P	A	T	B	F_1	F_2	F_3	F_4
X 轴	36.5	11	36.5	62	0	73	73	0
Y 轴	17.5	43	68	43	0	0	86	86
直径	16.0	16.0	16.0	16.0	M10	M10	M10	M10
最小安装面：$L=92$，$W=104$。								

表 10　安装面 9　　单位为毫米

	P	A	T	B	F_1	F_2	F_3	F_4
X 轴	43	25.5	43	60.5	0	86	86	0
Y 轴	19	36.5	54	36.5	0	0	73	73
直径	12.5	12.5	12.5	12.5	M8	M8	M8	M8
最小安装面：$L=92$，$W=104$。								

注：以上各表中阀口孔径均指最大孔径。

4.1.3　安装面固定要求

a)　安装螺钉最小螺纹长度为 $1.5D$（D 为螺钉直径）；

b)　螺纹孔深度为 $(2D+6)$ mm。

4.2　一般要求

4.2.1　在伺服阀体外应清楚标出供油口"P"、回油口"T"、控制油口"A"和"B"。

4.2.2　所有螺纹连接零件，均应牢固地锁紧，产品上的外露螺钉应加铅封。

4.2.3　内部金属零件不得使用任何镀层。

4.2.4　伺服阀的工艺堵头宜安装于伺服阀的底部或在有挡板的安装面。

4.2.5　产品表面不应有压伤、毛刺、裂纹、锈蚀及其他缺陷。

4.3　电气要求

4.3.1　伺服阀力矩马达线圈的连接方式、接线端的标号、外引出线的颜色及输入电流的极性按表 11 规定。

表 11　伺服阀线圈的连接方式

线圈连接方式	单线圈	串联	并联	差动
接线端标号	2　1　4　3	2　3	2(4)　1(3)	2　1(4)　3
外引出导线颜色	绿　红　黄　蓝	绿　蓝	绿　红	绿　红　蓝
控制电流的极性	2+　1−或4+　3−	2+　3−	2+　1−	当1+时 1到2<1到3 当1−时 2到1>3到1

4.3.2　伺服阀线圈电阻偏差应为名义电阻值的±10%。同一台伺服阀配对的线圈电阻值差应不大于名义电阻值的5%。

4.3.3 伺服阀线圈对阀体及线圈之间的绝缘电阻，应不小于 50 MΩ。在高温、低温、温度冲击、盐雾、霉菌及湿热条件下，应不小于 5 MΩ。

4.3.4 伺服阀线圈之间、线圈与阀体之间的介电强度，在频率 50 Hz 和表 12 规定的交流电压下，不应击穿。

表 12 伺服阀介电强度试验电压

项 目	60℃	相对湿度不小于 95%	10^7 次寿命试验后
电 压/V	500	375	250

4.3.5 伺服阀应能经受额定电流的 2 倍的过载电流。

4.4 主要性能指标

伺服阀的主要性能指标如表 13。

表 13 伺服阀的主要性能指标

项 目		性能指标	备 注
稳态特性	额定流量 q_n/(L/min)	$q_n \pm 10\% q_n$	
	压力增益/(MPa/mA)	≥30	$\Delta P/1\% I_n$
	零 偏/%	≤2	
	滞 环/%	≤3.0	
	遮 盖/%	+2.5～−2.5	零遮盖阀的指标
	线性度/%	≤7.5	
	对称度/%	≤10	
	分辨率/%	≤0.25	不加励振信号
	内漏/(L/min)	≤3%额定流量或 0.45	两者取大值
稳定性、可靠性	供油压力零漂/%	≤2	供油压力在(0.8～1.1)P_n 范围
	回油压力零漂/%	≤2	供油压力在(0～0.7)MPa 范围
	温度零漂/%	≤2	Δt=56℃
	抗污染能力	油液污染度等级不劣于 GB/T 14039 中-/17/14 级时，能正常工作	
频率特性	−3 dB 幅频/Hz	≥120%设计值	
	−90°相频/Hz	≥120%设计值	

4.5 环境要求

4.5.1 低温启动

伺服阀在环境温度−25℃和工作液温度−15℃时，应能以±50%额定电流启动。

4.5.2 高低温

伺服阀在−25℃～+55℃环境温度和−15℃～+65℃工作液温度范围时，其额定流量偏差应不大于±25%，分辨率应不大于 2%或滞环应不大于 6%。

4.5.3 温度冲击

伺服阀经受图 7 所示的温度冲击 3 次循环后，其绝缘电阻应不小于 5 MΩ，零偏应不大于 2%。

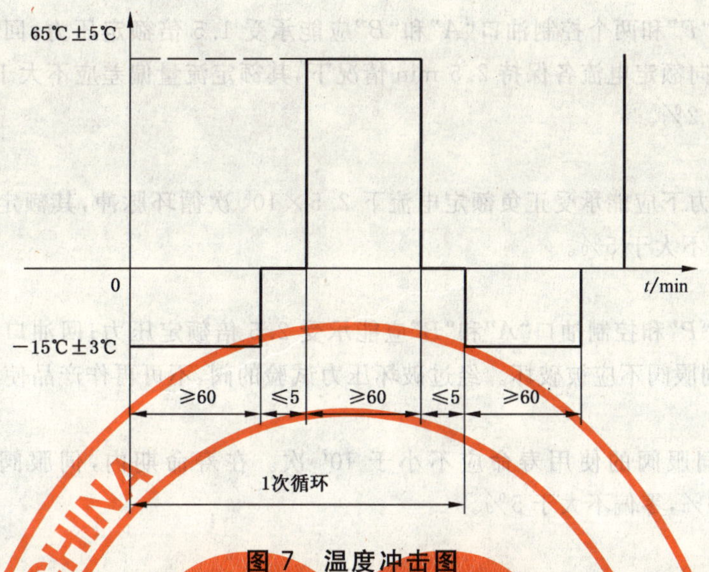

图7 温度冲击图

4.5.4 湿热

伺服阀在GJB 4000—2000表072-8中湿度95%、温度35℃的湿热条件下，其绝缘电阻和介电强度应符合4.3.3和4.3.4的要求，其外观质量要求：

a) 色泽无明显变暗；

b) 镀层腐蚀面积不大于3%；

c) 主金属无腐蚀(在通常电镀条件下不易或不能镀到的表面，一般不作腐蚀面积计算)。

4.5.5 盐雾

伺服阀在GJB 4000—2000表072-16中盐雾条件下，其绝缘电阻应符合4.3.3的要求，其外观质量要求应：

a) 色泽无明显变暗或镀层布有均匀连续的轻度膜状腐蚀；

b) 镀层腐蚀面积不大于60%；

c) 主金属无腐蚀(在通常电镀条件下不易或不能镀到的表面，一般不作腐蚀面积计算)。

4.5.6 霉菌

伺服阀在GJB 4000—2000表072-14的霉菌条件下，长霉等级应不劣于2级，绝缘电阻应符合4.3.3的要求。

4.5.7 振动

伺服阀在GJB 4000—2000图074-1中的3类振动条件下，不得有影响工作性能的谐振，零部件不得松动和损伤，其零偏应不大于2%。

4.5.8 颠震

伺服阀在GJB 4000—2000表072-23中颠振等级2的条件下，其绝缘电阻应不小于50 MΩ，额定流量允差不大于±10%，滞环应不大于5%，零偏应不大于2%。

4.5.9 冲击

伺服阀在GJB 4000—2000中074.4章节中A级条件下，零部件应无松动和损坏，绝缘电阻应不小于5 MΩ，额定流量允差应不大于±10%，滞环应不大于5%，零偏应不大于2%。

4.6 液压要求

4.6.1 过滤精度

伺服阀的进油口前应安装名义过滤精度不低于10 μm的滤器。

4.6.2 外部泄漏

伺服阀在各种使用条件下和整个工作期内不应有明显的外部泄漏(允许不成滴的湿润存在)。

4.6.3 耐压

伺服阀的供油口“P”和两个控制油口“A”和“B”应能承受 1.5 倍额定压力；回油口“T”应能承受额定压力。在施加正反向额定电流各保持 2.5 min 情况下，其额定流量偏差应不大于±10%，滞环应不大于 5%，零偏应不大于 2%。

4.6.4 压力脉冲

伺服阀在额定压力下应能承受正负额定电流下 2.5×10^5 次循环脉冲，其额定流量偏差为±25%，滞环不大于 6%，零偏不大于 5%。

4.6.5 破坏压力

伺服阀的供油口“P”和控制油口“A”和“B”应能承受 2.5 倍额定压力；回油口“T”应能承受 1.5 倍额定压力历时 30 s，伺服阀不应被破坏。经过破坏压力试验的阀，不可再作产品使用。

4.6.6 耐久性

在额定工况下，伺服阀的使用寿命应不小于 10^7 次。在寿命期内，伺服阀的额定流量偏差为±25%，滞环不大于 6%，零偏不大于 5%。

5 试验方法

5.1 试验条件

a) 环境温度：20℃±5℃；

b) 油液类型：矿物基液压油；

c) 油液温度：伺服阀进口温度 40℃±6℃；

d) 供油压力：公称供油压力和回油压力之和；

e) 回油压力：不超过 5%公称供油压力；

f) 油液清洁度等级：试验用油液的固体颗粒污染等级代号应为—/17/14；

g) 湿度：相对湿度<80%。

5.2 试验设备

试验设备的一般要求：

a) 信号电源输出电流的信噪比应不大于 0.1%；

b) 液压管路应短而平直，导管流通面积应足够大，管路和台架应合理布置，使试验台的机械和液压振动尽量小；

c) 伺服阀的安装座应有足够的刚度，表面粗糙度 *Ra* 应不大于 0.8 μm；

d) 手控阀在关闭时应无泄漏；

e) 压力传感器的安装部位应尽量靠近伺服阀；

f) 伺服阀进油口处应安装过滤精度不低于 10 μm 的滤器。工作液工作 500 h 后，应采样测试合格后才能继续使用；

g) 试验台流量计内漏和零位死区要小，流量计的压降应不大于 2%额定供油压力；

h) 测试仪表应与测试范围相适应，其精度应与被测参数的公差相适应，仪表精度与被测参量精度之比一般应不大于 1∶5。

5.3 外观检查

外观质量采用目测方法检验，其结果应符合 4.2.5 的要求。

5.4 电气试验

5.4.1 线圈电阻

伺服阀线圈温度稳定到室温后，用一个精确度为±2%的电阻计测量每个线圈的电阻，不必供压力油。其结果应符合 4.3.2 的要求。

5.4.2　绝缘电阻

测试伺服阀线圈和阀体间的绝缘电阻时，将线圈出线连在一起，在接头与阀体间用500 V兆欧表测绝缘电阻。对双线圈结构的伺服阀，测试线圈间的绝缘电阻时，在线圈接头间用500 V兆欧表测绝缘电阻。若电气元件与油接触时，则应给阀注满油。其结果应符合4.3.3的要求。

5.4.3　介电强度

在阀线圈和阀体间施加一个500 V直流电压和5倍于阀线圈上可能出现的最高电压中的大者，持续1 min。对双线圈结构的伺服阀，测试线圈间的介电强度时，试验电压加于线圈接头之间。其结果应符合4.3.4的要求。

5.4.4　过载电流

在室温条件下，缓慢地给伺服阀线圈加上规定的过载电流(推荐为额定电流的2倍)，保持2 min试验后测量绝缘电阻。其结果应符合4.3.3的要求。

5.4.5　线圈阻抗和电感

试验步骤如下：

a)　在5.1的试验条件下，测量线圈阻抗和电感(双线圈结构，线圈应串联)。

b)　连接一个振荡器驱动整个伺服阀线圈，这个线圈上串接一个高精度的非电感电阻，如图8所示。

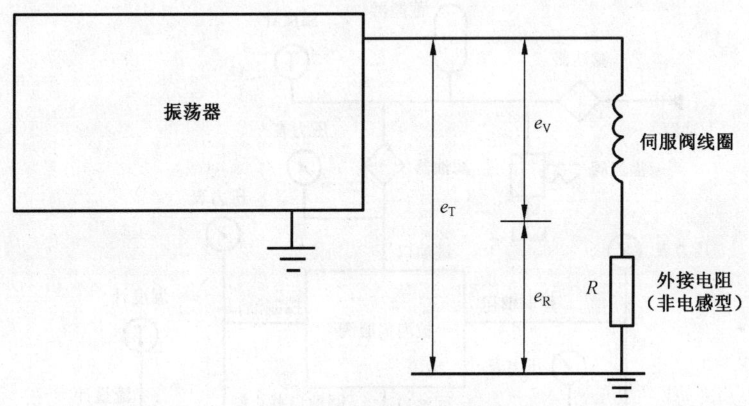

图8　伺服阀线圈阻抗试验

c)　将振荡器频率调到60 Hz。此时输入电流应调整到峰间值为额定电流值。

d)　用示波器监视在电阻R上的电压波形是否正弦波。

e)　测量交流峰值电压e_R、e_T和e_V，画出如图9所示的电压关系图来。

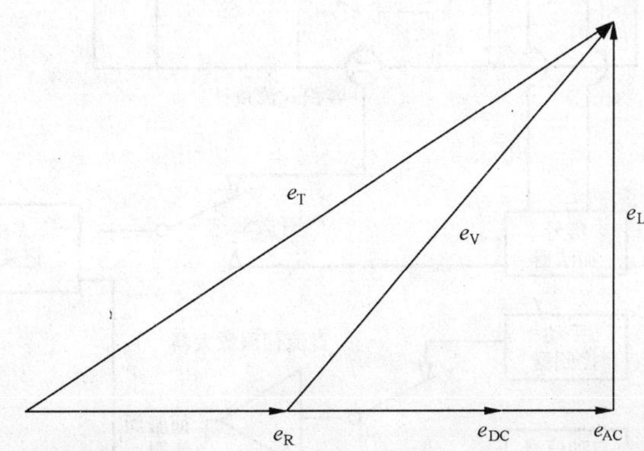

e_L——力矩马达线圈电感引起的电压降；

e_{DC}——直流电阻引起的电压降；

e_{AC}——与反电势相关的附加同相电压降。

图9　电压矢量图

f) 线圈阻抗 Z 和视在电感 L 分别按公式(1)、公式(2)计算：

$$线圈阻抗\ Z = R \times \frac{e_V}{e_R} \quad \cdots\cdots(1)$$

$$视在电感\ L = \frac{R}{2\pi f} \times \frac{e_L}{e_R} \quad \cdots\cdots(2)$$

式中：

R——外接无感电阻；

f——振荡器频率。

5.5 稳态试验

5.5.1 稳态试验一般要求

伺服阀稳态试验装置典型回路如图10所示，除满足5.2外，还应满足如下要求。

5.5.1.1 自动信号发生器应能发出连续的对称三角波信号，提供信号的速度应低于测试记录系统的响应速度。手动控制器应能手调信号慢慢地从正到负来回变化，信号幅值应可调。

5.5.1.2 伺服阀固定在安装座后，向伺服阀供压力油，空载情况下在正负额定电流之间循环若干次，排除系统中空气并使工作油液温度稳定下来。

5.5.1.3 线圈连接方式：串联。

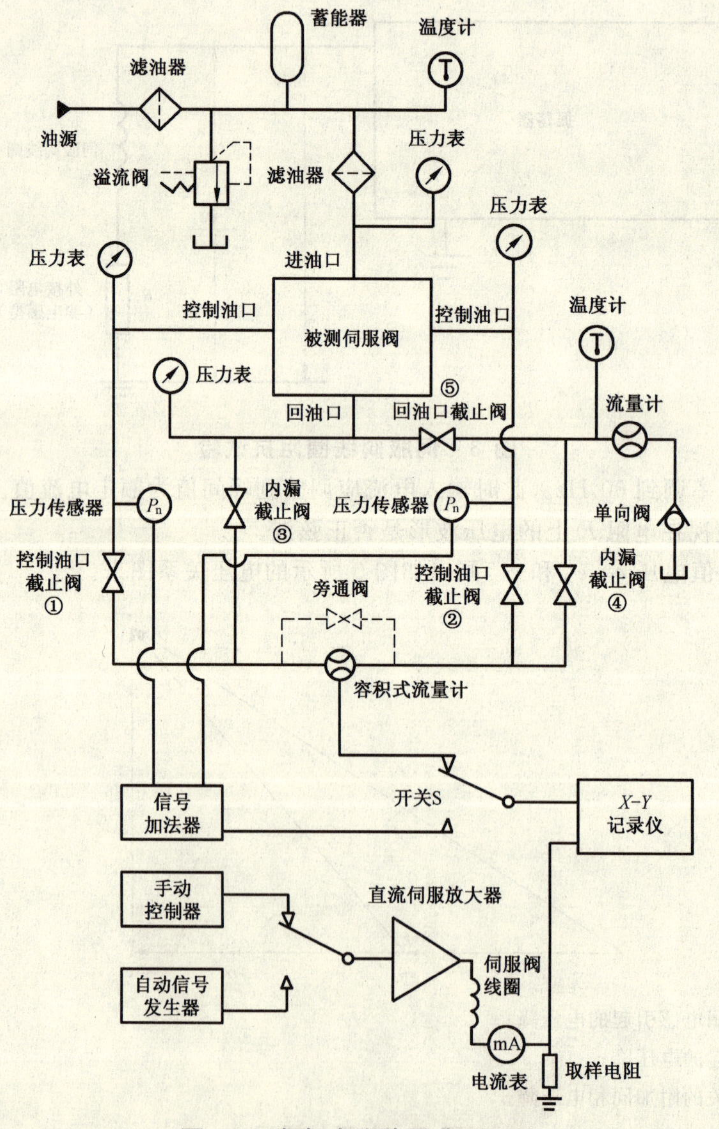

图10 稳态试验装置典型回路

5.5.2 压力增益

压力增益试验步骤如下：

a) 关闭控制油口截止阀①、②；

b) 开启回油口截止阀⑤；

c) 调整供油压力到被试阀的额定压力；

d) 将输入电流慢慢循环几次；

e) “输入电流”电信号接在记录仪的 X 轴上，“负载压降” 电信号接在记录仪的 Y 轴；

f) 检查记录仪两个标尺的零位及放大倍数，在记录纸上画出 X、Y 轴的零位；

g) 调整自动信号发生器，输出足够大的正负信号幅值，使之产生全部正负负载压降；

h) 让信号缓缓连续循环，记录时循环速度应低；

i) 记录如图 1 所示完整的循环曲线；

j) 取±40%最大负载压降范围内负载压降对控制电流的平均斜率，计算压力增益测试结果。

其试验结果应符合 4.4 的要求。

5.5.3 空载流量特性

用下列试验步骤测出输入电流与负载压降的变化关系，从而绘制空载流量特性曲线。从曲线中测得额定流量、线性度、对称度、滞环和零遮盖。

a) 打开回油口截止阀⑤；

b) 打开控制油口截止阀①、②并关闭内漏截止阀③、④；

c) 调节伺服阀供油压力为额定压力 P_n；

d) 缓慢地输入电流，循环数次；

e) “输入电流”电信号接在记录仪的 X 轴上，“空载流量”接在记录仪的 Y 轴；

f) 将输入信号调整在正负额定电流之间；

g) 调整好记录仪的放大倍数及零位，在记录纸上画出 X、Y 轴的零位；

h) 让信号缓缓连续循环输入；

i) 记录一个完整的循环曲线，即空载流量特性曲线。按流量特性曲线可测得额定流量、线性度、对称度、滞环等性能指标，其结果应符合 4.4 的要求；

j) 缩小输入信号幅值到一定值，扩大 X 及 Y 轴放大倍数，重复上述试验即可获得反映滑阀遮盖的零区流量特性曲线。结果应符合 4.4 的要求。

5.5.4 内漏试验

内漏试验步骤如下：

a) 关闭控制油口截止阀①、②；

b) 打开内漏截止阀③、④；

c) 关闭回油口截止阀⑤；若内泄流量计装在回油路上(见图 10)，则将回油口截止阀⑤开启，关闭阀①、②、③、④；

d) 调节供油压力为额定压力 P_n；

e) “输入电流”电信号接在 X 轴，“回油管路流量”电信号接在 Y 轴上；

f) 校核 X 轴和 Y 轴的零位，同时在记录纸上画出 X、Y 轴的零位；

g) 使自动信号发生器产生电流幅值为正负额定电流的输出；

h) 连续循环输入信号，全部记录零位附近的内漏变化；

i) 记录半个周期的内漏特性曲线(可开始于 $+I_n$，也可开始于 $-I_n$，见图 2)。

其结果应符合 4.4 的要求。

5.5.5 分辨率

5.5.5.1 零区正反向分辨率

零区正反向分辨率试验步骤如下：

a) 重复 5.5.2 压力增益试验方法的 a)～d)步骤。

b) 对一个极性方向施加小输入电流，使两控制油口压力值相等。再对同一极性方向慢慢施加另一小输入电流，直到使两控制油口压力变化为止。记下两次电流值与控制油口压力的读数，此二次电流值的代数差即是零区正向分辨率的测量值。

c) 沿相反向缓慢地改变输入电流，直到控制油口的压力产生反向变化，记下此电流值。最后记录的两个电流值的代数差即是零区反向分辨率。

其结果应符合 4.4 的要求。

5.5.5.2 零区外正反向分辨率

零区外正反向分辨率试验步骤如下：

a) 换上灵敏度高的流量计，同时打开回油口截止阀⑤，控制油口截止阀①、②，关闭内漏截止阀③、④；

b) 调整供油压力到额定压力 P_n；

c) 循环输入电流；

d) 对一个极性方向施加小输入电流(约 10%额定电流)，记录电流值；

e) 对同一极性方向慢慢施加更小的信号，直到流量计读数变化，记下此电流值。最后记录的两个电流值的代数差即是零区外正向分辨率的测量值；

f) 慢慢使输入信号减小，直到流量计读数变化，记下此电流值。最后记录的两个电流值的代数差即是零区外反向分辨率的测量值；

g) 在 10%额定电流之间各点重复上述试验，得到一系列正反分辨率的测量值。其中最大的值与额定电流的百分比即为分辨率的量值。

其结果应符合 4.4 的要求。

5.5.6 零偏、零漂

5.5.6.1 零偏

零偏试验步骤如下：

a) 打开回油口截止阀⑤，关闭控制油口截止阀①、②，调节供油压力为额定压力 P_n；

b) 输入正额定电流 $+I_n$，然后缓慢将输入电流减小到零，继续到负的额定电流 $-I_n$；

c) 为消除滞环影响，须继续缓慢在正负电流之间循环输入电流，同时逐步减小最大电流值，当用此法将电流减为零时，记下各控制油口的压力；

d) 缓慢施加一个输入电流，将阀调到零位(即使得两控制油口的压力相等)，记下输入电流值；

e) 缓慢地在同一方向增加输入电流，直到控制油口压力改变；

f) 停止和反向施加输入电流，直到两控制油口压力再次相等，记下输入电流值；

g) 零偏电流是上述两次使伺服阀置零的电流平均值。

其结果应符合 4.4 的要求。

5.5.6.2 供油压力零漂

按 5.5.6.1 进行零偏试验后，按图 11 所示装置进行供油压力零漂试验，步骤如下：

a) 调整供油压力，供油压力变化范围为 $0.8P_n$～$1.1P_n$；

b) 在每一个供油压力值下，重复 5.5.6.1 的 e)、f)、g)步骤，记录各零偏电流，并计算各零偏变化值；

c) 画出各供油压力下的零偏变化曲线，其中最大的零偏变化值即为供油压力零漂(见图 12)。

其结果应符合 4.4 的要求。

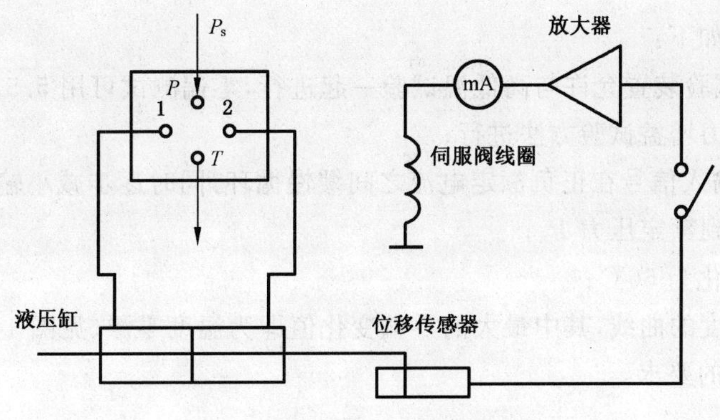

图 11　零漂试验装置示意图

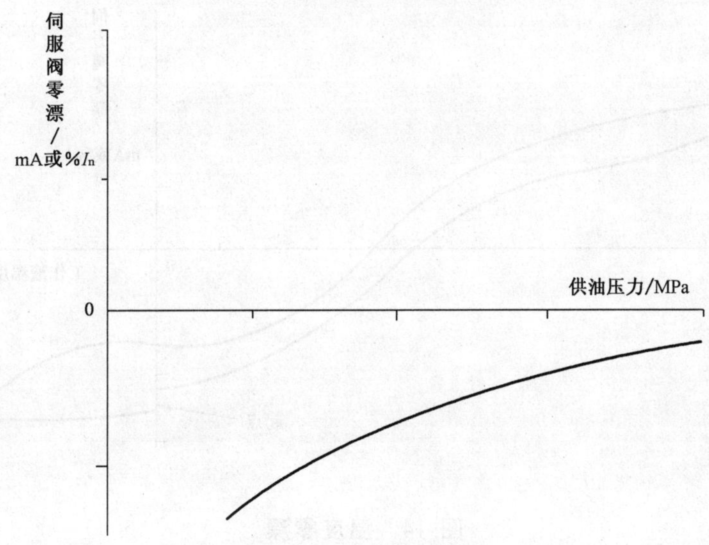

图 12　供油压力零漂

5.5.6.3　回油压力零漂

按 5.5.6.1 进行零偏试验后，按图 11 所示装置进行回油压力零漂试验，其步骤如下：

a)　缓慢关闭回油口截止阀⑤，以建立回油变化的压力，回油压力在 0～0.7 MPa 范围变化；

b)　在每一个回油压力值下，重复 5.5.6.1 的 e)、f)、g) 步骤，记录各相应的零偏电流，并计算各零偏变化值；

c)　画出各供油压力下的零偏变化曲线，其中最大的零偏变化值即为回油压力零漂(见图 13)。

其结果应符合 4.4 的要求。

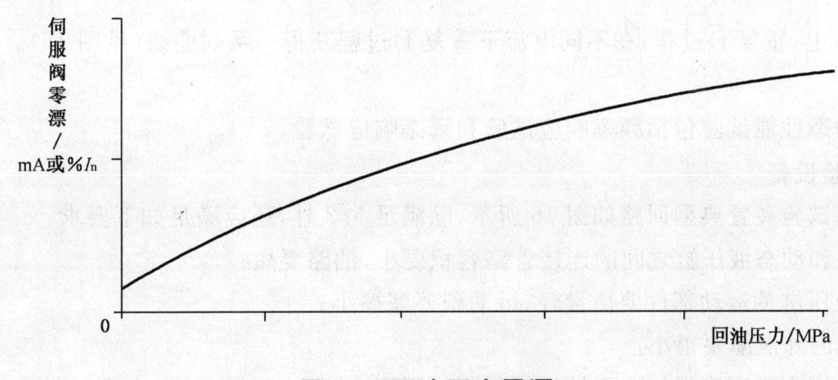

图 13　回油压力零漂

5.5.6.4 温度零漂

温度零漂试验步骤如下：

a) 按图11所示试验装置允许与高低温试验一起进行，零偏测试可用5.5.3空载流量特性试验方法或5.5.2压力增益试验方法进行；

b) 未供油时，让输入信号在正负额定电流之间缓慢循环，同时逐步减小输入信号幅值直到零；

c) 调整供油压力到额定压力 P_n；

d) 工作液油温变化为56℃；

e) 画出零偏对温度的曲线，其中最大的零偏变化值即为温度零漂（见图14）。

其结果应符合4.4的要求。

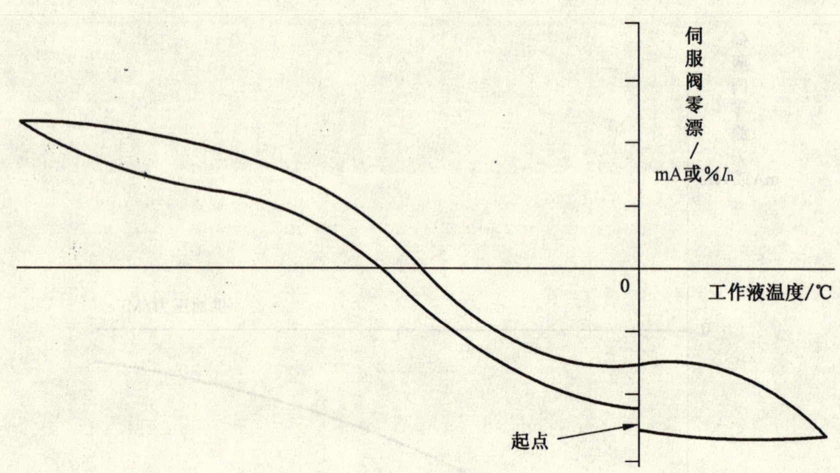

图14 温度零漂

5.5.7 负载流量特性试验

以下试验用来确定负载压降下的控制流量变化。

a) 打开回油口截止阀⑤，打开控制油口截止阀①、②；

b) 调整供油压力到公称压力，如有回油压力，须补偿回油压力；

c) 循环输入电流次数；

d) 用 Y 轴记录控制流量，X 轴记录负载压降；

e) 将输入电流恒定在 $+I_n$；

f) 放下记录笔，慢慢关闭一只控制口阀，以获得输入电流 $+I_n$ 时控制电流对负载压降的连续曲线；

g) 在 $-I_n$ 上，重复f)过程，在不同电流下重复f)过程获得一系列曲线（见图15）。

5.6 动态试验

伺服阀的动态性能试验包括频率响应试验和瞬态响应试验。

5.6.1 动态试验设备

伺服阀动态试验装置典型回路如图16所示，除满足5.2外，还应满足如下要求：

a) 伺服阀和动态液压缸之间的连接管路容积要小，油路要短；

b) 动态液压缸的运动部件要质量轻，运动副要摩擦小；

c) 液压缸内外泄漏要很小；

d) 液压缸固有频率应远远大于被测伺服阀的频宽。

图 15 负载流量特性

5.6.2 频率响应试验

5.6.2.1 频率响应试验设备

频率响应试验装置典型回路如图 16 所示。

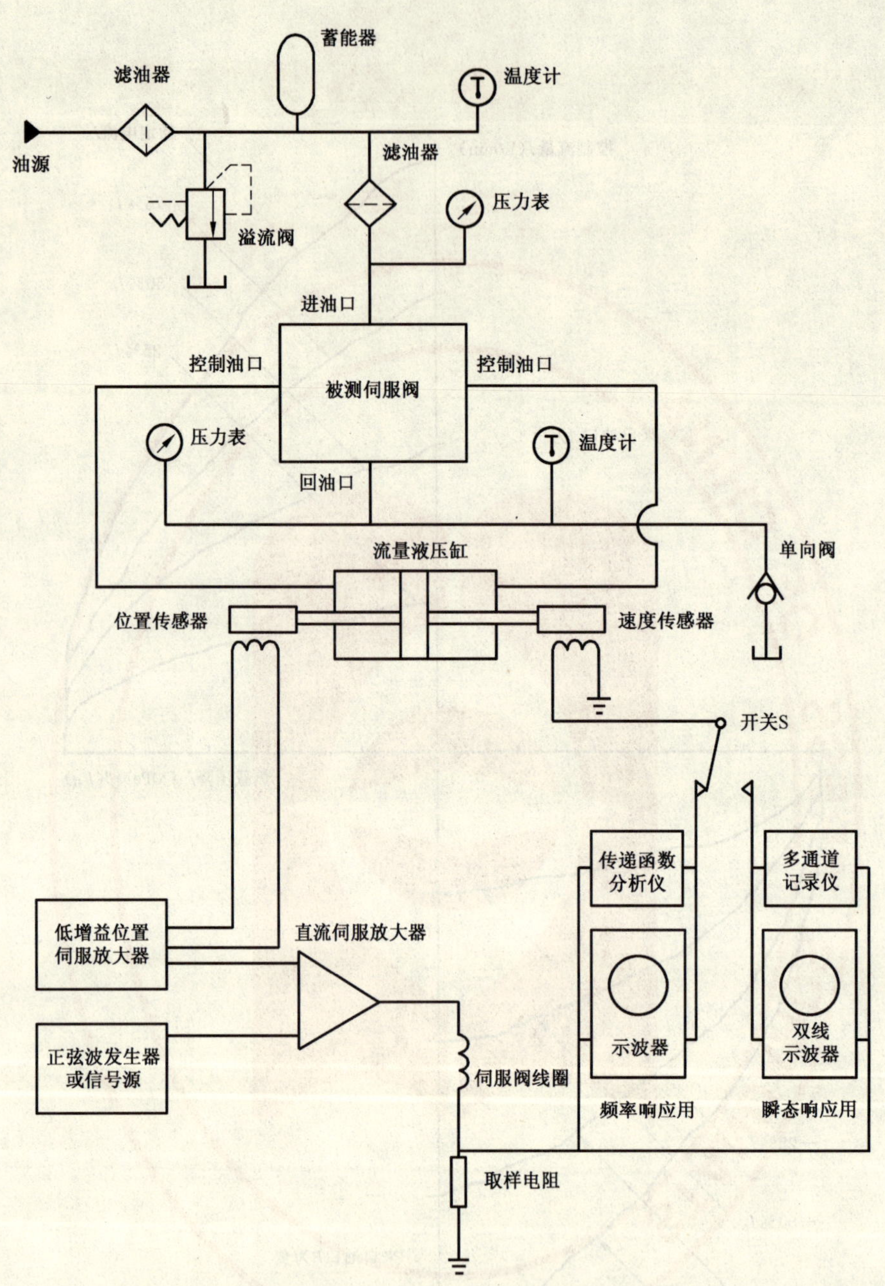

图 16 动态试验装置典型回路

5.6.2.2 试验步骤

a) 给伺服阀供油，调整低增益位置伺服回路放大器的倍数，使活塞接近行程中间；

b) 输入一个 5 Hz 信号，或者取它和相位滞后 90°时频率值的 5%两者中的较低者；

c) 记录此频率下的输出幅值和相位角(基频幅值和相位角)；

d) 以一定增量变化频率值，记录各频率下的输出幅值和相位角；

e) 计算各频率值下的输出幅值与基频幅值的比，并转化为分贝形式及与基频时的相位角差；

f) 画出对数频率特性曲线，相对幅值下降 3 dB 的频率即为阀的幅频宽，相位滞后 90°的频率即为相频宽(见图 17)。

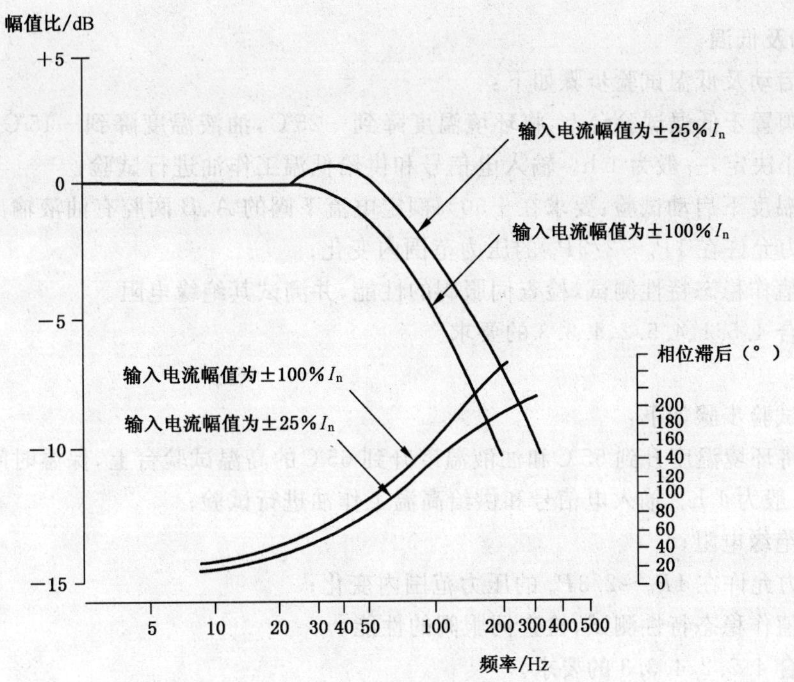

图 17 频率响应曲线

其结果应符合 4.4 的要求。

5.6.3 瞬态响应试验

5.6.3.1 试验设备

试验设备的线路按图 16。

5.6.3.2 试验步骤

a) 阶跃输入信号幅值为 5%或 100%额定电流；

b) 调整设备，使得活塞接近行程的一端；

c) 输入一个从零到给定值的阶跃信号，使得活塞向另一端运动；

d) 反转极性，重复 a)、b)步骤；

e) 记录输入电流和反映流量的速度传感器上输出的电压的响应曲线(见图 18)。

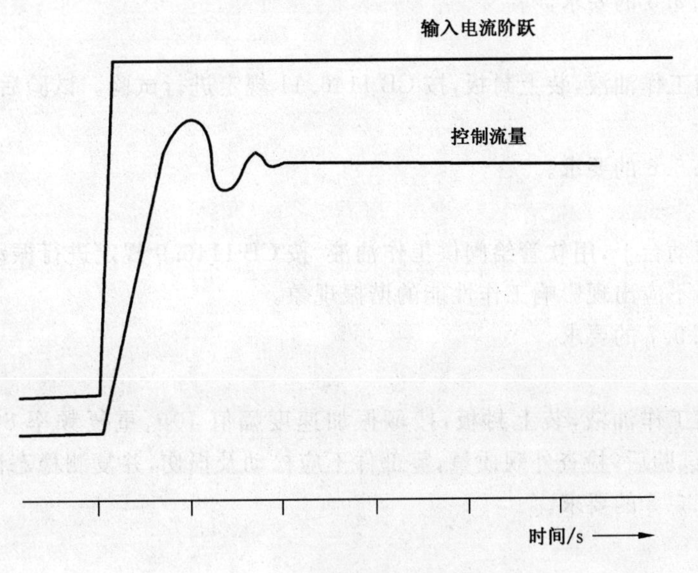

图 18 瞬态响应曲线

5.7 环境试验

5.7.1 低温启动及低温

伺服阀低温启动及低温试验步骤如下：

a) 把伺服阀置于低温试验台上，将环境温度降到－25℃，油液温度降到－15℃，保温时间由被试阀的大小决定，一般为1 h。输入电信号和供给低温工作油进行试验；

b) 在最低温度下启动试验：要求在±50％额定电流下阀的A、B两腔有油液输出；

c) 供油压力允许在$1P_n$～$2/3P_n$的压力范围内变化；

d) 按规定值作稳态特性测试，检查伺服阀的性能，并测试其绝缘电阻。

其结果应符合4.5.1、4.5.2、4.3.3的要求。

5.7.2 高温

伺服阀高温试验步骤如下：

a) 阀置于将环境温度升到55℃和油液温度升到65℃的高温试验台上，保温时间由被试阀的大小决定，一般为1 h。输入电信号和供给高温工作油进行试验；

b) 测试其绝缘电阻；

c) 供油压力允许在$1P_n$～$2/3P_n$的压力范围内变化；

d) 按规定值作稳态特性测试，检查伺服阀的性能。

其结果应符合4.5.2、4.3.3的要求。

5.7.3 温度冲击

试验时，伺服阀内需注满工作油液，装上封板，分别在高低温箱(室)中进行三个循环试验。最高温度和最低温度及保温时间按图7规定，检查绝缘电阻及零偏。

其结果应符合4.5.3及4.3.3的要求。

5.7.4 湿热

伺服阀内需注满工作油液，装上封板，按CB 1146.4规定进行四个周期的试验。试验后，进行绝缘电阻及介电强度的测试，并进行外观检查。

其结果应符合4.5.4的要求。

5.7.5 盐雾

伺服阀内需注满工作油液，装上封板，将阀放到盐雾试验箱中，按CB 1146.12规定进行四个周期的试验。试验后，进行绝缘电阻测试及外观检查。

其结果应符合4.5.5的要求。

5.7.6 霉菌

伺服阀内需注满工作油液，装上封板，按CB 1146.11规定进行试验。试验后，进行绝缘电阻的测试及外观检查。

其结果应符合4.5.6的要求。

5.7.7 振动

将伺服阀装在振动台上，用软管给阀供工作油液，按CB 1146.9规定进行振动试验。试验中应记录伺服阀的零位变化。不应出现影响工作性能的谐振现象。

其结果应符合4.5.7的要求。

5.7.8 颠震

伺服阀内需注满工作油液，装上封板，按颠振加速度幅值10g、重复频率80次/min、总冲击次数3 000次进行试验。试验后，检查外观质量，零部件不应松动及损伤，并复测稳态性能。

其结果应符合4.5.8的要求。

5.7.9 冲击

伺服阀内需注满工作油液，装上封板，按CB 1146.6规定进行试验。试验后，检查外观质量，并测绝缘电阻及稳态性能。

其结果应符合 4.5.9 的要求。

5.8 耐压

在其他稳态、动态特性试验前先进行耐压试验。

5.8.1 供油口耐压

供油口耐压试验步骤如下：

a) 打开回油口截止阀⑤；

b) 关闭控制油口截止阀①、②；

c) 将伺服阀供油压力调整到 1.5 倍额定压力；

d) 型式检验时在正额定电流下保压 2.5 min，在负额定电流下再保压 2.5 min；

e) 出厂检验时，保压时间可减为各 0.5min。

试验中不应有外部泄漏和永久性变形，结果应符合 4.6.3 的要求。

5.8.2 回油口耐压

回油口耐压试验步骤如下：

a) 关闭回油口截止阀⑤；

b) 关闭控制油口截止阀①、②和内漏截止阀③、④；

c) 调整伺服阀供油压力到额定压力 P_n；

d) 鉴定检验时在正额定电流下保压 2.5 min；在负额定电流下，再保压 2.5 min；

e) 质量一致性检验时，保压时间可减为各 0.5 min。

其结果应符合 4.6.3 的要求。

5.9 压力脉冲试验

压力脉冲试验装置回路见图 10，其试验步骤如下：

a) 关闭控制油口截止阀①、②，在阀的供油口施加压力变化的液压油(最高频率不超过 5 Hz)；

b) 让压力在回油压力(至少不得小于 0.35 MPa)和 90%～105%的公称供油压力之间周期波动，压力升降的速率不能太快，以免过调和气蚀，但每个循环中要有一半时间以上维持供油压力；

c) 施加额定电流，在正额定电流下做 250 000 次循环，在负额定电流下做 250 000 次循环；

d) 试毕，复测稳、动态性能。

其结果应符合 4.6.4 的要求。

5.10 破坏压力试验

破坏压力试验在其他试验完成后进行，试验装置回路见图 10。试验步骤如下：

a) 开启回油阀以 2.5 倍的额定压力施加于供油口 P 及控制油口 A、B(压力升高不要太快)，历时 30 s；

b) 给回油口 T 施加 1.5 倍额定压力，历时 30 s。经过破坏压力试验的阀，不可再作产品使用。

其结果应符合 4.6.5 的要求。

注：人、仪器和破坏试验台之间应装有保护装置。

5.11 耐久性试验

耐久性试验装置回路图见图 10。

5.11.1 耐久性试验工况

在两种工况条件下做试验，各做规定的循环周期数的一半。

a) 关闭控制油口截止阀①、②；

b) 开启控制油口截止阀①、②。

5.11.2 试验步骤

a) 输入信号从正额定电流到负额定电流作正弦循环；

b) 试验速度：以低于相频宽 1/5 的频率数循环；

c) 试验次数：不得少于 10^7 个周期；

d) 试验结束后，对阀再进行稳、动态性能复测。

其结果应符合 4.6.6 的要求。

6 检验规则

6.1 检验分类

本标准规定的检验分为：

a) 型式检验；

b) 出厂检验。

6.2 鉴定检验

6.2.1 检验项目

鉴定检验的检验项目按表 14 的规定。

表 14 检验项目

序号	检验项目	型式检验	出厂检验	要求章条号	检验方法章条号
1	外观质量	●	●	4.2.5	5.3
2	线圈电阻	●	●	4.3.2	5.4.1
3	绝缘电阻	●	●	4.3.3	5.4.2
4	介电强度	●	—	4.3.4	5.4.3
5	过载电流	●	—	4.3.5	5.4.4
6	线圈阻抗及电感	●	—	—	5.4.5
7	压力增益	●	●	4.4	5.5.2
8	额定流量	●	●	4.4	5.5.3
9	线性度	●	●	4.4	5.5.3
10	对称度	●	●	4.4	5.5.3
11	滞环	●	●	4.4	5.5.3
12	零遮盖	●	—	4.4	5.5.3
13	内漏	●	●	4.4	5.5.4
14	分辨率	●	○	4.4	5.5.5
15	零偏	●	—	4.4	5.5.6.1
16	供油压力零漂	●	—	4.4	5.5.6.2
17	回油压力零漂	●	—	4.4	5.5.6.3
18	温度零漂	●	—	4.4	5.5.6.4
19	负载流量特性	●	—	—	5.5.7
20	频率响应	●	●	4.4	5.6.2
21	瞬态响应	●	—	—	5.6.3
22	低温启动	●	—	4.5.1	5.7.1
23	低温	●	—	4.5.2	5.7.1

表 14(续)

序号	检验项目	型式检验	出厂检验	要求章条号	检验方法章条号
24	高温	●	—	4.5.2	5.7.2
25	温度冲击	●	—	4.5.3	5.7.3
26	湿热	●	—	4.5.4	5.7.4
27	盐雾	●	—	4.5.5	5.7.5
28	霉菌	●	—	4.5.6	5.7.6
29	振动	●	—	4.5.7	5.7.7
30	颠震	●	—	4.5.8	5.7.8
31	冲击	●	—	4.5.9	5.7.9
32	耐压	●	—	4.6.3	5.8
33	压力脉冲	●	—	4.6.4	5.9
34	破坏压力	●	—	4.6.5	5.10
35	耐久性	●	—	4.6.6	5.11
注：●为必检项目;○为订购方和承制方协商检验项目;—为不检项目。					

6.2.2 受检样品数

型式检验的样品数量应不少于2台。

6.2.3 合格判据

当产品所有检验项目检验合格,则判产品型式检验合格。若检验项目有不合格时,允许采取改进措施,再复检。若检验项目仍不合格时,则判产品型式检验不合格。

6.3 出厂检验

6.3.1 检验项目

出厂检验的检验项目按表14的规定。

6.3.2 受检样品数

每台出厂的产品应进行出厂检验。

6.3.3 合格判据

当产品所有检验项目检验合格,则判产品出厂检验合格。若检验项目有不合格时,允许采取改进措施,再复检。若检验项目仍不合格时,则判产品出厂检验不合格。

7 标志、包装、运输和贮存

7.1 标志

每台伺服阀应有耐久、滞燃、清晰、牢固的铭牌,铭牌上的标志应包括下列内容:

a) 生产厂名称;

b) 名称、型号;

c) 额定供油压力、额定流量、额定电流;

d) 产品编号、生产日期。

7.2 包装

7.2.1 伺服阀体内应注入与使用条件相符的清洁液压油,阀口用堵塞或盖板封住,油封后装入内有干燥剂的塑料袋中。

7.2.2 随机文件

7.2.2.1 伺服阀的随机文件应装入密封良好、内有干燥剂的塑料包装中。

7.2.2.2 随机文件应包括：

a) 产品说明书；

b) 承制方提交的合格证书；

c) 履历书。

7.3 运输

伺服阀在运输过程中应避免破坏性损伤事故发生。

7.4 贮存

伺服阀应贮存在阴凉、干燥处；要定期更换防潮砂。

ICS 29.035.99
K 15

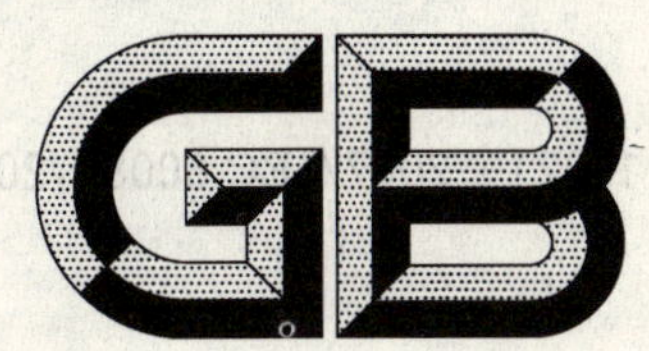

中华人民共和国国家标准

GB/T 11021—2007/IEC 60085:2004
代替 GB/T 11021—1989

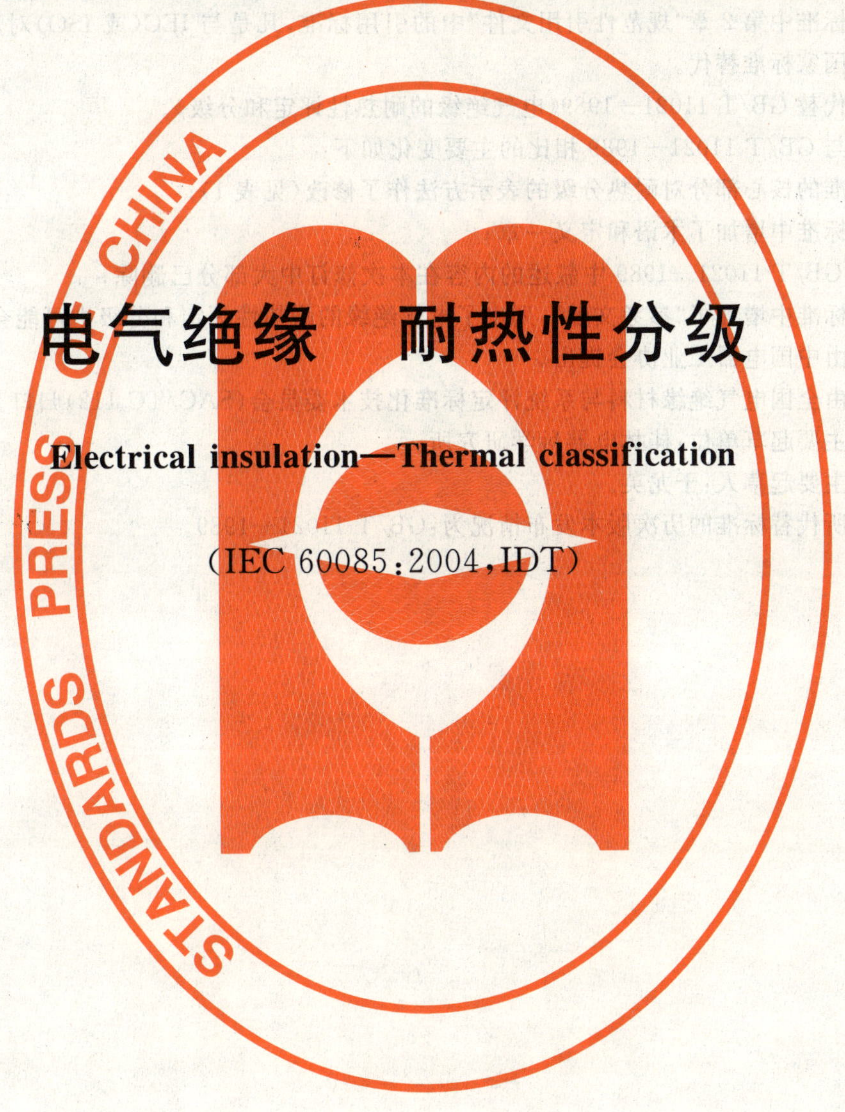

电气绝缘 耐热性分级

Electrical insulation—Thermal classification

(IEC 60085:2004,IDT)

2007-12-03 发布　　2008-05-20 实施

中华人民共和国国家质量监督检验检疫总局
中 国 国 家 标 准 化 管 理 委 员 会　发布

前言

本标准等同采用 IEC 60085:2004《电气绝缘　耐热性分级》(英文版)。

为便于使用,本标准与 IEC 60085:2004 相比做了下列编辑性修改:

——删除了国际标准的"前言"和"引言";

——本标准中第 2 章"规范性引用文件"中的引用标准,凡是与 IEC(或 ISO)对应的国家标准的均用国家标准替代。

本标准代替 GB/T 11021—1989《电气绝缘的耐热性评定和分级》。

本标准与 GB/T 11021—1989 相比的主要变化如下:

——标准的核心部分对耐热分级的表示方法作了修改(见表 1);

——本标准中增加了术语和定义一章;

——原 GB/T 11021—1989 中叙述的内容在本次修订中大部分已删除;

——本标准中增加了"参考文献",列出了电气绝缘的耐热性评定和分级中可能会参考的标准。

本标准由中国电器工业协会提出。

本标准由全国电气绝缘材料与系统评定标准化技术委员会(SAC/TC 112)归口。

本标准主要起草单位:桂林电器科学研究所。

本标准主要起草人:于龙英。

本标准所代替标准的历次版本发布情况为:GB/T 11021—1989。

电气绝缘　耐热性分级

1　范围

本标准规定了在确定电气绝缘材料(EIM)或绝缘材料的简单组合(GB/T 11026.1),电气绝缘系统(IEC 62114)和电气设备的绝缘耐热性分级时应用国际标准所遵循的导则。

2　规范性引用文件

下列文件中的条款通过本标准的引用而成为本标准的条款。凡是注日期的引用文件,其随后所有的修改单(不包括勘误的内容)或修订版均不适用于本标准,然而,鼓励根据本标准达成协议的各方研究是否可使用这些文件的最新版本。凡是不注日期的引用文件,其最新版本适用于本标准。

GB/T 11026.1—2003　电气绝缘材料　耐热性　第1部分:老化程序和试验结果的评价(IEC 60216-1:2001,IDT)

IEC 60216-5　电气绝缘材料　耐热性　第5部分:绝缘材料相对温度指数(RTE)的测定

IEC 60216-6　电气绝缘材料　耐热性　第6部分:使用固定时间系统方法确定绝缘材料的温度指数(TI和RTE)

IEC 61857-1　电气绝缘系统　耐热性评定程序　第1部分:通用要求　低电压

IEC 62114　电气绝缘系统　耐热性分级

3　定义和术语

下列术语和定义适用于本标准。

3.1

电气绝缘材料　electrical insulating material

具有可忽略不计的电导率,或者由这类材料的简单组合,在电气装置中用以隔离不同电位的导电部件的固体(材料)。

注1:在英语中,术语“绝缘材料”有时包含较宽的含义,包括绝缘液体和绝缘气体。

注2:为达到某种试验目的,电极加在材料试样上,而不是这种组合正式地构成一个EIS(电气绝缘系统)那样试验。

3.2

电气绝缘材料的简单组合　simple combination of electrical insulating materials

EIM(电气绝缘材料)的组合,以接合的状态供货,用于设备的生产制造。

注:例如一种由纸层压在聚乙烯、对苯二甲酸酯薄膜(GB/T 5591)组成的柔软材料在某种意义上构成一个“简单的组合”,EIMS(电气绝缘材料)是通过设备制造过程组合而不是某种意义上“简单组合”的构成。

3.3

电气绝缘系统(EIS)　electrical insulation system

绝缘结构包括一种或多种电气绝缘材料(EIMS)与导电部件联合在一起,在电气设备中使用。

3.4

耐热等级　thermal class

电气绝缘材料/电气绝缘系统(EIM/EIS)的耐热性表示方法,为与EIM/EIS相对应的最高使用温度(摄氏温度)的数值。

注:确定相同的EIM/EIS在不同使用条件下其具有不同的耐热等级是必要的。电工产品的某一特定的耐热等级的说明不具备什么意义,也不意味着在它的结构中使用的每种绝缘材料都应具有相同耐热能力。

3.5

相对耐热指数(*RTE*)　relative thermal endurance index

RTE 为某一摄氏温度数值。该温度为被试材料达到终点的评估时间等于参照材料在预估耐热指数(*ATE*)的温度下达到终点的评估时间时所对应的温度。

3.6

预估耐热指数(*ATE*)　assessed thermal endurance index

ATE 为某一摄氏温度的数值,在该温度下参照材料在特定的使用条件下具有已知的、满意的运行经验。

注1:同一材料,在不同应用中其 *ATE* 值可能会改变。

注2:有时称为绝对耐热指数。

3.7

被试材料

要求评价其耐热性材料。

注:该材料和参照材料同时进行热老化测定。

3.8

参照材料

用于与被试材料作比较试验的材料,其耐热性由运行经验已知。

4　耐热性评价与分级

绝缘材料的耐热分级不能用来表示由它们组成的绝缘系统的耐热性分级,除非经证实。反之亦然,某一材料的耐热分级不能由其构成的绝缘系统的耐热等级导出。

4.1　电气绝缘材料(EIM)

电气绝缘材料和绝缘材料的简单组合应按IEC 60216-5或IEC 60216-6及参考预期运行条件来评价。

4.2　电气绝缘系统(EIS)

电气绝缘系统应按照IEC 61857-1评价,并按IEC 62114来分级。

5　耐热等级

由于在电气设备中,通常情况下温度是作用于电气绝缘材料主要的老化因子,因此,国际上都认同可靠的基础性耐热分级是有用的,对于电气绝缘材料某一特定的耐热性等级,就表明与其相适应的最高使用摄氏温度。电气绝缘材料耐热性分级见表1。

表 1 电气绝缘材料耐热性分级

RTE	耐热等级	以前表示方法
＜90	70	—
＞90～105	90	Y
＞105～120	105	A
＞120～130	120	E
＞130～155	130	B
＞155～180	155	F
＞180～200	180	H
＞200～220	200	—
＞220～250	220	—
＞250	250	—

注：本表给出了耐热等级表示方法，对于 *EIM* 的 *RTE* 的不同温度范围，第 3 列字母表示等级，见较早的版本中，“Y”级也表示其应使用于 *RTE* 值低于 90 的范围。

某一材料在某绝缘系统中使用并不意味着该系统的耐热等级与材料耐热等级相同。或不管系统中使用一种以上不同等级的材料而以最低耐热等级的材料表示。

参 考 文 献

[1] GB/T 1408.1　固体绝缘材料电气强度试验方法　工频下的试验(GB/T 1408.1—1999,eqv IEC 60243-1:1998)

[2] GB/T 1409　测量电气绝缘材料在工频、音频、高频(包括米波波长在内)下的相对介电容率和介质损耗因数的推荐试验方法(GB/T 1408—2006,IEC 60250:1969,MOD)

[3] GB/T 1410　固体绝缘材料体积电阻率和表面电阻率试验方法(GB/T 1410—2006,IEC 60093:1980,IDT)

[4] GB/T 5591.1　电气绝缘用柔软复合材料　第1部分:定义和一般要求(GB/T 5591.2—2002,IEC 60626-1:1995,MOD)

[5] GB/T 5591.2　电气绝缘用柔软复合材料　第2部分:试验方法(GB/T 5591.2—2002,IEC 60626-2:1995,MOD)

[6] GB/T 11026-2　确定电气绝缘材料耐热性的导则　第2部分:试验判断标准的选择(GB/T 11026.2—2000,idt IEC 60216-2:1990)

[7] IEC 60216-3　电气绝缘材料　耐热性　第3部分:计算耐热性特征参数的规程

[8] IEC 60243-2　绝缘材料电气强度试验方法　第2部分:对直流下试验的附加要求

[9] IEC 60243-3　绝缘材料电气强度试验方法　第3部分:对1.2/50 μs脉冲试验的附加要求

[10] IEC 60377-1　在频率300 MHz以上时绝缘材料介电性能测定的推荐方法　第1部分:概述

[11] IEC 60377-2　在频率300 MHz以上时绝缘材料介电性能测定的推荐方法　第2部分:谐振法

[12] IEC 60626-3　电气绝缘用柔软复合材料　第3部分:单项材料规范

[13] IEC 61006　电气绝缘材料　确定玻璃化转变温度的试验方法

[14] IEC 61074　用差示扫描量热法测定电气绝缘材料熔融热、熔点及结晶热、结晶温度的试验方法

[15] ISO 75(所有部分)　塑料　负荷下变形温度的测定

[16] ISO 178　塑料　弯曲性能的测定

[17] ISO 306　塑料　热塑性材料　Vicat软化温度的测定(VST)

[18] ISO 527(所有部分)　塑料　拉伸性能的测定

[19] ISO 3146　塑料　用毛细管和极化显微镜法确定熔融特性(熔点式熔点范围)的方法

[20] ISO 6721(所有部分)　塑料　动态机械特性的测定

[21] ISO 11248　塑料　热固性模塑料　提高温度下短期性能的评价

[22] ISO 11357(所有部分)　塑料　差示扫描量热计(DSC)

[23] ISO 11358　塑料　聚合物热重分析(TG)　通用原理

[24] ISO 11359(所有部分)　塑料　热机械分析(TMA)

[25] ISO 14679　胶粘剂　用三点弯曲法测定粘结特性

ICS 77.040.01
H 17

中华人民共和国国家标准

GB/T 11073—2007
代替 GB/T 11073—1989

硅片径向电阻率变化的测量方法

Standard method for measuring radial resistivity variation on silicon slices

2007-09-11 发布　　2008-02-01 实施

中华人民共和国国家质量监督检验检疫总局
中国国家标准化管理委员会　发布

前 言

本标准是对 GB/T 11073—1989《硅片径向电阻率变化的测量方法》的修订。本标准修改采用了 ASTM F 81-01《硅片径向电阻率变化的测量方法》。

本标准与 ASTM F 81-01 的一致性程度为修改采用，主要差异如下：

——删去了 ASTM F 81-01 第 4 章“意义和用途”。

本标准与 GB/T 11073—1989 相比主要变化如下：

——因 GB/T 6615 已并入 GB/T 1552，本标准在修订时将硅片电阻率测试方法标准改为 GB/T 1552，并将第 2 章“规范性引用文件”中的“GB/T 6615” 改为“GB/T 1552”；

——采用 ASTM F 81-01 第 8 章“计算”中的计算方法替代原 GB 11073—1989 中径向电阻率变化的计算方法；

——依据 GB/T 1552 将电阻率的测量上限由 $1\times10^3\ \Omega\cdot cm$ 改为 $3\times10^3\ \Omega\cdot cm$；

——将原 GB/T 11073—1989 中第 7 章“测量误差”改为第 4 章“干扰因素”，并对其后各章章号作了相应调整；

——删去了原 GB/T 11073—1989 中的表 1，采用 GB/T 12965 规定的直径偏差范围；

——将原 GB/T 11073—1989 中的表 2 改为表 1，并依据 GB/T 12965 中的规定，在本标准中删去 80.0 mm 标称直径规格，增加了 150.0 mm 和 200.0 mm 标称直径规格。

本标准的附录 A 是规范性附录。

本标准自实施之日起，同时代替 GB/T 11073—1989。

本标准由中国有色金属工业协会提出。

本标准由全国半导体设备和材料标准化技术委员会材料分技术委员会归口。

本标准起草单位：峨嵋半导体材料厂。

本标准主要起草人：梁洪、覃锐兵、王炎。

本标准所代替标准的历次版本发布情况为：

——GB/T 11073—1989。

硅片径向电阻率变化的测量方法

1 范围

本标准规定了用直排四探针法测量硅单晶片径向电阻率变化的方法。

本标准适用于厚度小于探针平均间距、直径大于 15 mm、电阻率为 1×10^{-3} Ω·cm～3×10^{3} Ω·cm 硅单晶圆片径向电阻率变化的测量。

2 规范性引用文件

下列文件中的条款通过本标准的引用而成为本标准的条款。凡是注日期的引用文件，其随后所有的修改单(不包括勘误的内容)或修订版均不适用于本标准，然而，鼓励根据本标准达成协议的各方研究是否可使用这些文件的最新版本。凡是不注日期的引用文件，其最新版本适用于本标准。

GB/T 1552　硅、锗单晶电阻率测定直排四探针法

GB/T 2828(所有部分)　计数抽样检验程序

GB/T 6618—1995　硅片厚度和总厚度变化测试方法

GB/T 12965　硅单晶切割片和研磨片

3 方法提要

根据要求选择四种选点方案中的一种，按 GB/T 1552 的方法进行测量，并利用几何修正因子计算出硅片电阻率及径向电阻率变化。

本标准提供四种测量选点方案。采用不同的选点方案能测得不同的径向电阻率变化值。

4 干扰因素

4.1　四探针间距小于本标准规定的探针间距或测量高寿命样品时，应找出适当的电流范围用作电阻率测量。

4.2　掺杂浓度的局部变化也会引起沿晶体生长方向上的电阻率变化，而四探针测量的是局部电阻率平均值，这个值受样品纵向电阻率变化的影响；所以在硅片正面和背面测量电阻率变化的结果可能不同。这种影响程度也与探针间距相关。

4.3　当探针位置靠近硅片边缘时，对测出的电压与电流比有明显的影响。根据电压与电流比和几何修正因子来计算局部电阻率。附录 A 中第 A.2 章提供了探针间距为 1.59 mm、测量点向硅片边缘移动 0.15 mm 时的局部电阻率误差量。对不同尺寸的硅片和测量点来说，这些误差量随着探针间距的减小而减小。

4.4　与硅片的几何形状有关的误差。

4.4.1　在靠近硅片参考面位置上测量或在硅片背面及其周围导电的情况下测量均会产生误差。

4.4.2　没有按硅片实际直径计算修正因子，则会增加几何修正因子的误差。当测量时探针距边缘 6 mm以上，采用标称直径引起的误差可以忽略不计。

4.4.3　硅片厚度直接影响所测的电阻率。当硅片的局部厚度偏差为 GB/T 12965 允许的最大值或 13 μm时，附录 A 中第 A.2 章给出了局部电阻率的误差量。如果要精确地测量局部电阻率，则应测量每个测量位置的厚度并计算该位置的电阻率，或使用厚度变化较小的硅片，或采用较厚的硅片。

4.4.4 在抛光面上测量，一般也能得到符合要求的结果。由于抛光面导电或表面复合速率低，可能造成误差，仲裁时必须在研磨面上测量。

5 仪器设备

5.1 GB/T 1552 规定的仪器设备装置。探针间距为 1.00 mm 或 1.59 mm。

5.2 样品架应具有平移和旋转 360°功能。平移精度为±0.15 mm，旋转精度为±5°。

6 试验样品

6.1 按 GB/T 2828 的计数抽样方案或商定的方案抽取样品。

6.2 按 GB/T 1552 中的规定制备样品。

6.3 如果硅片没有参考面，则应在硅片背面圆周上作一参考标记，在测量时用该标记代替硅片的主参考面对硅片进行定位。

6.4 找出任意三条相交 45°且不与硅片参考面相交的直径，测量并记下该样品直径。如果这三条直径长度都在 GB/T 12965 规定的直径偏差范围以内，则以标称直径为直径值；否则以三个测量的平均值为直径值。

6.5 根据器件用途、晶体生长工艺、掺杂剂种类以及所需的电阻率范围，从四种选点方案中确定一种方案来测量硅片径向电阻率变化(见图 1)。

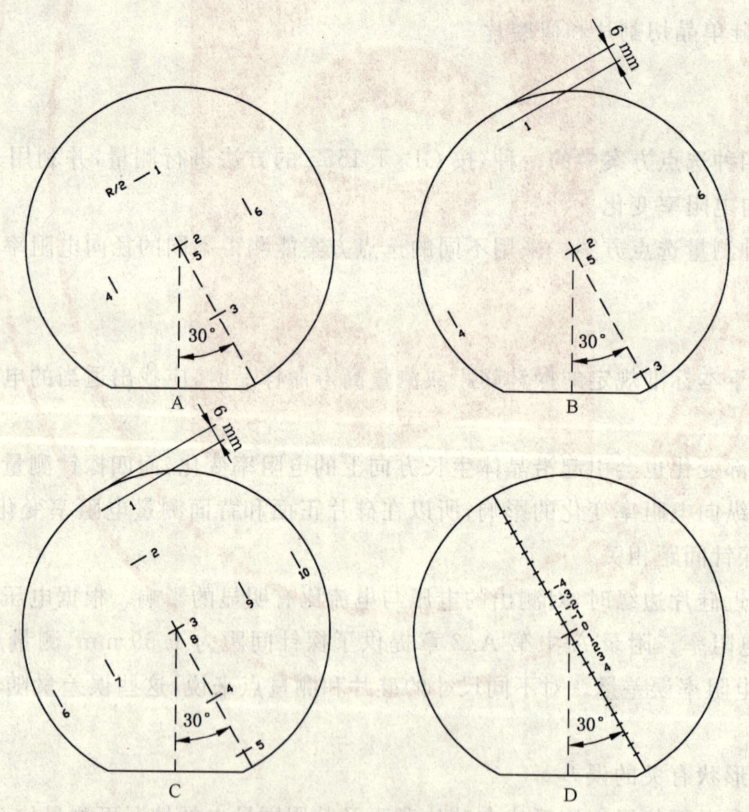

注 1:各图的底部平面表示主参考面(见 7.1 条);

注 2:每条短线段表示直排四探针测量点位置，垂直于硅片直径;数字表示四探针测量顺序。

[a] 对于厚度大于本标准规定的硅片，建议按 GB/T 1552 的方法测量各测量点的电阻率并用本方法计算硅片径向电阻率变化。

图 1 四探针测量径向电阻率变化的选点方案

6.5.1 **选点方案A**

小面积十字型，测量六点：在硅片中心点测两次，在两条垂直直径的半径中点($R/2$)处各测量一点。

6.5.2 **选点方案B**

大面积十字型，测量六点：在硅片中心点测两次，在两条垂直直径距硅片边缘6 mm处各测量一点。

6.5.3 **选点方案C**

小面积及大面积十字型，测量十点：在硅片中心点测两次，在两条垂直直径的半径中点($R/2$)处各测量一点，距硅片边缘6 mm处各测量一点。

6.5.4 **选点方案D**

一条直径上的高分辨型：在硅片中心点以及中心与直径两端的距离之间，以2 mm间隔在尽可能多的位置上进行测量。

6.6 用GB/T 6618中规定的厚度仪，在选点方案C(见图1中C)的九个点测量并记录各点厚度。

7 测量步骤

7.1 调整样品，使第一条测量的直径位于垂直于主参考面的直径或通过参考标记的直径沿逆时针方向旋转30°的位置(见6.3条和图1)。仲裁测量时，要记下相对于参考面或参考标记的各测量点位置。

7.2 选定一种选点方案(见6.5条和图1)。

7.3 如果需要电阻率的绝对值，则应测量并记录样品的温度。

7.4 按选定的选点方案进行测量。

7.4.1 将四探针置于被测样品表面，使四探针的排列直线垂直于经过测量点的半径，四探针直线的中点在测量点±0.15 mm范围以内。

7.4.2 按GB/T 1552的要求，测量正向和反向电阻率。

7.4.3 如果硅片是非标称直径，则须记录样品中心到四探针直线中点的距离Δ。

8 测量结果的计算

8.1 对每一个测量位置进行以下计算。

8.1.1 按GB/T 1552中的计算方法计算并记下电阻率的平均值。

8.1.2 对标称直径硅片(见6.4条)，则根据表1确定修正因子F_2的值。

8.1.3 非标称直径的硅片及探针间距不为1.00 mm或1.59 mm时，按附录A中第A.3章进行修正。

8.1.4 如果需要电阻率的绝对值，则可按GB/T 1552中6.3.4条的规定计算该温度下的样品电阻率。如果需要随位置变化的电阻率，则温度的修正可以忽略不计。在测量过程中，如果样品温度变化不大于2℃，引起计算电阻率变化的误差不大于2%。

8.2 对选点方案A、B或C，按式(1)、式(2)计算径向电阻率平均百分变化(%)和最大百分变化(%)。

$$平均百分变化 = \frac{\rho_a - \rho_c}{\rho_c} \times 100 \quad \cdots\cdots(1)$$

式中：

ρ_c——硅片中心点测得的两次电阻率平均值，Ω·cm；

ρ_a——硅片半径中点或距边缘6 mm测得四个电阻率平均值，Ω·cm。

$$\text{最大百分变化} = \frac{\rho_e - \rho_c}{\rho_e} \times 100 \qquad \cdots\cdots(2)$$

式中：

ρ_c——同式(1)；

ρ_e——与中心点测试值相差最大的非中心点测试值，Ω·cm。

8.3 对选点方案 D，按式(3)计算径向电阻率最大百分变化(%)。

$$\text{最大百分变化} = \frac{\rho_M - \rho_m}{\rho_m} \times 100 \qquad \cdots\cdots(3)$$

式中：

ρ_M——测得的最大电阻率值，Ω·cm；

ρ_m——测得的最小电阻率值，Ω·cm。

9 精密度

9.1 径向电阻率变化测量的精密度，直接取决于电阻率测量的精密度。如果认为探针的位置和硅片的直径都是合适的，而单个电阻率测量的精密度是误差的原因，那么，径向电阻率变化的精密度由附录 A 中表 A.1 给出。

9.2 电阻率值计算的误差，是由修正因子 F_2 的误差引起，F_2 的误差是由探针的位置误差、硅片直径误差或硅片厚度误差引起。当探针间距不大于 1.59 mm 时，以上因素引起的误差都不会超出附录 A 中 A.2 章给出的数值。

10 试验报告

10.1 试验报告应包括以下内容：

——样品编号；

——操作者；

——日期；

——选择的选点方案；

——测量电流值，mA；

——探针间距，mm；

——硅片直径，mm；

——采用选点方案 A、B 或 C，要报告径向电阻率的平均百分变化和最大百分变化(见 8.2 条)；

——采用选点方案 D，要报告径向电阻率的最大百分变化(见 8.3 条)。

10.2 如有特殊要求，报告还包括：

——硅片每个测量点的电阻率，Ω·cm；

——测量时该硅片温度、测量点顺序(见图 1)。

10.3 如进行仲裁测量，应画出测量点位置图，标明测量直径和参考标记。

表 1 几何修正因子 F_2

单位为毫米

对标称直径圆片和探针间距为 1.00 mm 的修正因子 F_2						
硅片标称直径	50.8	76.2	100.0	125.0	150.0	200.0
测量点	选点方案 A、B、C					
中心	4.517	4.526	4.528	4.530	4.531	4.531
$R/2$	4.506	4.520	4.525	4.528	4.529	4.531
离边缘 6 mm 处	4.448	4.455	4.458	4.460	4.461	4.462
测量点与片子中心之间距离	选点方案 D					
0	4.517	4.526	4.528	4.530	4.531	4.531
2	4.517	4.526	4.528	4.530	4.531	4.531
4	4.516	4.525	4.528	4.530	4.531	4.531
6	4.515	4.525	4.528	4.530	4.531	4.531
8	4.514	4.525	4.528	4.530	4.531	4.531
10	4.511	4.524	4.528	4.530	4.531	4.531
12	4.507	4.524	4.528	4.530	4.531	4.531
14	4.501	4.523	4.528	4.530	4.530	4.531
16	4.491	4.522	4.527	4.529	4.530	4.531
18	4.472	4.521	4.527	4.529	4.530	4.531
20	4.401	4.520	4.527	4.529	4.530	4.531
22	4.311	4.517	4.526	4.529	4.530	4.531
24	3.696	4.514	4.526	4.529	4.530	4.531
26	—	4.504	4.525	4.529	4.530	4.531
28	—	4.501	4.524	4.528	4.530	4.531
30	—	4.486	4.523	4.528	4.530	4.531
32	—	4.457	4.521	4.528	4.530	4.531
34	—	4.280	4.519	4.528	4.530	4.531
36	—	4.066	4.515	4.527	4.529	4.531
38	—	2.283	4.510	4.526	4.529	4.531
40	—	—	4.502	4.525	4.529	4.531
42	—	—	4.488	4.524	4.529	4.531
44	—	—	4.458	4.522	4.528	4.531
46	—	—	4.377	4.520	4.528	4.531
48	—	—	4.037	4.517	4.527	4.531
50	—	—	—	4.513	4.527	4.531
52	—	—	—	4.506	4.526	4.531
54	—	—	—	4.494	4.525	4.530
56	—	—	—	4.469	4.523	4.530
58	—	—	—	4.409	4.522	4.530
60	—	—	—	4.188	4.519	4.530
62	—	—	—	—	4.515	4.530
64	—	—	—	—	4.505	4.530
66	—	—	—	—	4.499	4.529
68	—	—	—	—	4.478	4.529
70	—	—	—	—	4.432	4.529
72	—	—	—	—	4.281	4.528
74	—	—	—	—	3.368	4.528
76	—	—	—	—	—	4.527
78	—	—	—	—	—	4.526
80	—	—	—	—	—	4.525
82	—	—	—	—	—	4.523
84	—	—	—	—	—	4.521
86	—	—	—	—	—	4.518
88	—	—	—	—	—	4.513
90	—	—	—	—	—	4.506
92	—	—	—	—	—	4.492
94	—	—	—	—	—	4.462
96	—	—	—	—	—	4.384
98	—	—	—	—	—	4.047

表 1(续)

单位为毫米

对标称直径圆片和探针间距为 1.59 mm 的修正因子 F_2						
硅片标称直径	50.8	76.2	100.0	125.0	150.0	200.0
测量点	选点方案 A、B、C					
中心	4.494	4.515	4.522	4.526	4.528	4.530
$R/2$	4.466	4.502	4.515	4.521	4.525	4.828
离边缘 6 mm 处	4.428	4.345	4.353	4.357	4.530	4.363
测量点与片子中心之间距离	选点方案 D					
0	4.494	4.515	4.522	4.526	4.528	4.530
2	4.494	4.515	4.522	4.526	4.528	4.530
4	4.492	4.515	4.522	4.526	4.528	4.530
6	4.490	4.514	4.522	4.526	4.528	4.530
8	4.486	4.513	4.522	4.526	4.528	4.530
10	4.479	4.513	4.522	4.526	4.528	4.530
12	4.470	4.512	4.521	4.526	4.528	4.530
14	4.455	4.510	4.521	4.525	4.528	4.530
16	4.430	4.507	4.520	4.525	4.528	4.530
18	4.386	4.504	4.519	4.525	4.527	4.530
20	4.291	4.500	4.518	4.524	4.527	4.530
22	4.041	4.494	4.517	4.524	4.527	4.530
24	3.169	4.486	4.516	4.524	4.527	4.530
26	—	4.474	4.514	4.523	4.527	4.530
28	—	4.454	4.511	4.522	4.526	4.529
30	—	4.420	4.508	4.522	4.526	4.529
32	—	4.350	4.504	4.521	4.526	4.529
34	—	4.182	4.498	4.520	4.525	4.529
36	—	3.635	4.490	4.518	4.525	4.529
38	—	—	4.478	4.516	4.524	4.529
40	—	—	4.458	4.514	4.524	4.529
42	—	—	4.423	4.512	4.523	4.529
44	—	—	4.353	4.508	4.522	4.529
46	—	—	4.178	4.503	4.521	4.528
48	—	—	3.596	4.495	4.520	4.528
50	—	—	—	4.484	4.518	4.528
52	—	—	—	4.467	4.516	4.528
54	—	—	—	4.437	4.513	4.527
56	—	—	—	4.380	4.510	4.527
58	—	—	—	4.245	4.505	4.527
60	—	—	—	3.828	4.499	4.526
62	—	—	—	—	4.489	4.526
64	—	—	—	—	4.474	4.525
66	—	—	—	—	4.449	4.525
68	—	—	—	—	4.401	4.524
70	—	—	—	—	4.295	4.523
72	—	—	—	—	3.990	4.522
74	—	—	—	—	2.888	4.520
76	—	—	—	—	—	4.519
78	—	—	—	—	—	4.516
80	—	—	—	—	—	4.513
82	—	—	—	—	—	4.509
84	—	—	—	—	—	4.504
88	—	—	—	—	—	4.496
86	—	—	—	—	—	4.485
90	—	—	—	—	—	4.466
92	—	—	—	—	—	4.432
94	—	—	—	—	—	4.363
96	—	—	—	—	—	4.191
98	—	—	—	—	—	3.614
注：各栏中标有直线的值是相对于 6 mm 或近边缘的修正值。						

附 录 A
（规范性附录）
硅片径向电阻率变化偏差的计算

A.1 根据各次电阻率测量值的偏差来计算径向电阻率变化的偏差

A.1.1 本计算方法用于估计 8.2 条或 8.3 条中计算径向电阻率变化测量预期的精密度，径向电阻率的变化是由各个不同的测量位置测得的电阻率的变化率引起的。表 A.1 给出了一些典型测试情况的计算结果。

A.1.1.1 此处不考虑由于探针位置、硅片直径及硅片厚度的误差所造成的各次电阻率测量的误差。在不同的实验室或在同一实验室进行重复测量时，由于这些误差，会得到电阻率显著不同的径向变化估计值 Y。假如考虑这些误差，使用式(A.5)的结果就没有意义。

A.1.1.2 附录 A.2 列出了极端情况下，探针位置、硅片直径和硅片厚度的误差对各次电阻率测量的影响。

A.1.2 变化关系的推导，电阻率的相对径向变化为一个分数，它可以用式(A.1)来表示：

$$Y=\frac{\rho_2-\rho_1}{\rho_1}=\left(\frac{\rho_2}{\rho_1}\right)-1 \qquad \cdots\cdots\cdots\cdots(\text{A.1})$$

式中：

Y——电阻率相对径向偏差；

ρ_2——式(1)中的 ρ_a、式(2)中的 ρ_e 或式(3)中的 ρ_M，Ω·cm；

ρ_1——式(1)或式(2)中的 ρ_c 或式(3)中的 ρ_m，Ω·cm。

公式(A.1)可以写成下面的形式：

$$Y=\left(k\sum_{i=1}^{j}\rho_i\Big/j\sum_{i=i+l}^{j+k}\rho_i\right)-1 \qquad \cdots\cdots\cdots\cdots(\text{A.2})$$

式中：

j——在符号 ρ_2 位置上进行的测量次数；

k——在符号 ρ_1 位置上进行的测量次数；

ρ_i——在位置 i 上测量的电阻率数值，Ω·cm。

然后可得：

$$\sigma^2(Y)=\sum_{i=1}^{j+k}\left(\frac{\delta Y}{\delta\rho_i}\right)^2\cdot\sigma^2(\rho_i) \qquad \cdots\cdots\cdots\cdots(\text{A.3})$$

式中：

$\sigma^2(Y)$——由式(1)、式(2)或式(3)得到的径向电阻率变化测量的偏差；

$\sigma^2(\rho_i)$——ρ_i 的测量偏差。

把 ρ_2/ρ_1 写作 r，代入公式(A.2)，在进行公式(A.2)的累加就得到：

$$\sigma^2(Y)=\left[\frac{\sigma^2(\rho)}{{\rho_i}^2}\right]\cdot\left(\frac{1}{j}+\frac{r^2}{k}\right) \qquad \cdots\cdots\cdots\cdots(\text{A.4})$$

此处，已经假设所有的 $\sigma^2(\rho_i)$ 值都等于 $\sigma^2(\rho)$。

用 $\sum(\rho)$ 表示各次电阻率测量值的相对标准偏差(百分率),则各次电阻率测量值的绝对标准偏差 $\sigma(\rho)$表示为:

$$\sigma(\rho)=\frac{\sum(\rho)\cdot\rho}{100}\approx\frac{\sum(\rho)\cdot\rho_i}{100} \qquad \text{(A.5)}$$

为了消去样品本身电阻率的影响,式(A.4)可以改写为式(A.6):

$$\sigma^2(Y)=\left[\left(\frac{\sum(\rho)}{100}\right)^2\right]\cdot\left(\frac{1}{j}+\frac{r^2}{k}\right) \qquad \text{(A.6)}$$

A.1.3 径向电阻率变化测量的结果的完整表达式,由所计算的径向电阻率变化结合它在 95% 置信度及 2σ 值表示为式(A.7),单位为%:

$$[Y\pm 2\sigma(Y)]\times 100 \qquad \text{(A.7)}$$

A.1.4 硅片径向电阻率变化偏差的计算示例

示例 1:

设在同一实验室内,在一硅片上用 A 或 B 方案选点,测得 ρ_1 和 ρ_2 间的电阻率差值为 25%;各次电阻率测量的相对偏差 $\sum(\rho)$ 为 0.5%,即:

$Y=0.25$;

$r=1.25$;

$\sum(\rho)=\pm 0.5\%$;

$j=4$;

$k=2$。

将这些数值代入式(A.6),得到:

$$\sigma^2(Y)=[(0.5/100)^2]\cdot\{(1/4)+[(1.25)^2/2]\}$$

$$\sigma(Y)=\pm 0.005\ 08$$

$$2\sigma(Y)=\pm 0.010\ 2$$

式中:

$\sigma(Y)$——径向电阻率变化测量的标准偏差估计值。

于是,标明了不确定性的电阻率变化最终表示为:

$$\{[Y\pm 2\sigma(Y)]\times 100\}\%=(25\pm 1.02)\%$$

示例 2:

设样品的相对径向电阻率变化为 $Y=0.01$,而 $\sum(\rho)$、j、k 值都与例 1 相同,由公式(A.6)得:

$$\sigma^2(Y)=[(0.5/100)^2]\cdot\{(1/4)+[(1.0)^2/2]\}$$

$$\sigma(Y)=\pm 0.004\ 36$$

$$2\sigma(Y)=\pm 0.008\ 72$$

于是,径向电阻率变化的最终表达式为:

$$\{[Y\pm 2\sigma(Y)]\times 100\}\%=(1\pm 0.87)\%$$

A.1.5 在各次电阻率测量中,作为独立参数标出被测量值的不确定性或标准偏差与百分数来表示其不确定性是等效的,但从表 A.1 中可以看出:在相对电阻率变化 Y 值小时,对电阻率测量的某一标准偏差,其径向变化的绝对标准偏差近似为一与电阻率径向变化量无关的常数。但是,用径向变化百分数来表示的相对标准偏差却表明测试的质量在降低。这种情况下,把径向电阻率变化的不确定性表示为径向变化的百分数是不恰当的。

表 A.1 径向电阻率变化的精密度

用两倍标准偏差表示的精密度 $2\sigma(Y)$										
$\sum(\rho)$ /%	$j=4,k=2$[a]					$j=8,k=4$				
	$Y=0.01$	$Y=0.05$	$Y=0.10$	$Y=0.25$	$Y=0.50$	$Y=0.01$	$Y=0.05$	$Y=0.10$	$Y=0.25$	$Y=0.50$
0.5	0.008 7	0.009 0	0.009 2	0.010 2	0.011 7	0.006 2	0.006 3	0.006 5	0.007 2	0.008 3
1.0	0.017 4	0.017 9	0.018 5	0.020 3	0.023 5	0.012 3	0.012 7	0.013 1	0.014 4	0.016 6
1.5	0.026 2	0.026 9	0.027 7	0.030 5	0.035 2	0.018 5	0.019 0	0.019 6	0.021 5	0.024 9
2.0	0.034 9	0.035 8	0.037 0	0.040 6	0.046 9	0.024 7	0.025 3	0.026 2	0.028 7	0.033 2
2.5	0.043 6	0.044 8	0.046 2	0.050 8	0.058 6	0.030 8	0.031 6	0.032 7	0.035 9	0.041 5
用两倍相对标准偏差表示的精密度$[2\sigma(Y)/Y\times100]$/%										
$\sum(\rho)$ /%	$j=4,k=2$[a]					$j=8,k=4$				
	$Y=0.01$	$Y=0.05$	$Y=0.10$	$Y=0.25$	$Y=0.50$	$Y=0.01$	$Y=0.05$	$Y=0.10$	$Y=0.25$	$Y=0.50$
0.5	87	18	9.3	4.1	2.3	62	13	6.5	2.9	1.7
1.0	174	36	19	8	5	124	26	13	6	3.4
1.5	261	54	28	12	7	186	39	20	9	5.1
2.0	348	72	37	16	9	248	52	26	12	6.8
2.5	435	90	46	20	12	310	65	33	15	8.5

[a] $j=4$ 和 $k=2$ 是对应于一组选点方案 A 或 B 的数据。对于一个实验室测量，应用选点方案 A 或 B 的两组数据，或者两个实验室测量。应用方案 A 或 B，且每个实验室提供一组数据时，要选用 $j=8$，$k=4$。对于其他一些选点方案，根据电阻率的最大值和最小值来计算径向变化，应按照公式(A.2)根据 j、k 的定义来确定 j 和 k 的值。假如取几组重复数据或采用多个实验室的结果，就要把 Y 作为若干测得的相对径向变化 Y_i 的全部平均值，并按所用的测量组数以扩大 j 和 k 的数值。

A.2 由于探针位置误差与硅片几何尺寸误差引起的测量偏差表

A.2.1 表 A.2 给出了探针位置和直径偏差导致计算电阻率最大误差的例子。表 A.3 给出了局部厚度偏离标称值时，所计算的电阻率中最大误差例子。

A.3 修正因子 F_2 的计算

F_2 的计算公式：

$$F_2=\frac{\pi}{\ln 2}\cdot\frac{1}{1+\eta_2} \qquad \cdots\cdots(A.8)$$

式中：

η_2——$\dfrac{1}{2\ln 2}\cdot\ln\dfrac{\alpha_1\cdot\alpha_2}{4\alpha_3\cdot\alpha_4}$；

α_1——$(V_2-V_1)^2+(u_1+u_2)^2$；

α_2——$(V_2+V_1)^2+(u_1+u_2)^2$；

α_3——$(V_2-V_1)^2+(u_1-u_2)^2$；

α_4——$(V_2+V_1)^2+(u_1-u_2)^2$；

u_1——$3\times\dfrac{S}{D_1R}$；

u_2——$\dfrac{S}{D_2R}$；

$$V_1\text{——}\frac{1-\left(\frac{\Delta}{R}\right)^2-\left(\frac{9}{4}\right)\cdot\left(\frac{S}{R}\right)^2}{D_1};$$

$$V_2\text{——}\frac{1-\left(\frac{\Delta}{R}\right)^2-\left(\frac{1}{4}\right)\cdot\left(\frac{S}{R}\right)^2}{D_2};$$

$$D_1\text{——}\left(1+\frac{\Delta}{R}\right)^2+\left(\frac{9}{4}\right)\left(\frac{S}{R}\right)^2;$$

$$D_2\text{——}\left(1+\frac{\Delta}{R}\right)^2+\left(\frac{1}{4}\right)\left(\frac{S}{R}\right)^2。$$

S、R、Δ 的表示如图 A.1 所示。

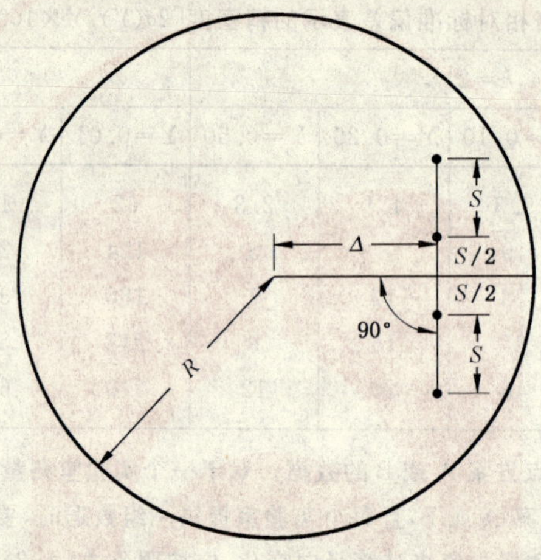

S——探针间距；

R——硅片半径；

Δ——探针至硅片中心距离。

图 A.1　S、R、Δ 的表示

表 A.2　由探针位置和直径的公差导致的电阻率最大误差

标称直径/mm	探针位置	选点方案	E_1 A/%[a]	E_2 B/%[b]	E_3 C/%[c]
50.8	硅片中心	A、B、C、D	0.0	0.0	0.0
50.8	$R/2$	A、C	0.0	0.1	0.1
50.8	离边缘 6 mm	B、C	0.2	0.3	0.5
50.8	离中心 20 mm	D	0.3	0.4	0.7
50.8	离中心 22 mm	D	0.9	1.1	2.0
50.8	离中心 24 mm	D	3.8	4.9	8.8
76.2	硅片中心	A、B、C、D	0.0	0.0	0.0
76.2	$R/2$	A、C	0.0	0.0	0.0
76.2	离边缘 6 mm	B、C	0.2	0.4	0.7
76.2	离中心 32 mm	D	0.2	0.4	0.7
76.2	离中心 34 mm	D	0.5	1.2	1.8
76.2	离中心 36 mm	D	2.2	4.9	7.5
100.0	硅片中心	A、B、C、D	0.0	0.0	0.0

表 A.2(续)

标称直径/mm	探针位置	选点方案	E_1 A/%[a]	E_2 B/%[b]	E_3 C/%[c]
100.0	*R*/2	A、C	0.0	0.0	0.0
100.0	离边缘 6 mm	B、C	0.2	0.3	0.5
100.0	离中心 46 mm	D	0.6	1.0	1.6
100.0	离中心 48 mm	D	2.5	4.4	6.9
125.0	硅片中心	A、B、C、D	0.0	0.0	0.0
125.0	*R*/2	A、C	0.0	0.0	0.0
125.0	离边缘 6 mm	B、C	0.2	0.3	0.5
125.0	离中心 58 mm	D	0.3	0.7	1.1
125.0	离中心 60 mm	D	1.5	2.9	4.4
150.0	硅片中心	A、B、C、D	0.0	0.0	0.0
150.0	*R*/2	A、C	0.0	0.0	0.0
150.0	离边缘 6 mm	B、C	0.2	0.2	0.4
150.0	离中心 70 mm	D	0.3	0.3	0.6
150.0	离中心 72 mm	D	1.3	0.6	1.9
150.0	离中心 74 mm	D	4.4	2.2	6.6
200.0	硅片中心	A、B、C、D	0.0	0.0	0.0
200.0	*R*/2	A、C	0.0	0.0	0.0
200.0	离边缘 6 mm	B、C、D	0.2	0.1	0.2
200.0	离中心 96 mm	D	0.9	0.5	0.9
200.0	离中心 98 mm	D	3.7	1.9	3.7

[a] 如探针向硅片边缘位移 0.15 mm,利用表 1 中的修正因子计算得到的局部电阻率误差值。

[b] 如硅片的直径为 GB/T 12965 中偏差允许的最小值,利用表 1 中的修正因子计算得到的局部电阻率误差值。

[c] 如探针向硅片边缘位移 0.15 mm,并且硅片的直径为 GB/T 12965 中偏差允许的最小值,利用表 1 中的修正因子计算得到的局部电阻率误差值。

表 A.3 硅片局部厚度变化引起的计算电阻率误差

硅片标称直径/mm	厚度变化/μm	误差/%
50.8	13	5.1
76.2	13	3.7
100.0	13	2.2
125.0	13	2.2
150.0	13	2.0
200.0	13	1.8

ICS 29.045
H 83

中华人民共和国国家标准

GB/T 11093—2007
代替 GB/T 11093—1989

液封直拉法砷化镓单晶及切割片

Liquid encapsulated czochralski-grown gallium arsenide single crystals and as-cut slices

2007-09-11 发布　　2008-02-01 实施

中华人民共和国国家质量监督检验检疫总局
中国国家标准化管理委员会　发布

前　言

本标准是对 GB/T 11093—1989《液封直拉法砷化镓单晶及切割片》的修订。

本标准与 GB/T 11093—1989 相比，主要有如下变动：

——单晶和切割片的牌号按照 GB/T 14844《半导体材料牌号表示方法》进行了修订；

——增加了 76.2 mm(3 in)、100 mm、125 mm 和 150 mm 规格的产品；

——增加了掺入碳等杂质元素的产品；

——去掉了 40 mm 规格的产品；

——取消了按位错密度对产品进行分级。

本标准自实施之日起，代替 GB/T 11093—1989。

本标准由中国有色金属工业协会提出。

本标准由全国半导体设备和材料标准化技术委员会材料分技术委员会归口。

本标准起草单位：北京有色金属研究总院。

本标准主要起草人：张峰翊、郑安生。

本标准所代替标准的历次版本发布情况为：

——GB/T 11093—1989。

液封直拉法砷化镓单晶及切割片

1 范围

本标准规定了液封直拉法砷化镓单晶及切割片的要求、试验方法、检验规则和标志、包装运输贮存等。

本标准适用于液封直拉法制备的砷化镓单晶及其切割片。产品供制作微波器件、集成电路、光电器件、传感元件和红外线窗口等元器件用材料。

2 规范性引用文件

下列文件中的条款通过本标准的引用而成为本标准的条款。凡是注日期的引用文件，其随后所有的修改单(不包括勘误的内容)或修订版均不适用于本标准，然而，鼓励根据本标准达成协议的各方研究是否可使用这些文件的最新版本。凡是不注日期的引用文件，其最新版本适用于本标准。

GB/T 1555　半导体单晶晶向测定方法

GB/T 2828.1　计数抽样检验程序　第1部分:按接收质量限(AQL)检索的逐批检验抽样计划

GB/T 4326　非本征半导体单晶霍尔迁移率和霍尔系数测量方法

GB/T 8760　砷化镓单晶位错密度测量方法

GB/T 13387　电子材料晶片参考面长度测量方法

GB/T 14264　半导体材料术语

GB/T 14844　半导体材料牌号表示方法

GJB 1927　砷化镓单晶材料测试方法

3 要求

3.1 产品分类

产品按导电类型和电阻率分为半绝缘型(SI型)，低阻导电型(n型和p型)。

3.2 牌号

3.2.1 单晶的牌号表示为

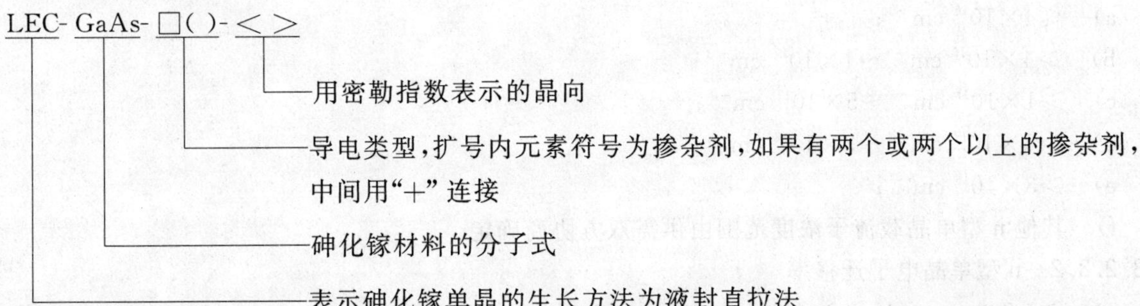

若单晶不强调生产方法或不掺杂时，其相应牌号部分可以省略。

示例：

LEC-GaAs-SI-＜100＞ 表示液封直拉法半绝缘＜100＞方向砷化镓单晶；

LEC-GaAs-n(Te)-＜100＞表示液封直拉法掺碲(Te)n型＜100＞方向砷化镓单晶；

LEC-GaAs-SI(Cr+O)-＜100＞表示液封直拉法铬(Cr)氧(O)双掺半绝缘＜100＞方向砷化镓单晶。

3.2.2　单晶切割片的牌号表示为

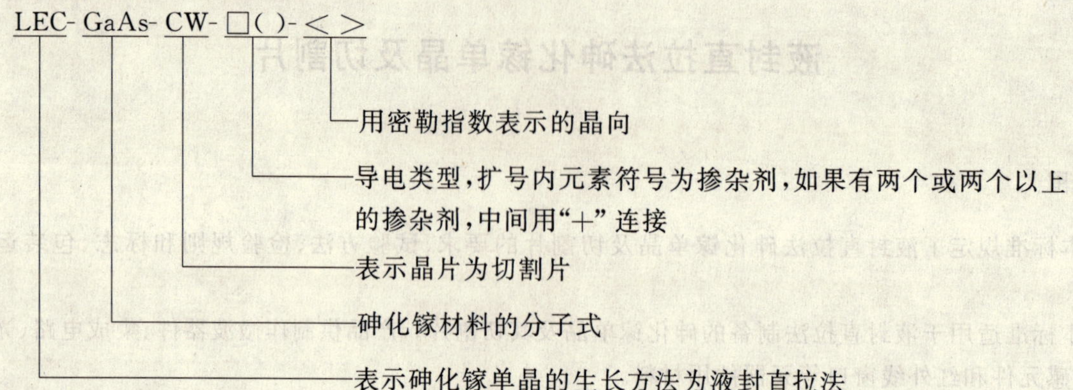

若单晶不强调生产方法或不掺杂时，其相应牌号部分可以省略。

示例：

LEC-GaAs-CW-SI-＜100＞表示液封直拉法半绝缘＜100＞方向砷化镓单晶切割片；

LEC-GaAs-CW-p(Zn)-＜100＞表示液封直拉法掺锌(Zn)p型＜100＞方向砷化镓单晶切割片；LEC-GaAs-CW-SI(Cr+O)-＜100＞表示液封直拉法铬(Cr)氧(O)双掺半绝缘＜100＞方向砷化镓单晶切割片。

3.3　单晶

3.3.1　单晶生长方向为＜100＞、＜111＞或由供需双方协商确定。

3.3.2　低阻导电型单晶的规格尺寸、掺杂剂、载流子浓度、迁移率和位错密度

3.3.2.1　单晶规格尺寸

滚圆后单晶直径如表1。

表1　低阻导电型单晶的规格尺寸

单位为毫米

单晶规格		50.8	76.2	100
允许偏差	上偏差	+1.0	+1.0	+1.0
	下偏差	+0.2	+0.2	+0.2

3.3.2.2　掺杂剂

n型掺杂剂一般包括Si、S、Se、Te、Sn；p型掺杂剂一般包括Zn、Cd、Be、Mn、Co、Mg；电子杂质一般包括In、Al、P、Sb等。

3.3.2.3　载流子浓度和迁移率

3.3.2.3.1　n型单晶载流子浓度

a)　$\leqslant 4\times10^{16}\ \mathrm{cm^{-3}}$；

b)　$>4\times10^{16}\ \mathrm{cm^{-3}}\sim1\times10^{17}\ \mathrm{cm^{-3}}$；

c)　$>1\times10^{17}\ \mathrm{cm^{-3}}\sim5\times10^{17}\ \mathrm{cm^{-3}}$；

d)　$>5\times10^{17}\ \mathrm{cm^{-3}}\sim3\times10^{18}\ \mathrm{cm^{-3}}$；

e)　$>3\times10^{18}\ \mathrm{cm^{-3}}$；

f)　其他n型单晶载流子浓度范围由供需双方协商确定。

3.3.2.3.2　n型单晶电子迁移率

a)　$\geqslant 4\,000\ \mathrm{cm^2/(V\cdot s)}$；

b)　$\geqslant 2\,500\ \mathrm{cm^2/(V\cdot s)}$；

c)　$\geqslant 1\,500\ \mathrm{cm^2/(V\cdot s)}$；

d)　$\geqslant 1\,000\ \mathrm{cm^2/(V\cdot s)}$；

e)　$\geqslant 400\ \mathrm{cm^2/(V\cdot s)}$；

f)　其他电子迁移率由供需双方协商确定。

3.3.2.3.3 p型单晶的载流子浓度和空穴迁移率由供需双方协商确定。

3.3.2.4 位错密度

由于位错密度和具体的掺杂剂，掺杂浓度有关，如需要更加具体的参数范围由供需双方协商确定。鼓励生产低位错的产品。

3.3.3 半绝缘单晶的规格尺寸、掺杂剂、电阻率、迁移率和位错密度

3.3.3.1 单晶规格尺寸

单晶规格尺寸应符合表2的规定。

表2 半绝缘单晶的规格尺寸及允许偏差 单位为毫米

单晶规格		50.8	76.2	100	125	150
允许偏差	上偏差	+1.0	+1.0	+1.0	+1.0	+1.0
	下偏差	+0.2	+0.2	+0.2	+0.2	+0.2

3.3.3.2 掺杂剂

非掺杂C,Cr,In,O等。

3.3.3.3 电阻率和迁移率

3.3.3.3.1 电阻率范围如下：

a) $\geqslant 1\times 10^{7}$ Ω·cm；

b) $\geqslant 1\times 10^{8}$ Ω·cm。

3.3.3.3.2 迁移率范围如下：

a) ≥4 000 $cm^2/(V\cdot s)$；

b) ≥5 000 $cm^2/(V\cdot s)$；

c) ≥6 000 $cm^2/(V\cdot s)$。

3.3.3.3.3 深施主EL2的浓度、浅受主C的浓度由供需双方协商确定。

3.3.3.3.4 由于电阻率，迁移率和掺杂剂、掺杂浓度互相关联，参数范围由供需双方协商确定。

3.3.3.4 位错密度

3.3.3.4.1 非掺杂半绝缘单晶，位错密度应符合表3的规定。

表3 非掺杂半绝缘单晶位错密度

单晶		50.8 mm	76.2 mm	100 mm	125 mm	150 mm
位错密度/cm^{-2}	<	5×10^{4}	10×10^{4}	15×10^{4}	20×10^{4}	25×10^{4}

3.3.3.4.2 位错密度和掺杂剂，掺杂浓度有关，参数范围由供需双方协商确定。

3.3.4 单晶的一端或两端应按所要求的晶向切出基面，该面应平整。

3.3.5 单晶不得有气孔、裂纹、崩边和孪晶线。

3.3.6 半绝缘单晶的热稳定性能由供需双方商定。

3.4 **切割片**

3.4.1 切割片晶面为(100)、(111)或由供需双方协商确定。

3.4.2 切割片厚度为300 μm～900 μm，厚度允许偏差为±25 μm，直径允许偏差为$^{+1.0}_{+0.2}$ mm。

3.4.3 50.8 mm，76.2 mm，100 mm，125 mm单晶切割片参考面

3.4.3.1 切割片参考面位置

有两种参考面位置可供选择，它们是V型槽(如图1和图3)和燕尾槽(如图2和图4)。图中画出了垂直于主参考面的腐蚀槽形状。主参考面和副参考面应符合表4中的规定。

表 4 主参考面和副参考面的规定

特性	主参考面垂直于 V 型槽		主参考面垂直于燕尾槽	
	主参考面	副参考面	主参考面	副参考面
取向	$(01\bar{1})\pm0.5^\circ$	从主参考面逆时针旋转 $90^\circ\pm5^\circ$	$(0\bar{1}\bar{1})\pm0.5^\circ$	从主参考面逆时针旋转 $90^\circ\pm5^\circ$
特点	属于一个 As 面	属于一个 Ga 面	属于一个 Ga 面	属于一个 As 面
与腐蚀槽关系	垂直于 V 型槽	垂直于燕尾槽	垂直于燕尾槽	垂直于 V 型槽

3.4.3.2 晶片表面取向选择

a) $(100)\pm0.5^\circ$，如图 1 和图 2 所示；

b) V 型槽：

(100)面向位于主参考面和副参考面之间的(110)面偏离 $2^\circ\pm0.5^\circ$，如图 3 所示。正交晶向偏离如图 5 所示；

c) 燕尾槽：

(100)面向最近的邻任一(110)面偏离 $2^\circ\pm0.5^\circ$，如图 4 所示。正交晶向偏离如图 5 所示；

d) 其他晶面取向由供需双方协商确定。

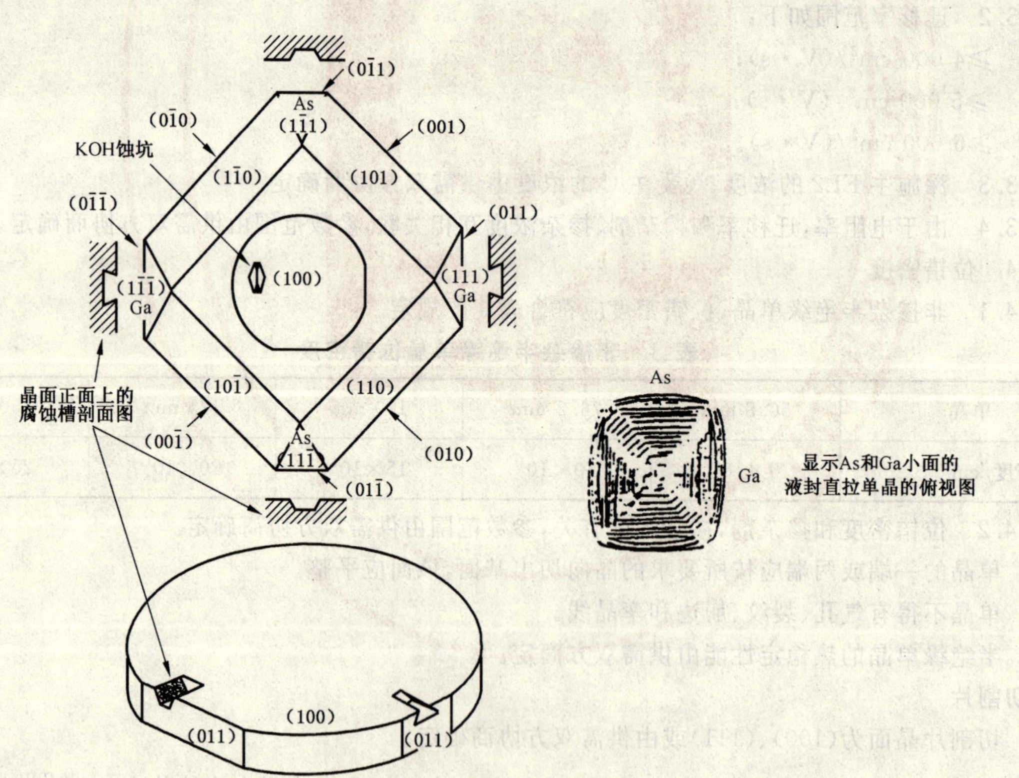

图 1

(011)
Ga(111)
(001)
(010)
KOH蚀坑
(101)
(110)
(01̄1)
(011̄)
(11̄1)
As
(111̄)
As
(11̄0)
(101̄)
(01̄0)
(001̄)
(11̄1̄)
Ga
(01̄1̄)
晶面正面上的
腐蚀槽剖面图
Ga
As
显示Ga和As小面的
液封直拉单晶的俯视图
(100)
(01̄1)
(01̄1̄)

图 2

倾角
(100)
(11̄0)
(110)
晶片
垂直（100）面的矢量
垂直晶片表面的矢量
倾角
次参考面
(11̄1̄) Ga
(100)
(111) Ga
(101̄)
(110)
主参考面
向（110）面倾斜方向
As
(111̄)
(010)
(011̄)
(001̄)

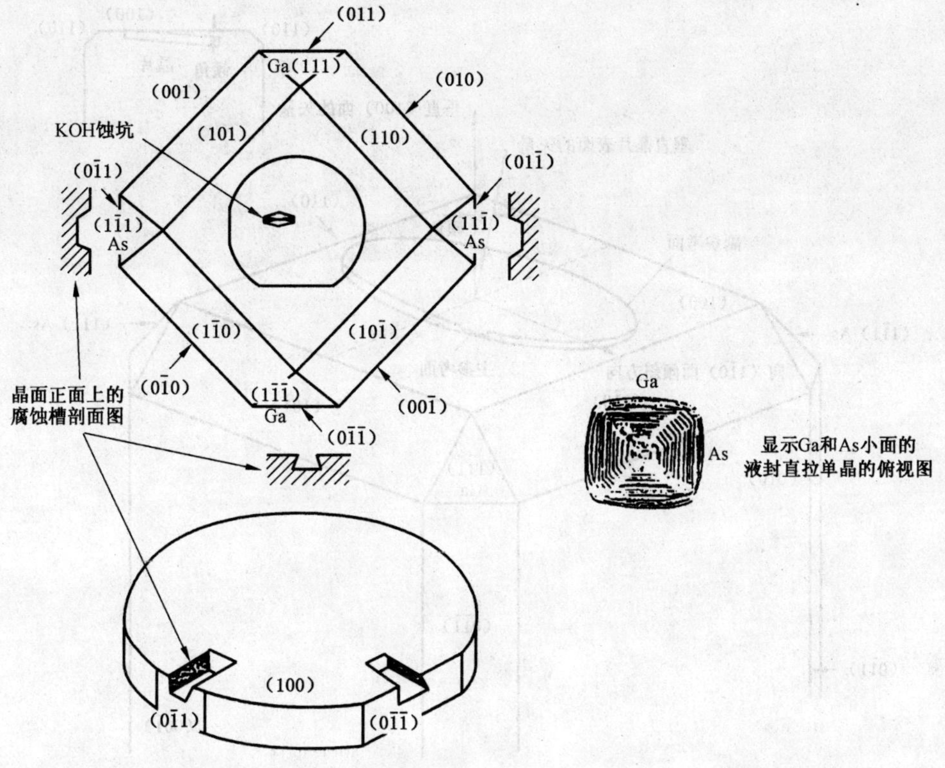

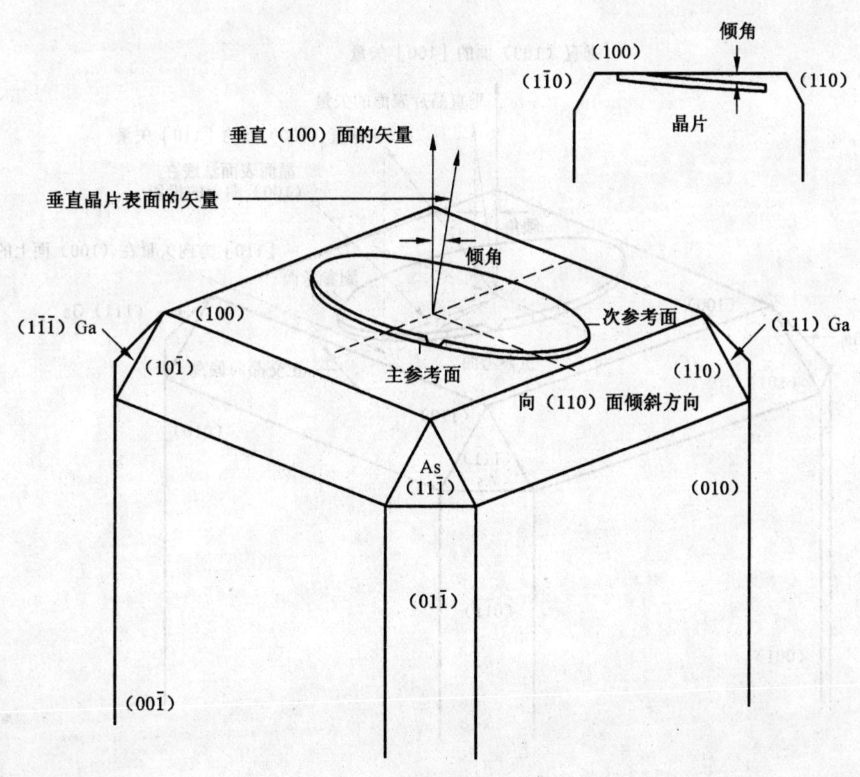

图 3

(1$\bar{1}$0)
(100)
(110)
倾角
晶片
垂直（100）面的矢量
垂直晶片表面的矢量
(110)
倾角
副参考面
(100)
(1$\bar{1}$1) As
(11$\bar{1}$) As
向（1$\bar{1}$0）面倾斜方向
主参考面
(1$\bar{1}$0)
(10$\bar{1}$)
(0$\bar{1}$0)
(1$\bar{1}\bar{1}$)
Ga
(0$\bar{1}\bar{1}$)
(0$\bar{1}$1)
(00$\bar{1}$)

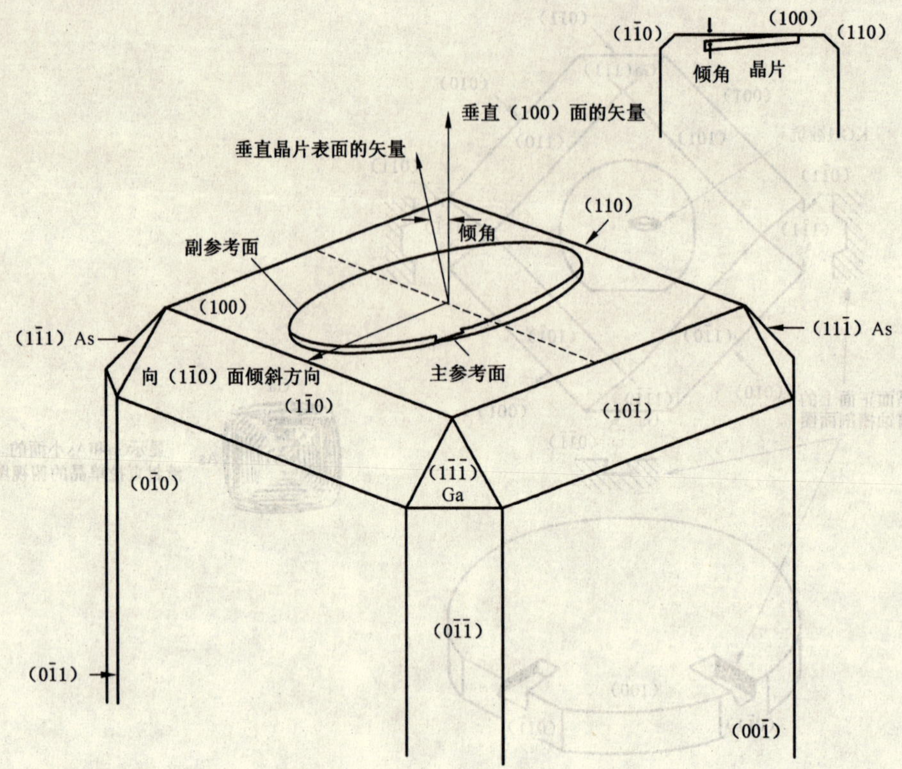

图 4

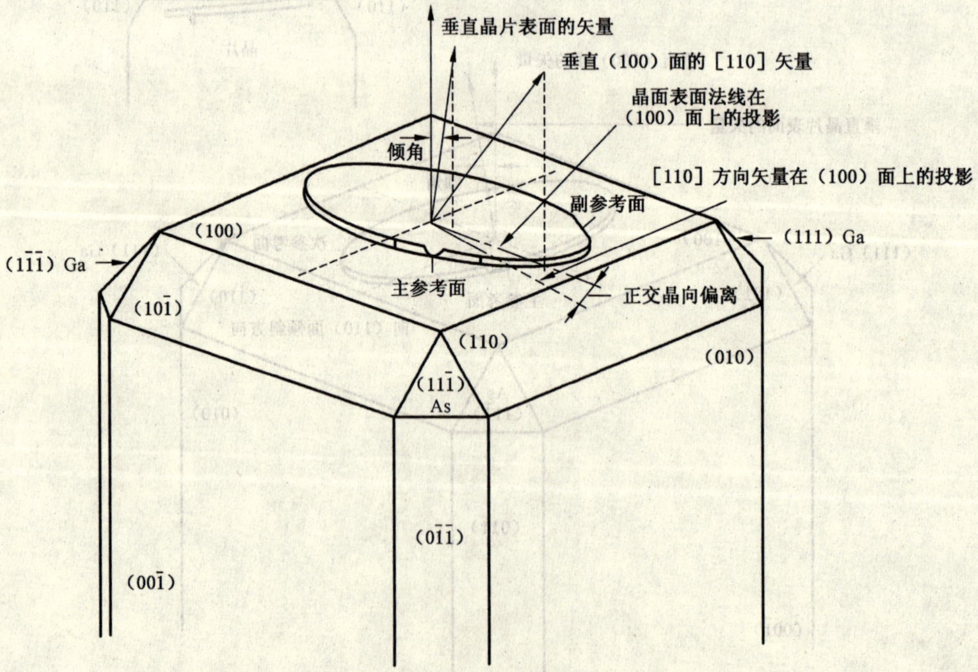

垂直（100）面的［100］矢量
垂直晶片表面的矢量
垂直（100）面的［110］矢量
晶面表面法线在
（100）面上的投影
倾角
［110］方向矢量在（100）面上的投影
副参考面
(100)
(1$\bar{1}\bar{1}$) Ga
(111) Ga
主参考面
正交晶向偏离
(10$\bar{1}$)
(110)
(010)
(11$\bar{1}$)
As
(0$\bar{1}\bar{1}$)
(00$\bar{1}$)

图 5

3.4.4　150 mm 单晶切割片，通过具有[010]方向的切口表示晶面取向，如图 6 所示。

图 6

3.4.4.1　晶片表面取向选择

a)　表面取向 A，晶面取向(100)±0.5°，如图 7 所示；

b)　表面取向 B，晶面取向(100)向(110)面倾斜 2°±0.5°，如图 8 所示；

c)　正交晶向偏离如图 9 所示；

d)　其他晶面取向由供需双方协商确定。

图 7

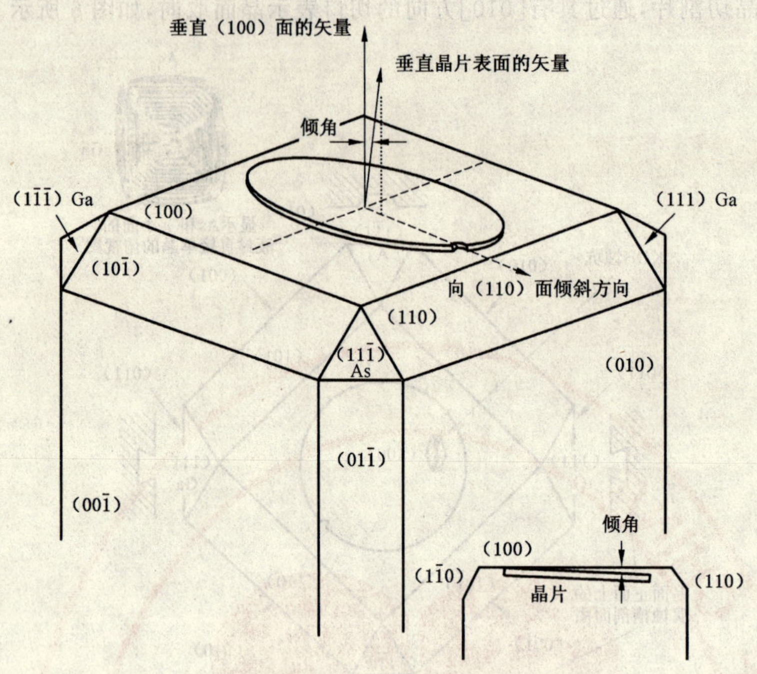

图 8

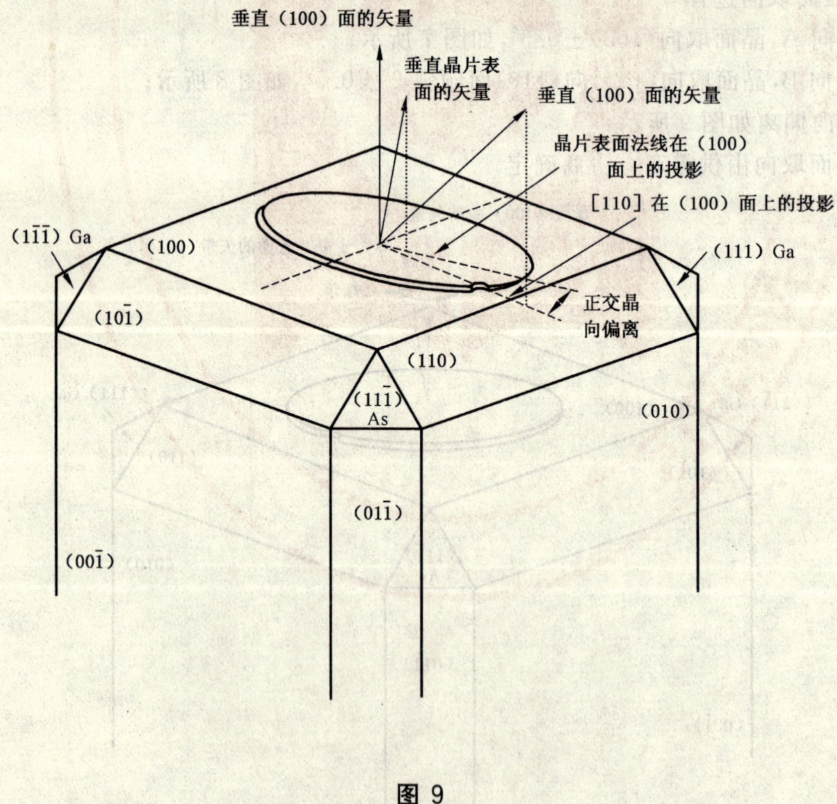

图 9

3.4.5 50.8 mm、76.2 mm、100 mm、125 mm 和 150 mm 单晶切割片的尺寸和允许偏差应分别符合表 5、表 6、表 7、表 8 和表 9 中的规定，其中(100)晶面其他直径的圆形片的参考面长度(或切口)和晶片面积由供需双方商定。

表 5　50.8 mm 切割片尺寸及允许偏差　　单位为毫米

参数名称	尺寸	允许偏差
直径	50.8	+1.0 +0.2
主参考面长度	16	+1 −2
副参考面长度	8	+1 −2

表 6　76.2 mm 切割片尺寸及允许偏差　　单位为毫米

参数名称	尺寸	允许偏差
直径	76.2	+1.0 +0.2
主参考面长度	22	+1 −2
副参考面长度	11	+1 −2

表 7　100 mm 切割片尺寸及允许偏差　　单位为毫米

参数名称	尺寸	允许偏差
直径	100	+1.0 +0.2
主参考面长度	32.5	+1 −2
副参考面长度	18	+1 −2

表 8　125 mm 切割片尺寸及允许偏差　　单位为毫米

参数名称	尺寸	允许偏差
直径	125	+1.0 +0.2
主参考面长度	44	+1 −2
副参考面长度	27	+1 −2

表 9　150 mm 单晶切割片的尺寸和公差要求　　单位为毫米

参数名称	尺寸	公差
直径	150	+1.0 +0.2

3.4.6　切割片的表面应平整，不得有气孔、裂纹、崩边和孪晶线。

3.4.7　需方对产品如有特殊要求，由供需双方另行商定。

4 试验方法

4.1 低阻导电型砷化镓单晶的导电类型、载流子浓度和霍尔迁移率的测定按 GB/T 4326 进行，半绝缘型砷化镓单晶的导电类型、电阻率和霍尔迁移率的测定按 GJB 1927 进行。

4.2 砷化镓单晶晶向测定按 GB/T 1555 进行。

4.3 砷化镓单晶位错密度观测按 GB/T 8760 进行。

4.4 砷化镓单晶切割片的参考面观测按 GB/T 13387 进行。

4.5 产品的外形尺寸用精度为 0.02 mm 的游标卡尺和精度为 0.005 mm 的千分尺测量。

4.6 产品表面质量用目视检查。

5 检验规则

5.1 检查和验收

5.1.1 液封直拉法砷化镓单晶及单晶切割片应由供方技术(质量)监督部门进行检验，保证产品质量符合本标准的规定，并填写质量证明书。

5.1.2 需方应对收到的产品按本标准的规定进行复检。复检结果与本标准及订货合同的规定不符时，应在收到产品之日起 3 个月内向供方提出，由供需双方协商解决。

5.2 组批

液封直拉法砷化镓单晶及单晶切割片以批的形式提交验收，每批应由同一牌号，相同规格的砷化镓单晶或单晶切割片组成。

5.3 检验项目

每批砷化镓单晶应检测导电类型、电学参数、晶向、位错密度，对于单晶片还要检测晶片的直径和厚度、参考面长度。其他性能由供方根据生产情况进行定期检测或抽检，如需方有特殊检测要求，由供需双方协商检测项目。

5.4 取样

5.4.1 单晶取样

单晶从两端各至少取样 1 片，每一根晶锭都进行检验。

5.4.2 单晶切割片取样

单晶片的每批产品、各项目的检测采用 GB/T 2828 一般检查水平Ⅱ，正常检查一次抽样方案进行，或由供需双方协商确定。

5.5 检验结果判定

5.5.1 单晶

单晶载流子浓度、迁移率、电阻率、位错密度有一项不合格，则再一次取样对该不合格项目进行重复试验，若重复试验结果仍不合格时，可再次取样直到产品合格，但合格的单晶应保持合理的长度。最后一次检验不合格，则该产品为不合格。

晶锭外形尺寸、基准面和基准参考面检验不合格，则该晶锭为不合格。

5.5.2 单晶切割片

单晶切割片的检验项目及合格质量水平见表 10。

表 10 砷化镓单晶切割片的检验项目及合格质量水平

序号	检验项目	取样位置	取样数量	检验方法	合格水平(AQL)
1	直径	随机	2	4.5	1.0
2	厚度	随机	2	4.5	1.0
3	参考面长度	随机	2	4.4	2.5

5.5.3 抽检不合格的砷化镓单晶片，供方可对不合格项进行全数检验，除去不合格品后，合格单晶片可重新组批。

5.5.4 当出现其他缺陷时，该批产品由供需双方协商处理。

6 标志、包装、运输、贮存

6.1 标志

6.1.1 砷化镓单晶应装入洁净的塑料袋内，每个袋外应贴有标签。单晶切割片应装入专用的晶片盒中，外用洁净的塑料袋密封。每个晶片盒应贴有产品标签。标签内容至少应包括：产品名称（牌号）、规格、片数、批号及日期。单晶包装袋和片盒包装袋再装入一定规格的外包装箱，采取防震、防潮措施。

6.1.2 包装箱内应有装箱单，外侧应有“小心轻放”、“防震”、“防潮”、“易碎”的标识，并标明：

a) 需方名称、地点；

b) 产品名称、牌号、单晶锭的编号及晶片序号；

c) 生产厂名称、商标；

d) 片数、批号。

6.2 内包装

晶片经检验后，装入包装盒内，应防止单晶片松动，并附有合格证书。

6.3 外包装

将装有晶片的包装盒装入包装箱内，并用软填料将箱塞满，使盒在箱内不致移动，然后钉盖，固紧。

6.4 运输和贮存

产品在运输过程中应防止化学物质腐蚀、轻装轻卸，勿挤勿压，并采取防震防潮措施。

产品应贮存在清洁、干燥的环境中。

6.5 质量证明书

每批砷化镓单晶和切割片应附有产品质量证明书，注明：

a) 供方名称、地址、电话、传真；

b) 产品名称（牌号）；

c) 片数、批号；

d) 各分析检验结果和技术（质量）监督部门印记；

e) 供应状态；

f) 规格；

g) 本标准编号；

h) 出厂日期。

ICS 29.045
H 83

中华人民共和国国家标准

GB/T 11094—2007
代替 GB/T 11094—1989

水平法砷化镓单晶及切割片

Horizontal bridgman grown gallium arsenide single crystal and cutting wafer

2007-09-11 发布　　　　2008-02-01 实施

中华人民共和国国家质量监督检验检疫总局
中国国家标准化管理委员会　发布

前言

本标准是对 GB/T 11094—1989《水平法砷化镓单晶及切割片》的修订。

本标准与原标准相比，主要变动如下：

——单晶生长方向上增加了近几年在生产中大量使用的＜110＞晶带上由＜111＞B 方向向最远的＜100＞A 方向偏转 0°～20°生长单晶，明确提出了生长偏角由生产工艺参数决定；

——明确了晶锭作为单晶产品；

——切割片中取消了目前基本已被淘汰的直径为 ϕ40 mm、ϕ50 mm 以及矩形和 D 形片的规定；

——增加了目前大量使用的直径 ϕ50.8 mm、ϕ63.5 mm 切割片和国际上少量使用的直径 ϕ76 mm 切割片的规定等等。

本标准实施之日代替 GB/T 11094—1989。

本标准由中国有色金属工业协会提出。

本标准由全国半导体设备和材料标准化技术委员会材料分技术委员会归口。

本标准起草单位：北京有色金属研究总院。

本标准主要起草人：武壮文、王继荣、张海涛、于洪国。

本标准所代替标准的历次版本发布情况为：

——GB/T 11094—1989。

水平法砷化镓单晶及切割片

1 范围

本标准规定了水平法砷化镓单晶、单晶锭及切割片的要求、试验方法及检验规则等。

本标准适用于水平法砷化镓单晶、单晶锭及切割片，产品主要用于光电器件、微波器件和传感元件等的制作。

2 规范性引用文件

下列文件中的条款通过本标准的引用而成为本标准的条款。凡是注日期的引用文件，其随后所有的修改单(不包括勘误的内容)或修订版均不适用于本标准，然而，鼓励根据本标准达成协议的各方研究是否可使用这些文件的最新版本。凡是不注日期的引用文件，其最新版本适用于本标准。

GB/T 1555 半导体单晶晶向测定方法

GB/T 2828.1 计数抽样检验程序 第1部分:按接收质量限(AQL)检索的逐批检验抽样计划

GB/T 4326 非本征半导体单晶霍尔迁移率和霍尔系数测量方法

GB/T 8760 砷化镓单晶位错密度的测量方法

GB/T 14264 半导体材料术语

GJB 1927 砷化镓单晶材料测试方法

3 术语、定义

GB/T 14264 确立的以及下列术语和标准适用于本标准。

3.1

水平法 horizontal bridgman grown

本标准中特指水平布里奇曼法，简写为:HB。

3.2

单晶 single crystal

本标准中出现的单晶专指水平布里奇曼法砷化镓单晶。

3.3

晶锭 ingot

本标准中出现的晶锭专指水平布里奇曼法砷化镓单晶晶锭。

3.4

晶片 wafer

本标准中出现的晶片专指水平布里奇曼法砷化镓单晶晶片。

3.5

切割片 cutting wafer

本标准中出现的切割片专指水平法砷化镓单晶切割片。

3.6

基准面 base level

为了检验晶锭而在单晶晶锭两端或一端切出的与切割片晶面一致的晶面。

3.7

基准参考面　absolute reference level

指为了在后续的切片中便于单晶加工和在割圆作主、次参考面时参考的在单晶晶锭左右两侧或上下两侧切出的面。

3.8

割圆片　cutting disc

单晶加工中，将切割后的D形片割成一定直径的圆片，称之为割圆片。

4 要求

4.1 产品分类

产品按导电类型分为n型和p型；按电阻率分为低阻导电型和半绝缘型。

4.2 牌号

4.2.1 单晶、单晶锭和切割片的牌号表示如下，各部分中，不影响产品识别的部分可省略：

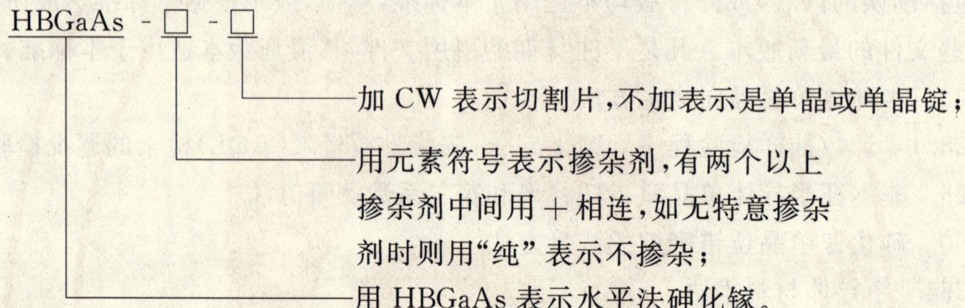

示例1：HBGaAs-Si表示用水平法生长的掺硅砷化镓单晶（或单晶晶锭）；

示例2：HBGaAs-Cr＋O表示用水平法生长的掺铬和氧的砷化镓单晶（或单晶晶锭）；

示例3：HBGaAs-Si-CW表示用水平法生长的掺硅砷化镓单晶切割片。

4.3 单晶

4.3.1 生长方向

水平法砷化镓单晶以近＜111＞B方向或(110)晶带上由＜111＞B向最远的＜100＞方向偏转0°～20°生长单晶。偏转角度最终由采用的生产工艺参数决定。其他方向由供需双方商定。

4.3.2 载流子浓度、迁移率、掺杂剂

低阻导电型单晶的导电类型、掺杂剂、载流子浓度和迁移率见表1；半绝缘单晶掺杂剂、电阻率应符合表2的规定。

表1

导电类型	掺杂剂	载流子浓度范围/ cm^{-3}	迁移率范围/ $[cm^2/(V\cdot s)]$
n	Si	$8\times10^{16}\sim5\times10^{18}$	≥1 100
	Te	$8\times10^{16}\sim5\times10^{18}$	≥1 500
n	—	$5\times10^{13}\sim5\times10^{16}$	—
p	Zn	$4\times10^{18}\sim5\times10^{19}$	≥50

表2

掺杂剂	电阻率/ $(\Omega\cdot cm)$
Cr或Cr＋O	$1\times10^{6}\sim1\times10^{10}$

4.3.3 位错密度

单晶按位错密度分为5级，其数值应符合表3的规定。

表3

位错级别	位错密度(EPD)/(个/cm^2)
Ⅰ	≤500
Ⅱ	≤1 000
Ⅲ	≤2 000
Ⅳ	≤5 000
Ⅴ	≤10 000

4.4 晶锭

4.4.1 切割ϕ50.8 mm晶片、ϕ63.5 mm晶片和ϕ76.2 mm晶片的单晶晶锭尺寸规格见表4、图1和图2；晶锭截面为D形，一端或两端要按要求的晶面切出基准面，该面应平整。晶锭一侧或两侧或晶锭底部应按要求晶面的特点切出基准参考面。晶锭高度T要均匀，误差应不大于4 mm。

表4

标准圆片尺寸(ϕ)/mm	晶锭宽度(D)/mm 不小于	基面宽度(D)/mm 不小于	基面长度(B)/mm 不小于	基面法线与生长方向夹角(β)/(°) 不大于	晶锭长度(L)/mm
50.8	52	52	54	60	100
63.5	65	65	67	60	100
76.2	78	78	84	60	100

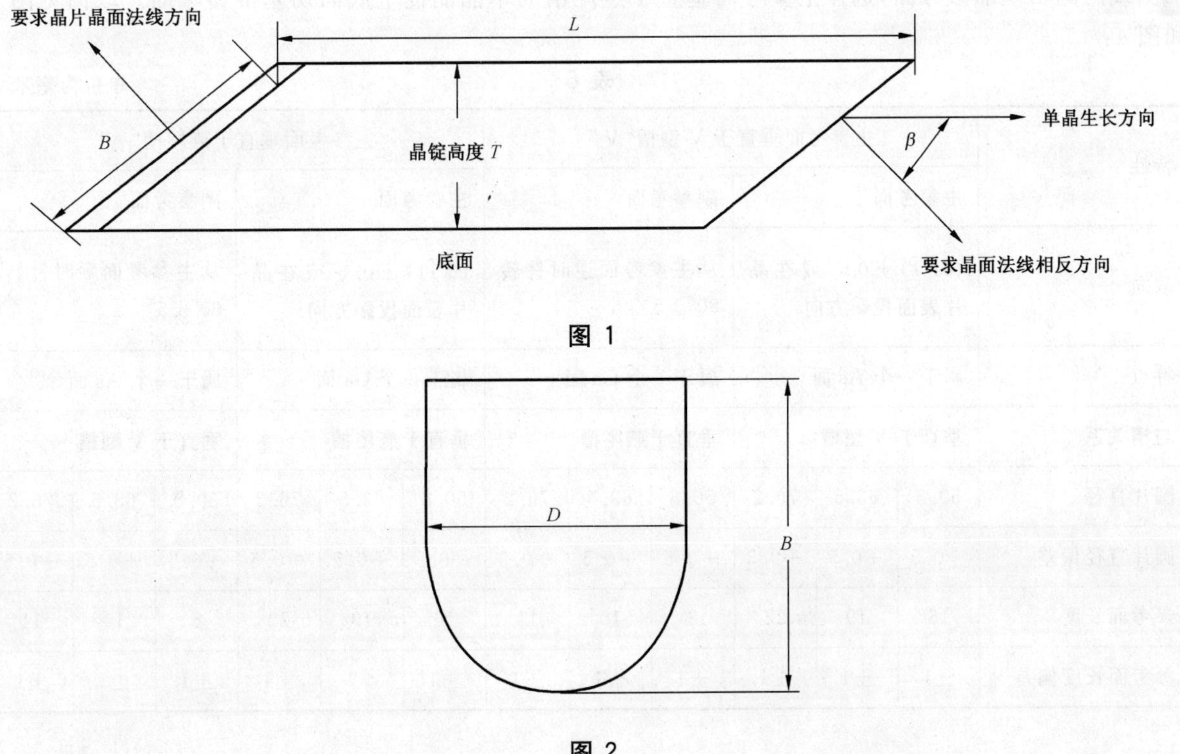

图1

图2

4.4.2 其他规格尺寸的单晶晶锭参考以上的规定，由供需双方在合同中规定。

4.4.3 半绝缘水平法砷化镓和纯(非掺杂)水平法砷化镓单晶晶锭，其退火条件及热稳定性由供需双方商定。

4.4.4 单晶晶锭不得有气孔、裂纹、明显的小坑和孪晶线。

4.5 切割片

4.5.1 切割片的厚度

厚度范围为：210 μm～650 μm，厚度偏差为 15 μm～30 μm，常见的规格及偏差分别为：(280±20)μm、(320±20)μm、(350±15)μm及(420±15)μm 。

4.5.2 切割片的晶面

切割片常见晶面为(100)、(111)或(100)向最近的(111)A 偏转 1°～20°。晶面偏离度符合表 5 的规定。

表 5

晶面	偏离度
(100)	±0.5°
(100)和(111)	±0.5°
(100)向(110)面偏转 1°～6°	±0.5°
(100)向最近的(111)A 偏转 1°～20°	±0.5°
注：其他晶向由供需双方协商。	

4.5.3 切割片参考面

切割片主参考面和次参考面取向和长度符合表 6 的要求。由于腐蚀槽分为 V 型槽“V”和燕尾槽“∧”两种，选择主参考面垂直于不同的腐蚀槽有两种规范。选择主参考面垂直于 V 型槽作的单晶晶锭一侧或两侧切基准参考面，选择主参考面垂直于燕尾槽的单晶晶锭下底面切基准参考面。取向见图 3 和图 4：

表 6

单位为毫米

特性	主参考面垂直于 V 型槽“V”						主参考面垂直于燕尾槽“∧”					
	主参考面			副参考面			主参考面			副参考面		
取向	$(01\bar{1})$±0.5°或在晶片表面投影方向			从主参考面逆时针转 90°±5°			$(0\bar{1}\bar{1})$±0.5°或在晶片表面投影方向			从主参考面顺时针转 90°±5°		
特点	属于一个 As 面			属于一个 Ga 面			属于一个 Ga 面			属于一个 As 面		
与槽关系	垂直于 V 型槽			垂直于燕尾槽			垂直于燕尾槽			垂直于 V 型槽		
圆片直径	50.8	63.5	76.2	50.8	63.5	76.2	50.8	63.5	76.2	50.8	63.5	76.2
圆片直径偏差	+0.5	+0.5	+0.5	+0.5	+0.5	+0.5	+0.5	+0.5	+0.5	+0.5	+0.5	+0.5
参考面长度	16	19	22	8	10	11	16	19	22	8	10	11
参考面长度偏差	±1	±1	±1	±1	±1	±1	±1	±1	±1	±1	±1	±1

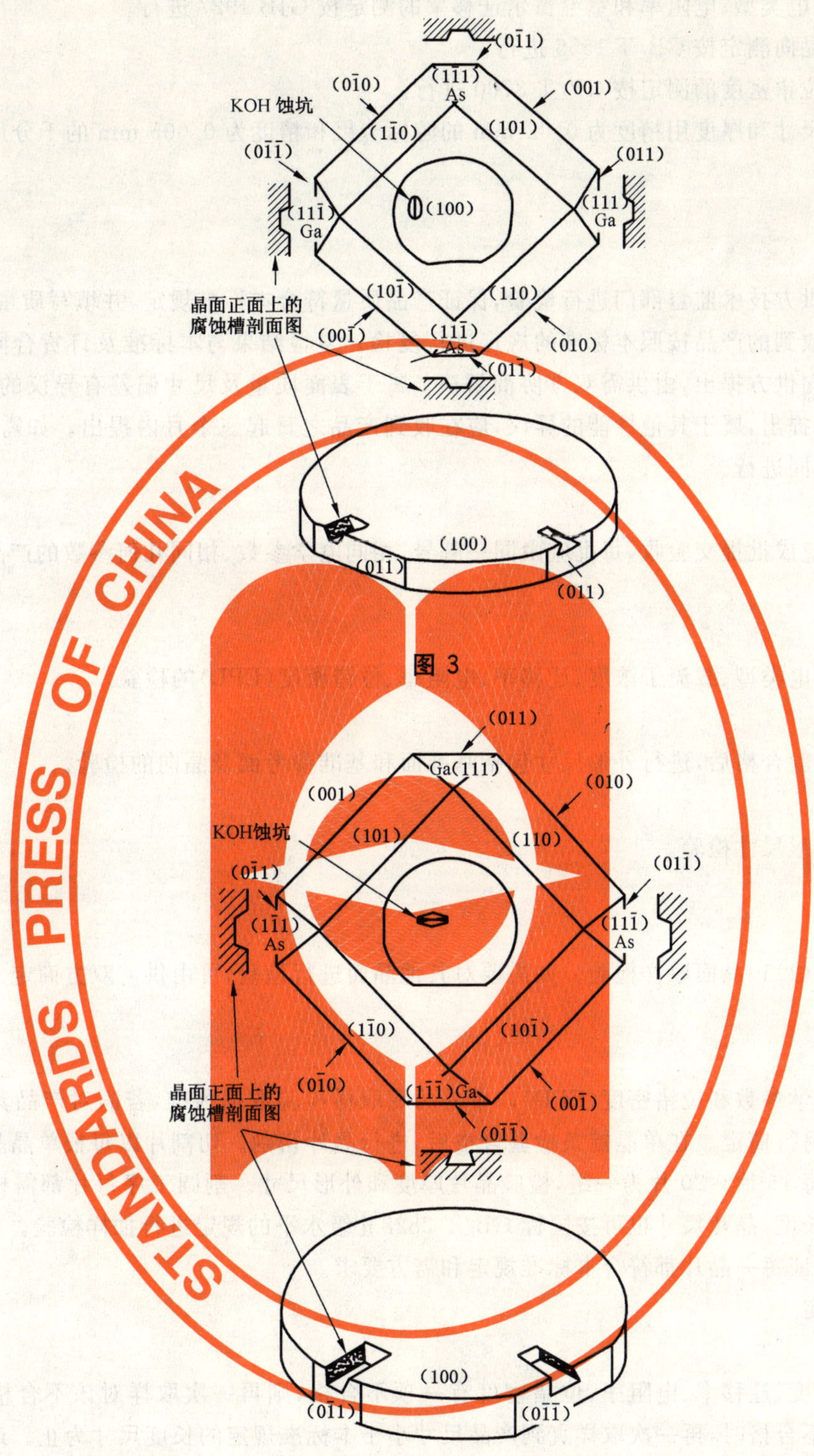

图 3

图 4

4.5.4 切割片为 D 形或方形等其他规格的晶片尺寸、厚度、晶片取向等及需方对产品的特殊要求，由供需双方在合同中另行商定。

4.5.5 切割片表面应平整，不得有裂纹、崩边、沾污、孪晶线。

5 试验方法

5.1 低阻导电型砷化镓单晶的导电类型、电阻率和室温霍尔迁移率的测定按 GB/T 4326 进行。半绝缘砷化镓单晶的导电类型、电阻率和室温霍尔迁移率的测定按 GJB 1927 进行。

5.2 砷化镓单晶晶向测定按 GB/T 1555 进行。

5.3 砷化镓单晶位错密度的测定按 GB/T 8760 进行。

5.4 产品的外形尺寸和厚度用精度为 0.02 mm 的游标卡尺和精度为 0.005 mm 的千分尺测量。

6 检验规则

6.1 检查和验收

6.1.1 产品应由供方技术监督部门进行检验,保证产品质量符合本标准规定,并填写质量证明书。

6.1.2 需方应对收到的产品按照本标准的规定进行复检。复检结果与本标准及订货合同的规定不符时,应以书面形式向供方提出,由供需双方协商解决。属于表面质量及尺寸偏差有异议的,应在收到产品之日起一个月内提出,属于其他性能的异议,应在收到产品之日起三个月内提出。如需仲裁,仲裁取样应由供需双方共同进行。

6.2 组批

单晶、切割片应成批提交验收,每批应由同一牌号、相同电学参数、相同几何参数的产品组成。

6.3 检验项目

6.3.1 单晶

单晶应进行导电类型、载流子浓度、迁移率、电阻率、位错密度(EPD)的检验。

6.3.2 晶锭

晶锭在单晶检验合格后,进行外形尺寸包括基准面和基准参考面及晶向的检验。

6.3.3 切割片

切割片进行外形尺寸检验。

6.4 取样

6.4.1 单晶取样

单晶从两端切(111)晶面取样检验。如需要对其他晶面进行检验,可由供需双方商定。每一根晶锭都进行检验。

6.4.2 检验规定

单晶晶锭其电学参数和位错密度(EPD)以单晶两端取样检验数据为准,若需对产品其他部位取样检验,由供需双方另行商定。在单晶锭条检验合格后,进行晶片切割。切割片以每根单晶晶锭所切得的晶片为检验组批,每 15 片～20 片为一组,检验晶片厚度和外形尺寸。割圆工序每片都需检验晶片直径和主、副参考面的长度,晶片尺寸也可按国标 GB/T 2828 Ⅱ级水平的规定进行抽样检验。

最终检验应保证每一晶片都符合本标准规定和需方要求。

6.5 检验结果判定

6.5.1 单晶

单晶载流子浓度、迁移率、电阻率、位错密度有一项不合格,则再一次取样对该不合格项目进行复检,若复检结果仍不合格时,再一次取样直到产品尺寸小于本标准规定的长度尺寸为止。最后一次检验不合格,则该产品为不合格。

6.5.2 晶锭

晶锭外形尺寸、基准面和基准参考面检验不合格,则该晶锭为不合格。

6.5.3 切割片

切割片外形尺寸、参考面等检验不合格,则该切割片为不合格。

6.5.4 其他缺陷

当出现其他缺陷时,由供需双方协商解决。

7 标志、包装、运输和贮存

7.1 标志

7.1.1 单晶

每根合格单晶晶锭要清洗表面，贴上标签。注明晶锭牌号。

7.1.2 切割片

切割片分片放入纸袋中，然后放入包装盒中，10 个～30 个纸袋放一盒，包装盒外表面做切割片标志。写明切割片牌号。

7.2 包装、运输和贮存

7.2.1 做好标志的晶锭装入泡沫包装袋内，捆扎。装入包装纸箱内，箱内垫衬软性材料，以防损伤。

7.2.2 装入切割片的包装盒再装入包装纸箱内，箱内垫衬软性材料，以防损伤。

7.2.3 产品外运时、箱内应附装箱单、质量证明书和合格证。

7.2.4 产品在运输过程中要防止碰撞、受潮和化学腐蚀。

7.2.5 产品应存放在干燥和无腐蚀性气氛中。

7.2.6 外包装箱上应注明：供方名称、地址、电话、传真；需方名称、地址、电话、传真；产品名称，并有“小心轻放”和“防潮”等字样和标志。

7.3 质量证明书

每批产品应附有产品质量证明书，其中注明：

a） 供方名称、地址、电话、传真；

b） 产品名称；

c） 产品牌号；

d） 规格；

e） 批号和件数、产品净重或数量；

f） 各项分析检验结果和技术监督部门印记；

g） 本标准编号；

h） 出厂日期(或包装日期)。

8 订货单(或合同)内容

订购单晶晶锭的订货单(或合同)应包括以下内容：

a） 产品名称；

b） 牌号；

c） 载流子浓度范围；

d） 位错密度范围；

e） 晶锭尺寸规格(包括最小和最大长度)，欲切割的晶片尺寸和晶向，切割偏转最大角度；

f） 数量(质量或长度)；

g） 其他。

订购切割片的订货单(或合同)应包括以下内容：

a） 产品名称；

b） 牌号；

c） 载流子浓度范围；

d） 位错密度范围；

e） 切割片尺寸和晶向，厚度；

f） 片数；

g） 其他。

ICS 75.080
E 30

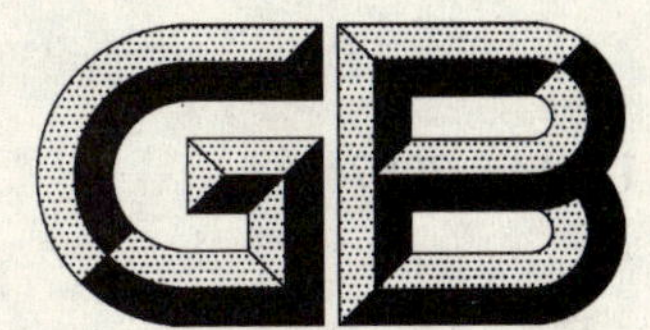

中华人民共和国国家标准

GB/T 11144—2007
代替 GB/T 11144—1989

润滑液极压性能测定法 梯姆肯法

Standard test method for measurement of extreme-pressure prosperties of lubricating fluids(Timken method)

2007-07-17 发布 2008-01-01 实施

中华人民共和国国家质量监督检验检疫总局
中国国家标准化管理委员会 发布

前言

本标准修改采用美国试验与材料协会标准 ASTM D2782-01《润滑液极压性能测定法 （梯姆肯法）》。

本标准根据 ASTM D2782-01 重新起草。

为便于比较，在附录 G 中列出了本标准章条编号与 ASTM D2782-01 章条编号的对照一览表。

为了更适合我国国情，在采用 ASTM D2782-01 时，本标准做了一些修改。本标准与 ASTM D2782-01 的主要差异如下：

——删除了 ASTM D2782-01 引用标准中没有被本标准直接引用的标准，引用了的标准采用我国相应的现行标准。

为使用方便，对于 ASTM D2782-01 还做了下列编辑性修改：

——对 ASTM D2782-01 重复性和再现性的文字表述，按我国的习惯进行了修改；

——将 ASTM D2782-01 附录 X2.3“重复性和再现性极限”编入正文第 12 章“精密度”；

——省略了 ASTM D2782-01 中有关对精密度说明的内容；

——省略了 ASTM D2782-01 中第 13 章“关键词”。

本标准代替 GB/T 11144—1989《润滑油极压性能测定法(梯姆肯试验机法)》。

本标准与 GB/T 11144—1989 的主要差异如下：

——标准名称有变化，由《润滑油极压性能测定法(梯姆肯试验机法)》变为《润滑液极压性能测定法 梯姆肯法》；

——本标准在 37.8℃±2.8℃的试验温度下，适合于测定在 40℃时黏度不高于 5 000 mm^2/s 的试样；GB/T 11144—1989 版适合于测定在 37.8℃时黏度不高于 5 400mm^2/s 的试样；

——本标准试验方法的精密度为：在 OK 负荷不低于 66.7N(151bf)时，重复性为不大于平均值的 30%，再现性为不大于平均值的 74%；GB/T 11144—1989 版的精密度为：重复性不大于 2 个负荷级，再现性为不大于 4 个负荷级。

本标准的附录 A、附录 B、附录 C 为规范性附录，附录 D、附录 E、附录 F 和附录 G 为资料性附录。

本标准由中国石油化工集团公司提出。

本标准由全国石油产品和润滑剂标准化技术委员会(SAC/TC 280)归口。

本标准主要起草单位：中国石油天然气股份有限公司润滑油研究开发中心。

本标准主要起草人：雷爱莲、颉敏杰、蔡继元、吴静。

本标准首次发布为：

——GB/T 11144—1989。

润滑液极压性能测定法　梯姆肯法

1　范围

1.1　本标准规定了使用梯姆肯极压试验机测定润滑液承载能力的方法。本标准适用于评价润滑液的极压性能。

注：本标准适合测定黏度在40℃下低于5 000 mm^2/s的试样。测定较高黏度的试样，参照9.1中的注2。

1.2　本标准中采用国际单位制单位。但本标准用的设备采用的是英制单位，因此，当涉及到试验设备和试件，保留了英制单位。

1.3　本标准涉及某些有危险的材料、操作和设备，但是无意对与此有关的所有安全问题都提出建议。因此，用户在使用本标准之前应建立适当的安全和防护措施，并确定有适用性的管理制度，详见附录C。

2　规范性引用文件

下列文件中的条款通过本标准的引用而成为本标准的条款。凡是注日期的引用文件，其随后所有的修改单(不包括勘误的内容)或修订版均不适用于本标准，然而，鼓励根据本标准达成协议的各方研究是否可使用这些文件的最新版本。凡是不注日期的引用文件，其最新版本适用于本标准。

GB/T 686　化学试剂　丙酮

SH 0114　航空洗涤汽油

SH/T 0203　润滑脂极压性能测定法(梯姆肯试验机法)

3　术语和定义

下列术语和定义适用于本标准。

3.1

极压添加剂　extreme pressure(EP)additive

能和接触的金属表面起反应形成一种高熔点无机薄膜以防止在高负荷下发生熔结、卡咬(或咬粘)、划痕或刮伤的添加剂。

3.2

润滑剂　lubricant

加到两相对运动表面间能减小摩擦、降低磨损的物质。

3.3

刮伤　scoring

在测定润滑剂承载能力的过程中，当润滑剂薄膜破裂，试块表面沿滑动方向产生宽而深的犁痕式破坏现象。

3.4

磨损　wear

指测定润滑剂极压性能时，试件表面物质不断损失或产生残余变形的现象。

3.5

润滑剂承载能力　load-carrying capacity of a lubricant

通常指在给定试验条件下，润滑剂能承受使相互接触的表面不产生刮伤、卡咬或者金属间的表面熔结等破坏形式的最大负荷或压力。

3.6

OK 值　OK value

在测定润滑剂承载能力过程中，没有引起刮伤或卡咬时加在负荷杠杆砝码盘上的最大质量(重量)。

3.7

刮伤值　score value

在测定润滑剂承载能力过程中，出现刮伤或卡咬现象时加在负荷杠杆砝码盘上的最小质量(重量)。

注：当润滑油膜大量存在，试块上则得到光滑的磨痕。当油膜破裂，则发生刮伤或试块的表面破坏，见图1。最简单且最容易辨认的刮伤形式是：试块上磨痕比较宽，且有犁痕产生，试环表面上有过量金属堆积，这种表面破坏的形式经常会遇到。但是，也有如下的情况产生：磨痕表面比较光滑，但存在局部的破坏，即划痕延伸到磨痕之外，这种情况也视为刮伤。还有一种情况是：虽然在光滑的磨痕内有划痕产生，但未延伸到磨痕之外，这种情况不认为刮伤。

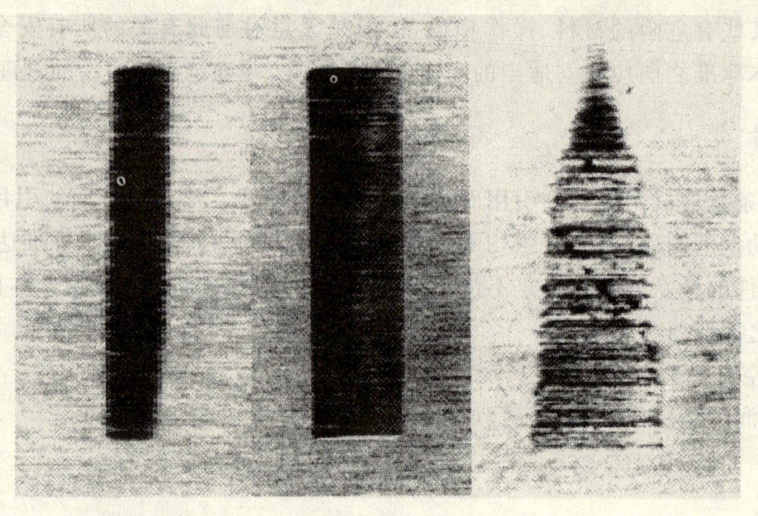

典型的OK无刮伤　　　　安装不正确

刮伤磨痕

图1　各种典型磨痕的试块

3.8

卡咬或表面熔结 seizure or asperity welding

试件摩擦表面间金属的局部熔结。在卡咬发生时，通常在试环表面出现条纹、摩擦磨损增加或者有异常的噪声和振动。在整个试验方法中，术语卡咬应理解为：一般的卡咬或表面熔结。

4 方法概要

4.1 在开始试验前，试样需预热到37.8℃±2.8℃。试验时，一个钢制试环紧贴着一个钢制试块转动。转动速度为123.71 m/min±0.77 m/min(405.88ft/min±2.54ft/min)，此速度相当于轴速800 r/min±5 r/min。

4.2 需要确定的两个值：在旋转的试环和固定的试块之间的油膜破裂而引起卡咬或刮伤的最小质量(重量)，即刮伤值。在旋转的试环和固定的试块之间的油膜不破裂而不引起卡咬或刮伤的最大质量(重量)，即OK值。

5 意义与用途

本方法广泛用于测定润滑液的极压性能。用户在确定规格值时应考虑方法的精密度和偏差。

6 试验装置

6.1 梯姆肯试验机：详见附录A和图2。

6.2 试样供给装置：用于给试件提供试样，详见附录A。

6.3 加载装置：要求能以0.907 kg/s～1.361 kg/s(2 lb/s～3 lb/s)的均匀速率施加和卸除加载砝码。详见附录A。

6.4 显微镜：低倍数(50倍～60倍)，有足够的清晰度，且带有测微器，以便测量磨痕宽度，测量精度为±0.05 mm(±0.002 in)。

6.5 计时器：要有“分”和“秒”刻度度量。

6.6 温度计：水银棒式温度计，测量范围0℃～100℃，分度值为0.1℃。

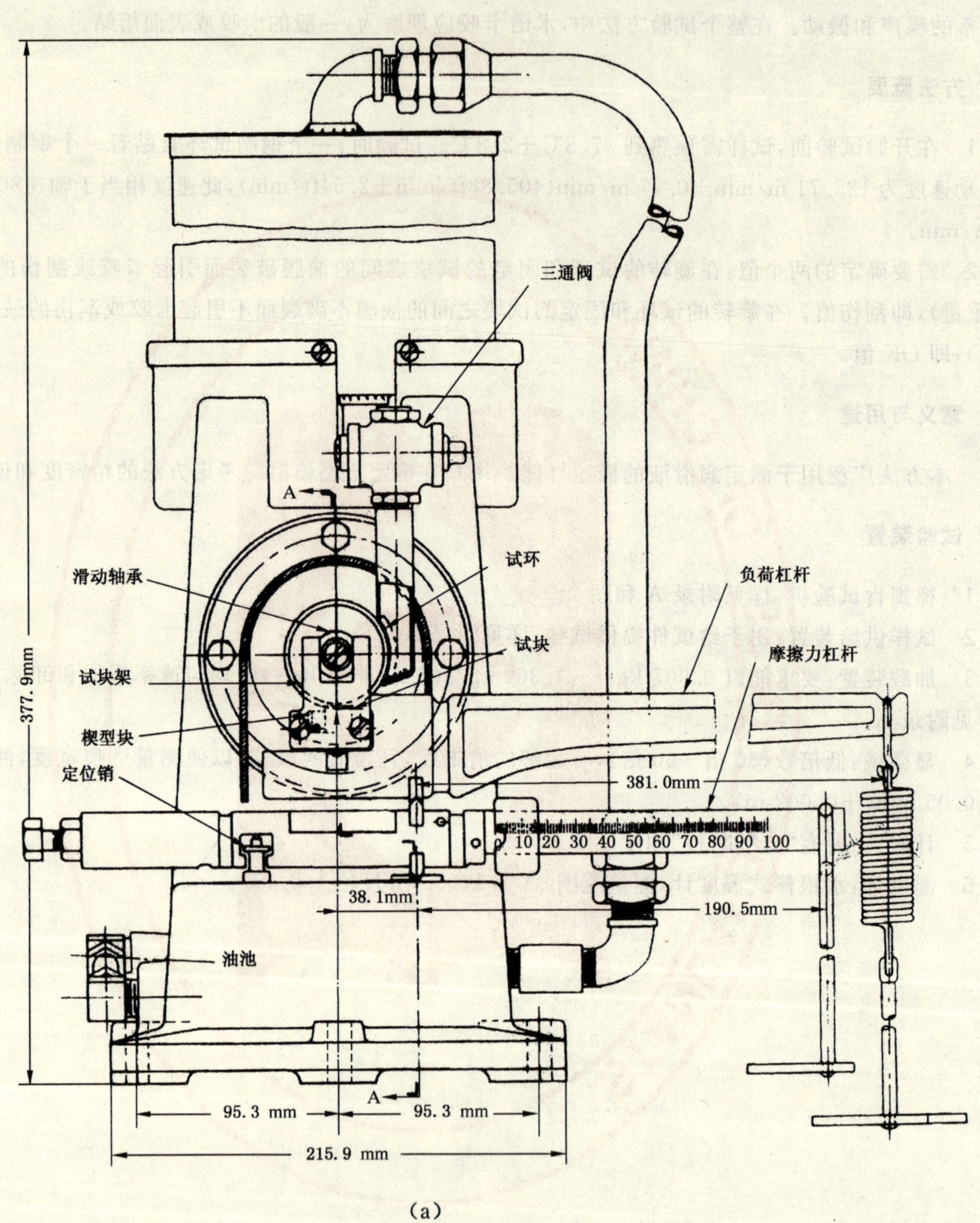

三通阀
A
试环
滑动轴承
负荷杠杆
试块
摩擦力杠杆
试块架
377.9mm
楔型块
381.0mm
定位销
10 20 30 40 50 60 70 80 90 100
38.1mm
190.5mm
油池
A
95.3 mm
95.3 mm
215.9 mm

(a)

图 2 梯姆肯试验机

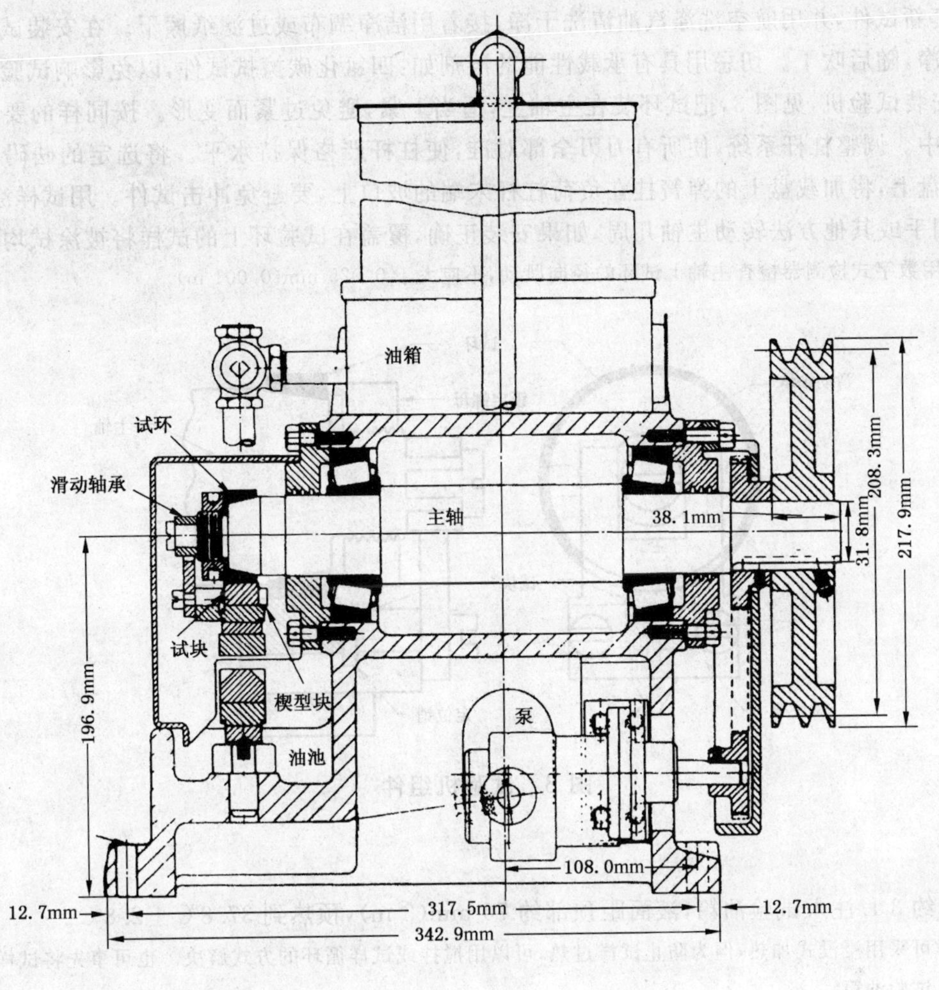

(b) A-A

图 2(续)

7 试剂与材料

7.1 丙酮:符合 GB/T 686 的要求。

7.2 航空洗涤汽油:符合 SH 0114 的要求。

7.3 试环:渗碳钢制,洛氏硬度 HRC 为 58~62,或维氏硬度 HV 为 653~756。试环宽度为13.06 mm ±0.05 mm(0.514 in±0.002 in),周长为 154.51 mm ± 0.23 mm(6.083 in ± 0.009 in),直径为 $49.22^{+0.025}_{-0.127}$ mm($1.938^{+0.001}_{-0.005}$ in),最大半径偏心率为 0.013 mm(0.000 5 in)。表面粗糙度为 0.51 μm~0.76 μm(20 μin~30 μin)C. L. A(轮廓算术平均偏差)。

注:试环可由 Falex 公司提供,零件号为 F-25061。

7.4 试块:渗碳钢制,洛氏硬度 HRC 为 58~62,或维氏硬度 HV 为 653~756。试块表面宽 12.32 mm±0.05 mm(0.485 in±0.002 in),长为 19.05 mm±0.41 mm(0.750 in±0.016 in)。每个试块有四个试验表面,表面粗糙度为 0.51 μm~0.76μm(20 μin~30 μin)C. L. A(轮廓算术平均偏差)。

注:试块可由 Falex 公司提供,零件号为 F-25001。

8 仪器的准备

8.1 用航空洗涤汽油和丙酮依次清洗与试样接触的零部件,接着吹干。最后用约 1 L 的试样冲洗油路,然后排放干净。

8.2 选一套新试件，并用航空洗涤汽油清洗干净，接着用洁净绸布或过滤纸擦干。在安装试件时，先用丙酮擦拭干净，随后吹干。切忌用具有承载性能的溶剂如：四氯化碳擦拭试件，以免影响试验结果。

8.3 仔细安装试验机，见图3，把试环装在主轴上，适当上紧，避免过紧而变形。按同样的要求，把试块装在试块架中。调整杠杆系统，使所有刀刃全部对准，使杠杆严格保持水平。将选定的砝码，放在加载装置的加载盘上，将加载盘上的弹簧挂在负荷杠杆末端的坡口上，要避免冲击试件。用试样涂抹试块和试环，慢慢用手或其他方法转动主轴几周，如果安装正确，覆盖在试验环上的试样将被涂抹均匀。

注：建议用数字式检测器检查主轴上试环的径向跳动，不应大于0.025 mm(0.001 in)。

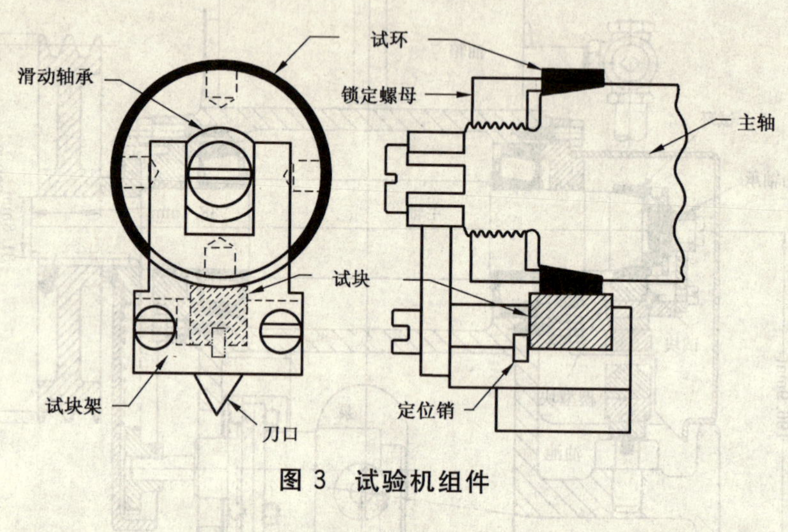

图3 试验机组件

9 试验步骤

9.1 将试样约3 L注入试验油箱，液面距顶部约76 mm(3 in)，预热到37.8℃±2.8℃。

注1：试样可采用浸没式加热，但为防止试样过热，可以用搅拌或试样循环的方式解决。也可事先将试样预热后，再注入试验油箱。

注2：对于黏度在40℃下高于5 000 mm^2/s的试样，通常不能在37.8℃±2.8℃的温度下进行试验。因为在此温度下，试样的泵送性比较差。但从一些有限的试验结果表明：试样被加热到65.6℃±2.8℃进行试验，对OK值或刮伤值没有影响。本方法可以使用方法SH/T 0203中润滑脂的进样器，在室温下测定高黏度的试样，但由于泄漏使得试样供给困难一些。

9.2 全开油箱出口阀，让试样流经试环进入油池，当油池半满时，启动电动机并试运转30 s。如果试验设备配有加速控制系统，启动电动机后均匀增加速度，15 s达到800 r/min±5 r/min，15 s完成试运转。

9.3 30 s试运转之后，启动计时器且以8.9 N/s～13.3 N/s(2 lbf/s～3 lbf/s)的加载速度施加一个比估计刮伤值小的负荷。在无法估计时，建议起始负荷为133.4 N(30 lbf)。值得注意的是：负荷杠杆、弹簧重量及砝码盘不计入加载负荷。另外，即使选用了最低的起始负荷，也必须是26.6 N(6 lbf)的倍数。施加负荷后，以800 r/min±5 r/min的轴速运转10 min±15 s。

9.4 如果在负荷施加后有明显的刮伤迹象，如有异常震动、噪声等应立即停机，关闭试样出口阀，并卸掉负荷。因为深度刮伤产生高温，甚至会改变整个试块的表面特性，导致试块报废。值得注意的是：在这种情况下，试验机和试块过热，避免直接接触。

9.5 如果不发生刮伤现象，让试验机运转10 min±15 s，然后转动加载装置旋钮卸掉负荷，同时关闭主轴电机和试样出口阀，移开负荷杠杆，取出试块，在放大倍率为1的物镜下观察试块表面。只要磨痕出现任何刮伤或焊点，则试样在此一级负荷下失效。

注：显微镜用于测定试块的磨痕宽度。

9.6 如果不发生刮伤，翻转试块，换上新试环，增加44.5 N(10 lbf)负荷，按照9.5重复试验，直至出现刮伤为止。然后再由刮伤负荷降低22.2 N(5 lbf)，进行最后一次试验。

注：每次进行完一级负荷的试验，再进行下级负荷试验时，应使油箱内的试样温度冷却到37.8℃±2.8℃。且在主轴温度低于65.6℃±2.8℃时，安装新试环和翻转试块。因为深度刮伤产生高温，甚至会改变整个试块的表面特性，导致试块报废。

9.7 如果在133.4 N(30 lbf)负荷下产生刮伤，减少26.6 N(6 lbf)进行试验，直到不出现刮伤，然后再增加13.3 N(3 lbf)负荷，进行最后一次试验。

9.8 如果某一级负荷的磨痕对于确定开始刮伤有疑问，则在此相同负荷下，重复试验。如果第二次试验产生刮伤，则这一级负荷为刮伤负荷。如果第二次试验不产生刮伤，则此负荷为不刮伤负荷。如果第二次试验仍产生疑问，不要简单地对这一负荷级做评价。可在高一级负荷下进行试验，借助高一级负荷试验结果确定有疑问一级负荷的结果。如果高一级负荷下是刮伤，则原先有疑问一级负荷也应判断为刮伤。

10 计算

10.1 根据实际需要，可计算试环和试块之间的接触压力。在OK值被确定之后，卸下试块，用航空洗涤汽油和丙酮清洗并吹干。用显微镜上的测微器测量OK值下的磨痕宽度，测准到0.05 mm (0.002 in)。用式(1)或(2)计算接触压力C：

$$C_1 = [L(X+G)]/YZ \text{ 或 } [20(X+G)]/Z \quad \cdots\cdots(1)$$

$$\text{或} \quad C_2 = 9.81[L(X'+0.454G)]/Y'Z' \quad \cdots\cdots(2)$$

式中：

C_1——接触压力，psi；

C_2——接触压力，MPa；

L——负荷杠杆力臂比，10；

X——加在砝码盘上的质量(重量)，lb；

G——负荷杠杆常数(数值在每台试验机的杠杆臂上有标识)；

X'——加在砝码盘上的质量(重量)，kg；

Y——磨痕长，0.5 in；

Y'——磨痕长，12.7 mm；

Z——磨痕的平均宽度，in.；

Z'——磨痕的平均宽度，mm。

10.2 为方便使用，以psi表示的接触压力详见表F.1。

11 报告

根据加在负荷杠杆臂末端砝码盘上的质量(重量)，不包括砝码盘组件，报告OK值和刮伤值。报告值在13.608 kg(30 lb)以上，应报告2.268 kg(5 lb)的倍数。报告值在13.608 kg(30 lb)以下，应报告1.361 kg(3 lb)的倍数。

12 精密度

按下述规定判断试验结果的可靠性(95%置信水平)：

12.1 重复性 *r*

同一操作者使用同一仪器，按照规定的正确方法测定同一试样，重复测定的两个结果之差不超出下述值：

$$r = 30\%\overline{X} \quad \cdots\cdots(3)$$

式中：

$\overline{X}$——两次试验结果的平均值，kg(lb)。

12.2 **再现性 *R***

不同的操作者使用不同的仪器，按照规定的正确方法测定同一试样，测定的两个结果之差不超出下述值：

$$R = 74\% \overline{X} \quad \cdots\cdots\cdots\cdots(4)$$

式中：

$\overline{X}$——两次试验结果的平均值，kg(lb)。

12.3 **重复性和再现性典型值**

为方便使用，表1给出了典型 OK 值的重复性和再现性极限。

表1 重复性和再现性典型值

平均 OK 值 kg(lb)	重复性 kg(lb)	再现性 kg(lb)
6.804(15)	2.041(4.5)	4.990(11)
13.608(30)	4.082(9)	9.979(22)
18.144(40)	5.443(12)	13.608(30)
22.680(50)	6.804(15)	16.783(37)
27.216(60)	8.165(18)	19.958(44)
31.752(70)	9.525(21)	23.587(52)
36.287(80)	10.886(24)	26.762(59)

附 录 A
（规范性附录）
梯姆肯极压试验机

A.1 梯姆肯极压试验机

试验机主轴带动试环在静止的试块上转动，试环安装在水平主轴上，试块安装在试块架中。主轴由滚动轴承支撑，由 1.5 kW 的同步电动机驱动，转速为 800 r/min±5 r/min。试验机必须刚性安装，以免因震动而影响试验结果。

A.1.1 试块架

一个楔型块将试块固定于试块架，试块架有一卡口将其卡在主轴的滑动轴承上，试块架的底部安装在负荷杠杆的刀口上。

A.1.2 试环主轴

一个锁定螺母将试环安装在主轴上。试验机主轴径向跳动不应大于 0.013 mm。当试环装在主轴上时，径向跳动大于 0.025 mm，试验结果将受到影响，这将意味着主轴可能损坏，应替换。应定期检查试环及主轴的径向跳动。

A.1.3 杠杆系统

由负荷杠杆和摩擦力杠杆两组杠杆组成。负荷杠杆携带试块架并安装在摩擦力杠杆的刀口上。

A.1.4 负荷杠杆常数

负荷杠杆系统的力臂比是 10，这意味着在砝码盘上加 4.45 N(1 lbf)的力，在试块上将会产生 44.5 N (10 lbf)的力，负荷杠杆和砝码盘的有效重量在杠杆臂上有标识。

A.1.5 试样供给装置

一个约 3 785 mL 的油箱和能使试样自流到试件间去的管道系统，油箱装有加热器用于加热试样。试样流进油池由泵送回油箱。在油池出口装有一个孔径为 149 μm 的滤网和一块磁石，避免磨损颗粒进入泵内造成磨损。流到试环和试块上的润滑液的流动速率由油箱出口的三通阀控制。

A.1.6 加载装置

要求能自动、连续和均匀地给负荷杠杆增减负荷。加载速率是 0.907 kg/s～1.361 kg/s (2 lb/s～3 lb/s)。用下列的程序可测量加载装置的加载速率。

A.1.6.1 在加载盘上放一张纸，然后将 4.536 kg(10 lb)或 9.072 kg(20 lb)的砝码置于加载盘上，要求纸边缘必须暴露出来。

A.1.6.2 启动加载盘。当开始加载时，同时启动计时器。

A.1.6.3 当纸从砝码和加载盘之间滑出时，停止计时，该时间为加载时间。

A.1.6.4 以 44.5 N(10 lbf)或 89.0 N(20 lbf)的负荷递增，重复 A.1.6.1～A.1.6.4，直至达到试验机最大负荷。如果加载弹簧是非线性的，递增量可以减少。

A.1.6.5 绘出相应的负荷-时间曲线。曲线上每一点的斜率应该是 8.9 N/s～13.3 N/s(2 lbf/s～3 lbf/s)。关于加载速率的计算用下面的例子来说明，以 89.0 N(20 lbf)和 177.9 N(40 lbf)之间 89.0 N(20 lbf)的增量为例加以说明。

示例：

测量结果见表 A.1。

表 A.1 加载速率测量结果

负荷 N(lbf)	时间 s
0	0
89.0 (20)	7.8
177.9(40)	14.6
266.9(60)	21.3

89.0 N～177.9 N 的加载速率：

$$(177.9-89.0)/(14.6-7.8)=13.07\ \text{N/s} \quad \cdots\cdots(A.1)$$

或 20 lbf～40 lbf 的加载速率：

$$(40-20)/(14.6-7.8)=2.9\ \text{lbf/s} \quad \cdots\cdots(A.2)$$

加载速率范围应在 8.9 N/s～13.3 N/s(2 lbf/s～3 lbf/s)。

A.1.7 加载速率被确定后，如果需要，可以通过下列两种方法调整。一种方法是改变平台下降速率。另一种方法是调节弹簧使其在加载时有不同的拉伸行为。

附 录 B
（规范性附录）
刮伤判断明显有疑问情况下的试验程序

B.1 当按照9.8的程序已进行了重复试验，但结果仍然有疑问，刮伤与否仍不能明确判定，可根据下面的例子处理。

B.2 如果试样在177.9 N(40 lbf)的负荷下已按照9.8进行了重复试验，但结果仍然有疑问，刮伤与否不能明确判定。操作者必须在高一级负荷下试验，即在200.2 N(45 lbf)下进行试验。如果高一级负荷下未刮伤，则这一级负荷也判为未刮伤。随后，可按照正常的负荷增量进行下一级试验，即在222.4 N(50 lbf)下进行试验。如果高一级负荷下出现刮伤，则这一级负荷也判为刮伤。在这种情况下，可按照9.6进行低一级负荷试验，即最后一级负荷试验155.7 N(35 lbf)。

B.3 如果试样在106.8 N(24 lbf)的负荷下已按照9.8进行了重复试验，两次试验结果均有疑问，操作者应该在高一级负荷120.1 N(27 lbf)下试验。如果高一级负荷下出现刮伤，则这一级负荷也判为刮伤。随后，可按照正常的负荷减量进行下一级试验，即在93.4 N(21 lbf)下进行试验。如果高一级负荷下未刮伤，则这一级负荷也判为未刮伤。在这种情况下，根据9.7不必进行更多的试验，因为刮伤一定是在133.4 N(30 lbf)负荷下出现。

附 录 C
（规范性附录）
有关安全问题

C.1 丙酮

——有害，蒸气会引起闪燃；

——远离热、火花和明火；

——存放于密闭容器；

——挥发度不能太高；

——避免产生蒸气，远离火源，尤其电器及热源；

——避免长期吸入蒸气；

——避免长期与皮肤接触。

C.2 航空洗涤汽油

——蒸气会引起闪燃；

——远离热、火花和明火；

——存放于密闭容器；

——挥发度不能太高；

——避免产生蒸气，远离火源，尤其电器及热源；

——避免长期吸入蒸气；

——避免长期与皮肤接触。

附　录　D
（资料性附录）
典型的梯姆肯 OK 值

D.1　表 D.1 和表 D.2 列出了 ASTM 进行精密度试验的 OK 值，供用户参考。

表 D.1　1985 年确定 ASTM D2782 精密度的原始数据

实验室编号	OK 值 kg(lb)							
	试验号	101	102	103	104	105	106	107
1	1	34.019(75)	2.722(6)	20.412(45)	29.484(65)	36.287(80)	45.359＋(100＋)	9.525(21)
	2	36.287(80)	2.722(6)	15.876(35)	36.287(80)	34.019(75)	45.359＋(100＋)	15.876(35)
2	1	29.484(65)	2.268(5)	13.608(30)	29.484(65)	20.412(45)	38.555(85)	13.608(30)
	2	15.876(35)	4.082(9)	13.608(30)	29.484(65)	20.412(45)	38.555(85)	13.608(30)
3	1	29.484(65)	4.082(9)	10.886(24)	34.019(75)	43.091(95)	38.555(85)	22.680(50)
	2	27.216(60)	2.722(6)	8.165(18)	34.019(75)	36.287(80)	49.895(110)	22.680(50)
4	1	29.484(65)	4.082(9)	24.948(55)	36.287(80)	27.216(60)	38.555(85)	24.948(55)
	2	31.752(70)	4.082(9)	15.876(35)	31.752(70)	31.752(70)	36.287(80)	22.680(50)
5	1	31.752(70)	1.361(3)	4.082(9)	36.287(80)	38.555(85)	36.287(80)	6.804(15)
	2	13.608(30)	1.361(3)	6.804(15)	40.823(90)	38.555(85)	38.555(85)	6.804(15)
6	1	29.484(65)	4.536(10)	27.216(60)	31.752(70)	31.752(70)	45.359＋(100＋)	24.948(55)
	2	29.484(65)	4.536(10)	24.948(55)	29.484(65)	38.555(85)	45.359＋(100＋)	20.412(45)
7	1	18.144(40)	4.082(9)	13.608(30)	22.680(50)	15.876(35)	45.359＋(100＋)	22.680(50)
	2	20.412(45)	4.082(9)	20.412(45)	20.412(45)	15.876(35)	45.359＋(100＋)	20.412(45)
8	1	34.019(75)	2.268(5)	15.876(35)	27.216(60)	31.752(70)	45.359＋(100＋)	18.144(40)
	2	34.019(75)	2.268(5)	13.608(30)	27.216(60)	34.019(75)	45.359＋(100＋)	18.144(40)
9	1	38.555(85)	4.536(10)	22.680(50)	29.484(65)	24.948(55)	45.359(100)	11.340(25)
	2	34.019(75)	4.536(10)	18.144(40)	31.752(70)	29.484(65)	45.359(100)	20.412(45)
10	1	31.752(70)	5.443(12)	5.443(12)	27.216(60)	29.484(65)	38.555(85)	18.144(40)
	2	31.752(70)	4.082(9)	4.082(9)	24.948(55)	22.680(50)	40.823(90)	22.680(50)
11	1	29.484(65)	2.722(6)	5.443(12)	27.216(60)	20.412(45)	34.019(75)	20.412(45)
	2	31.752(70)	2.722(6)	6.804(15)	27.216(60)	22.680(50)	34.019(75)	15.876(35)
平均值		29.030(64)	3.629(8)	14.061(31)	30.391(67)	29.484(65)	41.731(92)	17.690(39)

注 1：对试样 102，几个 OK 值以 2.268 kg(5 lb)的倍数报告，这种报法是不合适的。见 9.7。

2：对试样 106，几个 OK 值以“(45.359＋) kg[(100＋) lb]”报告，说明该试验设备无足够负荷确定其刮伤值。

表 D.2 1998 年 ASTM 进行精密度试验的原始数据

实验室编号	试验机编号	试验号	OK 值 kg(lb)	平均磨痕宽 mm
1	1	1	29.484(65)	0.90
		2	27.216(60)	0.90
		3	27.216(60)	0.84
		4	29.484(65)	0.87
	2	1	27.216(60)	0.99
		2	27.216(60)	0.93
		3	27.216(60)	0.97
		4	27.216(60)	1.01
2	1	1	31.752(70)	
	2	1	29.484(65)	
3	1	1	29.484(65)	1.21
		2	34.019(75)	1.49
4	1	1	29.484 (65)	1.12
		2	29.484(65)	1.13
5	1	1	24.948(55)	1.14
		2	24.948(55)	1.03
6	1	1	29.484(65)	1.12
		2	29.484(65)	1.19
7	1	1	27.216(60)	
		2	27.216(60)	
	2	1	27.216(60)	
		2	27.216(60)	

注：一种典型的油品 ISO 220 VG 硫磷型工业齿轮油(Lubrizol OS＃92133F)在 7 个实验室的试验结果。

附 录 E
（资料性附录）
精密度用法实例

E.1 重复性

示例：

同一操作者对同一试样在短期内重复测定两次的试验结果为：结果 1＝22.680 kg(50 lb)，结果 2＝29.484 kg(65 lb)，此结果是否满足试验方法重复性，可用下述方法判断：

结果 1＝22.680 kg(50 lb)

结果 2＝29.484 kg(65 lb)

X＝两次试验结果平均值＝26.308 kg(58 lb)

Y＝两次试验结果的重复性极限

＝30%×平均值 X

＝0.30×26.308 kg(58 lb)

＝7.711 kg(17 lb)

Z＝两次试验结果之差

＝29.484 kg(65 lb)－22.680 kg(50 lb)

＝6.804 kg(15 lb)

结果表明：两次试验结果之差(Z)小于重复性极限(Y)。因此，可以认为这两次试验结果能满足该方法规定的重复性极限。

E.2 再现性

示例：

同一试样在两个实验室所得的试验结果为：实验室 1＝18.144 kg(40 lb)，实验室 2＝34.019 kg(75 lb)，这两个试验结果是否满足试验方法的再现性，可用下述方法判断：

实验室 1＝18.144 kg(40 lb)

实验室 2＝34.019 kg(75 lb)

X＝两个试验结果的平均值＝26.308 kg(58 lb)

Y＝两个试验结果的再现性极限

＝74%×平均值 X

＝0.74×26.308 kg(58 lb)

＝19.504 kg(43 lb)

Z＝两个试验结果之差

＝34.019 kg(75 lb)－18.144 kg(40 lb)

＝15.876 kg(35 lb)

结果表明：两次试验结果之差(Z)小于再现性极限(Y)。因此，可以认为这两次试验结果能满足该方法规定的再现性极限。

附 录 F
（资料性附录）
接 触 压 力

F.1 表F.1列出了接触压力。如果希望得到此值，对照表F.1可根据磨痕宽查到对应负荷下的接触压力。

表F.1 梯姆肯试验接触压力

单位：psi

磨痕宽/mm	加到力臂上的负荷/lbs																		
	10	15	20	25	30	35	40	45	50	55	60	65	70	75	80	85	90	95	100
0.55	9225	13850	18450	23075	27700	32300	36925	41525	46150	50750	55375	60000	64600	69225	73825	78450	83075	87675	92300
0.60	8475	12700	16925	21150	25375	29600	33850	38075	42300	46525	50750	55000	59225	63450	67675	71900	76150	80375	84600
0.65	7800	11725	15625	19525	23425	27325	31250	35150	39050	42950	46850	50750	54675	58575	62475	66400	70275	74200	78100
0.70	7250	10875	14500	18125	21750	25375	29000	32625	36250	39875	43500	47125	50750	54375	58025	61650	65275	68900	72525
0.75	6775	10150	13525	16925	20300	23700	27075	30450	33850	37225	40600	44000	47375	50750	54050	57525	60925	64300	67675
0.80	6350	9525	12700	15875	19025	22200	25375	28550	31725	34900	38075	41250	44425	47600	50750	53925	57100	60275	63450
0.85	5975	8950	11950	14925	17925	20900	23900	26875	29850	32850	35825	38825	41800	44800	47775	50750	53750	56725	59725
0.90	5650	8450	11275	14100	16925	19750	22550	25375	28200	31025	33850	36650	39475	42300	45125	47950	50750	53575	56400
0.95	5350	8025	10700	13350	16025	18700	21375	24050	26725	29400	32050	34725	37400	40075	42750	45425	48100	50750	53425
1.00	5075	7625	10150	12700	15225	17775	20300	22850	23375	27925	30450	33000	35525	38075	40600	43150	45675	48225	50750
1.05	4825	7250	9675	12075	14500	16925	19350	21750	24175	26800	29000	31425	33850	36250	38675	41100	43500	45925	48350
1.10	4625	6925	9225	11525	13850	16150	18450	20775	23075	25375	27700	30000	32300	34600	36925	39225	41525	43850	46150
1.15	4425	6625	8825	11025	13250	16450	17650	19875	22075	24275	26475	28700	30900	33100	35300	37525	39725	41925	44150
1.20	4225	6350	8450	10575	12700	14800	16925	19025	21150	23275	25375	27500	29600	31725	33850	35950	38075	40175	42300
1.25	4050	6100	8125	10180	12175	14225	16250	18275	20300	22325	24375	28400	28426	30450	32475	34525	36550	38575	40600
1.30	3900	5850	7800	9750	11725	13675	15625	17575	19525	21475	23425	25400	27325	29275	31250	33200	35150	37100	39050
1.35	3750	5650	7525	9400	11275	13150	15050	16925	18800	20675	22550	24450	26325	28200	30075	31950	33850	35725	37600
1.40	3625	5450	7250	9075	10875	12700	14500	15325	18125	19950	21750	23575	25375	27200	29000	30825	32625	34450	36250
1.45	3500	5250	7000	8750	10500	12250	14000	15750	17500	19250	21000	22750	24500	26250	28000	29750	31500	33250	35000
1.50	3375	5075	6775	8450	10150	11850	13525	15225	16925	18625	20300	22000	23700	25375	27057	28775	30450	32150	33850
1.55	3275	4900	6550	8175	9825	11450	13100	14725	16375	18000	19650	21275	22925	24550	26200	27825	29475	31100	32750
1.60	3175	4750	6350	7925	9525	11100	12700	14275	15875	17450	19025	20625	22200	23800	25375	26950	28550	30150	31725
1.65	3075	4625	6150	7700	9225	10775	12300	13850	15375	16925	18450	20000	21525	23075	24600	26150	27700	29225	30775
1.70	2975	4475	5975	7475	8950	10450	11950	13425	14925	16425	17925	19400	20900	22400	23900	25375	26875	28375	29850
1.75	2900	4350	5800	7250	8700	10150	11600	13050	14500	15950	17400	18850	20300	21750	23200	24650	26100	27550	290000
1.80	2825	4225	5650	7050	8450	9875	11275	12700	14100	15500	16925	18325	19750	21150	22550	23975	25375	26800	28200
1.85	2750	4125	5500	6850	8225	9600	10975	12350	13725	15100	16475	17825	19200	20575	21950	23325	24700	26075	27450
1.90	2675	4000	5350	6675	8025	9350	10675	12025	13350	14700	16025	17375	18700	20025	21375	22700	24050	25375	26725
1.95	2600	3900	5200	6500	7800	9100	10425	11725	13025	14325	15625	16925	18225	19525	20825	22125	23425	24725	26025
2.00	2550	3800	5075	6350	7625	8875	10150	11425	12700	13950	15225	16500	17775	19025	20300	21575	22850	24100	25375

附 录 G
（资料性附录）
本标准章条编号与 ASTM D2782-01 章条编号对照表

G.1 表 G.1 给出了本标准章条编号与 ASTM D2782-01 章条编号对照一览表。

表 G.1 本标准章条编号与 ASTM D2782-01 章条编号对照

本标准章条编号	ASTM D2782-01 章条编号
3.1	3.1.1
3.2	3.1.2
3.3	3.1.3
3.4	3.1.4
3.5	3.2.1
3.6	3.2.2
3.7	3.2.3
3.7 中注的内容	3.2.3.1
3.8	3.2.4
6.6	—
12.1	12.1.1
12.2	12.1.2
12.3	附录 X2.3
—	13
附录 A	附录 A1
附录 B	附录 A2
附录 C	附录 A3
附录 D	附录 X1
附录 E	附录 X2
附录 F	附录 X3
附录 G	—
注：表中的章条以外的本标准其他章条编号与 ASTM D2782-01 其他章条编号均相同且内容相对应。	

ICS 71.060.40
G 11

中华人民共和国国家标准

GB/T 11213.1—2007
代替 GB/T 11213.1—1989

化纤用氢氧化钠　氢氧化钠含量的测定

Sodium hydroxide for chemical fiber use—Determination of sodium hydroxide content

[ISO 979:1974(2002),Sodium hydroxide for industrial use—Method of assay,MOD]

2007-08-13 发布　　　　2008-02-01 实施

中华人民共和国国家质量监督检验检疫总局
中国国家标准化管理委员会　发布

前　言

GB/T 11213《化纤用氢氧化钠》分为以下几部分：

——第1部分：化纤用氢氧化钠　氢氧化钠含量的测定；

——第2部分：化纤用氢氧化钠　氯化钠含量的测定　分光光度法；

——第3部分：化纤用氢氧化钠　钙含量的测定　EDTA络合滴定法；

——第4部分：化纤用氢氧化钠　硅含量的测定　还原硅钼酸盐分光光度法；

——第5部分：化纤用氢氧化钠　硫酸盐含量的测定；

——第7部分：化纤用氢氧化钠　铜含量的测定　分光光度法。

本部分为GB/T 11213的第1部分，对应于国际标准ISO 979：1974(2002)《工业用氢氧化钠　分析方法》(英文版)。本部分与ISO 979：1974(2002)的一致性程度为修改采用。

本部分根据ISO 979：1974(2002)重新起草。为了方便比较，在资料性附录A中列出了本部分条款与国际标准条款的对照一览表。

考虑到我国国情，在采用国际标准时，做了一些修改。有关技术性差异已编入正文并在它们所涉及的条款的页边空白处用垂直单线标识。在附录B中给出了技术性差异及其原因的一览表，以供参考。

为便于使用，本部分还做了下列编辑性修改：

a)　"本国际标准"一词改为"本部分"；

b)　用小数点"."代替小数点逗号"，"；

c)　删除国际标准的封面和前言；

d)　增加了资料性附录，以方便使用；

e)　以"物质的量浓度"代替"当量溶液"；

f)　以"w_1"代替总碱量"A"；

g)　以"w_2"代替氢氧化钠含量"B"。

本部分代替GB/T 11213.1—1989《化纤用氢氧化钠含量的测定方法(甲法)》。

本部分与GB/T 11213.1—1989相比主要变化如下：

——标准名称不同；

——增加了标准前言；

——试样取样量不同(前版的6.1，本版的6.1)；

——总碱量计算公式不同(前版的7.1，本版的7.1)；

——氢氧化钠含量的计算公式不同(前版的7.2，本版的7.2)；

——增加了"试验报告"章(见第9章)。

本部分附录A、附录B为资料性附录。

本部分由中国石油和化学工业协会提出。

本部分由全国化学标准化技术委员会氯碱分会(SAC/TC 63/SC 6)归口。

本部分起草单位：锦西化工研究院、锡林郭勒苏尼特碱业有限公司、宜宾天原股份有限公司。

本部分主要起草人：李富荣、马文元、陈沛云、周杰、胡立明、田友利。

本部分于1989年首次发布。

请注意本部分的某些内容有可能涉及专利。本部分的发布机构不应承担识别这些专利的责任。

化纤用氢氧化钠　氢氧化钠含量的测定

1　范围

GB/T 11213 的本部分规定了化纤用氢氧化钠中氢氧化钠含量的测定方法。通常以 NaOH 的质量分数用两种不同的方式表达：

w_1——总碱量(以 NaOH 计)；

w_2——氢氧化钠含量(以 NaOH 计)，即总碱量减去碳酸钠含量。

2　规范性引用文件

下列文件中的条款通过本部分的引用而成为本部分的条款。凡是注日期的引用文件，其随后所有的修改单(不包括勘误的内容)或修订版均不适用于本部分，然而，鼓励根据本部分达成协议的各方研究是否可使用这些文件的最新版本。凡是不注日期的引用文件，其最新版本适用于本部分。

GB/T 601　化学试剂　标准滴定溶液的制备

GB/T 6682　分析实验室用水规格和试验方法(GB/T 6682—1992，neq ISO 3696:1987)

GB/T 7698　工业用氢氧化钠　碳酸盐含量的测定　滴定法[GB/T 7698—2003，ISO 3196:1975(2002)，MOD]

3　原理

以甲基橙为指示剂，用盐酸标准滴定溶液滴定测得氢氧化钠和碳酸钠的总碱量(以 NaOH 计)，减去碳酸钠含量(以 NaOH 计)，即为氢氧化钠含量。

4　试剂和材料

除非另有说明，在分析中仅使用确认为分析纯试剂和 GB/T 6682 中规定的三级水(不含二氧化碳)或相应纯度的水。

试验中所需标准溶液在没有其他规定时，按 GB/T 601 规定制备。

4.1　盐酸标准滴定溶液：1 mol/L。

4.2　甲基橙指示液：0.5 g/L。

称取 0.1 g 甲基橙，溶于 70℃水中，冷却，稀释至 200 mL。

5　仪器

一般的实验室仪器和以下仪器。

5.1　移液管：50 mL，A 级。

5.2　滴定管：50 mL，有 0.1 mL 的分度值，A 级。

6　分析步骤

6.1　试样溶液制备

6.1.1　迅速称取相当于氢氧化钠 36 g～40 g 的固体实验室样品(精确到 0.01 g)，溶解于约 200 mL 水中，移入 1 000 mL 容量瓶中，稀释至接近刻度，冷却至室温。稀释至刻度，摇匀。

6.1.2　称取相当于氢氧化钠 36 g～40 g 的液体实验室样品(精确到 0.01 g)，移入 1 000 mL 的容量瓶中，稀释至接近刻度，冷却至室温。稀释至刻度，摇匀。

6.2 测定

量取 50.00 mL 试样溶液，置入锥形瓶中，加约 50 mL 的水和 2～3 滴甲基橙指示液，用盐酸标准滴定溶液滴定至溶液由黄色变为橙色为终点。

7 结果计算

7.1 总碱量以氢氧化钠质量分数 w_1 计，数值以％表示，按式(1)计算：

$$w_1=\frac{(V/1\,000)\times cM}{m\times(50/1\,000)}\times 100=\frac{2VcM}{m} \quad\cdots\cdots(1)$$

式中：

c——盐酸标准滴定溶液浓度的准确数值，单位为摩尔每升(mol/L)；

V——盐酸标准滴定溶液的体积的数值，单位为毫升(mL)；

m——试样的质量的数值，单位为克(g)；

M——氢氧化钠的摩尔质量的数值，单位为克每摩尔(g/mol)(M=39.997 11)。

7.2 氢氧化钠含量以氢氧化钠质量分数 w_2 计，数值以％表示，按式(2)计算：

$$w_2=w_1-0.754\,7b \quad\cdots\cdots(2)$$

式中：

w_1——总碱量的质量分数，数值以％表示；

b——碳酸钠的质量分数，数值以％表示(按 GB/T 7698 测定)；

0.754 7——换算系数。

8 允许差

平行测定结果之差的绝对值不超过 0.08％。取其平均值为报告结果。

9 试验报告

试验报告应包括以下内容：

a) 识别测试样品所需的全部信息；

b) 使用的标准；

c) 试验结果，包括各单次试验结果和它们的算术平均值；

d) 与规定的分析步骤的差异；

e) 试验中观察到的异常现象说明；

f) 试验日期。

附　录　A
（资料性附录）
本部分章条编号与 ISO 979:1974(2002)章条编号对照一览表

表 A.1 给出了本部分章条编号与 ISO 979:1974(2002)章条编号对照一览表。

表 A.1　本部分章条编号与 ISO 979:1974(2002)章条编号对照

本部分章条编号	对应的国际标准章条编号
6.1	—
6.2	6.1 和 6.2
8	—
9	8
注：表中章条以外的本部分其他章条号与 ISO 979:1974(2002)其他章条号均相同且内容相对应。	

附　录　B
（资料性附录）
本部分与 ISO 979:1974(2002)技术性差异及其原因

表 B.1 给出了本部分与 ISO 979:1974(2002)技术性差异及其原因一览表。

表 B.1　本部分与 ISO 979:1974(2002)技术性差异及其原因

本部分章条号	技术性差异	原　因
2	引用我国标准和采用国际标准的我国标准。	方便标准使用和适合我国国情。
6.1	将国际标准 ISO 3195:1975 中“试样制备”内容写入标准正文中。	方便标准使用。
7.1	计算公式表述稍有不同。	与我国编制标准的要求相一致。
7.2	计算公式换算系数不同。	与 GB/T 7698—2003 协调一致，方便使用，避免换算不便。
8	增加“允许差”章。	增加测定次数，确保分析结果的准确。

ICS 71.060.40
G 11

中华人民共和国国家标准

GB/T 11213.2—2007
代替 GB/T 11213.2—1989

化纤用氢氧化钠　氯化钠含量的测定 分光光度法

Sodium hydroxide for chemical fiber use—Determination of sodium chloride content—Spectrometric method

2007-08-13 发布　　　　2008-02-01 实施

中华人民共和国国家质量监督检验检疫总局
中国国家标准化管理委员会　发布

前　言

GB/T 11213《化纤用氢氧化钠》分为以下几部分：

——第1部分：化纤用氢氧化钠　氢氧化钠含量的测定；

——第2部分：化纤用氢氧化钠　氯化钠含量的测定　分光光度法；

——第3部分：化纤用氢氧化钠　钙含量的测定　EDTA络合滴定法；

——第4部分：化纤用氢氧化钠　硅含量的测定　还原硅钼酸盐分光光度法；

——第5部分：化纤用氢氧化钠　硫酸盐含量的测定；

——第7部分：化纤用氢氧化钠　铜含量的测定　分光光度法。

本部分为GB/T 11213的第2部分，对应于日本标准JIS K 1200-3-1:2000《工业用氢氧化钠　第3部分：氯化物含量的测定　第1节：硫氰酸汞吸光光度分析方法》(日文版)。本部分与JIS K 1200-3-1:2000的一致性程度为修改采用。

本部分与日本标准JIS K 1200-3-1:2000主要差异为：

——适用的氯化钠含量范围不同；

——在硫氰酸汞溶液配制时加入无水乙醇增加溶解和稳定性，提高显色效果；

——依据试样氯化钠含量范围调整了配制的操作方法；

——氯化钠标准溶液的表示方法不同；

——结果计算公式有变化；

——废液处理内容以附录形式给出。

本部分代替GB/T 11213.2—1989《化纤用氢氧化钠中氯化钠含量的测定　分光光度法》。

本部分与GB/T 11213.2—1989相比主要变化如下：

——增加"前言"；

——增加"试剂硝酸铁溶液制备方法"(见4.4中方法2)；

——取样量不同(1989版的第5章；本版的6.2)；

——试料溶液的制备不同(1989版的第5章；本版的6.2)；

——计算氯化钠含量公式不同(1989版的第8章；本版的第7章)；

——增加"试验报告"章(见第9章)；

——增加附录A。

本部分由中国石油和化学工业协会提出。

本部分由全国化学标准化技术委员会氯碱分会(SAC/TC 63/SC 6)归口。

本部分起草单位：锦西化工研究院、杭州电化集团有限公司。

本部分主要起草人：胡立明、蒋岳芳、李富荣、陈沛云、谭琛。

本部分1989年首次发布。

请注意本部分的某些内容有可能涉及专利。本部分的发布机构不应承担识别这些专利的责任。

化纤用氢氧化钠 氯化钠含量的测定 分光光度法

1 范围

GB/T 11213 的本部分规定了化纤用氢氧化钠中氯化钠含量的测定方法。

本部分适用于氢氧化钠中氯化钠含量为 0.000 2%～0.02%的产品。

2 规范性引用文件

下列文件中的条款通过本部分的引用而成为本部分的条款。凡是注日期的引用文件，其随后所有的修改单(不包括勘误的内容)或修订版均不适用于本部分，然而，鼓励根据本部分达成协议的各方研究是否可使用这些文件的最新版本。凡是不注日期的引用文件，其最新版本适用于本部分。

GB/T 603 化学试剂 试验方法中所用制剂及制品的制备(GB/T 603—2002,ISO 6353-1:1982,NEQ)

GB/T 6682 分析实验室用水规格和试验方法(GB/T 6682—1992,neq ISO 3696:1987)

3 原理

试样中的氯离子(Cl^-)全部取代硫氰酸汞中的硫氰酸根(SCN^-)，被取代的硫氰酸根(SCN^-)与硝酸铁反应生成硫氰酸铁，显红色，在波长 450 nm 处，对有色溶液进行光度测定。反应式如下：

$$2NaCl + Hg(SCN)_2 \longrightarrow HgCl_2 + 2NaSCN$$

$$3NaSCN + Fe(NO_3)_3 \longrightarrow 3NaNO_3 + Fe(SCN)_3$$

4 试剂和材料

本方法所用试剂和水，均为分析纯试剂和 GB/T 6682 中规定的三级水或相应纯度的水。试验中所需标准溶液、制剂及制品，除本部分规定外，均按 GB/T 603 规定制备。试剂的配制及贮存、采样、测定均应在无氯、无氯化氢的环境中进行。

4.1 硝酸。

4.2 硝酸铁[$Fe(NO_3)_3 \cdot 9H_2O$]。

4.3 过氧化氢。

4.4 硝酸铁溶液：8 g/L(以 Fe 计)。

硝酸铁溶液两种配制方法任选其一。

方法 1：在 500 mL 锥形瓶中，加入约 4.0 g 纯铁(纯度>99.5%)，精确至 0.01 g，加 80 mL 水，再小心地加入 80 mL 硝酸(4.1)，在通风柜中将溶液缓慢加热至沸腾，待反应进行完毕，亚硝酸气全部被驱除后，再加入几滴过氧化氢(4.3)，使溶液脱色，继续煮沸 2 min，停止加热，冷却后将溶液全部移入 500 mL容量瓶中，用水稀释至刻度，摇匀。

方法 2：在 500 mL 锥形瓶中，加入约 29.0 g 硝酸铁[$Fe(NO_3)_3 \cdot 9H_2O$]，精确至 0.01 g，加 60 mL 水，再小心地加入 60 mL 硝酸(4.1)，在通风柜中将溶液缓慢加热至沸腾，待反应进行完毕，亚硝酸气全部被驱除后，再加入几滴过氧化氢(4.3)，使溶液脱色，继续煮沸 2 min，停止加热，冷却后将溶液全部移入 500 mL 容量瓶中，用水稀释至刻度，摇匀。

4.5 硫氰酸汞溶液：0.5 g/L。

称取 0.1 g 硫氰酸汞[$Hg(SCN)_2$]，称准至 0.001 g，置于 250 mL 烧杯中，加 30 mL 无水乙醇，在不断搅拌下，再加 150 mL 温水，使之溶解。然后，将溶液过滤至 200 mL 容量瓶中，用水稀释至刻度，摇匀。

4.6 氯化钠标准溶液：0.1 mg/ mL。

称取预先在 500℃～600℃灼烧至恒重的氯化钠基准试剂 0.1 g，精确到 0.000 1 g，置于烧杯中，加入少量水溶解，再将溶液全部移入 1 000 mL 容量瓶中，用水稀释至刻度，摇匀。

4.7 氯化钠标准溶液：0.01 mg/ mL。

吸取 20.0 mL 氯化钠标准溶液(4.6)，置于 200 mL 容量瓶中，用水稀释至刻度，摇匀。

4.8 酚酞指示溶液：10 g/L。

5 仪器和设备

一般实验室仪器和分光光度计。

6 分析步骤

6.1 标准曲线的绘制

6.1.1 标准比色溶液的配制

依次吸取 0.0 mL，2.0 mL，4.0 mL，6.0 mL，8.0 mL，10.0 mL，12.0 mL，15.0 mL 氯化钠标准溶液(4.7)，分别置于 50 mL 容量瓶中，然后，在每个容量瓶中依次加入 5 mL 硝酸(4.1)、5 mL 硝酸铁溶液(4.4)和 20 mL 硫氰酸汞溶液(4.5)，用水稀释至刻度，摇匀，静置 30 min 显色。

6.1.2 标准比色溶液吸光度的测定

用分光光度计，于波长 450 nm 处，以水调整分光光度计零点，选用 4 cm 或 5 cm 吸收池进行吸光度的测定。

6.1.3 标准曲线的绘制

以 50 mL 标准比色溶液中氯化钠的质量(mg)为横坐标，与其对应的吸光度为纵坐标，扣除空白溶液的吸光度，绘制标准曲线。

6.2 试样溶液的制备

6.2.1 称取相当于 20 g 氢氧化钠的固体或液体实验室样品，称准至 0.01 g，用水溶于 200 mL 容量瓶中，稀释至刻度。摇匀。

6.2.2 当 50 mL 标准比色溶液中氯化钠的质量大于 0.15 mg 时，吸取 6.2.1 中试样溶液，稀释适当倍数，测定按 6.4 操作。计算结果依据试样溶液的稀释倍数，式(1)乘以相应的稀释倍数。

6.3 空白试验

空白试验与试样测定同时进行，其测定程序和所用试剂量均与测定试样时相同，只是不加试样溶液及中和试样时用的硝酸。

6.4 测定

吸取 10.0 mL 试样溶液(6.2)，置于 50 mL 容量瓶中，加 1～2 滴酚酞(4.8)作指示剂，在水中边摇边慢慢加入硝酸(4.1)中和，冷却至室温后，加 5.0 mL 硝酸(4.1)、5.0 mL 硝酸铁溶液(4.4)和20.0 mL 硫氰酸汞溶液(4.5)，用水稀释至刻度，摇匀，静置 30 min 显色，以下按 6.1.2 规定进行。

7 结果计算

氯化钠的质量分数 w，数值以%表示，按式(1)计算：

$$w = \frac{m_1 \times 10^{-3}}{m_0 \times (10/200)} \times 100 = \frac{2m_1}{m_0} \qquad \cdots\cdots(1)$$

式中：

m_0——试样质量的数值，单位为克(g)；

m_1——由标准曲线获得与所测试样吸光度相对应的氯化钠质量的数值，单位为毫克(mg)。

8 允许差

平行测定结果之差的绝对值：氯化钠含量小于或等于 0.007%时，不应超过 0.000 5%；氯化钠含量大于 0.007%时，不应超过 0.001%。取其平均值为测定结果。

9 试验报告

试验报告应包括以下内容：

a) 识别测试样品所需的全部信息；

b) 使用的标准；

c) 试验结果，包括各单次试验结果和它们的算术平均值；

d) 与规定的分析步骤的差异；

e) 试验中观察到的异常现象说明；

f) 试验日期。

附 录 A
（资料性附录）
处理废液的方法

为了防止含汞废液的污染，应将汞量法测定氯化钠后所得的废液进行处理。

A.1 原理

在碱性介质中，用过量的硫化钠沉淀汞，用过氧化氢氧化过量的硫化钠，防止汞以多硫化物的形式溶解。

A.2 操作步骤

将废液收集于约 50 L 的容器中，当废液量达 40 L 左右时，依次加入 400 mL 40％工业氢氧化钠溶液、100 g 硫化钠（$Na_2S \cdot 9H_2O$），搅匀。10 min 后慢慢加入 400 mL 30％过氧化氢溶液，充分混合，放置 24 h 后将上部清液排入废水中，沉淀物转入另一容器中，回收。

A.3 硫化汞的说明

硫化汞（又名辰砂）沉淀物的溶度积常数为 3×10^{-52}，可认为它不溶于水，对人体本身无害。

ICS 77.140.50
H 46

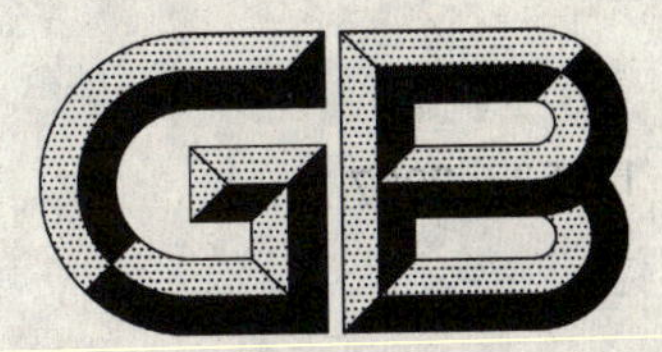

中华人民共和国国家标准

GB/T 11253—2007
代替 GB/T 11253—1989

碳素结构钢冷轧薄钢板及钢带

Cold-rolled sheets and strips of carbon structural steels

(ISO 4997:1999 Cold-reduced carbon steel sheet of structural quality,NEQ)

2007-10-25 发布　　2008-04-01 实施

中华人民共和国国家质量监督检验检疫总局
中国国家标准化管理委员会　发布

前　言

本标准与 ISO 4997:1999《结构级碳素钢冷轧薄钢板》的一致性程度为非等效。

本标准代替 GB/T 11253—1989《碳素结构钢和低合金结构钢冷轧薄钢板及钢带》。与原标准相比,主要变化如下:

——厚度范围修改为不大于 3 mm;

——增加了订货内容;

——增加了钢板及钢带表面涂油供货状态及要求;

——修改了钢的牌号和化学成分;

——修改了测量断后伸长率的标距,并重新设置了断后伸长率;

——钢带的表面质量进行分级,允许不正常部分由 8%减少为 6%。

本标准由中国钢铁工业协会提出。

本标准由全国钢标准化技术委员会归口。

本标准主要起草单位:鞍钢股份有限公司、冶金工业信息标准研究院、广东出入境检验检疫局。

本标准主要起草人:王越、王晓虎、陈玥、朴志民、李成明。

本标准 1989 年首次发布。

碳素结构钢冷轧薄钢板及钢带

1 范围

本标准规定了碳素结构钢冷轧薄钢板及钢带的订货内容、尺寸、外形、重量及允许偏差、技术要求、试验方法、检验规则、包装、标志和质量证明书等。

本标准适用于厚度不大于 3 mm,宽度不小于 600 mm 的碳素结构钢冷轧薄钢板及钢带(以下简称钢板及钢带)。单张冷轧钢板亦可参照执行。

2 规范性引用文件

下列文件中的条款通过本标准的引用而成为本标准的条款。凡是注日期的引用文件,其随后所有的修改单(不包括勘误的内容)或修订版均不适用于本标准,然而,鼓励根据本标准达成协议的各方研究是否可使用这些文件的最新版本。凡是不注日期的引用文件,其最新版本适用于本标准。

GB/T 222 钢的成品化学成分允许偏差

GB/T 223.3 钢铁及合金化学分析方法 二安替比林甲烷磷钼酸重量法测定磷量

GB/T 223.10 钢铁及合金化学分析方法 铜铁试剂分离-铬天青 S 光度法测定铝含量

GB/T 233.11 钢铁及合金化学分析方法 过硫酸铵氧化容量法测定铬量

GB/T 223.18 钢铁及合金化学分析方法 硫代硫酸钠分离-碘量法测定铜量

GB/T 223.19 钢铁及合金化学分析方法 新亚铜灵-三氯甲烷萃取光度法测定铜量

GB/T 223.24 钢铁及合金化学分析方法 萃取分离-丁二酮肟分光光度法测定镍量

GB/T 223.32 钢铁及合金化学分析方法 次磷酸钠还原-碘量法测定砷量

GB/T 223.37 钢铁及合金化学分析方法 蒸馏分离-靛酚蓝光度法测定氮量

GB/T 223.58 钢铁及合金化学分析方法 亚砷酸钠-亚硝酸钠滴定法测定锰量

GB/T 223.59 钢铁及合金化学分析方法 锑磷钼蓝光度法测定磷量

GB/T 223.60 钢铁及合金化学分析方法 高氯酸脱水重量法测定硅含量

GB/T 223.63 钢铁及合金化学分析方法 高碘酸钠(钾)光度法测定锰量

GB/T 223.64 钢铁及合金化学分析方法 火焰原子吸收光谱法测定锰量

GB/T 223.68 钢铁及合金化学分析方法 管式炉内燃烧后碘酸钾滴定法测定硫含量

GB/T 223.71 钢铁及合金化学分析方法 管式炉内燃烧后重量法测定碳含量

GB/T 223.72 钢铁及合金化学分析方法 氧化铝色层分离-硫酸钡重量法测定硫量

GB/T 228 金属材料 室温拉伸试验方法 GB/T 228—2002,eqv ISO 6892:1998)

GB/T 232 金属材料 弯曲试验方法(GB/T 232—1999,eqv ISO 7438:1985)

GB/T 247 钢板和钢带验收、包装、标志及质量证明书的一般规定

GB/T 708 冷轧钢板和钢带的尺寸、外形、重量及允许偏差

GB/T 2975 钢及钢产品 力学性能试验取样位置及试样制备(GB/T 2975—1998,eqv ISO 377:1997)

GB/T 4336 碳素钢和中低合金钢 火花源原子发射光谱分析方法(常规法)

GB/T 17505 钢及钢产品交货一般技术要求(GB/T 17505—1998,eqv ISO 404:1992)

GB/T 20066 钢和铁 化学成分测定用试样的取样和制样方法(GB/T 20066—2006,ISO 14284:1996,IDT)

3 分类及代号

3.1 钢板及钢带按表面质量分为：

较高级表面　FB

高级表面　FC

3.2 钢板及钢带按表面结构分为：

光亮表面　B:其特征为轧辊经磨床精加工处理。

粗糙表面　D:其特征为轧辊磨床加工后喷丸等处理。

4 订货内容

4.1 订货时，顾客应提供下列信息：

a) 标准编号；
b) 产品名称(钢板或钢带)；
c) 牌号；
d) 尺寸；
e) 尺寸及不平度精度；
f) 带卷尺寸(内径、外径)；
g) 重量；
h) 表面质量级别；
i) 边缘状态(切边 EC、不切边 EM)；
j) 包装方式；
k) 用途；
l) 特殊要求(本标准规定项目之外的要求等)。

4.2 如订货合同中未注明尺寸及不平度精度、表面质量级别、边缘状态和包装方式等信息，则本标准产品按普通级尺寸及不平度精度、较高级表面质量的切边钢板或钢带供货，并按供方提供的包装方式包装。

5 尺寸、外形、重量及允许偏差

钢板和钢带的尺寸、外形、重量及允许偏差应符合 GB/T 708 的规定。

6 技术要求

6.1 牌号和化学成分

6.1.1 钢的牌号和化学成分(熔炼分析)应符合表1规定。

表 1

牌号	化学成分(质量分数)/%，不大于				
	C	Si	Mn	P[a]	S
Q195	0.12	0.30	0.50	0.035	0.035
Q215	0.15	0.35	1.20	0.035	0.035
Q235	0.22	0.35	1.40	0.035	0.035
Q275	0.24	0.35	1.50	0.035	0.035

a 经需方同意，P为固溶强化元素添加时，上限应不大于0.12%。

6.1.1.1 当采用铝脱氧时,钢中酸溶铝含量应不小于0.015%,或总铝含量应不小于0.020%。

6.1.1.2 钢中残余元素铬、镍、铜含量应各不大于0.30%,氮含量应不大于0.008%。如供方能保证,均可不做分析。

6.1.1.2.1 氮含量允许超过6.1.1.2的规定值,但氮含量每增加0.001%,磷的最大含量应减少0.005%,熔炼分析氮的最大含量应不大于0.012%;如果钢中的酸溶铝含量不小于0.015%或总铝含量不小于0.020%,氮含量的上限值可以不受限制。固定氮的元素应在质量证明书中注明。

6.1.1.3 钢中砷的含量应不大于0.080%。用含砷矿冶炼生铁所冶炼的钢,砷含量由供需双方协议规定。如原料中不含砷,可不做砷的分析。

6.1.1.4 在保证钢材力学性能符合本标准规定情况下,各牌号碳、锰、硅含量可以不作为交货条件,但其含量应在质量证明书中注明。

6.1.1.5 成品钢材的化学成分允许偏差应符合GB/T 222的规定。

氮含量允许超过规定值,但应符合6.1.1.2.1的要求,成品分析氮含量的最大值应不大于0.014%;如果钢中的铝含量达到6.1.1.2.1规定的含量,并在质量证明书中注明,氮含量上限值可不受限制。

6.2 冶炼方法

钢由氧气转炉或电炉冶炼,除非需方有特殊要求,并在合同中注明,冶炼方法一般由供方自行决定。

6.3 交货状态

6.3.1 钢板及钢带以退火后平整状态交货。经供需双方协议,亦可以其他热处理状态交货,此时力学性能由供需双方协议规定。

6.3.2 钢板及钢带通常涂油后供货,所涂油膜应能用碱性或其他常用的除油液去除。在通常的包装、运输、装卸及贮存条件下,供方应保证对涂油产品自出厂之日起6个月内不生锈。经供需双方协议并在合同中注明,也可不涂油供货。

6.4 力学性能

6.4.1 钢板及钢带的横向拉伸试验结果应符合表2的规定。

表2

牌号	下屈服强度 R_{eL}[a]/(N/mm²)	抗拉强度 R_m/(N/mm²)	断后伸长率/%	
			$A_{50\ mm}$	$A_{80\ mm}$
Q195	≥195	315~430	≥26	≥24
Q215	≥215	335~450	≥24	≥22
Q235	≥235	370~500	≥22	≥20
Q275	≥275	410~540	≥20	≥18

a 无明显屈服时采用 $R_{p0.2}$。

6.4.2 钢板及钢带应作180°弯曲试验,弯心直径应符合表3的规定。试样弯曲处的外面和侧面不应有肉眼可见的裂纹。

表3

牌号	弯曲试验[a,b]	
	试样方向	弯心直径 d
Q195	横	0.5 a
Q215	横	0.5 a
Q235	横	1 a
Q275	横	1 a

a 试样宽度 B≥20 mm,仲裁试验时 B=20 mm。

b a 为试样厚度。

6.4.3 如供方能保证其弯曲性能,可不进行该试验。

6.5 **表面质量**

6.5.1 钢板及钢带表面不得有气泡、裂纹、结疤、折叠和夹杂等对使用有害的缺陷。钢板及钢带不应有分层。

6.5.2 钢板及钢带各表面质量级别的特征如表4的规定。

表4

级别	名称	特征
FB	较高级表面	表面允许有少量不影响成型性的缺陷,如小气泡、小划痕、小辊印、轻微划伤及氧化色等允许存在
FC	高级表面	产品两面中较好的一面应对缺陷进一步限制,无目视可见的明显缺陷,另一面应达到FB表面的要求

6.5.3 对于钢带,在连续生产过程中,由于局部的表面缺陷不易发现和去除,因此允许带缺陷交货,但有缺陷部分应不超过每卷总长度的6%。

7 试验方法

7.1 每批钢板和钢带的检验项目、取样数量、取样方法及试验方法应符合表5的规定。

表5 检验项目、取样数量及试验方法

序号	检验项目	取样数量(个)	取样方法	试验方法
1	化学成分	1/每炉	GB/T 20066	GB/T 223、GB/T 4336
2	拉伸试验	1	GB/T 2975	GB/T 228
3	弯曲试验	1	GB/T 2975	GB/T 232

7.2 钢板和钢带的表面质量用肉眼检查。

8 检验规则

8.1 钢板和钢带的检查和验收由供方技术质量监督部门负责,需方有权按本标准或合同所规定的任一检验项目进行检查和验收。

8.2 钢板及钢带应成批验收,每批由同一牌号、同一炉号、同一规格和同一工艺制度的钢板及钢带组成,每批重量应不大于60 t。

8.3 钢板和钢带的复验和判定按GB/T 17505的规定。

9 包装、标志和质量证明书

钢板和钢带的包装、标志及质量证明书应符合GB/T 247的规定。钢板和钢带的质量证明书类型可按GB/T 18253的规定。

参 考 文 献

GB/T 18253 钢及钢产品检验文件的类型(GB/T 18253—2000,eqv ISO 10474:1991)

ICS 71.100.40
G 72

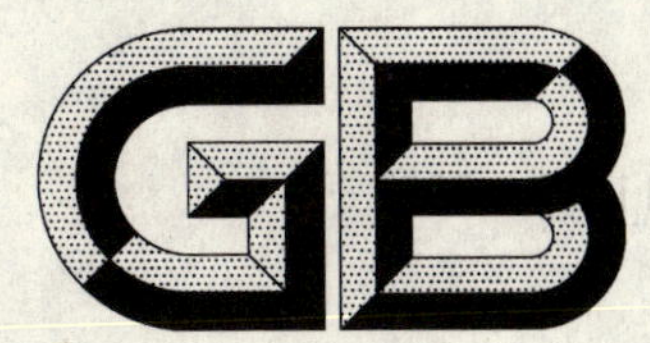

中华人民共和国国家标准

GB/T 11275—2007
代替 GB/T 7380—1995，GB/T 11275—1995

表面活性剂 含水量的测定

Surface active agents—Determination of water content

(ISO 4317:1991，Surface active agents—Determination of water content—Karl Fisher method，MOD)

2007-08-13 发布　　2008-02-01 实施

中华人民共和国国家质量监督检验检疫总局
中国国家标准化管理委员会　发布

前　言

本标准修改采用 ISO 4317:1991《表面活性剂和洗涤剂　含水量的测定　卡尔费休法》。

本标准经整合后同时代替 GB/T 7380—1995《表面活性剂和洗涤剂　含水量的测定　卡尔费休法》和 GB/T 11275—1995《表面活性剂和肥皂　含水量的测定　共沸蒸馏法》。

本标准根据 ISO 4317:1991《表面活性剂和洗涤剂　含水量的测定　卡尔费休法》重新起草，为了方便比较，在附录 B 中列出本国家标准与国际标准条款的对照表。有关技术性差异已编入正文中并在它们所涉及的条款页边空白处用垂直单线标记。

本标准与 GB/T 7380—1995 和 GB/T 11275—1995 相比较，主要差异如下：

——增加了前言；

——标准名称规范为《表面活性剂　含水量的测定》；

——合并了两个国家标准的相同内容章节；

——原标准为等同采用，现为修改采用 ISO 4317:1991。

本标准与 ISO 4317:1991 相比较，主要差异如下：

——增加了表面活性剂　含水量的测定　共沸蒸馏法的方法。

本标准的附录 A 为规范性附录，附录 B 为资料性附录。

本标准由中国石油和化学工业协会提出。

本标准由化学工业表面活性剂标准化技术委员会归口。

本标准起草单位：上海染料研究所有限公司、浙江皇马化工集团。

本标准起草人：黄伟卿、孟照平、庄永斌、曹丹。

本标准自实施之日起同时代替 GB/T 7380—1995 和 GB/T 11275—1995。

本标准分别于 1987 年和 1989 年首次发布，1995 年第一次分别修订。

表面活性剂　含水量的测定

1　范围

本标准规定了表面活性剂含水量测定方法。含水量(质量分数)大于5%的粉状、浆状和液状的产品可采用二甲苯共沸蒸馏法。但共沸蒸馏法不适用含水溶性挥发物的产品,例如含有乙醇的产品。含水量(质量分数)小于1%的粉状、浆状和液状的产品卡尔·费休法是唯一可采用的方法。但试样含有碱性化合物如硅酸盐、碳酸盐、氢氧化物和硼酸盐,将会影响测定值,因而测定前应分析试样中的碱性化合物。

2　规范性引用文件

下列文件中的条款通过本标准的引用而成为标准的条款。凡是注日期的引用文件,其随后所有的修改单(不包括勘误的内容)或修订版均不适用于本标准,然而,鼓励根据本标准达成协议和各方研究是否可使用这些文件的最新版本。凡是不注日期的引用文件,其最新版本适用于本标准。

GB/T 6372　表面活性剂和洗涤剂　样品分样法(GB/T 6372—2006,ISO 607:1980,IDT)

GB/T 6682　分析实验室用水规格和试验方法(GB/T 6682—1992,neq ISO 3696:1987)

3　术语和定义

下列术语和定义适用于本标准。

含水量　water content

试样中的游离水、结晶水、吸附水或吸留水的量,按照耗用卡尔·费休试剂的量计算,并以质量分数表示。

4　原理

4.1　卡尔·费休法

试样中的水与卡尔·费休试剂中的碘和二氧化硫反应,卡尔·费休试剂事先以精确已知量的水用滴定法标定。由试剂的用量计算出含水量的质量分数。

$H_2O+I_2+SO_2+3C_5H_5N \rightarrow 2C_5H_5N \cdot HI+C_5H_5N \cdot SO_3$

$C_5H_5N \cdot SO_3+CH_3OH \rightarrow C_5H_5NH \cdot OSO_2OCH_3$

4.2　共沸蒸馏法

试样中的水与沸腾的二甲苯或石油共沸蒸馏,含水量以质量分数表示。

5　试剂和材料

5.1　蒸馏水:GB/T 6682 中规定的二级水;

5.2　无水甲醇:分析纯;

5.3　卡尔·费休试剂;

注:若已表明是适用的,则可以使用无吡啶试剂(试验报告中注明)。

5.3.1　含吡啶卡尔·费休试剂;

5.3.2　无吡啶卡尔·费休试剂;

5.4　酒石酸钠或草酸:分析纯;

5.5 二甲苯或石油(沸程 180℃～220℃):分析纯。

注:二甲苯是一种有毒溶剂,必须遵循有毒溶剂的安全规定进行操作。

6 仪器和设备

6.1 微量水分测定仪,全自动或半自动,由下列部分组成:

6.1.1 双铂电极滴定装置;

6.1.2 20 mL 活塞滴定管;

6.1.3 含活性硅胶、氯化钙或高氯酸镁的干燥管;

6.1.4 滴定器皿;

6.1.5 磁力搅拌装置。

6.2 微量注射器:容量 50 μL。

6.3 容量瓶:容量 100 mL。

6.4 移液管:容量 20 mL。

6.5 烧瓶:最小容量 500 mL,配有磨口玻璃接头。

6.6 收集量筒:容量 2 mL 或 10 mL;

2 mL 收集量筒的分度为 0.1 mL,最大误差 0.05 mL;

10 mL 收集量筒在 1 mL 以上的分度为 0.2 mL,最大误差 0.1 mL。

6.7 回流冷凝器:与烧瓶及收集量筒连接。使用前,除去收集量筒和回流冷凝器的内管上所有的痕量脂肪物。例如相继用铬酸硫酸混合液、蒸馏水和丙酮洗涤,然后干燥。充分洗净仪器是试验成功的关键。

7 测定

按 GB/T 6372 规定制备和贮存表面活性剂的实验样品。

7.1 卡尔·费休法

7.1.1 卡尔·费休法试剂水当量的标定

分析前标定试剂的水当量。在反应瓶中加入一定体积(浸没电极 2 mm～3 mm)无水甲醇,在搅拌下用卡尔·费休试剂滴定至读数稳定 30 s 不变为终点(不记录所耗用卡尔·费休试剂的体积)。

用微量注射器从进样口注入蒸馏水 0.04 g(精确至 0.000 1 g)或称取 200 mg～250 mg(精确至 0.000 1 g)酒石酸钠或草酸于反应瓶中,重新滴定至终点,并记录所耗用卡尔·费休试剂的体积。

按式(1)或式(2)计算水当量 T 的值:

$$T=\frac{m_1\times 1\,000}{V_1} \qquad \cdots\cdots(1)$$

或

$$T=\frac{m_0\times w}{100V_1} \qquad \cdots\cdots(2)$$

式中:

m_1——水的质量,单位为克(g);

V_1——滴定所耗用卡尔·费休试剂的体积,单位为毫升(mL);

T——卡尔·费休试剂的水当量,单位为毫克每毫升(mg/mL);

m_0——酒石酸钠或草酸的质量,单位为毫克(mg);

w——酒石酸钠含水量 15.66 或草酸含水量 28.57,以质量分数表示。

7.1.2 试样制备

若试样含水量(质量分数)低于1%,则称取5 g～10 g(精确至0.001 g)相当于含10 mg～50 mg水的试样。

若试样中含水量(质量分数)高于1%,则称取1 g～5 g(精确至0.001 g)置于容量瓶中,加入无水甲醇并稀释至刻度,剧烈振摇,使样品中的水溶解,静置,使不溶盐沉淀瓶底,用移液管吸取相当于10 mg～50 mg水的上层甲醇溶液。

试样含水量(质量分数)高于1%时,须用卡尔·费休试剂滴定无水甲醇中的水分,然后扣除。

7.1.3 含水量的测定

在反应瓶中加入一定体积(浸没电极2 mm～3 mm)无水甲醇,在搅拌下用卡尔·费休试剂滴定至终点(不记录所耗用卡尔·费休试剂的体积)。迅速加入试样于反应瓶中,搅拌溶解,滴定至终点,记录所耗用卡尔·费休试剂的体积。

7.1.4 结果的表示

含水量的质量分数以 X 计,数值用%表示,按式(3)计算:

$$X = \frac{TV_2}{m_2 \times 10} \qquad (3)$$

式中:

m_2——试样的质量,单位为克(g);

V_2——滴定所耗用卡尔·费休试剂的体积,单位为毫升(mL);

T——卡尔·费休试剂的水当量,单位为毫克每毫升(mg/mL)。

7.1.5 重复性

相同试样,同一分析者相继测定两次结果之差,应不大于平均值的6%(质量分数)。

7.1.6 再现性

相同试样,在两个不同实验室中测得结果之差,应不大于平均值的10%(质量分数)。

7.2 共沸蒸馏法

若用二甲苯时,本操作必须在通风橱内进行。

7.2.1 称样

称取10 g～50 g试样,精确至0.01 g。放入烧瓶中,选取试样量以使收集量筒在试验终了时至少充满50%(体积分数)为准。

7.2.2 测定

向试样中加100 mL～300 mL二甲苯或石油和一种无水的防爆沸剂,例如瓷碎片。将烧瓶和装置的其余部分连接。逐步加热至沸,继续沸腾直至二甲苯或石油馏出液变清(每秒回流2滴或3滴)而不再有水分离出来。

如有水滴沾着于管壁,在蒸馏时或蒸馏后,用一根螺旋丝驱赶并用5 mL二甲苯或石油冲洗下来。

如有泡沫干扰测定,可加入少量无水烷烃或油酸至烧瓶,消除泡沫。静置,直至水已完全分出,无残余乳化层。读出收集量筒内的水在参考温度20℃时的体积。

7.2.3 结果表示

含水量的质量分数以 w 计,数值用%表示,按式(4)计算:

$$w = V \frac{100}{m} \qquad (4)$$

式中:

V——收集量筒内水层的体积,单位为毫升(mL);

m——试样的质量,单位为克(g)。

7.2.4 再现性

相同的试样在两个不同实验室所测的结果之差应不大于1%(质量分数)。

8 试验报告

试验报告应包括以下内容:

a) 完全鉴别样品所需的全部资料;

b) 所用参考方法、溶剂类型、卡尔·费休试剂类型;

c) 所得结果及表示方法;

d) 试验条件;

e) 本标准中及参考标准中未包括的,任选的所有操作细节均会影响结果的人和操作细节。

附　录　A
（规范性附录）
卡尔·费休试剂（含吡啶）制备

将670 mL无水甲醇置于具磨口玻璃塞且干燥的1 L的棕色瓶中，加入约85 g碘，盖上瓶盖，摇动瓶子直止碘完全溶解。再加入约270 mL吡啶，每公斤吡啶水量不超过500 mg，由于反应是放热的，应冷却保持瓶子温度在0℃左右。

溶解65 g二氧化硫确保液体温度不超过20℃，制备方法如下：

引入二氧化硫的附加装置及与大气相通的一根小毛细管取代磨口玻璃塞（附加装置为具有温度计及玻璃导管的软木塞，温度计及进气管位于瓶子底部约10 mm处）。将整个装置和冷却浴称重（精确至1 g），通过软管使二氧化硫钢瓶与填充有干燥剂的干燥管及进气管连接，缓慢打开二氧化硫钢瓶。调节二氧化硫流速，使二氧化硫气体全部吸收，但液体不升溢至进气管，逐渐增加皮重保持天平平衡，确保液体温度不超过20℃。当质量增加至65 g时，就关闭钢瓶开关。立即移去软管，再次称重瓶子、冰浴和进气管总量，二氧化硫的质量应为60 g～70 g。盖上瓶盖，混匀，放置24 h后使用。此时水当量为（3.5～4.3）mg/mL。

附 录 B
（资料性附录）
本标准章条编号与 ISO 4317:1991 章条编写对照

表 B.1 给出了本标准章条编号与 ISO 4317:1991 章条编号对照一览表。

表 B.1 本标准章条编号与 ISO 4317:1991 章条编号对照

本标准章条编号	对应的国际标准章条编号
1	1
2	2
3	3
4	4
4.2	无(系增加部分)
5	5
5.5	无(系增加部分)
6	6
6.5/6.6/6.7	无(系增加部分)
7	7
7.1	8.1
7.1.2	8.2
7.1.3	8.3
7.1.4	9
7.1.5	10.1
7.1.6	10.2
7.2	无(系增加部分)
8	11
附录 A	附录 A
附录 B	无(系增加部分)
无	附录 B

ICS 71.100.40
G 72

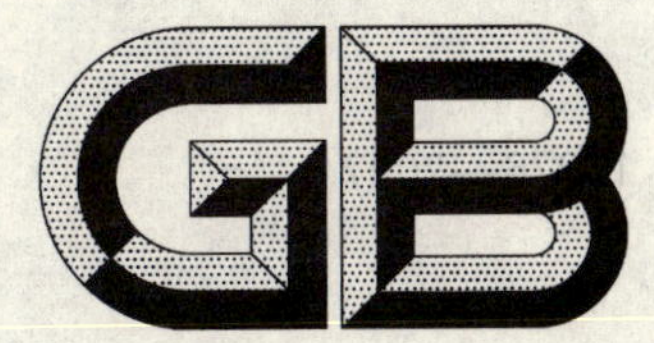

中华人民共和国国家标准

GB/T 11276—2007
代替 GB/T 11276—1989,GB/T 11278—1989

表面活性剂 临界胶束浓度的测定

Surface active agents—Determination of the critical micellization concentration

2007-08-13 发布 2008-02-01 实施

中华人民共和国国家质量监督检验检疫总局
中国国家标准化管理委员会 发布

前言

本标准中反离子活度测量法对应于ISO 6840:1982《阳离子表面活性剂的氢氧化物和氢溴化物临界胶束浓度的测定 反离子活度测量法》,与ISO 6840:1982的一致性程度为非等效;圆环测定表面张力法对应于ISO 4311:1979《阴离子和非离子表面活性剂 临界胶束浓度的测定 用平板或圆环测量表面张力的方法》,与ISO 4311:1979的一致性程度为非等效。

本标准经整合后同时代替GB/T 11276—1989《阳离子表面活性剂(氢氧化物和氢溴化物) 临界胶束浓度的测定 反离子活度测量法》和GB/T 11278—1989《阴离子和非离子表面活性剂 临界胶束浓度的测定 圆环测定表面张力法》。

本标准与GB/T 11276—1989和GB/T 11278—1989相比较主要差异如下:

——标准名称规范为《表面活性剂 临界胶束浓度的测定》;

——将两个国家标准中相同内容合并成一个章节;

——增加了前言。

本标准由中国石油和化学工业协会提出。

本标准由化学工业表面活性剂标准化技术委员会归口。

本标准起草单位:上海染料研究所有限公司。

本标准起草人:庄永斌、曹丹。

本标准于1989年首次发布。

表面活性剂　临界胶束浓度的测定

1　范围

本标准规定了表面活性剂临界胶束浓度的测定。

本标准中反离子活度测量法适用于阳离子表面活性剂临界胶束浓度的测定；圆环测定表面张力法适用于阴离子和非离子表面活性剂临界胶束浓度的测定。

2　规范性引用文件

下列文件中的条款通过本标准的引用而成为标准的条款。凡是注日期的引用文件，其随后所有的修改单(不包括勘误的内容)或修订均不适用于本标准，然而，鼓励根据本标准达成协议和各方研究是否可使用这些文件的最新版本。凡是不注日期的引用文件，其最新版本适用于本标准。

GB/T 5549　表面活性剂　用拉起液膜法测定表面张力(neq ISO 304:1985)

GB/T 6372　表面活性剂和洗涤剂　样品分样法(GB/T 6372—2006,ISO 607:1977,IDT)

3　术语和定义

3.1

胶束　micelle

在高于一定临界胶束浓度的表面活性剂溶液中由分子或离子组成的聚集体。

3.2

临界胶束浓度(C. M. C)　critical micellization concentration

表面活性剂在溶液中的特定浓度，实际上是在一个窄的温度范围内。在高于此特定浓度时，胶束的出现和增大会引起浓度和溶液的某些物理性质之间关系的突然变化。

3.3

克拉夫特(Krafft)温度　Krafft temperature

离子型表面活性剂溶解度陡增时的温度，实际上是在一个窄的温度范围内，在此温度时，其溶解度等于临界胶束浓度(C. M. C)。

4　原理

4.1　阳离子表面活性剂临界胶束浓度测定

以多晶膜离子选择电极、参比电极组成的电池测定一系列浓度包括预期临界胶束浓度的电位值，根据电极电势与离子活度关系式——能斯特方程，得知相应的氯离子或溴离子活度，绘出电位值与浓度对数函数的图，临界胶束浓度相当曲线上的奇点。

4.2　阴离子和非离子表面活性剂临界胶束浓度的测定

测定一系列不同浓度的阴离子和非离子表面活性剂溶液的表面张力，其浓度包括临界胶束浓度。绘制以表面张力作纵坐标，溶液浓度的对数作横坐标的曲线，这曲线上的奇点即为临界胶束浓度。

5　试剂和材料

5.1　蒸馏水：符合实验室用水规格的三级水要求；

5.2　无水乙醇：化学纯；

5.3　氯化钾：分析纯；

5.4 溴化钾:分析纯;

5.5 硝酸钾:分析纯;

5.6 氯化钾标准溶液:$c(KCl)=10^{-4}$ mol/L～10^{-2} mol/L;

5.7 溴化钾标准溶液:$c(KBr)=10^{-4}$ mol/L～10^{-2} mol/L。

6 仪器和设备

6.1 温度计:0℃～100℃;

6.2 低型烧杯:容量 250 mL;

6.3 容量瓶:容量 250 mL、500 mL;

6.4 表面皿:直径 ϕ90 mm;

6.5 移液管:容量 1 mL、5 mL、10 mL、50 mL;

6.6 测定杯:直径 ϕ100 mm;

6.7 界面张力仪;

6.8 水浴锅:能控制溶液温度在±0.5℃以内;

6.9 多晶膜氯离子选择电极:对氯化物敏感(硫化银+氯化银);

6.10 多晶膜溴离子选择电极:对溴化物敏感(硫化银+溴化银);

6.11 参比电极:具有饱和硫酸钾溶液盐桥的汞-硫酸亚汞或双盐桥甘汞电极,后者用饱和硝酸钾溶液充满外盐桥;

注:如果盐桥含硫酸根离子,最浓和最稀表面活性剂溶液应与一些该盐桥溶液进行试验,应无沉淀被观察到,如果有沉淀产生,则须更换其他类型的盐桥。

6.12 电位计:量程扩大的高输入阻抗毫伏计,灵敏度 2 mV;

6.13 具夹套双层玻璃烧杯:盖具有适合插入二个电极和温度计的开口(见图 1);

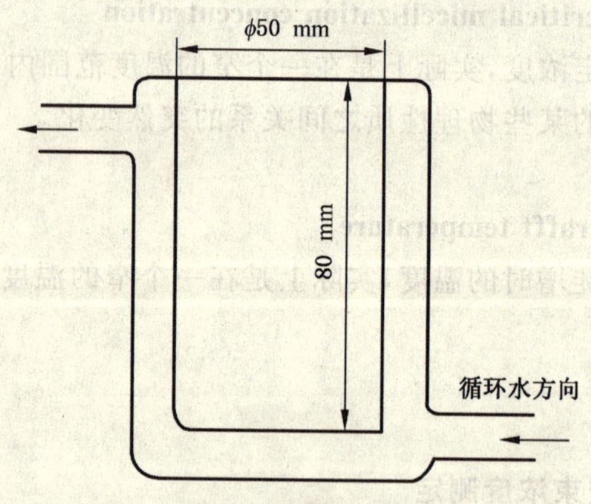

图 1 夹套双层玻璃烧杯

6.14 电磁搅拌器。

7 测定方法

按照 GB 6372 的规定制备和贮存表面活性剂实验室样品。

7.1 阳离子表面活性剂临界胶束浓度的测定反离子活度测量法

7.1.1 试液的配制

称取一定数量试样,准确至 0.000 1 g,溶解于热水,并将其在容量瓶中配制成比预期临界胶束浓度约浓 10 倍的溶液 500 mL,设此溶液浓度为 c,然后用逐级稀释法配制浓度为 $c/2$、$c/4$、$c/8$、$c/16$、$c/32$、$c/64$ 和 $c/128$ 的溶液各 200 mL。在测量前将上述一系列试样溶液放置于恒温控制水浴中,保持测定温度至少 1 h,但不得多于 3 h。

7.1.2 测量温度

为减少热效应和电滞后的影响，注意使电极、清洗水、标准溶液和试液的温度差异不大于0.5℃，测量温度应尽可能为20℃。

7.1.3 电位计的校准

按照制造厂的说明书操作，用标准氯化钾或溴化钾溶液校准装有多晶膜离子选择电极和参比电极的电位计。在开始测定前要有充分的时间来获得良好的电稳定性；注意参比电极的内液与大气压平衡，使其通过盐桥不受抑制；校正电位计零点，在正常测定情况下不再改变。

7.1.4 多晶膜离子选择电极的校准

将卤化物标准溶液由稀至浓（10^{-4} mol/L～10^{-2} mol/L）分别依次加入夹层玻璃烧杯中，然后在每份卤化物标准溶液中加入适量的离子强度调节剂，以电磁搅拌器搅拌，同时浸没电极，插入温度计，温度应控制为20℃±0.5℃，继续搅拌直至读数恒定（在1 mV差异之内），取最后读数前停止搅拌，绘制以电位值（mV）为纵坐标和卤离子浓度（mol/L）的对数函数为横坐标校准曲线图，验证卤离子浓度为测量电位严格线性函数，该直线的斜率即为电极的实际斜率，离子选择电极对一价离子理论斜率为59.16 mV，实际斜率达到理论斜率的70%以上可以看成电极处于它的线性范围内。

注：对于氯化钾标准溶液所加离子强度调节剂为硝酸钾；对于溴化钾标准溶液所加离子强度调节剂为硫酸钾，每100 mL卤化物标准溶液加离子调节剂为2 g。

7.1.5 标准卤化物溶液校准曲线的绘制

除不加离子强度调节剂外，其他操作皆同7.1.4，绘制以电位值为纵坐标和卤离子浓度的对数函数为横坐标的校正曲线图。

7.1.6 临界胶束浓度的测定

按照7.1.4相同的方式进行，配制溶液浓度为$c/2$、$c/4$、$c/8$、$c/16$、$c/32$、$c/64$、$c/128$的阳离子表面活性剂溶液，从稀至浓依次测定。

7.1.7 绘制曲线

绘制一个以电位值（mV）为纵坐标和以阳离子表面活性剂溶液浓度（g/L或mol/L）的对数为横坐标的曲线图，该图近似地相当于两条直线。

注1：测定未提纯的工业阳离子表面活性剂，浓度以g/L表示；测定提纯的阳离子表面活性剂，以mol/L表示。

注2：如果从绘制图中看出假定的临界胶束浓度估计不正确，则重新估计临界胶束浓度，配制新的一系列溶液，重新测定。

7.1.8 结果表示

7.1.7所绘制曲线图中两条直线交点相对应的横坐标之数值，即为被测阳离子表面活性剂的临界胶束浓度。

7.1.9 再现性

相同试样在两个不同实验室所得结果之差，应不大于求得的平均值的5%。

7.2 阴离子和非离子表面活性剂临界胶束浓度的测定圆环测定表面张力法

7.2.1 试液的配制

按照GB/T 5549中的3.1的有关规定进行。配制10个不同浓度的溶液，包括预期的临界胶束浓度。每一个溶液称重50 g，如浓度低于200 mg/L，用含有200 mg/L的储液稀释。对于较高浓度的试样，以溶解部分实验室样品配制。

7.2.2 清洗仪器

按GB/T 5549中的3.2有关规定进行。

7.2.3 仪器校正

按GB/T 5549中的3.3.1的有关规定进行。

7.2.4 临界胶束浓度的测定

7.2.4.1 测定方法

按 GB/T 5549 中的 3.3.2 的有关规定进行。

7.2.4.2 临界胶束浓度范围的近似测定

将水浴温度调整至所选择的测定温度。对于阴离子表面活性剂，若克拉夫特(Krafft)温度低于或等于 15℃，则在 20℃±1℃ 测定。若不是这种情况，则选择测定温度至少高于克拉夫特(Krafft)温度 5℃。对于非离子表面活性剂在 20℃±1℃测定。

盛有试样溶液的每只烧杯各用一块表面皿盖上，将烧杯置于控温的水浴中，静置 3 h 以上，方可按 GB/T 5549 中的 3.3.2 有关规定进行测定。

7.2.4.3 临界胶束浓度的测定

按 7.2.4.2 测得的结果，重新配制包括临界胶束浓度在内的 6 个很接近的不同浓度新鲜溶液。配制溶液不用搅拌器搅拌，用手旋动烧杯使其搅动，并小心不使其产生泡沫。在水浴中静置 3 h 以上，并在测定温度到达后方可按 GB/T 5549 中的 3.3.2 有关规定进行。

如果相同连续三次测定结果未出现任何渐进的有规则的变化，那么测定前的静置时间是足够的。每次变化浓度时，用无水乙醇冲洗圆环，然后用蒸馏水冲洗，才能进行测定。

7.2.4.4 绘制曲线

取表面张力值作纵坐标，以每克数表示的浓度对数作横坐标，绘制曲线。每个浓度测定值为三次连续测定的平均值，7.2.4.2 和 7.2.4.3 二次测定总共有十六个值出现在曲线上。然后用这条曲线求出临界胶束浓度。最好对一个预先测定过临界胶束浓度的溶液进行测定，以证实结果。

7.2.5 结果的表示

阴离子和非离子表面活性剂的临界胶束浓度，以每升克数表示。按 7.2.4.4 的有关规定绘制曲线，并将它与下面三张图中的任一张进行比较，在图上示出图 2、图 3、图 4。

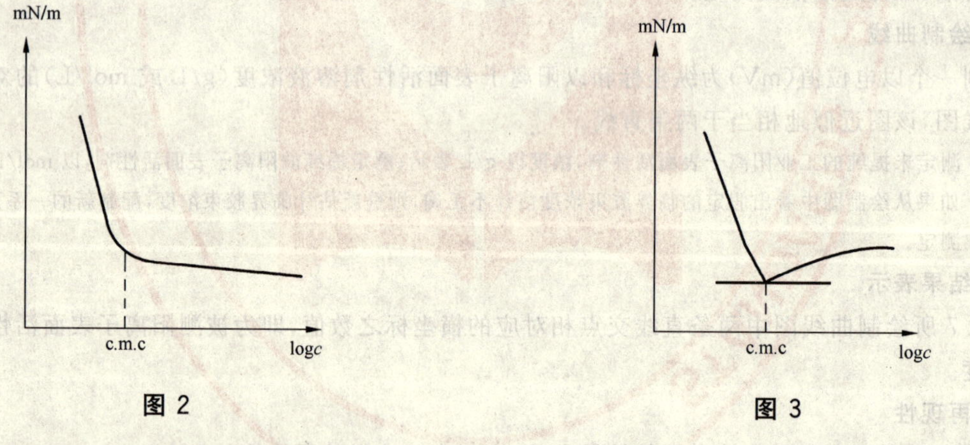

图 2　　图 3

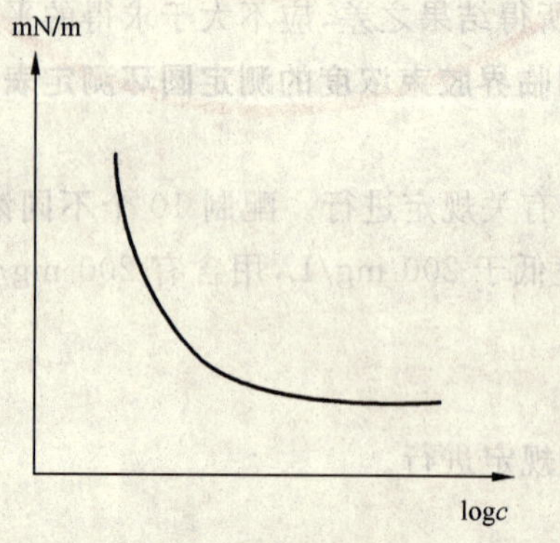

图 4

图 2——临界胶束浓度相当于曲线上斜率发生突变之点。

图 3——临界胶束浓度范围相当于曲线上表面张力明显低于较高浓度时的点。根据定义，横坐标上最小值即为临界胶束浓度范围。

图 4——实验上不能确定临界胶束浓度的范围。由于处理的错误或涉及到某种特殊现象导致无用的结果，推荐重新测定。若重新测定仍得不到最小值的曲线，说明该样品不能测得临界胶束浓度的范围。

7.2.6 再现性

相同的样品在两个不同的实验室中所得结果之差不大于所得平均值的10%。

8 试验报告

试验报告应包括如下项目：

a) 产品特性：尽可能详细写出其外观、纯度、活性物含量及相对分子量；

b) 溶解、稀释及测量电位时的温度；

c) 测定的浓度范围；

d) 作为卤离子浓度函数的电位值；

e) 所用电极的类型；

f) 以电位值作为浓度对数函数的曲线图；

g) 临界胶束浓度的数值；

h) 在本标准中未包括的任何操作，以及会影响结果的任何情况。

ICS 33.120.30
L 23

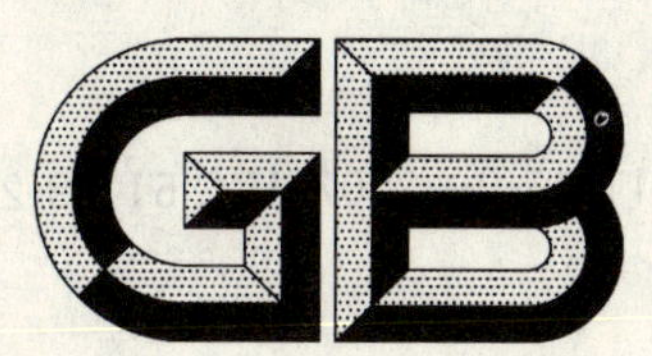

中华人民共和国国家标准

GB/T 11313.2—2007/IEC 61169-2:2001

射频连接器
第2部分:9.52型射频同轴连接器分规范

Radio-frequency connectors—
Part 2:Sectional specification—Radio frequency coaxial connectors for type 9.52

(IEC 61169-2:2001,IDT)

2007-06-29 发布　　　　2007-11-01 实施

中华人民共和国国家质量监督检验检疫总局
中国国家标准化管理委员会　发布

前 言

在《射频连接器》总标题下包括若干部分：

GB/T 11313—1996 射频连接器 第1部分：总规范 一般要求和试验方法(idt IEC 61169:1992)

GB/T 11313.2—2007 射频连接器 第2部分：9.52型射频同轴连接器分规范(IEC 61169-2:2001,IDT)

……

本部分等同采用IEC 61169-2:2001《射频连接器 第2部分：9.52型射频同轴连接器分规范》(英文版)。

为便于使用，本部分对IEC 61169-2:2001做了下列编辑性修改：

a) 删除IEC 61169-2:2001的前言；

b) 本部分的所有图形的制图方式均按我国相关制图规则进行了更改。

本部分由中华人民共和国信息产业部提出。

本部分由全国电子设备用高频电缆及连接器标准化技术委员会归口。

本部分起草单位：中国电子技术标准化研究所。

本部分主要起草人：吴正平、郭燕、韩飞。

射频连接器
第2部分:9.52型射频同轴连接器分规范

1 范围

本部分为GB/T 11313—1996的一个分规范,它规定了制定9.52型射频同轴连接器详细规范的内容和规则。

本部分也规定了2级通用连接器的界面尺寸、0级标准试验连接器的详细尺寸、标准规检测要求和从GB/T 11313—1996中选取的适用于所有9.52型连接器相关详细规范的强制性试验。

本部分为编写详细规范提供了应考虑的推荐性特性,并规定了试验一览表和检验要求。

2 规范性引用文件

下列文件中的条款通过本部分的引用而成为本部分的条款。凡是注日期的引用文件,其随后所有的修改单(不包括勘误的内容)或修订版均不适用于本部分,然而,鼓励根据本部分达成协议的各方研究是否可使用这些文件的最新版本。凡是不注日期的引用文件,其最新版本适用于本部分。

GB/T 11313—1996 射频连接器 第1部分:总规范 一般要求和试验方法(idt IEC 61196-1:1992)

3 界面尺寸

3.1 界面

3.1.1 尺寸

原始尺寸为公制,所有未标尺寸的图形结构仅供参考。

3.1.1.1 直插连接器(见图1)

单位为毫米

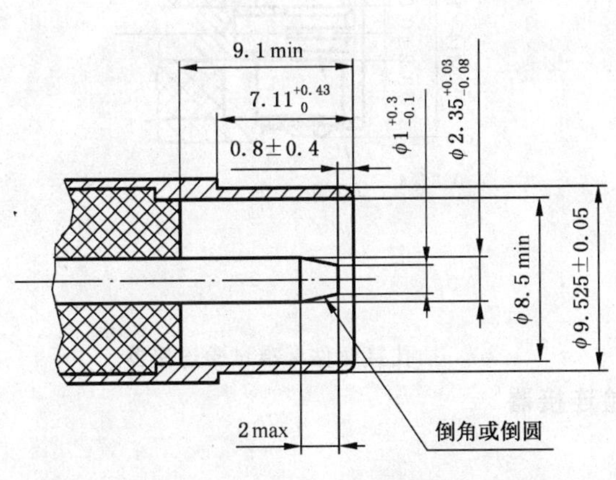

a) 插针接触件直插连接器

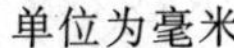

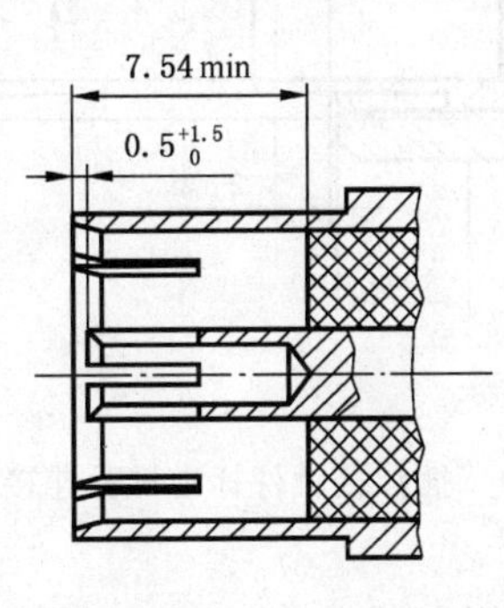

b) 插孔接触件直插连接器

图1 直插连接器

3.1.1.2 螺纹连接器(见图 2)

单位为毫米

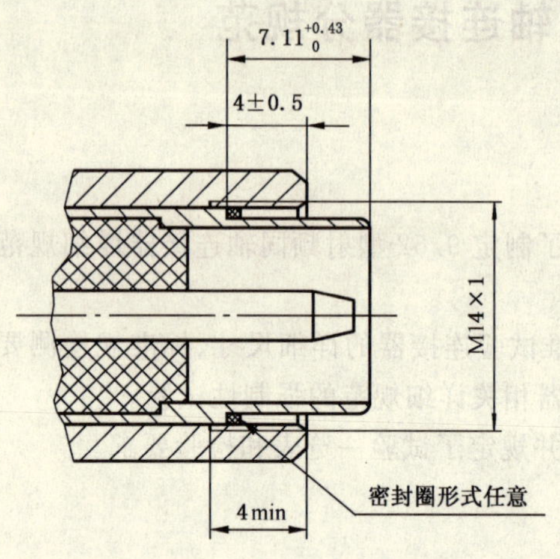

a) 插针接触件螺纹连接器

单位为毫米

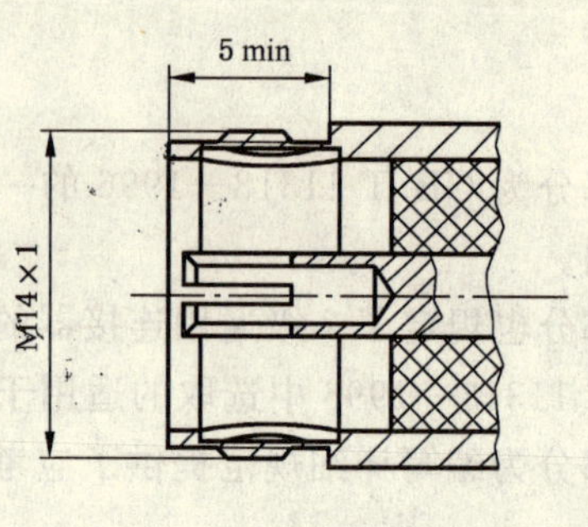

b) 插孔接触件螺纹连接器

图 2 螺纹连接器

3.1.1.3 标准试验连接器(见图 3)

单位为毫米

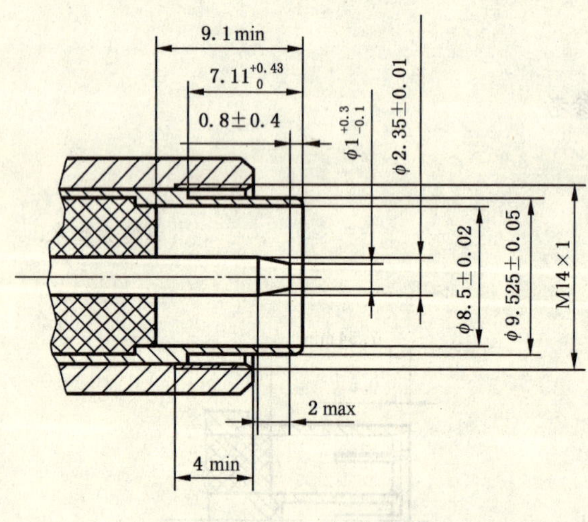

a) 插针接触件标准试验连接器

单位为毫米

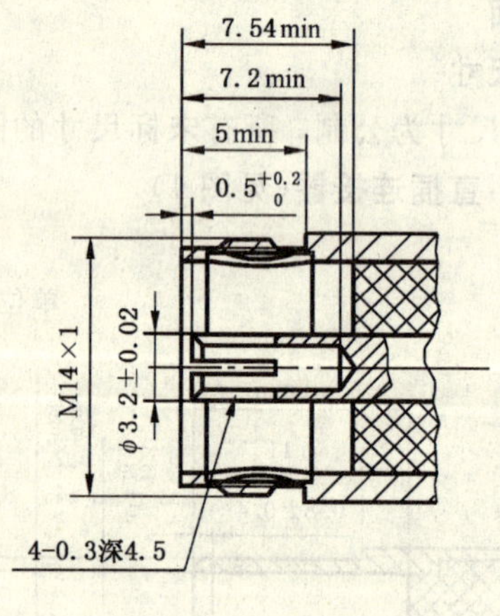

b) 插孔接触件标准试验连接器

图 3 标准试验连接器

3.2 机械试验标准规

原始尺寸为公制,所有未标尺寸的图形结构仅供参考。

3.2.1 插孔接触件连接器

3.2.1.1 弹性外接触件用标准规(见图 4)

单位为毫米

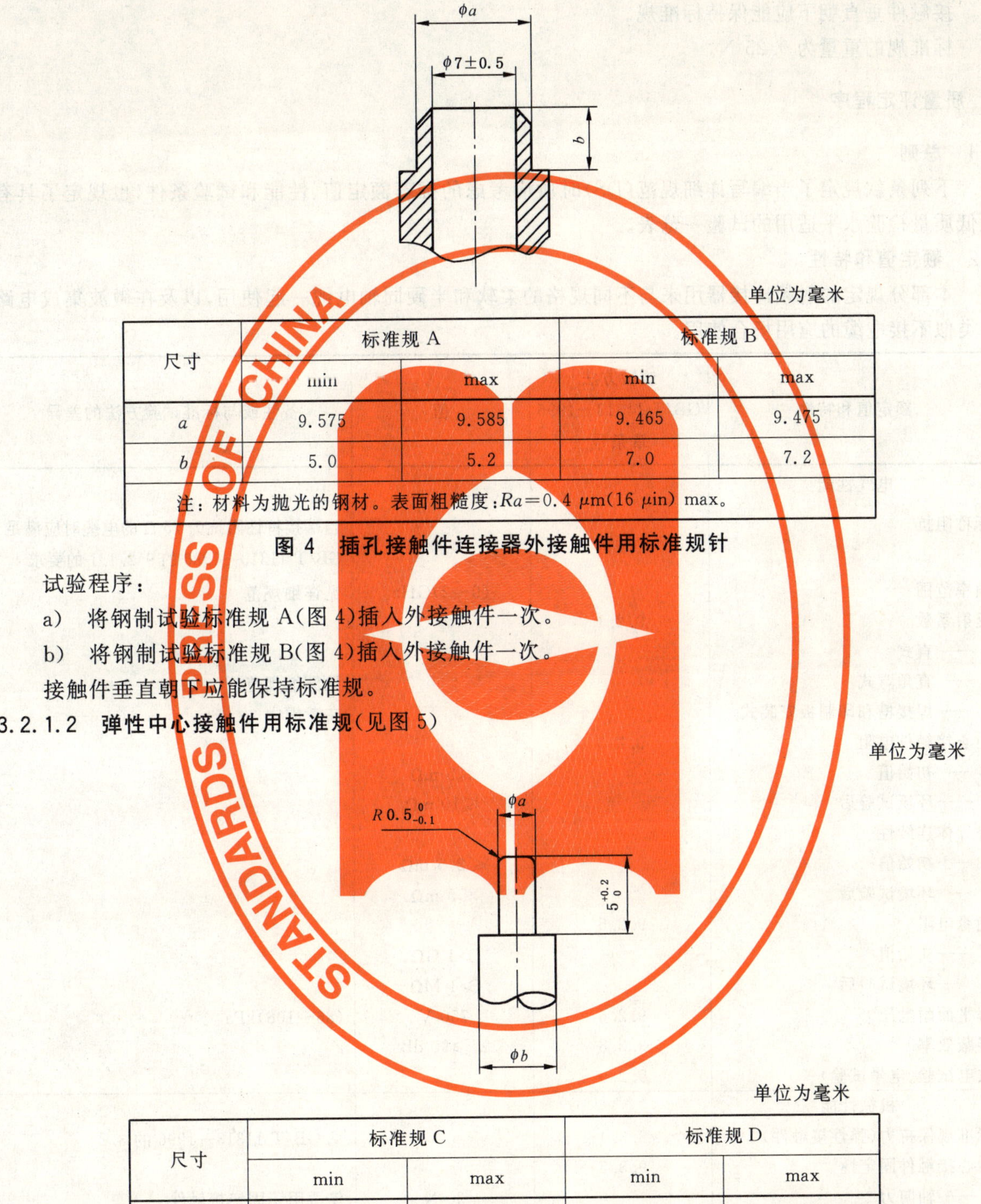

单位为毫米

尺寸	标准规 A		标准规 B	
	min	max	min	max
a	9.575	9.585	9.465	9.475
b	5.0	5.2	7.0	7.2
注：材料为抛光的钢材。表面粗糙度：Ra=0.4 μm(16 μin) max。				

图 4 插孔接触件连接器外接触件用标准规针

试验程序：

a) 将钢制试验标准规 A(图 4)插入外接触件一次。

b) 将钢制试验标准规 B(图 4)插入外接触件一次。

接触件垂直朝下应能保持标准规。

3.2.1.2 弹性中心接触件用标准规(见图 5)

单位为毫米

单位为毫米

尺寸	标准规 C		标准规 D	
	min	max	min	max
a	2.38	2.39	2.29	2.30
b	5	5	5	5
注：材料为抛光的钢材。表面粗糙度：Ra=0.4 μm(16 μin) max。				

图 5 插孔中心接触件用标准规

试验程序：

a) 钢制试验标准规 C(图 5)应只插入中心接触件一次。

b) 钢制试验标准规 D(图 5)应插入中心接触件。

接触件垂直朝下应能保持标准规。

标准规的重量为 0.25 N。

4 质量评定程序

4.1 总则

下列条款规定了当编写详细规范(DS)时所应考虑的推荐额定值、性能和试验条件，也规定了具有最低质量检验水平适用的试验一览表。

4.2 额定值和特性

本部分规定的射频连接器用来与不同规格的柔软和半硬同轴电缆一起使用，以及在微波集成电路和类似不接电缆的应用场合使用。

额定值和特性	试验方法 GB/T 11313—1996 章条号	值	备注或与标准试验方法的差异
电气性能			
标称阻抗			当端接特性阻抗为 75 Ω 的电缆时应满足 GB/T 11313—1996 的 9.2.1.1 的要求
频率范围		(0～2)GHz	见详细规范
反射系数	9.2.1		
——直式[a]		0.07	
——直角弯式			见详细规范
——焊接槽和印制板安装式			在考虑中
中心接触件电阻	9.2.3		
——初始值		≤5 mΩ	
——环境试验后		≤10 mΩ	
外导体连续性			
——初始值		≤2.5 mΩ	
——环境试验后		≤5 mΩ	
绝缘电阻	9.2.5		
——初始值		>1 GΩ	
——环境试验后		>1 MΩ	
海平面耐电压[b,c]	9.2.6	750 V	(86～106)kPa
屏蔽效率	9.2.8	a_s≥90 dB	Z_t
放电试验(电晕试验)	9.2.9	na	
机械性能			
标准规保持力(弹性接触件)	9.3.4		见 GB/T 11313—1996 的 3.2
中心接触件固定性	9.3.5		
——轴向力		30 N	仅适用于固定接触件
——力矩		na	
啮合力和分离力	9.3.6		适用于螺纹连接器
连接力矩			克服连接螺母摩擦力
——摩擦力		0.066 N·m max	
——正常值		(0.46～0.69) N·m	
——耐力矩		1.7 N·m	

表(续)

额定值和特性	试验方法 GB/T 11313—1996 章条号	值	备注或与标准试验方法的差异
电缆固紧装置的机械试验			
——电缆拉伸	9.3.8	120 N	
——电缆扭转	9.3.10	0.1 N·m	
连接机构抗张强度	9.3.11	300 N	
弯曲力矩(和剪切力)	9.3.12	2 N·m	相对于基准面
环境性能			
振　动	9.3.3	98 m/s^2,(10～500)Hz	
气候顺序	9.4.2	40/70/21	
密封	9.4.5	100 kPa·cm^3/h max	(100～110)kPa 压差
盐　雾	9.4.6	48 h	
耐久性			
机械耐久性	9.5	1 000 次插拔	
高温耐久性	9.6	1 000 h	

[a] 这些值适用于通用连接器,实际上,这些值会受到所用电缆的影响,详细规范中应给出有关值。

[b] 除非另有规定,电压都是(40～60)Hz 交流有效值。

[c] 有些与这些连接器配用的电缆的额定值低于本规范给出的值。

缩写:

na:不适用。

4.3 试验一览表和检验要求

4.3.1 交收试验

	试验方法 GB/T 11313—1996 章条号	评定水平 M(较高)				评定水平 H(较低)			
		试验要求	IL	AQL %	周期	试验要求	IL	AQL %	周期
A1 组									
外观检查	9.1.2	a	Ⅱ	1.0		a	S3	1.5	
B1 组									
外形尺寸	9.1.3.1	a	S4	0.40		a	S3	4.0	
机械互换性	9.1.3.3	a	Ⅱ	1.0	逐	a	S3	1.5	逐
啮合力和分离力	9.3.6	a	S4	0.40		a	S3	1.5	
标准规保持力(弹性接触件)	9.3.4	ia	Ⅱ	1.0	批	ia	S3	1.5	批
非气密封	9.4.5.1	ia	Ⅱ	0.65		ia	S3	1.0	
气密封	9.4.5.2	ia	Ⅱ	0.015	试	ia	S3	0.025	试
耐电压	9.2.6	a	S4	0.40		a	Ⅱ	4.0	
可焊性(零部件)	9.3.2.1.1	ia	S4	0.40	验	ia	S3	4.0	验
绝缘电阻	9.2.5	a	S4	0.40		a	S3	4.0	

注:符号、缩写和程序说明见 4.3.2。

4.3.2 周期试验

对于评定水平 H 和 M,没有 C 组试验。

	试验方法 GB/T 11313—1996 章条号	评定水平 M(较高)				评定水平 H(较低)			
		试验要求	样品数	每组允许失效数[a]	周期	试验要求	样品数	每组允许失效数[a]	周期
D1 组(d)			6	1	3a		3	1	3a
可焊性—连接器组件	9.3.2.1.1	ia				ia			
耐焊接热	9.3.2.1.2	ia				ia			
电缆固紧装置的机械试验									
——电缆旋转(挠动)	9.3.7.2	ia				ia			
——电缆拉伸	9.3.8	ia				ia			
——电缆弯曲	9.3.9	ia				ia			
——电缆扭转	9.3.10	ia				ia			
D2 组(d)			6	1	3a		3	1	3a
接触电阻、外导体和屏蔽连续性	9.2.3	a				a			
中心导体连续性(插合的电缆连接器)									
振动	9.3.3	a							
稳态湿热	9.4.3	a				a			
D3 组									
尺寸(零件和材料)	9.1.3.2	a	1[b]	1	3a	a	1[b]	1	3a
D4 组(d)			6	1	3a		3	1	3a
机械耐久性	9.5	a				a			
高温耐久性	9.6	a				a			
二氧化硫	9.4.8	na				na			
D5 组 (d)			6	1	3a		3	1	3a
反射系数	9.2.1	a				a			
屏蔽效率	9.2.8	a				a			
浸水	9.2.7	ia				ia			
D6 组 (d)			6	1	3a		3	1	3a
中心接触件固定性	9.3.5	a				a			
温度快速变化	9.4.4	na				na			
气候顺序	9.4.2	a				a			
D7 组 (d)									
耐溶剂和污染流体	9.7		1[c]		3a	ia	1[c]	1	3a

a 对于鉴定批准(QA),评定水平 H 的 D1～D7 组总共只允许两次失效，评定水平 M 的 D1～D7 组总共只允许一次失效。

b 除非使用同样的零部件,否则每种型号和规格均要求一套产品。

c D7 组每种溶剂连接器对的数量。

缩写:

a:适用;

ia:要求的试验(适用时);

na:不适用;

IL:检验水平;

AQL:可接受质量水平;

(d):破坏性试验——试验样品不能返回库存。

4.4 程序

4.4.1 质量一致性检验

它包括以逐批为基础的 A1 组和 B1 组试验。

4.4.2 鉴定批准及其维持

这包括通过 A1 和 B1 组试验的三个连续的批，及随后按适用从批中抽取的试验样品组成。这些试验样品应成功地通过规定的 D 组周期试验。

5 制定详细规范的指南

5.1 总则

详细规范(DS)应使用适用的空白详细规范(BDS)。以下列出了用于标称阻抗为 75 Ω 的 9.52 型连接器的空白详细规范，并已列入了有关下列内容：

a) 适用于所有详细规范的总规范编号，包括分规范规定的连接器系列类型。

b) 连接器的系列名称。

规范制定者应按规定填入要包括的有关连接器类型/规格的详细内容。在空白详细规范的方框中对应位置填入下列内容。

5.2 详细规范的识别

(1) 授权出版详细规范的国家标准机构(NSO)名称，在此机构可买到详细规范。

(2) 有关国家或国际机构分配给所认可的详细规范(DS)的编号，以及有关符合性标志。

(3) 有关 IEC/IECQ 总规范和分规范(适用时)的编号和版本，以及国家标准号(当不同时)。

(4) 如果不同于 IEC/IECQ 号，详细规范的国家编号、发布日期以及国家体系要求的更多信息及其更改单编号。

5.3 元件的识别

(5) 填入下列内容：

——品种：连接器的品种名称，包括固定和密封类型(适用时)。

——连接：对于中心导体和外导体，选取适用的电缆/导线的连接方式。

——特点和标志：适合时。

——系列名称：用粗体字母/数字，约 15 mm 高。

(6) 填入质量评定水平、标称阻抗和气候类别。

(7) 填入外形图和面板开孔(适用时)细则。应规定最大外形尺寸，以及基准面位置，对于固定连接器，相对于连接器前面安装面板的安装板位置。

对于固定连接器，应规定最大面板厚度。

(8) 详细规范包括的所有规格特性，适用时包括下列内容：

——各规格适用的电缆类型(或规格)；

——镀层或防护涂层；

——具有螺纹孔或光孔的安装法兰细则；

——焊接柱或焊接槽的细节，包括与微波集成电路(MIC)元件(适用时)一起使用的那些细节。

5.4 性能

(9) 按分规范的要求，列出连接器最重要的特性数据。明确指出与最低要求的偏差。不适用的参数应标上“na”。

5.5 标志、订货文件及有关事项

(10) 按适用填入标志和订货文件，以及有关文件和任何引用结构相似性的细则。

5.6 试验、试验条件和严酷度的选择

(11) “na”用来表示不适用的试验。所有由详细规范制定者标上“a”的试验是强制性的。

当采用空白详细规范规定的正常程序时，按适用在有关分规范的试验一览表中指定为强制性的每项试验对应的“试验要求”中填入字母“a”。对要求的任何附加试验，由规范制定者确定是否也应填入字母“a”。

当需要时，规范制定者也应指出与标准试验方法和试验条件的差异，包括与分规范的试验一览表中给定的任何有关差异。

鉴定批准和质量一致性检验是适用的，并与在系统内提供类似可比较的服务功能的其他连接器相一致，以使国家监督检查机构(NSI)满意。

5.7 9.52 型连接器的空白详细规范格式

以下几页包括了完整的空白详细规范。

(1)

(2)

IECQ

(3) 电子元件质量评定按：

总规范：GB/T 11313—1996/IEC 61169-1:1992

分规范：GB/T 11313.2—2007/IEC 61169-2:2001

(4)版本

……

……

(5) 射频连接器质量评定详细规定　　型号：**9.52**

品种：……………………　　特点和标志：

连接机构形式：……

电缆/导线的连接方式：中心导体——焊接/压接[a]　…………………

外导体——焊接/夹接/压接[a]　…………………

(6) 评定水平……　标称阻抗 75 Ω　气候分类…/…/…

(7) 外形图和最大尺寸：　　面板开孔尺寸和安装详图：

(8) 规格

规格号	规格说明	60096IEC		
—01……	……	……	……	………
…………	……	……	……	………
…………	……	……	……	………
…………	……	……	……	………
…………	……	……	……	………
…………	……	……	……	………
…………	……	……	……	………
…………	……	……	……	………
…………	……	……	……	………

有关拥有按本详细规范鉴定元件的承制方的资料见 QC 001005 最新版本的合格产品目录。

[a] 仅填入适用的内容。

(9) 性能(包括使用的极限条件)

额定值及特性	试验方法 GB/T 11313—1996 章条号	值	备注或与标准试验方法的差异
电气性能			
标称阻抗		75 Ω	
频率范围		(0～2)GHz	测量频率范围
规格号			
反射系数 —01......	9.2.1	....	....
......		....	....
......		....	....
......		....	
中心接触件电阻	9.2.3	≤..............mΩ	初始值
		≤..............mΩ	条件试验后
中心导体连续性 —01......	9.2.3	....................mΩ	初始值
......		....................mΩ	条件试验后
......		....................mΩ	
......		....................mΩ	
外导体连续性 —01......	9.2.3	≤..............mΩ	初始值
......		≤..............mΩ	条件试验后
绝缘电阻	9.2.5	≥..............GΩ	初始值
		≥..............MΩ	条件试验后
耐电压[a] —01......	9.2.6	....................kV	(86～106)kPa
(海平面)		....................kV	
......		....................kV	
......		....................kV	
耐电压[a] —01......	9.2.6	V	......kPa(如果不是 4.4 kPa)
(4.4 kPa)		V	
......		V	
......		V	
环境试验电压[a] —01......		V	(86～106)kPa
(海平面)		V	
......		V	
......		V	
环境试验电压[a] —01......		V	......kPa(如果不是 4.4 kPa)
(4.4 kPa)		V	
......		V	
......		V	
屏蔽效率 —01......	9.2.8	≥...dB 在......GHz	Z_t≤.........mΩ
......		≥...dB 在......GHz	Z_t≤.........mΩ
......		≥...dB 在......GHz	Z_t≤.........mΩ
......		≥...dB 在......GHz	Z_t≤.........mΩ
附加的电气性能			

表（续）

额定值及特性	试验方法 GB/T 11313—1996 章条号	值	备注或与标准试验方法的差异
机械性能			
可焊性——焊头尺寸	9.3.2.1.1	…………	
标准规保持力(弹性接触件)	9.3.4		
——中心接触件		…………	
——外接触件		…………	
中心接触件固定性	9.3.5		
——轴向力		…………N	
——各方向允许位移		…………mm	
啮合力和分离力	9.3.6		
——轴向力			
电缆固紧装置的机械试验	9.3.7.2		
1) 电缆旋转(挠动)			
—01……		圈数…………………	
……，		…………………	
……		…………………	
……		…………………	
2) 电缆拉伸	9.3.8		
—01……		………………N	
……		………………	
……		………………	
……		………………	
3) 电缆弯曲	9.3.9	循环次数	电缆长度和重量
—01……		………………	………mm……kg
……		………………	………mm……kg
……		………………	………mm……kg
……		………………	………mm……kg
4) 电缆扭转	9.3.10		
—01……		…………Nm	
……		…………Nm	
……		…………Nm	
……		…………Nm	
弯曲力矩(和剪切力)	9.3.12	…………Nm	相对于参考面
振动	9.3.3	…………m/s^2 …………Hz	(……g_n 加速度)
附加的机械特性			
环境性能			
气候类别		……/……/……	
密封—非气密连接器	9.4.5.1	100 kPa · cm^3/h,max	压差在(100～110)kPa
密封—气密连接器	9.4.5.2	10^{-3} Pa · cm^3/s	压差在(100～110)kPa
浸水	9.3.7	………………	
附加的环境性能			

表（续）

额定值及特性	试验方法 GB/T 11313—1996 章条号	值	备注或与标准试验方法的差异
耐久性			
机械耐久性	9.5	............次，	
高温耐久性	9.6	......℃，......h	
其他耐久性			
化学污染			
耐溶剂和污染流体	9.7		
——使用的流体		....	
二氧化硫暴露	9.4.8	....	
ᵃ 除非另有规定，电压值为(40～60)Hz时的交流有效电压。			

(10) 补充内容

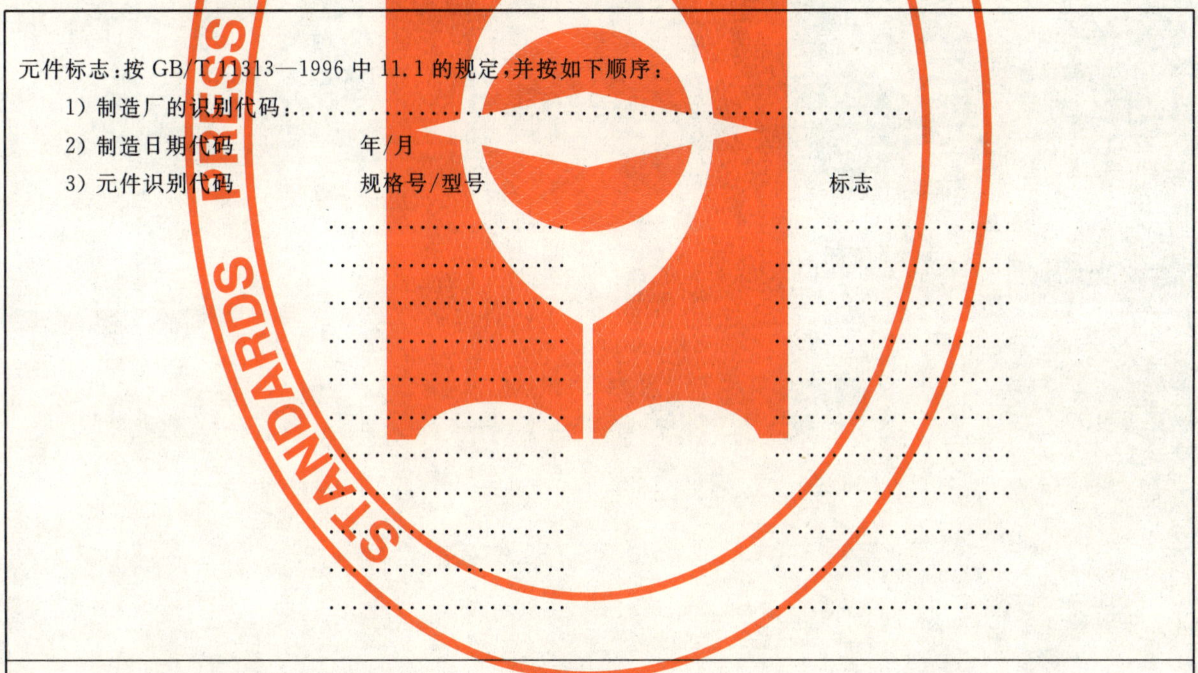

元件标志：按 GB/T 11313—1996 中 11.1 的规定，并按如下顺序：

1) 制造厂的识别代码：..

2) 制造日期代码　　　　年/月

3) 元件识别代码　　　　规格号/型号　　　　　　　　标志

规格号/型号	标志
....	....
....	....
....	....
....	....
....	....
....	....
....	....
....	....
....	....
....	....
....	....

包装的标志和内容：按 GB/T 11313—1996 中 11.2 的规定。

1) 按 GB/T 11313—1996 中 11.1 的规定详细标上以上内容

2) 标称阻抗：75 Ω

3) 评定水平字母代码..................

4) 任何要求的附加标志...............

表(续)

<table>
<tr><td>订货文件:
1) 详细规范的编号........................... /规格代号..................................
2) 质量评定字母代码..
3) 壳体涂覆(如果多于 一个)..
4) 任何附加内容或特殊要求..</td></tr>
<tr><td>有关文件(如果在 GB/T 11313—1996 或分规范中没有包括):
....
....</td></tr>
<tr><td>结构类似元件按 GB/T 11313—1996 中 10.2.2 的规定。</td></tr>
<tr><td>注:基本品种的相关内容应编入规格号 01。</td></tr>
</table>

ICS 33.120.30
L 23

中华人民共和国国家标准

GB/T 11313.4—2007

射频连接器
第4部分:外导体内径为16 mm(0.63 in)、特性阻抗为50 Ω、螺纹连接的射频同轴连接器(7-16型)

Radio-frequency connectors—
Part 4:R.F. coaxial connectors with inner diameter of outer conductor 16 mm(0.63 in)with screw lock—Characteristic impedance 50 ohms
(Type 7-16)

(IEC 60169-4:1975,NEQ)

2007-06-29 发布　　2007-11-01 实施

中华人民共和国国家质量监督检验检疫总局
中国国家标准化管理委员会　发布

前言

在《射频连接器》总标题下包括若干部分：

GB/T 11313—1996 射频连接器 第1部分：总规范 一般要求和试验方法（idt IEC 61169-1:1992）

GB/T 11313.2—2007 射频连接器 第2部分：9.52型射频同轴连接器分规范（idt IEC 61169-2:2001）

……

GB/T 11313.4—2007 射频连接器 第4部分：外导体内径为16 mm(0.63 in)、特性阻抗为50 Ω、螺纹连接的射频同轴连接器(7-16型)(IEC 60169-4:1975,NEQ)

……

本部分为射频连接器的第4部分。本部分与IEC 60169-4:1975《射频连接器 第4部分：外导体内径为16 mm(0.63 in)、特性阻抗为50 Ω、螺纹连接的射频同轴连接器(7-16型)》(英文版)的一致性程度为非等效，与IEC 60169-4:1975相比主要变化如下：

——本部分的“1 范围”按分规范的格式进行了改编；

——增加了“2 规范性引用文件”；

——将IEC 60169-4:1975的“3 额定值”改为“9.2 额定值和特性”，并增加了相应的特性值；

——IEC 60169-4:1975“9 类型试验一览表”全部按GB/T 11313—1996改为“8 质量评定程序”，并增加了接触电阻、三阶交调等性能要求；

——增加了“9 制定详细规范的指南”；

——IEC 60169-4:1975中使用的电缆为96IEC 50-12-1、96IEC 50-12-2和96IEC 50-12-3，本部分不作具体规定，由详细规范进行规定；

——本部分完全等同采用IEC 60169-4:1975的第4章至第8章，但所有图形均按我国的制图规则重新进行了绘制；

——增加了资料性附录“IEC型号命名”(见附录A)。

本部分的附录A为资料性附录。

本部分由中华人民共和国信息产业部提出。

本部分由全国电子设备用高频电缆及连接器标准化技术委员会归口。

本部分起草单位：中国电子技术标准化研究所。

本部分主要起草人：吴正平、陈国华、郭燕。

射频连接器
第4部分:外导体内径为16 mm(0.63 in)、特性阻抗为50 Ω、螺纹连接的射频同轴连接器(7-16型)

1 范围

本部分为GB/T 11313—1996一个分规范,它规定了制定7-16型射频同轴连接器详细规范的内容和规则。

本部分也规定了2级通用连接器的界面尺寸、0级标准试验连接器的详细尺寸、标准规检测要求、型式综述和从GB/T 11313—1996中选取的适用于7-16型连接器相关详细规范的试验。

2 规范性引用文件

下列文件中的条款通过GB/T 11313的本部分的引用而成为本部分的条款。凡是注日期的引用文件,其随后所有的修改单(不包括勘误的内容)或修订版均不适用于本部分,然而,鼓励根据本部分达成协议的各方研究是否可使用这些文件的最新版本。凡是不注日期的引用文件,其最新版本适用于本部分。

GB/T 11313—1996 射频连接器 第1部分:总规范 一般要求和试验方法(idt IEC 61169-1:1992)

GB/T 21021—2007 射频连接器、连接器电缆组件和电缆 互调电平测量(IEC 62037:1999,IDT)

3 气候类别

气候类别见表1。

表 1

类 别	字母代号	温度范围/℃	稳态湿热试验时间/d
40/85/21	A	−40～85	21
55/155/56	B	−55～155	56

4 尺寸——通用连接器

原始尺寸为公制,所有未注尺寸的图形结构仅供参考。

4.1 具有插针中心接触件的连接器(见图1)

单位为毫米

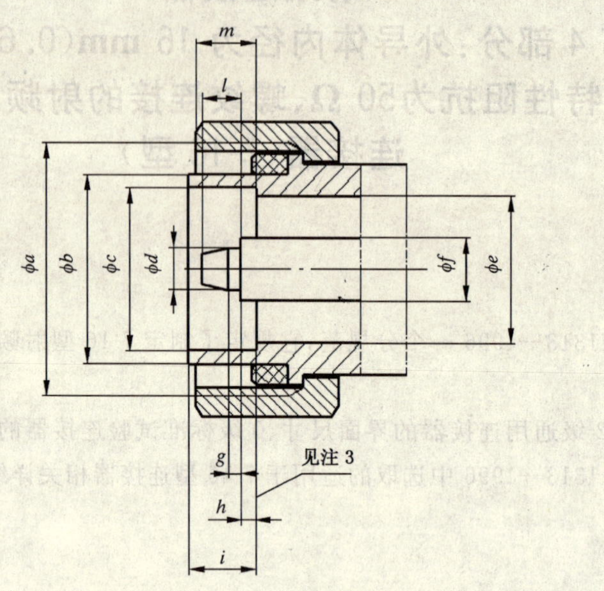

<table>
<tr><th rowspan="2">代 号</th><th colspan="2">mm</th><th colspan="2">in</th><th rowspan="2">备 注</th></tr>
<tr><th>min</th><th>max</th><th>min</th><th>max</th></tr>
<tr><td>a</td><td colspan="2">M29×1.5</td><td></td><td></td><td>见注 2</td></tr>
<tr><td>b</td><td>20.6</td><td>21.4</td><td>0.811</td><td>0.843</td><td></td></tr>
<tr><td>c</td><td>18.03</td><td>18.21</td><td>0.709 8</td><td>0.716 9</td><td></td></tr>
<tr><td>d</td><td>4.96</td><td>5.04</td><td>0.195 3</td><td>0.198 4</td><td></td></tr>
<tr><td>e</td><td>15.85</td><td>16.25</td><td>0.624 0</td><td>0.639 8</td><td></td></tr>
<tr><td>f</td><td colspan="2">7(标称值)</td><td colspan="2">0.276(标称值)</td><td>见注 1</td></tr>
<tr><td>g</td><td>1.4</td><td>1.6</td><td>0.055 1</td><td>0.063 0</td><td></td></tr>
<tr><td>h</td><td>1.47</td><td>1.77</td><td>0.057 9</td><td>0.069 7</td><td></td></tr>
<tr><td>i</td><td>7.00</td><td>8.00</td><td>0.276</td><td>0.315</td><td></td></tr>
<tr><td>l</td><td>—</td><td>4.5</td><td>—</td><td>0.177</td><td></td></tr>
<tr><td>m</td><td>7.00</td><td>9.00</td><td>0.276</td><td>0.354</td><td></td></tr>
<tr><td colspan="6">注 1：本尺寸的公差由特性阻抗的公差决定。
注 2：M29×1.5 表示标称直径为 29 mm(1.141 in)、螺距为 1.5 mm(0.059 in)的公制螺纹。
注 3：机械和电气基准面。</td></tr>
</table>

图 1 具有插针中心接触件的连接器

4.2 具有插孔中心接触件的连接器(见图 2)

单位为毫米

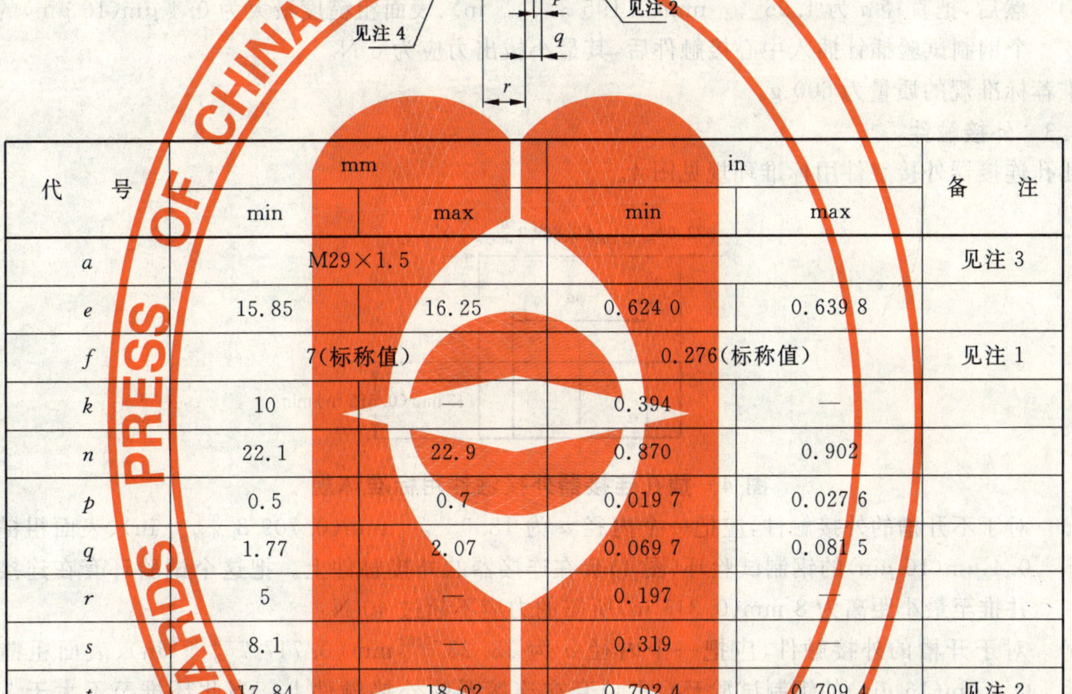

代　号	mm		in		备　注
	min	max	min	max	
a	M29×1.5				见注 3
e	15.85	16.25	0.624 0	0.639 8	
f	7(标称值)		0.276(标称值)		见注 1
k	10	—	0.394	—	
n	22.1	22.9	0.870	0.902	
p	0.5	0.7	0.019 7	0.027 6	
q	1.77	2.07	0.069 7	0.081 5	
r	5	—	0.197	—	
s	8.1	—	0.319	—	
t	17.84	18.02	0.702 4	0.709 4	见注 2

注 1:本尺寸的公差由特性阻抗的公差决定。

注 2:开槽之前测量。开槽后,要向外涨口至 18.5 mm(0.728 in)max。开槽的轴套要满足标准规保持力的要求。特殊要求时,不开槽的轴套是允许的。

注 3:M29×1.5 表示标称直径为 29 mm(1.141 in)、螺距为 1.5 mm(0.059 in)的公制螺纹。

注 4:开槽的设计任意。收口的接触件要满足性能要求。

注 5:机械和电气基准面。

图 2　具有插孔中心接触件的连接器

5　标准规和标准试验连接器(0 级)

5.1　机械标准规

5.1.1　插孔接触件连接器

5.1.1.1　中心接触件

插孔连接器的中心接触件用插针标准规见图 3。

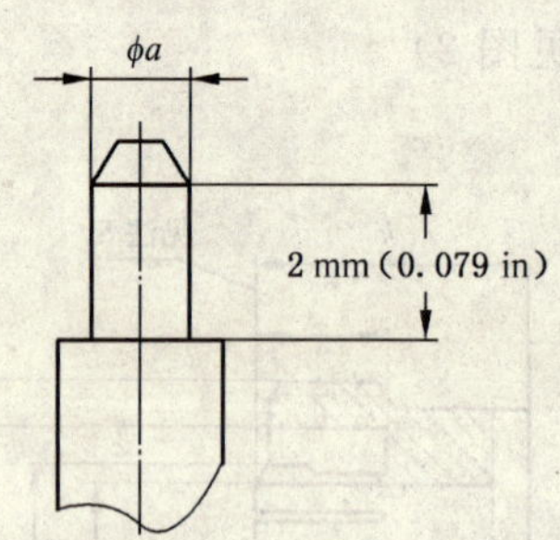

图 3 插孔连接器的中心接触件用插针标准规

5.1.1.2 试验程序

a) 把一个直径 a 为 $5.1_{-0.01}^{\ 0}$ mm($0.200\,8_{-0.0004}^{\ 0}$ in)、表面粗糙度最大为 0.4 μm(16 μin)的钢制试验插针(图 3)插入中心接触件一次,插入深度至少为 2 mm(0.079 in)。

b) 然后,把直径 a 为 $4.96_{-0.01}^{\ 0}$ mm($0.195\,3_{-0.0004}^{\ 0}$ in)、表面粗糙度最大为 0.4 μm(16 μin)的第二个钢制试验插针插入中心接触件后,其最小拔出力应为 6 N。

推荐标准规的质量为 600 g。

5.1.1.3 外接触件

插孔连接器外接触件用标准环规见图 4。

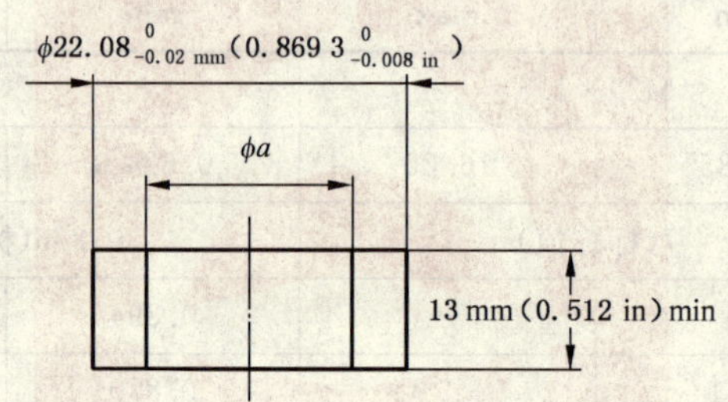

图 4 插孔连接器外接触件用标准环规

a) 对于不开槽的外接触件,应把一个内径 a 为 $18.03_{-0.01}^{\ 0}$ mm($0.709\,8_{-0.0004}^{\ 0}$ in)、表面粗糙度为 0.4 μm(16 μin)的钢制试验环(图 4)套在连接器的外接触件上。把这个试验环套在连接器上并推至最小距离为 8 mm(0.315 in)所需的力应不超过 40 N。

b) 对于开槽的外接触件,应把一个内径 a 为 $18.23_{\ 0}^{+0.02}$ mm($0.717\,7_{\ 0}^{+0.0008}$ in)、表面粗糙度为 0.4 μm(16 μin)的钢制试验环(图 4)套在连接器的外接触件上。当此环推至不大于 3 mm (0.12 in)的距离时,试验环应与外接触件均匀地接触。

标准环规保持力最小应为 15 N。

5.2 标准试验连接器

为了按 GB/T 11313—1996 的 9.2.1 的规定进行反射系数的测量,测量设备应装有标准试验连接器。具有 5.2.1 和 5.2.2 规定公差的标准试验连接器能保证特性阻抗的精度为±0.075Ω。

5.2.1 具有插针中心接触件的标准试验连接器

除表 2 规定的尺寸外,具有插针中心接触件的标准试验连接器的尺寸应符合 4.1 的规定。

表 2

代 号	mm		in	
	min	max	min	max
d	4.99	5.00	0.196 46	0.196 85
e	16.05	16.07	0.631 89	0.632 68
f	6.971	6.981	0.274 45	0.274 84
h	1.73	1.75	0.068 11	0.068 90

5.2.2 具有插孔中心接触件的标准试验连接器

除表3规定的尺寸外，具有插孔中心接触件的标准试验连接器的尺寸应符合4.2的规定(轴套按4.2的注2不开槽)：

表 3

代　号	mm		in	
	min	max	min	max
e	16.05	16.07	0.631 89	0.632 68
f	6.971	6.981	0.274 45	0.274 84
q	1.79	1.81	0.070 47	0.071 26

另外，开槽的中心接触件(图5)的尺寸应如下：

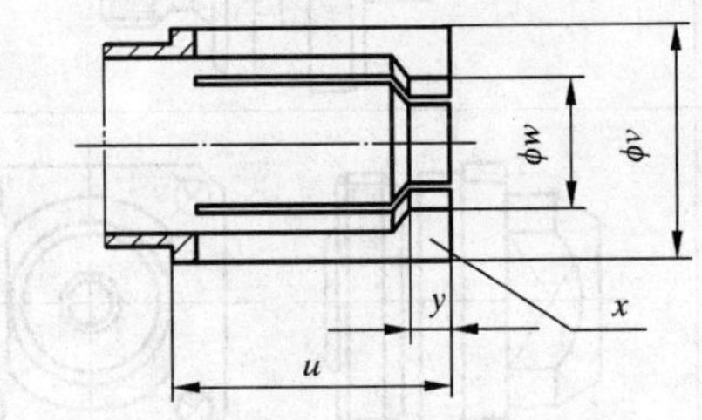

u=7.2 mm(0.283 5 in)min,7.4 mm(0.291 3 in)max；

v= 6.997 mm(0.275 473 in)min / 7.00 3 mm(0.275 709 in)max，(当插入直径为 4.99 mm(0.196 46 in)min / 5.00 mm(0.196 85 in)max 的插针标准规，插入深度为2 mm(0.079 in)min时)。

w　要满足尺寸v的要求。

x　六个槽，间隔60°，槽宽为0.3 mm(0.011 8 in)，深为 6.9 mm(0.271 7 in)min / 7.1 mm(0.279 5 in)max。

y=1.2 mm(0.047 2 in)min。

图5　开槽的中心接触件

6　型式综述

型式综述见表4。

表 4

试验类别	说明	接触件	型式	IEC 型号[a]
1	自由连接器(直式)	插针		60169-4 IEC-1
1	固定连接器(4孔面板安装，具有射频电缆入口)	插孔		60169-4 IEC-2

表 4(续)

试验类别	说明	接触件	型式	IEC 型号[a]
3	固定连接器(4孔面板安装,具有焊接槽)	插孔	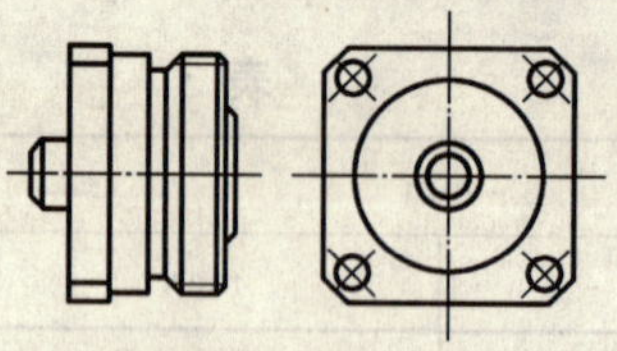	60169-4 IEC-3
3	固定连接器(密封式,单孔后面板安装,具有焊接槽)	插孔	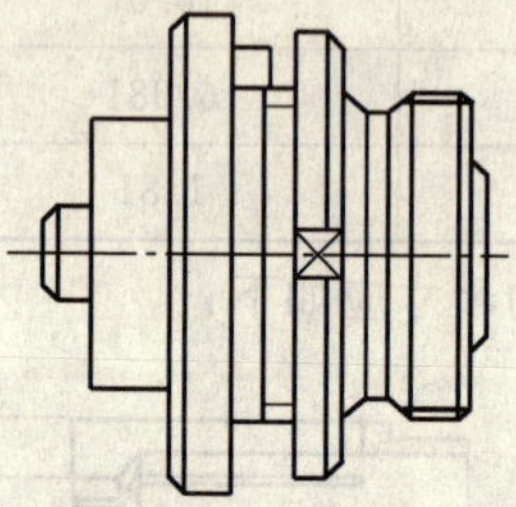	60169-4 IEC-4
2	固定连接器(4孔面板安装,具有硬传输线入口)	插孔	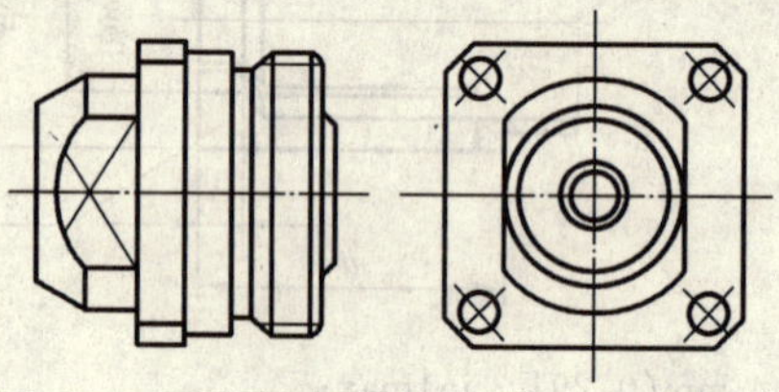	60169-4 IEC-5
2	自由转接器	插孔-插孔	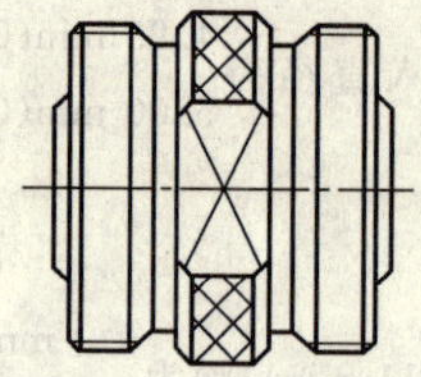	60169-4 IEC-6
2	转接器(4孔面板安装)	插孔-插孔	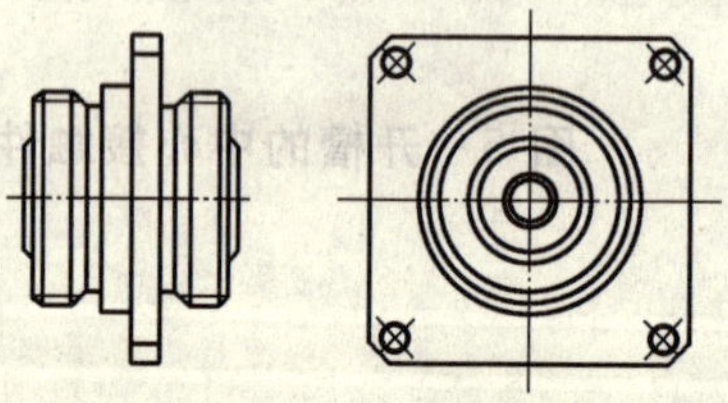	60169-4 IEC-7
2	固定转接器(密封式,单孔面板安装)	插孔-插孔	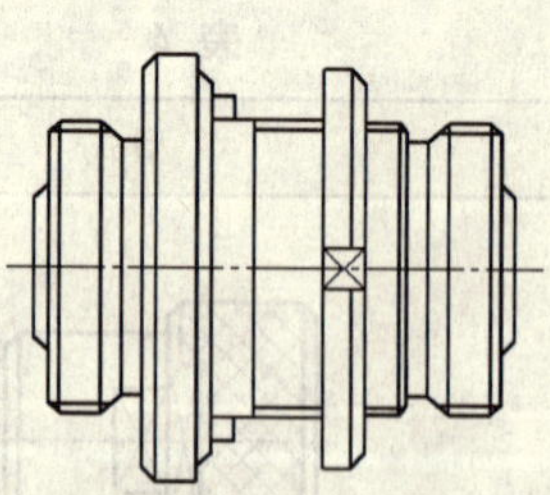	60169-4 IEC-8
3	T型转接器	插针-插孔-插孔	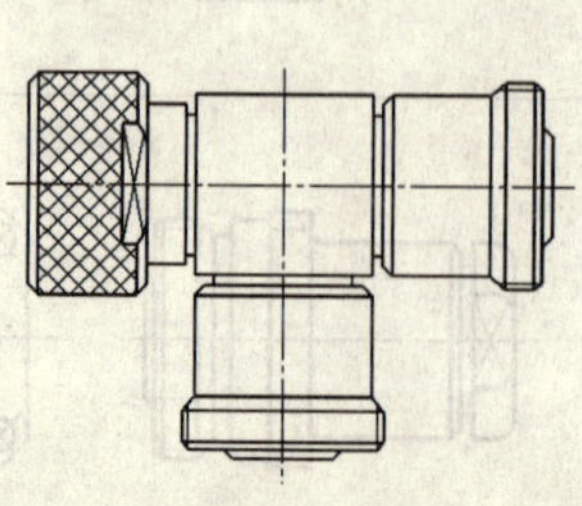	60169-4 IEC-9

表 4(续)

试验类别	说明	接触件	型式	IEC 型号[a]
2	自由转接器(直角弯式)	插针-插孔	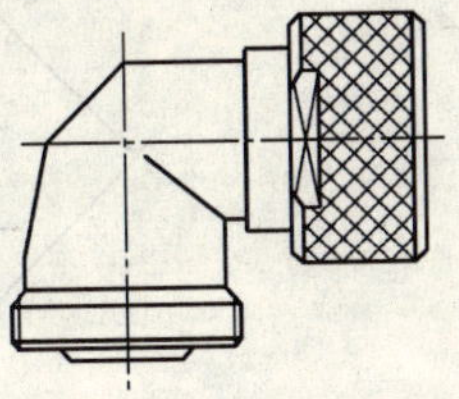	60169-4 IEC-10

[a] IEC 型号见附录 A。

在表 4 中,表示了适用于各种连接器结构的试验类别。

一个试验类别的产品包括了适用于相同的试验项目的所有连接器,虽然在某些情况下,其试验要求可以部分地不同。

试验类别 1:具有射频电缆入口的连接器。

试验类别 2:在两端具有插合面的转接器。

试验类别 3:不适用于反射系数测量的连接器。

如果尺寸符合第 4 章的规定,同时又满足第 5 章的要求和第 8 章适用的试验条件,则允许采用其他结构或使用其他电缆。

7 外形尺寸

连接器的典型外形如图 6～图 15 所示。

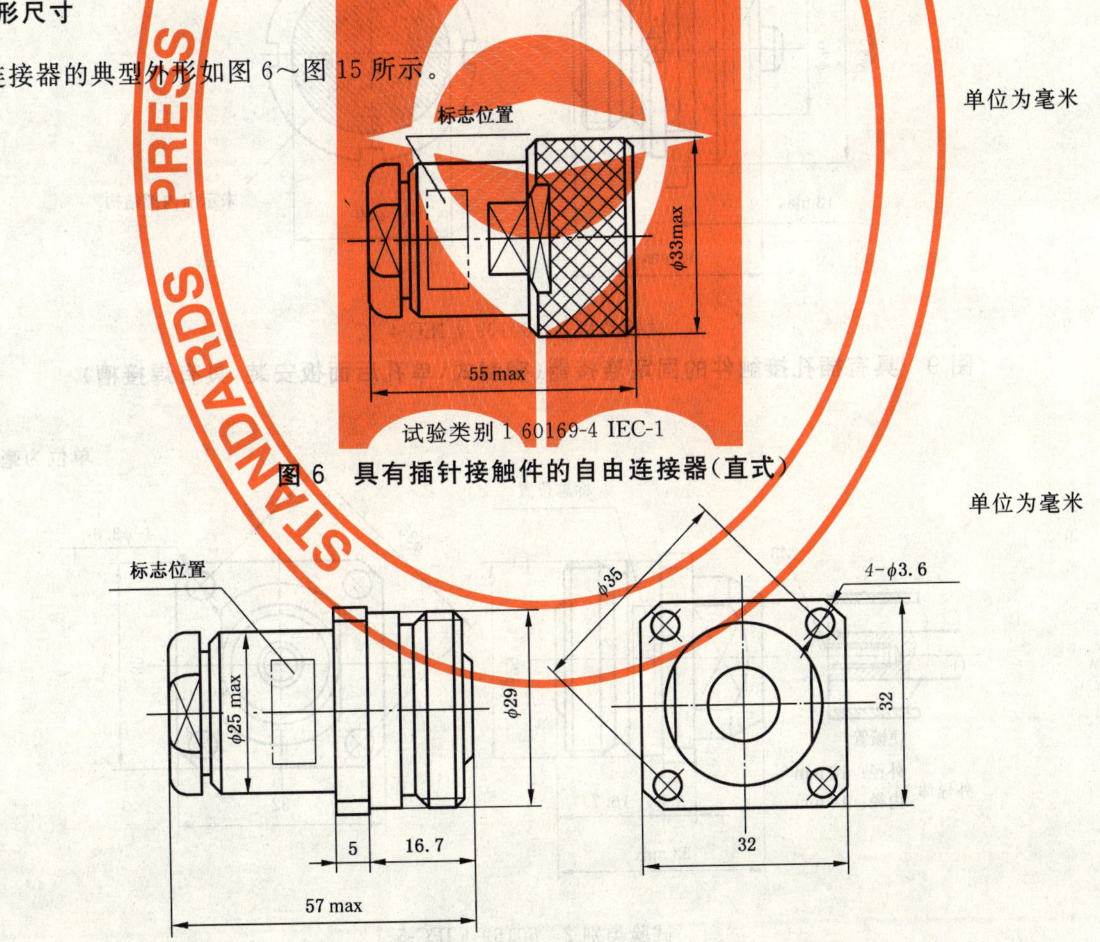

试验类别 1 60169-4 IEC-1

图 6 具有插针接触件的自由连接器(直式)

试验类别 1 60169-4 IEC-2

图 7 具有插孔接触件的固定连接器(4 孔面板安装,具有射频电缆入口)

单位为毫米

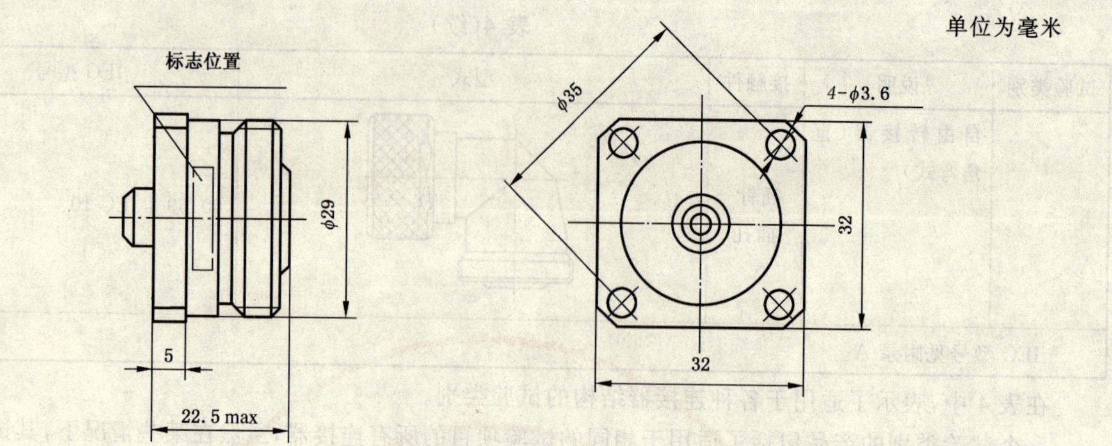

试验类别 3　60169-4 IEC-3

图 8　具有插孔接触件的固定连接器(4 孔面板安装,具有焊接槽)

单位为毫米

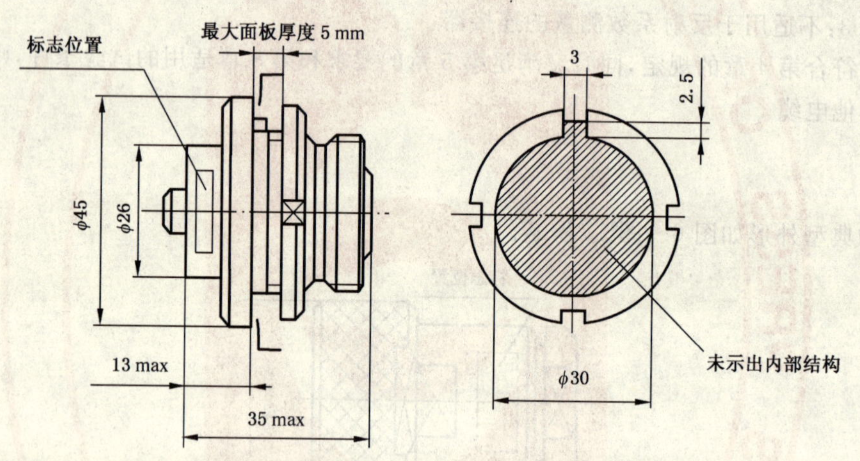

试验类别 3　60169-4 IEC-4

图 9　具有插孔接触件的固定连接器(密封式,单孔后面板安装,具有焊接槽)

单位为毫米

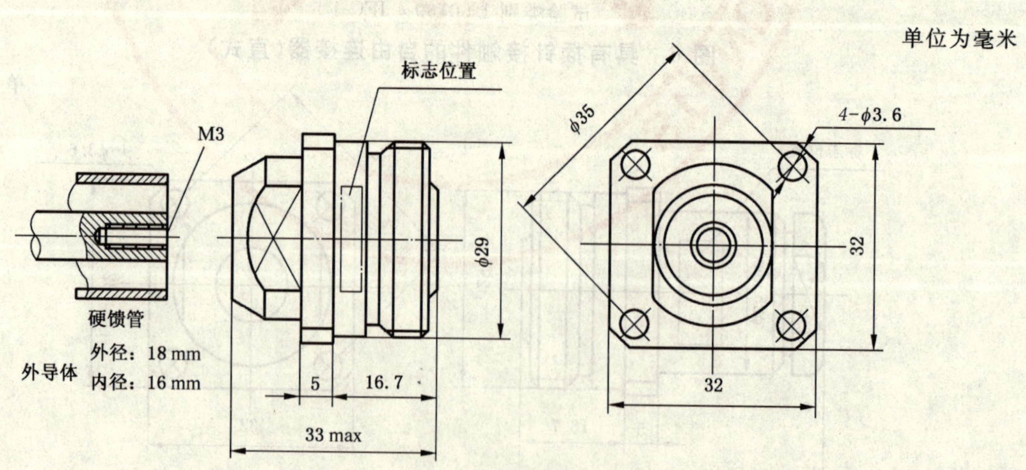

试验类别 2　60169-4 IEC-5

图 10　具有插孔接触件的固定连接器(4 孔面板安装,具有硬传输线入口)

单位为毫米

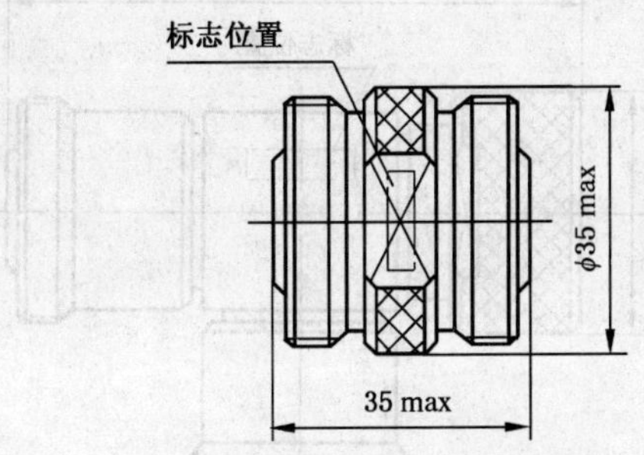

试验类别 2　60169-4 IEC-6

图 11　具有插孔-插孔接触件的自由转接器

单位为毫米

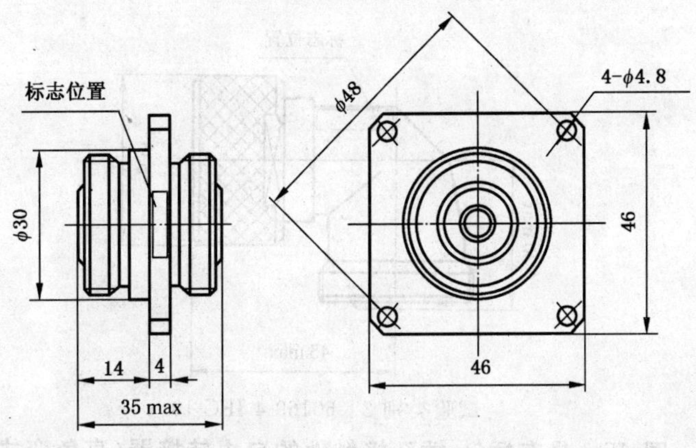

试验类别 2　60169-4 IEC-7

图 12　具有插孔-插孔接触件的转接器(4 孔面板安装)

单位为毫米

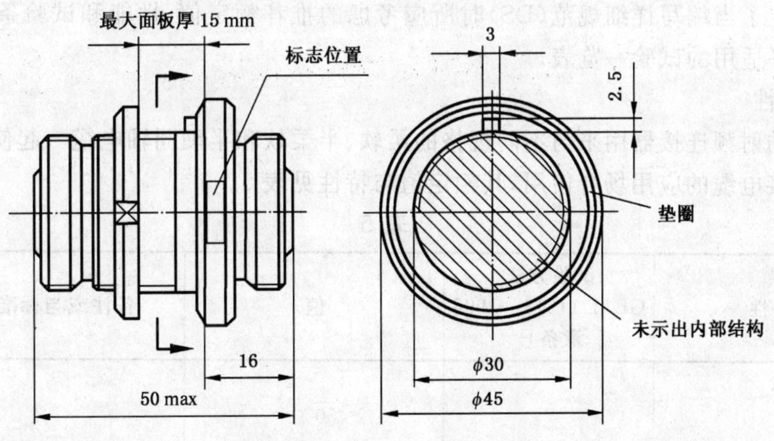

试验类别 2　60169-4 IEC-8

图 13　具有插孔-插孔接触件的固定转接器(密封式,单孔面板安装)

单位为毫米

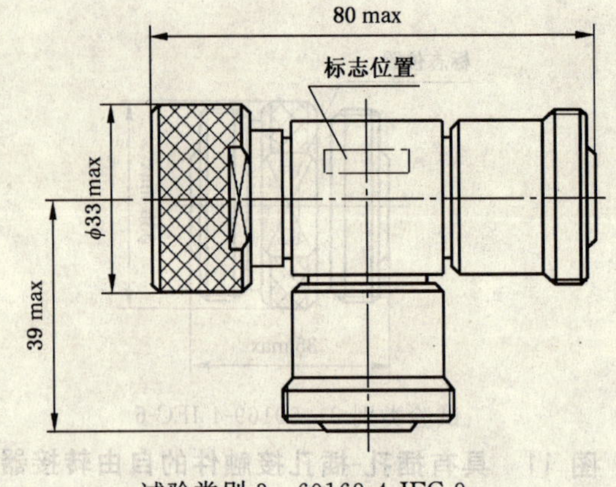

试验类别 3　60169-4 IEC-9

图 14　具有插针-插孔-插孔接触件的 T 型转接器

单位为毫米

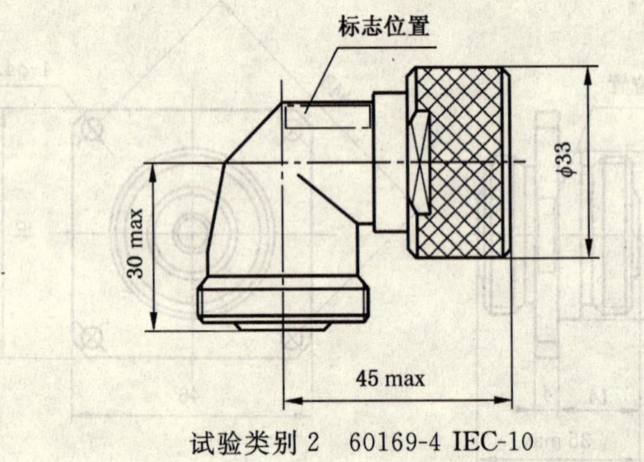

试验类别 2　60169-4 IEC-10

图 15　具有插针-插孔接触件的自由转接器(直角弯式)

8　质量评定程序

8.1　总则

下列条款规定了当编写详细规范(DS)时所应考虑的推荐额定值、性能和试验条件,也规定了具有最低质量检验水平适用的试验一览表。

8.2　额定值和特性

本部分规定的射频连接器用来与不同规格的柔软、半柔软和半硬同轴电缆一起使用,以及在微波集成电路和类似不接电缆的应用场合使用,其额定值与特性见表 5。

表 5

额定值和特性	试验方法 GB/T 11313—1996 章条号	值	备注或与标准试验方法的差异
电气性能			
标称阻抗		50 Ω	
频率范围[a]		至 7.5 GHz	见详细规范
反射系数[a]	9.2.1		
——直式		0.1	
——直角弯式			见详细规范
——焊接槽和印制板安装式			在考虑中
中心接触件电阻	9.2.3		
——初始值		≤0.4 mΩ	
——环境试验后		≤0.4 mΩ	

表 5(续)

额定值和特性	试验方法 GB/T 11313—1996 章条号	值	备注或与标准试验方法的差异
外导体连续性			
——初始值		≤1.5 mΩ	见详细规范
——环境试验后		≤1.5 mΩ	见详细规范
绝缘电阻	9.2.5		
——初始值		>10 GΩ	
——环境试验后		>0.1 GΩ	
海平面耐电压[b,c]	9.2.6	4 000 V	(86～106)kPa
4.4 kPa 时的耐电压[b,c]	9.4.2	350 V	4.4 kPa 相当于 20 km 的高空
海平面环境试验电压[b,c]	9.4.3	3 000 V	(86～106)kPa
屏蔽效率	9.2.8	a_s≥110 dB (Z_t≤0.02 mΩ)	 频率:1 GHz,施加力矩:25 N·m
放电试验(电晕)[c]	9.2.9	2.8 kV	试验类别 1,在海平面对插合连接器进行
三阶交调	GB/T 21021—2007	优于−155 dBc	测试功率为 20 W
机械性能			
标准规保持力(弹性接触件)	9.3.4		
中心接触件		(6～18)N	
外接触件		(15～45)N	
中心接触件固定性	9.3.5		
——轴向力		200 N,1 min 轴向位移不超过 0.25 mm	仅适用于固定接触件
——力矩			见详细规范
啮合力和分离力	9.3.6		
连接力矩			克服连接螺母摩擦力
——正常值		(20～28)N·m	
——耐力矩		(25～30)N·m	
电缆固紧装置的机械试验[a]			
——电缆旋转(挠动)	9.3.7.2	旋转圈数:2×25	最小弯曲半径按电缆的规定
——电缆拉伸	9.3.8	气候类别 A:500 N 气候类别 B:250 N	时间:1 min
——电缆弯曲	9.3.9	气候类别 A:300 N 气候类别 B:150 N	弯曲次数:10 次,弯曲角度:90°
——电缆扭转	9.3.10	气候类别 A:5 N·m 气候类别 B:2.5 N·m	
连接机构抗张强度	9.3.11	445 N	
弯曲力矩(和剪切力)	9.3.12		见详细规范
环境性能			
振　动	9.3.3	98 m/s², (10～500)Hz	
气候顺序	9.4.2	气候类别 A:40/85/21 气候类别 B:55/155/56	
非气密封	9.4.5.1	100 kPa·cm³/h,max	(100～110)kPa 压差
盐　雾	9.4.6	48 h	
耐久性			
机械耐久性	9.5	500 次插拔	
高温耐久性	9.6	1 000 h	

a 这些值适用于通用连接器,实际上,这些值会受到所用电缆的影响,详细规范中应给出有关值。

b 除非另有规定,电压都是(40～65)Hz 交流有效值。

c 有些与这些连接器配用的电缆的额定值低于本规范给出的值。

8.3 试验一览表和检验要求

8.3.1 交收试验

交收试验见表6。

表 6

	试验方法 GB/T 11313—1996 章条号	评定水平 M(较高)				评定水平 H(较低)			
		试验要求	IL	AQL/%	周期	试验要求	IL	AQL/%	周期
A1 组									
外观检查	9.1.2	a	Ⅱ	1.0		a	S3	1.5	
B1 组									
外形尺寸	9.1.3.1	a	S4	0.40	逐批试验	a	S3	4.0	逐批试验
机械互换性	9.1.3.3	a	Ⅱ	1.0		a	S3	1.5	
啮合力和分离力	9.3.6	a	S4	0.40		a	S3	1.5	
标准规保持力(弹性接触件)	9.3.4	ia	Ⅱ	1.0		ia	S3	1.5	
非气密封	9.4.5.1	ia	Ⅱ	0.65		ia	S3	1.0	
耐电压	9.3.6	a	S4	0.40		a	Ⅱ	4.0	
可焊性(零部件)	9.3.2.1.1	ia	S4	0.40		ia	S3	4.0	
绝缘电阻	9.2.5	a	S4	0.40		a	S3	4.0	
注：符号、缩写和程序说明见8.3.2。									

8.3.2 周期试验

周期试验见表7,对于评定水平H和M,没有C组试验。

表 7

	试验方法 GB/T 11313—1996 章条号	评定水平 M(较高)				评定水平 H(较低)			
		试验要求	样品数	每组允许失效数[a]	周期	试验要求	样品数	每组允许失效数[a]	周期
D1 组(d)			6	1	3a		3	1	3a
可焊性——连接器组件	9.3.2.1.1	ia				ia			
耐焊接热	9.3.2.1.2	ia				ia			
电缆固紧装置的机械试验[d]									
——电缆旋转(挠动)	9.3.7.2	ia				ia			
——电缆拉伸	9.3.8	ia				ia			
——电缆弯曲	9.3.9	ia				ia			
——电缆扭转	9.3.10	ia				ia			
弯曲力矩(和剪切力)[e]	9.3.12	a				a			
连接机构抗张强度[e]	9.3.11	ia				ia			
D2 组(d)			6	1	3a		3	1	3a
接触电阻、外导体和屏蔽连续性	9.2.3	a				a			
中心导体连续性(插合的电缆连接器)									
碰撞	9.3.13	a							
振动	9.3.3	a							
冲击	9.3.14	a							
稳态湿热	9.4.3	a				a			
盐雾	9.4.6	a							

表 7(续)

	试验方法 GB/T 11313—1996 章条号	评定水平 M(较高)				评定水平 H(较低)			
		试验要求	样品数	每组允许失效数[a]	周期	试验要求	样品数	每组允许失效数[a]	周期
D3 组									
尺寸(零件和材料)	9.1.3.2	a	1[b]	1	3a	a	1[b]	1	3a
D4 组(d)			6	1	3a		3	1	3a
机械耐久性	9.5	a				a			
高温耐久性	9.6	a				a			
二氧化硫	9.4.8	na				na			
D5 组 (d)			6	1	3a		3	1	3a
反射系数	9.2.1	a				a			
屏蔽效率	9.2.8	a				a			
三阶交调	GB/T 21021—2007	ia				ia			
浸水	9.2.7	ia				ia			
D6 组 (d)			6	1	3a		3	1	3a
中心接触件固定性	9.3.5	a				a			
放电试验(电晕)	9.2.9	a				a			
温度快速变化	9.4.4	a				a			
气候顺序	9.4.2	a				a			
D7 组 (d)									
耐溶剂和污染流体	9.7	ia	1[c]	3a		ia	1[c]	1	3a

[a] 对于鉴定批准(QA),评定水平 H 的 D1～D7 组总共只允许两次失效,评定水平 M 的 D1～D7 组总共只允许一次失效。

[b] 除非使用同样的零部件,否则每种型号和规格均要求一套产品。

[c] D7 组每种溶剂连接器对的数量。

[d] 适用于试验类别 1 的连接器。

[e] 适用于试验类别 1 和试验类别 2 的连接器

缩写:

a: 适用;

ia:要求的试验(适用时);

na:不适用;

IL:检验水平;

AQL:可接受质量水平;

(d):破坏性试验——试验样品不能返回库存。

8.4 程序

8.4.1 质量一致性检验

它包括以逐批为基础的 A1 组和 B1 组试验。

8.4.2 鉴定批准及其维持:

这包括通过 A1 和 B1 组试验的三个连续的批,及随后按适用从批中抽取的试验样品组成。这些试验样品应成功地通过规定的 D 组周期试验。

9 制定详细规范的指南

9.1 总则

详细规范(DS)应使用适用的空白详细规范(BDS)。以下列出了用于标称阻抗为50 Ω的7-16型连接器的空白详细规范,并已列入了有关下列内容:

a) 适用于所有详细规范的总规范编号,包括分规范规定的连接器系列类型。

b) 连接器的系列名称。

规范制定者应按规定填入要包括的有关连接器类型/规格的详细内容。在空白详细规范的方框中对应位置填入下列内容。

9.2 详细规范的识别

(1)授权出版详细规范的国家标准机构(NSO)名称,在此机构可买到详细规范。

(2)有关国家或国际机构分配给所认可的详细规范(DS)的编号,以及有关符合性标志。

(3)有关IEC/IECQ总规范和分规范(适用时)的编号和版本,以及国家标准号(当不同时)。

(4)如果不同于IEC/IECQ号,详细规范的国家编号、发布日期以及国家体系要求的更多信息及其更改单编号。

9.3 元件的识别

(5)填入下列内容:

——品种:连接器的品种名称,包括固定和密封类型(适用时)。

——连接:对于中心导体和外导体,选取适用的电缆/导线的连接方式。

——特点和标志:适合时。

——系列名称:用粗体字母/数字,约15 mm高。

(6)填入质量评定水平、标称阻抗和气候类别。

(7)填入外形图和面板开孔(适用时)细则。应规定最大外形尺寸,以及基准面位置,对于固定连接器,相对于连接器前面安装面板的安装板位置。

对于固定连接器,应规定最大面板厚度。

(8)详细规范包括的所有规格特性,适用时包括下列内容:

——各规格适用的电缆类型(或规格);

——镀层或防护涂层;

——具有螺纹孔或光孔的安装法兰细则;

——焊接柱或焊接槽的细节,包括与微波集成电路(MIC)元件(适用时)一起使用的那些细节。

9.4 性能

(9)按分规范的要求,列出连接器最重要的特性数据。明确指出与最低要求的偏差。不适用的参数应标上“na”。

9.5 标志、订货文件及有关事项

(10)按适用填入标志和订货文件,以及有关文件和任何引用结构相似性的细则。

9.6 试验、试验条件和严酷度的选择

(11)“na”用来表示不适用的试验。所有由详细规范制定者标上“a”的试验是强制性的。

当采用空白详细规范规定的正常程序时,按适用在有关分规范的试验一览表中指定为强制性的每项试验对应的“试验要求”中填入字母“a”。对要求的任何附加试验,由规范制定者确定是否也应填入字母“a”。

当需要时,规范制定者也应指出与标准试验方法和试验条件的差异,包括与分规范的试验一览表中给定的任何有关差异。

鉴定批准和质量一致性检验是适用的,并与在系统内提供类似可比较的服务功能的其他连接器相一致,以使国家监督检查机构(NSI)满意。

9.7 7-16 型连接器的空白详细规范格式

以下几页包括了完整的空白详细规范。

<table>
<tr><td>(1)</td><td>(2)

IECQ</td></tr>
<tr><td>(3) 电子元件质量评定按：
总规范：GB/T 11313—1996/IEC 61169-1:1992
分规范：GB/T 11313.4—2007</td><td>(4)版本
……
……</td></tr>
<tr><td colspan="2">(5) 射频连接器质量评定详细规定 型号： 7-16
品种：…………………… 特点和标志：
连接机构形式：……
电缆/导线的连接方式：中心导体——焊接/压接[a] ………………
外导体——焊接/夹接/压接[a] ………………</td></tr>
<tr><td colspan="2">(6) 评定水平…… 标称阻抗 50 Ω 气候分类…/…/…</td></tr>
<tr><td colspan="2">(7) 外形图和最大尺寸： 面板开孔尺寸和安装详图：</td></tr>
<tr><td colspan="2">(8)规格
规格号 规格说明
—01…… …… …… …… ……
………… …… …… …… ……
………… …… …… …… ……
………… …… …… …… ……
………… …… …… …… ……
………… …… …… …… ……
………… …… …… …… ……</td></tr>
<tr><td colspan="2">有关拥有按本详细规范鉴定元件的承制方的资料见相关最新版本的合格产品目录。</td></tr>
<tr><td colspan="2">[a] 仅填入适用的内容。</td></tr>
</table>

（9） 性能(包括使用的极限条件)

额定值及特性		试验方法 GB/T 11313—1996 章条号	值	备注或与标准试验方法的差异
电气性能				
标称阻抗			50 Ω	
频率范围			0～7.5 GHz	测量频率范围
	规格号			
反射系数	—01……	9.2.1	……………	……………………
	……		……………	……………………
	……		……………	…
	……		……………	
中心接触件电阻		9.2.3	≤………… mΩ	初始值
			≤………… mΩ	条件试验后
中心导体连续性	—01……	9.2.3	…………… mΩ	初始值
	……		…………… mΩ	条件试验后
	……		…………… mΩ	
	……		…………… mΩ	
外导体连续性	—01……	9.2.3	≤………… mΩ	初始值
	……		≤………… mΩ	条件试验后
绝缘电阻		9.2.5	≥………… GΩ	初始值
			≥………… MΩ	条件试验后
耐电压[a]	—01……	9.2.6	…………… kV	(86～106)kPa
(海平面)	……		…………… kV	
	……		…………… kV	
	……		…………… kV	
耐电压[a]	—01……	9.2.6	…………… V	…… kPa(如果不是 4.4 kPa)
(4.4 kPa)	……		…………… V	
	……		…………… V	
	……		…………… V	
环境试验电压[a]	—01……		…………… V	(86～106)kPa
(海平面)	……		…………… V	
	……		…………… V	
	……		…………… V	
环境试验电压[a]	—01……		…………… V	…… kPa(如果不是 4.4 kPa)
(4.4 kPa)	……		…………… V	
	……		…………… V	
	……		…………… V	
屏蔽效率	—01……	9.2.8	≥… dB 在…… GHz	Z_t≤……… mΩ
	……		≥… dB 在…… GHz	Z_t≤……… mΩ
	……		≥… dB 在…… GHz	Z_t≤……… mΩ
	……		≥… dB 在…… GHz	Z_t≤……… mΩ
放电试验(电晕)		9.2.9	…………… kV	
三阶交调		GB/T 21021—2007	…………… dBc	测试功率 20 W
附加的电气性能				

表（续）

额定值及特性	试验方法 GB/T 11313—1996 章条号	值	备注或与标准试验方法的差异
机械性能			
可焊性——焊头尺寸	9.3.2.1.1	……	
标准规保持力(弹性接触件)	9.3.4		
——中心接触件		……	
——外接触件		……	
中心接触件固定性	9.3.5		
——轴向力		……N	
——各方向允许位移		……mm	
啮合力和分离力	9.3.6		
——轴向力			
电缆固紧装置的机械试验			
1)电缆旋转(挠动)	9.3.7.2		
—01……		圈数……	
……		……	
……		……	
……		……	
2)电缆拉伸 —01……	9.3.8	……N	
……		……	
……		……	
……		……	
3)电缆弯曲	9.3.9	循环次数	电缆长度和重量
—01……		……	……mm……kg
……		……	……mm……kg
……		……	……mm……kg
……		……	……mm……kg
4)电缆扭转	9.3.10		
—01……		……N m	
……		……N m	
……		……N m	
……		……N m	
连接机构抗张强度	9.3.11	……N	
弯曲力矩(和剪切力)	9.3.12	……N m	相对于参考面
振动	9.3.3	……m/s^2	(加速度)
		……Hz	
附加的机械特性			
环境性能			
气候类别		……/……/……	
密封——非气密连接器	9.4.5.1	100 kPa·cm^3/h,max	压差在(100～110)kPa
密封——气密连接器	9.4.5.2	10^{-3} Pa·cm^3/s	压差在(100～110)kPa
浸水	9.3.7	……	
盐雾	9.4.6	…… h	
附加的环境性能			

表（续）

额定值及特性	试验方法 GB/T 11313—1996 章条号	值	备注或与标准试验方法的差异
耐久性			
机械耐久性	9.5	………次，	
高温耐久性	9.6	……℃，……h	
其他耐久性			
化学污染			
耐溶剂和污染流体	9.7		
——使用的流体		…………… …………… ……………	
二氧化硫暴露	9.4.8	……………	
[a] 除非另有规定，电压为(40～65)Hz时的交流有效值。			

（10） 补充内容

元件标志：按 GB/T 11313—1996 中 11.1 的规定，并按如下顺序：

1）制造厂的识别代码：……………………………………

2）制造日期代码 年/月

3）元件识别代码

规格号/型号	标志
……………………………	………………………
……………………………	………………………
……………………………	………………………
……………………………	………………………
……………………………	………………………
……………………………	………………………
……………………………	………………………
……………………………	………………………
……………………………	………………………
……………………………	………………………
……………………………	………………………

包装的标志和内容：按 GB/T 11313—1996 中 11.2 的规定。

1）按 GB/T 11313—1996 中 11.1 的规定详细标上以上内容

2）标称阻抗：50 Ω

3）评定水平字母代码………………

4）任何要求的附加标志……………

表（续）

<table>
<tr><td>订货文件：
1)详细规范的编号……………………/规格代号……………………
2)评定水平字母代码……………………………………………………
3)壳体涂覆(如果多于一个)………………………………………
4)任何附加内容或特殊要求…………………………………………</td></tr>
<tr><td>有关文件(如果在 GB/T 11313—1996 或分规范中没有包括)：
……………………………………………………………………………………………………
……………………………………………………………………</td></tr>
<tr><td>结构类似元件按 GB/T 11313—1996 中 10.2.2 的规定。</td></tr>
<tr><td>注：基本品种的相关内容应编入规格号 01。</td></tr>
</table>

附 录 A
（资料性附录）
IEC 型号命名

符合 IEC 60169-4:1975 的连接器按下列内容命名：

a） IEC 标准号：60169-4 IEC；

b） 一个顺序号（见第 6 章）；

c） 一个与气候类别对应的字母代号（见第 3 章）。

举例：60169-4 IEC-1A 表示气候类别为 40/85/21、与 60096 IEC 50-12-1 的射频电缆配接的自由连接器。

ICS 17.160
J 04

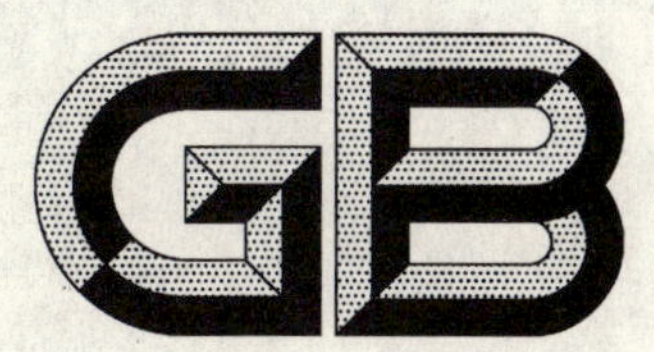

中华人民共和国国家标准

GB/T 11348.2—2007
代替 GB/T 11348.2—1997

旋转机械转轴径向振动的测量和评定 第2部分:50 MW以上,额定转速1 500 r/min、1 800 r/min、3 000 r/min、3 600 r/min陆地安装的汽轮机和发电机

Mechanical vibration—Evaluation of machines vibration by measurements on rotating shafts—Part 2: Land-based steam turbines and generators in excess of 50 MW with normal operating speeds of 1 500 r/min, 1 800 r/min, 3 000 r/min and 3 600 r/min

(ISO 7919-2:2001,MOD)

2007-04-30 发布 2007-11-01 实施

中华人民共和国国家质量监督检验检疫总局
中国国家标准化管理委员会 发布

前　言

GB/T 11348《旋转机械转轴径向振动的测量和评定》分为以下五个部分：

——第1部分：总则；

——第2部分：50 MW以上，额定转速1 500 r/min、1 800 r/min、3 000 r/min、3 600 r/min陆地安装的汽轮机和发电机；

——第3部分：耦合的工业机器；

——第4部分：燃气轮机组；

——第5部分：水力发电厂和泵站机组。

本部分为GB/T 11348的第2部分。

GB/T 11348的本部分修改采用国际标准ISO 7919-2:2001《机械振动　转轴径向振动的测量和评定　第2部分：50 MW以上，额定转速1 500 r/min、1 800 r/min、3 000 r/min、3 600 r/min陆地安装的汽轮机和发电机》(英文版)。

本部分根据ISO 7919-2:2001重新起草。

为便于使用，本部分与ISO 7919-2:2001相比，做了如下编辑性修改：

——将"本国际标准"一词改为"本部分"；

——删除国际标准的前言；

——修改了原标准名称。

本部分与ISO 7919-2:2001的技术差异主要是：

——将附录A中表A.1和表A.2中推荐的评价区域边界B/C值和C/D值由一个值改为一个限值范围。

本部分与GB/T 6075.2—2007《在非旋转部件上测量和评价机器的机械振动　第2部分：50 MW以上，额定转速1 500 r/min、1 800 r/min、3 000 r/min、3 600 r/min陆地安装的汽轮机和发电机》协调一致。

本部分是对GB/T 11348.2—1997的修订。与GB/T 11348.2—1997相比，主要技术内容变化如下：

——增加了瞬态运行工况(例如升速、降速、超速、通过共振转速等)的评价准则；

——标准名称中：增加了负荷和额定转速的限制，将"…汽轮发电机组"改为"…汽轮机和发电机"；

——结构编排上由7章改为4章和2个附录。

本部分的附录A是规范性附录，附录B是资料性附录。

本部分自实施之日起代替GB/T 11348.2—1997。

本部分由全国机械振动与冲击标准化技术委员会提出并归口。

本部分起草单位：郑州机械研究所、西安热工研究院有限公司、哈尔滨大电机研究所、上海发电设备成套设计研究院、国网北京电力建设研究院。

本部分主要起草人：姜元峰、张学延、姚大坤、孙庆、杨细望、张刚。

本部分于1997年首次发布，本次为第一次修订。

引　言

GB/T 11348.1是各种机器转轴径向振动测量与评价的基础标准。GB/T 11348的本部分适用于汽轮机和发电机。

根据经验提出的评价准则，可作为这类机器振动状态评价的指南。但应该认识到这些准则并不是评定机器振动状态的唯一基础。对于汽轮机和发电机，通常也要评价在非旋转部件上测量的振动。在非旋转部件上测量振动的要求和评价准则见GB/T 6075.1和GB/T 6075.2。

本部分的评价基于宽带测量。然而，应该注意到，随着技术的进步，窄带测量或频谱分析已经日益广泛地应用于振动评价、状态监测和诊断。对这些测量和评价的详细准则已超出了本部分的范围，详见GB/T 19873.1—2005《机器状态监测与诊断　振动状态监测　第1部分：总则》。该系列标准的其他部分在起草中。

旋转机械转轴径向振动的测量和评定
第2部分:50 MW以上,额定转速
1 500 r/min、1 800 r/min、3 000 r/min、
3 600 r/min陆地安装的汽轮机和发电机

1 范围

本部分规定了汽轮机和发电机位于或靠近轴承处的转轴径向振动的测量方法及评定准则,包括:

——正常稳态运行工况下的振动;

——瞬态振动,包括升速或降速通过共振转速;

——正常稳态运行工况下发生的振动变化。

一般来说,汽轮机和发电机的振动状态应从转轴振动和轴承座振动两个方面进行评价。

本部分适用于额定转速为1 500 r/min、1 800 r/min、3 000 r/min、3 600 r/min,功率大于50 MW陆地安装的汽轮机和发电机,也包括直接和燃气轮机连接的汽轮机和发电机(例如联合循环应用),这时,本部分的准则仅能用于汽轮机和发电机。燃气轮机的振动应按照GB/T 11348.4和GB/T 6075.4评价。

2 规范性引用文件

下列文件中的条款通过GB/T 11348的本部分的引用而成为本部分的条款。凡是注日期的引用文件,其随后所有的修改单(不包括勘误的内容)或修订版均不适用于本部分。然而,鼓励根据本部分达成协议的各方研究是否可使用这些文件的最新版本。凡是不注日期的引用文件,其最新版本适用于本部分。

GB/T 11348.1 旋转机械转轴径向振动的测量和评定 第1部分:总则(GB/T 11348.1—1999, idt ISO 7919-1:1996)

GB/T 6075.2 在非旋转部件上测量和评价机器的机械振动 第2部分:50 MW以上,额定转速1 500 r/min、1 800 r/min、3 000 r/min、3 600 r/min陆地安装的汽轮机和发电机(GB/T 6075.2—2007,ISO 10816-2:2001,IDT)

3 测量方法

测量方法及使用的仪器应符合GB/T 11348.1中的要求。

汽轮机和发电机的转轴振动测量,早期用接触式传感器测量转轴的绝对振动,目前通常用非接触式传感器测量转轴的相对振动,或者用一个非接触式传感器和一个惯性式传感器组成的复合式传感器测量转轴的绝对振动。本部分推荐测量转轴相对振动或转轴绝对振动。

振动监测时,测量系统应能适用于测量频段上限不低于三倍正常工作转速的通频振动。对于故障诊断,可能需要覆盖更宽的频率范围。

在汽轮机和发电机升速运行之前,一般要测量转轴的偏摆[1]。偏摆可在轴承已建立起稳定的油膜且离心力的影响可忽略不计时测得(例如,额定转速为3 000 r/min的机器,其偏摆宜在大约200 r/min

1) 偏摆run-out:由机械的、电磁的、材质的因素,例如被测轴段偏心、弯曲、轴表面不圆度及局部缺陷、剩磁、材质不均匀、表面残余应力等引起的非振动偏差。在GB/T 11348.2—1997中定义为偏摆。

时测量)。将测量结果与预期的振动矢量比较,并且以此为基础判别转子对中状态是否满意,例如转轴是否有暂时弯曲或者联轴器是否有水平或角度不对中(“曲柄效应”)。由于会受到转轴的暂时弯曲、轴颈在轴承间隙内的不规则移动、转轴轴向运动等因素的影响,这种测量通常不能认为是有效地指示出正常工况下转轴的径向偏摆(run-out)。因此,如果没有考虑上述因素就不能进行从额定转速下的振动测量矢量减去慢转下的测量。因为这种结果会对机器振动引起误解(见 GB/T 11348.1)。

如果进行慢转测量,要确保测量系统的低频特性满足要求。

4 评定准则

4.1 概述

下面给出振动幅值、振动幅值变化和运行限值的准则。

振动幅值是在两个选定的相互垂直的测量方向上位移峰峰值的较大者。如果只在一个方向测量,那么应注意确保它可提供足够的信息(见 GB/T 11348.1)。

用两个准则评价在汽轮机和发电机轴承部位或靠近轴承部位的转轴振动。准则Ⅰ用于测得的宽频带转轴振动的幅值;准则Ⅱ用于振动幅值的变化,不管它是增大还是减小。

这些准则适用于额定转速及负荷范围内稳态运行工况,包括发电机电负荷正常的缓慢变化的情况下转轴振动的测量和评价。也提供了可用于瞬态运行时的振动幅值。

应该注意,汽轮机和发电机的振动状态应从转轴振动和轴承座振动两个方面进行评价(见 GB/T 6075.1 和 GB/T 6075.2)。

4.2 准则Ⅰ:振动幅值

4.2.1 概述

准则Ⅰ规定了转轴振动幅值的限值,此限值与轴承的许用动载荷、机器外壳径向间隙的适当裕度以及传至支承结构和基础的容许振动协调一致。

4.2.2 在稳态运行工况下额定转速时的振动幅值

4.2.2.1 概述

在每个轴承处测得的最大的转轴振动幅值按照四个评价区域进行评价。

4.2.2.2 评价区域

下列评价区域用于具体机器振动的定量评价,并提供可能的操作指南:

区域 A:新投产的机器,振动通常在此区域内。

区域 B:通常认为振动在此区域内的机器,可不受限制地长期运行。

区域 C:通常认为振动在此区域内的机器,不适宜长期连续运行。一般来说,在有适当机会采取补救措施之前,机器在这种状况下可以运行有限的一段时间。

区域 D:振动在此区域内一般认为其剧烈程度足以引起机器的损坏。

注:以上定义的评价区域适合额定转速稳态工况。对瞬态运行的指南见 4.2.4。

4.2.2.3 评价区域边界

在附录 A 中给出了转轴相对振动和转轴绝对振动的区域边界推荐值,并不打算把它们用作验收规范。验收规范应由机器制造厂商和用户协商一致。但这些推荐限值提供了指南,以保证避免过大的缺陷或不切实际的要求。

通常,表 A.1 和表 A.2 中给出的边界值能保证机器安全运行。有特殊性能或有运行经验的具体机器可能要求使用不同的区域边界值(较低或较高),举例如下:

a) 当使用小间隙轴承或有内在预载的轴承(例如发电机到励磁机)时,由于最小轴承间隙减小了,表 A.1 中给出的值有可能大于有效轴承间隙,这时区域边界值必须减小。

注:这仅用于在靠近轴承的机架上测量转轴的相对振动。区域边界值减小的程度是变化的,取决于所用轴承的型式以及测量方向和最小间隙之间的关系。因此,不可能给出精确的推荐值。附录 B 提供了一个使用

普通圆柱轴承的例子。

b) 轻载轴承(例如励磁机稳定轴承)或者其他更柔性的轴承,可能需要以机器详细设计为基础的其他准则。

c) 在远离轴承的地方测量振动。

d) 某些机器,转子和轴承支承在柔性基础或支承结构上,测量的转轴绝对振动的幅值可能比那些支承在刚性较大的轴承支承结构上的汽轮机和发电机的大。因此,根据已证明的合适的操作经历,也可以适当增加附录 A 中给出的相应区域边界值。

当采用较高的边界值时,可能需要技术论证证明在较高振动值下运行时,机器的可靠性不会受到危害。例如,根据结构设计和支承类似的机器成功运行经验等。在瞬态工况时,例如启动和停机期间,也可以允许有较高的振动值(见 4.2.4)。

4.2.3 稳态运行的限值

4.2.3.1 概述

为了长期稳定运行,通常的做法是规定运行的振动限值。这些限值采取“报警”和“停机”的形式。

报警:振动达到规定的限值或者振动发生显著变化可能有必要采取补救措施时,进行报警。如发生报警,可继续运行一段时间进行研究以识别振动变化的原因和确定采取什么补救措施。

停机:规定一个振动幅值,超过此值再运行可能会引起机器破坏。如果超过停机限值,应立即采取措施减少振动或停机。

不同的测量位置和方向,反映动载荷和支承刚度有差异,运行限值的规定也不相同。

4.2.3.2 报警的设定

不同的机器,报警值可能上下变动很大。选定的此值通常是相对于基线值来设定。而基线值是由具体机器上测量位置或方向的经验来确定的。

建议把报警值设定得比基线高某个数量,高出的量等于区域 B 上限值的 25%。如果基线低,报警值可能在区域 C 以下。

在没有建立基线的场合。例如,新机器的最初报警值可根据其他类似机器的经验或者已经认可的容许值来设定。在一段时间之后,可以建立稳态基线值而对报警的设定作相应的调整。

建议报警值一般不要超过区域 B/C 限值的 1.25 倍。

如果该稳态基线改变(例如:机器大修后),报警的设定可相应的修改。对于机器上不同的轴承,动载荷和轴承支座刚度不一样,运行的报警设定也可以不相同。

4.2.3.3 停机的设定

停机限值通常与机器的机械牢固性有关,并且取决于机器能承受异常动载荷的设计特性。因此,类似设计的所有机器一般采用相同的停机限值,而通常与设定报警用的稳态基线值没有关系。

不同设计的机器,停机限值可能不一样,并且不可能对绝对的停机值给出更精确的指南。一般来说,停机限值在区域 C 或 D 内。推荐停机限值应不超过区域边界 C/D 的 1.25 倍。

4.2.4 瞬态运行的振动幅值

4.2.4.1 概述

附录 A 规定了汽轮机和(或)发电机在规定的稳态运行工况下长期运行的振动值。而在瞬态运行期间可以允许较高的振动值。瞬态运行包括在额定转速下的瞬态运行以及在升速、降速,特别是通过共振转速时的瞬态运行。瞬态运行允许的较高振动值可能超过 4.2.3.2 中规定的报警值。

和稳态运行一样,在具体场合采用的任何验收值应该由制造厂商和用户协商一致。不过下面给出的导则将保证避免过大的缺陷和不切实际的要求。

4.2.4.2 在额定转速瞬态运行时的振动幅值

额定转速下瞬态运行工况包括同步空载、快速加载或功率因数变化及其他相对短期的任何运行工况。对于这种瞬态工况,通常振动不应超过区域边界 C/D。

4.2.4.3 升速、降速和超速时的振动幅值

升速、降速和超速期间振动限值的规定可以不同，这取决于具体机器的结构特性或者特定的运行要求。例如，对于带基本负荷、很少启停的机组，可允许有较高的振动值。而对于需两班制运行的机组和需在规定的时间内强制达到特定输出功率的机组，可采用较严格的振动限值。此外，在启动和停机期间通过共振转速时，振动受到阻尼和转速变化率的剧烈影响，例如，由于停机时的转速变化率一般比启动时低，在停机时通过共振转速的振动幅值就比较高(参见 GB/T 19874 中关于机器不平衡灵敏度的更详细信息)。

本部分仅能提供一般性准则。如果没有适用于类似机器的基线值(见附录 B)，可使用本部分的导则。在启动、停机或超速期间为避免机器损坏，转轴振动不能超过下述值：

a) 转速大于 0.9 倍正常工作转速：振动幅值相应为区域边界 C/D 值。

b) 转速小于 0.9 倍正常工作转速：振动幅值相应为区域边界 C/D 值的 1.5 倍。

振动限值和转速的关系见图 1。

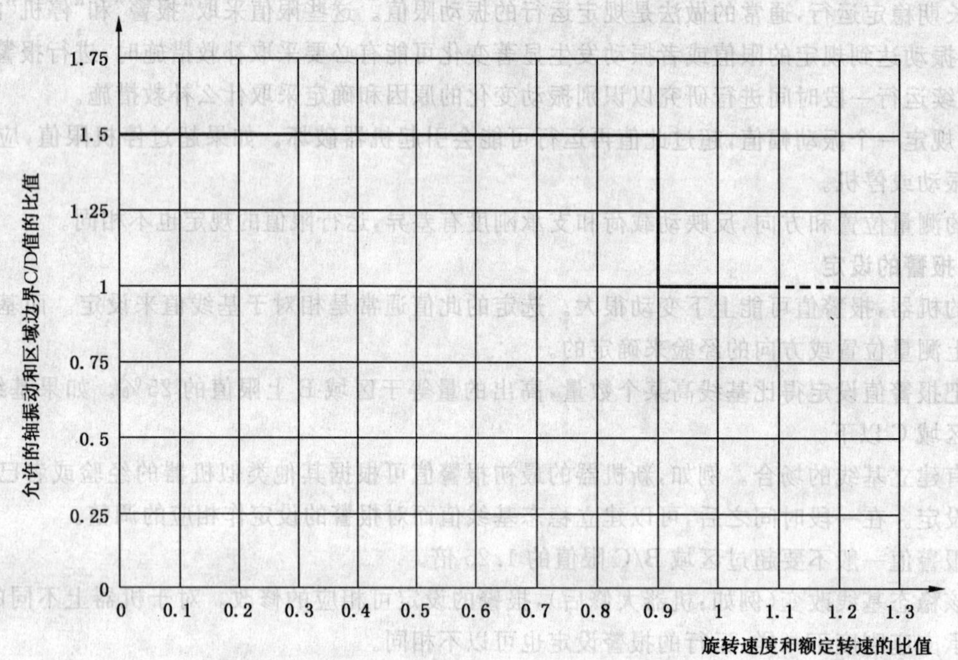

图 1 启动、停机和超速时转轴振动的允许值

最大振动值一般在通过共振转速时发生。为避免过大的振动，建议只要可能，宜在达到共振转速之前对振动进行评估，并与在以往各次运转良好时相同条件下获得的有代表性的振动矢量相比较，如果有明显的不同，在处理之前可采取进一步的措施(例如，保持转速直至振动稳定或回到原先的数值、进行更详细的研究或检查运行参数等)。

与正常稳态运行下测量的振动一样，在启动、停机和超速运行时的报警值通常是设置与基线值相应的值，这些基线值是依据特定机器在启动、停机和超速运行时的经验确定的。如在 4.2.2.3 中所述，对小间隙轴承可能需要适当调整(见附录 B)。

推荐在启动、停机和超速运行时的报警值应高于基线值，高出的量应为区域边界 B/C 值的 25%。在那些没有可靠的基线数据可用的场合，建议最大的报警值不宜大于上面 a)和 b)中给出的限值。

大多数情况下，规定启动、停机和超速运行时的停机值是不实际的。例如，如果在启动时产生了过大的振动，可能降低转速比停机更为合适；另一方面，在停机期间，采用高的振动停机值意义不大，因为它不会改变已经采取的措施(也就是停机)。

4.3 准则Ⅱ：振动幅值的变化

本准则评价振动幅值偏离以前建立的基线值的变化。转轴振动幅值可能明显地增大或减小，甚至

没有达到准则Ⅰ的区域C时，就要求采取某些措施。这种变化可以是瞬时的或者是随时间逐渐发展的，它可能表明已发生了损坏或者是故障即将来临的警告，或发生某些其他异常。准则Ⅱ是在稳态运行工况下转轴振动幅值变化的基础上规定的。

在应用准则Ⅱ时，每次测量时传感器位置和方向都应相同、机器工况相近似。本准则的基线值是典型的、可重复的正常振动，由以前规定的运行工况下测量得知。如果振动值[2]变化显著(典型的超过区域边界B/C值的25%)，不论幅值是增大还是减小都应采取步骤查明变化的原因。如要决心采取什么措施，宜在考虑最大振动幅值以及机器是否在新工况下稳定之后再做出决定。

基于振动变化准则的应用是有限制的，因为幅值和比率的明显变化可能只在个别的频率分量上产生，并未必反映在宽频带的轴振动信号中(见GB/T 11348.1)。例如，转子中裂纹的扩展可能引起旋转频率的多倍频振动分量逐渐变化。但是它们的幅值和每转一次的旋转频率分量的幅值相比可能很小。因此，只注意宽频带振动的变化可能难以识别裂纹扩展的效应。虽然监测宽频带振动可以给出潜在问题的某些征兆，但在某些应用场合中，可能有必要使用能确定振动信号中个别频率分量矢量变化趋势的测量和分析仪器。这种装置比通常用的监测装置更复杂些，并且它们的应用需要专门知识。因此，这种类型测量的详细准则的技术说明已超出本部分的范围。

4.4 补充的方法和准则

本部分给出的振动测量和评价准则可以由GB/T 6075.2中的在非旋转部件上测量和评价准则补充或替代。重要的是要认识到，转轴振动和轴承振动之间没有简单的关系，反之亦然。转轴绝对振动测量和相对振动测量之间的差异和轴承振动有关，但是由于相位角不同，在数值上可能不等于轴承振动。因此，当本部分和GB/T 6075.2同时来评价机器的振动时，应分别进行转轴振动和轴承振动测量。如果采用不同的准则导致不同的评定结果，通常应采用较严格的级别。

4.5 基于振动矢量信息的评价

本部分的评价限制在宽带振动幅值，而不考虑频率分量或相位。在大多数情况下，对于验收试验和运行监测目的是适当的，而对长期状态监测和诊断，采用振动矢量的信息对于检测和确定机器动态状态的变化是非常有用的。在某些情况下，仅测量宽带振动可能检测不到这些变化(例如，参见GB/T 11348.1)。

与相位和频率相关的振动信息越来越多的用于状态监测和诊断。然而这种准则已经超出了本部分的现有范围。

2) ISO 7919-2:2001中该词写为基线值(baseline value)，从上下文及相关标准看，都应为振动值。

附 录 A
（规范性附录）
评价的区域边界值

表A.1和表A.2给出的值在大多数情况下能确保安全运行。然而，在某些情况下，某些特殊机器类型可能要求不同的边界值(参见4.2.2.3)。

表 A.1 推荐的汽轮机和发电机转轴相对位移的各区域边界值

区域边界	轴转速/(r/min)			
	1 500	1 800	3 000	3 600
	轴相对位移峰-峰值/μm			
A/B	100	90	80	75
B/C	120～200	120～185	120～165	120～150
C/D	200～320	185～290	180～260	180～240

表 A.2 推荐的汽轮机和发电机转轴绝对位移的各区域边界值

区域边界	轴转速/(r/min)			
	1 500	1 800	3 000	3 600
	轴绝对位移峰-峰值/μm			
A/B	120	110	100	90
B/C	170～240	160～220	150～200	145～180
C/D	265～385	265～350	250～320	245～290

附 录 B
（资料性附录）
轴承间隙和评价区域边界值

该附录给出一个小轴承间隙允许降低区域边界值的例子。

假定额定转速 3 000 r/min 的汽轮发电机组的高压转子，用普通圆柱轴承支承，其直径为 180 mm，轴承间隙比 0.1％，轴承径向间隙为 180 μm。

从表 A.1 看，区域边界上限值为：

A/B 80 μm

B/C 165 μm

C/D 260 μm

这时，B/C 边界值小于轴承的径向间隙，而 C/D 边界值大于轴承间隙。因此，推荐区域边界值应相应降低，如下例：

A/B 0.4 倍的轴承间隙＝72 μm

B/C 0.6 倍的轴承间隙＝108 μm

C/D 0.7 倍的轴承间隙＝126 μm

注：上例仅用于靠近轴承的支架上测量转轴相对振动的情况。区域边界值降低的程度取决于使用的轴承型式以及测量方向和最小间隙的关系。

参 考 文 献

[1] GB/T 11348.3 旋转机械转轴径向振动的测量和评定 第3部分:耦合的工业机器(GB/T 11348.3—1999,eqv ISO 7919-3:1996)

[2] GB/T 11348.4 旋转机械转轴径向振动的测量和评定 第4部分:燃气轮机组(GB/T 11348.4—1999,eqv ISO 7919-4:1996)

[3] GB/T 19874 机械振动 机器不平衡敏感度和不平衡灵敏度(GB/T 19874—2005,ISO 10814:1996,IDT)

[4] GB/T 6075.1 在非旋转部件上测量和评价机器的机械振动 第1部分:总则(GB/T 6075.1—1999,idt ISO 10816-1:1995)

[5] GB/T 6075.3 在非旋转部件上测量和评价机器的机械振动 第3部分:额定功率大于15 kW额定转速在120 r/min至15 000 r/min之间的在现场测量的工业机器(GB/T 6075.3—2001,idt ISO 10816-3:1998)

[6] GB/T 6075.4 在非旋转部件上测量和评价机器的机械振动 第4部分:不包括航空器类的燃气轮机驱动装置(GB/T 6075.4—2001,idt ISO 10816-4:1998)

[7] GB/T 19873.1 机器状态监测与诊断 振动状态监测 第1部分:总则(GB/T 19873.1—2005,ISO 13373-1:2002,IDT)

[8] ISO 10817-1:1998 旋转轴测量系统 第1部分:相对和绝对径向振动的检测